特大型镍矿充填法开采技术著作丛书

特大型镍矿开采方案与回采工艺

刘育明　高建科　王怀勇　束国才　王贤来　王五松　著

科学出版社

北　京

内 容 简 介

　　本书是《特大型镍矿充填法开采技术著作丛书》的第二册,主要介绍金川大型镍矿的矿床开采方案与回采工艺的研究成果。

　　金川大型镍矿矿床采矿技术条件极为复杂,给采矿设计带来很大困难。金川矿床在开采设计和生产实践中,开展了大量的研究和采矿技术攻关。本书首先介绍金川镍矿资源与矿床赋存条件,简要概述三个矿山矿床开拓与主要工程;其次分别介绍龙首矿、二矿区和三矿区的采矿方法发展与演化;最后介绍金川深部矿体开采规划与关键技术及矿山充填工艺与充填系统。

　　本书可供采矿和地质等领域从事地质勘探、采矿设计等工作的生产和科研人员使用,也可供大专院校相关专业的教师和研究生参考。

图书在版编目(CIP)数据

特大型镍矿开采方案与回采工艺/刘育明等著 .—北京:科学出版社,2014
（特大型镍矿充填法开采技术著作丛书）
ISBN 978-7-03-041494-6

Ⅰ.①特… Ⅱ.①刘… Ⅲ.①超大型矿床-镍矿床-金属矿开采②超大型矿床-镍矿床-回采工艺 Ⅳ.①TD864

中国版本图书馆 CIP 数据核字(2014)第 174071 号

责任编辑:周 炜 / 责任校对:桂伟利
责任印制:肖 兴 / 封面设计:陈 敬

科学出版社 出版
北京东黄城根北街 16 号
邮政编码:100717
http://www.sciencep.com
中国科学院印刷厂 印刷
科学出版社发行 各地新华书店经销
*
2014 年 10 月第 一 版 开本:787×1092 1/16
2014 年 10 月第一次印刷 印张:31 3/4
字数:720 000
定价:180.00 元
（如有印装质量问题,我社负责调换）

《特大型镍矿充填法开采技术著作丛书》编委会

主　　　编:杨志强

副　主　编:王永前　蔡美峰　姚维信　周爱民　吴爱祥　陈得信

常务副主编:高　谦

编　　　委:(按姓氏汉语拼音排序)

把多恒	白拴存	包国忠	曹　平	陈永强	陈忠平	陈仲杰
崔继强	邓代强	董　璐	范佩骏	傅　耀	高创州	高建科
高学栋	辜大志	顾金钟	郭慧高	何煦春	吉险峰	江文武
靳学奇	康红普	雷　扬	李　马	李德贤	李国政	李宏业
李向东	李彦龙	李志敏	廖椿庭	刘　剑	刘同有	刘育明
刘增辉	刘洲基	马　龙	马成文	马凤山	孟宪华	莫亚斌
慕青松	穆玉生	乔登攀	乔富贵	侍爱国	束国才	孙亚宁
汪建斌	王　虎	王　朔	王海宁	王红列	王怀勇	王五松
王贤来	王小平	王新民	王永才	王永定	王玉山	王正辉
王正祥	吴满路	武拴军	肖卫国	颉国星	辛西宁	胥耀林
徐国元	许瀛沛	薛立新	薛忠杰	颜立新	杨长祥	杨金维
杨有林	姚中亮	于长春	余伟健	岳　斌	翟淑花	张　忠
张光存	张海军	张建勇	张钦礼	张周平	赵崇武	赵千里
赵兴福	赵迎州	周　桥	邹　龙	左　钰		

《特大型镍矿充填法开采技术著作丛书》序一

金川镍矿是一座在世界上都享有盛誉的特大型硫化铜镍矿床。自1958年被发现以来,金川资源开发和利用一直受到国内外采矿界的高度关注。由于镍钴金属是一种战略资源,对有色工业和国防工程起到举足轻重的作用。因此,加快和扩大金川镍钴矿资源的开发和利用,是金川镍矿设计与生产的战略指导思想。

采矿作业的连续化、自动化和集中化是地下金属矿采矿技术无可争议的发展方向。自20世纪80年代以来,国际矿业界对实现连续强化开采给予高度关注,把它视为扩大矿山生产、提高经济效益最直接和最有效的重要途径。随着高效的采、装、运设备的出现和大量落矿采矿技术的发展,井下生产正朝着大型化和连续化方向发展。金川特大型镍矿的无间柱大面积连续机械化分层充填采矿技术,正是适应了地下金属矿山开采的发展趋势。该技术的应用使得金川镍矿采矿生产能力逐年提高,目前已建成年产800万吨的大型坑采矿山。

金川镍矿所固有的矿体厚大、埋藏深、地压大、矿岩破碎和围岩稳定性差等不利因素,使金川镍矿连续开采面临巨大挑战。在探索适合金川镍矿采矿技术条件的采矿方法和回采工艺的过程中,大胆引进国际上最先进的采矿设备,在国内首次应用下向机械化分层胶结充填采矿技术,成功地实现了深埋、厚大矿体的大面积连续开采,为深部矿体的连续安全高效开采奠定了基础。

金川镍矿大面积连续开采获得成功,受益于与国内外高等院校和科研院所合作开展的技术攻关,也依赖于金川人的大胆创新、勇于实践、辛勤劳动和无私奉献。40多年的科学研究和生产实践,揭示了金川特大型镍矿高地应力难采矿床的地压规律,探索出采场地压控制技术,逐步形成了特大型金属矿床无间柱大面积连续下向分层充填法开采的理论和技术。

该丛书全面系统地总结了金川镍矿采矿生产的实践经验和技术攻关成果。该丛书的出版为特大型复杂难采矿床的安全高效开采提供了技术和经验,极大地丰富了特大型金属矿床下向分层胶结充填法的开采理论与实践,是我国采矿科技工作者对世界采矿科学发展做出的重要贡献,也是目前国内外并不多见的一套完整的充填法开采技术丛书。

王思敬

中国科学院地质与地球物理研究所研究员

中国工程院院士

2012年6月

《特大型镍矿充填法开采技术著作丛书》序二

金川镍矿是我国最大的硫化铜镍矿床。矿体埋藏较深、地应力高、矿体厚大、矿岩松软破碎具有蠕变性,很不稳固,且贫矿包裹富矿,给工程设计和采矿生产带来极大困难。

针对金川镍矿复杂的开采技术条件及国家对镍的迫切需求,在二矿区采取"采富保贫"方针。20世纪80年代中期,利用改革开放的有利条件,金川镍矿委托北京有色冶金设计研究总院与瑞典波立登公司和吕律欧大学等单位合作,进行了扩大矿山生产规模的联合设计。在综合引进瑞典矿山7项先进技术的基础上,结合金川的具体条件,在厚大矿体中全面采用了机械化进路式下向充填采矿法,并且在进路式采矿中选用了双机液压凿岩台车和6m³ 铲运机等大型无轨设备,这在世界上没有先例。这种开发战略为金川镍矿资源的高效开发奠定了坚实基础。

在随后的建设和生产过程中,有当时方毅副总理亲自主持的金川资源综合利用基地建设的指引,金川公司历届领导都非常重视科技攻关工作,长期与国内高校和科研院所合作,开展了一系列完善采矿技术的攻关。先后通过长时期试验,确定了巷道开凿的"先柔后刚"支护系统,并利用喷锚网索相结合的新工艺,使不良岩层中巷道经常垮塌的现象得以控制。开发出棒磨砂高浓度胶结充填技术,改进了频繁施工的充填挡墙技术,提高了充填体强度和充填质量。试验成功的全尾砂膏体充填工艺,进一步降低了充填作业成本。优化了下向充填法通风系统,改善了作业条件。为了有效地控制采场地压,通过采矿系统分析和参数优化,调整了回采顺序,改进了分层道与上下分层进路布置形式,实现了多中段大面积连续开采,并实现了大面积水平矿柱的安全回收。这些科研成果不仅提高了采矿效率和资源回收率,而且还降低了矿石贫化,获得巨大的经济效益和社会效益;同时也极大地提高了企业的竞争力。金川镍矿通过数十年的艰辛努力,将原本属于辅助性的采矿方法发展成为一种适合大规模开采的采矿方法,二矿区年生产能力突破了400万吨;把原本是低效率的采矿方法改造成为高效率的安全的采矿方法,为高应力区矿岩不稳固的金属矿床开采提供了丰富的技术理论和实践经验,对采矿工艺技术的发展做出了可贵的贡献。

该丛书全面论述了金川特大型镍矿在设计和采矿生产中所取得的技术成果和工程经验。内容涉及工程地质、采矿设计、地压控制、充填工艺、矿井通风和安全管理等多专业门类,是目前国内外并不多见的充填法,特别是下向充填法采矿技术丛书。该丛书中的很多成果出自于产、学、研结合创新与矿山在长期生产实践中的宝贵经验总结,凝结了矿山工程技术人员的聪明智慧,具有非常鲜明的实用性。该丛书的出版不仅方便读者及相关工程技术人员了解金川镍矿充填法开采的理论与实践,也为国内外特大型金属矿床,特别是为高应力区矿岩不稳固矿床的充填法开采设计和规模化生产提供了难得的珍贵技术参考文献。

中国恩菲工程技术有限公司研究员

中国工程院院士

2012年7月

《特大型镍矿充填法开采技术著作丛书》序三

近 20 年来,地下采矿装备正朝着大型化、无轨化、液压化和智能化方向发展,它推动着采矿工艺技术逐步走向连续化和智能化。在采掘机械化、自动化基础上发展起来的地下矿连续开采技术,推动着地下金属矿山的作业机械化、工艺连续化、生产集中化和管理科学化的进程,大大促进了矿山生产现代化,并从根本上解决了两步回采留下的大量矿柱所带来的资源损失,它是地下金属矿山采矿工艺技术的一项重大变革,它代表着采矿工艺技术的变革方向,是采矿技术发展的必然。

金川镍矿是我国最大的硫化铜镍矿床,矿床埋藏深、地应力高、矿岩稳定性差。针对这一采矿技术条件,金川镍矿与国内外科研院所和高等院校合作,采用大型无轨设备的下向分层胶结充填采矿方法,开展了一系列采矿技术攻关。通过"强采、强出、强充"的强化开采工艺,使采场围岩暴露时间缩短,有利于采场地压控制和安全管理,实现了安全高效的多中段无间柱大面积连续回采。在采矿方法与回采工艺、充填系统与充填工艺、采场地压优化控制及采矿生产管理等关键技术方面,取得了一系列重大成果,揭示了大面积连续开采采场地压规律,探索出有利于控制地压的回采顺序与采矿工艺。在科研实践中,对采矿生产系统、破碎运输系统、提升系统、膏体充填系统,进行了优化与技术改造,扩大了矿山产能,降低了损失与贫化,提高了矿山经济效益,为金川集团公司的高速发展提供了重大技术支撑。

该丛书全面系统地介绍了金川镍矿在采矿技术攻关和生产实践中所获得的研究成果和实践经验,是一套理论性强、实践性鲜明的充填采矿技术丛书。该丛书体现了金川工程技术人员的聪明才智,展现了我国采矿界的研究成果和工程经验,是国内外不可多得的一套完整的特大型矿床充填法开采技术丛书。

中南大学教授
中国工程院院士
2012 年 8 月

《特大型镍矿充填法开采技术著作丛书》编者的话

金川镍矿是我国最大的硫化铜镍矿床,已探明矿石储量5.2亿吨,含有镍、铜等23种有价稀贵金属。矿区经历了多次地质构造运动,断裂构造纵横交错,节理裂隙十分发育。矿区地应力高,矿体埋藏深、规模大、品位高,是目前国内外罕见的高地应力特大型难采金属矿床。不利的采矿技术条件使采矿工程面临严峻挑战。剧烈的采场地压活动,导致巷道掘支困难。大面积开采潜在着采场整体灾变失稳风险,尤其在水平矿柱和垂直矿柱的回采过程中面临极大困难。巷道剧烈变形,竖井开裂和垮冒,使"两柱"开采存在重大安全隐患,采场地压与岩移得不到有效控制,不仅造成两柱富矿永久丢失,而且将破坏上盘保留的贫矿,使其无法开采,造成更大的矿产资源损失。

众所周知,高地应力、深埋、厚大不稳固矿床的安全高效开采,关键在于采场地压控制。金川镍矿的工程技术人员以揭示矿床采矿技术条件为基础,以安全开采为前提,以控制采场地压为策略,以提高资源回收和降低贫化为目标,综合运用了理论分析、室内实验、数值模拟和现场监测等综合技术手段,研究解决了高应力特大型金属矿床安全高效开采中的关键技术。

本丛书揭示了高地应力复杂构造地应力的分布规律,探索出工程围岩特性随时空变化的工程地质分区分级方法,实现了对高应力采场围岩分区研究和定量评价;探索出与采矿条件相适应的大断面六角形双穿脉循环下向分层胶结充填回采工艺,实现了安全高效机械化盘区开采;采用系统分析方法进行了采矿生产系统分析,实现了对采场地压的优化控制;建立了矿区变形监测与灾变预测预报系统;完善了高浓度尾砂浆充填理论,解决了深井高浓度大流量管道输送的技术难题,形成了高地应力特大型金属矿床连续开采的理论体系与支撑技术,成功地实践了10万平方米的大面积连续开采。矿山以每年10%的产能递增,矿石回采率≥95%,贫化率≤4.2%,建成了我国年产800万吨的下向分层胶结充填法矿山,丰富了特大型金属矿床安全高效开采理论与技术。

本丛书是金川镍矿几十年来采矿技术攻关和采矿生产实践的系统总结。内容涉及矿山工程地质、采矿设计、充填工艺、地压控制、巷道支护、矿井通风、生产管理、数字化矿山、产能提升和深井开采10个方面。本丛书不仅全面反映了国内外科研院所和高等院校在金川镍矿的科研成果,而且更详细地总结了金川矿山工程技术人员的采矿实践经验,是一套内容丰富和实践性强的特大型复杂难采矿床下向分层充填法开采技术丛书。

《特大型镍矿充填法开采技术著作丛书》编委会

2012年9月于甘肃金昌

前　　言

　　金川镍矿是我国最大的有色金属矿床,也是世界上不多见的特大型矿床之一。金川镍矿矿床具有埋藏深、地应力高、矿体厚大和围岩破碎不稳固等特点,由此也给矿床的开采设计和回采生产带来诸多问题。

　　针对金川镍矿复杂的采矿技术条件,自矿山开发建设以来,围绕着矿山的开采方案和回采工艺开展了大量工程地质和岩石力学研究。对矿山采矿技术条件的研究和工程实践,使其逐步得到了发展与演变。不断调整回采方案和结构参数使得矿山的采矿方法能够适应于金川矿床的工程地质条件。

　　矿床开采设计是一项艰巨而又十分困难的研究工作。矿床采矿方法与回采工艺不仅要适应矿床采矿技术条件,而且还要考虑矿山生产能力及作业环境和安全生产。对于埋藏深、地应力高、矿岩不稳固的厚大的金川矿床开采设计,采场地压控制和安全生产是采矿设计的主要影响因素,而充填采矿法为首选。但如何提高充填法采矿的生产能力,在采矿模式和回采方案上一直存在分歧。尤其对于多中段留盘区间柱两步骤回采和不留矿柱的连续回采,是矿山开采设计所面临的艰难抉择,其问题的核心是采矿方法与回采工艺对地压的控制以及采矿安全生产。为此,金川镍矿针对采矿方法和回采工艺,开展了大量的理论研究和工业试验,并根据研究成果进行生产实践。因此,金川镍矿采矿方法的发展和演化都与采矿技术攻关与生产实践密切相关。实践是检验真理的唯一标准。通过大量的采矿技术攻关和工程实践,最终探索出适用于金川矿床开采条件的机械化下向分层胶结充填采矿方法,并衍生六角形进路回采和双穿脉道回采方案。该种采矿方法不仅提高了矿山生产能力,使矿石产量以每年10%的速度递增,而且还能有效控制采场地压,实现矿山安全生产,成功地实现了二期工程的无矿柱大面积连续开采。更值得关注的是,正是采用变革的采矿方法,完成了对水平矿柱和垂直矿柱的全面回采,避免宝贵资源的永久丢失。不仅是提升矿山生产能力的重要组成部分,而且也为企业可持续发展作出了巨大贡献。本书是对建矿30年来金川镍矿采矿设计的发展与演化过程的全面分析和系统总结,全面而详细地介绍金川镍矿采矿方法与回采工艺的理论研究、技术发展、生产实践和工程经验。

　　限于作者水平,书中难免有疏漏和不妥之处,敬请读者批评指正。

目　　录

第1章 绪 论

1.1 金川镍矿资源简述

金川镍矿是我国最大的硫化铜镍矿,也是世界著名的多金属共生的大型硫化铜镍矿床之一,发现于1958年,集中分布在龙首山下长6.5km、宽500m的范围内,已探明矿石储量为5.2亿t,镍金属储量550万t,列世界同类矿床第三位,铜金属储量343万t,居中国第二位,近年来的地质勘探成果表明金川镍矿的深部、边部及外围具有良好的找矿前景。金川矿石还伴生有钴、铂、钯、金、银、锇、铱、钌、铑、硒、碲、硫、铬、铁、镓、铟、锗、铊、镉等元素,目前可供回收利用的有价元素已有16种。矿床之大、矿体之集中、可供利用金属之多,在国内外都极其罕见。

金川铜镍矿石产于超基性岩体中,地质勘探时期,该矿床被划为四个矿区(图1.1)。位于矿床中部的Ⅱ矿区资源丰富,矿石品位高,其主矿体有两个,即西部的1#矿体和东部的2#矿体。2#矿体被成矿后期断层错断,分为F_{17}以东和F_{17}以西两部分。

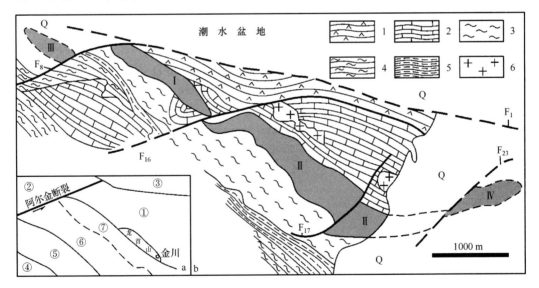

图 1.1 金川镍矿矿区地质构造简图

1. 斜长角闪岩;2. 大理岩;3. 混合岩、混合花岗岩;4. 片麻岩;5. 构造片岩;6. 晚期花岗岩;

①华北地台;②塔里木地台;③准噶尔晚古生代褶皱系;④南祁连褶皱带;
⑤中祁连中间地块;⑥北祁连优地槽;⑦河西走廊沉陷带

Ⅱ矿区1#矿体规模最大,长1600多米,厚10～200m,平均厚度98m。矿体倾角60°～75°,在地表以下228～380m见矿,延深230～905m,以富矿为主,矿石储量占矿区总储量的76.5%,为一超大型富矿体。Ⅱ矿区2#矿体为第二大矿体,矿体长1300多米,最大厚度 118m，延深 350～550m，见矿标高在地表以下 200m 左右，以贫矿为主，F_{17} 断层以西 1250～1350m 中段以富矿为主，还有相当数量的特富矿。

根据 1973 年 3 月提交的 II 矿区最终地质勘探报告，矿石资源量为 3.28 亿 t，镍金属量为 409 万 t，铜金属量为 268 万 t。

金川矿床开发始于 20 世纪 60 年代初，历经 50 余年的开采与建设，形成了现今龙首矿、二矿区和三矿区 3 座矿山的生产格局。

龙首矿是金川矿床最早发现、勘探、开发利用的矿区，于 1959 年开始基建施工，1962 年正式组建龙首矿。现龙首矿全部为地下开采，从东往西分为：东部采区、中部采区、西部采区和西二采区四部分，开采对象分别为 II 矿区 1# 矿体 6 行～I 矿区 8 行的矿体、I 矿区的全部贫富矿体和 F_8 以西的 III 矿区。

二矿区开采对象为 II 矿区 1# 矿体 6 行以东的富矿、下盘贫矿和上盘部分贫矿（小于20m），在高程上分为两个中段同时开采。目前开采的两个中段分别为 1150m 和 1000m；850m 中段正在建设，将接替 1150m 中段开采。

三矿区开采范围包括 II 矿区的 2# 矿体 F_{17} 以西边角矿体、F_{17} 以东矿体和 IV 矿区。II 矿区 2# 矿体 F_{17} 以东富矿开采工程设计的开采范围为 1182.5m 以下 40～54 行矿体。

金川矿山建设初期，为满足国家对镍金属的急需，并结合当时的矿山技术（包括采矿、选矿和冶炼）发展水平，1971 年国家计划委员会 2 号文件要求金川"矿山设计坚持优先开发富矿，采富保贫的方针"。此后，在金川资源综合利用的多次会议和设计方案论证会议上，就金川矿山的采矿方法问题进行过各种形式和规模的讨论，最终在各矿山富矿开采中采用了以下向胶结充填为基本形式的采矿法。龙首矿的富矿开发采用下向六角形进路胶结充填采矿法，其中大部分采场采用铲运机出矿，少部分采场采用电耙出矿。二矿区和三矿区 F_{17} 以东富矿开采工程采用机械化盘区进路下向胶结充填采矿法。

如今，各矿山在下向胶结充填采矿法采场内应用凿岩台车凿岩、铲运机出矿，在提高采场回采作业机械化水平和单位回采面积的矿石产量、减轻井下工人劳动强度等方面进行了不懈努力，加快了矿山建设，全面提升了金川集团公司的国际竞争能力。

1.2 采矿方案与回采工艺的发展与演化

1.2.1 金川镍矿开发建设与生产规模

金川镍矿发现于 1958 年，1959 年开始建设，1978 年金川被列入国家资源综合利用三大基地之一。金川矿山工程一期工程分为两期建设，一期设计龙首井下开采年产矿石72.6 万 t，露天矿年产矿石 170 万 t，1966 年 10 月正式投产。1967 年以后又进行了一期工程扩建。

1982 年露天开采到原设计境界。此后，对露天与地下开采之间的三角矿柱部分扩大露天开采境界，延长服务年限，形成年产 70 万 t 矿石的露天生产能力，为选冶提供年产2 万 t电镍的矿石资源。2009 年 3 月以前，龙首矿的开采范围包括 I 矿区和 II 矿区 6 行以西的矿体，自东向西依次划分为东部、中部、西部 3 个采区。东部采区正在回采 1100m 中段,设计生产能力为 16.5 万 t/a,实际生产能力达 30 万 t/a;中部采区和西部采区回采 1220m 中段,实际生产能力达 110 万 t/a。2010 年井下出矿量达 160 万 t。

二矿区是我国高应力破碎矿岩条件下的难采矿山之一。一期设计矿山生产能力为 3000t/d,1966 年开始建设,1982 年建成投产,下盘竖井开拓,共掘 7 条竖井,其中 4 条为生产服务,3 条用于二期建设。1986 年开始二期工程设计,二期工程设计矿山生产能力为 264 万 t/a,盘区生产能力为 1000t/d,1995 年建成。二期工程设计采用机械化盘区下向分层水平进路胶结充填采矿方法,将矿体沿走向按长 100m、宽为矿体厚度划分开采盘区。在盘区内沿矿体穿脉和沿脉布置进路,进路断面规格 5m×4m(宽×高)。采用 H-128 双臂液压台车凿岩、Eimco928 铲运机出矿。出矿溜井设在脉外,盘区通风采用微正压机械通风系统。由于二矿区的矿岩破碎、整体稳定性差,加之开采工艺上存在缺陷,到 1996 年,回采盘区的生产能力长期处于 500~600t/d,与设计的盘区生产能力 1000t/d 有较大差距。

自 1996 年开始,开展金川矿山改扩建工程建设,二矿区 1# 矿体的设计生产规模为 297 万 t/a,2005 年完成建设。1997~2003 年,通过科技进步,新工艺、新技术、新方法在二矿区开发应用,在矿山工程技术人员的长期艰苦努力下,二矿区的机械化充填采矿工艺技术得到了整体提升,在开拓系统、采矿工艺、充填工艺技术、通风系统和破碎围岩巷道支护等方面取得了多项技术创新,使得二矿区的各大生产系统得到进一步优化,工艺流程更加合理。2003 年,二矿区的生产盘区采出矿石量超过 800t/d,矿山出矿量超过 297 万 t/a,提前两年达到改扩建设计的 297 万 t/a 的生产能力,并突破了 300 万 t/a 大关。2004 年以来,通过新工艺、新设备应用,加上管理理念的完善,二矿区的矿石产量稳中有升,2004 年井下出矿达到 320 万 t,2008 年采出矿量突破 400 万 t,2010 年采出矿量达到 430 万 t。二矿区已成为我国有色金属地下开采生产能力最大、机械化程度较高的下向胶结充填采矿法矿山。

1.2.2 金川镍矿采矿技术条件与特征

金川矿区岩层多为古老的变质岩,节理裂隙十分发育,在成矿前后经历了多次构造运动,矿石和围岩均受到不同程度的破坏,因此,岩层整体稳定性较差,加之矿区地应力高,地压大。金川矿床表现出以下四个主要特征。

1. 矿体分布特别集中

金川镍矿床含超基性岩体全长 6.5km,集中在约 9km² 的范围内。岩体不大,但含矿性好。岩体体积中有 36.2% 构成工业矿体,岩体平均含镍 0.42%,含铜 0.23%。

2. 金川含矿超基性岩体分异较好

以超基性的含辉橄榄岩为核心,向外基性程度逐渐降低,最外层为蛇纹透闪绿泥片岩。

矿体类型齐全。按成矿作用和成矿阶段,可分为岩浆熔离型、熔离-贯入型、贯入型、接触交代型和细脉浸染型。贯入型致密块状矿体在Ⅱ矿区规模大，长数十米至 200 余米，最厚者达 60～70m，延深最大可达百余米，在国内也是规模最大的。

各类矿石的矿物成分相同且简单。主要为磁黄铁矿、镍黄铁矿、黄铜矿、方黄铜矿，次为黄铁矿、墨铜矿、马基诺矿，微量稀贵元素矿物种类繁多。矿石矿物容易用一般的浮选方法富集和冶炼，只有Ⅰ矿区西部强蚀变贫矿石和细粒结构贫矿石选矿回收率较低。

3. 矿床赋存多种贵重金属

除镍铜外，还含有钴，铂族、金、银及稀散元素。铜镍元素比值平均为 0.63，大于西澳大利亚、非洲南部、北欧及加拿大的大部分硫化镍矿床，铂族元素的含量高于澳大利亚的镍矿床。在国内硫化镍矿床中，铂族元素，金、银等含量最高，储量最大。在选矿中贵金属随铜镍富集于精矿中，这就极大地提高了资源的综合利用价值和经济效益。

4. 矿区工程地质条件复杂

含矿岩体侵入于前震旦系变质岩中。矿区经历了自吕梁运动以来的历次地质构造运动的作用，留下了以断裂为主的构造形迹，大小断层纵横交错，十分发育。构造运动具有长期继承活动的特点，岩矿破碎，工程地质条件复杂。加上地应力较大，致使在其中开掘井巷困难，开采条件亦较差。

1.2.3　采矿方案与回采工艺

1. 龙首矿采矿工艺演化

龙首矿矿山开采工艺演化见表 1.1。

表 1.1　龙首矿开采工艺演化

序号	阶段	采矿方法	时间	备注
1	初始阶段	小露天开采	1963～1965 年	主要开采龙首矿 1703m 水平 7^{+25}～13 行勘探线出露地表的氧化富矿体
2	初始探索阶段	分层崩落法	1965～1968 年	北京有色冶金设计研究总院设计，主要开采富矿
		分段崩落法	1965～1972 年	由东北工学院与金川集团公司合作设计，主要开采贫矿
		留矿采矿法	1965～1972 年	——
3	探索阶段	上向分层胶结充填采矿法	1965～1985 年	多漏斗出矿（1965～1970 年）、电耙出矿（1970～1985 年）、装运机（T_2G，T_4G）出矿（1973～1980 年）、铲运机（LF4.1 型）出矿（1977～1982 年）。到 20 世纪 80 年代后期，上向充填采矿全部被下向充填采矿所代替

序号	阶段	采矿方法	时间	备注
4	成熟阶段	下向倾斜分层胶结充填采矿法	1974～1980 年	低进路采矿法,进路规格为 2.5m×2.5m
		下向高进路胶结充填采矿法	1981～1986 年	进路规格为 4m×4m,由龙首矿和长沙矿山研究院联合研制
		下向六角形进路胶结充填采矿法	1985 年至今	由龙首矿研制。顶、底宽 3m,高 4m,腰宽 5m,采场生产能力由最初的 50t/d 提高到 150t/d
		下向机械化六角形进路采矿法	1989 年至今	由龙首矿研制。该项目是在六角形进路采矿法基础上的改进和提高,主要是适应机械化大型设备的使用和推广。无轨机械化作业采场生产能力 250～300t/d

2. 二矿区采矿工艺演化

二矿区采矿方法的演变过程如下:上向分层胶结充填采矿法→下向分层胶结充填采矿法→下向分层高进路胶结充填采矿法→垂直深孔球状药包爆破后退式采矿法(VCR 法)→机械化盘区上向水平进路胶结充填采矿法→机械化盘区下向分层水平进路胶结充填采矿法。

二矿区是金川集团公司的主力矿山,镍含量占金川镍矿的 3/4,历经一期工程、二期工程和矿山改扩建工程建设,目前正在开展 850m 中段开采工程建设。一期设计产矿石 3000t/d,1966 年开始建设,1982 年建成投产,下盘竖井开拓,共掘 7 条竖井,其中 4 条为生产服务,3 条用于二期建设。一期设计范围为 1250m 水平以上,沿走向长 1500m,分东、西两个采区。东部采区采用垂直走向布置上向分层胶结充填采矿法;西部采区因矿岩比较破碎,采用沿走向布置进路的下向分层胶结充填采矿法。1984 年中国-瑞典签订关于金川二矿区采矿技术合同,其内容之一为试验下(上)向进路胶结充填采矿法。1985～1988 年试验成功机械化下向进路胶结充填采矿法。同期,1984～1987 年又试验垂直深孔球状药包爆破后退式采矿法。这些采矿方法试验的突出特点如下:

(1)成功实现了国际技术合作,部分方法采用国内科研院所和金川镍矿共同联合攻关的方式。

(2)引进大型无轨采掘设备,形成高效的采掘机械化作业线。

(3)重要科研成果与技术改造和二期基本建设相结合,得到迅速转化、推广和应用。

(4)建立了在不良岩层的矿体中应用大型、高效设备开采的信心和决心。

这些特点保证了二矿区一期工程的长期、稳定和高效生产,也为二期工程基本建设提供了较为成熟的技术。

1985 年,国家决定建设金川二期工程,其中矿山工程由中瑞合作联合设计,设计矿石生产能力为 8000t/d,采用斜坡道＋皮带斜井＋竖井联合开拓方案,1995 年全面建成投产。二期矿山工程设计引进了 20 世纪 80 年代国际先进技术,坑内使用 25t 井下自卸卡车运输矿岩,机械化盘区下向进路胶结充填采矿法回采。盘区尺寸为 100m×100m,盘区设计生产能力 1000t/d,井下全员劳动生产率 9.8t/(人·d)。1997 年达产后,二矿区成为我国当时最大的有色金属地下矿山之一,也成为当时国内机械化程度最高的现代化地下矿山之一。

二矿区建成投产比龙首矿晚 20 年,投产初期基本上采用龙首矿的采矿方法,即在矿岩中等稳定条件的东部 2# 矿体,采用沿走向 5m 间隔垂直分条布置的上向分层充填采矿法,采取"隔一采一"的两步回采方案。对于矿岩不稳定的西部矿体,采用下向高进路分层充填采矿法,用电耙出矿。为了探索适应于二矿区矿床的高效安全采矿方法,二矿区从 1985 年开始进行了以下几项重大的采矿方法工业试验。

1) 中国-瑞典采矿技术合作

1984～1989 年,针对金川矿区的采矿技术条件,在二矿区开展了中瑞关于中国金川二矿区采矿技术研究,包括上向和下向两个机械化盘区的采矿方法试验,8000t/d 采矿初步设计和岩石力学研究。机械化上向水平进路胶结充填采矿法平均生产能力达 1039t/d;下向水平进路胶结充填采矿法平均生产能力达到 817t/d。引进了 H-127 型双臂电动液压凿岩台车,LF-4.1 型的 2m³ 铲运机,PT-45A 型辅助车等无轨设备。为地下矿山推广无轨机械化开采积累了经验。二期工程引进了包括 6m³ 铲运机、井下服务车、混凝土机组、H-128 型双臂台车等一大批无轨设备,共计 125 台。采矿工程实践表明,下向进路(5m×4m)胶结充填采矿法适用于金川二矿区不良矿岩的采矿技术条件,但对采用留中段间柱实施两步回采还是不留间柱的一步回采仍存在不同的观点。

2) VCR 采矿方法试验研究

1984～1987 年引进 ROC306 型履带式井下高压潜孔钻机和 LF-4.1 型铲运机,在二矿区东部中等稳定的区段开展大孔空场嗣后一次充填采矿试验,顶部凿岩硐室四周进行了长锚索加固,采场综合生产能力达到 250t/d,采矿方法试验获得成功。作为技术推广项目,在第 2 个 VCR 法采场拉槽大孔爆破期间,顶盘矿岩大面积冒落,说明在不稳定的矿岩条件下使用 VCR 法还有大量的工作要做。

3) 中国-澳大利亚技术合作进行大孔空场嗣后一次充填高效率采矿方法试验

金川二矿区规划中曾有将 8000t/d 产量提高到 17000t/d 的安排,井下胶带运输和竖井提升能力均可满足要求。这样要求采场生产能力应提高到 1200～1500t/d。1988～1992 年金川集团公司和澳大利亚 Mount Isa 矿业公司签订了技术合作协议,在二矿区东部中等稳定的区段组织大孔空场嗣后一次充填采矿试验,并在选定的 15m×8m 采场顶部凿岩硐室四周进行了长锚索加固。但在拉槽时因大孔爆破致使顶盘大量冒落而失败。

3. 三矿区采矿工艺演化

三矿区井下矿山早期开采范围由两部分组成,即Ⅱ矿区的 2# 矿体和Ⅲ矿区。2009 年 3 月,金川集团公司对矿山开采格局进行调整以后,开采范围为Ⅱ矿区的 2# 矿体和Ⅳ矿区。

2$^{\#}$矿体 F$_{17}$以东富矿开采工程设计的采矿方法为机械化盘区下向分层水平进路胶结充填采矿法。

Ⅲ矿区(2009 年划归龙首矿管理)可行性研究和初步设计均采用自然崩落法回采,并做了大量的自然崩落法理论和试验研究工作。随着市场镍金属价格不断攀升,在 2007 年修改初步设计中,将采矿方法改成机械化盘区下向水平进路胶结充填采矿法。

1.3 金川镍矿不同开采方案的争论

由于金川矿床赋存条件的复杂性,在开发过程中随着世界范围内矿山开采工艺技术、装备的进步,一直存在不同采矿方案的争论。与充填采矿相关技术的争论主要有以下几点。

1. 采富保贫和贫富兼采问题

20 世纪 60 年代,龙首矿的富矿用金属网假顶分层崩落法和水平分层胶结充填法开采,贫矿采用分段崩落法开采。1970 年以后,贫矿改由露天开采。70 年代初,我国矿山技术装备水平低,国民经济建设和国防建设急需镍金属,受政治、经济和技术等多种因素的影响,国家计划委员会确定了金川矿区采用"先采富矿,保留贫矿"的开采方针,为金川集团公司的发展奠定了基础。矿山贫矿开采在 20 多年后被列入"九五"国家科技攻关计划进行科技联合攻关。

2. 上向充填采矿法和下向充填采矿法之争论

20 世纪 70 年代,由于当时的采矿装备机械化水平低,传统上认为垂直分条布置的上向水平分层胶结充填采矿法生产能力高于下向进路分层胶结充填法。在 80 年代中期,实施机械化胶结充填采矿试验时,还是安排上向、下向各一个回采盘区,进行对比试验。检验两种采矿方式对矿山区域稳定状况、采场安全和采矿综合效率等方面的影响。经过金川集团公司和各试验单位的共同努力,试验取得了成功,证明下向分层水平进路胶结充填采矿是适应金川矿石工程地质条件的高效率、安全可靠的采矿方法。因而到 90 年代,金川集团公司的地下矿山全部推广应用下向充填采矿技术。

3. 粗骨料充填工艺与细砂管道充填工艺

金川矿山开采初期,粗骨料充填工艺以其较为简单的工艺流程、水泥单耗较低而充填体强度较高的优势,得以在生产中较长时间使用,并积累了一定的工程经验。随着开采深度不断增加,在开采深度超过 300m 以后,充填料输送存在环节多、充填巷道维护返修量大、难于实现自动化和机械化、用人多、充填能力小等缺点,限制了其使用范围。通过持续开展试验研究工作,实现不断的技术进步,金川矿山已完善了料浆制备管道输送的连续充填工艺流程,应用于生产实践的工艺技术主要有高浓度料浆自流管道输送、膏体料浆泵送充填和碎石高浓度料浆自流管道输送等。

4. 两步骤回采方案与不留矿柱大面积连续回采方案

该争论的焦点是区域性岩体和充填体稳定性的认识问题,以及沿矿体走向按 80m 和 20m 间隔划分盘区和矿柱时,矿柱后期能否安全、高效回采与回收率的问题。不留间柱的回采方案是同时采出全部矿体,采用胶结充填体充填,实现连续开采。

对于留矿柱回采方案的采场地压显现规律特征的普遍认识是:一期回采矿柱,在间柱支撑下开采矿房,采场地压较小,能够实现盘区内占 80% 矿量的安全回采;盘区回采过程中,矿房回采后采场地压转嫁到矿柱上,导致矿柱应力集中。尽管矿柱仅占矿石量的 20%,但是这部分矿石是在高应力状态下开采,存在较大的安全风险且效率较低,甚至难以采出。因此,在回采矿柱的过程中存在极大困难。

不留矿柱的连续开采,由于没有盘区间间柱的支撑,因此采场地压相对于留矿柱的盘区开采要显著,但是不存在回采应力集中的矿柱的问题。

由此可见,两种回采方案对于采场地压的控制和矿体回采,不留矿柱的回采方案是将整个矿体回采过程的地压均匀分布到整个采矿过程,而留矿柱的回采方案是确保 80% 的矿体实现安全、可靠地回采,对于余下的 20% 矿体则尽可能回采,但首先确保采矿安全。另外,由于留间柱的两步骤回采方案的采场布置和回采工艺比连续回采方案复杂,从而限制了采场的生产能力。这也是留矿柱回采方案的缺点之一。

自 1984 年以后,包括中南矿冶学院在内的多家大专院校先后对该采矿方法进行研究,就留间柱和不留间柱及上向和下向分层胶结充填法问题进行数值分析。研究显示,中段间的间柱在开采过程中将经历一个高应力集中时期。因此,不但增加矿柱回收的难度和矿石损失,而且也增加了岩层控制的难度,建议在金川二矿区不留盘区矿柱。

数值分析说明盘区开采时矿柱处于高应力及塑性变形破坏区,最终将呈压碎状态,难以回采。如果不留间隔矿柱,盘区之间错开下降标高或保留中央盘区由中央向两侧回采,最后回采中央盘区,实现连续回采是可行的。

以上述理论分析为基础,二矿区在生产过程中采用盘区内连续开采方式,不留矿柱,单中段开采连续下向开采面积达 10 万 m² 以上。目前 1150m 中段的部分盘区开采已经结束,即盘区的开采水平已经下降到 1150m 水平,尚未发现大面积地压剧烈活动的迹象,说明在金川矿区的条件下采用机械化盘区进路下向充填采矿法连续开采是可行的。

1.4　金川二矿区开采设计技术难题

金川矿区在国内外采矿界的厚大不稳固矿床开采中创造了奇迹,但随着矿床开采深度增加,开采面积扩大,深部采矿难度也随之增大。尤其是二矿区深部多中段开采采场地压控制及水平矿柱的稳定性问题,业内普遍认为这是二矿区开采面临重大的挑战,其主要问题有以下五个方面。

1. 1150m 中段水平矿柱消失后采场整体稳定性

二矿区 1# 矿体 1150m 和 1000m 两个中段同时开采,850m 中段已基本建成,具备接替 1150m 中段开采的条件。当前 1150m 中段盘区平均开采水平已经下降到 1158m 水平,1000m 中段下降到 1098m 水平,两中段间的剩余矿石将在不到 1 年的时间内开采结束,也就是 1150m 中段水平矿柱将全部消失。随着 1150m 中段水平矿柱的消失,将显著地改变充填体的轴比,从而改变采场围岩和充填体应力的大小和状态,势必影响采场围岩和充填体的整体稳定。因此,1150m 中段水平矿柱回采结束后,采场围岩和充填体的稳定性如何,是否会发生充填体的整体脱落,是否会导致采场覆岩发生大范围沉陷及诱发采场围岩剧烈活动,这些都是业内,特别是金川集团公司极为关注的问题。

2. 1150m 中段水平矿柱消失后采场地压显现规律与控制

对采场起到支撑作用,抵抗矿区水平构造作用的 1150m 中段的水平矿柱,不仅对采场的整体稳定性起到至关重要的作用,而且还有效地抑制采场地压。一旦水平矿柱回采结束转入 850m 中段开采,势必对 1000m 和 850m 中段的采场地压显现规律产生根本性影响,并随着开采深度增加,影响程度和范围将不断扩大。因此,1150m 中段水平矿柱回采结束后,深部采场地压显现规律与地压控制也是人们密切关注的问题。

3. 1150m 中段水平矿柱消失后采场岩移规律及对竖井工程稳定性影响

传统观点认为,充填法采矿一般不存在岩层移动的问题。这对于矿体埋藏深、围岩稳固和矿体小的充填法上述观点可能是正确的,但对于像二矿区 1# 矿体这类特大型不稳固矿体,地表岩移甚至沉陷崩落是不可避免的,只是显现的时间早晚和变形的剧烈程度问题。

事实上,二矿区从 1986 年投产,到 1998 年地表发现张开裂缝,二矿区在开采 12 年后,采场围岩移动已经发展到地表。从 1998 年发现岩移张开裂缝以来,随着开采规模和生产能力的扩大,采场岩移呈现加剧趋势,致使 14 行风井于 2005 年 3 月发生较大垮冒。二矿区采矿实践证明,对于超大规模的金川矿体开采,矿体埋藏深,充填法采矿不仅诱发岩移,而且岩移范围较广、移动速率较大。更加令人关注的是,当 1150m 水平矿柱回采结束后,可能改变采场岩层移动的现有发展规律,势必对采矿工程和采场地压产生显著影响。

4. 二矿区 1# 厚大矿体深部 850m 中段开采方案的决策

经过几十年的科研探索和采矿实践,从理论上和生产实践中已经证明了二矿区厚大矿体采用无矿柱大面积连续开采的可行性与可靠性,确保了矿产资源的充分回收及采场的安全生产。然而,一期工程的成功经验能否推广应用于 850m 中段的开采,是二矿区关注的另一个采矿技术难题。

与一期工程相比,850m 中段的埋深接近千米,采场开采面积将超过 10 万 m^2,围岩和充填体所赋存的应力环境、围岩力学特性及深部工程地质和水文地质条件均发生了不同程度的变化。可以肯定,一期工程无矿柱连续开采的成功经验很难应用到 850m 中段,但也没有任何根据否定无矿柱连续开采的可行性,关键在于对深部采矿条件应作进一步分析和研究,以改进采矿技术和回采工艺,适应深部高地应力的开采条件,确保深部采场安全高效开采。这是二矿区深部开采方案决策不可回避的重要问题。

5. 二矿区 1250m 水平以上贫矿开采可行性与优化决策

金川在建矿初期根据当时的技术条件及国家对有色金属材料的迫切需求,做出了"采富保贫"的资源开发战略决策。因此,在以后几十年的采矿生产中,保留了 $1^{\#}$ 矿体 1250m 中段以上及上盘的大量贫矿。随着金川资源的日趋减少及开采规模逐渐增大,贫矿资源的开发利用已经列入金川集团公司的开发规划中。由于富矿开采破坏了原岩应力状态,使采场围岩和矿体稳定性更差,从而使 1250m 水平以上贫矿开采面临更大的困难;同时,贫矿开采对采场围岩产生二次扰动,加剧岩层移动速度,岩移势必加剧对矿区竖井等主要构筑物稳定性的影响。因此,1250m 以上贫矿何时开采、如何开采也是二矿区资源开发所面临的又一艰难决策。

综上所述,由于金川特大型复杂难采矿体采矿方法的研究和发展,经历了多次科学研究和长期的生产实践。随着金川龙首矿、二矿区和三矿区开采深度的逐渐增加,采矿技术条件必将发生变化,因此,采矿方法和回采工艺也不能一成不变,需要根据采矿技术条件的变化而变化。金川龙首矿、二矿区在建成投产后的 40 余年的生产实践中,与国内外科研院所和高等院校开展长期合作,进行了诸多的科研工作,不仅探索出适用于金川不同矿床采矿技术条件的采矿方法和回采工艺,而且在采场生产实践中,也积累了丰富的工程经验和失败教训。这些经验和教训不仅为金川矿区深部高应力矿体开采提供宝贵经验,也为国内外类似矿床的开发利用提供重要参考。

为此,本书系统总结了金川矿区 50 余年的采矿设计科研成果与工程实践,详细介绍龙首矿、二矿区和三矿区在采矿实践中遇到的采矿技术及所攻克的技术难关,并深入探讨深部矿床开采采矿方法与回采工艺,为高应力矿区的特大型难采矿床的安全、高效开采提供理论依据。本书主要总结和介绍的内容如下:

第一,从金川矿区矿体形态、赋存条件与特征论述矿床地下开采的总体设计、资源开发指导思想和遵循的原则。

第二,金川集团公司各生产矿山不同开采时期的开拓系统与主要工程布置。

第三,金川集团公司各矿山采矿方法的研究、发展与演化,并根据开展的科研工作和采矿实践,论述不同采矿方法的优缺点。

第四,二矿区在采矿实践中所开展的回采工艺优化与矿柱回采技术,包括机械化盘区采切和双穿脉道回采方案,以及 16 行垂直矿柱的安全回采工艺。

第五,各矿区深部开采技术条件,分析和总结矿山深部开采不同采矿方法存在问题,为进一步分析和优化深部采矿方法奠定基础。

第六,金川各矿区充填系统和充填工艺,为金川矿山深部安全、高效开采提供技术保障。

最后,对金川矿区特大型复杂难采矿床采矿方法的理论与实践进行总结。金川各矿区厚大不稳固矿体开采的经验与教训,为金川深部矿床的采矿设计与国内外类似矿山的开发与利用提供宝贵经验。

1.5 本 章 小 结

　　本章在简要概述金川矿区矿产资源的基础上，介绍了自建矿以来采矿方法和回采工艺的发展与演化。实践证明，在金川特定矿岩条件下，采用不同形式的下向水平分层进路胶结充填开采是合适的，大型机械化凿岩设备和出矿设备的配套使用，有效提高了单位面积的开采强度，降低了采矿工作面作业人员的劳动强度，实现矿山安全、高效、低成本采矿。开采初期，不同开采方案的争论及开采过程中的关键技术难题的解决，使该采矿方法的工艺和生产管理得以不断完善。

第2章　金川矿床地质环境和特征

2.1　金川矿床地质环境

2.1.1　区域主要构造位置

　　金川硫化铜矿床赋存于华北地台阿拉善地块西南缘龙首山隆起的铁质超镁铁侵入岩中。龙首山隆起所在的阿拉善地块位于塔里木地台与华北地台相接的部位,南邻早古生代北祁连褶皱带,北依晚古生代准噶尔褶皱带(图2.1)。金川矿床所处的区域构造位置表明,阿拉善地块尤其是龙首山隆起与相邻大地构造单元有着密不可分的联系,从而使其处于复杂的区域构造环境。

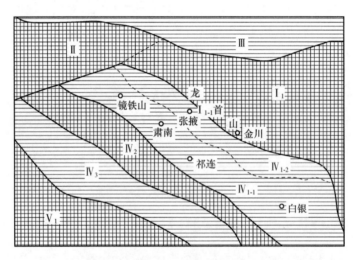

图 2.1　金川矿区大地构造位置示意图

Ⅰ₁. 阿拉善地块;Ⅰ₁₋₁. 龙首山隆起;Ⅱ. 塔里木地台;Ⅲ. 晚古生代准噶尔褶皱带;
Ⅳ₁₋₁. 河西走廊沉陷;Ⅳ₁₋₂. 北祁连优地槽;Ⅳ₂. 中祁连中间地块;
Ⅳ₃. 南祁连褶皱带;Ⅴ₁. 柴达木中间地块

2.1.2　沉积建造

　　金川矿床所处的龙首山区,其沉积建造自下而上可分为:下元古代前长城纪变质碳酸盐-火山岩建造;中晚元古代富镁质碳酸盐-火山碎屑岩建造;晚古生代磨拉石-浅海相碳酸盐建造;中新生代陆相碎屑岩建造。

　　前长城纪沉积建造为金川含矿超镁铁岩的成岩前建造,龙首山区前长城纪为龙首山群,原岩相当于钙碱性火山岩和沉积岩,按岩石组合和原岩建造特征,龙首山群可划分为:下部以具混合岩化为特征的白家咀子组;上部以已经变质成为片岩、片麻岩和大理岩的沉积碎屑岩、沉积碳酸盐为主的塔马子沟组。金川超镁铁岩体位于白家咀子组中,与金川含矿岩体直接接触的围岩主要是均质混合岩、条带-均质混合岩、黑云母斜长片麻岩、含榴二云母片麻岩、绿泥石英片岩、蛇纹石大理岩等。

龙首山区中、晚元古界为典型大陆环境沉积产物,系金川岩体的成岩期建造。自下而上可分为:长城纪火山岩-碎屑岩建造、蓟县纪藻礁富镁质碳酸盐岩建造和震旦纪碳酸盐质碎屑流沉积建造。

龙首山区早古生代局部接受了寒武纪沉积,大面积为大陆边缘隆起遭受剥蚀环境,志留-泥盆纪表现为断陷盆地沉积,以及石炭、二叠纪的海陆交互相沉积和中、新生代陆相沉积。晚古生代和中、新生代的沉积建造反映了对金川岩体改造时期的构造环境。除第四系古河床砾石层及近代洪积-坡积层覆盖于被剥蚀的夷平的部分外,各个时期的沉积产物很少直接堆积于金川岩体,但因金川岩体成岩后被推覆上升而与其局部接触。

2.1.3　岩浆岩

龙首山区岩浆活动以花岗岩类最为发育,分布面积大,多呈岩基出现,主要形成于早古生代中、晚期和晚古生代早、中期,岩石类型主要为二长花岗岩和闪长花岗岩,其次是钾长花岗岩,少数为斜长花岗岩、石英闪长岩、石英二长岩等。

龙首山区镁铁-超镁铁岩主要发育于中、晚元古代,为规模大小不等的呈岩墙状、脉状及岩株状产出的岩体、岩群,断续分布于龙首山隆起,构成一个重要的镁铁-超镁铁岩带。基性、中性火山岩主要发育于中、晚元古代,部分与镁铁-超镁铁岩侵入体相伴产出。龙首山区镁铁岩均属铁质镁铁-超镁铁岩。

2.1.4　成岩成矿构造背景

金川岩体形成于长城纪晚期[(1508±30)Ma],龙首山群的构造变形主要为强塑性压扁。透入性流壁理(结晶片理)、流褶皱为主要特征,基底裸露处表现为原生层理消失,地层厚度增加,塑性流变造成矿物排列定向的强烈混合岩化、花岗岩化作用,大理岩、石英岩的厚薄不均及不规则小褶曲的发育等,基底经历多期次构造变形叠加展示的构造形迹为金川岩体上侵提供了封闭的环境。进入大陆裂谷萌芽期前断裂拱曲阶段的局部隆起,沿阿拉善地块边缘走向产生开阔弯窿和线状不连续性断裂,陆壳开始变薄,使来自上地幔的镁铁-超镁铁质岩浆上侵而形成金川岩体。早古生代末到晚古生代以来构造变形期造就龙首山区现今表现的脆性破裂剪切构造特征,叠瓦式逆冲断层和正断层的切错。龙首山区晚加里东期及其以后的构造活动,使金川岩体从形成较深的部位推移上升到地表。印支-燕山及喜马拉雅期的构造变形主要形成一些宽缓的褶曲和 NE 向等脆性破裂剪切;龙首山地区的区域构造演化与相邻祁连褶皱系的构造演化密切有关,它的构造发展经历了压-张-压这样一个构造历史,前长城纪为压的造陆作用历史,长城纪晚期进入拉张演化阶段,这一时期形成了包括金川矿床在内的一系列内生、外生金属矿床,是本区重要的成矿阶段。志留纪末晚加里东运动又使本区再度进入挤压环境演化历史,形成龙首山推伏构造。这个新的研究结论否定了过去一直把龙首山隆起北界与潮水凹陷相接的 F$_1$ 断裂确定为深大断裂,是金川含矿岩体的导矿构造的看法。更系统全面地阐述了金川含矿岩体成岩成矿前后构造演化历史,对金川矿床开发所表现的复杂地质条件的内在原因有了新的认识。

2.2　金川矿床地质特征

金川硫化铜镍矿床的镍金属储量与国外公布的同类型相同品级的矿床相比,仅次于加拿大萨德伯里镍矿区,但萨德伯里镍矿区的镍金属储量是包括长 60km、宽 27km 的椭圆形盆地及其周围 40 多个镍矿床的总和。就单个矿床而言,金川矿床堪称世界最大的高品位(矿石平均含镍 1%以上)硫化镍矿床。

2.2.1　含矿岩体规模、形态与产状

金川矿床含矿岩体全长约 6500m,宽 20~527m,延深数百米至千余米,最大延深超过1100m,岩体东西两端被第四系覆盖,中部出露地表,上部已遭剥蚀,岩体走向 NW50°、倾向西南,倾角 50°~80°,岩体受北东向压扭性断层错断,由西向东分为四段,即依次为Ⅲ、Ⅰ、Ⅱ、Ⅳ四个矿区的含矿岩体,如图 2.2 所示。

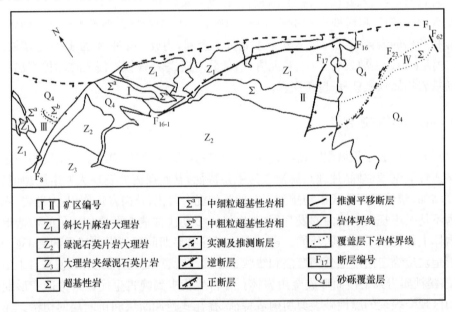

图 2.2　金川矿床地质略图

各个矿区含矿岩体的规模、形态、产状都有差别,最西端的Ⅲ矿区岩体受 F_8 断层影响,相对于Ⅰ矿区岩体向南西推移 900 余米,全部隐伏于第四系之下,埋藏深度 40~50m。东宽西窄,向西逐渐尖灭,岩体走向北西,倾向南西,倾角 60°~70°,局部达 70°以上。东部延深达 600m 以上,西部延深仅 200m 左右,呈楔形向下尖灭(图 2.3~图 2.5)。

Ⅰ矿区岩体出露地表长 1500m,西部最大宽度达 320m,向东逐渐变窄,宽约 20m,倾向延深大于 700m。岩体走向 NW50°~60°,倾向南西,倾角较陡,一般为 70°~80°。沿倾向有膨缩,岩体底部形态起伏具有向西侧伏的趋势,岩体和星点状贫矿体产状基本一致,

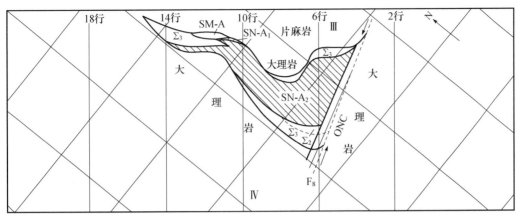

图 2.3　金川Ⅲ矿区 1530m 水平矿体示意图(图例参考图 2.6)

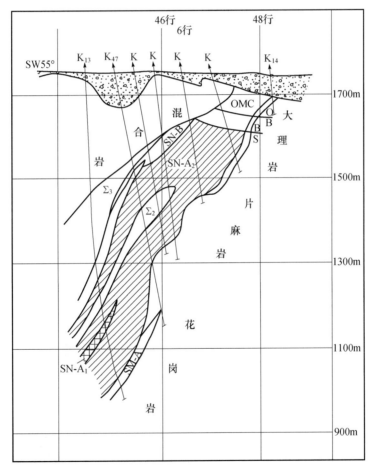

图 2.4　金川Ⅲ矿区西部矿体剖面示意图

海绵状富矿体发育于近岩体底盘,但不受岩相及底部形态的控制,在个别地段此类矿体还贯入到底盘围岩中(图 2.6~图 2.8)。Ⅰ矿区是最早开采的矿区,早期用露天开采,现已全部转入地下开采。

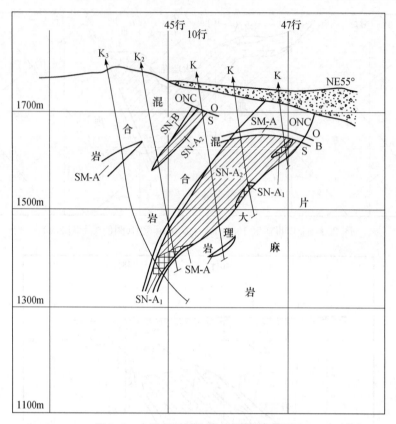

图 2.5　金川Ⅲ矿区东部矿体剖面示意图

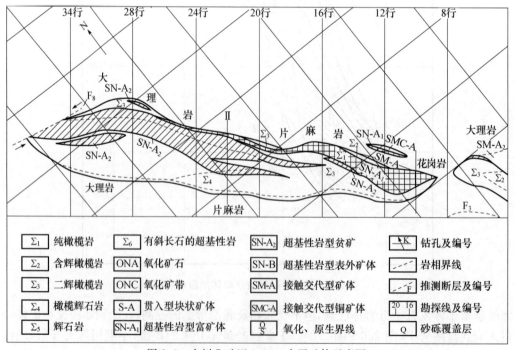

Σ_1	纯橄榄岩	Σ_6	有斜长石的超基性岩	SN-A₂	超基性岩型贫矿	钻孔及编号 K
Σ_2	含辉橄榄岩	ONA	氧化矿石	SN-B	超基性岩型表外矿体	岩相界线
Σ_3	二辉橄榄岩	ONC	氧化矿带	SM-A	接触交代型矿体	推测断层及编号 F
Σ_4	橄榄辉石岩	S-A	贯入型块状矿体	SMC-A	接触交代型铜矿体	勘探线及编号 20 16
Σ_5	辉石岩	SN-A₁	超基性岩型富矿	O／S	氧化、原生界线	砂砾覆盖层 Q

图 2.6　金川Ⅰ矿区 1460m 水平矿体示意图

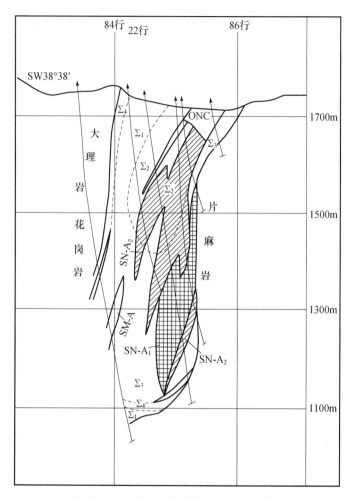

图 2.7　金川 I 矿区西部矿体剖面示意图

Ⅱ矿区岩体长 3000 余米,除东端 300 余米岩体隐伏于第四纪之下外,其余均出露地表。岩体两端窄中间宽,最宽处更由于 F_{17} 断层影响达 527m,总体走向约为 NW50°,倾向南西,倾角 50°～80°。岩体有分支,规模巨大的海绵陨铁状富矿体主要在下分支(图 2.9～图 2.12),块状特富矿的规模比较大,本矿区的矿体规模最大,镍金属储量占全矿区 3/4,是最大规模的开采矿区。

Ⅳ矿区岩体位于最东端,西端与二矿区岩体相连接,长约 1300m,最宽处 230 多米,隐伏于混合岩及第四系之下:覆盖物厚 60～140m,向下延深 400～600m 尖灭(图 2.13～图 2.15),本矿区尚未开发。

2.2.2　含矿岩体的主要矿物成分及岩相划分

金川超镁铁岩岩石中的主要造岩矿物为橄榄石、辉石、少量斜长石和角闪石及其蚀变矿物。主要副矿物有尖晶石、磁铁矿和钛铁矿。

橄榄石成分中镁橄榄石含量 78.50%～86.19%(质量分数),其余为铁橄榄石成分,

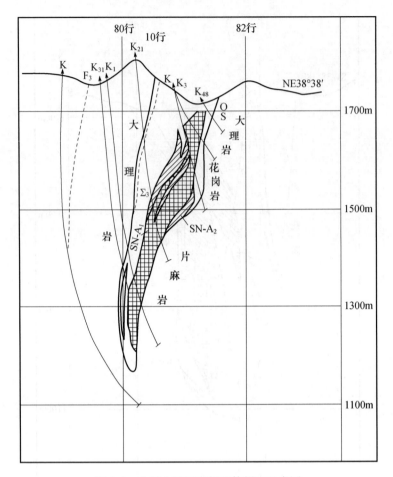

图 2.8　金川 I 矿区东部矿体剖面示意图

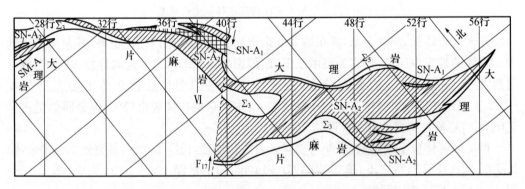

图 2.9　金川 II 矿区东部矿体剖面示意图（2# 矿体）

属贵橄榄石。橄榄石普遍受到不同程度的自变质及热液蚀变而成为蛇纹石，橄榄石中 NiO 含量为 0~0.30%。

辉石有单斜辉石和斜方辉石两种，共存于岩体的各种岩石中。单斜辉石主要为顽透辉石，有部分蚀变为角闪石，而斜方辉石系古铜辉石，常蚀变成绢石。

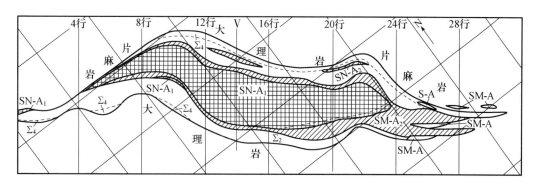

图 2.10　金川Ⅱ矿区 1# 矿体 1150m 平面示意图

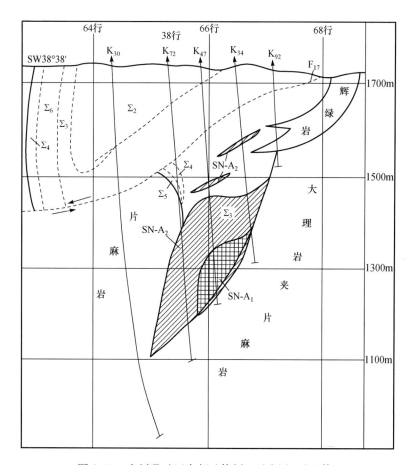

图 2.11　金川Ⅱ矿区东部矿体剖面示意图（2# 矿体）

斜长石属拉长石,局部出现在橄榄石相对少的岩石中。

金川岩体的岩相一直沿用地质勘探初期以橄榄石、辉石的含量进行分类命名,如果斜长石含量不小于 5% 时,参加岩石命名。据此金川岩体的岩相如下:

（1）纯橄榄岩。橄榄石含量大于 90%,辉石含量小于 10%。

（2）含二辉橄榄岩。橄榄石含量 70%~90%,辉石含量 10%~30%。

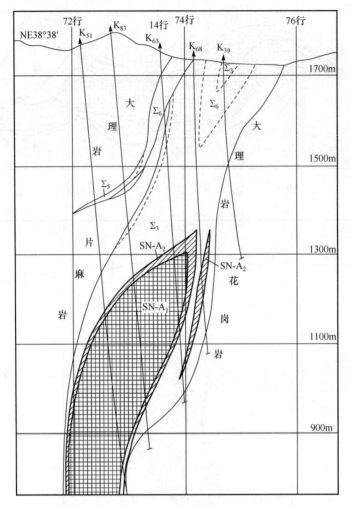

图 2.12　金川Ⅱ矿区西部矿体剖面示意图(1# 矿体)

（3）二辉橄榄岩。橄榄石含量 30％～70％，辉石含量 30％～70％。

（4）橄榄二辉岩。橄榄石含量 10％～30％，辉石含量 70％～90％。

（5）二辉岩。橄榄石含量＜10％，辉石含量＞90％。

（6）斜长含二辉橄榄岩。斜长石含量约 6％。

（7）斜长二辉橄榄岩。斜长石含量约 6％。

上列各类岩相中纯橄榄岩主要分布Ⅰ矿区、Ⅱ矿区；含斜长石类岩石主要分布于Ⅱ矿区、Ⅳ矿区；其余岩相各矿区均有分布。一般来说，岩体中部岩相基性程度较高，外缘基性度减弱，但纯橄榄岩主要形成硫化镍富矿体，系稍晚期贯入，分布于岩体近底盘甚至贯入底盘围岩中。岩体边缘有厚一米至数米灰绿色片状构造的片岩，按矿物成分命名为蛇纹石-透闪石-绿泥石片岩，系受构造影响形成的岩体的边缘相。

岩体中各类岩石按组成矿物粒度明显地分为：中细粒（一般粒度 0.5～3mm）、中粗粒（一般粒度 1～6mm）和中粒（1～3mm）。

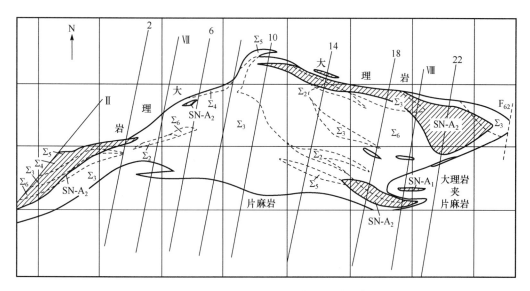

图 2.13 金川Ⅳ矿区 1400m 水平地质示意图

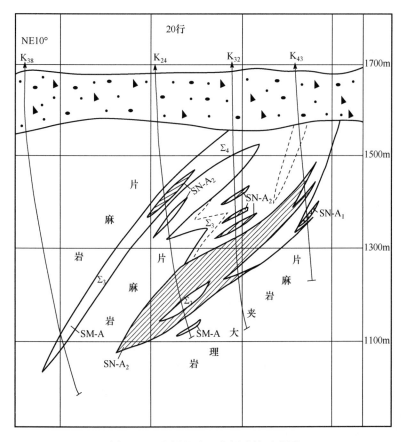

图 2.14 金川Ⅳ矿区东部矿体示意图

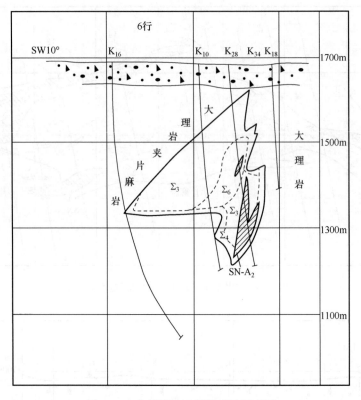

图 2.15　金川 Ⅳ 矿区西部矿体示意图

各种不同粒度、不同成分的岩石一般与岩体走向一致呈似层状分布。岩体中常见晚期煌斑岩、细粒闪长岩及辉绿岩脉,这些脉岩与岩脉垂直岩体走向或不规则地穿插于岩体。

2.2.3　矿床类型与矿体划分

金川矿床属岩浆熔离-贯入型复合矿床,按照成因划分为以下五类矿体。

1) 岩浆就地熔离矿体

矿体规模大小不等,长数米至数百米,厚一米至数十米,呈不规则透镜体,沿走向和倾向具明显的膨缩变化及分支复合,规模较大者多产于基性度较高的含二辉橄榄岩和二辉橄榄岩中,矿体与所在岩相之间呈渐变过渡关系。主要金属硫化物为磁黄铁矿、镍黄铁矿和黄铜矿,有少量古巴矿、马基诺矿、墨铜矿等。金属硫化物含量约占 5%。金属硫化物集合体 1~3mm 均匀地充填于橄榄石、辉石等矿物晶粒间,形成矿石含镍 0.5%~0.7%,局部可达 1% 以上。稀疏星点状矿石部分矿体金属硫化物集合体有 0.1~10mm,大小不等,呈斑杂状矿石。

2) 岩浆深部熔离-贯入矿体

矿体规模巨大,长数百米至千米,厚数十米至百余米,是最重要的矿体类型。主要产于岩体的下部,个别分支贯入于底盘围岩中,矿体形态呈似板状、透镜状,膨缩变化明显,尖灭变化突然,产状较岩体陡或缓,穿插先期形成的岩相,呈截然侵入接触或混合渐变侵入接触。除外围星点状矿石外壳之外,几乎全部由海绵陨铁状矿石组成。矿石含镍 2%～3%,主要金属硫化物为磁黄铁矿、镍黄铁矿、黄铜矿,矿体上部有较多紫硫镍铁矿、黄铁矿、白铁矿,局部有较多的墨铜矿、马基诺矿及少量古巴矿。金属硫化物含量占 12%～25%。

3) 晚期贯入矿体

矿体长数米至百余米,厚数十厘米至二十余米,呈不规则脉状、扁豆状,膨缩变化大,其分布受岩体原生构造和其他裂隙控制,贯入于前两类矿体中或岩体上下盘的接触带及底盘围岩中。矿体主要由块状矿石组成,在矿体端部、边缘及矿体所处接触带之外围岩中,常有半块状、脉状、细脉浸染状矿石出现,宽度可达数米。块状矿石约 98% 以上为金属硫化物组成,矿石含镍可高达 9%,金属矿物主要为磁黄铁矿、黄铁矿、黄铜矿、镍黄铁矿、紫硫镍铁矿及少量磁铁矿。

4) 接触交代矿体

矿体长数十米至数百米,厚数米至数十米,呈似层状、透镜状、囊状,产于岩体上下盘的大理岩围岩及捕房体中。矿石含镍 0.5%～2%,矿体形态变化较大,产状与岩体边缘相一致。矿石为稀疏浸染状、稠密浸染状。金属矿物为磁黄铁矿、黄铁矿、镍黄铁矿、紫硫镍铁矿、黄铜矿、古巴矿、墨铜矿和少量磁铁矿、马基诺矿等,接触交代矿体中铜镍比值较前述几种类型矿体高,以致铜含量超过镍而成为含镍的铜矿石。

5) **热液叠加矿体**

各类矿体系由热液叠加于深部熔离-贯入型海绵状富矿体及与其相邻的星点状贫矿体而形成。矿体长数十米至五百余米,厚几米至五十余米,呈透镜状、似层状沿矿体中的剪切挤压带分布。矿石中交代、蚀变异常强烈。具强烈滑石菱镁矿化,矿石成分与相邻的海绵状矿石相比明显不同,铜、铂、钯、金、银、硒、碲含量明显增高,矿石中除原矿石的金属矿物外,铜矿物主要是古巴矿、墨铜矿,并富集种类繁多的贵金属元素矿物和稀有元素碲、硒化合物。

2.2.4　铜镍矿体圈定的工业指标及矿石工业类型

矿石的工业开采利用是以矿石组成矿物的工艺性质和工艺技术、经济效益为基础的。因此,矿石的工业类型以主金属镍、铜含量及其存在状态结合成因类型划分,依此圈定矿体,并按开采条件确定矿体最小可采厚度与矿体夹石最大允许厚度。

根据矿石可选性试验及开采的技术经济条件,金川矿床硫化镍矿石的工业类型划分的各项指标如下:

(1) 硫化率。当硫化镍/全镍≥60% 时,矿石为硫化镍矿石。

(2) 当氧化铜/全铜＜10% 时,矿石为硫化铜矿石。

(3) 硫化镍特富矿。单独圈定的晚期贯入矿体,按工业指标含铜不限,实际矿石含镍在 3% 以上,可直接熔炼处理矿石。

(4) 硫化镍富矿。镍含量≥1%,含铜不限,主要为深部熔离-贯入矿体,也包括其他各种成因类型矿体,按矿石镍含量圈定矿体。

（5）硫化镍贫矿。镍含量为 0.5％～0.99％，含铜量<1％。主要为就地熔离矿体，也包括深部熔离-贯入型矿体边缘及其他类型含镍较低的部分矿体。

（6）硫化铜富矿。含铜量≥1％，镍含量<1％。

（7）硫化铜贫矿。含铜量 0.5％～0.99％，镍含量<0.5％。

（8）矿体最小可采厚度。矿体最小可采厚度 1m，小于 1m 者不作矿石圈定。若以钻孔岩心样品金属含量圈定矿体，则最小可采厚度为假厚度 2m。

（9）矿体夹石最大允许厚度。矿体夹石最大允许厚度 2m，大于 2m 者单独圈定予以剔除。

2.3 成矿模式

根据金川矿床的地质特征及众多单位的研究，普遍认为，金川矿化铜镍矿床是来源于地幔深部富硫的铁质超基性岩浆，沿深断裂上侵到达地壳深部岩浆房，由于熔离和重力分异作用，逐渐形成自上而下的岩浆、含矿岩浆、富矿岩浆和矿浆的分层格局，在构造应力脉动式作用驱动下，岩浆、含矿岩浆、富矿岩浆和矿浆先后沿同一通道多次上侵。先期上侵的含矿岩浆控制了侵入后就地熔离的贫矿体。后续上侵的富矿岩浆沿前次侵入的含矿岩浆体的下侧及底盘边缘形成最具工业价值的海绵晶铁状富矿体。在岩浆房熔离形成的较纯的硫化物矿浆最后贯入构造活动形成的储矿空间，形成特富矿体及局部贯入周围岩石的片理中成为角砾状、细脉浸染状矿体。含矿岩浆、富矿岩浆及矿浆侵入现存空间后，温度下降，压力相对减低，岩体中气液进一步增加，当气液聚集到一定程度之后使已结晶的橄榄石、辉石发生蛇纹石化、绿泥石化等自变质作用，以及使尚处于熔融状态的硫化物与接触带的化学性质活泼的碳酸盐岩及捕房体发生渗滤、扩散和交代作用，形成接触交代型矿体。随着气液进一步聚集，矿液在其中含量增大，沿海绵晶铁状矿体和星点状矿体的局部构造软弱带热液叠加成以富铜并含多种稀贵矿物为特征的矿体，矿体具滑石-菱镁矿化。因而金川硫化镍矿床是赋存于古老地块边缘的以地幔富硫铁质超基性岩体为矿源，深部熔离分异多次上侵，集岩浆熔离、深部熔离并贯入、气液接触交代与热液叠加复合形成具有极高工业价值的超大型以铜镍为主的多金属共生的复杂硫化物矿床。

2.4 本章小结

本章主要介绍了金川区域地质和矿床地质，对金川矿区地质特征、矿体形态及成矿模式进行了分述，为研究金川采矿工艺的选择和发展提供了详细的基础资料。

第 3 章　金川矿床开拓及主要工程

金川矿床含矿岩体全长约 6500m,宽 20～527m,延深数百米至千余米,最大延深超过 1100 余米,岩体东西两端被第四系覆盖,中部出露地表,上部已遭剥蚀,岩体走向 NW50°,倾向西南,倾角 50°～80°,岩体受北东向压扭性断层错断,由西向东分为四段,即依次为Ⅲ、Ⅰ、Ⅱ、Ⅳ四个矿区,各矿区的开采范围如图 3.1 所示。如今金川镍矿已经形成了三个主要矿山,自西向东分别为龙首矿(主要开采Ⅱ矿区 1# 矿体 6 行以西、Ⅰ矿区和Ⅲ矿区的矿体)、二矿区(Ⅱ矿区 1# 矿体 6 行以东的矿体)和三矿区(Ⅱ矿区 2# 矿体及石英石露天矿)。

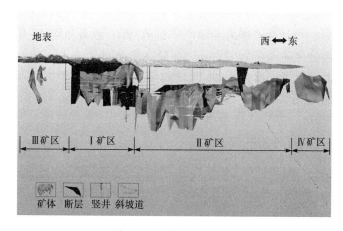

图 3.1　金川矿区分布图

3.1　金川露天矿开采

3.1.1　露天矿开采概况

金川大规模的露天采矿是在Ⅰ矿区西部进行的,主要开采贫矿体。金川Ⅰ矿区西部露天矿是一大型露天开采的有色金属矿山。露天矿采场按建设先后又分为西部采场和东部采场。西部采场(老坑)建于 1964 年,1966 年 10 月正式投产,1986 年 10 月闭坑,共开采矿石 2250 万 t。露天矿老坑设计上部开采境界 17～37 行,长 1030m,宽 600m;底部境界 22～32 行,长 500m,宽 40～100m。设计坑底标高 1532m,采坑凹深 168m。露天坑西采区闭坑后,在露天采场和龙首矿井下采场之间留有一安全矿柱,即三角矿柱。为了回采这部分矿石,1974 年在不影响老坑生产的情况下,开始了露天矿采场的扩建,于 1982 年 10 月建成露天矿东部采场。就其开采方案而言,东部采场实质就是西部采场的分期扩帮工程。如图 3.2 所示。

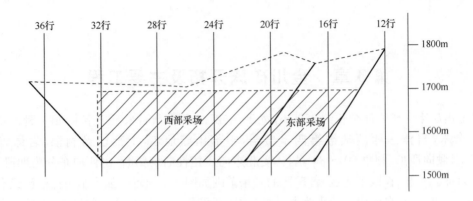

图 3.2 西部采场与东部采场的位置图

东部采场上部境界 12～17 行,长 250m,宽 670m;底部境界 17～22 行,长 236m,宽 70～90m。设计矿岩总量 2301 万 m^3,可采矿量 800 万 t。平均剥采比为 6.8m^3/m^3。基建剥岩量 866 万 m^3。设计生产能力为年产矿石 70 万 t,服务年限 12 年。设计底部标高 1532m,山坡露天部分最高标高为 1790m。在最终平面图上,底部 1532m 水平、无剥离采矿水平 1520m 与西部采场连成一片,并于 1990 年 7 月闭坑。闭坑后全部转为地下开采。露天矿最终境界为地表 12～37 行,全长 1280m,坑底 17～32 行,长 750m,采坑凹深 168m,坑底标高 1520m。如图 3.3 所示。

图 3.3 金川露天矿现状(2006 年)

3.1.2 露天矿开采工程

1. 概述

根据祁连山地质队 1961 年提交的甘肃永昌白家咀子铜镍矿Ⅰ矿区地质勘探最终报告,金川集团公司露天矿于 1964 年初由北京有色冶金设计研究总院完成了设计。设计开采Ⅰ矿区西部贫矿体,矿岩总量 4707.4 万 m³,可采矿石量 2300 万 t,经修改设计后生产探矿确定可采矿量为 2253.3 万 t,金属量铜 75620t,镍 120687t,矿石平均品位铜 0.34%,镍 0.54%。设计生产能力为日产量 5150t,年产镍矿石 170 万 t,最大开采深度 1520m,服务年限 15.5 年,总投资 5185 万元。至 1986 年闭坑,实际采出 2247.4 万 t,金属铜 69916t,金属镍 111938t,矿石平均品位铜 0.31%,镍 0.50%。西部采场从 1965 年 1 月基建剥岩开始,到 1986 年 10 月开采结束,历时 22 年。

东部采场是金川集团公司一期矿山系统中的技术改造项目,是采用露天方法开采东部毗邻龙首矿的上部贫矿。由于东西采场施工方法、开拓运输方式和所选用的主要采掘运输设备等相同,开采过程中所碰到的边坡变形问题一样,因此本节主要对露天矿西部采场的设计与开采情况进行介绍。

2. 露天采场境界

露天矿西部采场的境界最高标高为 1760m。总出入沟口的标高为 1688m。采场底部标高为 1532m。从总出入沟口到采场底部的垂直深度为 156m;从采场边界最高山头到采场底部的垂直深度为 228m。

采场东部境界是根据坑内(龙首矿)开采的状况,为保证坑内开采所必需的井田尺寸和尽可能保留当时坑内 3# 竖井的原则圈定的。

采场西部境界是为了使 32 行勘探线到 F₈ 断层之间的比较可靠的 C2 级(D 级)储量尽量包括到露天采场境界之内,同时又使境界不致越过乌龙泉沟,避免防洪上的困难来圈定的。

采场的设计深度按照经济合理剥采比为 6~7m³/m³ 来圈定。按设计,采场开采到 1532m 水平时,还可再向下掘一个阶段,进行无剥离采矿,采至 1520m 水平,增加出矿量 92.7 万 t,最终开采深度为 1520m。

露天采场设计矿岩总量 4707.4 万 m³。可采矿量为 2300 万 t,占Ⅰ矿区总储量的 22%;废石量为 3871.3 万 m³。总平均剥采比为 4.6m³/m³。

露天采场最终边帮构成要素如下:

(1) 阶段高度 12m,从上到下各阶段标高为 1760m、1748m、1556m、1544m、1532m。

(2) 阶段安全平台。在最终边坡上每隔 24m 留一个 8m 的安全平台。

(3) 最终边坡角和阶段坡面角。上盘最终边坡角设计为 41°~44°,阶段坡面角为 55°,接近地表的表土层、岩石风化带时松散爆堆部分的阶段坡面角为 35°;采场下盘最终边坡角为 36°~38°,阶段坡面角为 45°,遇到地表或风化带时阶段坡面角则为 35°;小白泉沟以西采场边坡处于第四纪砂砾层(戈壁滩)中,设计最终边坡角定为 33°~35°,阶段坡面角为 45°;采场东部边坡部分处于坑内开采的崩落范围,1640m 以上边坡角为 32°,阶段坡面角为 45°;1640m 以下边坡角为 44°。

采场设计生产能力:设计年生产矿石 170 万 t,日产矿石量为 5150t(年工作天数为 330 天)。年最大采剥总量为 490 万 m³。露天采场的年下降速度为 12m。根据生产进度计划的安排,投产第一年的矿石产量为 93.2 万 t,第二年即可达到设计规模。服务年限 15.5 年。

采场全深采用公路系统开拓。永久公路自总出入沟口 1688m 下降进入采场,沿采场最终边帮的西端和顶盘下到 1604m 水平,然后折返到底盘一起下至 1532m(原设计开拓运输系统如图 3.4 所示)。场内公路全长 2.5km,路面宽 12m,纵向坡度为 8%,最小转弯半径 25m。1688m 水平以上全部用直通路堑开拓。

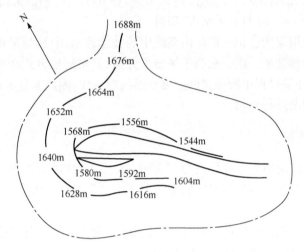

图 3.4　原设计开拓运输系统示意图

新水平开拓沟和开段沟布置在矿体的顶盘,到后期的 1556m 和 1544m 两个阶段的开段沟布置在矿体的下盘。

采矿推进方向:沿矿体走向布置采掘带,自顶盘向底盘推进。

3. 设计修改

在矿山工程延深发展的过程中,对原设计作过几次修改。在原设计中,当阶段平盘推进到最终境界时,每两个水平作一并段,每隔 24m 留一宽 8m 的安全平台。在平台结束并段作业时暴露了并段不甚理想的问题,随之提出设计修改。第一次修改设计于 1966 年,1700m 水平以下,除保留两个段留一 8m 安全平台外,在原两个段的并段部位,用加大阶段坡面角的方法留一 3m 平台,最终边坡角不变。按此方案延深到 1640m 水平,因边坡变形破坏日渐严重,进行了第二次设计修改。1969 年露天采场边坡出现了裂缝、坍塌,随着矿山工程的延深发展,边坡变形破坏日趋严重,并影响到了采场的安全持续生产。根据 1976 年 12 月冶金部和甘肃省冶金局主持召开的"金川露天矿边坡处理讨论会"的意见,对设计作了一次大的修改,其修改的主要内容有以下几个方面。

1) 设置安全平台

为保证采场下部持续安全生产,减缓边坡的变形速度及避免上部边坡处理,在东部边坡不同部位设置安全平台,见表 3.1。

表 3.1　安全平台参数

安全平台区段位置	阶段/m	安全平台长度/m	安全平台宽度/m
上盘 28~36 行	1664	400	25~30
上盘小白泉沟口 23~31 行	1628	400	25
东帮	1616	360	25~30
下盘 21~28 行	1640	350	25~30

2）调整改变开拓运输系统

采场全深仍用公路系统开拓，1628m 水平以上维持原设计不变。运输坑线由原设计在 1604m 水平折返，改为在 1620m 水平折返，经采场西端边帮降至 1592m 水平 29 行附近第二次折返，沿上盘边帮降到 1544m，最后在东端回返下降到最终采深 1520m。

路面宽由原设计 12m 改为 13m，坑线纵向坡度除 1520m 出入口改为 10％外，其余仍为 8％。1544m 回头弯半径为 15m，其余仍为 25m。修改后的开拓运输系统如图 3.5 所示。实践证明，西部采场开拓运输坑线的修改是正确的。东部采场在设计上利用了西部采场全部开拓系统。

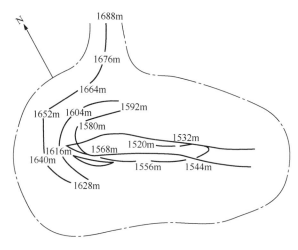

图 3.5　改设计后的开拓运输系统示意图

3）上下盘边坡进行削坡减荷处理

这次设计修改，除了设置安全平台和调整开拓系统外，1640m 以下采场面积也相应地减小。设计修改后，1640m 以下水平设计矿岩总量减少 336.5m³，矿石量减少 263.94 万 t。

最终边坡角上盘由原设计的 41°~44°变为 30.5°~36°，下盘由原设计的 36°~38°变为 33°左右。

经第二次较大的修改后，露天采场的边坡破坏坍塌仍在继续，接着又有几次小的设计修改：①1979 年 9 月，加宽采场西端端部 1604m 水平平台，设置排水永久性水池；②1980 年 3 月在 1556m 水平固定运输坑线位置加宽至 30~35m，截留和清理上盘边坡滚石；③1980 年 9 月在下盘 1580m 最终平台加宽 8m。

经过以上几次设计修改,露天采场减少的设计矿量如下:

(1) 第二次修改设计 1628m 水平以下减少的矿量为 263.94 万 t。

(2) 1604m 水平西端平台加宽和 1556m 固定运输坑线加宽共减少的矿量为 6.03 万 t。

(3) 下盘 1580m 最终平台加宽减少的矿量为 14.4 万 t。

设计可采矿量为 2015.63 万 t,经几次修改后,共减少矿量 284.37t。

露天采场开采到 1980 年年末,矿山工程已下降到 1532m 水平,为满足当时金川集团公司选冶厂生产的需要,此时在有限的采坑面积内作了一个挖潜方案,计划以最小的开采尺寸(20～25m)采至 1508m 水平,同时于 1556m 和 1544m 水平的东端向外扩 13～23m,开采因转弯半径减少所遗留的部分。挖潜方案计划可多采矿石 47.1 万 t。执行该挖潜方案时,实际只下降到 1518m 标高(30 行)便无法继续下降。

4. 装备

露天采场采用公路开拓、汽车运输,冲击钻穿孔,松动爆破矿岩,4m³ 电铲装汽车,矿岩分别运至矿石和废石转运站,然后由火车转送到选矿厂和废石场。主要采掘设备如下:

(1) 装载设备,国产和苏制 4m³ 电铲。

(2) 穿孔设备,BY-20-2 型钢绳冲击式钻机。

(3) 运输设备,1965～1972 年使用 10t 矿用自卸汽车(亚斯 210、克拉斯 222、太脱拉 138S),1973 年全部更新为上海牌 SH380A 型 32t 自卸汽车,1988 年使用贝拉斯 540 型自卸汽车 10 台。

(4) 推土机,早期使用移山-80 型,之后逐步更新为 120hp[①]、180hp、300hp 推土机。

5. 穿孔爆破

露天采场设计段高 12m。用 BY-20-2 型钢绳冲击式钻机穿凿垂直深孔,孔径 250mm,圆柱药包爆破。使用铵油炸药和铵松蜡炸药。装药充填作业手工操作。二次破碎用 01-30 型凿岩机打孔,柴油移动式空压机供风。

深孔爆破主要采用单排或多排、毫秒差或齐发爆破。在临近最终境界时采用控制爆破。

6. 采掘

(1) 电铲作业分布。场内采矿、剥离;场外矿石和废石倒运。场内作业电铲数最多时为 10 台。最高台班效率为 1276m³,平均台年效率最高为 50 万 m³。

(2) 作业平台宽度。投产初期为 70～90m,正常生产时期为 40～50m。火车运输的作业平台最小为 35m 左右;汽车运输的作业平台最小为 25m 左右。东部采场作业平台最小时只有 15m 左右。

(3) 堑沟掘进。堑沟掘进采用一次形成固定运输坑线掘沟法、移动运输坑线掘沟法、

---

① 1hp=745.700W,下同。

分段同时掘沟法等几种形式。掘进双壁路堑速度最快为 179m/月；掘进单壁路堑速度最快为 400m/月。

（4）矿山工程下降速度。西部采场基建时期山坡露天部分为 60m/a；生产时期为 12m/a，最高为 24m/a。

7. 运输

以汽车运输为主，西部采场基建剥离第一年运用亚斯、克拉斯 10t 载重汽车 83 台，第二年运行汽车达到 135 台。上海 SH380A 型 32t 矿用自卸汽车是我国最早生产的大吨位矿用汽车，在金川露天矿使用最多，时间最长。1971 年开始使用，1973 年大量使用。

利用火车运输场内部分废石作为汽车运输的辅助措施，具有稳定可靠、成本低等优点。1966～1973 年曾为西部采场 1652～1724m 七个阶段服务，运出岩石 1400 万 m³。东部采场 1676～1733m 水平也引进了火车运输，共运出废石 396 万 m³。设备为跃进牌、解放牌蒸汽机车和 60t 翻斗车。

从矿山至选厂的矿石采用火车运输，电铲转载装入火车车厢。

8. 边坡处理

露天采场投产后遇到最大的技术难题是边坡处理。露天采场边坡的岩体组合异常复杂，岩体支离破碎，工程地质条件恶劣，1969 年发现边坡开裂，继而发生明显的变形破坏，岩体坍塌，全采场近 1/2 的边坡坍塌破坏，无一完好的边坡平台，形成国内外人工边坡中罕见的和规模巨大的倾倒式破坏，中国科学院地质研究所、白银矿冶研究所、北京有色冶金设计研究总院、甘肃省地质局第六地质队和金川公司一起从 1972 年开始进行了长达 10 年的工程地质岩体力学试验研究，取得了丰硕的成果。采取削坡减荷等多种措施，保证了闭坑前的安全生产。

边坡处理方案是削坡减荷。西部采场上盘 29～32 行，利用电铲、汽车自 1830m 山头分段处理到 1688m 水平，处理方量 122 万 m³，下盘边坡处理方量 26 万 m³。东部采场边坡变形破坏发展到 1988 年 7 月，严重威胁下部的安全生产，随即做出对上盘边坡 1724m 以上削坡减荷处理决定，1988 年处理量 25 万 m³。

9. 西部采场剥离硐室大爆破

为加快建设速度，1964 年初金川建设指挥部决定用松动和加强松动大爆破。

1）爆破设计与准备工作

1964 年 5 月由第八冶金建设公司和金川有色金属公司组成爆破工程总指挥部。由北京有色冶金设计研究总院负责爆破设计，金川公司负责爆破施工，中国科学院力学研究所等单位负责科研观测。

根据采场地形条件和爆破安全要求，把计划进行大爆破的山头依自然位置划分为三个爆破区。

2）大爆破前的试验爆破

由于爆破区附近已建成了许多重要的建筑物和构筑物，如龙首矿的竖井、巷道等，需要取得爆破实测资料来分析判断。同时,爆破设计参数的选择、铵油炸药的应用都要通过试验爆破来确定。所以在当时进行了单药室及多临空面药包、四周布置辅助药包群的加强松动爆破等三次硐室爆破试验。为大爆破取得了药包布置、爆堆分布及爆破地震波对地面建筑物、构筑物、井下巷道的影响的计算参数。

3) 大爆破施工

为了保证爆破区附近的建筑物、构筑物、井下巷道的安全,对 3 个爆破区分期进行装药、充填和起爆作业。一爆区 1 次装药充填起爆;二爆区分 2 次装药充填起爆;三爆区分 6 次装药充填起爆。

一、二爆区的爆破从 1964 年 6 月中旬开凿爆破坑道、药室起,到同年 12 月 6 日完成装药充填起爆作业止,历时 5 个半月。硐室大爆破工程的施工,主要由电耙子、装岩机及人工体力劳动进行。除开凿坑道、药室所花费的人力不计外,仅在装药充填起爆作业期间就动员了 3079 人参加,历时 38 天。三爆区的爆破从 1965 年初开始,同年 9 月末竣工。

硐室大爆破基本上达到了预期效果,共用炸药 1982t,爆破岩石量 266 万 m³。通过硐室大爆破,加速了矿山建设,节约了投资,获得了较好的爆破效果,总结了爆破震动对巷道构筑物和地表建筑物的影响。

东部采场基建剥离前也进行了小规模的硐室爆破。

10. 开采结果

1982 年 10 月 5 日,露天矿西部采场采矿工程下降到最终采深 1518m 标高,已不能再继续下掘,电铲停止下掘采矿。根据金川集团公司生产发展的需要,之后几年,在采坑西端 1568～1518m 回采修改坑线时留下的矿柱。1986 年 10 月,共回采矿柱矿量 60.16 万 t。

1986 年 10 月下旬,西部采场的采矿作业全部结束。西部采场从 1965 年 1 月基建剥岩开始,1986 年 10 月开采结束,历时 22 年。共采出矿石 2249.7 万 t,采剥矿岩总量 4529.8 万 m³。1628m 水平以上采剥矿岩总量比原设计增加 69 万 m³,增加 2.1%;1628m 以下(包括 1628m)采剥矿岩总量比原设计减少 267.3 万 m³,减少 17.6%。到开采结束,露天采场境界上部长度基本不变;因边坡削坡减荷处理,在 33 行勘探线附近,上部境界宽度增加 150m。底部境界以 1532m 采矿水平计算,长 300m,宽 25～65m,最终开采深度 1518m,水平宽 25m。

1975 年开始对原露天采场向东扩大了开采范围 236m。扩建地段计划仍然开采到 1520m 水平。露天矿东部采场于 1982 年 10 月投产,设计采剥总量为 2301.6 万 m³,可采矿量为 800.9 万 t,设计生产能力为年产镍矿石 70 万 t,实际达到了 100 万 t。设计平均出矿品位镍 0.55%,铜 0.27%,出矿金属含量镍 44049.5t,铜 21624.3t,总投资 2321 万元。

金川集团公司露天矿东部采场是原采场东延,回采龙首矿井下开采时预留的三角矿柱。开采界限为 18～24 行,长约 300m,宽 70～90m,服务年限 12 年。设计坑底标高为 1520m,采场边坡最高平台(1784m)至采场底部的垂直深度为 264m。1990 年 6 月因暴雨导致东部采场上下盘及东端边坡全面坍塌,经相关专家认真研究和分析后,1990 年 7 月 24 日闭坑,剩余矿石转为井下开采。

3.1.3　露天转井下开采工程

1. 概述

1) 露天矿开采现状

金川露天矿分两步建设。西部老坑建于 1964 年,1966 年 10 月投产,1986 年 10 月闭坑。1974 年,在不影响老坑生产的情况下,开始了东部露天扩大工程。东部扩大采场于 1990 年闭坑。露天矿设计开采境界,地表 12～37 行,全长 1280m,坑底 17～32 行,长 750m,采坑凹深 168m,坑底设计标高 1520m,如图 3.6 所示。

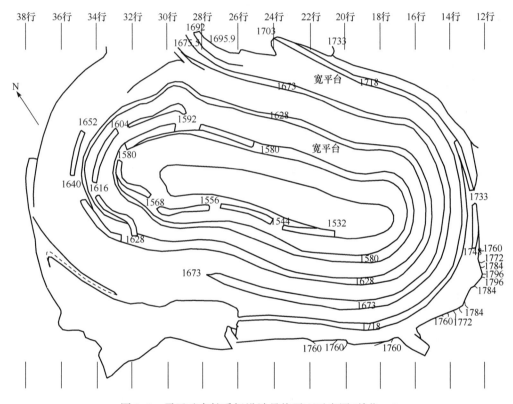

图 3.6　露天矿东扩采场设计最终平面示意图(单位:m)

2) 露天转井下开采的目的和意义

根据 1987 年露天矿东部采场的可采矿量和生产能力分析,露天矿从 1989 年开始产量将逐年下降,到 1991 年末,设计范围的矿量将全部采完,届时每年减少原矿含镍量 4500t,这对金川公司年电镍产量和经济效益会产生一定的影响。

为了使金川公司"七五"期间电镍产量稳定增长,并实现年产电镍 4 万 t 的目标,以及露天闭坑后还能充分利用地面完整的工业和民用设施,进一步发挥已有职工队伍的作用,经金川公司多次研究讨论,认为继续保持露天矿原矿生产基地是十分必要的。过去曾试图用扩大延深露天坑的方式继续维持露天矿的生产,但由于露天剥离工程量大(7624 万 m³),投资多(约 5 亿元),基建时间长(约 13 年),一直未能实现。金川公司于 1987 年 5 月完成了露天转地下开采可行性研究报告,提出了采用竖井-斜坡道汽车运矿的开拓方案,坚持采富保贫的方针,采用下向分层胶结充填采矿法的采矿方案,设计生产能力 1000t/d。露天转井下工程于 1988 年投入建设,1992 年建成投产。该工程于 1990 年 12 月交龙首矿管理,成为龙首矿的西部采区。

2. 地质概况

Ⅰ矿区矿体主要赋存于超基性岩体的下部和中部,超基性岩体呈单斜层状岩墙,走向 N50°～60°W,向 SW 倾斜,倾角 70°以上。24# 矿体为该区主要矿体。除贫矿外,另有东西两个富矿体,东部富矿分布于 8～18 行,走向最大长 500m,水平厚度 2～62m,平均为 25m,为龙首矿开采。西部富矿分布于 18～28 行,走向最大长 500m,垂深 700～800m,水平厚度 10～50m,平均厚 30m,倾角 70°～90°。富矿为好选矿石,镍精矿品位为 6.3%～6.5%时,镍回收率为 40%～60%。贫矿体在 4～14 行不发育,14 行往西厚度越来越大,14～32 行走向长 900m,水平厚度 6～180m,倾角 68°～90°。

矿体下盘除二辉橄榄岩外,依次为绿泥石透闪石片岩、白云质大理岩、花岗片麻岩等。超基性岩体的上盘为白云质大理岩和花岗片麻岩,富矿体的上盘为贫矿体或二辉橄榄岩、含辉岩石橄榄岩。

矿区由于受 F_1、F_{16}、F_{26}、F_3、F_{29} 等断层的影响,以及成矿所引起的围岩蚀变和各种岩脉的穿插,导致矿岩特别破碎,稳固性很差。下盘岩体呈散体、碎裂结构,局部地段还有膨胀性,工程地质条件更差。上盘围岩比下盘稍好。

3. 开采范围

露天矿深部 1520m 以下已探明的地质矿量共有 5237 万 t,平均品位镍 0.78%,铜 0.4%。其中有富矿 796 万 t,平均品位镍 2.02%,铜 0.83%;贫矿 4441 万 t,平均品位镍 0.56%,铜 0.33%。露天转井下后的开采范围主要是原露天采场深部 18～28 行的富矿体,全长约 500m,视富矿体分枝复合情况将下盘及中间带的贫矿带采出来。由于 1430m 水平以上富矿体较小,矿量不多,同贫矿一起留作保安矿柱待以后回采。该设计的开采范围垂直方向是从 1430m 水平以下至矿体尖灭部分,垂深约 240m。

为了减少基建工程量,早日建成投产,尽快产生经济效益,初步设计开采深度只到 1340m 水平,垂深 90m,开采储量约占总储量的 35%左右,可生产 10 年。1340m 水平以下将作为二期工程建设,其开拓方案仍为竖井、斜坡道联合开拓。

4. 露天转井下开采设计

根据矿区工程地质条件,矿体下盘围岩受 F_1 等断层的影响,岩体呈散体、碎裂结构,工程地质条件较差,上盘围岩比下盘稍好,因此所选方案的工程均布置在矿体上盘。鉴于当时国内外采矿技术,结合金川集团公司的实际情况,选择了竖井-斜坡道联合开拓方案。

1) 开拓系统

上盘竖井和斜坡道联合开拓方案,具体工程如下。

(1) 主斜坡道。从露天采场上盘 32 行 1568m 平台开口,向下掘一条主斜坡道直通

1400m 和 1340m 中段,斜坡道规格:净断面宽 4.8m,高 4.1m;坡度 1∶10;转弯半径 R 为
25～30m,全长 2516m。斜坡道是矿石、废石、人员、材料、设备的主要上下通道。斜坡道
随着生产中段的下降而逐步延深(图 3.7)。

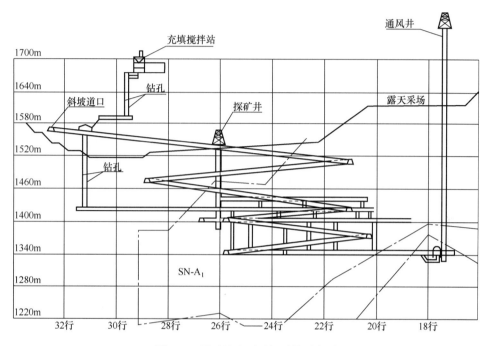

图 3.7　露天转地下开拓系统示意图

　　(2) 竖井。在露天采场东端上盘 18 行 1758m 平台下掘一条竖井连通 1400m、1340m
两个中段,井筒净直径 4m,井深 424m。该井主要用于进风、敷设供水、供风、供电、排水系
统的管线。

　　(3) 探矿井。为了提前探清矿体和加快工程进度,在露天采场坑底 26 行 1540m 标高
向下掘一条探矿井,与 1440m 回风中段、1424m 开采分段、1400m 运输中段相通。井筒直
径 3.5m,井深 145m。

　　2) 采矿方法

　　采矿方法采用下向分层胶结充填采矿法。为了减轻劳动强度,提高劳动生产率,用盘
区或进路回采方案,盘区长 100m,宽为矿体的厚度。回采进路沿走向布置,进路长
25～30m,进路规格为 5m×4m(第一分层为 4m×3m)。

　　在矿体上盘沿走向布置分段巷道,每个盘区有一条分层巷道与分段巷道连通,分段巷
道用联络道与主斜坡道连通,每个分段巷道担负三个分层,即分段高度为 12m。在分段巷
道设有溜矿井、废石溜井、进风井及管缆井等,并分别与 1400m 中段相通。回采进路选用
水星-14 型双臂液压凿岩台车凿岩,崩落的矿石用 Eimco922 型铲运机运至脉外溜井,进
路采完后,即封口进行充填。

　　3) 生产系统

　　(1) 矿石与废石运输。采场矿石或废石经溜井放至运输中段用振动放矿机装入运

矿卡车,经主斜坡道运往露天矿石堆场,然后用火车运到选厂,废石用卡车运到排土场。

(2)人员、设备、材料用不同车辆从主斜坡道送到井下各采场。

(3)通风系统。新鲜风流由18行上盘风井进入坑内,用2台DK45-16型辅扇压入运输中段,用局扇经进风井压入各采场,污风由主斜坡道排至地表。总排风量约90m³/s。

(4)充填系统。在20行上盘1760m平台建充填搅拌站、砂石仓、水泥仓等设施。砂子用汽车从中转砂仓运到充填砂仓,水泥用水泥罐车从金川集团公司总库运到搅拌站,制备好的水泥砂浆经钻孔输送到1424m充填道,经φ100mm充填管输送到充填用料点。

(5)供水系统。新鲜水由中位水池用泵送到18行风井口水池,再用100mm水管经风井送到井下各用水点。

(6)排水系统。在1340m中段设总排水站,用水泵经风井排到地表。1400m中段的水经钻孔放到1340m中段。根据涌水量正常为235m³/d,最大为1068m³/d,选用了扬程为500m,流量为60~80m³/h的水泵2台。

(7)供风系统。在18行风井口建立空压机站,总用风量约100m³/min,选用了3台60m³/min的空压机,2台工作,1台备用。

(8)供电系统。把露天的高压线送到18行风井口配电站,用高压电缆经风井送到1340m中央变电所,再由中央变电所送到1400m中段采区变电所和各用电场所。

3.2　龙首矿矿床开拓与主要工程

3.2.1　龙首矿建设历程

龙首矿是金川集团公司投产最早的矿山,也是金川集团公司下属的三大地下开采矿山之一,因地处金昌市东南5km的龙首山下而得名。龙首矿始建于1959年,开始生产于1963年,采用地下开采方式,初期回采Ⅰ矿区4~18行的矿体。

金川镍矿发现于1958年,1959年冶金部决定筹建807矿(即龙首矿)。1960年开始施工1703m平硐。为了满足国家对镍的急需,1962年龙首矿正式成立,职工队伍由陕西商南镍矿、河北寿王坟铜矿等单位调入的职工组成。1963年5月,上部小露天矿由井巷公司完成基本建设后移交龙首矿。1963年10月,小露天矿正式投产,采用平硐-溜井开拓,主要开采1703~1739m的7^{+25}~13行勘探线出露地表的氧化富矿体,日生产能力300t。1965年11月闭坑,共采出矿石30余万吨。

1965年5月,龙首矿转入井下开采,承担着Ⅰ矿区东部6~18行勘探线1460m水平以上矿体开采。该矿体全长约520m,坑内开采工程分两期建设,服务期限约为40年。一期工程于1965年投产,开采6~18行勘探线,1580~1703m水平的矿体,设计生产能力2200t/d,其中富矿石1200t/d,贫矿石1000t/d。主要开拓工程为老1#、2#竖井和部分措施井。二期工程开采6~17行勘探线,1460m以上的矿体,新建了新1#竖井、1580m和1520m中段及1520~1460m水平的盲井、措施井等。二期工程于1970年7月建成投产。开拓系统如图3.8所示。

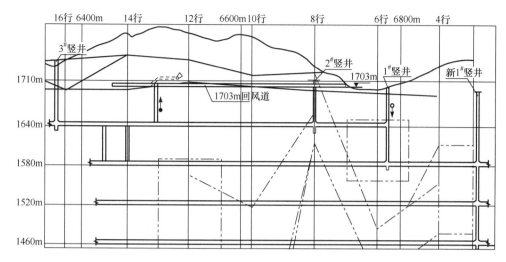

图 3.8　龙首矿第一、二期开拓系统示意图

从 1#竖井、2#竖井提出的富矿石,用电机车经隧道运到第一选矿车间。1#竖井、2#竖井用石门与主要运输巷道连通。在 1640m 中段,采用顶底盘脉外巷道环形运输方式。1580m 中段以下另外开凿新 1#竖井提升。龙首矿第一、二期工程选用了技术上可行的崩落采矿方法,其中贫矿采用分段崩落法,富矿采用分层崩落法。龙首矿第一、二期的这些工程建设为龙首矿的后续发展奠定了基础,积蓄了力量。

1978 年,龙首矿深部开采工程开始建设。北京有色冶金设计研究总院于 1978 年 2～5 月组织编制了"金川有色金属公司 I 矿区深部开采方案意见书",对开采方案进行了技术经济比较,对龙首矿的生产规模进行了估算,同年完成了龙首矿深部开采的初步设计书,设计生产能力 1500t/d。该工程是对 1400～1220m 水平的 4 个中段进行回采,主要建设任务为新 2#竖井、10 行斜井和 1460～1280m 水平的盲井、措施井开凿及相应的提升系统和深部通风系统安装等。深部开采工程 1988 年 6 月建成,1989 年达产。深部开采沿用了龙首矿的胶结充填采矿方法,以 1460m 中段以下 12^{+25}为界,以东为上向水平分层胶结充填采矿方法,以西为下向倾斜分层进路胶结充填采矿方法。

1990 年,II 矿区 1#矿体向西延深的部分划归龙首矿开采,成为龙首矿东部采区。I 矿区的西侧上部采用露天开采,始建于 1965 年,主要开采 I 矿区西部贫矿体。1990 年年底回采结束后,深部转入地下开采,并划归龙首矿开采,成为龙首矿西部采区。加上原来开采的中部采区,龙首矿的开采区域扩大到了整个 I 矿区,包括东部、西部和中部三个采区,矿界面积达 2.4km^2,总设计日生产能力为 3000t。为使 I 矿区早日形成生产能力,龙首矿在保持中部采区年出矿约 60 万 t 的同时,组织实施了新 1#井延深和地表井塔建设、西部采区主斜坡道工程、I 矿区统一采矿系统的归并与完善、充填系统的改造与完善、1340m 水平主溜井掘进及 1340m、1280m、1220m 三个中段的平面开拓工程和大量相应的安装、返修工程及技术改造工程等,西采区 1400m 水平以上工程已于 1992 年 12 月建成投产。从 1340m 中段开始,龙首矿增加了西采区(18～24 行),增加设计生产能力 1000t/d。东采区(1～8 行)于 1990 年进行了开采设计,1995 年投产,至此,龙首矿形成东、中、西三个采区同时出矿的局面,1996 年完成出矿 104 万 t,首次成为年出矿超过百万吨的大型地下矿山。

1996 年,龙首矿 1280m 中段平面开拓工程和 1220m 水平以下工程被金川公司确定为"九五"计划重点技术改造项目,1280m 中段平面开拓方案为先上盘双轨沿脉道掘进后穿脉道施工,确定 14 行以西全面推广机械化盘区回采,井巷工程量约为 13 万 m³,2001 年 9 月 18 日主体工程竣工投产。1220m 水平以下工程包括 1160m 中段东采区开拓工程和盲竖井工程。设计以东部Ⅱ矿区 2 行勘探线为界,西至Ⅰ矿区 8 行勘探线,开采 1220～980m 水平的矿体,设计生产能力 500t/d。

1999 年 7 月,金川公司将Ⅱ矿区 6～2 行西延矿体划归龙首矿开采,使龙首矿东采区 1220 以下开采范围在原设计基础上扩大,使设计能力由 500t/d 增加到 800t/d。1160m 中段开拓工程包括 1160m 中段平面工程的掘砌与安装,9 行通风井的掘砌与安装,采场通风井、溜矿井井筒措施工程的掘砌和振动放矿机的安装等项目。该工程自 1997 年开工建设,2001 年 10 月主体工程竣工。

两大技术改造工程的投产,为龙首矿"十五"期间出矿量稳产 130 万 t 创造了条件。2002 年对中西部采区 1220m 中段开采工程进行了设计,生产能力得到了保证。

2003 年 10 月 6 日,龙首矿东采区扩能技术改造工程通过金川集团公司审定立项,工程包括新掘一条混合井及溜井系统、井下破碎系统等掘砌工程、井下运输、井下排水、井下供配电、供水、通风系统等配套工程。混合井提升能力设计为 4000t/d。2004 年 7 月完成了施工准备工作和井位地表剥离工程,同年 8 月 12 日混合井正式开工建设,项目建成后,不仅使龙首矿东采区生产能力由年产 26.4 万 t 增加到年产 66 万 t,而且使龙首矿出矿量稳定在 130 万 t 以上,还使龙首矿的技术水平、装备水平迈上一个新台阶,同时也为加快西采区贫矿开发创造了条件。

由于金川龙首矿区受到逐渐缩小的有限回采面积的限制,将面临减产危险,矿石产量的减少将直接影响龙首矿目前的经济效益,并间接影响到金川集团公司产业链的稳定和发展。中国有色工程设计研究总院于 2004 年 11 月完成了金川镍贫矿资源综合利用可行性研究报告,包括龙首矿西部贫矿资源的开发利用方案研究。2006 年 6 月,长沙矿山研究院、长沙有色冶金设计研究院、金川集团公司龙首矿和金川镍钴研究设计院共同完成了龙首矿西部贫矿开采前期研究及开发利用可行性研究,推荐以大区阶段连续崩落法为基本采矿方法,以无底柱分段崩落法和有底柱阶段崩落法为辅助方法。认为有必要进行大区阶段连续崩落采矿法采场结构参数优化、控制爆破技术、控制放矿技术、底部结构维护技术和采切工程支护技术等方面的试验研究。杨震(2007)也对西部贫矿矿床特征、矿石特征、资源储量进行了分析研究。长沙有色冶金设计研究院于 2007 年 3 月完成了西部贫矿开采初步设计,设计采矿方法为大区阶段连续崩落采矿法和无底柱分段崩落采矿法。

根据 2007 年 7 月 17 日金川集团公司规划发展部签发的"龙首矿贫矿开采上盘 37 行回风井位及 1220m 水平以下采用充填法回采论证会议纪要"精神,龙首矿西采区 1220m 水平以下的贫矿体均随富矿一道采用充填法开采。2008 年 10 月长沙有色冶金设计研究院完成了以充填法为主要采矿方法的修改初步设计书,设计规模为 5000t/d,采矿方法改成龙首矿当前使用的机械化盘区下向六角形进路胶结充填采矿法。2008 年,西一贫矿开采工程开工建设,建成投产后,龙首矿生产能力每年增加 165 万 t,首次在金川矿区对低品位贫矿资源进行大规模综合利用,最终形成 350 万 t 的年生产能力。

龙首矿西二采区即是地质勘探时期的Ⅲ矿区,最早归三矿区管理,2009 年金川集团公司将其划归龙首矿管理。西二采区位于Ⅰ矿区以西,由于成矿后期 F₈断层的错动,使两矿区矿体相距 800m。Ⅲ矿区贫矿资源开发利用是金川集团公司未来发展的重要战略保障,可实现合理配置金川矿产资源,保障城市经济长期繁荣稳定发展,促进技术进步的目的,为以后大规模回采贫矿提供合理有效的途径。

从整个金川矿区和Ⅲ矿区的矿岩情况看,矿体比较厚大,节理裂隙发育,矿岩具有良好的可崩性能。2002 年 5 月中国有色工程设计研究总院完成了金川Ⅲ矿区开发利用可行性研究报告,推荐采用铲运机出矿的自然崩落法,得到了评估专家的认可。在可行性研究的基础上,同年完成了以自然崩落法为主要采矿方法的初步设计,并通过了由金川集团公司组织的初步设计审查。

在采场设计以前,必须充分研究矿石的自然崩落规律,以便为确定采场产量规模、采场底部结构等提供必要的科学依据。金川集团公司先后与中南大学、长沙矿山研究院、北京科技大学和中国恩菲工程技术有限公司等多家设计研究单位就Ⅲ矿区自然崩落法进行了大量的前期研究工作。

金川集团公司于 2006 年 12 月 29~30 日组织召开了Ⅲ矿区自然崩落法前期研究工作评审会。会议对中南大学等三家单位所做的研究报告进行了评审,得出了Ⅲ矿区使用自然崩落法基本可行的结论。研究认为,在金川Ⅲ矿区采用自然崩落法开采,尽管存在一些不利条件,但总体认为,矿岩的可崩性好,块度合适,不会出现严重的贫化问题。重点要做好底部结构的支护、放矿方案和控制技术,减少 F₈断层对放矿的影响等工作。

为了适应金川集团公司的发展,2007 年 6 月 5 日金川集团公司将Ⅲ矿区采矿方法正式变更为机械化下向分层水平进路胶结充填采矿法。之后,2007 年 12 月中国恩菲工程技术有限公司完成了采矿方法为机械化盘区下向分层胶结充填采矿法的修改初步设计。采矿方法改变后设计井建工程量由 31.2 万 m³ 增加到 45.3 万 m³,增加约 14.1 万 m³。2008 年 1 月 18 日金川集团公司组织专家进行评审,2 月 26 日金川集团公司通过了修改初步设计方案,根据剩余工程量确定的工期为 2.5 年,即建成时间为 2010 年 6 月。2009年 2 月 15 日根据金川集团公司金集发[2009]45 号《金川集团有限公司关于西二采区贫矿资源开发项目整体划归龙首矿管理的决定》文件精神,西二采区贫矿资源开发项目划归龙首矿管理,为龙首矿西部第二采区,为龙首矿建设 500 万 t 大型有色地采矿山奠定基础。

根据矿体赋存条件、采矿方法和地表地形情况,所选择的开拓方案为主井、副井、辅助斜坡道开拓,如图 3.9 所示。

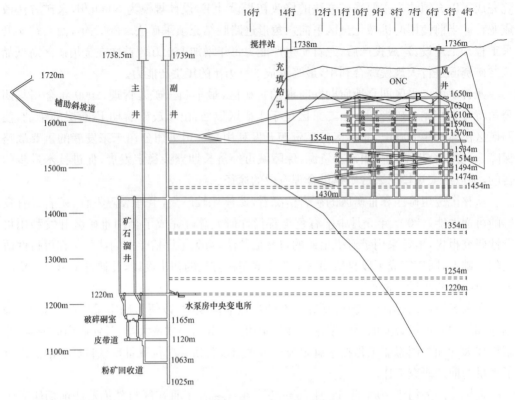

图 3.9　西二采区开拓系统纵投影图

截至 2011 年年底已完成的工程主要有：主井井筒、副井井筒、风井井筒及安装、辅助斜坡道、1554m 水平下盘沿脉巷道和上盘沿脉巷道及三条穿脉、采准斜坡道部分巷道、1430m 水平有轨运输水平部分巷道、1220m 水平井底车场部分巷道、井底水泵房和粉矿回收道、破碎硐室和装矿皮带道水平部分巷道，58# 矿体（形成 300t/d 能力）已全面建成投产。至此，龙首矿分为东部采区、中部采区、西部采区和西二采区四个部分，开采对象分别为 II6~I8 行的全部贫富矿体、I8~I18 行的全部贫富矿体、I18~I34 行的富矿和下盘贫矿并带采上盘的部分贫矿，以及 F_8 以西的 1#、12#、18# 和 58# 矿体，如图 3.10 所示。

3.2.2　龙首矿目前主要生产系统

1. 开拓系统

龙首矿开拓系统是主副井（包括新 1# 井、新 2# 井、混合井、西二采区的主副井）、回风竖井（目前是 10 行斜井回风）和辅助斜坡道联合开拓系统。富矿的开拓系统为侧翼主副井、上盘斜坡道联合开拓方式。

（1）新 1# 井为箕斗主井，服务 1220m 以上水平，井筒直径 4.0m，布置有 7t 单箕斗及平衡锤，井筒旁侧建有卸矿站、破碎站、装矿皮带等设施。新 1# 井及其配套的溜破系统的生产能力为 3000t/d，东采区、中部采区、西部采区的所有矿石均由此提升，在 1280m 水平的 4 行设有盲竖井，主运输中段设在 1220m 水平。贫矿开采改造后能力扩大到 5000t/d。

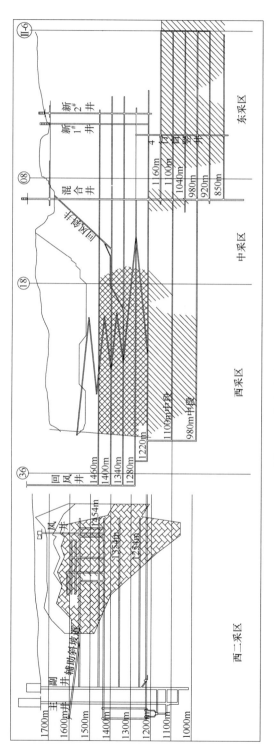

图 3.10　龙首矿采区段纵投影图

（2）新 2# 井为罐笼副井，井筒直径 6.0m，井筒布置具有各自独立提升系统的 2# 、5# 双层单罐笼及其平衡锤各 1 套，提升能力为 1500t/d；井筒最低提升标高为 1220m 中段，井筒内留有 1460m、1400m、1340m、1260m 和 1220m 马头门，用于提升矿石、废石、设备、材料、上下人员，其直径为 6.0m，服务 1220m 以上水平。

（3）4 行盲竖井为盲罐笼井，设计提升能力为 26.4 万 t/a。主要为东部采区 1160m 以上中段服务，即 1220m、1160m 中段。

（4）混合井为箕斗、罐笼混合井，主要为龙首矿 1220m 水平以下服务。设计提升能力为 4000t/d。

（5）西二采区主井，井筒净直径 5.3m，井口标高 1738.5m，井底标高 1062.8m，井深 675.7m。采用钢丝绳罐道，内配 14m³ 双箕斗，主要提升矿石，设计提升能力为 7500t/d。破碎站设在 1165m 水平，箕斗装矿皮带道设在 1120m 水平。粉矿回收设在 1063m 水平，利用副井直接回收粉矿。

（6）西二采区副井，井筒净直径 6.3m，井口标高 1739m，井底标高为 1015m，井深为 724m。内配 4200mm×2400mm 双层单罐笼带平衡锤提升，钢丝绳罐道。副井主要提升人员、废石和材料，分别在 1554m、1430m、1354m、1254m、1220m、1165m（破碎硐室水平）、1120m（皮带道水平）、1063m（粉矿回收道水平）设马头门。井筒内设有梯子间，不设管缆间。

（7）中段平面开拓主要采用上盘开拓、环形布置形式，贫矿开采采用上盘脉外环形布置形式。

（8）斜坡道从露天坑西侧上盘边坡稳定部位通向龙首矿井下。西二采区辅助斜坡道作为人员材料的运输通道之一，井门位于三矿区北部侧翼，井门标高 1722m，坡度 1:7，下到 1554m 中段副井石门，每隔约 300m 设一个错车道。辅助斜坡道净断面尺寸（宽×高）为 4.5m×3.85m，长约 1311m。

2. 矿石及废石运输

1）中段运输

目前龙首矿井下矿石运输采用 2.3m³ 固定式矿车，由 7t 电机车牵引至矿石溜井卸载，经破碎后装入新 1# 井箕斗，提升至地表矿仓，再通过振动放矿机装入 2.7m³ 侧卸式矿车，运输至矿石堆场卸载；废石运输则采用 0.7m³ 或 2.3m³ 固定式矿车，用电机车牵引至副井旁，由新 2# 井罐笼提升到地表，排放到废石场。所有运输线路轨距为 600mm，22kg/m 钢轨。

龙首矿已设有 1520m、1460m、1400m、1340m、1280m、1220m、1160m、1100m、1040m、980m、920m 和 850m 中段。富矿开采系统运输水平为 1220m、1160m、1100m、1040m、980m、920m 和 850m。

东扩工程、贫矿开采工程、Ⅲ矿区开发工程矿石运输采用 6m³ 底侧卸式矿车、废石运输采用 2.3m³ 固定式矿车。所有运输线路轨距为 762mm，38kg/m 钢轨。

井下矿石车由 20t 电机车牵引，每列车牵引 9 辆 6m³ 底侧卸式矿车，卸载采用卸载曲轨，每个生产中段 3 列车同时工作；废石车由 10t 电机车牵引，每列车牵引 14 辆 2.3m³ 固定式矿车,井下各开拓中段 1 列车可完成废石运输任务。

　　龙首矿在很长一段时间将存在 600mm、762mm 轨距共存的运输局面。同时按照设计在东扩工程的混合井 2010 年 6 月底投产后,将富矿开采系统的矿石在 1220m 直接运输转入混合井系统。对新 1# 井进行扩能改造,为贫矿开采工程服务。

　　西二采区有轨运输水平设于 1554m 水平和 1430m 水平。1554m 为倒运中段,设 2 个 4m³ 矿石倒运卸矿站,负责将 1554m 中段的矿石通过溜井转运到 1430m 水平,运输任务为 2500t/d 矿石和 300t/d 废石,矿石列车选用 14t 架线式电机车牵引 8 辆 4m³ 侧卸式矿车,废石由卡车运至 1554～1430m 的废石溜井,下放到 1430m 中段。1430m 的有轨运输水平为集中运输水平,设 2 个 6m³ 矿石卸载站,服务 1554m、1454m 两中段,采用穿脉装矿,运输任务为 5000t/d 矿石和 600t/d 废石。矿石采用 14t 电机车双机牵引 11 辆 6m³ 底侧卸式矿车运输,废石采用 7t 架线式电机车牵引 16 辆 1.2m³ 固定式矿车运输。下一个集中运输水平设于 1220m 水平,服务 1354m、1254m 两中段。设 2 个矿石卸矿站。运输巷道净断面尺寸为 3.4m×3.3m。废石采用 7t 电机车牵引 16 个 1.2m³ 固定式矿车运输。

　　2) 地表运输

　　地表矿石采用 2.7m³ 侧卸式矿车运输、10t 电机车牵引;废石采用 2.3m³ 固定式矿车运输、7t 电机车牵引。

　　在东扩工程、贫矿开采工程投产后,矿石采用 6m³ 底侧卸式矿车运输,由 20t 电机车牵引,每列车牵引 9 辆矿车,两列车同时工作。废石采用 10t 电机车牵引 2.3m³ 固定式矿车运输。

　　西二采区的矿石经主井提升到主井矿石仓,通过 1# 和 2# 皮带转运到位于铁路上部卸矿仓的 3# 皮带进入卸矿仓,再经铁路车辆将矿石送到选矿厂。2# 胶带输送机长 1120m,带宽 1000mm,带速 2.5m/s,采用 MST 软启动装置驱动,功率 160kW,胶带为 ST1600 型钢绳芯胶带。生产期的废石由坑内装入 1.2m³ 固定式矿车,经副井罐笼提升到地表,废石由轨距 762mm 窄轨列车,采用 7t 电机车牵引 16 辆 1.2m³ 固定式矿车(1 列)运输至副井东北方向的翻车机房卸入露天废石转运堆场,再采用 5m³ 装载机装入载重 20t 的自卸卡车运到废石场,共有装载机 2 台,T80 型推土机 1 台,20t 自卸卡车 2 台。

　　3. 提升系统

　　龙首矿现有提升运输系统主要有:新 1# 箕斗井(矿石提升)、新 2# 竖井大罐(部分矿石和废石提升)、新 2# 竖井(废石、人员、材料提升)、斜坡道(矿石、废石、人员、材料拉运),设计总提运能力为 154 万 t/a。已建成的西二采区主井担负 5000t/d 的矿石提升任务,西二采区的副井担负该采区内的废石、人员、部分材料和设备的提升任务。58# 矿体竖井担负矿石、废石、人员、材料和设备的提升任务,其中矿石提升能力为 300t/d。

　　近几年提升系统和斜坡道等关键通道均处于高负荷运转状态,提升机运行时间每天高达 22h 以上,提升的空间极其有限,单矿石提运量已超出设计能力,给基建工程废石提运带来很大影响。近几年,虽然通过采取各种措施,但提运系统最大提运量始终在 180 万 t 左右。通过对近几年实际情况的分析,得出龙首矿提运系统最大能力为 180 万 t。

　　2009 年产量调整后,安排开拓、采准、切割等工程废石总量高达 70 万 t,除 Ⅲ 矿区废石提运量 29 万 t 外,龙首矿现有系统需要提运废石总量 41 万 t,全年现有系统提运矿废石总量 181 万 t。所以,龙首矿提运系统仍处于满负荷运行状态。近几年各系统能力统计见表 3.2。

表 3.2　2005～2008 年各系统能力统计

序号	系统名称	设计能力/(万 t/a)	2005 年完成量/万 t	2006 年完成量/万 t	2007 年完成量/万 t	2008 年完成量/万 t	备注
1	新 1# 箕斗	99.0	88.0	109.0	109.0	109.0	矿石
2	新 2# 大罐	33.0	43.0	46.5	45.1	47.2	矿石+废石
2.1	其中盲井	26.5	26.5	33.6	32.3	37.0	—
3	新 1# 小罐	5.5	4.0	5.5	5.3	5.5	—
4	斜坡道	16.5	15.9	21.9	21.8	20.7	矿石+废石
合计	提运总量	154.0	150.9	182.9	181.2	182.4	矿石+废石
	出矿石量	—	122.6	155.7	155.4	145.0	矿石
	出废石量	—	28.3	27.2	25.8	37.4	废石

4. 充填系统

1) 龙首矿已有充填系统

　　龙首矿现有 2 个独立的充填搅拌站,即西部搅拌站和东部搅拌站,承担着东、中、西 3 个采区近 50 万 m³/a 的充填任务,其中,东部搅拌站承担 16 行以东各采场共约 17 万 m³/a 的充填任务,西部搅拌站承担 16 行以西各采场共约 33 万 m³/a 的充填任务。

　　东、西部充填搅拌站均为管道自流输送系统,充填骨料主要为棒磨砂,胶结材料为水泥(有时添加粉煤灰),灰砂比为 1:4,质量分数为 78%,设计充填能力 80m³/h,实际生产过程中可达到 100m³/h。这两个充填搅拌站年充填能力共约 52 万 m³,可满足龙首矿富矿开采充填需要。

　　西部贫矿开采后,新增充填能力 71.3 万 m³/a(砂浆),需新增水泥用量 1103.3t/d,砂子用量 4413.3t/d,水 1621m³/d。充填站的位置设计在现有西部充填站附近。

　　龙首矿充填系统情况如图 3.11 所示。

2) 西二采区开发工程充填系统

　　西二采区开发工程充填系统年充填能力需要达到 62 万 m³,设计的充填系统充填料浆平均为 2164m³/d,设计有 3 套充填料浆制备能力为 80m³/h 的充填系统。1430m 中段及以下中段采用管道自流输送,但在 1554m 中段充填时充填倍线最大达到 10.5,需要用泵加压输送。充填钻孔分为 A、B 两组,共 6 个钻孔,A 组钻孔 3 个(Ⅰ级),从地面到 1650m 回风中段,B 组钻孔 3 个(Ⅱ级),从 1650m 中段到各采矿中段。

5. 通风系统

1) 龙首矿原区域通风系统现状

　　龙首矿现有通风系统为两翼进风中央回风的对角式通风系统,通风方式主要为地面

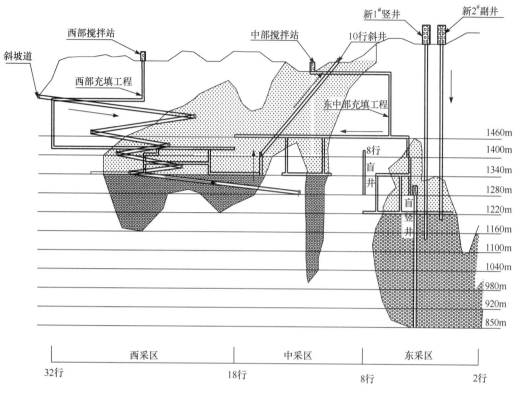

图 3.11　龙首矿充填系统示意图

主扇集中抽出式通风和井下多风机多级机站辅助通风。

现有通风系统的主要进风井巷有斜坡道(硐口标高为 1574m)、新 2$^\#$ 井(井口标高为 1729m,井筒净直径 6m、净断面面积 28.27m²)和混合井(井口标高为 1826m,井筒净直径 6.7m,净断面面积 35.25m²,井筒进风断面面积 20.8m²,1220m 中段以上没有马头门),主要回风井巷有通风斜井(井口标高为 1681m,净断面面积 9.88m²)、盲通风斜井、东采区和西采区阶段风井、新 1$^\#$ 箕斗井(平硐口标高为 1703m)。

通风斜井从 1400m 至地表 1684m,倾角 30°,净断面面积为 9.88m²,主扇安装在通风斜井井口,2 台并联,型号为 DK45-6-№19 型轴流式风机,电机功率 4×200kW。

2) 通风设施

在龙首矿贫矿开采工程投产后,设计采用新掘回风井集中抽出式通风,经计算,矿井总回风量为 438.57m³/s,负压 H＝3584Pa。

新掘回风井风机设计选用 GAF-37.5-21.1-1FB 型可调轴流风机,配 Y800-8 型电机(2800kW,6kV),根据安全规程规定,另备用一台同型号的电机。返风通过改变叶片角度实现。另 1160m 回风中段增设 1 台 K40-8-№20 型轴流风机(75kW)回风。原安装在 10 行通风斜井井口的轴流风机保留,作为备用。

3) 西二采区开采工程通风系统

西二采区开采工程设计采用副井和斜坡道进风,东翼回风井集中统一抽出式通风系统(回风断面面积为 13.85m²)。矿井总风量为 244m³/s。

6. 供风、供水系统

1) 供风

龙首矿现有西部和东部两个空压机站,西部空压机站内配置了 3 台 L5.5-40/8 型空压机,每台装机容量 250kW,总排气量为 120m³/min,这 3 台空压机已经老化。另外东部空压机站内配置有 2 台 2D12-100/8 型空压机和 1 台 D-100/8-e2 型空压机,每台装机容量 550kW,总排气量 300m³/min。

贫矿开采工程投产后,考虑到西部空压机站必须拆除,且设备老化不能利用,因此,考虑新增 2 台 150m³/min 的离心式空压机,替代西部空压机站 120m³/min 的排气量。通过这样改造后,龙首矿总的供气量可达到 600m³/min(其中备用压气量 100m³/min)。

新增的 2 台空压机安装在东部空压机房附近一间闲置的老空压机房内,将站房内 2 台 60m³/min 的已经报废的空压机拆除。

贫富矿供风均从新 2# 井下至各用气点,要求供气量 418m³/min,主风管 1 根,将新 2# 井原有 DN250mm 压风主管更换为 ϕ377mm×9mm 无缝钢管。在设计中,需新敷设 1460m、1400m 和 1340m 中段 ϕ159mm×5mm 供风管各一条。

2) 供水

目前龙首矿的井下用水均来自矿山现有的 600m³ 高位水池。在新 2# 井筒内敷设了一条 ϕ159mm×5mm 供水管。龙首矿西部贫矿和东部扩能工程投产后井下采矿用水总量为 2700t/d,新 2# 井筒内 1 条 ϕ159mm×5mm 供水管可满足要求,但因现有供水管锈蚀严重,贫矿开采工程中考虑更换。

西二采区总用水量:4720m³/d。三矿区用水从一厂区 DN500mm 生产水管道变径去原中位水池的 DN300mm 管道上接管,由水源提升泵加压,沿已有去三矿区工业场地的公路送至三矿区高位水池。输水管线约 4.5km。水源提升泵房设在原中位水池附近。高位水池有效容积 800m³,池底标高 1751m。坑内凿岩、防尘用水量 1250m³/d。坑内用水由供水管经钻孔、各中段送至坑内各用水点。供水管总管路规格为 ϕ159mm×6mm。主供水管路在进入各中段巷道处设减压阀减压,使供水压力满足生产要求。

7. 排水、排泥系统

1) 排水

矿山井下在 1220m 中段新 2# 井井底车场设有一个主水泵房,泵房内配置 4 台 D46-50×12 型多级离心泵(Q=46m³/h,H=600m,N=132kW),最大排水能力 3000m³/d;850m 中段盲副井井底车场处设有 1 个主水泵房,泵房内配置 3 台 D46-50×12 型多级离心泵,最大排水能力 2000m³/d。排水管管径为 ϕ219mm。由于新 2# 井内的排水管锈蚀严重,更换又影响生产,矿山已在新 2# 井西侧另打排水钻孔(1729~1220m 水平)安设排水管。深部涌水由 850m 泵房经盲副井排至 1220m 中段水仓,再由 1220m 中段泵房经排水钻孔排至地表。

贫矿工程投产后,全矿总排水量 Q 正常值为 5091m³/d,最大值为 5991m³/d,从井底泵房 850m 排至 1220m 中间泵房,再接力排至地表。根据排水量情况,并考虑 2 个泵房设备的互换和备用,设计采用改造 1220m 泵房和 850m 泵房来满足排水量的要求。

1220m 泵房将 1220m 泵房内的 4 台 D46-50×12 型多级离心泵（$Q=46\text{m}^3/\text{h}, H=600\text{m}, N=132\text{kW}$）更换为 4 台 D155-67×9 型多级离心泵（$Q=155\text{m}^3/\text{h}, H=603\text{m}, N=400\text{kW}, 6\text{kV}$）；850m 泵房内的 3 台 D46-50×12 型多级离心泵（$Q=46\text{m}^3/\text{h}, H=600\text{m}, N=132\text{kW}$）更换为 4 台 D155-67×9 型多级离心泵（$Q=155\text{m}^3/\text{h}, H=603\text{m}, N=400\text{kW}, 6\text{kV}$）；两泵房在正常涌水时均是 2 台同时工作，最大涌水时 3 台同时工作，1 台备用，正常涌水量排水需 19.32h，最大涌水量排水需 15.16h。

1220m 泵房和 850m 泵房要求的泵房尺寸长×宽×高为 32m×5m×3.5m，另外 2 个水泵房的水仓均需扩建。

排水管为 $\phi273\text{mm}×11\text{mm}$ 无缝钢管，共 2 根，一用一备。850m 泵房的排水管由盲竖井排至 1220m 中段水仓，1220m 泵房的排水管由排水钻孔接至地表，设计考虑在泵房与车场之间新打 2 个排水钻孔（钻孔孔径 $\phi350\text{mm}$，内衬 $\phi273\text{mm}×11\text{mm}$ 无缝钢管）。

西二采区坑内主排水泵房设在 1220m 中段的副井车场附近，担负全矿的坑内排水任务。各个分段首先用泵将采场的涌水和生产废水输送至分段巷道，然后经过分段巷道上的泄水钻孔排至中段运输巷道，然后通过中段的泄水钻孔排至 1220m 水平的水泵房，最后通过排水钻孔用泵将水、泥直接排出地表。主排水泵房内设 3 台 MD160-84×7 型多级水泵，流量 $160\text{m}^3/\text{h}$，扬程 588m，功率 500kW。正常涌水时 1 台水泵工作，最大涌水时 2 台水泵同时工作，1 台备用。正常涌水时 14.8h 完成一天排水任务；最大涌水时 18.6h 完成一天排水任务。副井附近设 2 个排水钻孔，一用一备，排水管规格为 $\phi219\text{mm}×10\text{mm}$。

2）排泥

以前龙首矿没有排泥系统，主要是龙首矿的采矿方法矿泥较少，泥被水带进水仓沉淀后，定期进行人工清理。但将来随着大型机械化的应用，特别是凿岩台车的使用，会增加大量的泥水，需要增加完善排泥系统。现在的中段工程设计中给每个采场设计一个集水坑，采用泥浆泵将泥水打到水沟，进入主水仓。

西二采区坑内排泥主要是清理水仓时处理沉积于水仓内的淤泥。排泥硐室设在 1220m 主排水泵房附近。排泥硐室内装备 1 台 2DGN-30/8 型油隔离泥浆泵，流量 $30\text{m}^3/\text{h}$，压力 8MPa，配套电机 Y315L2-8 型，功率 110kW。清理水仓时，水仓中的淤泥用高压水枪稀释后，由飞力泵扬入搅拌槽，搅拌均匀后送至油隔离泥浆泵吸入口，然后经钻孔直接排出地表。排泥管采用 1 条 $\phi102\text{mm}×10\text{mm}$ 的无缝钢管。

8. 供电系统

目前龙首矿区用电取自距矿区约 4km 的金昌市供电局所属的白家咀 110kV 变电站，该站安装有 3 台容量为 63000kV·A 的三卷变压器，馈出配电电压等级为 35kV 和 6kV。目前该站运行负荷为 70000kW，供电能力有较大富余。该站 110kV 主电源引自金昌 330kV 变电站，另有 110kV 联络线与西北电网 110kV 系统连接，已实现可靠的双电源运行方式。

龙首矿区 5# 35kV 总降压变电所，位于龙首矿本部斜对面，龙首矿区的全部用电均由此提供。该站装设两台 35/6kV 主变，容量分别为 20000kV·A 和 16000kV·A，35kV 电源由两回架空线（LGJ-185）引自白家咀 110kV 变电站，单回线路长 3.4km，该站平均负荷为 26000kW 左右，最高时接近满负荷运行。

　　龙首矿区 26#6kV 配电所,位于新 2#井旁边,电源引自 5#变电所,采用双电源架空进线。

　　西二采区开发工程设计在矿山工业场地建设一座 35/6kV 总降压变电所。龙首矿贫矿开采工程回风井电力 6kV 配电室电源取自西二采区新建的 35kV 变电站 6kV 侧。龙首矿贫矿开采工程的新建充填站及已有西部充填站电源引自 5#变电所。

3.3　二矿区矿床开拓与主要工程

　　二矿区采用斜坡道＋竖井联合开拓。矿石通过中心溜井、破碎站、储矿仓、斜井皮带运输机、主井箕斗提升到地表;废石通过各中段无轨运输、副井罐笼提升到地表。二矿区经过一期工程、二期工程及二期改扩建工程,已经形成了比较完整的开拓系统,如图 3.12 所示。

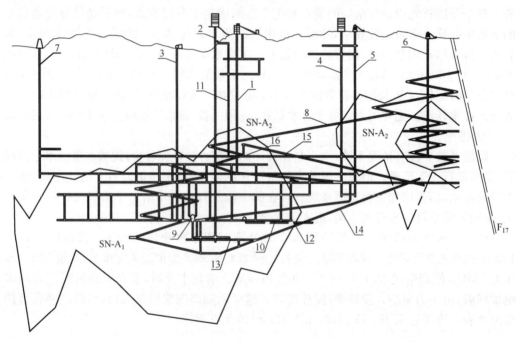

图 3.12　二矿区开拓系统纵投影图

1. 西主井;2.18 行副井;3.14 行回风井;4. 西副井;5. 东副井;6.36 行措施井;7. 西风井;8. 主斜坡道;
9. 破碎站;10.1000m 水仓;11. 充填回风井;12. 人行盲井;13.1#皮带斜井;
14.2#皮带斜井;15.3#皮带斜井;16.4#皮带斜井

3.3.1　二矿区一期工程建设

1. 建设概况

　　二矿区是金川集团公司的主力矿山,镍、铜储量占了金川镍矿的四分之三。该矿于 1966 年由甘肃省地质局第六地质队正式勘探,并由井巷公司开始进行一期基本建设。1969 年 9 月,北京有色冶金设计研究总院编制出了日产矿石 10000t 的初步设计方案。

1972 年 10 月,地质六队提交了二矿区地质勘探储量报告,1973 年 4 月,冶金部指示,二矿区要争取时间,优先开采富矿,加快发展步伐。1974 年 1 月,二矿区筹备处由八冶公司移交金川公司,2 月 6 日,金川公司二矿区筹备处临时领导小组成立(即为二矿区建矿之日)。根据国家关于加快金川镍矿的意见和"优先开采富矿"实行"采富保贫"的方针,1975 年 6 月北京有色冶金设计研究总院完成了二矿区矿山开采修改设计,设计开采范围和开采对象主要为 2# 矿体 F$_{17}$ 断层(地下 40 行线附近)以西,1250～1300m 水平的矿体为一期工程开采范围,其中富矿占了 80% 以上,生产规模变为日产矿石 7000t,其中东部 1250m、1300m 两个中段生产能力为矿石 1500t/d,西部 1150m、1200m 和 1250m 三个中段的生产能力为 67 万 m³,采矿方法为上向胶结充填法和下向胶结充填法,年产矿石含镍量 42000t 左右。

二矿区一期工程采用竖井开拓,1966 年以来共建成了 7 条竖井,即东主井、东副井、西副井、西主井、36 行措施井、16 行充填井和 2 行进风井。一期工程开采范围分为 4 个中段,即西部 1# 矿体 1300m 中段、1250m 中段,东部 2# 矿体 F$_{17}$ 断层以西 1300m 中段、1250m 中段。由于 1#、2# 两个矿体互不连接,故以 30 行勘探线为界,将一期工程开采划分为东、西两个采区,各自形成独立的开拓系统。后因地质条件差,特别是西主井 1250m 水平以下因穿过 F$_{16}$ 断层导致井筒变形,不能承担起西部采区的矿石提升任务,所有矿石都必须经由东主井提升,而东主井的提升能力仅为 99 万 t/a,所以北京有色冶金设计研究总院又将二矿区一期生产能力修改为年产矿石 99 万 t,即东部 2# 矿体和西部 1# 矿体日产矿石共 3000t。

1980 年 2 月,二矿区会战指挥部成立,调动各方力量加快二矿区建设,1982 年 6 月 1 日,二矿区东部采区 1250m 中段正式投产,标志着二矿区经过 16 年的基本建设,进入了生产阶段,当年采出矿石量 8.57 万 t。1984 年初,西部采区开始生产,至年底,采出矿量 45.51 万 t,仅为设计能力的 40% 左右。其主要原因是设备不到位,主要采掘设备仍然以老式风动机械为主,凿岩用 YT-24 型气腿式凿岩机,出矿以 2DPJ-30 型耙矿绞车(电耙子)为主,装岩使用 X-20C 型电动装岩机(T4 机)和 ZQ-26 型风动装岩机。在少量掘进掌子面还用人工耙子加簸箕装入矿车,生产劳动强度大,生产率很低。运输使用 ZK7-720/550V 型牵引电机车和旧型侧卸式矿车。提升使用当时国产第一台较为先进的 JKM2.8-6A 型多绳摩擦提升机,这是二矿区当时最先进也是最关键的设备。

1985 年,二矿区各系统基本完善。随着改革开放的深入,二矿区成立了两个机械化盘区采矿试验工区,引进国外先进采掘设备和采矿方法。设备主要有瑞典的凿岩台车,法国、美国和德国的铲运机及其他辅助设备,使矿山设备发生了根本性的变化,生产逐步走向正轨,1986 年年底达产,当年采出矿石 95 万 t,同时为了保证金川集团公司一期扩建工程实现年产镍 20000t 的目标,二矿区在提高矿石产量上做了大量的技术改造和生产挖潜工作,1987～1988 年,先后进行了东部 1200m 中段、1350m 中段、1400m 中段和西部 1300m 中段的开拓采准工作,之后,又进行了东部 902、905、306 及 34 行以西 1376m 水平和 1400m 水平特富矿及西部 14 行以西富矿边角矿体的回采工作。这些技术改造和生产挖潜工程建成投产后,回采出的矿量占了全矿年出矿量的 30%,大大缓解了金川集团公司一期扩建工程矿源不足的矛盾。通过上述边角矿体技术改造工程的实施,不仅使二矿区一期产量没有减少,反而呈不断上升态势,逐年稳步上升。同时,二矿区对东主井提升系统和辅助设施进行了大量技术改造,使东主井单斗提升能力提高了 17%,运行速度提高了 14%,年提升能力由设计的 99 万 t 提高到了 150 万 t。1987 年,二矿区年生产能力突破了 100 万 t,成为我国当时第一个地下矿山年出矿能力超过百万吨的大型矿山。此后,通过二矿区工程技术人员的改造,二矿区矿石量每年以 10 万 t 的速度递增,到 1992 年产量达 150 万 t,平均日出矿 4000t,至 1995 年二期工程投入生产前达到了日出矿 5090t,年出矿 168 万 t 的生产能力。

1982 年二矿区一期工程建成投产,经过约 20 年的开采,至 2000 年,$1^\#$ 矿体 1250m 水平以上、$2^\#$ 矿体 F_{17} 断层以西的富矿和下盘贫矿已全部开采结束,一期工程累计消耗储量约 1600 万 t。一期工程采用的采矿方法为电耙子上向水平分层胶结充填采矿法、电耙子下向高进路胶结充填采矿法和机械化盘区下向水平分层胶结充填采矿方法。一期工程回采工作于 1998 年底基本结束,剩余部分为挖潜改造边角矿体的回采。2000 年年底二矿区一期工程及一期改扩建工程开采范围已经闭坑。

2. 一期工程开采范围

一期工程主要开采东部 $2^\#$ 矿体 F_{17} 以西矿体和西部 $1^\#$ 矿体 1250m 水平以上富矿及下盘贫矿,由于二矿区矿体覆盖层为 200~400m,矿体走向长 2600m,$1^\#$、$2^\#$ 矿体又不连续,所以以 30 行勘探线为界划分为东西两个采区,各自都建有独立的开拓系统。中段高50m,东部开拓有 1400m、1350m、1300m、1250m、1200m 五个中段。西部开拓有 1350m、1300m、1250m 三个中段,运输中段为 1250m 水平。

3. 一期工程建成的主要工程

一期工程采用竖井-平硐开拓,为一期工程服务的竖井主要有 4 条,即东主井、西副井、36 行措施井、16 行充填井。

1) 东主井

东主井井筒净直径 4.5m,井深 550m,为提升矿石井,采用 JKM2.8×6A 型多绳提升机、1250kW 直流电机、18t 底卸式单箕斗带平衡锤提升矿石,最大提升能力 5400t/d。

2) 西副井

二矿区西副井始建于 1981 年,1983 年投入运行,井筒净直径 5.8m,井深 661m,在1725m、1672m、1400m、1350m、1300m、1250m、1200m、1150m 中段均设有马头门。井塔为六层箱形内框架钢筋混凝土结构,总高 40.40m,占地面积 15.8×21.4=338.12m²,建筑面积1823.30m²。装 2 台 JKM2.8×6 型多绳提升机,直流电机功率为 1000kW,提升两个三层单罐配以平衡锤,正常提升速度 8m/s,平均加速度 0.6m/s,单机有效载荷 13t,是二矿区运送人员、材料和废石提升的主要通道,日提运废石 800 车左右,运送人员约 1000 人次。

西副井 $1^\#$、$2^\#$ 提升机电气控制设备于 2002 年、2003 年完成了全面技术升级更新,采用西门子可编程序控制器及 ABB 的 DCS500B 型传动控制器,实现了全自动运行及数字化控制。位置、速度、加减速都由可编程序控制器完成,有完善的保护。提升机能够在全自动、手动、检修方式下运行,全自动运行模式下,提升机根据所在中段发出的指令自动判断目的地,自动启动与准确停车。日常的提运废石完全在自动方式下完成,卷扬司机不参与操作,工作重心由以操作提升机为主转变为监控提升机安全运行为主,负责确保提升机的安全可靠运行。从西副井提升机升级更新完成后,运行情况稳定可靠,为完成提升废石、材料、人员的繁重任务提供了良好的装备条件。

3) 36 行措施井

井筒净直径 4.0m,井深 485m,由于布置在矿体中,1400m 水平以下充填后,井深只剩 329m,配单层双罐,提升人员、材料。

4) 16 行充填井

井筒净直径 4.5m,井深 477.7m,井筒内安装 6 条充填管路,为西部一期采区充填井。

4. 主要系统

1) 采矿方法

一期工程采用的采矿方法为电耙子上向水平分层胶结充填采矿法、电耙子下向高进路胶结充填采矿法和机械化盘区下向水平分层胶结充填采矿方法三种。

2) 提升

主、副井的提升都选用适于深井提升的多绳摩擦提升机,全部采用直流电机拖动,以提高运行性能及降低经营费用。主、副井各提升容器均采用钢绳罐道,井口及最低中段兼设刚性罐道及防过卷用楔形罐道。

东主井采用 JKM2.8×6A 型多绳提升机,底卸式单箕斗与平衡锤的提升方式,直流电机为 1250kW。西副井装有 2 套相同的 JKM2.8×6A 型多绳提升机,平衡锤平衡提升,直流电机功率为 1000kW。

3) 运输

一期工程主运输水平采用环形运输,东西采场的矿石通过穿脉溜矿井放至 1250m 运输水平,装入 4m³ 侧卸式矿车,由 14t 电机车拉运到东主井矿仓,破碎后装入箕斗,由东主井提升至地表。

4) 通风

二矿区为多机站分区并联单翼对角式通风系统。全矿划分为三个通风区:东部(30~40 行)由东副井进风,东主井排风,总回风水平设在 1350m 中段。西部一采区(16~30 行)由西副井进风,充填井排风,总回风水平设在 1300m 中段。西部二采区(16 行以西)由西风井进风,充填井排风,总回风水平设在 1300m 中段。

5) 坑内排水

二矿区岩层本身含水很少,坑内涌水主要是充填回水和施工水,涌水量约为 50m³/h。采场人行天井渗出的泥浆水经脉内沿脉道、穿脉道流入采区沉淀池(每 100m 设一个)。沉淀后清水经水沟流到 30 行车场排泥井,到 1150m 中央水仓,沉淀后的泥浆利用 2m³ 排泥罐和 4m³ 接力排泥罐排到 30 行排泥孔,下到 1150m 密闭泥仓,然后经西副井排到地表。1150m 中央水泵房内安装有 2 台清水泵和 2 台泥浆泵,西副井井筒内安装 1 条 DN300mm 的排水管和 1 条 DN200mm 的排泥管。

6) 供水

采用集中供水系统,即在 30 行附近地表(标高 1700m)建有一个 400m³ 的生产水池和一个 600m³ 的生活水池。生产水池的清水由 DN200mm 的管道进入 1672m 平硐经过西副井下到各中段采场及作业点。最大消耗水量为 119m³/d,最大供水量为 2755m³/d。

7) 供电

二矿区用电设备总容量为 27760kW,其中 6kV 用电设备容量为 16190kW,年耗电量 7600 万 kW。

8) 供风

二矿区设计有日制空压机 7 台,每台排气量 103m³/min;主风管采用 φ529mm×7mm 螺旋焊缝钢管,由矿山空压机站沿地表进入 1672m 平硐,经西副井下至各中段。

9) 充填

二矿区东、西部采区各自建有独立的充填系统。16 行建有集中料仓,细石仓容量为 1200t(可供 1 天用量),两个水泥仓总容量为 2400t(各装 1200t,供 3 天用)。在 36 行建有东部料仓,细石仓容量 400t,细砂仓 500t(可供 1 个班用),水泥仓总容量 200t(共 2 个,各 100t,可供 1 天用)。16 行集中料仓从砂石厂由火车供料,36 行东部料仓由汽车给集中料仓供料。

36 行东部搅拌站安装有 2 套细砂搅拌系统(立式搅拌桶),有 2 条充填钻孔从地表通往 1300m 水平。西部搅拌站内装有 5 套细砂搅拌系统。16 行充填井内有 6 条 φ100mm 的细砂充填管道,后改为钻孔充填。东部最大充填量为 750m³/d,西部最大充填量为 2400m³/d。

3.3.2 二期工程建设与主要系统

1. 概述

二矿区二期工程初步设计是我国政府与瑞典政府 1983 年第四次科技合作会议确定的技术合作项目之一,1985 年初开始实施。瑞方技术合作单位有波立顿公司、阿特拉斯公司和吕律欧大学技术开发中心,中方有金川集团公司和北京有色冶金设计研究总院。1984 年末,瑞方派专家赴金川收集资料,随后,中方派十名专家赴瑞典进行共同研究。最终的设计是吸收瑞典许多地下矿山的先进技术综合而成的,这些先进的工艺和技术有:Boliden 公司的机械化盘区大进路下向分层胶结充填采矿法,Malmberget 铁矿全无轨化和主斜坡道通地表的开拓方式,GrangeSberg 铁矿汽车运输-破碎-斜井皮带运输-竖井提升到地表的矿石运输提升系统,许多矿山的地下多级机站压入、抽入混合微正压(工作面保持 300Pa 正压)管道通风系统等,极大地优化了二期工程设计。

设计获得了许多重大的突破。例如,由下盘开拓转向上盘开拓,使得工程摆脱了下盘的不良岩层;一个中段回采改变为多中段回采,使回采矿量成倍增长;合理地将地下破碎站的服务年限由 8 年增加到 33 年;将地表主扇大风机抽出式负压巷道通风系统改成多级机站通风系统,使得矿山通风总装机容量减少 922kW,而风量却增加了 124m³/s;引进了大型铲运机、双臂全液压凿岩台车、锚杆台车、装药车及其他各种车辆,全面优化了凿岩、爆破、出矿等工艺。成功地应用了全电脑控制的落地式多绳提升机,使整个矿山的运输提升系统达到了当时世界最先进矿山的水平。

2. 二期工程设计主要特点

二期工程于 1985 年 5～12 月由中国和瑞典合作共同完成了初步设计,采矿初步设计组总体目标是做出使二矿区一号矿体成为高度机械化、现代型矿山的设计,在 1990 年前产量达到 8000t/d,并考虑进一步于 1993 年发展到 17000t/d。二期工程设计的主要特点体现在以下几点:

(1) 把先进的岩石力学研究应用于采矿设计中,据其进行整体和局部开采稳定性的控制及岩石支护的设计。

(2) 基于电动液压凿岩台车和大型铲运机设计了高度机械化的下向胶结充填采矿方法。

(3) 引入了全无轨坑内开采系统。

(4) 主斜坡道为从地表至坑内全部工作地点和服务点的人员、材料和设备运输提供了极大的灵活性。

(5) 在 1000m 主运输中段以下设置了具有高能力的旋回式破碎机的破碎站。

(6) 矿石放至 917m 水平之后,再用胶带运输机运至西主井,西主井装备一套新的自动化箕斗提升设备。

(7) 破碎提升系统全部自动化控制,并同全矿通信系统相配合。

(8) 新的微正压通风系统冬季空气需加热,由坑内气体压力和温度传感器与计算机连接控制。

(9) 引入新的矿山劳动组织和经营管理模式,以适应现代化装备与先进技术的应用。

3. 建设情况

1985 年,国家决定建设金川二期工程,二矿区承担金川二期工程的矿山工程,主要建设二矿区的西部 1# 矿体 1250m 水平以下 6～24 行的富矿及下盘贫矿,1000m 和 1150m 两个中段的采矿系统。二矿区二期工程于 1986 年 8 月开工,1995 年完成矿建工程,1996 年投产。二期工程基建工程量设计约为 59 万 m³,掘进巷道约为 28km,采用竖井、胶带斜井、斜坡道联合开拓方案,设计生产能力为 8000t/d,年产矿石 264 万 t。二期设计回采范围可采矿量约 8000 万 t,回采服务期限为 32 年。

二期矿山工程从 1986 年下半年由井巷公司施工准备,1988 年 4 月全面动工,历时 7 年,1993 年底,基本建成矿山开拓工程。同时,为了寻求一种适合二矿区地质条件的高效采矿方法,1984 年 11 月,中国、瑞典签订了"关于金川二矿区技术合作合同",先后在二矿区东、西部进行了机械化盘区上向水平进路胶结充填采矿法、机械化盘区下向水平进路胶结充填采矿法、VCR 法和空场法等采矿方法的试验研究。除 VCR 法、空场法因多种原因未取得成功外,其余采矿方法基本上实现了高效率、低成本的目标。1986 年 1 月,北京有色冶金设计研究总院、金川公司二矿区与瑞典联合编制并提交了金川二矿区日产矿石 8000t、年产矿石 264 万 t 的采矿初步设计及最终报告,将二矿区从一期生产能力 99 万 t/a,

提高到了二期的 264 万 t/a。二期矿山工程在 1995 年年底全部建成并投入生产,1996 年采出矿石 200 万 t,1997 年采出矿石 220 万 t,随着二期工程的不断完善,截至 2002 年,已达到二期设计生产能力 264 万 t/a。二期设计的采矿方法为机械化盘区下向水平分层胶结充填采矿法,由于采用了控制爆破技术、喷锚网支护技术、水平进路充填,并选用较大型的无轨采掘设备,使生产效率大大提高。二矿区已成为我国有色金属行业最大的地下矿山。

金川二矿区二期工程达到了当时较先进的矿山的生产水平:采用了成熟的大规模机械化开采方案;采场运输与中段平面运输实现了无轨化作业,建立了一条从地表通往坑下,并与各中段、作业点相联系的主、分斜坡道系统,井上、下运输无轨化;矿山提升运输系统和充填系统都采用了监测、监控和计算机操作自动化;简化劳动组织,实现了生产管理科学化。

4. 二期工程开采范围

二期工程主要开采西部 1# 矿体 1250～1000m、24～6 行富矿和下盘贫矿及上盘厚度小于 20m 的贫矿,开拓中段有 1150m 中段和 1000m 中段,1150m 中段高度为 100m,1000m 中段高度为 150m。

5. 二期工程建成的主要工程

二矿区二期工程主要是开采西部 1# 矿体 1250m 水平以下矿体,二期开拓系统是在一期工程基础上,又增加了斜坡道和胶带斜井,因此,二期工程为竖井、斜坡道、斜井联合开拓系统。这样在一期开拓基础上,增加了西主井、西风井、14 行回风井和东副井 4 条井,共计 8 条井,而真正意义上二期工程只用 5 条竖井:西主井、西风井、东副井、西副井和14 行回风井。

二期工程的重点工程主要有西主井、东副井、西风井、14 行回风井、主斜坡道、皮带斜井、1000m 破碎系统等工程。

1) 西主井

设计井筒净直径 5.0m,井深 683m。由于该井下部处于 F_1 破碎带,地压大,施工后1150m 水平以下大部分井筒已变形破坏,所以现在竖井井筒只用 1150m 以上,其深度为605m。西主井为二期主提升井并兼作回风井。西主井井口标高 1755m,在 1250m 中段转运,下部与皮带斜井、破碎站相连。采用 27t 双箕斗 $\phi4.5m\times4$ 型落地式多绳提升机,3500kW 交变频控制的直联同步电机。提升能力为 1151.7t/h,17000t/d。

1969 年二矿区西主井动工修建,1973 年竣工。1988 年井塔开工,1993 年基本建成,1995 年形成生产能力,是二矿区二期矿石运输提升系统中的"咽喉",担负着井下所有矿石的提升任务。井塔为钢结构落地式井架,井架高 62.0m。

2007 年对提升机电控系统进行了升级改造。提升机电气控制部分采用西门子 S7 系列可编程控制器及 SIMADYND 型传动控制器,实现了全自动运行及数字化控制,位置、速度、加减速都由可编程控制器控制完成,有完善的保护。提升机能够在全自动、手动、检修方式下运行。日常的提运矿石完全在自动方式下完成,卷扬司机不参与操作。主井提升机升级更新完成后,运行情况稳定可靠,为完成矿石提升任务提供了良好的装备条件。西主井提升机在 2007 年 10 月改造完毕后,单斗净载荷 26.5t,提升速度 12m/s。

2) 东副井

二矿区 30 行东副井是二期工程施工时,作为基建时期的废石提升井并兼作进风井,且一直使用至今,现为基建提升废石井。井筒净直径 5.6m,井深 659m,井口标高 1759m,最低服务水平 1150m,在 1672m、1400m、1350m、1300m、1250m、1200m、1150m 水平均设有马头门,井架高度 25m,提升高度 609m。

目前,二矿区所有的动力电缆都通过此井敷设到井下变电所。由于生产的需要在此井安装 2 套提升系统,2 套提升系统均采用 JK2.5/20 型单绳缠绕落地式提升机,提升机单罐笼运行,提升机驱动采用高压绕线式三相异步电动机串接电阻的调速运行方式。

2005 年提升系统经过技术改造,采用 PLC 控制技术对 2 台提升机控制系统进行了数字化更新,实现了 2 台提升机数字化控制,使系统的稳定性和提升能力有了较大的提高,日提运废石能力达 400 车。

3) 西风井

井筒净直径 4.0m,井深 630m,为西部采区进风井。

4) 14 行回风井

14 行回风井位于二矿区西主井西北方向,1999 年 10 月正式开工下掘,2001 年建成,2002 年正式投入使用。井口标高 1717m,井底标高 1003m,井深 714m。井筒净直径 6.5m,掘进直径 7.4m,净断面面积 33.2m²,掘进断面面积 43m²,开凿总量 32520m³,混凝土支护总量 6972m³,砌砖总量 340m³。14 行回风井安装了 2 台型号为 BDK-8-No30 型的对旋式风机。2 台风机分别通过各自的风硐与 14 行回风井直接相连,风机可采用反转反风。14 行回风井于 2005 年 3 月垮塌,从 2005 年 12 月开始,经过 22 个月返修,2007 年 10 月与 1000m 水平贯通,2008 年 5 月地表风机安装完成再次投入运行。14 行回风井主要承担二矿区井下污风的排出任务。

5) 主斜坡道

主斜坡道全长 6304m,硐口至 1150m 水平长为 4082m,1150m 东西副井石门长 517m,1150~931m 水平长 1705m。线路坡度:直线段为 1:7,曲线段为 1:10,转弯半径为 30m;巷道断面为直墙半圆拱,规格为净高 4.1m,净宽 4.8m,断面面积 17.2m²。主斜坡道工程于 1986 年 4 月开工,1150m 水平以上部分于 1990 年 3 月完工,1000m 水平以上部分于 1992 年 10 月完工,850m 工程正在开拓之中,为当时亚洲最长的斜坡道。

6) 皮带斜井

1# 皮带斜井在 941m 水平,全长 290m;2# 皮带斜井从 1152.5~931.4m 水平,全长 1063m;3# 皮带斜井,上口从 1312~1142m 水平,全长 802m,斜井角度为 12°,斜井净断面面积为 4.0m×3.5m。斜井内装有从澳大利亚引进的钢绳胶带运输机,皮带宽 1200mm,每小时运矿量 1500t;与西主井箕斗提升能力基本相匹配。

7) 1000m 破碎系统

1000m 破碎系统是为金川二矿区二期工程的矿石井下破碎而设计的,它是由 2 条中心溜矿井、2 个给矿硐室、1 个破碎硐室、1 个储矿仓组成。上部与 1000m 水平无轨运输巷道相通,下部与 1# 皮带道相连。

破碎硐室是破碎系统的一部分,布置在 1000.800m 水平,该硐室净长 33m,净高 12.5m,净宽 9.0m,掘进断面积为 128.79m²,是二期工程断面最大的硐室(相当于一幢四层大楼的工程,而且还有 9m 多深的地下室)。破碎硐室施工图设计完成于 1989 年 12 月。当时设计采用双层支护形式,其第一层为 100mm 厚的喷锚网联合支护,而后进行第二层双层钢筋混凝土支护,拱部支护总厚度 600mm,墙部支护总厚度 700mm。破碎硐室的岩体揭露后,发现工程地质条件较差,对硐室的拱部、墙体和端部采取了长锚索全断面加固措施。锚索的间排距为 3.0m×3.0m,长度 15m,索体为 φ22mm 的钢丝绳。硐室开挖过程中,进行第一层喷锚网支护时还架设 H 型钢加强支护,以两个溜矿井的中心连线为界,硐室南侧(至斜坡道方向)H 型钢间距为 0.5m,北侧为 1.0m。硐室掘进开始于 1992 年,施工单位为井巷工程公司。采用的施工方案为天井导硐,先拱后墙,拱部平行推进,墙部分层掘进。1992 年 9 月 25 日在硐室拱部开挖中曾经发生过冒顶。经过多次注浆固结岩体处理,实现了硐室的成功开挖。整个破碎硐室的开凿量为 4794.57m³,支护量为 979.85m³。破碎硐室安装的是 1065/150 型旋回式破碎机,破碎能力为 1000t/h,安装功率为 250kW。

6. 主要系统

1) 采矿方法

金川二矿区二期设计采矿方法为机械化盘区下向水平进路胶结充填采矿法,盘区宽 100m,长为矿体厚度。由于矿体水平面积近 10 万 m²,为调整应力分布状态,每个盘区分矿房和矿柱两步回采,矿房宽 80m,矿柱宽 20m(金川集团公司根据一期回采经验,不分矿房矿柱,作一次回采)。开采自上而下进行。盘区内划分若干采场,凿岩、爆破、通风、撬毛、支护、出矿、充填准备和充填等采矿工序,可以在一个盘区内平行作业。包括备用采场,每个盘区有 6 个可以同时作业的采场,即可具有 1000t/d 的生产能力。采矿作业实质是巷道掘进。进路宽×高为 5m×4m,进路长平均 30m,可垂直走向布置,也可延走向布置,一条进路就是一个采场。采场的顶板是上一分层的充填体(混凝土)底板,采场的一侧是相邻采场的充填体,另外一侧为下一步待回采的矿石。由于采用巷道采矿,矿石将全部采出,损失贫化率均较小,生产安全可靠,但成本较高。

采场进路高 4m,即为分层高。每 5 个分层为 1 个分段,分段巷道设在矿体上盘脉外,通过联络道与分层连通,联络道又直通盘区溜矿井。100m 高的中段分为 5 个分段,其中 1250~1150m 为 1 个中段,日出矿 5000t;1150~1050m 为另一个中段,日出矿 3000t,合计 8000t/d。1050~1000m 为接替中段。1250~1150m 中段开采结束后,由 1150~1050m 和 1050~1000m 两个中段共同完成生产任务。

2) 提升与运输系统

1985 年 10~11 月由中方确定的胶带输送机系统与竖井提升系统相结合的矿石提升运输方案。破碎后的矿石经过地下两段水平胶带和两段斜井胶带运输到 1250m 水平西主井处。由西主井提升到地表,卸入 2 个地表矿仓,再由 3 段胶带运到装火车的地表矿仓。地下第 $1^{\#}$、$2^{\#}$、$3^{\#}$ 胶带同属一个系统,同步工作。起点标高为 940m,是储矿仓的底部。终点标高是 1315m。距西主井约 260m。这 3 段胶带把矿石从矿体的上盘转到下盘,同时又提升了 375m。第 $2^{\#}$、$3^{\#}$ 胶带是引进的强力钢绳翻转式胶带机,分别长 1058m 和 797m。第 $3^{\#}$、$4^{\#}$ 胶带之间是 1 个 $\phi5.5$m 的储矿仓,可储矿 1300t。$4^{\#}$ 胶带是西主井的给矿皮带,与西主井提升机同步工作,位于 1250m 标高。与两个计量箕斗共同完成向西主井提升箕斗装矿工作。

西主井提升的矿石卸到地表 2 个 $\phi5.5$m,高 78m 的储矿仓,两个储矿仓的容积共 5400t。

第 $5^{\#}$、$6^{\#}$ 胶带机是西主井地表矿仓到装火车矿仓之间的过渡胶带。第 $7^{\#}$ 胶带机是装火车矿仓上部的分配胶带。如图 3.13 所示。

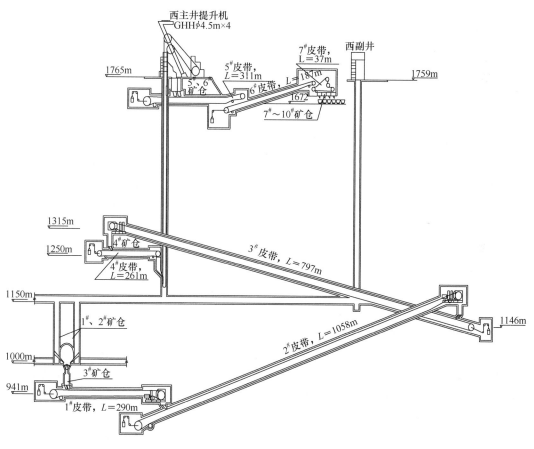

图 3.13　二矿区提升系统示意图

3) 中段运输系统

在 1150m 和 1000m 水平设两个运输中段。1150m 以上采出的矿石,经溜井下放到 1150m 中段,由振动放矿机装入坑内自卸式卡车,运至中心溜井翻卸。1000m 主运输中段尚未开拓出来之前,1150m 以下采出的矿石由铲运机直接装车,上运至 1150m,也卸入中心溜井;1000m 中段开拓出来之后,1150m 以下的矿石将直接溜放到 1000m 中段,装车直接运至破碎站翻卸。

废石运输也是汽车运输。由 25t 矿用卡车将废石运至东、西副井车场废石转载站,转装有轨矿车,经西副井提升到地表。中段运输巷道均为单车道,各种车辆单向行驶,环形运输。各巷道交叉点均设有用反光材料制成的路标,指导各种车辆运行。

全矿斜坡道和主要运输巷道均为多双层结构路面,底层为厚 200mm 的水泥混凝土,面层为厚 60mm 的沥青混凝土。

4) 破碎系统

破碎站设在 1000m 水平。设 1065/150 旋回破碎机 1 台。破碎能力 1000t/h。安装功率为 250kW。破碎机上部有 $\phi 5.0m$ 中心溜井两个,高 150m,最大储矿量为 1 万 t。下部设储矿仓 1 个,$\phi 7.0m$,高 40m,可储矿 3000t。

5) 充填系统

二期工程建成后,二矿区生产规模为 8000t/d。平均每天要充填 2640m³ 采空区。二矿区一期工程建成了 2 个充填搅拌站,即 36 行东部搅拌站,有 2 套搅拌系统;西部 16 行搅拌站,有 5 套搅拌系统。每个系列每天可充填 670m³ 采空区。矿山在生产中又总结了许多经验,每天 4 套搅拌系统同时运转,即可满足充填量的要求。因此二期设计仍沿用一期设计的充填系统。

金川公司在"七五"国家重点科研项目"全尾砂下向胶结充填技术及设备的研究"中取得了很好的成果。为转化科研成果为生产力,提高充填质量,降低充填成本,增加经济效益,1992 年决定新建西部第二搅拌站。其中,高浓度自流输送 3 套,膏体泵送 1 套,另外预留 1 套泵送的位置。每套系统的充填能力均能保证生产能力为 2000t/d 的充填任务。

新搅拌站使用尾砂代替部分棒磨砂,采用热电站粉煤灰代替部分水泥。致使每立方米充填料节省棒磨砂 700kg(占 55.86%),节省水泥 100kg(占 1/3)。

6) 排污和排水系统

二矿区二期工程设计各种运行设备全部无轨化。井下巷道是否保持清洁是影响设备运行的关键。其中污染坑内巷道最严重的是泥沙和水。二期工程设计了完善的排污设施。设计的原则是,在任何地方产生的泥沙都可以及时通过管道排走,不允许随地流失。产生泥沙最多的是采场,除了用两级排污泵就地清除外,设计还调整巷道坡度,使泥沙无法流到运输平巷中去,保证巷道路面始终处于完好状态。另一种清泥方式是把稀泥集中到沥水巷道,沥干后用铲运机装卡车随废石排走。

7) 通风和除尘系统

二矿区二期通风系统是采用地下多级机站串联、采场进路内采用管道的微正压通风系统,属中央对角式通风,总风量 400m³/s。进风双机站分别设在采区两端,上下共两层。上层 2 个双机站在 1250m 水平,供第 1 个采矿中段用风;下层 2 个双机站在 1200m 水平,供第 10 个采矿中段用风,均采用压入式。中段运输和破碎硐室等部位用风靠设在 940m 水平的双机站,采用抽出式通风。

采矿盘区采用风管通风。每个采矿盘区由 2 台 $\phi 900mm$ 轴流局扇连接 $\phi 800mm$ 风筒将新鲜风流压入工作面,由工作面返回的污风又经过 2 台局扇和风筒送入废风道。每

2 个盘区共用 1 条废风道,由 1 台单机主扇将废风直接压出地表。

主扇和局扇均可原地操作,也可以在井下调度室集中控制,全部风机的运转状态均由计算机管理。

由于采用充填法回采,采出矿石中含水量都较大,爆破后不用晒水降尘,而是采用加大通风量方式降尘。在破碎站,各段胶带输送机的装卸点均采用收尘器除尘。

8) 供电系统

矿山原总降压变电所基本都保留,新增西主井配电站对西主井和 16 行风井供电;在 1150m 水平新建坑内 2# 总降压配电站向采矿盘区和破碎站供电;在 1200m 水平 30 行石门新建坑内 3# 总降压配电站向井下胶带运输机系统供电。另外新增西部通风变电所等。这样,二矿区总计有总降压变电所 1 座,6kV 配电站 7 座和若干的变电所,构成了供电系统。

9) 通信系统

为满足二期现代化矿山的要求,二矿区井下设置 3 套独立的通信系统,分别为感应电话、对讲电话和普通电话。

10) 维修设施

井下各种运行车辆、安装设备的维修和小修均在井下进行。井下维修硐室由重型车辆修理室、轻型车辆修理室、液压件修理室、仪表室、备品备件室、油脂室、轮胎室、燃料存放处、车辆冲洗室和停车场等部分组成。与维修硐室在一起的还有井下急救室、井下调度室、井下食堂(休息室)等。中修在地表主斜坡道口的维修车间进行,大修由公司机械厂和汽车修理厂承担。

3.3.3　二矿区改扩建工程

1. 建设情况

二矿区 1# 矿体改扩建工程是对二期工程的进一步完善,主要包括 1000m 平面运输系统、盘区矿石废石溜井系统、通风系统、充填系统、排水排污系统、废石运输提升系统、1150～1000m 行人系统、风水电动力系统等。改扩建工程设计工程量 27.06 万 m^3(不含分斜坡道和措施工程量),总投资 3.5 亿元,改扩建工程设计日产矿石 9000t,年产矿石 297 万 t 的生产能力。

2003 年二期改扩建工程建成投入生产后,当年产量突破 300 万 t,至 2007 年年产矿石达 400 万 t。截止 2009 年年底,二期工程累计消耗储量约 3860 万 t。

二矿区目前采用竖井斜井联合开拓,上盘脉外采准,机械化下向进路水平分层胶结充填采矿法,无轨运输,皮带、竖井提升,高浓度料浆管道自流输送充填工艺。分 1150m 中段、1000m 中段和 978m 分段三个中段回采,其中 978m 分段已正式投产,二矿区 1150m、850m 两个回采中段已步入接替阶段。以二矿区当前产能预计,1000m 中段将于 2026 年结束回采,850m 中段将于 2012 年建成投产,2015 年完成首分层回采,2035 年回采结束。

2. 开采范围

改扩建工程是对二期工程系统的进一步完善,在二期工程的基础上,增加一个生产盘区,增加生产能力 1000t/d。主要建设 1000m 运输中段、1000m 排水排泥系统、上盘进风盲井工程、上盘 18 行副井工程、盘区脉外出矿溜井工程、978m 废石倒运系统、1150～1000m 行人盲井工程、充填工程等。

3. 主要工程

(1) 完善 1000m 中段主运输中段,并形成 5000t/d 的矿石运输能力。

(2) 1150～1000m 的上盘进风盲井工程。完善 1000m 中段各回采分段的进风。

(3) 上盘 18 行副井。18 行副井位于二矿区东部充填搅拌站西南方向 1600m 处。井口标高 1801.5m,井底标高 636m,井深 1161.5m。井筒净直径 6.5m,掘进直径 7.4m,净断面面积 33.2m²,掘进断面面积 43m²,开凿总量 50552m³,混凝土支护总量 11662m³,砌砖总量 51m³。该井矿建工程于 2001 年 10 月 11 日开工,2004 年 7 月竣工,总投资 4000 万元。18 行副井的主要功能有以下两方面:①完善二期通风系统、废石提升系统等;②为二矿区深部(1000m 水平以下)矿体回采的主要出口,承担深部基建生产期间的进风、废石提升、材料和人员上下等主要任务。

(4) 人行盲井(1150～1000m)。解决 1150m 以下各生产分段生产人员进入工作面的问题。

(5) 排水排泥工程。在 1000m 运输水平建一水泵站,即 1000m 水泵房、水仓、吸泥碉室等工程。完善 1150～1000m 的地下水及盘区充填溢流水的排出。

(6) 1118～1000m 的溜井工程。主要是掘出 1000m 中段各生产盘区的脉外溜井,完善盘区出矿系统。

4. 主要系统

1) 采矿方法

二期设计的采矿方法为机械化盘区下向水平分层胶结充填采矿法,由于采用了控制爆破技术、喷锚网支护技术、水平进路充填,并选用较大型的无轨采掘设备,使生产效率大大提高。

2) 提升

破碎后的矿石进入 1# 皮带道,再送入 2# 皮带道、3# 皮带道至 1315～1250m 的转运仓,再经 4# 皮带道、西主井箕斗提升至地表矿仓,再经 5#、6#、7# 皮带送至白家咀火车站装矿点,完成全部矿石破碎运输提升工作。整个系统采用当时国际、国内先进的生产工艺、技术设备,采用 PLC 集中自动控制、计算机控制、可编制程逻辑控制、微处理器控制的操作保护系统,具有单机自动计量、自动保护、自动报警功能,对生产过程的各个环节进行自动计量和保护,自动化程度很高。从井下到地表深 840m,长 3460m,提升设备可达到 17000t/d 的提升能力。

3) 运输

采场采出的矿石,经矿运卡车运至 1150m 水平 1#、2# 中心溜井(该溜井高 150m、直径 5m),经溜井底部振动给矿机卸到破碎硐室,经旋回破碎机破碎后卸入 1# 皮带道。

4) 通风系统

新鲜风流分别从 2 行风井和 30 行东西副井及主斜坡道进入各中段和双机供风站。1150m 中段回采分段的新鲜风流来自 1250m 水平东西两侧的 2 个双机供风站(TB1、TB6),其中 6 行机站(TB6)产出 90m³/s 风量,经 10 行联络道和进风井进入分段道的西侧,25 行机站(TB1)产出 85m³/s 风量,经进风斜坡道进风井进入分段道的东侧,然后经分段道、分层联络道、分层道进入采场(盘区)。1000m 中段回采分段的新鲜风流来自 1200m 水平的 2 个双机站(TB8、TB7),其中 6 行机站(TB8)90m³/s 风量(现移至 1150m 水平 6 行),经 1200m 水平联络道到上盘进风井(FA₂)进入 1000m 中段回采分段的西侧,24 行机站(TB7)产出 85m³/s 风量,经进风井(FA₁)进入 1000m 中段回采分段的东侧,然后经分段道、分层联络道、分层道进入采场(盘区)。1150m 中段回采分段的污风从 1250m 水平的 20 行、16 行、12 行各设的一个回风单机站(安装 1 台 ϕ1.5m 的轴流风机,现风机被撤掉)将各机采盘区通过回风井回到回风穿脉道(假坑道)、回风沿脉道的污风抽送至主回风道,至 14 行回风井。1000m 中段回采分段的污风经 1150m 水平东西回风道回到 14 行风井排至地表。

5) 充填

二期工程在地表已建成 2 个充填搅拌站,即西部第一搅拌站和西部第二搅拌站。西部第一搅拌站制备高浓度料浆,采用管道自流输送,目前共有 3 个系列。西部第二搅拌站现已建成 3 个系列,其中 2 个系列与第一搅拌站相同,为高浓度自流输送系统;另 1 系列为膏体泵送系统。

高浓度管道自流输送系统是将−3mm 的棒磨砂和 32.5 散装普通硅酸盐水泥在搅拌桶内与水搅拌后的料浆经平巷、钻孔下至充填回风水平,再经过穿脉充填回风道从预留的充填回风井下至盘区充填进路,中段充填道和回风充填道内安装永久的耐磨钢管,其余为锰钢管,采场进路内为增强塑料管。充填工艺指标为:砂浆质量分数为 77%~79%,灰砂比 1∶4、1∶6,充填体强度 R_{28}≥5MPa。

膏体泵送系统。在地表按设计配比将尾砂、−3mm 棒磨砂、粉煤灰混合后运送至双轴叶片搅拌机,经初步搅拌的骨料下放到双轴螺旋式搅拌输送机搅拌均匀后,直接进入 PM 泵,进行泵压管道输送;同时在地表按设计配比水泥浆,也用 PM 泵进行泵压管道输送;在 1250m 水平加压泵站将水泥浆与骨料搅拌后,泵送到盘区充填进路。两个搅拌站的充填能力可以满足 9000t/d 矿石开采规模的要求。

6) 坑内排水

二矿区井下泥水来源于以下三个方面:第一方面,为井下裂隙水,其涌水量不大,总流量为 200~400m³/h,通过水沟排至水仓;第二方面,为采场凿岩台车的工作水,其大部分由矿石带走,小部分通过采场风泵排至盘区排水泵室;第三方面,为高浓度充填料浆充填时带来的污水(包括引流水和洗管水)。三方面泥水总水量为 2500~3000m³/h,为了减少坑道污染,保持良好的工业卫生,维持安全生产,二矿区形成了较为完善的排水排泥系统。1000m 中段和 1150m 中段采场泥水(包括充填水、作业水)均经风泵(或电泵)排至盘区排污硐室,再经盘区排污硐室内的液下泵排至分段道内的排污站,排到 1150m 中段 1#、2#

水仓,由渣浆泵排到中央水仓,最后通过钻孔排出地表。

7) 供水

井下用水由 1672m 平硐西副井附近的钻孔下到各生产中段,供凿岩和防尘用。

8) 供风

井下用高压风由 1672m 平硐西副井附近的钻孔下到各生产中段,供凿岩、喷锚网支护用。

9) 供电

在 1150m 中段建立一座总配电站,其 6kV 进线电源引自东、西副井配电站,由东副井井筒引下。

3.3.4 二矿区 850m 深部开拓工程

850m 中段是二矿区 1# 矿体 1150m 中段回采结束后的接替中段,待 1150m 中段矿石采完后,其日产 4000t/d 的生产任务将由 850m 中段承担,依照二矿区目前回采下降速度,下降最快的盘区 2007 年进入 1158m 分段回采,2011 年结束中段的回采。

850m 中段高度为 150m,850m 工程主要开采二矿区西部 1# 矿体 1000～850m、24～6 行富矿和下盘贫矿及上盘厚度小于 20m 的贫矿。850m 中段形成以后,所有矿石都通过 24 行上盘主井提升到地表矿仓,矿石经平硐装入火车运至选矿厂。初步设计井下工程量约 50 万 m³,预计总投资 7.37 亿元,部分控制性工程 2003 年已开工建设。18 行副井安装建成后,2005 年 7 月才能全面开工,2012 年年底建成。主要开拓工程有 24 行上盘主井工程,井下破碎站、矿仓、粉矿回收系统等工程,地表火车运输平硐、矿仓工程,850m 水平有轨运输系统,主斜坡道、分斜坡道等斜坡道工程,700m 水仓、水泵房工程,978m 分段工程,盘区矿石、废石溜井系统工程,14 行回风井延深、上盘进风盲井等通风系统工程。850m 中段设计生产能力为 220 万 t/a,回采服务年限 28 年。

3.4 三矿区矿床开拓与主要工程

3.4.1 发展历程与现状

三矿区的前身是金川集团公司露天矿,主要负担 I 矿区西部露天贫矿开采,设计年产量为 165 万 t/a,1990 年 10 月闭坑。2002 年 1 月 18 日,为了适应金川集团公司做大做强的战略需要,加快矿山建设步伐,经公司批准,更名为三矿区,同时 II 矿区 2# 矿体 F_{17} 以东矿山交由三矿区负责管理。2009 年 IV 矿区也划归三矿区管理。三矿区井下矿山早期开采范围由两部分组成,II 矿区的 2# 矿体和 III 矿区。由于金川集团公司发展的需要,III 矿区贫矿资源开发于 2009 年改由龙首矿管理。

如今三矿区主要承担 II 矿区 F_{17} 以西边角矿体开采、F_{17} 以东改扩建工程及井下矿石开采(1150m 中段矿体开采)、井下充填用棒磨砂生产、冶炼生产溶剂石英石生产、矿山机械安装维修、矿石运输等工作任务。2005 年,三矿区担负着确保镍矿石 60 万 t,砂石 155 万 t,石英石 26 万 t 的任务。

按照目前的开采格局和矿体的位置、标高，Ⅱ矿区 2# 矿体的开采可分为三个区段，包括目前已经实施的富矿开采——Ⅱ矿区 2# 矿体 F_{17} 以东 1185m 水平以下的矿体（简称 F_{17} 以东富矿）、F_{17} 以东的 1182.5m 水平以上的矿体（简称 F_{17} 以东贫矿）及 F_{17} 以西原富矿开采保存的上盘和顶盘贫矿体（简称 F_{17} 以西贫矿）。上述三个区段中，前者以开采富矿为主，后两者开采对象主要为贫矿体。

F_{17} 以东矿山建设工程是金川集团公司矿山改扩建工程重点项目之一。该工程设计可开采矿量 2121.76 万 t，镍金属含量 24.1 万 t，铜金属含量 12.37 万 t，镍平均出矿品位 1.01%，铜平均出矿品位 0.58%，设计年生产能力为 66 万 t，服务年限 24 年。该工程原设计基建工期 5 年，2001 年 1 月开工，2005 年年底建成投产，实际于 2004 年 4 月基建工程完成投产。随着金川集团公司"十一五"规划对自有矿山矿石需求的逐年攀升，三矿区从 2007 年开始通过系统产能挖潜技术攻关后，采矿工艺进行了调整，2007 年实现年出矿量 100 万 t。为了进一步扩大生产规模，从 2007 年 12 月开始，三矿区将原设计的六角形进路采矿工艺调整为下向机械化水平进路胶结充填采矿方法，采矿能力进一步提高。目前正在建设 F_{17} 以东深部开拓与扩能技术改造工程，该项目建成后 F_{17} 以东采区生产能力可达到 120 万 t/a。

F_{17} 以西采区利用二矿区一期工程生产系统回收Ⅱ矿区 2# 矿体 F_{17} 以西边角残矿，设计生产能力 30～35 万 t/a。F_{17} 以西区段处在二矿区 2# 矿体的西段，区段内 2# 矿体沿走向自西向东分布在二矿区 30～40 行勘探线，原为二矿区一期工程的主要开采范围，根据"优先开采富矿"和"采富保贫、贫富兼采"的开采原则，经过长达 20 年的开采，截至 2000 年年底，已将设计范围内的富矿、下盘贫矿和特富矿全部开采完毕，累积消耗地质储量 850 万 t。根据 2004 年资源储量核实，2# 矿体 F_{17} 以西（32～40 行）尚有"采富保贫"保留的贫矿储量 1516.5 万 t，镍金属量 9.19 万 t，铜金属量 6.11 万 t，平均镍品位 0.606%，铜 0.403%。为贯彻实施金川集团公司资源控制战略，三矿区于 2001 年年底开始，组织工程技术人员，在抓好 F_{17} 以东矿山建设的同时，在 F_{17} 以西残留边角矿体中进行调查、探测，参考大量原始资料，经过充分论证，制订了利用 F_{17} 以西现有系统寻找并回收边角残矿的实施计划，以最大限度地回收边角残矿资源，减少矿石资源的损失。2002 年 1 月～2005 年 8 月，在 F_{17} 以西开采矿石约 60 万 t，镍金属量 6100 多吨，铜金属量 3000 多吨。

砂石车间由北京有色冶金设计研究总院 1975 年设计，原设计为河东砂石厂初步设计（305-75）工程，由八冶建筑公司承建，1982 年正式投产。设计年产成品粗砂 33 万 t，供龙首矿区充填用料；细砂 126.39 万 t，供二矿区井下胶结充填骨料用砂。其后进行多次改扩建；2001 年增加一台棒磨机及配套设施。2005 年起由于充填工艺的改变，砂石车间停止粗砂生产，产品全部为小于 3mm 的棒磨砂。随着金川集团公司矿山所需充填用细砂量逐年提高，砂石车间在生产过程中不断改进砂石工艺，先后进行了预先筛分、棒磨励磁、液压推杆控制给料等技术改造，不断提高系统台效和劳动生产率，2006 年后棒磨砂的年产量稳定在 180 万 t 左右。

石英石生产已具备年产 40 万 t 的生产能力；砂石生产能力已达到年产 150 万 t，这两大生产系统为矿山和冶炼生产辅助用料提供了可靠保证。石英石采场开采最高标高

1846m,最低标高 1696m,封闭圈标高 1756m;露天开采境界上口尺寸:1000m×320m。开采境界内矿岩总量为 2674.1 万 t,其中,矿石 859 万 t,平均品位:SiO_2 为 95.69%;废石 1815.1 万 t。平均剥采比 2.11t/t。生产规模 70 万 t/a(2120t/d),服务年限约为 13 年。质量指标:平均品位 SiO_2 为 90%。

目前,三矿区管理的资源从二矿区 28 行地质勘探线以东起,包括 Ⅱ 矿区 2# 矿体 F_{17} 以西矿体、F_{17} 以东矿体和 Ⅳ 矿区三部分资源。这三部分资源中 F_{17} 以西矿体中下部富矿已经在矿山一期工程中回采完毕,目前仅利用 36 行措施井回收边角贫矿体,每年采出矿约 35 万 t/a;F_{17} 以东矿体正在利用东主井和 46 行副井开采 1182.5m 以下矿体,年产量为 120 万 t/a。Ⅳ 矿区贫矿开采已完成了可行性研究。

3.4.2　F_{17} 以东矿山主要工程

1. F_{17} 以东改扩建工程

Ⅱ 矿区 2# 矿体受成矿后期断层的切割分为 F_{17} 以东和 F_{17} 以西两个矿体。一期工程建设的开拓系统已经将 F_{17} 以西的富矿开采完毕,2001 年闭坑,累计采出矿石 850 万 t,目前三矿区主要回收残存的富矿和边角的贫矿。2000 年实施的金川矿山改扩建工程开始开采 2# 矿体 F_{17} 以东富矿。

2000 年开始的金川有色金属公司矿山改扩建工程遵循"采富保贫"原则,将 2# 矿体 F_{17} 以东富矿开采的对象确定为地质勘探时期划分的 Ⅱ 矿区 2# 矿体 F_{17} 断层以东 40~54 行 1200~1050m 标高赋存的富矿体,并带采富矿体所对应的全部底盘贫矿和 46 行以西的上盘贫矿,保存(护)上盘比较完整的贫矿体,以便采用大规模、高效率、低成本的采矿方法开采。Ⅱ 矿区 2# 矿体 F_{17} 以东富矿的开采方案在金川矿山改扩建工程初步设计审查通过后,按金川集团公司有关部门决定进行了调整,将上盘开拓改为下盘开拓,并在 1150m 水平设矿石运输副中段,采矿方法为六角形高进路下向胶结充填采矿法。

刘卫东等(2005)针对 F_{17} 以东 1180m 采场机械化盘区存在的弊端提出了对采场结构进行调整优化的措施。王小平(2005)分析了金川 F_{17} 以东矿山采准方案设计与选择中需要考虑的因素,将上盘采准与下盘采准进行对比,认为下盘更有优势。伏建明等(2005)研究了 F_{17} 以东矿山开采技术方案优化的主要内容,提出开采过程中应研究解决的技术问题,认为采用下向六角形高进路胶结充填法比下向机械化盘区充填法更有优势,并认为下盘采准更能提前投产。

经过建设过程中的调整和优化,矿山改扩建工程 2# 矿体 F_{17} 以东富矿开采的开拓系统为下盘主副井+辅助斜坡道的开拓方式,采准工程也布置在矿体的下盘脉外,1150m 水平设矿石运输副中段,采矿方法为六角形进路下向胶结充填采矿法,充填采用高浓度料浆管道自流输送工艺。矿石利用延深的东主井提升到地表,计算的最大提升能力约 115 万 t/a。采场凿岩采用 YT-28 气腿式凿岩机,出矿设备为 JCCY-2 型铲运机,采矿循环进尺约 1.8m。

随着金川集团公司"十一五"规划对自有矿山矿石需求量逐年攀升,三矿区从 2007 年开始,通过系统产能挖潜技术攻关和采矿工艺调整,一直超出改扩建设计规模(66 万 t/a)

开采,2007 年实现出矿 100 万 t,为了进一步扩大生产规模,从 2008 年开始,三矿区将原设计六角形进路采矿工艺调整为下向机械化水平方形进路胶结充填工艺,采出矿能力进一步提高,实现当年采出矿 120 万 t。

2000 年 7 月由北京有色冶金设计研究总院完成的金川有色金属公司矿山改扩建工程初步设计中,根据矿体的赋存条件和富矿的赋存高程,将 F_{17} 以东矿山开采范围确定在 1182.5~1050m,提出在基建范围内重新对矿体的空间位置进行基本控制,钻探网度达到 100m×100m。

II 矿区 2# 矿体 F_{17} 以东矿山系金川矿山改扩建工程的组成部分。原设计规模 2000t/d,即 66 万 t/a;结合金川集团公司发展需要、东主井提升能力、坑内破碎能力和开采面积等因素,其开采规模可扩大到 2500~3000t/d(90~110 万 t/a),矿山服务年限 30 年。采用主副竖井+辅助斜坡道联合开拓。东主井提升矿石兼回风,提升能力为 3500~4000t/d,即 132 万 t/a;46 行副井负责人员、废石、材料的提升、下放兼进风;辅助斜坡道 1428m 以上部分利用二矿区主斜坡道,F_{17} 以西 1428~1200m 水平斜坡道与 F_{17} 以东采区斜坡道贯通,辅助斜坡道为人员、材料、设备出入的通道。中段高度 100m,中段采用窄轨运输,矿石通过盘区溜井、主溜井下放至 1050m 中段,装入 4m³ 侧卸式矿车编组后由 14t 电机车牵引运至破碎站上部的卸矿站翻卸,破碎后经东主井提升出地表。原设计采矿方法为六角形高进路下向分层胶结充填采矿法,铲运机出矿,划分为 I 盘区(40~46 行)、II 盘区(46~52 行)两个盘区,每个盘区有 4 个独立的采区。充填利用原二矿区 36 行地表充填搅拌站,采用高浓度细砂管道自流输送充填工艺。通风采用中央抽出式通风方式,46 行副井进风,东主井回风,东主井在 1250m 通过联络道与回风盲井(1250~1200m)连通,主通风机房设于地表东主井附近,设计总风量为 95m³/s。

F_{17} 以东矿山 1182.5m 以下富矿开采工程于 2002 年开始建设,2004 年 4 月建成投产,当年产量 20 万 t。2006 年已达到 66 万 t 的年设计生产能力。

2. F_{17} 以东深部开拓与扩能技术改造工程

F_{17} 以东深部开拓与扩能技术改造工程是 F_{17} 以东 2# 矿体矿山改扩建工程的技术改造工程。2007 年,中国恩菲工程技术有限公司完成的《金川集团有限公司三矿区 F_{17} 以东深部开拓与扩能技术改造方案设计书》将上盘贫矿全部纳入开采范围之内,即 2# 矿体 F_{17} 以东深部开拓与扩能技术改造的开采范围为现有 1182.5m 水平以下到 1040m 水平的所有矿石,可采矿石量 2041 万 t。该工程在矿山改扩建工程基础上,充分利用 F_{17} 以东富矿开采建设的井巷工程,可以同时多工作面作业,基建时间短。其设计生产能力为 120 万 t/a,1150m 中段生产,1050m 中段基建。设计可采矿量 2040 万 t,设计生产能力 120 万 t/a,服务年限 25 年,出矿品位镍 0.83%、铜 0.5%。设计基建工程量 8000m/107000m³,计划投资 1.642 亿元。设计主要子项有 1050m 有轨运输道、1130m 水平分段工程、斜坡道延深、溜矿井、充填钻孔、36 行充填搅拌站扩能等,基建期 2.5 年。2007 年 11 月开工,截至 2009 年 10 月共完成掘进 2028m/29245m³,完成设计总量的 27.3%,累计投资 2785 万元,完成计划投资的 17%。

3. 主要系统工程

继续沿用矿山现有的主副井、斜坡道联合开拓方式,并利用已经建成的东主井、46 行副井等设施,通过 F$_{17}$ 以东深部开拓和扩能技术改造工程延深斜坡道,形成 1050m 中段的矿石运输系统。

矿山改扩建工程利用的是原一期工程遗留下来的东部充填搅拌站,采用棒磨砂加水泥的胶结充填料浆。设计选择的通风方式依然采用东主井出风、46 行副井进风的集中抽出式通风方式。

三矿区早期 F$_{17}$ 以东矿体开采采用六角形进路下向胶结充填法开采,实现了安全高效、持续稳定生产,投产和达产均比较顺利,F$_{17}$ 以东深部开拓和扩能技术改造工程设计仍沿用这一采矿法。设计采场沿矿体的走向方向布置,进路断面为六角形,高度 5.0m,腰宽6.0m,顶底宽 3.0m。设计配备 AtlasCopco 生产的 Boomer282 凿岩台车和金川集团公司自产的 LF-9.3 型 4m^3 柴油铲运机各 1 台。为了进一步提高生产能力,2007 年,三矿区将该工艺改成了机械化盘区下向分层水平进路充填采矿法。

4. F$_{17}$ 以东生产存在的问题

(1) F$_{17}$ 以东矿山多年超负荷开采,深部开拓工程和采准工程严重滞后。2007 年以来F$_{17}$ 以东深部矿山长期处于高负荷生产,随着 1150m 中段盘区脉内溜井依次消失,且深部开拓工程进展缓慢,1050m 中段脉内溜井在未来几年由于安全距离不够已不具备施工条件,三矿区工程技术人员和中国恩菲工程技术有限公司共同完成了 F$_{17}$ 以东深部开拓工程方案调整,取消了 1050m 中段脉内溜井,改为脉外溜井＋脉内短溜井出矿系统,目前矿山正按调整方案进行建设。由于 F$_{17}$ 以东矿山深部开拓工程严重滞后,已经出现采矿系统转中段(即 1150m 中段转 1050m 中段)和采准系统转分段(1172m 分段转 1150m 分段)双重失调,深部开拓工程无法投入使用,导致采准工程 1150m 分段无法开工建设,不能及时提供深部开拓矿量和 1150m 分段接替采准矿量,矿山面临减产。

(2) 46 行副井提升能力小,不能满足深部基建和生产的需要。46 行副井提升能力是按照 F$_{17}$ 以东矿山原生产能力 66 万 t/a 配套设计的,由于 46 行副井提升机效率偏低,目前实际最大废石提升能力 3.8 万 m^3/a,只能满足采准工程、巷道返修废石约 1.0 万 m^3/a,深部基建废石 2.8 万 m^3/a,无法满足其他基建废石的提升需要,也是导致基建工程进度滞后的主要原因之一。

(3) 1050m 中段无法下放备用电机车,影响深部开采系统生产。由于 46 行副井提升机提升负荷太小,14t 备用电机车无法通过 46 行副井下放至 1050m 中段(现有 14t 电机车是在副井基建时期下放的)。备用电机车下放需通过分斜坡道下放至 1050m 中段,但F$_{17}$ 以东深部开拓及扩能技术改造项目斜坡道仅设计到 1110m,1110～1050m 分斜坡道不在深部开拓项目中,同时受基建废石提运制约,分斜坡道施工进展每月不超过 10m,施工周期将很长,势必对 1050m 中段矿石运输造成较大影响。

（4）36 行充填搅拌站供水量不足，两套系统无法同时生产。F_{17} 以东深部开拓与扩能技术改造项目设计生产能力 120 万 t/a，对与之相匹配的 36 行充填搅拌站进行了扩建，新建了一套充填系统，但由于供水能力只能满足一套系统充填用水，目前两套系统无法同时运行（供水量 100m^3/h），充填系统能力难以满足采充需求。

（5）生产巷道返修工程量大，对生产系统造成较大影响。三矿区 F_{17} 以东矿山自 2004 年投产以来，生产巷道返修工程量逐年增加，特别是近两年由于采矿扰动加剧，巷道变形开裂严重，返修工程量增幅较大。F_{17} 以东矿山 1172m 分段道及分层联络道、1150m 中段有轨运输道、斜坡道及 1200m 回风道等工程大范围收敛、变形、底鼓、开裂，导致无轨设备和有轨运输车辆正常通行困难，且通风阻力加大，需进行刷大返修和加固。

3.4.3　F_{17} 以西开采工程

三矿区 F_{17} 以西区段处在二矿区 2$^\#$ 矿体的西端，区段内 2$^\#$ 矿体沿走向自西向东分布在二矿区 30～40 行勘探线（F_{17} 断层下盘），原为二矿区一期工程的主要开采范围，根据"优先开采富矿"和"采富保贫、贫富兼采"的开采原则，经过近 20 年的开采，截至 2000 年年底，已将设计开采范围内的富矿、下盘贫矿和特富矿全部开采完毕，累计消耗地质储量 850 万 t。根据 2004 年资源储量核实，2$^\#$ 矿体 F_{17} 以西（32～40 行）尚有"采富保贫"保留的贫矿储量 1516.5 万 t，镍金属量 9.19 万 t，铜金属量 6.11 万 t，平均品位镍 0.606%、铜 0.403%。

Ⅱ矿区 2$^\#$ 矿体 F_{17} 以西矿山属二矿区一期工程开采范围。1982 年投产，1988 年开始对顶底柱和边角矿体进行了大规模技术改造，截至 2000 年年底回采基本结束，2001 年闭坑。闭坑后，三矿区针对 F_{17} 以西遗留的边角残矿，利用一期工程的旧系统对这部分边角残矿进行了回收。

2002 年开始，三矿区继续对Ⅱ矿区 2$^\#$ 矿体 F_{17} 以西遗留边缘矿体挖潜，年采出矿 30 万 t。2007 年实施了"F_{17} 以西采区贫矿开采"项目，设计生产能力达到 35 万 t/a。为了回采这部分边角残矿，几年来，根据边角残矿体的特点，采用了包括上向、下向、高进路、水平分层，电耙出矿、铲运机出矿等多种安全可靠、经济合理的充填采矿工艺技术。陈文斌对边角残矿开采技术条件和开采工艺进行了分析，并提出了合理的建议。

2011 年开展了边角矿体开采设计工作，设计生产规模为 30 万～35 万 t/a。开采对象为三矿区 F_{17} 以西边角贫矿体，服务年限为 10 年。采矿方法采用下向分层进路胶结充填采矿法。将 36 行措施井的提升容器由罐笼改为箕斗，井下采用皮带装矿，地表采用皮带运输，地表建破碎站。矿石经地表破碎站破碎后，运往选厂。

目前，F_{17} 以西在三个水平进行上盘贫矿回采：第一个开采区为从 1430m 水平开始向下开采，目前正在回采第 5 层，开采标高为 1409m，开采范围为 37～39 行；第二个开采区为从 1400m 水平开始向下开采，目前正在回采第 9 层，开采标高为 1365m，开采范围为 33^{+30}～37 行；第三个开采区为 1356m 水平开始向下开采，目前正在回采第 1 层，开采标高为 1352m，开采范围为 30～36 行。1400～1450m 中段正在建设，设计回采范围为 36^{+45}～40 行。

F_{17} 以西的生产目前存在以下问题：

（1）生产能力下降，年采矿能力≤30 万 t。1426m 水平采场随着回采的下降，已经到了 1409m，与 1400m 中段顶板高差只有 4m，1400m 中段工程密集，为了维持 1400m 中段主系统工程安全，已不允许再往下开采，2010 年上半年 1426m 高产量采场回采矿量将全部消失。

（2）井下无溜破系统，矿石多次倒运才能提出地表，再经过破碎才能运往选厂。井下生产矿石通过 10t 矿用卡车拉至 1410m 水平集矿溜井，装入 1.7m³ 矿车，通过 36 行措施井（罐笼）提出地表，再通过翻笼卸至 36 行堆矿平台，前装机装汽车运至 46 行东主井地表矿石堆场，前装机装入矿仓，经破碎（专门为 36 行出坑矿石而建的破碎站）后进入成品矿仓，运至选矿厂。若遇选厂故障，破碎后的矿石需倒运至三矿区成品矿石堆场暂时堆存。

（3）通风系统和排水排泥系统不完善。目前只有 1400m 中段的污风可通过 F_{17} 以东回风系统排出地表，其他采矿区域没有完善的回风通道，造成风流在该区域循环，作业环境无法满足要求。没有排水排泥设施，也没有排水钻孔通往地表，坑内涌水及生产废水无法排出。

（4）井下矿石运输距离长，效率低。1400m 水平采场（第 9 分层 1365m）矿石通过 10t 矿运卡车运至 1410m 水平集矿溜井，随着回采分层的下降，运矿距离逐渐增大；1350m 水平采场矿石通过 10t 矿运卡车从 1324m 水平运输道运至 1410m 水平集矿溜井，重车上坡长度超过 1000m；由于运距加大，加之 10t 矿用卡车自身存在缺陷，导致其安全性能差，运输效率低，因此采场生产能力受到极大限制。

（5）36 行措施井位于 F_{17} 以西上盘贫矿中，安全可靠性无保障。36 行措施井为 F_{17} 以西矿石的提升井，随着 F_{17} 以西 33^{+30}～37 行上盘贫矿和 30～36 行上盘贫矿的回采，该井受采矿扰动的影响其安全可靠性降低，无法保证 F_{17} 以西矿石的提升。

3.4.4　东部贫矿开采工程

1. 开采范围与生产能力

根据《金川集团有限公司会议纪要》[2009 年第 32 期（总 47 期）]，金川公司决定对三矿区贫矿资源开发项目立项建设。2009 年 10 月 20 日，金川集团公司规划发展部委托金川镍钴研究设计院联合兰州有色冶金设计研究院有限公司完成了三矿区贫矿资源开发项目的初步设计。2010 年 1 月，三矿区贫矿资源开发项目名称确定为"金川矿区东部贫矿开采工程"。该项目属于矿山改扩建工程，仍以 100m 为中段高度，F_{17} 以西采区具体划分为 1350m、1250m 两个中段，F_{17} 以东 1182.5m 以上采区具体划分为 1350m、1250m 和 1150m 三个中段。金川矿区东部贫矿开采工程井巷基建工程量为 39984m/662782m³（支护量 280434m³）。

《金川集团有限公司金川矿区东部贫矿开采工程初步设计》中根据金川矿区东部贫矿的赋存状态和三矿区矿山开采现状，主要开采对象为Ⅱ矿区 2# 矿体，同时兼顾Ⅳ矿区矿体；开采范围为Ⅱ矿区 2# 矿体 F_{17} 以西 28～40 行，F_{17} 以东 40～56 行，同时兼顾Ⅳ矿区 4～26 行 1050m 以上。设计对象为Ⅱ矿区 2# 矿体 F_{17} 以西 28～40 行 1250m 以上、F_{17} 以东 40～56 行 1182.5m 以上；设计范围为Ⅱ矿区 2# 矿体 F_{17} 以西 28～40 行 1250m 以上、F_{17} 以东 40～56 行 1182.5m 以上矿体。Ⅳ矿区资源作为接续的后备资源。

范围内的生产能力及目前生产的 F_{17} 以东 1182.5m 以下采区的生产能力,经计算验证确定为 300 万 t/a,具体为 F_{17} 以西采区 60 万 t/a,F_{17} 以东 1182.5m 以上采区 160 万 t/a,F_{17} 以东 1182.5m 以下采区 80 万 t/a。IV 矿区资源作为后期接续,根据《甘肃省金昌市金川铜镍矿 IV 矿区矿山工程可行性研究》,其生产能力为 200 万 t/a。

2. 矿床开拓工程

金川矿区东部贫矿开采工程采用西主井(坑内新建胶带斜井)＋新建副井＋新建辅助斜坡道＋已有 44 行东主井、46 行副井联合开拓系统。

1) 矿石提升

金川矿区东部贫矿开采工程的矿石提升井原定为新建主井。2010 年 1 月的厂址方案汇报会上,与会人员提出利用二矿区西主井的方案,并要求设计人员对二矿区生产现状、系统衔接、长远规划及西主井现状进行调研,在此基础上进行多方案比较,最终确定开拓方案。为此,设计人员通过调研后,在设计中提出 5 个方案进行比较论证。通过技术、经济及优缺点比较,利用西主井方案技术上可行,经济上合理。由于利用西主井,不再新建主井,基建工程量减少,节省了基建投资。

西主井负担金川矿区东部贫矿开采工程的矿石提升,兼顾 IV 矿区的矿石提升,最低服务中段 1050m。

坑内建新 1# 胶带斜井,从 950m 装矿水平至 1150m 转运水平;新 2# 胶带斜井,倾角 20.8°,1147~1185m 水平,净断面面积 18.72m²,胶带斜长 101.4m。新 2# 胶带斜井接二矿区 3# 皮带尾部。

44 行主井维持现状不变,用于提升三矿区深部扩能与技术改造工程的矿石。

2) 副井提升

新建副井井筒净直径 6.1m,内配两套 4000mm×1250mm 三层罐笼带平衡锤,采用 JKM-2.8/6(I) 多绳提升机提升,高速直流电动机连接减速器减速方式驱动,电动机功率 960kW。罐道均采用钢丝绳罐道。副井井口标高 1698m,井底标高 910m,深度 788m。1 套提升下到 1050m 水平,1 套提升下到 950m 胶带装矿水平。新建副井提升金川矿区东部贫矿开采工程的废石、材料及人员,兼进风。

46 行副井维持现状不变,用于提升三矿区深部扩能与技术改造工程废石及材料、人员上下。

3) 回风井

回风井井筒净直径 ϕ6.0m,井口标高 1697m,井底标高 1350m,深度 347m。一次支护采用 100mm 厚 C20 喷锚网支护,二次支护采用 400mm 厚 C30 单层钢筋混凝土支护。回风井内设梯子间,作为安全出口之一。

4) 辅助斜坡道

辅助斜坡道采用折返式形式布置,每 200m 设一错车道,错车道长度 20m,正常段净宽 4.8m,净高 4.1m,坡度 1:7;弯道加宽断面净宽 5.4m,净高 4.4m,坡度 1:10;错车道净宽 6.8m,净高 4.9m,坡度 3%。斜坡道负担设备、部分人员、支护材料的上下,兼进风。

5）中段运输

中段采用有轨运输，1350m 中段承担 F_{17} 以东、以西 1350～1450m 的矿石运输，1250m 中段承担 F_{17} 以东、以西 1250～1350m 的矿石运输。矿石通过盘区溜井下放至有轨中段，由安装在溜井底部的振动放矿机装 4m³ 侧卸式矿车，编组后由 14t 架线式电机车牵引运至主溜井。

废石经废石溜井下放至有轨中段，由振动放矿机装 1.2m³ 固定式矿车，编组后由 7t 架线式电机车牵引运至新建的副井车场，由副井罐笼提出地表，编组后经 8t 蓄电池机车牵引运至地表转运废石仓翻笼翻卸，再装自卸汽车运至废石场排弃。

6）溜破系统

两条主溜井中的矿石在 1250m、1150m、1050m 中段通过 3500mm×1200mm 座式振动放矿机倒运至 1050m 以下 2 个储矿仓。在 1000m 水平设 2 个破碎站，2 个储矿仓底部分别安装 1 台 3500mm×1200mm 座式振动放矿机为破碎机给矿。每个破碎站内安装 C125 型颚式破碎机 1 台，每台破碎机配电动机 1 台，电机功率 160kW，破碎能力 300 万 t/a。

7）充填设施

在 44 行新建 350 万 t 充填搅拌站。充填搅拌站选用 $\phi2.0m×2.1m$ 搅拌槽 5 个，建有 1500t 水泥立仓 3 座，仓底用双螺旋给料机向搅拌槽给料，站内建 5 个容积为 300m³ 的棒磨砂给料仓，与一个容量为 5000m³ 卧式砂池相配套，形成 5 套相互独立的充填系统，单套制浆能力 100m³/h，其中 2 套可同时作业，1 套备用。

坑内设施包括地表到 1450m 水平的 8 条充填钻孔、1450～1350m 水平的 4 条充填钻孔，以及 1450m、1350m 水平的钻孔硐室和联络道。

8）坑内供水系统

设计新增用水量为 1212m³/d。三矿区现有的地表 200m³ 高位水池容积及供水钻孔规格无法满足 300 万 t/a 规模采矿用水要求。设计在地表新建 1 个高位水池，新增 1 个供水钻孔（1698～1250m）。

1250m 中段各分段用水，由新建高位水池接 $\phi159mm×6mm$ 供水主管沿钻孔下到 1250m 中段，再通过减压阀减压后沿中段巷道和中段进风井敷设 $\phi133mm×7mm$ 供水干管和 $\phi108mm×7mm$ 供水支管供各分段用水。

1350m 中段各分段用水，由 1250m 中段 $\phi159mm×6mm$ 压气管上接管沿新建进风井（1250～1350m）向上敷设 1 根 $\phi159mm×6mm$ 供水管至 1350m 中段。再通过减压阀减压后沿中段巷道和中段进风井敷设 $\phi133mm×7mm$ 压气干管和 $\phi108mm×7mm$ 供水支管供各分段用水。

9）供风系统

在三矿区地表现有的空压机站旁新建一个空压机站，新增 6 台螺杆风冷式空压机，5 台工作，排气量 42m³/min，排气压力 0.85MPa，功率 250kW。站内安装 4 台空压机，另 2 台安装于现有的空压机站内预留位置上。

设计中新增采矿用气设备，最大耗气量为 166m³/min。经验算现有的压气主管可满足 300 万 t/a 规模采矿用气要求，不需新设压气钻孔。新建空压机站的压气管接至现有压气主管上。

10）坑内排泥、排水系统

主排水排泥泵站设在 1050m 中段副井井口车场附近，泵站内设 4 台 MD300-94×9 型多级耐磨离心泵，电机功率为 1120kW。正常涌水时，2 台工作，1 台备用，1 台检修；最大涌水时，3 台工作，1 台备用。泵站内设 ZB600-60-9 型泥浆泵 1 台，电机功率 200kW，泵站内安装 2 根 $\phi377mm×10mm$ 无缝钢管做排水管，1 根工作，1 根备用，排水管沿 2 个排水钻孔（1050～1730m）敷设到地表。

11）采矿方法

采用机械化盘区下向分层水平进路胶结充填采矿法，该采矿方法在金川矿山工艺成熟、管理熟悉、机动灵活，可以使用大型无轨设备进行开采，单位面积开采能力较强，生产安全程度较高，同时可以最大限度地保护地表设施。采场凿岩采用 Boomer282 型双臂台车，出矿采用 JCCY-6 型柴油铲运机。

3.4.5　三矿区主要系统

1. 开拓系统

采用竖井、斜坡道联合开拓方式。主要竖井工程有 44 行东主井工程、46 行副井工程、36 行措施井工程。主要中段工程包括：1150m 水平平面开拓工程、1050m 水平平面开拓工程、1200m 水平充填回风系统工程、1428～1150m 斜坡道工程、1172.5m 水平分段采准工程、地表矿仓及火车平硐等。分述如下。

1）竖井工程

（1）44 行东主井工程。东主井提升系统建于 1974 年。井筒净直径 4.5m，标高 1250m，有马头门与回风巷道相通，生产期间是回风的通道。近地表与主扇风机房连接。井塔为 8 层砖混凝土框架结构，井塔高度为 51.93m。东主井采用 18t 底卸式单箕斗配平衡锤多绳提升。提升机型号为 JKM2.8×6 塔式多绳提升机，配 1250kW 直流电动机。提升机最大静张力 570kN，提升机最大静张力差 140kN，提升高度为 758.4m。提升速度 7.854m/s，提升钢丝绳首绳 6 根，直径 28mm，钢丝破断拉力总和 621kN。尾绳 3 根，直径 42mm。罐道采用钢丝绳罐道。

1991 年，三矿区对提升系统及其电控系统进行了改造，更换了主轴装置和减速器。2001 年又将东主井延深。东主井（950～1730.4m）提升矿石。东主井经过矿山改扩建工程延深已经具备提升 1050m 中段以上矿石任务的能力，经过对井塔的加固，计算的提升能力为 3940t/d（约 130 万 t/a）。该井目前实际提升能力为 120 万 t/a。

东主井附近还设有粉矿回收井，从 950～1050m 掘一条 $\phi3.5m$ 的粉矿回收竖井，与 1020m 破碎站和 1000m 装矿皮带道相同，采用 2200mm×1250mm 单罐笼带平衡锤提升，粉矿装入 $0.7m^3$ 翻转式矿车，通过 $\phi1.6m$ 双筒单绳提升机提到 1050m，人工翻卸至破碎站上部的矿仓。粉矿回收井除承担井底粉矿的提升，还是破碎站和皮带道作业人员上下的通道。

目前，三矿区正在进行 F_{17} 以东 1200m 水平以下富矿开采。主井旁侧 1020m 水平设有破碎站，安装 PEWA75106 型低矮式破碎机组 1 台，电机功率 90kW。经对比龙首矿区同样型号和布置形式的破碎机组 2006 年的使用情况和本台的运行状况，预计其最大破碎能力为 120 万 t/a。皮带道设在 1000m 水平。1150m 中段矿石通过盘区溜井、主溜井下放至 1050m 中段,装入 4m³ 侧卸式矿车,用 14t 电机车一次牵引 10 辆矿车运至破碎站上部的矿仓卸载。矿石破碎后装入 1000m 计量胶带,再装入箕斗经东主井提升出地表卸入矿仓,最后经矿仓底部的放矿机装入火车。

(2) 46 行副井工程。46 行副井(1006.5~1725m)位于东主井的东北方约 257m 处,提升人员、废石兼作进风井,是金川有色金属公司矿山改扩建重点工程之一。始建于 2000 年 9 月 15 日,竣工于 2001 年 9 月 14 日,工程量 718m/20120m³,支护量为 5448m³。支护形式为钢筋混凝土和素混凝土浇筑,厚度为 400mm;井筒净直径为 ϕ5m,井口标高为 1725m,井底标高为 1006m,有 1150m 和 1050m 两个马头门分别与两个中段相通,井筒内设管缆间。46 行副井担负 1250m 以下人员、废石、材料的提升、下放,采用 JKM2.8×4E 型提升机,提升容器为 3600mm×1600mm 双层单罐笼带平衡锤多绳提升。罐笼质量 11.5t,平衡锤质量 15.3t,一次提升 3 辆 1.1m³ 固定式矿车,废石有效提升量 5010kg。废石由提升机提到地表,用蓄电池机车牵引 1.1m³ 矿车经翻车机翻卸,最后装汽车运至废石场。井塔为 7 层钢筋混凝土框架结构,井塔高度为 39.4m,内设一部电梯,建筑面积为 1659.00m²。建筑体积为 9053.4m³。

提升机型号 JKM2.8×4(I)E 塔式多绳提升机,配 398kW 直流电动机。提升机最大静张力 269kN,提升机最大静张力差 38kN,减速器速比 11.5。最大提升高度为 675m (1050~1725m),最大提升速度 7.7m/s;提升钢丝绳首绳 4 根,直径 28mm,钢丝破断拉力总和 540kN。尾绳 3 根,直径 40mm。罐道采用钢丝绳罐道。

46 行副井提升能力小,实际提升废石能力 7 万 t/a,只能满足部分采准工程、巷道返修废石和深部基建废石的提升需要。

(3) 36 行措施井工程。原为二矿区一期工程,该井用于东部采区辅助提升(包括提升人员、材料),服务于一期工程的基建和生产。设计井筒净直径 4.0m,井深 485m,支护形式为钢圈＋预制块支护。由于该井下部在矿体中,随着开采,1400m 水平以下已被充填,现井深 329m。2001 年年底,三矿区成立以后,对该井重新进行了恢复,井口标高为 1730m,井底标高为 1401.0m,深度为 329m。单绳双筒卷扬配单层双罐。36 行措施井提升机采用前苏联与洛阳矿山机械厂联合设计的单绳提升机,制造时间是 1959 年。1975 年前,该提升机曾用于其他基建工程施工;1975 年安装在 36 行措施井开始运行,1997 年封井停用。2001 年,三矿区对提升设备、井筒装备进行必要的更换及检修后,恢复运行。2002 年,由于电气控制系统、制动系统设备老化,存在安全隐患,对电气控制部分、制动系统进行改造:控制回路采用可编程控制器程序控制,采用轴编码器,数字深度指示器通过程序转换替代机械式深度指示器,井筒安装的停车开关、减速开关、超速保护开关均采用免维护的磁开关;设备改造后电气控制性能、自动化程度、制动性能有了较大提高。36 行措施井提升机的服务年限已达 30 年。

2) 平巷及硐室工程

(1) 1150m 平面工程。设计总量为 2804m,其中井底车场 86m,净断面面积为 16.119m²;单轨石门运输道 539m,净断面面积为 8.08m²;沿脉运输道 430m,净断面面积为 10.98m²,穿脉运输道 1425m,净断面面积为 8.08m²,支护形式为双层喷锚网支护,支护厚度为 200mm。1150m 水平硐室工程包括采区变电所、牵引变电所、无轨设备修理硐室、电机车修理硐室、计量硐室、井口配电室、信号房硐室、液压站、车场绕道、泄水孔硐室、振动放矿机操作硐室及措施工程,共计 324m,采用混凝土及钢筋混凝土支护,支护厚度为 300mm。

（2）1050m 平面工程。设计总量为 1157m,其中井口变断面段 22m,净断面面积为 16.119m²,支护形式为钢筋混凝土支护,支护厚度为 450mm;井底车场楔形段及双轨车场 62m,净断面面积为 16.119m²;井底单轨车场 182m,净断面面积为 9.425m²;单轨石门运输道 891m,净断面面积为 8.08m²;支护形式为双层喷锚网支护,支护厚度为 200mm;1050m 水平硐室工程包括电机车修理硐室、牵引变电所、粉矿回收井卷扬硐室及配电室、泄水孔硐室、原矿仓卸矿硐室、井口液压站硐室、信号房硐室共计 285m,支护形式为钢筋混凝土及混凝土支护,支护厚度为 300mm;1050m 水平水泵房及配电站设计总量为 697m,其中配电硐室 62m,净断面面积为 23.46m²,水泵房硐室 51m,净断面面积为 13.54m²,支护形式采用喷锚网＋钢筋混凝土支护,支护厚度为 450mm;1#、2# 水仓总长度为 190m,净断面面积为 4.954m²,支护形式喷锚网＋浇注混凝土支护,支护厚度为 400mm;水仓联络道、水泵房联络道、排泥硐室联络道、配电硐室联络道共计 214m,支护形式为双层喷锚网支护,支护厚度为 200mm。

（3）1200m 水平充填回风系统工程。设计总量为 3295m,净断面面积 5.58m²,支护形式为双层喷锚网支护,支护厚度为 200mm;1250～1200m 水平总回风井 53.9m,直径 φ3.0m;支护形式为喷锚网＋浇注混凝土,支护厚度为 350mm;1250m 回风井联络道 295m,净断面面积为 8.08m²,支护形式为双层喷锚网支护,支护厚度为 200mm。

（4）1428～1150m 斜坡道工程。总长 2400m,净断面面积为 15.62m²,支护形式为双层喷锚网支护,支护厚度为 200mm。1200～1428m 斜坡道为原二矿区一期工程,巷道服务 20 余年,局部地段开裂变形,三矿区自 2002 年 1 月 18 日正式接管该工程以来,局部地段进行了返修支护;1250～1150m 斜坡道为新掘工程,于 2004 年完工。

（5）1172.5m 水平分段采准工程。设计总长为 1325m,主要包括休息硐室、材料硐室、脉外溜井硐室、管缆井硐室,其中,1172.5m 水平分段道工程 625m,净断面面积为 10.395m²,支护形式为双层喷锚网支护,支护厚度为 200mm;分层联络道工程 480m,净断面面积为 10.395m²,支护形式为双层喷锚网支护,支护厚度为 200mm;其他硐室工程共计 220m,支护形式为双层喷锚网支护,支护厚度为 200mm。

（6）地表矿仓及火车平硐。地表矿仓位于东主井附近,包括两条储矿井,井深分别为 50m,井筒净直径 4.5m,采用浇注混凝土支护,厚度为 450mm。火车平硐位于东主井东侧,设在 1682mm 水平,工程量 500m,巷道断面（净宽×高）为 5.0m×5.0m。安全通风小井位于火车平硐的尾部,主要解决火车平硐的通风问题,是火车平硐的第二个安全出口。

2. 溜破及粉矿回收系统

1）1#、2# 集中溜井工程

设计总量 200m,净直径 3.0m,井筒以下 11.73m 为变径段,净断面面积 4m²,支护形式为喷锚网＋钢筋混凝土支护,内壁筑砌锰钢板,支护厚度为 400mm。

2）1020m 破碎系统工程

总工程量 146m,其中大件道 20m,破碎硐室 14m,配电硐室 11m,收尘硐室 8m,联络道 63m,原矿仓 19m,成品矿仓 11m;大件道及硐室工程采用喷锚网＋钢筋混凝土支护,支护厚度为 400mm；联络道净断面面积为 4.1m²，支护形式为双层喷锚网支护，支护厚度为 200mm；原矿仓净直径 φ4m，支护形式为钢筋混凝土支护，支护厚度为 400mm；成品矿仓净直径 5m，支护形式为钢筋混凝土支护，支护厚度为 400mm。

3）1000m 皮带工程

总工程量 145m，其中皮带道 14m，净断面面积 9.248m²，支护形式钢筋混凝土支护，支护厚度为 300mm；振动放矿机硐室 14m，安全通道 49m，净断面面积 4.099m²，支护形式为双层喷锚网支护，支护厚度为 200mm；联络道 48m，箕斗装矿硐室、液压站硐室和操作硐室共计 20m。支护形式为钢筋混凝土支护，支护厚度为 300mm。

4）粉矿回收井工程

总工程量 164m，其中粉矿回收井井筒净直径为 4.4m，井筒深度 134m，支护形式为浇注混凝土支护，支护厚度为 350mm；1020m、1000m 及 951m 水平 3 个马头门共计 30m。

5）951m 粉矿回收联络道工程

总工程量 110m，其中 951m 粉矿回收联络道 80m，支护形式为双层喷锚网支护，支护厚度为 200mm；净断面面积 7.193m²，支护形式为双层喷锚网支护，支护厚度为 200mm；硐室工程有：井底水泵房 16m；操作硐室 3m；车场 11m；采用浇注混凝土支护，支护厚度为 200mm。

3. 排水排泥系统

1）排水排泥方式

采场溢流水和中段运输巷道内的地下涌水，经水仓联络道流入水仓。沉淀后，清水通过设在水仓另一端的分水巷自流至吸水井，水泵排出地表。沉淀在水仓底部的泥沙用真空泵吸入储泥罐。待储泥罐满后，再用压气将泥沙送入喂泥仓。喂泥仓内的泥沙自流入排泥管，由排水泵的高压水带到地表。

2）坑内排水排泥设施

排水排泥设施设在 1050m 中段 46 行副井附近。水泵房、变电所、水仓和排泥设施全部沿勘探线（垂直金川矿区地下最大主应力方向）平行布置。排水管未敷设在副井井筒内，而是通过钻孔直接通往地表。将坑内水及泥沙排入玉石沟，使污水、泥沙进入二矿区水系。在玉石沟设一储泥库，将泥沙沉淀，清水流入二矿区在玉石沟下游的几道渗水坝，由二矿区用于绿化。由于水和泥沙都进入了二矿区的水系，避免了坑内水和泥沙对外部环境的危害。

矿山坑内涌水量不大，但由于充填溢流的泥沙较多，所以，设计的水仓容积不仅会考虑存水，还考虑储存一定的泥沙量，即每条水仓的 30% 容积沉淀泥沙，水仓仍能满足 6h 以上坑内涌水量。每条水仓的容积为 800m³，用挡墙截成两段，进水段为沉淀仓，出水段为清水仓。在沉淀仓仍不能沉淀的微小颗粒，与清水一起直接排出。水仓的清理采用水环式真空泵，将泥吸到一个压气罐中，压气罐中的泥浆用压缩空气吹到喂泥仓，喂泥仓中的泥浆再放入大直径的厚壁钢管中，然后用水泵房的高压水将泥带走。

坑内正常涌水量为 2000m³/d，最大涌水量为 3200m³/d。泵房底板标高为 1050.5m，排水管出口标高为 1730m，高差为 679.5m。水泵采用 3 台 D160-120×7 型水泵，流量 160m³/h，最大扬程 840m，电机功率 630kW。正常排水和最大排水时均是 1 台工作，1 台备用,另 1 台检修。排水管采用 ϕ219mm×11mm 无缝钢管,共 2 条,1 条工作,另 1 条备用。排水管的中间一段为钻孔加套管的方式。排水管中的实际流速为 1.46m/s。46 行副井井底设 2 台深井潜水泵,将水排至 1050m 泵房的水仓,流量 32m³/h,最大扬程 45m,电机功率 8kW,2 台潜水泵 1 台工作,1 台备用。东主井井底设 2 台 6699×8 型潜水泵,将水排至 1050m 泵房的水仓,流量 30m³/h,最大扬程 144m,电机功率 25kW,2 台潜水泵 1 台工作,1 台备用。水仓清理采用 1 台 SK-42 型水环式真空泵配套 1 个 4m³ 的压气罐,真空泵电机功率 60kW。排泥的大直径厚壁钢管选用 ϕ402mm×28mm 无缝钢管,共设 2 条交替使用。

4. 通风系统

F_{17} 以东采取的是集中通风方式,在东主井附近的地表装有 1 台 DK-8-N_{o}24 型对旋轴流风机,Q＝110m³/s,H＝2150Pa。风机带有 2 台 YF400-8 型电机,电机功率 2×185kW,6kV。

三矿区分为 F_{17} 以西采区和 F_{17} 以东采区,通风均采用中央抽出式的通风方式。东主井出风、46 行副井和 36 行措施井进风,主扇布置在地表。

1) F_{17} 以西采区

F_{17} 以西采区通风系统沿用二矿区一期工程通风系统,36 行措施井进风经 1400～1426m 水平采准斜坡道、1400～1350m 分斜坡道到达采场,污风经 1350m 总回风道,从东主井主扇风机站排出地表。36 行措施井为进风井,在井口设保温廊,使其冬季进风温度不低于 2℃。盘区采用局扇通风,分别向各采矿进路输送新鲜风流,稀释污风后,通过顺路回风天井进入 1200m 回风中段,采准巷道也主要是独头掘进,采用局扇进行通风,以上局扇使用风筒为 ϕ0.5m 帆布风筒。一般都采用压入式通风。如图 3.14 和图 3.15 所示。

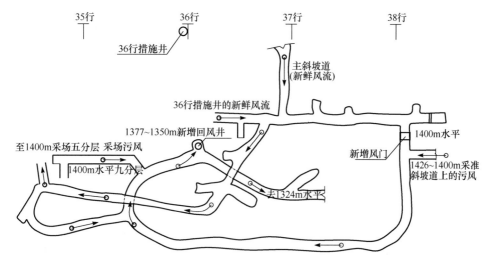

图 3.14　三矿区 F_{17} 以西 1400m 平面通风系统

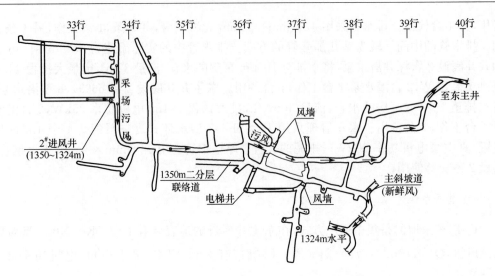

图 3.15　三矿区 F_{17} 以西 1350m 平面通风系统

2）F_{17} 以东采区

F_{17} 以东总通风量 125m³/s。F_{17} 以东采区经 46 行副井进风从 1150m 副井石门、150m 沿脉运输巷道，经布置在沿脉运输巷道两端的进风井到达分段采准巷道，进入采场，形成并联通风网路。在进路稀释污风后，由采矿盘区的充填回风天井进入 1200m 回风中段，再经总回风井（1200～1250m）进入 1250m 回风中段，从东主井主扇风机站排出地表。主扇采用 DK-8-No24 型对旋轴流风机，叶轮直径 2.4m，电机功率 2×185kW。46 行副井为进风井，在井口设保温廊，使其冬季进风温度不低于 2℃。

破碎站用风（6.0m³/s）经 1050m 副井石门、粉矿回收井下行到破碎站、皮带装矿道及粉矿回收道，在粉矿回收井与 1050m 中段联络道之间设风窗控制。

其他设施（如水泵房、变电所、电机车维修站等）均为贯穿风流，不单独设通风构筑物。

采矿盘区内有贯穿风流通过。但采矿进路一般都是独头巷道，所以，为每个盘区配备了 10kW 的局扇，分别向各采矿进路输送新鲜风流。稀释污风后，通过顺路回风天井进入 1200m 回风中段。采准巷道也主要是独头掘进，采用局扇进行通风。以上局扇使用风筒为 ϕ500mm 帆布风筒。一般都采用压入式通风。如图 3.16 所示。

5. 生产工艺

1）井下矿山采矿工艺

三矿区井下矿山分为 F_{17} 以西和 F_{17} 以东两个采区，矿床开拓系统为竖井-斜坡道联合开拓方式，采矿方法为机械化下向分层水平进路充填采矿法。

2）砂石采场采矿工艺

砂石车间采场开采范围为 3km²，原砂开采方式为露天开采，采用无爆破水平台阶推进开采，选用的采装设备为 4m³ 电力挖掘机，根据设备工作条件，设计台阶高度 10m，挖掘进尺 12.5m，工作面台阶坡面角 68°。

棒磨砂生产工艺流程如下：

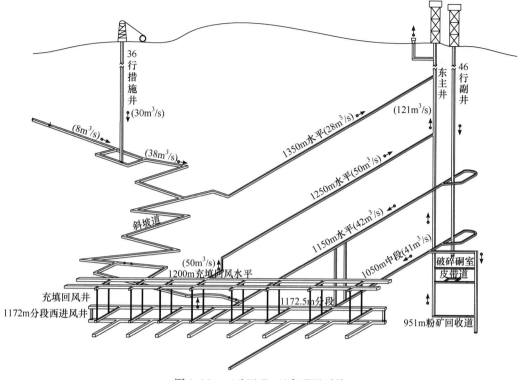

图 3.16　三矿区 F_{17} 以东通风系统

（1）老系统。原砂经剥离覆盖层→火车运输至虎口料仓→粗碎→筛分→细碎→磨砂→细砂仓。

（2）新系统。原砂经剥离覆盖层→火车运输至料仓→筛分→细碎→磨砂→细砂仓。

（3）石英石采场采矿工艺。石英石矿是目前金川集团公司唯一的露天开采矿山,采用深孔爆破台阶式下向回采,阶段高度为 12m,穿孔采用 KQ-200A 和 ZWD200A 型潜孔钻机,孔径为 $\phi200mm$;台阶爆破采用垂直孔,孔深 13.5m,超深 1.5m,矩形或梅花型布孔;孔网参数:KQ-200A6.5×5.5m;爆破采用微差爆破、电雷管起爆,炸药采用铵油炸药;矿岩采用 $4m^3$ 液压铲铲装;矿石由 TEREX32t 汽车运输到碎矿系统处理,各水平产生的废石由该型号汽车转运倒入废石场。

（4）石英石的生产流程。采场:穿孔(KQ-200A、WZD200A 潜孔钻机;孔径 $\phi200mm$;孔深 13.5m,孔网参数:6.5m×5.5m)→爆破($2^{\#}$ 岩石乳化炸药;电雷管起爆)→铲装(WK-4 型 $4m^3$ 电铲)→运输(TEREX 系列 32t 自卸矿用汽车;运距 7.5km)→碎矿:破碎(颚式破碎机)→皮带运输(粗料、细料)→料仓(粗料、细料)→火车运输→冶炼厂。

3.5　本章小结

本章分别介绍了金川集团公司下属矿山:露天矿、龙首矿、二矿区和三矿区各期工程开采设计与开采历程,并重点介绍了各期矿山建设的生产能力、主要开拓方案、运输与提升系统、通风系统和采矿工艺等内容,使读者对金川矿山开采有一个全面的认识。

第4章 龙首矿采矿方法研究、发展与演化

4.1 龙首矿采矿方法发展演化简述

龙首矿建矿以来，为降低损失贫化率、提高效率，通过长期试验研究，不断改进开采方法，以满足金川集团公司的发展及日益增长矿石原料的需求，先后采用了崩落法和胶结充填法两大类近 10 种采矿方法。例如，分层崩落法、分段崩落法、上向胶结充填法和下向胶结充填法等(图 4.1)。龙首矿矿山开采工艺演化如下所述。

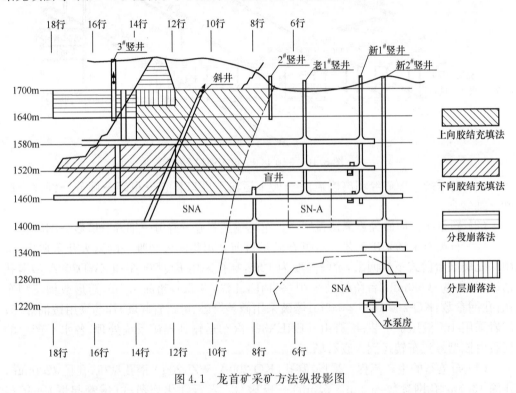

图 4.1　龙首矿采矿方法纵投影图

1. 初步探索阶段

1) 1963～1965 年初期采用小型露天开采法开采地表氧化富矿体

小型露天开采采用平硐-溜井开拓方法，以溜井为自由面，垂直矿体走向开切割槽，沿矿体走向推进在上盘掘进宽 2～3m、深 2m 的堑沟，由上盘向下盘进行长壁式回采，日生产能力 300t。在龙首矿 1965 年 5 月转入井下开采成为龙首矿中部采区之后，小露天矿于 1965 年 11 月闭坑，共采出矿石 30 余万吨。

2）1965～1968 年采用分层崩落法

分层崩落法由北京有色冶金设计研究总院设计,主要开采东部富矿。分层崩落法分木材假顶和金属网假顶两种方案,采场沿走向布置,长 25m,采高 2.5m,最大暴露面积 120m²。由于机械化程度低,作业条件差,劳动强度大,木材消耗高,有火灾危险,回采工作面通风条件差,矿块生产能力小,1968 年后停用。

3）1965～1972 年采用分段崩落法

分段崩落法由东北工学院与金川公司合作设计,主要开采西部贫矿。试验封闭矿房分段崩落法,沿矿体走向每 25m 长,垂直矿体每 10m 宽划一个盘区,盘区高为一个分段(20m),用 BA-100 型潜孔式钻机钻凿垂直扇形深孔,炮孔必须控制 10m×20m 的崩矿面积,最小抵抗线 3～4m,每米崩矿量 25～30t,矿石的损失和贫化率高达 30%,经过技术比较,1973 年被露天开采所取代。

4）20 世纪 60 年代末至 70 年代初采用留矿一次充填采矿法(图 4.2)

留矿一次充填采矿法实际上是当矿房两侧的矿柱用分层胶结充填形成人工混凝土矿柱时,中间的矿房便可用留矿法回采。该采矿方法采用中深孔接杆凿岩,全面留矿法嗣后一次充填,虽然短时间获得较高的生产效率,台班效率可达到 150～200t,但到矿房回采

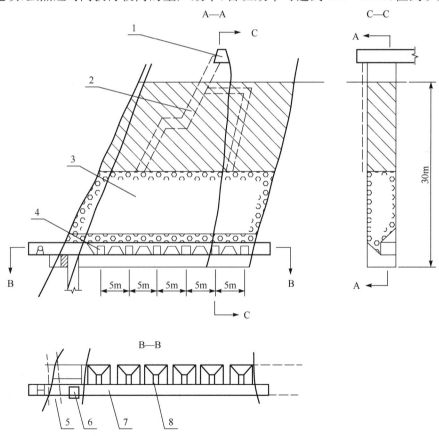

图 4.2　留矿一次充填采矿法标准方案图

1. 充填道；2. 人行井；3. 留矿堆；4. 漏斗口；5. 联络道；6. 溜矿井；7. 电耙道；8. 斜坡

时,下盘矿石采不尽,放不下,上盘围岩冒落,造成大量贫化和损失,以致不等矿石出完就被迫封闭充填采空区,损失极大。在1580m中段采完之后不再使用该采矿方法,所留底柱也难以回采。据统计,全面留矿一次充填法损失率达15.15%,一个中段损失矿量达65万t。由于中段矿量消失过快,加上重采轻掘,造成矿山采掘严重失调,生产受到严重影响。同时由于西部区段矿石节理发育,稳定性差,难以保证人员在矿石暴露面下安全作业,于是1973年龙首矿开展了下向倾斜分层胶结充填法的试验工作。

2. 探索阶段

1965~1985年,龙首矿主要采用上向水平分层胶结充填采矿法。其中,1965~1970年采用多漏斗出矿;1970~1985年采用电耙出矿;1973~1980年采用装运机出矿;1977~1982年采用铲运机出矿。上向分层胶结充填采矿法的采场垂直走向布置,采场长度等于矿体水平厚度,一般不大于40m,采场高度为30m,矿房矿柱均为5m。该采矿工艺复杂,劳动强度大,采场生产能力低,安全性差。

3. 成熟阶段

20世纪80年代后期,龙首矿下向充填采矿法取代了上向充填采矿,同时在进路断面和采场结构上也有所变化。

(1) 1973年,龙首矿在矿体不稳固的地段试验成功了下向倾斜分层胶结充填采矿法,并在生产实践中不断改进,使下向分层充填法的采矿量在全矿生产中逐步提高。在1974~1980年,下向倾斜分层低进路(2.5m×2.5m)胶结充填回采方案成为龙首矿主要采矿方法。

(2) 1981~1986年,龙首矿与长沙矿山研究院合作,成功地试验了下向高进路(正方形)胶结充填采矿方法,使采场的生产能力得到提高。

(3) 1981~1986年,龙首矿成功地试验了下向六角形低进路(顶、底宽3m,高4m,腰宽5m)回采方案。

(4) 1986年到现在,采用下向胶结充填六角形进路采矿法(顶、底宽4m,高5m,腰宽6m);1989年到现在,采用机械化下向六角形进路采矿法,该法是六角形进路采矿法基础上的改进和提高,主要是适应机械化大型设备的使用和推广。采场生产能力由最初50t/d提高到150t/d。无轨机械化作业采场生产能力250~300t/d。

4.2　露天开采方法

1963年10月,Ⅰ矿区小露天矿经过三年的施工后建成投产,主要开采龙首矿1703m水平7^{+25}~13行勘探线出露地表的氧化富矿体。1703m标高以上,露天采场的上部长250m,宽约60m。

设计采用平硐溜井开拓方式,平硐口标高为1703m。沿矿体走向在上盘掘进宽2~3m、深2m的堑沟,由上盘向下盘进行长壁式回采,生产能力为300t/d。

矿石及部分废石经溜井放到1703m平硐,用人工装入0.55m³侧翻式矿车,编组后由电机车牵引,将矿石运到地表临时破碎场;废石则运到隧道口外的废石场。上部各阶段的废石用手推车运到露天采场外的山沟中。剥离及采矿工作的阶段高度均为 6m,其坡面角为 60°~70°。

设计采用 01-30 型手持式风动凿岩机凿岩。每一个工作阶段分两个小阶段进行凿岩爆破工作。采用火雷管和电雷管起爆。爆破后的矿石及下部阶段的废石采用 13kW 的电耙分别耙入溜井,上部各阶段的废石用人工装车。

4.3 龙首矿分层和分段崩落采矿法试验研究

4.3.1 分层崩落采矿法

分层崩落采矿法由北京有色冶金设计研究总院设计,分木材假顶和金属网假顶两种方案。1965 年金川公司通过考察后进行了分层崩落采矿方法试验,试验于 1968 年结束。

1. 缓冲层的形成

为保证回采安全,先在小露天堑沟底部敷设地梁金属网,其上用废石充填。

2. 采场构成要素和回采方式

采场沿走向布置,长 25m,宽等于矿体水平厚度。超前距离≥2.0m,采高 2.5m,悬顶距 4.2~4.3m,控顶距 1.5m,放顶距 2.6m,最大暴露面积 120m²,如图 4.3 所示。

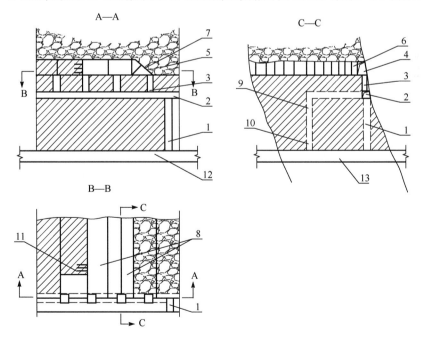

图 4.3 龙首矿分层崩落标准采矿方法示意图

1. 出矿井;2. 分段平巷;3. 矿石溜井;4. 分层平巷;5. 金属网;6. 立柱;7. 上层地梁;8. 进路;

9. 联络道;10. 人行通风井;11. 炮孔;12. 沿脉运输平巷;13. 穿脉巷道

3. 试验结果及评价

分层崩落采矿法工作比较安全、灵活,矿石的损失贫化率低。但机械程度低,作业条件差,劳动强度大,木材消耗高,1968 年后停用。

4.3.2 分段崩落法方案设计

1. 概述

接到冶金工业部给东北工学院下达的金川 I 矿区浅部贫矿段分段崩落法试验研究任务后,研究人员进行了一系列的准备工作:国外分段崩落法的经验总结、国内类似矿山的技术考查、实验室的放矿模拟研究、金川矿床条件的了解和资料收集。在此工作基础上,提出了分段崩落法的试验方案,并经过几次讨论,对试验方案进行了修改和完善。

分段崩落法的试验工作,分为两个阶段:第一阶段在 1703m 的氧化富矿体;第二阶段在 1640m 的硫化贫矿体。整个试验工作在 1965 年底完成。

根据金川有色金属公司龙首矿于当年 6 月中旬提供的 1703m 氧化富矿体的地质资料,研究人员于当年 6 月完成了方案的第一阶段试验设计工作。

为了给 1640m 贫矿体分段崩落法的设计、生产及进一步研究提供初步依据,决定先在 1703m 氧化富矿体中,对分段崩落法技术上可用的方案进行工业性的试验工作。这一试验,初步解决了下列问题:①确定分段崩落法的最优方案、结构及参数;②探讨合理的回采工艺,落矿、放矿、搬运及采准巷道的支护形式;③寻求提高采矿强度及降低矿石损失与贫化的有效途径。

2. 矿床地质条件

1703m 氧化富矿体位于 I 矿区的中部,在主矿体的上盘,13^{+25}～15 行勘探线。矿体走向为 320°～330°,倾向南西。走向长度为 60m 左右,矿体厚度一般为 8～10m,倾角 80°～85°。上下盘围岩为氧化矿带及二辉橄榄岩。覆岩及围岩的局部地区为氧化表外矿。由于距地表较近(8～20m)及节理、裂隙很发育,矿石及围岩不够稳固。矿体含水较少。矿体中夹有煌斑岩脉,其厚度为 0.2～2.0m。矿石和岩石的物理机械性质如下:

(1) 氧化矿石。容重 2.43t/m³,抗压强度 34.0MPa,湿度 1.13%,自然安息角 45°14′,内摩擦角 71°33′,孔隙度 12.3%～24.1%。

(2) 二辉橄榄岩。孔隙度 1.25%～9.36%,抗压强度 111.4～103.7MPa,内摩擦角 84°48′。

根据龙首矿地测科提供的矿石储量,见表 4.1。

表 4.1　试验矿体矿石储量

勘探线	储量级别	矿石储量/t	品位/%		金属储量/t		备注
			Cu	Ni	Cu	Ni	
13+31～14 行	C2	1113	0.60	1.00	6.68	11.13	外推储量
14～14+25行	C1	9156	0.59	1.05	56.14	99.92	—
14+25～15 行	C1	3419	0.58	1.09	20.17	37.27	外推储量
合计	—	13688	0.59	1.06	82.99	148.32	—

从表 4.1 中可以看出，矿体的勘探程度很不够，外推储量占总储量的 32%，特别是 13+31～14 行，可靠程度更差。此外，矿石品位分布不匀，矿体和围岩无明显界限。因此在掘进采准巷道时应加强探矿及采样化验工作，以便准确地固定矿体及计算矿石储量。

围岩大部分为 Ni 品位 0.3%～0.7% 的氧化矿带，但矿体上部在试验前尚未揭露，仅按 1704～1712m 水平影响 5m（个别样品采自 1718m）可参考以下数据：

14～13+31行围岩镍品位为 0.45%。

14～14+25行围岩镍品位为 0.59%。

14+25～15 行围岩镍品位为 0.65%。

上述围岩品位，不能完全代表 1712m 以上的围岩品位，仅作为设计的参考，在掘进采准巷道及进行回采凿岩时，应适当地采取上部围岩样品，以便正确地确定围岩品位。

试验矿体东部（14 行以东），结构较发育，必须加强维护，矿体西部，岩石比较稳定。

3. 试验方案选择

1）方案选择

当时分段崩落法广泛应用于苏联、瑞典、美国、捷克、挪威等国的金属矿山。该法已在我国某些矿山应用，在很多矿山进行过试验研究。

分段崩落法方案很多，应用灵活性大，适用范围广。在复杂的地质条件下（如矿石及围岩不稳固、矿山压力大、矿体内含有夹层、倾角及厚度有变化等），应用该采矿方法的优越性更大。国内外长期应用分段崩落法经验表明，该采矿方法的发展方向是：①简化方法的结构；②采用垂直炮孔分层落矿；③实现装运工作机械化。

根据国内外的生产经验，并结合试验矿体的具体条件，确定试验下列分段崩落法方案：

第一方案。有垂直补偿空间的盘区设垂直炮孔、同时爆破的电耙搬运方案（图 4.4）。该方案和北京有色冶金设计研究总院推荐的方案主要区别是：有垂直补偿空间（占单次崩矿量的 25%～30%）；盘区长度减少近一半（从 25m 减到 13.5m），分段高度增加 60%（从 12m 增至 20m）。这种改变主要是为了改善破碎效果和减少矿石的损失与贫化。

第二方案。倾斜分层挤压爆破的电耙搬运方案（图 4.5）。每次爆破一排漏斗的长度（4.5m），崩落矿石与岩石接触面与水平成 80° 倾角，当崩落矿石全部放出后，爆破下一分层的矿石。

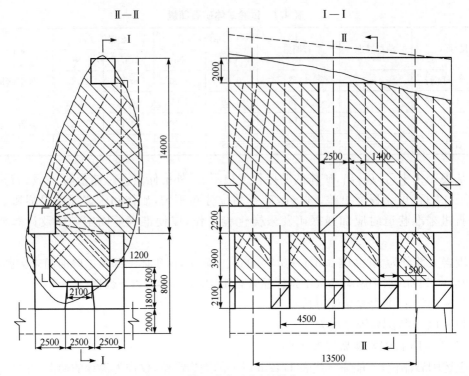

图 4.4　第一方案示意图(单位:mm)

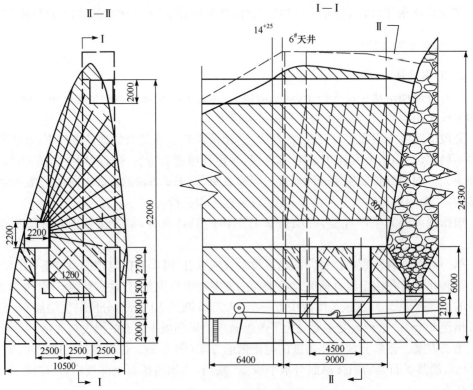

图 4.5　第二方案示意图(单位:mm)

第三方案。梯段工作面倾斜分层挤压爆破装矿机装矿方案(图 4.6)。分两段凿岩,上部超前 4~6m 分层爆破,崩落矿石留于工作面中,下部分层爆破,工作面与水平成 80°。每个分层爆破后,放出该层宽的上部两段的全部崩落矿石,然后再爆破下一分层。崩落的矿石直接落在装矿巷道的底板上,用装矿机将矿石直接装入矿车中。

第四方案。垂直工作面分层挤压爆破装矿机装矿方案(图 4.6)。与第三方案的区别是,上下段同在一个垂直面上,并同时爆破一个分层,放出全部矿石后,再同时爆破下一个分层矿石。当时在外国采用装矿机装矿已被认为是发展方向,并大力推广,制造出多种高效率连续工作的装矿机、装运联合机、自行矿车等,从而大大简化了采矿方法结构并显著地提高了回采强度和劳动生产率。

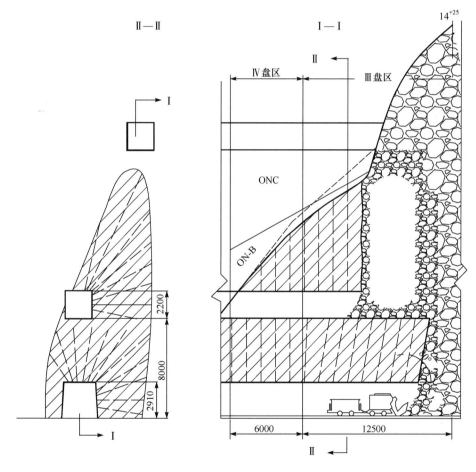

图 4.6　第三、四方案示意图(单位:mm)

第五方案。垂直分层挤压爆破电耙搬运方案(图 4.7)。崩落矿石与岩石垂直接触,每次爆破一排漏斗长度(4.5m),崩落矿石全部放出后,再爆破下一排漏斗上部的矿石。

2) 矿块和盘区划分

考虑到利用原有采矿巷道,并结合试验矿体条件,将全矿体划分为三个矿块:

(1) 第一矿块,14~14^{+25}行。

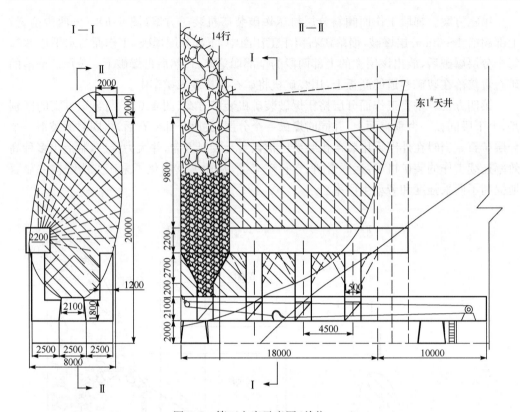

图 4.7　第五方案示意图(单位:mm)

(2) 第二矿块,$14^{+25}\sim15$ 行。

(3) 第三矿块,$14\sim13^{+31}$ 行。

第一和第二矿块又划分为两个盘区,而第三矿块只有一个盘区。

试验的多种方案主要参数见表 4.2。

表 4.2　试验方案主要参数

方案	试验地点	盘区长/m	盘区宽/m	分段高/m	底柱高/m	漏斗间距/m
一	第一盘区	13.5	8~10	20	8	4.5
二	第二盘区	9.0	8~10	20	8	4.5
三	第三盘区	9.0	8~10	28	—	—
四	第四盘区	9.5	8~10	15	—	—
五	第五盘区	18.0	8~10	20	8	4.5

3) 盘区的回采顺序

确定从 14 行向西按盘区号 Ⅰ～Ⅳ 进行顺序回采,14 行以东的第 Ⅴ 盘区,最后回采。这种回采顺序是由下列因素决定的:

(1) 能充分利用原有 1142 天井作为全矿体的回风道,并保证回采第一、二矿块时,该天井不被破坏。

(2) $14\sim14^{+25}$ 行矿段，勘探线比较清楚，很快可以施工和试验。

(3) 回采每个盘区时，与崩落岩石均保持一个侧面接触。

4) 各矿石损失与贫化计算

各矿块的采出矿石品位见表 4.3。

表 4.3　矿石品位计算

矿石品位	矿块Ⅰ	矿块Ⅱ	矿块Ⅲ	平均值
原矿石品位	1.05	1.09	1.00	1.06
围岩品位	0.50	0.60	0.40	——
采出矿石品位	0.98	1.03	0.93	0.98

4. 采准工作

1) 采准巷道的布置

在设计中充分利用原有探矿巷道，已掘巷道及其利用情况见表 4.4。

表 4.4　原有巷道及其利用情况

原有巷道	断面/(m×m)	长度/m	设计利用情况
13^{+31} 行穿脉	2.4×2.4	42.2	作运输穿脉
下盘运输巷道	2.8×2.5	79.0	作运输巷道
14^{+25} 行穿脉	2.4×2.4	39.0	作运输穿脉
$14^{+25}\sim15$ 行小沿脉	2.4×2.4	25.5	作装矿平巷，需扩帮及挑顶
S3$^{\#}$ 穿脉	2.4×2.4	8.9	作空车场
15 行穿脉	2.4×2.4	24.7	作调车场，需扩帮
14 行穿脉	2.4×2.4	35.6	作回风道及联络道
1142 天井	1.6×2.6	34.0	作回风道
6$^{\#}$ 天井	1.3×2.3	24.0	作通风人行天井
合计	——	312.9	——

试验采场的采准巷道可分为下列 4 个水平：

(1) 运输水平。标高为 1704m，该水平基本是利用原有采矿巷道，仅新掘一段下盘运输巷道，与 15 行穿脉贯通，并扩大成为调车场。原 $14^{+25}\sim15$ 行小沿脉扩帮作为装矿巷道，原 15 行、14^{+25} 行及 13^{+31} 行三个穿脉作为运输穿脉；14 行穿脉作为回风及联络穿脉。

(2) 电耙水平。于第Ⅰ、Ⅱ及Ⅴ三个盘区的运输穿脉顶板(1706m)，掘进电耙巷道，电耙绞车硐室分别设在 14^{+25} 行及 13^{+31} 行附近。从电耙巷道两侧，每隔 4.5m 开凿联络小巷及漏斗颈。

(3) 凿岩水平。于 1712m 矿体的上盘接触处，在矿体的全长上，掘进凿岩巷道；于第Ⅰ盘区中央处，从凿岩巷道向矿体的下盘，开凿切割横巷。

(4) 观察水平。于 1724m 矿体的上部尖灭部分，沿矿体全长掘进观察巷道，其位置应尽量布置在矿体内。观察巷道的作用有两个:一个是观测覆岩崩落情况,如不崩落,则从此巷道进行强制崩落;另一个是打下向辅助落矿炮孔。

用 4 个天井($6^\#$、1142、东 $1^\#$ 及西 $1^\#$)在垂直方向上将运输、凿岩及观察三个水平连通,并作为通风、行人及运料之用。$6^\#$ 天井位于 14^{+25} 行矿体内;1142 天井于 14 行下盘岩石中;东 $1^\#$ 天井及西 $1^\#$ 天井,分别在 13^{+31} 及 15 行矿体走向边界附近。上述 4 个天井,在凿岩水平、观察水平均相互贯通。

在第 I 盘区近下盘中央处,从切割横巷向上至观察水平,掘进垂直的切割天井,以便形成割槽。

2) 采准巷道支护形式

运输水平巷道采用间隔木棚;电耙巷道、联络小巷及装矿巷道用密集木棚;凿岩巷道及观察巷道用间隔立柱支护;通风行人天井,根据岩石稳定情况,可采用间隔架框及间隔横撑;切割天井用临时横撑支护。

观察巷道、凿岩巷道、切割天井及 $6^\#$ 天井等,在爆破前应尽量回收全部支柱,不能回收的支柱用炸药爆破,以免影响放矿。电耙巷道及运输巷道在废除前,也应将支柱拆除。第 II 盘区的联络小巷及漏斗颈,试验混凝土支护。

3) 采准工程量

各矿块的采准工作量见表 4.5。

表 4.5　采准工程量计算

指标	矿块 I	矿块 II	矿块 III	全矿体
采准比/(m/kt)	7.2	14.3	5.4	8.6
切割比/(m/kt)	17.2	9.4	31.8	18.2
采切比/(m/kt)	24.4	23.7	37.2	28.8
采切比/(m³/kt)	96.8	135.2	136	116.0

第三矿块系外推 C_2 级储量有待采准过程进一步探明。例如,矿量增大时,则采准工作量将有所降低。

4) 采准巷道掘进计划

根据下列原则,编制采准和切割巷道掘进计划。

(1) 按一个掘进工作队单工作面编制。

(2) 巷道掘进顺序是按回采顺序编制的(从第 I 盘区至第 IV 盘区)。

(3) 巷道掘进速度取矿山当时已达到的指标,并考虑掘进时的工作及出矿条件。

(4) 当 I 及 II 盘区采准结束后,III～V 盘区的采准工作与 I、II 盘区的回采工作平行进行。因此掘进与回采作业应不相互干扰。

(5) 进度计划编制应留有余地,必要时应有备用工作面,以免窝工。

5) 采准工作组织

采用综合掘进工作队,设队长一人,班长由凿岩工兼任。每月工作 26 天,每天三班,每班一个工作循环。掘进工作队的组成见表 4.6。

表 4.6　掘进工作队组成

工种	等级	人数				在册人数	备注
		一班	二班	三班	小计		
凿岩工	6	1	1	1	3	4	—
机助	3	1	1	1	3	3	—
爆破工	7	1	1	1	3	4	兼回采爆破
支柱工	7	2	2	2	6	6	—
搬运工	3	6	6	6	18	18	—
合计		11	11	11	33	35	

6）采准工作所需设备

采准工作所需主要设备见表 4.7。

表 4.7　采准工作所需设备

设备名称	单位	型号	数量			备注
			使用	备用	合计	
凿岩机	台	01-30	1	1	2	带风水管
	台	01-45	1	1	2	带风水管
气腿子	架	72-12 型	1	1	2	—
局扇	台	11kW 轴流式	1	—	1	带 φ300mm 风筒
	台	4.5kW 轴流式	1	—	1	带 φ300mm 风筒

7）掘进工作成本

采准巷道掘进费用，取自 1963 年煤炭部井巷建筑工程预算定额，每吨采出矿石采准费用为 5.05 元。

8）采准工作技术经济指标（表 4.8）

表 4.8　采准工作主要技术经济指标

序号	项目	单位	指标	备注
1	月工作天数	d	26	按年工作 306 天
2	天工作班数	班	3	—
3	日进尺	m/d	3.0	—
4	采准工作量	m/kt	26.8	—
		m³/kt	116	—
5	凿岩机效率	延米/(台·班)	1.0	—
6	劳动生产率	m/(工·班)	—	—
	凿岩工	m/(工·班)	0.5	—
	工作面工	m/(工·班)	0.091	—

序号	项目	单位	指标	备注
7	材料消耗	—	—	—
	炸药	kg/m³	2.0	2#岩石
	导火索	m/m³	4.0	—
	坑木	m³/m³	0.111	—
8	掘进成本	元/t	5.05	—

5. 切割工作

1) 扩漏斗

第Ⅰ、Ⅱ及Ⅴ三个盘区需进行切割工作。一般采用从漏斗颈中打上向炮孔，与上部矿石同时爆破的扩漏方法。但第一盘区中央的一对漏斗，在形成切割槽前，从凿岩水平向下扩漏。这样便于放出切割槽崩下的矿石。

每个漏斗体积为 28m³，打两圈炮孔。外圈打 16 个孔，平均孔深 3.2m，合计 51.2m；内圈打 12 个孔，平均孔深 2.1m，合计 25.2m。每个漏斗炮孔总长为 76.4m。采用 01-45（或 01-30）凿岩机扩漏。钎头直径 42～46mm。凿岩机效率取 43m/(台·班)，每个漏斗凿岩需 2 个班。

2) 切割槽

(1) 第Ⅰ盘区。于第一盘区中央，在大量爆破前需形成切割槽，其体积为 136m³。采用 01-38 凿岩机，钎头直径为 60～65mm。在切割横巷中打上向平行炮孔，分三次向切割天井爆破。炮孔总长为 71m。凿岩机效率取 8m/(台·班)，需 10 班凿岩。装药、爆破及通风需一个班，共需爆破及通风三个班。放矿需 5 个班。回采切割槽共需 18 个班。

(2) 第Ⅲ盘区。在第Ⅱ盘区回采结束后，于第Ⅱ及第Ⅲ盘区交界处，必须进行底部切割工作，以便为第Ⅲ盘区回采造成自由面。采用底部切割槽的开凿方法，切割工程量为 115m³。采用 01-38 及 01-30 凿岩机，需凿岩 5 个班，爆破及通风需 1 个班，出矿需 4 个班，共需 10 个班。

3) 切割工程量

切割工程量见表 4.9。

表 4.9 切割工程量

矿块号	扩漏		切割槽		合计	
	体积/m³	质量/t	体积/m³	质量/t	体积/m³	质量/t
Ⅰ	252	612	136	330	388	942
Ⅱ	—	—	115	280	115	280
Ⅲ	168	408	—	—	168	408
合计	420	1020	251	610	671	1630

4) 切割工作材料消耗

各矿块的切割工程材料消耗见表 4.10。

表 4.10　切割工程材料消耗

矿块		Ⅰ			Ⅱ	Ⅲ	总计
工程名称		扩漏	开立槽	小计	切割底部	扩漏	
矿量/m³		252	136	388	115	168	671
炸药	单耗/(kg/m³)	1.43	1.12	1.32	0.65	1.43	1.16
	总耗/kg	360	152	512	74	254	840
电雷管	单耗/(个/m³)	1.00	0.15	0.70	0.27	1.0	0.65
	总耗/个	252	20	272	31	168	471
电线	单耗/(m/m³)	3.0	3.0	3.0	3.0	3.0	3.0
	总耗/m	756	408	1164	348	534	2046
钎钢	单耗/(kg/m³)	0.0365	0.0116	0.0278	0.0137	0.040	0.0290
	总耗/kg	9.20	1.58	10.78	1.57	7.10	19.45
硬合金	单耗/(kg/m³)	0.0044	0.0078	0.0055	0.0053	0.0043	0.0051
	总耗/kg	1.100	1.050	2.150	0.614	0.765	3.529
润滑油	单耗/(kg/m³)	0.00490	0.00515	0.00498	0.00314	0.00485	0.00460
	总耗/kg	1.230	0.700	1.930	0.361	0.862	3.153

5) 切割工作组织及设备

切割工作不单独组织工作队,与采矿队编在一起。切割工作需一名凿岩工及一名机动。主要设备见表 4.11。

表 4.11　切割工程设备

设备名称	数量			备注
	使用	备用	合计	
01-38 凿岩机	1	1	2	带支架及风水管
01-45 凿岩机	1	1	2	带风水管
01-30 凿岩机	1	1	2	带气腿子及风水管

6) 切割工程成本

切割费用取自煤炭部 1963 年井巷建筑工程预算定额,每吨采出矿石切割成本为1.15 元。

7) 切割工作技术经济指标(表 4.12)。

表 4.12 切割工作技术经济指标

序号	项目	单位	指标	备注
1	切割工程量	m³	671	—
	其中:扩漏	m³	420	—
	切割槽	m³	251	—
2	切割采出矿石量	t	1630	—
3	每个漏斗体积	m³	28	—
4	每个漏斗炮孔长度	m	76.5	—
5	凿岩机扩漏效率	m³/(台·班)	14	—
6	凿岩工扩漏效率	m³/(工·班)	7	—
7	凿岩机切割槽效率	m³/(台·班)	13.6	按Ⅰ盘区计算资料
8	凿岩工切割槽效率	m³/(工·班)	6.8	—
9	炸药单位消耗	kg/m³	—	—
	扩漏	kg/m³	1.43	—
	切割槽	kg/m³	1.30	—
10	切割工作成本	元/t	1.15	—

6. 回采工作

1) 落矿

(1) 凿岩。采用 01-38 型凿岩机,直径为 32mm 中空圆钢钎杆,直径为 60~65mm 的 T 形(或十字形)及 BK-11(或 BK-15)的硬质合金钎头。

垂直上向(第Ⅰ、Ⅳ及Ⅴ盘区)及倾斜 80°上向(第Ⅱ及Ⅲ盘区下部)接杆扇形布置炮孔。由于凿岩机能力所限,从观察巷道向下打辅助浅孔,其方向和下部炮孔相同。

各盘区的凿岩参数见表 4.13。

表 4.13 凿岩参数

参数	Ⅰ盘区	Ⅱ盘区	Ⅲ盘区	Ⅳ盘区	Ⅴ盘区	备注
最小抵抗线/m	1.8	1.5	1.5	1.5	1.5	—
最大孔间距/m	2.16	2.16	1.8	2.1	2.1	1.2~1.4W
最小孔间距/m	0.9	0.9	0.9	0.9	0.9	0.5~0.6W
炮孔方向	垂直上向及下向	倾斜上向及下向	垂直上向及倾斜上向	垂直上向	垂直上向及垂直下向	下向为浅孔(<3m)

注:表中 W 为最小抵抗线。

(2) 爆破。采用 2# 岩石炸药,自制加工药包,药包直径为 50mm 及 55mm 两种,长度均为 500mm,质量分别为 0.94kg 及 1.14kg。采用五段(2#、4#、6#、8#、10#)8 号电雷管。每孔装 2 个电雷管。为了保证每排炮孔同时起爆,在炮孔全长敷设导爆索,每排炮孔的导爆索用三角法连接在一起。每孔 2 个雷管并连,每排孔雷管串联,爆破各排炮孔并连,即并-串-并连线法。第Ⅰ盘区布置 6 排炮孔,采用缓发同时爆破;第Ⅱ及第Ⅴ盘区,每次爆破 3 排炮孔(一排漏斗长度);第Ⅲ盘区凿岩巷道(1712m)上部炮孔分层超前爆破。平均炸药单耗 0.365kg/t。

2) 运输和装矿

第Ⅰ、Ⅱ及Ⅴ盘区采用电耙搬运,电耙型号为 JTY-15,耙斗容积为 0.2m³。第Ⅰ及Ⅱ盘区向 14^{+25} 行运输穿脉方向耙运,第Ⅴ盘区向 13^{+31} 行运输穿脉方向耙运。电耙分别设于 14^{+25} 行及 13^{+31} 行穿脉附近,而尾绳滑轮均设于 14 行附近。第Ⅰ、Ⅱ盘区最大耙运距离为 23m,第Ⅴ盘区最大耙运距离为 20m。电耙效率取 60t/(台·班)。

第Ⅲ、Ⅳ盘区采用装矿机直接装矿的搬运方式,装矿机型号为 ЭПМ-1 型。

3) 采场通风

第Ⅰ、Ⅱ盘区的新鲜风流从 14^{+25} 行穿脉进入电耙巷道,污风经 14 行穿脉进入 1142m 天井,排至地表。第Ⅲ、Ⅳ盘区,新鲜风流从下盘运输巷道,经 15 行穿脉进入工作面,污风经风井用局扇抽至 1142m 天井,排出地表。第Ⅴ盘区,新风从 13^{+31} 行穿脉进入电耙巷道,污风经 14 行穿脉进入 1142m 天井,排至地表。于 1142m 天井附近设 11kW 轴流式局扇,并设风门,以防止漏风。采场大爆破后应加强通风,此时除经常开启的 11kW 局扇外,应再串联 1 台 4.5kW 局扇。

4) 回采设备及材料消耗

回采工作材料消耗见表 4.14。

表 4.14　回采主要材料消耗

过程	序号	材料名称	单位	每吨消耗量	消耗总量	备注
落矿	1	炸药	kg	0.305	2961.80	2#岩石,d=50mm,55mm,L=500mm
	2	电雷管	发	0.300	2911.20	2#、4#、6#、8#、10#
	3	导爆线	m	0.200	1940.80	—
	4	电线	m	0.600	5822.80	—
	5	钎钢	kg	0.030	291.19	d=32mm 中空圆钢
	6	硬合金	kg	0.002	19.40	BK-11,BK-15
	7	润滑油	kg	0.001	9.71	—
	8	坑木	m³	0.005	50.00	—
	9	钢轨	m	—	113.00	15kg/m
	10	钢带	块	—	12.00	700mm×100mm×10mm
二次破碎	11	炸药	kg	0.100	969.00	2#岩石,d=32mm
	12	普通雷管	发	0.200	1938.00	8#工业雷管
	13	导火线	m	0.400	3876.00	

回采所需设备见表 4.15。

表 4.15　回采设备

设备名称	单位	型号	数量			备注
			使用	备用	合计	
凿岩机	台	01-38	1	1	2	带风水管
支架	架	—	1	1	2	—
电耙绞车	台	AY-15	1	1	2	带滑轮及铜绳
耙斗	个	0.2m³	1	3	4	—
装矿机	台	ЭПМ-1	1	1	2	带备用备件
局扇	台	11kW	1	—	1	带φ300mm风筒
	台	4.5kW	1	—	1	—
导通仪	台	—	1	1	2	—
探照灯	台	500～1000W	1	1	2	带电缆

5) 回采工作组织及进度计划

回采工作成立两个专业工作队,即采矿队和放矿队,在采矿队中,包括切割工作的凿岩工及机助,以便相互配合,其组成见表 4.16 及表 4.17。

表 4.16　采矿队人员组成

工种	级别	人数				在册人数	备注
		一班	二班	三班	四班		
凿岩工	6	1	2	1	4	5	二班中有一名作切割工作
机助	3	1	2	1	4	4	
合计	—	2	4	2	8	9	

表 4.17　放矿队人员组成

工种	级别	人数				在册人数
		一班	二班	三班	四班	
电耙工	6	1	1	1	3	4
电耙工助手	3	1	1	1	3	3
爆破工	7	1	1	1	3	4
搬运工	3	4	4	4	12	13
合计	—	7	7	7	21	24

辅助作业由试验采场辅助工作队统一承担,探矿队及放矿队各设队长一人,班长由每班的凿岩工及电耙工兼任。

6) 回采成本

按工资、材料、动力及装备折旧等 4 项费用计算每吨采出矿石的回采成本为 4.08 元。

7) 回采工作技术经济指标

回采工作技术经济指标见表 4.18。

表 4.18　回采工作技术经济指标

序号	项目	单位	指标	备注
1	崩矿量	t	9705	—
2	采出矿量	t	10275	—
3	炸药消耗量	kg	2991.8	落矿
4	炸药单耗	kg/t	0.305	落矿
5	炮孔总长度	m	1845.2	—
6	炮孔利用率	%	75.1	—
7	每米孔出矿量	t/m	5.66	—
8	凿岩机效率	t/(台·班)	45.3	—
9	凿岩工效	t/(工·班)	22.7	—
10	电耙效率	t/(台·班)	60	—
11	电耙工效	t/(工·班)	30	—
12	装矿机效率	t/(台·班)	60	—
13	装矿机司机工效	t/(工·班)	30	—
14	工作面工效	t/(工·班)	5.55	—
15	矿石回收率	%	90	—
16	矿石贫化率	%	15	—
17	原矿石品位	%	1.06	—
18	采出矿石品位	%	0.98	—
19	回采时间	d	198	—
20	回采直接成本	元/t	4.08	—

7. 崩落覆岩及围岩

由于对围岩性质揭露不够,很难预计矿石崩落后,覆岩是否能自然崩落。设计从两方面考虑:围岩能自然冒落,这是试验方案要求的理想条件;如围岩不能自然崩落,则采用强制崩落方法,崩落围岩及覆岩。

采用强制崩落围岩估算的材料消耗见表 4.19。不另外增加设备及人员。另做单项的补充设计和预算。

表 4.19　崩落围岩材料消耗

序号	材料名称	单位	每立方米单耗	总耗量
1	炸药	kg	0.5	2500
2	电雷管	发	0.6	3000
3	导爆线	m	0.6	3000
4	电线	m	2.0	10000
5	钎钢	kg	0.1	500
6	合金片	kg	0.006	30
7	润滑油	kg	0.003	15

8. 运输及其他辅助作业

1) 运输

采用架线式电机车及 0.55m³ 侧翻式 U 型矿车运输。矿车载重量为 0.85t/辆。

最大班产量为 60t/班,每班需出矿车数为 71 辆。列车组成为 15 辆。最大运输距离(从试验采场至涵洞外堆场)为 1500m 左右。电机车平均运速为 7km/h 或 1.95m/s。机车往返一次运行时间约 30min。

每班需往返 5 次。每天 3 个班,每班需机车司机 1 人,轮休 1 人,共 4 人。3t 电机车 1 台及 0.55m³ 矿车 40 辆。

2) 其他辅助作业

试验采区的巷道掘进,切割、回采及运输等工作的机修、管道、电工运钎、运送坑木及局扇等辅助作业,成立一个辅助工作队,队长及班长由机修工兼任,其人员组成见表 4.20。

表 4.20　辅助队人员组成

工种	级别	人数				备注
		一班	二班	三班	合计	
机修工	7	1	1	1	3	另一名轮休
管道工	6	2	2	2	6	—
电工	6	1	1	1	3	负责运钎、运料及兼管局扇
杂工	3	4	4	4	12	—
合计	—	8	8	8	24	

9. 施工要求

(1) 由于试验矿体勘探程度不够,外推储量占很大比重,并且矿体条件比较复杂,矿石品位分布极不均匀,矿体与围岩无明显界限,必须在掘进采准切割巷道时进行取样化验工作。地质人员能按样品资料及时提供准确的地质资料,以便根据实际条件修改设计。

(2) 14~13^{+31} 行及 14^{+25}~15 行的矿段,是根据地质外推的矿体所计算的储量,可能有较大的变化。因此在作适当的采准切割工程后,需提供该两段的补充地质资料。

(3) 为了能正确地得出试验结果,希望能按设计要求进行采准巷道施工和回采工作。当地质条件有变化或施工有困难时,应征得试验单位同意,才能改变原计划。为此,希望测量人员按施工图及时给点,工区按测点施工,保证质量。

(4) 在放矿过程中,希望地测人员严格地进行采出矿石的质量管理和正确地进行损失与贫化的计算工作。

(5) 从采准巷道掘进到回采及矿石运输,应准确地统计各工种的劳动消耗,各材料消耗和动力消耗及全部生产作业的标定和实测工作,以便得出正确的试验结果。为此建议成立试验采场的独立工区及所属工作队,有专职人员进行严格的管理和统计工作。

10. 分段崩落法评价

为了确定分段崩落法的最优方案及其结构参数;探讨落矿、放矿、搬运、支护等合理的回采工艺;寻求降低贫化损失、提高劳动生产率的有效途径,金川 I 矿区贫矿部分设计上选择了分段崩落采矿方法。试验取得一定的成功,为以后的 1640m 中段封闭矿房分段崩落法工业性试验提供了一定的依据。

4.3.3　封闭矿房分段崩落法试验研究

1. 概述

封闭矿房分段崩落法是 1965 年龙首矿采矿研究室、北京有色冶金设计研究总院、东北工学院金川试验组等相关科研单位、施工单位在金川 I 矿区贫矿 1640m 中段的试验工作。该试验是在 1703m 中段试验的基础上,于 1965 年 1 月开始在 1640m 中段与生产相结合,进行大规模的工业性试验。试验的采矿方法共选择了三个方案,即封闭矿房分段崩落法、水平深孔分段崩落法和挤压爆破分段崩落法(端部放矿方案)。在试验过程中,封闭矿房分段崩落法获得了初步成功。

封闭矿房分段崩落法实质上就是房式采矿方法与崩落采矿方法的结合。整个矿块先在临时矿柱(顶柱、侧柱、端柱)的保护下回采矿房,然后一次崩落矿柱,并在覆盖岩层下进行大面积放矿,如图 4.8 所示。

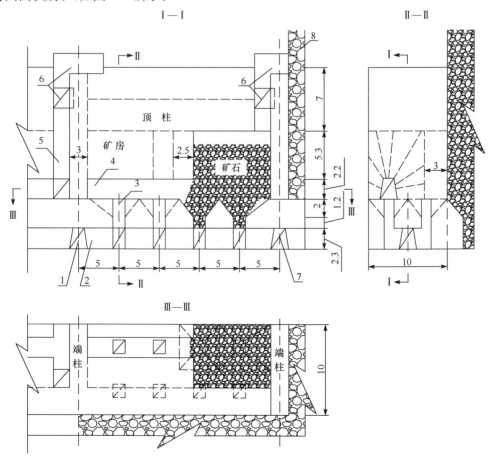

图 4.8　封闭矿房分段崩落采矿法(单位:m)

1. 电耙巷道;2. 联络巷道;3. 漏斗颈;4. 凿岩巷道;5. 凿岩天井;6. 凿岩硐室;7. 回风巷道;8. 废石

2. 试验地区的地质条件

试验地区位于 1640m 中段 $13^{+25}\sim17$ 行勘探线。主要包括 19# 及 36# 矿两个贫矿体。矿体产于超基性岩的二辉橄榄岩的中部。按其成因类型属于岩浆岩熔离硫化铜镍矿床，矿体与围岩接触不明显。脉石矿物有辉石、橄榄石、透闪石及绿泥石等。

19 矿体长 175m，其厚度沿走向自东向西逐渐增加，14～16 行勘探线其平均厚度为 41.81m，倾角为 67°。沿倾斜有分枝尖灭，厚度变化较大。矿体上下盘均为二辉橄榄岩（局部为含辉石橄榄岩），较稳固，但在其破碎带及煌斑岩脉侵入处稳固性较差。

36 矿体为似层状，长 175m。14～16 行勘探线其平均厚度为 8.2m，倾角为 61°。下盘与大理岩破碎带及绿泥石、透闪石、蛇纹石片岩接触，上盘为二辉橄榄岩。矿体较稳固，下盘围岩稳固性较差，矿体因受蚀变影响其稳固性，比 19 号矿体稍差。

19 及 36 矿体上部接近地表处为氧化矿带，在地表有露头。自地表往下深 30～40m 即过渡为原生带。硫化矿及氧化矿接触界线不规则，在试验区内氧化界线波动在 1697～1705m 标高处。

贫矿矿石主要为星点状及斑杂状构造。金属矿物有紫硫镍铁矿、磁黄铁矿、镍黄铁矿、黄铜矿及黄铁矿等。矿石和围岩的物理力学性质见表 4.21。

表 4.21　矿石和围岩的物理力学性质

项目 矿岩	抗压强度 /MPa	内摩擦角	普氏 系数	重度 /(t/m³)	自然安 息角/(°)	松散 系数	备注
19# 矿体贫矿石	40.06	75°58′	4	2.66	37°	1.84～2.04	八冶井巷 公司地质 报告
36# 矿体贫矿石	22.70	63°26′	2	2.66	37°	1.84～2.04	
二辉橄榄岩	24.56～34.97	63°26′～75°58′	2～4	2.65～3.66	—	—	
星点状结 构贫矿石	105.00～137.70	84°48′～85°55′	11～14	2.75			最终地质 报告

矿体水文地质条件简单，地下水由自由面裂隙水组成，涌水量不大，据分析地下水的 pH 为 7.4～8.2，SO_4^{2-} 离子的含量为 144.7～3903.2mg/L，故对机械有一定腐蚀作用。一般说来地下水对生产影响不大，但矿体内的裂隙破碎带涌水，特别在煌斑岩角砾状破碎带处虽涌水量不大，但对片落却有较大影响。

3. 试验采矿方案

1）采矿方法选择

根据 1640m 中段 14～16 行勘探线矿床地质条件及采矿方法第一阶段试验结果（1703m 氧化矿体），并结合矿山技术水平和当时设备情况，试验采矿方法考虑了如下原则。

（1）保证回采工作安全及良好的作业条件。由于矿体节理发育，并受地质构造影响，工人不能直接在采场中作业。

（2）由于原矿石品位较低(平均镍品位为 0.579％)，所选取的采矿方法应尽量减少矿石贫化率，增加矿石回收率，保证平均出矿品位在 0.45％ 以上，以便提高选矿回收率。

（3）考虑到贫矿区矿石稳固性较差，所有采准切割巷道必须支护，在保证回采工作方便及较好的回收指标前提下，应尽量减少采准工程量，为此有必要充分利用原有地质探矿巷道。

（4）所选取的采矿方法应有一定的灵活性，能适应复杂开采条件的变化。

（5）试验方案应满足高效率的要求。

根据以上原则，选择了封闭矿房分段崩落法方案。

2）封闭矿房分段崩落法方案的特点

封闭矿房分段崩落法是空场法向崩落法过渡的方案，它既有房式回采的特点，也具有分段、分区回采的特点。在回采第一分段时，为了充分发挥空场法的长处，整个回采过程均在覆岩前结束，从而达到最大限度地回收矿石及降低矿石贫化的目的。这一方案在用于第二分段和以下分段时，上部覆岩已经处理，此时回采是在覆岩下进行的，因此矿石损失与贫化可能增高。采取合理的放矿制度，进行均匀放矿，是提高回收率和降低贫化率的关键。

封闭矿房分段崩落法具有如下特点：

（1）将阶段划分为分段和盘区，以盘区为单位进行回采工作。

（2）在盘区内部，划分矿房和矿柱(顶柱、底柱、侧柱和端柱)，先采矿房，矿石放出后，再同时回采顶柱、侧柱及端柱，而底柱留给下分段回采。

（3）从矿房中回采的矿石大约占回采储量的三分之一，且在周围矿柱保护下放出，属纯矿石，这对提高金属回收率有重要意义。

（4）全部回采工作均在切割巷道中进行，作业条件比较安全。

3）封闭矿房分段崩落法主要参数

封闭矿房分段崩落法的主要参数有：分段高度，盘区长度和宽度，底柱高度，矿房长、宽、高，侧柱及端柱厚度等。

阶段高度 60m，分段高度确定为 20m，其影响因素如下：

（1）分段高度较大，可以减少矿石损失与贫化，增加纯矿石回收率。

（2）最大限度地利用原有探矿巷道 412m。

（3）减少采准工作量，在 $13^{+25} \sim 17$ 行与原设计比较可节省采准切割巷道约 15800m。

（4）由于降低了采准工作量及利用了原有探矿巷道，可以缩短回采准备时间，使贫矿区早日投产。

（5）考虑到氧化矿体界线有可能降低，采用较大分段高度，使回采工作有较大的灵活性。

盘区长度根据运输巷道布置方式和电耙搬运有效距离确定为 25m。

盘区宽度主要取决于同时崩矿的电耙道数量。为了发挥 YQ-100 型钻机性能，同时崩落两个电耙道宽度的矿石较为合理。因此盘区宽为 10m。

矿房高度取决于 01-38 孔的有效深度，一般为 8～10m，矿房长为 22m，宽为 6～7m，这样矿房面积可控制在 150m² 以内。

根据矿石稳固性与采用的电耙底部结构,底柱高度取 5.5m。

侧柱及端柱厚度取决于两个因素:保证回采矿房时不崩落;回采侧、端柱时既安全又方便,取 3~4m。

4) 采准切割工程

(1) 采准切割巷道布置形式如图 4.9 所示,盘区沿走向布置。在 1640m 运输巷道及 14^{+25} 行、15^{+25} 行布置 2 个通风天井,上下盘运输平巷与 14 行、15 行、16 行及 17 行运输平巷构成环形运输系统。在第一分段(1680m)水平,原有 14 行、15 行、16 行探矿巷道分别作为人行联络道。于 14^{+25} 行、15^{+25} 行从脉外回风天井向 19 号矿体上盘开凿回风巷道。在矿体中沿走向每隔 10m 掘进电耙巷道。在 14 行、15 行、16 行与电耙道相交处,根据需要开凿放矿溜井,与运输水平贯通。在 36 号矿体 14 行、15 行处设人行通风天井。

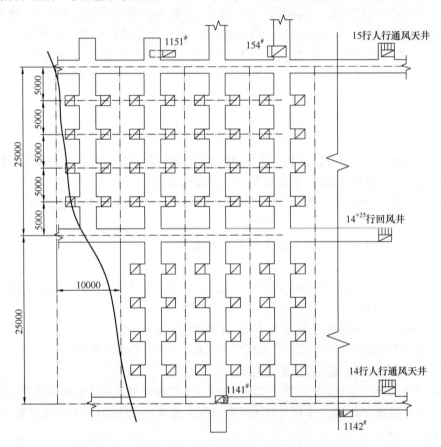

图 4.9　封闭矿房分段崩落法采准巷道布置图(单位:mm)

(2) 采准切割工程量。每个盘区采切工程总量为 285.1m,掘进体积 1108.9m³。采切比 11.9m/kt。主要的采准工程包括:通风人行天井、溜矿井、分段平巷(电耙巷道)、盘区联络平巷、分段回风平巷;切割工程有漏斗川、漏斗颈、凿岩巷道、切割平巷、凿岩切割天井等。底部漏斗如图 4.10 所示。

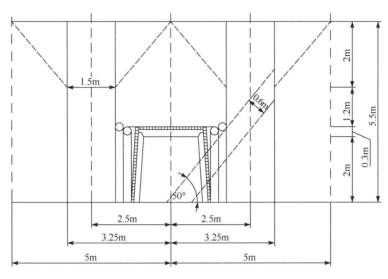

图 4.10　底部结构参数

斗川、斗颈于电耙道两侧对称布置。在电耙道一侧斗颈上部开掘凿岩巷道。实践证明,凿岩巷道位于矿房的一侧,不仅有利于控制矿房边界,不致破坏相邻的侧柱,而且能有效利用 01-38 炮孔。电耙道另一侧的斗颈掘至凿岩道水平的侧柱下面,有利于布置侧柱中的 01-38 炮孔。切割平巷一般布置于矿房的一侧,而切割天井在矿房与侧柱相邻处开凿。利用相邻盘区的切割天井,作为凿岩天井,此时仅需要加高 4～5m,凿岩硐室一般布置在盘区的一角。

标准盘区的采准切割工程量见表 4.22。

表 4.22　采准切割工程量

巷道	数目	长度		断面		掘进体积/m³	备注
		单条/m	总长/m	高(长)×宽/(m×m)	断面/m²		
溜井	2	10.00	20.0	2.0×3.0	6.00	120.00	
回风道	1	20.00	20.0	2.0×2.0	4.00	80.00	
电耙道	2	23.00	46.0	2.1×2.3	4.83	222.20	
斗川	20	0.50	10.0	2.1×1.9	3.99	39.90	
斗颈	20	5.50	110.0	1.5×1.5	2.25	247.50	盘区待采储量
凿岩道	2	22.00	44.0	2.2×2.2	4.84	212.96	为 23946.6t
切割横巷	2	4.88	9.6	2.2×2.5	5.50	52.80	
切割天井	2	13.0	21.0	2.0×2.5	5.00	105.00	
凿岩硐室	1	3.50	3.5	2.0×3.5	7.00	24.50	
联络道	1	1	1.0	2.0×2.0	4.00	4.00	
合计	—	—	285.1	—	—	1108.90	—

5) 回采工作及工艺

回采顺序采用自上而下、从上盘到下盘、从东到西的回采顺序。采用垂直上向扇形接杆炮孔和水平扇形深孔联合落矿。

(1) 凿岩爆破。回采工作分为矿房和矿柱两部分，待矿房采完后，一次崩落矿柱。矿房在凿岩巷道用 01-38 凿岩机打垂直上向扇形炮孔崩矿，孔径为 65mm，孔深为 4～10m，最小抵抗线为 2.2～2.5m，最大孔间距等于抵抗线的 1.0～1.1 倍。炸药单耗为 0.12～0.16kg/t。每次爆破 2～3 排，有时达 5 排。侧柱和端柱也采用 01-38 凿岩机，分别从斗颈和凿岩巷道中打上向扇形深孔。顶柱在专门的凿岩硐室内采用 YQ-100 凿岩机打水平扇形深孔，孔径为 100～110mm，孔深为 10～26m，最小抵抗线为 3.5～4.0m，最大孔间距等于抵抗线的 1.0～1.1 倍。炸药单耗为 0.15～0.20kg/t。

矿房和矿柱均采用电雷管起爆，YQ-100 深孔另敷导爆索传爆。连线方式为并-串-并。如图 4.11 所示。

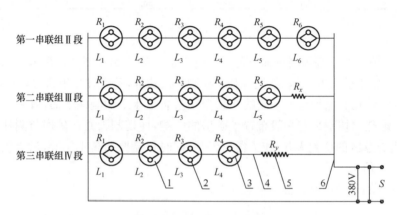

图 4.11　爆破连线示意图

1. 起爆药包；2. 电雷管；3. 雷管脚线；4. 连接脚线；5. 平衡电阻；6. 母线

(2) 采场搬运。崩落的矿石靠自重从采场漏斗口流至电耙巷道，再用电耙耙入盘区溜井。采用 28kW 电耙及 0.3m³ 耙斗，最大耙运距离为 50m，电耙台效为 80～100t/(台·班)。

(3) 采场通风。采场通风主要是靠局扇排走工作面的炮烟和粉尘，主扇投产以后，新鲜风流从人行通风天井进入各个盘区工作面，然后由分段经回风巷道、回风井排至地表。

(4) 支护。采场巷道一般采用木支护。切割巷道支护为临时支护，在爆破前根据矿石稳固条件尽量回收坑木。

(5) 采空区处理。矿柱崩落并放出矿石后，回采第一分段时每采两个盘区(1000m²)进行强制处理复岩，以充填采空区。处理高度一般不小于 10m。

6) 主要技术经济指标

设计指标和 1965 年末实际达到的主要技术经济指标见表 4.23。

表 4.23　主要技术经济指标

序号	项目		单位	设计指标	实际指标
1	矿量与品位	1965 年采矿量	t	—	—
		1965 年出矿量	t	—	—
		地质品位	%	—	0.576
		采出矿石品位	%	—	0.578
		采准工作量	m/kt	12	11.9
			m³/kt	42.7	46.3
2	设备效率	电耙(2ПСЭ-28)	t/(台·班)	60～80	95～97
		01-38 凿岩机	t/(台·班)	56	95
		YQ-100 凿岩机	t/(台·班)	72	482.5
3	劳动效率	01-38 凿岩工	t/(工·班)	25～30	47.5
		YQ-100 凿岩工	t/(工·班)	36	241.2
		电耙工	t/(工·班)	60～80	95～97
		工作面工	t/(工·班)	5～6	13.85
		工区全员	t/(工·班)	—	1.63
4	主要材料消耗	炸药	kg/t	0.2～0.25	0.214
		坑木	m³/t	0.0034	0.00432
		盘区效率	t/d	140～150	320
5	成本	采矿直接成本	元/t	—	4.08

4. 深孔凿岩

1) 概述

深孔凿岩、爆破与放矿是构成分段崩落法"封闭矿房"方案的三个主要回采工艺。按试验方案要求,回采矿房及端侧柱时应用 01-38 中深孔接杆凿岩,回采顶柱及采空区处理时用 YQ-100 深孔凿岩机,而 01-45 中深孔钻机主要用于爆破切割槽。自 1965 年 6 月开始,到 11 月底止,贫矿区凿岩工作完成情况见表 4.24。

表 4.24　凿岩机工作完成情况

凿岩机型号	工作台班数/班	凿岩炮孔数目/个	炮孔总长度/m
01-38 接杆凿岩机	249	470	2525.2
01-45 接杆凿岩机	21	53	275.1
YQ-100 深孔凿岩机	45	56	862.1

深孔凿岩的分类及其使用特点见表 4.25。从表中可以看出,封闭矿房分段崩落法主要使用 01-38 凿岩机和 YQ-100 钻机。

表 4.25　深孔凿岩使用分类

回采阶段 / 凿岩分类		凿岩形式	使用设备	炮孔布置形成	最大孔深/m	炮孔直径/mm
矿房		接杆凿岩	01-38 凿岩机	垂直扇形	12.0	65～68
矿柱	侧柱	接杆凿岩	01-38 凿岩机	垂直扇形	12.0	65～68
	端柱	接杆凿岩	01-38 凿岩机	垂直平行或扇形	12.0	65～68
	顶柱	深孔凿岩	YQ-100 钻机	水平扇形	30.0	100
切割		接杆凿岩	01-45、01-38 凿岩机	垂直平行	11.0	65～68
扩漏		接杆或浅孔	01-30 或 01-45 凿岩机	放射形	3.0	40～42、65～68

2) 01-38 接杆凿岩

为了提高 01-38 接杆凿岩的效率,进一步认识影响凿岩效率的各种因素,曾作了 14 个班的标定。标定孔数 31 个,总孔长为 195.6m。与此同时也对 1965 年 7 月 12 日以后的 225 个班的凿岩作了系统的统计与分析。结果如下:

(1) 01-38 接杆凿岩的台班效率。台班效率是衡量凿岩工作的重要指标,根据标定 01-38 接杆凿岩的平均台班效率为 14.34m,最大 24.8m。

(2) 凿岩速度。凿岩速度是决定凿岩效率的重要因素之一,而它取决于矿石硬度、孔深、倾角等。根据标定,按贫矿区的矿石物理机械性,凿岩速度(mm/min)与孔深及倾角的关系如图 4.12 所示。由此看出,随着孔深的增加,凿岩速度也相应下降。显然,这是因为当孔深增加时,凿岩机所做的功需有较大一部分用于克服钎杆质量及钎杆与孔壁之间的摩擦,故凿岩速度下降。此外还可以看出,当垂直扇形炮孔的倾角由 0° 到 90° 逐渐增加时,凿岩速度也随之下降,因为当倾角增加时,作用在凿岩机上的钎杆质量相应增加,故有效冲击功成反比地减少。

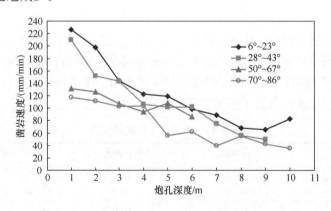

图 4.12　分段崩落法凿岩速度与孔深及倾角的关系

从上述分析可以看出,应用接杆凿岩机时,提高凿岩速度主要途径是减少钎杆直径和钎头直径。所以应用 25mm 六角中空钢或无缝钢管钎杆代替现在的 32mm 圆形中空钢钎杆。钎头直径可由 65～68mm 减小到 55～60mm。这样不仅能大大提高接杆凿岩速度,其有效孔深也将增加。

3) YQ-100 深孔凿岩

为了确定 YQ-100 钻机的台班效率,进行了 4 个班的标定,共标定孔数 4 个,总孔深为 54m。与此同时也统计了 8~11 月的 35 个班的资料。标定与统计表明,YQ-100 钻机应用在贫矿区矿石的条件下其平均台效为 19.3m/(台·班),最大台效达 37m/(台·班),为平均台效的 192%。这说明 YQ-100 钻机作为高生产率的凿岩设备,应用在贫矿区生产中尚有巨大的潜力。

因回采顶柱时,YQ-100 炮孔是按水平扇形布置的,显然凿岩速度与炮孔的水平角关系不大。根据标定,YQ-100 钻机的凿岩速度与孔深的关系如图 4.13 所示。

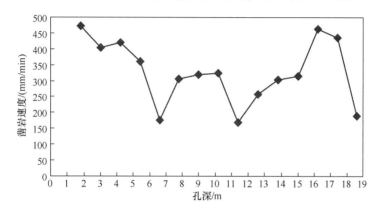

图 4.13　YQ-100 凿岩速度与孔深的关系

从图 4.13 可以看出,随着孔深的增加,YQ-100 凿岩速度无显著下降的趋势,而是在某一范围内有波动。凿岩速度的波动原因主要与风水压力、岩性等有关,在贫矿区的条件下其平均凿岩速度为 328mm/min。深孔凿岩时的水压大于风压,为 0.8~1.0MPa,必须敷设专用供水系统以保证必要的水压。

4) 凿岩工时利用率

对 01-38、01-45 接杆凿岩及 YQ-100 深孔凿岩的工时利用情况进行了标定,结果见表4.26。

表 4.26　凿岩工时利用情况标定　　　　　　　　（单位:%）

作业时间　　　　　　设备类型	01-38	01-45	YQ-100
准备作业时间	6.6	8.3	5.1
凿岩时间	32.1	33.7	10.4
辅助作业时间	21.4	23.0	32.0
技术影响时间	10.3	0.3	19.8
组织影响时间	14.8	15.3	18.4
自然需要时间	3.7	6.3	9.0
交接班时间	11.1	13.1	5.3

从表 4.26 可以看出,各种凿岩设备的纯凿岩占用时间比例均不大,而技术组织等影响时间却占用了相当大的比重,这必然影响到凿岩效率。

5. 深孔爆破

应用分段崩落法开采贫矿区 1680m 分段时,按凿岩工作的分类,爆破也可分为 YQ-100 深孔爆破,01-38、01-45 中深孔爆破。YQ-100 深孔爆破主要应用在顶柱回采及第一分段的采空区处理。01-38、01-45 中深孔爆破应用在回采矿房、端侧柱方面。

贫矿区 1680m 分段自 1965 年 9 月起到 11 月止,先后投入回采的盘区有 14100、14101、14105、15100、15101、15103 等盘区。爆破炮孔总长度为 3393.2m(其中 YQ-100 深孔 868.2m,中深孔 2525m),总崩矿量为 38869.0t。

1) 爆破方法及网路确定

按回采顺序及阶段爆破工作可分为切割槽、矿房、端侧柱及顶柱爆破。整个盘区的回采顺序如下:当爆破切割槽形成切割空间后,可以顺序地爆破矿房,每次爆破 2~4 排炮孔。与此同时做好相应漏斗的扩漏爆破。矿房爆破并放出矿石后,顶端侧柱同时分段爆破。先爆端侧柱,后爆顶柱。

(1) 切割槽爆破。切割槽宽为 2.5m,长为 6.5~7m。在生产中应用 01-45 垂直上向平行孔,孔深 5~8m。一般孔数为 6~8 个。由于回采切割槽时自由面较小,矿石的夹制作用较大,故炮孔的间距不宜过大,一般为 1.5~2.0m,最小抵抗线为 1.5~2.0m,炮孔密集系数为 1.0。爆破时以火雷管顺序点火起爆为宜。

(2) 矿房及端侧柱爆破。回采矿房及端侧柱时,应用 01-38 垂直上向扇形炮孔。用电雷管分段起爆。每个炮孔内有 1 个起爆药包,位于炮孔中部。在每个起爆药包内装 2 个并联电雷管,以保证爆破效果。同一排炮孔的起爆药包采用串联方式,排与排之间采用并联方式,整个爆破网路为并-串-并方式。当应用铵油炸药时,则采用间隔装药方式,其间隔长度视采用的铵油炸药的比例而定。但按目前使用的铵油炸药质量而言,起爆药包应采用 2# 岩石炸药为宜。

(3) 顶柱爆破。因回采顶柱时的 YQ-100 孔深一般在 15m 以上。为了保证爆破效果,每个炮孔内,除装有 1 对并联电雷管起爆药包外,还在孔的全长上敷设 2 条导爆线,起传爆作用。爆破网路仍采用并-串-并方式。

2) 影响爆破效果的因素分析

影响爆破效果的因素很多,除爆破参数外,还有补偿空间的大小、分段爆破的时间间隔等因素,但主要是爆破参数选取的合理与否,故着重分析各参数对爆破质量的影响。

(1) 矿房爆破。为了选取合理的矿房爆破参数,试用了不同的参数(表 4.27)。由此可以看出:

表 4.27 爆破试验参数

序号	爆破参数/m		炸药消耗量			崩矿量		
	W	m	总量/kg	单耗/(kg/t)	平均单耗/(kg/t)	总量/t	炮孔崩矿量/(t/m)	平均崩矿量/(t/m)
1	1.8	1.2	107.50	0.201	—	533.0	6.44	—
2	1.8	1.2	137.60	0.171	—	799.5	8.17	—
3	1.8	1.2	145.78	0.210	0.194	690.0	7.83	7.49
4	2.0	1.1	130.70	0.135	0.135	888.0	9.20	9.20
5	2.2	1.0	144.50	0.150	—	959.0	9.99	—
6	2.2	1.0	180.00	0.140	—	1343.0	11.68	—
7	2.2	1.0	156.78	0.146	0.145	1070.0	10.86	10.84
8	2.2	1.2	206.60	0.158	—	1303.0	10.30	—
9	2.2	1.2	72.64	0.120	—	604.0	14.40	—
10	2.2	1.2	79.98	0.132	0.136	604.0	12.70	12.46
11	2.5	1.0	114.78	0.125	—	915.0	11.90	—
12	2.5	1.0	121.27	0.132	—	917.0	11.84	—
13	2.5	1.0	127.86	0.135	0.130	941.4	11.76	11.80
14	2.5	1.2	164.09	0.110	0.110	1633.2	16.60	16.60
合计	—	—	1890.08	—	0.143	13200.1	—	—

注:W 为最小抵抗线;m 为炮孔密集系数,即孔距除以最小抵抗线。

① 随着最小抵抗线的增加,单位炸药消耗量逐渐下降,而每米炮孔崩矿量却相应增加。但很明显,单位炸药消耗量及每米炮孔崩矿量不是衡量爆破效果的最优指标,在分析爆破效果时,必须综合考虑上述两指标及大块率。

② 炮孔密集系数与单位炸药消耗及每米炮孔崩矿量的关系并不明显。

爆破参数与大块率及块度组成的关系,按实测资料列于表 4.28 中。可以看出,随最小抵抗线的增加,大块率上升,而中块矿石及粉矿含量则相应下降。矿房爆破时,大块率变化在 1.8%~5.1%。当最小抵抗线为 2.2m,密集系数为 1.2 时,大块率为 11.3%,大块率大幅提高是由于该次爆破时产生的带炮片落所致。

表 4.28 爆破试验结果

序号	爆破参数/m		矿石块度组成/%			大块率/%
	W	m	<80mm	80~200mm	>200mm	
1	1.8	1.2	65.4	12.2	22.4	1.80
2	2.0	1.1	59.0	18.0	23.0	4.50
3	2.2	1.0	58.0	16.0	26.0	4.35
4	2.2	1.2	43.4	14.3	42.3	11.30
5	2.5	1.0	53.0	17.0	30.0	4.60
6	2.5	1.2	46.5	21.2	32.3	5.10

此外,矿石块度组成表明,贫矿区矿房爆破后粉矿比重偏大。

根据上述资料分析表明,回采矿房时最小抵抗线 $2.2\sim2.5m$、炮孔密集系数为 $1.0\sim1.1$、单位炸药消耗量为 $0.5kg/t$ 较为合理。在这种条件下,大块率一般可以控制在 $3\%\sim5\%$,而每米炮孔崩矿量则可达到 $10\sim12t/m$。否则,会影响生产,降低放矿生产率。

(2) 矿柱爆破。矿柱包括顶柱和侧柱,侧柱厚为 $3.0m$,回采时自漏斗颈内用 01-38 凿岩机打一排垂直扇形孔。顶柱中用 YQ-100 钻机打水平扇形孔。顶侧柱爆破采用同时分段爆破,其爆破参数、单位炸药量及每米炮孔崩矿量的关系见表 4.29。

表 4.29　矿柱崩矿参数

爆破地点	爆破参数		炸药消耗量		崩矿量	
	W	m	总量/kg	单耗/(kg/t)	总量/t	炮孔崩矿量/(t/m)
14101 侧柱	—	—	149.4	0.123	1208	8.97
15103 侧柱	—	—	124.1	0.087	1387	14.7
14101 顶柱	3.0	1.2	786.0	0.250	3016	16.3
15103 顶柱	3.5	1.1	777.2	0.163	3750	28.3

由表 4.29 可以看出以下几点:

① 回采顶柱时,随最小抵抗线的增加,单位炸药消耗量下降,而每米炮孔崩矿量迅速上升。当最小抵抗线由 $3.0m$ 增至 $3.5m$ 时,单位炸药消耗量由 $0.25kg/t$ 降至 $0.163kg/t$,即下降 35%,而每米炮孔崩矿量由 $16.3t$ 增到 $28.3t$,即上升至 173%。

② 回采顶柱时,由于爆破参数受到侧柱厚度的强制,并且在回采矿房时,常引起侧柱炮孔变形与错位,故单位炸药量不大;有时甚至过小,造成爆破效果差。

③ 与 01-38 炮孔的爆破相比较,回采顶柱的单位炸药消耗量较大,这主要因为 YQ-100 型炮孔的孔深及孔径较大,装药长度一般在 80% 以内,而 01-38 型炮孔长度小,装药长度在 70% 左右。回采矿柱时,爆破参数与矿石块度组成及大块率的关系见表 4.30。由此可以看出,大块率比回采矿房时有显著的增加,导致放矿生产率的下降,而二次破碎工作量及二次破碎的炸药消耗大大增加。从矿石爆破后的块度组成表明,回采顶柱的粉矿率与回采矿房时基本相似,而大于 200mm 的块度有明显的增加。

表 4.30　爆破参数与矿石块度和大块率对比

爆破地点	矿石块度组成/%			大块率/%
	<80mm	80~200mm	>200mm	
14101 顶侧柱	45.4	14.0	40.6	13.0
15103 矿柱	44.5	17.3	38.2	10.0
平均值	44.9	15.7	39.4	11.8

考虑到上述问题,为了减少大块率,回采顶柱时,应减小炮孔密集系数,而抵抗线仍应根据矿石性质,取 $3.0\sim4.0m$ 较好。

(3) 爆破若干问题的分析。

① 炮孔密集系数对爆破质量的影响。炮孔密集系数与最小抵抗线是影响爆破质量

的重要参数。炮孔密集系数是孔距除以最小抵抗线。在应用扇形炮孔时,孔距应改为最大孔底距。密集系数标志着潜矿石内炮孔的分布密度,故其选择应与最小抵抗线同时考虑。

当最小抵抗线一定时,炮孔密集系数意味着矿石内炮孔数目、装药量及炮孔分布均匀程度,故与大块率有着密切关系,对扇形炮孔的大块率尤为重要。例如,从回采 14101、15103 盘区顶柱时的大块分布位置(表 4.31)可以看出,回采 15103 盘区顶柱时,YQ-100 深孔的孔口位于 $7^\#\sim10^\#$ 漏斗上方,孔底在 $1^\#\sim4^\#$ 漏斗上方。按标定资料,在 1～4 斗放出的大块体积百分比为 53.3%。而在 $7^\#\sim10^\#$ 漏斗放出大块的体积百分比为 19.8%。同样对 14101 盘区来说,与 YQ-100 深孔孔口对应的是 $7^\#\sim8^\#$ 漏斗,与孔底对应的是 $1^\#\sim2^\#$ 漏斗。而由 $1^\#\sim2^\#$ 漏斗放出的大块标定体积百分比为 40.1%,而自 $7^\#\sim8^\#$ 漏斗放出的只占 18.9%。上述资料明显说明,应用水平扇形孔时,孔口处的大块率比孔底处小,也就是说,炮孔分布密度及其均匀程度与大块率有密切关系。

表 4.31 14101、15103 盘区 YQ-100 孔崩矿各漏斗放出大块

盘区	漏斗号	标定块度		标定大块体积	
		大块数	百分比/%	体积/m³	百分比/%
14101	$1^\#\sim2^\#$	400	40.8	21.30	40.1
	$3^\#\sim4^\#$	228	23.2	11.65	21.9
	$5^\#\sim6^\#$	182	18.5	10.14	19.1
	$7^\#\sim8^\#$	172	17.5	10.07	18.9
合计		982	100.0	53.16	100.0
15103	$1^\#\sim2^\#$	108	22.0	6.49	24.7
	$3^\#\sim4^\#$	147	29.9	7.52	28.6
	$5^\#\sim6^\#$	126	25.6	7.07	26.9
	$7^\#\sim8^\#$	87	17.5	4.11	15.7
	$9^\#\sim10^\#$	24	5.0	1.08	4.1
合计		492	100.0	26.27	100.0

上述关系同样也可以在回采矿房时看到,例如,14100 的矿房,因凿岩道位于单号斗上方,用垂直扇形炮孔,故在双号漏斗处的炮孔分布较稀。标定证明,在双号漏斗放出的大块比单号漏斗多 44%。

综上所述,为了减少大块率,炮孔密集系数一般不宜过大,实践中以 0.9～1.1 为宜。

②矿石块度分级。为了确定爆破后矿石块度组成,除采用筛分法外,还对大于 300mm 的矿石作了部分实测。结果表明,随着标定大块尺寸的增加,大块数的百分比开始迅速上升,到块度尺寸为 400mm 时为最大值,然后急剧下降。回采矿房时,块度在 300～500mm 的大块数为整个标定总数的 68.5%,而大于 500mm 的大块数仅占 19.5%。回采矿柱时,300～500mm 的大块数为总标定块数的 69.5%,与回采矿房时基本相同。而大于 500mm 的大块数占 24.6%,比回采矿房时大 5%。也就是说,应用 YQ-100 深孔回采顶柱时的大块尺寸大于用 01-38 孔回采矿房时的大块尺寸。

③ 侧柱爆破质量的分析。从两次侧柱的爆破结果来看,爆破质量均较差。其中 14101 盘区侧柱尚有部分未崩下来,分析其原因如下:侧柱厚度小。侧柱厚度仅 3.0m,在其中打一排 01-38 孔不能打在侧柱正中间,结果是侧柱一边的抵抗线小于 1.5m,这就会造成另一边爆破时未被崩下。侧柱炮孔的密集系数偏大,回采矿房时,侧柱炮孔产生变形、错位等,而影响侧柱爆破效果。

根据上述情况,为了提高侧柱爆破质量和安全作业条件,将侧柱厚度由 3.0m 增加至 3.5m,采取交错布置炮孔,使其均匀分布,同时采取适当地增加孔数,提高炸药消耗量等措施,以改善侧柱爆破效果。

3) 铵油炸药的应用及其性能研究

铵油炸药作为一种安全经济的工业炸药,在我国各矿山中日益得到广泛使用。八八六厂二车间自 1965 年 5 月起,首先在掘进及露天采矿中开始使用。但由于当时硝酸铵粒度及水分过大,使用效果较差。为了进一步确定铵油炸药在井下应用的有效性及向加工部门提出改善铵油炸药质量的途径,金川集团公司组织了专题研究。研究包括性能试验及工业试验两方面,结果如下:

(1) 猛度试验。为了确定硝酸铵粒度、配比、水分对猛度的影响,曾做了 50 个铅柱压缩试验,试验表明,当铵油炸药配比不变时(硝酸铵∶柴油∶木粉＝92∶4∶4),随着硝酸铵粒度的减小,其猛度上升。当粒度小于 160 网目时,其猛度与二号岩石炸药基本相同。当含油量为 3% 时,猛度最高。这与理论计算值相接近。当含油量超过 5.5% 时,其猛度迅速下降。水分对猛度的影响:当铵油炸药中湿度增加时,其猛度成直线下降,如水分超过 5%,则用一个雷管不能起爆。

(2) 殉爆距离试验。试验目的在于确定硝酸铵粒度对殉爆距离的影响。随粒度的减小,殉爆距离逐渐上升。当硝酸铵粒度小于 0.1mm 时,殉爆距离可达 5cm 以上。

(3) 爆力及临界直径试验。爆力试验的结果表明,采用 92∶4∶4 配比的铵油炸药,当硝酸铵粒度在 80 网目左右时,其爆力可达现用岩石硝铵炸药 80% 以上。如能进一步减小粒度,则爆力将有可能继续增加。改变铵油炸药粒度时,其临界直径也相应改变。当粒度在 160 网目以下时,最小起爆直径约为 8mm。

上述试验表明,为了提高铵油炸药的爆破质量,除了应采用 92∶4∶4 的配比外,主要应减小硝酸铵粒度及水分。要求 80 网目以下的颗粒不少于 70%,而水分保持在 1% 以上,则铵油炸药可大量应用在井下采矿中。当时因受加工条件限制,铵油炸药的粒度一般在 1mm 左右,故在贫矿区采矿中应用比例较小(达 50%)。

6. 放矿工作

放矿工作是分段崩落采矿法中最重要的回采工艺之一,其好坏将密切关系到放出矿石的数量与质量。根据矿石的搬运方向,放矿工作可分为矿石的水平运输(即电耙道运输)及垂直运输(即溜井放矿)两类。下面分别对矿石的水平及垂直运输加以分析与讨论。

根据分段崩落法的结构与构成要素可知,矿石的水平运输是采用电耙运输,电耙巷道之间距为 10m,底柱高为 5.5m,电耙巷道高度(自轨面)为 1.6～1.8m,其长度为 25m,在每条电耙巷道中对称布置 4～5 对漏斗,漏斗口的高度为 1.5～1.7m,宽度为 1.5m,漏斗间距为 4.5~5.2m。

采用 28kW 的双卷筒电耙出矿，耙斗容积为 0.3m³，耙矿的最小距离为 5~6m，最大达 50m。矿石崩落后自斗颈流入电耙巷道，用电耙耙运到溜井放出，从而组成了整个采场运输工作。

1) 矿石的水平运输

在采用电耙运输的系统中，放矿工作的好坏主要用电耙台效、放矿工人工效及放出矿石的数量和质量（即矿损、贫化）等四个指标来表示。在其他条件不变的情况下，电耙台效及放矿工人工效主要取决于耙运距离（L）、纯耙矿时间及大块率等，而后者又取决于凿岩爆破参数。由于分段崩落法中矿房是用 01-38 上向扇形孔回采，顶柱是用 YQ-100 水平扇形孔回采，故在本节中予以讨论。

(1) 矿房回采时的放矿工作。为了确定回采矿房时的放矿指标，曾进行了 27 个班的标定，观察放矿量为 2638.5t，标定结果显示以下几点。

① 电耙工时利用率平均为 28%，最低只占 10.2%，最高达 47.8%。影响电耙工时利用率的主要因素如下。

扒漏斗和破大块占的时间最多，平均为 33%，这和大块数量、漏斗结构好坏及扒漏人数有关，随着大块率的减少，矿石自漏斗中自流放出程度的改善，以及扒矿人数的增多，耙矿工时利用率将迅速上升。

交接班时间一般占用过多，平均为 16.6%，有几个班因等炮烟或迟到早退，交接班占用时间竟达 20%~40%。

为排除各种故障而占用的工时平均为 14%，其主要原因有：一是作业安排不当，在同一电耙道中有其他作业（凿岩、支护）同时进行，或溜井放满；二是由于设备、设施没遵守定期检修的制度而造成设备故障。

平均休息时间占 7.0%，主要用于中间吃保健饭，故提高耙矿工时利用率的关键在于减少扒漏、破大块及排除设备故障的工时。

② 随着耙矿工时利用率的增加，电耙台效一般说来相应呈直线上升，但上述结论只适用于耙运距离不变的情况。当耙运距离增加时，即使纯耙矿工时较多，电耙台效也并不高。试验显示，当 $L<25m$，工时利用率为 16% 及当 $L>25m$，工时利用率为 35% 时，其电耙台效均为 80t/(台·班)。

据统计，自 1965 年 9 月回采以来，矿房中放矿的实际台效为 97.0t/(台·班)，工效为 30.3t/(人·班)。而根据标定，电耙台效为 97.7t/(台·班)，放矿工效为 35.9t/(人·班)。最大工效为 70~100t/(人·班)，最小工效为 14~16t/(人·班)。标定与统计误差在 7%~15%。

③ 通过对电耙台效进行统计，结果显示当矿石的大块率增加时，电耙台效相应地下降。因为大块率的增加将导致通漏及二次破碎时间急剧上升，故为了提高放矿生产率必须尽量使大块率控制在 3%~5%。

从上述分析表明，为了提高放矿生产率必须注意：尽量减少耙矿距离；加强组织管理，减少非耙矿的工时消耗，提高纯耙矿工时利用率；适当地提高漏斗川高度，由 1.5~1.7m 增至 1.8~2.0m，改善斗川的支护方式，力求矿石能自流至电耙巷道；改善凿岩爆被参数,减少大块的产生,使大块率控制在 3%～5%;加强溜井管理与维护,保证溜井的畅通。

(2) 矿柱回采时的放矿工作。在应用的分段崩落法时的矿柱回采是指顶柱的回采。回采顶柱时通常都采用 YQ-100 水平扇形深孔,最小抵抗线为 3.0～3.5m,炮孔密集系数为 1.1～1.2。单位炸药消耗量为 0.16～0.25kg/t。侧柱回采采用 01-38 垂直扇形炮孔,最小抵抗线为 1.5～2.m,炮孔密集系数为 0.9～1.2。爆破时用分段雷管控制,先爆侧柱后崩顶柱,由于回采侧柱时的条件与回采顶柱时不同,故对前者有必要加以单独的分析。对 14101 和 15103 两盘区曾作过放矿标定,标定工作进行了 24 个班,同时测定了大块体积的换算系数及其容积量。在电耙巷道中量出的大块体积为其真体积的 1.92 倍。矿石实体重度为 2.72t/m³。对矿柱回采的放矿工序 25 个班进行了标定,结果显示。

① 纯耙矿工时利用率在回采矿柱时一般变动为 22%～31%,最大达 45.0%。但是必须指出,由于 15103 盘区放矿时电耙耙运距离为 25～50m,比 14101 盘区的耙运距离(5～25m)大得多,故前者的纯耙矿工时利用率虽比后者大,但电耙台效较低。

回采矿柱时扒漏斗破大块及处理堵塞所消耗的时间占总工时的 42.7%,比回采矿房时同类指标高 8.3%,这主要是由采用深孔爆破引起的大块率增加而造成的。

在回采 14101、15103 盘区矿柱时,由于设备故障而引起的工时损失,比回采矿房时稍大,其主要原因是回采矿柱时大块率较高而引起过载运输、保险丝熔断、钢绳拉断等故障。

② 回采矿柱时电耙效率与纯耙矿工时利用率的关系。当耙运距离一定时随着纯耙矿工时利用率的增加,电耙台效也呈直线上升。反之当纯耙矿工时利用率一定时,随着耙运距离的减小,电耙台效急剧上升,这主要是因为随着耙运距离的增加,耙斗往返一次的时间有显著的增加,如耙运距 $L<25$m 时,耙斗往返一次的时间为 25～32s,而当 $L>25$m 时则增至 65～70s。

③ 回采矿柱时电耙台效与大块率的关系。当大块率增加时,电耙效率作不规则下降。这主要是由于回采矿柱时,在保证溜井安全的条件下,为了使放矿生产率能保持在较高的水平上,曾将格筛尺寸作了适当地增加,即允许块度为 400～500mm 的大块作为合格块度放入溜井。故当大块率增加时二次破碎工作量并未显著增加。

根据统计及标定资料,在回采矿房矿柱时的电耙台效见表 4.32,由此可以看出,回采矿房矿柱时电耙台班效率基本相同,而放矿工人工效则因回采矿柱时大块率的增加、卡漏次数及通漏斗工时的增加而有所下降。与回采矿房相比下降率为 40%左右。

表 4.32　生产效率

效率	标定资料		统计资料*	
	01-38 孔崩矿	YQ-100 孔崩矿	01-38	YQ-100
电耙台效/[t/(台·班)]	97.7	82.6	97.0	97.7
放矿工效/[t/(人·班)]	35.9	18.6	30.3	21.1

*按实际出矿班次统计,因检修溜井而停产的班次数不包括在内。

（3）放矿对矿石损失及贫化的影响。根据分段崩落法的特点，崩落矿柱后，放矿工作是在覆岩层下进行的，在正常情况下矿石与围岩具有两三个接触面，即上部接触、端部和侧部接触，随着放矿将逐渐出现贫化。在贫化区根据 1680m 分段已采的几个盘区情况看来，由于覆盖岩层尚未自行崩落，贫化一般均由围岩片落引起，故无法较精确地测定矿石损失与贫化率。

必须指出，根据贫矿区地质条件及矿石围岩物理机械性能看来，贫矿区 1680m 分段上部围岩均系氧化贫矿，其金属镍的含量小于 1.0%，围岩的结构疏松，崩落后易呈粉状，故在放矿过程中，氧化贫矿极易穿过大块硫化矿的间隙而引起过早贫化，此外根据八八六厂选矿厂的技术水平而言，不仅无法回收氧化贫矿，并且氧化贫矿混入硫化矿后，将使硫化矿的选矿实际回收率大大下降。这限制了贫矿区分段崩落法的贫化率，对使用分段崩落法是非常不利的。在放矿过程中，通常是当氧化贫矿占比大于 40% 时即停止出矿，这虽然能使总贫化率保持在较低的水平，但势必增加矿石的损失率，故在试验过程中，得出合理的贫化率和损失率非常有意义。

2）矿石的垂直运输

矿石的垂直运输主要是指溜井放矿问题。放矿溜井在分段崩落法中作为生产过程的咽喉，在井下持续生产中起着相当重要的作用。截至 1965 年 12 月，贫矿区已掘进了八条溜井（包括以后作放矿溜井用的各人行天井），但是在过去几个月中，贫矿区各溜井的堵塞现象却相当严重。以 $1141^{\#}$、$1151^{\#}$ 溜井为例，于 1965 年 4 月、5 月共发生 24 次各种类型的堵塞（其中 $1141^{\#}$ 井为 17 次，$1151^{\#}$ 井为 7 次）。每次堵塞后的处理，少则花费数小时，多则花费数十天，例如，$1151^{\#}$ 井在 1965 年 6 月初开始堵塞直到当年 8 月才处理完毕，共计 70 余天。这种频繁的堵塞势必影响整个生产过程的持续进行。同时，为了处理堵塞，通常采用爆破方法，因而使得溜井的维修费用剧烈增加。频繁的处理与修理不仅其工作条件很不安全，同时也大大降低了溜井的有效利用时间。为了及时研究贫矿区溜井堵塞原因，并在此基础上进一步寻求防止溜井堵塞的措施，试验组曾结合调查访问、实验室模拟试验及实践检验作了专题研究。分析研究表明，引起贫矿区溜井堵塞的原因主要有以下几点。

（1）贫矿区矿石的特点是具有较大的黏结性，爆破后粉矿率较高（占整个矿石块度组成的 $53\%\sim 65\%$），同时随着矿石中水分含量的增加，矿石的黏结性也随之上升（表 4.33）。故当矿石内水分增加时溜井的堵塞次数也相应增多（表 4.34）。

表 4.33　矿石湿度与黏结性关系

矿石湿度/%	2.0	4.0	6.0	8.0	10.0	12.0
矿石黏结性/(kg/cm²)	0.20	0.42	0.80	1.40	1.80	2.10

表 4.34　矿石湿度与溜井堵塞次数关系

矿石湿度/%	7.0	8.0	9.0	10.0
溜井堵塞次数	1.2	3.0	6.5	13.0

（2）放矿溜井中矿石的装满高度过小。因为对具有一定黏结性的矿石而言，当矿石从数十米高处放入溜井时，位于溜井下部静止的矿石，将遭受到严重的砸实作用，矿石装

满高度越小,则砸实堵塞现象越严重。1965 年 4 月,工区曾尝试采用溜井中不存矿的办法来解决溜井堵塞,其办法是将溜井放空,然后每放入数吨矿石,立即放出,但试验证明该法无效,矿石由于被砸实反而增加了堵塞次数。

(3) 矿石在溜井内停留时间过长。根据标定,矿石在溜井内的停留时间约为 15～24h,在这样长的时间内,矿石在自重的作用下很容易被压实,并且矿石在溜井中停留的时间越长,则在静载荷的作用下越易压实。

由于溜井下部的矿石遭受动载荷及静载荷的作用较大,故在下端堵塞的次数也较多。根据 16 次溜井堵塞位置的统计可知,堵塞发生在溜井自下而上 15m 以内者,占总堵塞次数的 87.5%,而位于 15m 以上者,仅占 12.5%。

(4) 溜井断面尺寸过小及形状不合理。目前使用的溜井,由于需要保持人道间,故放矿间的净断面面积为 1.5m×1.5m,最小的为 1.0m×1.5m。实践证明,这样的断面是不合适的。此外,目前采用的方形、矩形木溜井从形状及支护方式来讲,也不足以保证溜井有良好的通过能力。

(5) 放入溜井的矿石块度过大。最初限制放入溜井中的矿石块度为小于 350mm,但后期曾将矿石合格块度增至 500mm,这样使溜井线性尺寸与矿石最长边尺寸之比为 3～4。不足以保证溜井的通过能力。

(6) 目前采用的溜井大多是木支护溜井,即在密集吊框内钉上 50mm 厚的围板,但在矿石的不断冲击下,由于围板,井框的脱落而引起溜井堵塞。

根据以上原因,试验组曾与工区配合,在设计、施工及溜井管理方面采取了一系列预防措施,这些措施可归结如下。

① 为了防止溜井中矿石水分的增加,严格禁止往溜井中排水或放入泥浆,同时在深孔(YQ-100)凿岩时专设了独立的排浆系统,以防泥浆流入溜井。

② 严格地控制溜井中矿石的装满高度,在总长为 40m 的溜井中,矿石装满高度不得小于 30m,每班由电耙工定时测量,如低于该高度时,则暂停出矿。

③ 放矿工根据溜井中矿石装满高度,每班至少放出一部分矿石,以保证溜井中的矿石经常处于松动状态。

④ 放矿工与电耙工之间设立电话联系,以控制装矿与放矿。

⑤ 限制放入溜井中最大矿石块度为 400mm。

⑥ 适当地增加溜井断面,改善支护形式。在这方面曾试用了钢围板溜井及混凝土预制块溜井。

钢围板溜井就是在木溜井的基础上焊以厚度为 3mm 的钢板,试验工作是在贫矿区 1541# 溜井进行的,于 1965 年 5 月投产,使用效果良好,堵塞次数大大下降。混凝土预制块溜井是在贫矿区 163# 溜井试用,溜井为圆形,内径为 1.7m,外径为 2.3m。采用高度为 300mm,厚为 300mm 的预制块,每圈铺砌 8 块。实践表明,混凝土预制块溜井有下列优缺点:

① 支护材料坚固,如遇到溜井堵塞,用爆破处理时,也不会严重损坏预制块。

② 净断面面积约为 3.0m²,比木支护溜井约增加 30%。

③ 溜井表面光滑,对黏结性矿石较适合。

④ 砌筑时间比混凝土溜井短。

⑤ 最初投资虽比木支护溜井高一些,但因为工作寿命长,返修次数少,故其维修费大大减少。

⑥ 溜井的掘进及支护时间较木支护长。

经过一系列的试验后,钢围板溜井及混凝土预制块溜井与木溜井相比,具有更好的使用效果和经济效益,在贫矿区开发过程中值得推广。如果配合严格的溜井管理制度,溜井堵塞现象将大大降低。

7. 采场通风

1) 通风系统及其现状

根据分段崩落法"封闭矿房"方案特点及贫矿地区地质条件,对采场通风提出下列要求。

(1) 由于采用崩落法,回风天井及回风巷道均布置在下盘脉外,这就增加了通风距离。另外由于大量采空区存在,容易产生漏风并使通风系统混乱。因此要求加强通风系统的管理。

(2) 封闭矿房方案采用深孔及中深孔爆破,每次爆破炸药量较大。为了缩短爆破后通风时间,要求采场通风不应过小或在爆破后进行加强通风。

(3) 根据最终地质报告资料,在星点状结构的贫矿石中二氧化硅含量达32.77%。通风防尘部门在贫矿区工作面实测含尘量 $6\sim8mg/m^3$ 。因此必须加强通风防尘工作,以保证职工身体健康。但由于贫矿区矿石具有一定的黏结性质,当粉矿及湿度较大时,极易堵塞溜井及漏斗。因此,采用洒水降尘措施是不合适的。按当时条件,较有效的办法是加强通风。

(4) 电耙水平以上的切割巷道,如凿岩巷道、凿岩硐室等,由于没有专设通风设备,通风较差。

因此应用试验的封闭矿房方案时,采场通风应以总风流通风为主,并配合以必要的局部通风设施。总风流的风量,除应满足巷道掘进、回采爆破及二次破碎通风外,尚须考虑井下防尘的要求。

2) 改善采场通风的途径

为了进一步改善贫矿区通风条件,应采用下列措施。

(1) 完善贫矿区通风系统,在下盘未投产的盘区应设临时风门,防止风流短路。

(2) 各局扇风筒位置应以排出的废风都能集中到回风巷道为准。应尽量采用吸出式通风方式。

(3) 深孔及中深孔爆破后,除用总风流外,尚须用局扇加强通风。

(4) 加强贫矿区通风防尘测定及管理工作,应定期测定掘进工作面及出矿电耙道的含尘量。另外对于多种通风设备应定期进行检查与维修。

8. 采空区处理

1) 采空区处理原则

分段崩落法的主要特征是随回采工作的开展,采空区上部的覆盖岩层逐渐崩落。在一般情况下,覆岩可自然崩落。当采空区面积较大,覆岩仍不能自然崩落时,必须采取人工强制崩落方法,以免由于覆岩突然冒落,发生冲击气流及破坏电耙巷道等事故。

贫矿区覆岩为氧化矿带,虽节理发育,但由于湿度较小,稳固性尚好。不易大面积崩落。1964 年试验组在 1703m 氧化富矿体试验表明,围岩暴露面积达 480m²,时间一年左右,并且遭受一车间七次大爆破(每次药量 50~70t,距离 200~300m)的震动,仍未发生大量冒落及塌陷。因此,在回采第一分段时,必须采取强制处理采空区的方法。

根据贫矿区上部覆岩性质,采空区最大允许暴露面积为 800~1000m²,即每采 2~3 个盘区,就必须处理一次采空区。

处理采空区,不要求直到地表的覆岩全部崩落下来,只要具有一定高度的岩石、垫层,就可以保证回采工作的安全。按贫矿区围岩松散系数为 1.5~1.7 计算,崩落覆岩厚度 10m 时,此垫层厚度已达 15~17m。根据其他矿山经验,这种垫层厚度可以保证安全。

在处理采空区前,必须作好地表陷落区的圈定工作,并在圈定的地点设立警戒标志,以免发生事故。同时对陷落区内的一切设备必须提前撤出。陷落区按 55°~56° 崩落角圈定。

处理采空区的顺序,根据回采顺序决定。

2) 采空区处理方法

采空区处理可采用深孔或药室爆破。药室爆破适用于岩石特别坚硬条件。结合贫矿区围岩稳固性较差的条件,在采空区上部掘进大量巷道及药室,并进行装药爆破工作,在安全上没有保证。此外药室爆破对未采盘区破坏作用较大,可能造成回采困难,因此采用深孔爆破处理采空区的方法是合理的。

考虑到尽量减少由于覆岩混入而产生的大量贫化现象,处理采空区的深孔最小抵抗线取 5~6m,炮孔密集系数为 1.4~1.8 倍最小抵抗线,孔径为 180mm。

随着回采工作的进行,在 1706m 及 1712m 两个水平掘进凿岩硐室。在硐室中用 YQ-100 钻机打水平扇形深孔,孔深为 20~35m。

处理采空区的深孔,必须在相应盘区顶柱爆破前全部打完。当这些盘区放矿结束后,即可组织装药爆破工作。

9. 试验总结

在龙首矿贫矿区 1680m 分段进行了为期一年多的封闭矿房分段崩落法试验研究,取得了初步结果。主要结论如下:

(1) 纯矿石回收率高,可达 40% 以上。工人劳动生产率高,平均可达 50t/(人·班)以上,因为采用了深孔落矿方式和大型电耙耙矿,基本上实现了落矿搬运机械化,为提高全员劳动生产率创造了条件;由于分段高度和盘区宽度加大,采准工作比原设计方案大为减少,每千吨只有 10~12m。该法工作安全、劳动条件比较好、效率较高、成本较低。该采矿方法试验的成功使其在生产上得到了全面推广,但随着充填采矿法试验的成功,分段崩落法逐渐被淘汰。

(2) 试验的封闭矿房方案的主要参数和结构基本上是正确的,为了进一步提高纯矿石回收率及改善侧柱的爆破效果,并增强其稳定性,应将矿房高度从 6～7m 增至 8～10m,侧柱厚度从 3.0m 增至 3.5m。为了充分发挥深孔钻机效率,并进一步降低切割工作量,将两个盘区合用一个凿岩天井与硐室回采顶柱。实践表明,在漏斗颈中凿 01-38 中深孔回采侧柱,工作不方便,安全条件不好。在分段巷道中打上向接杆炮孔回采端柱比较困难。

(3) 贫矿区矿石凿岩性较好,按当时技术水平和设备条件,01-38 接杆凿岩机平均台效为 9.5m/台,最高达 20.8m/台,有效孔深为 8～10m,YQ-100 深孔凿岩平均台效为 19.8m/台,最高达 30.7m/台。但凿岩时间只占总工时的 40%～80%。这表明凿岩效率的提升还有很大潜力。为了进一步提高凿岩效率,应制订必要的设备维修制度,保证备品备件及凿岩工具的供应,成立专业凿岩工作队。当时使用的 01-38 凿岩机效率较低,应研究试验高效率的重型凿岩机,使上向有效孔深达 15m。同时应改进凿岩工具(如钎头、钎杆、套管等),以提高凿岩效率和减轻工人劳动强度。

(4) 贫矿区矿石可爆性较好。多次试验结果表明,应用 01-38 中深孔回采矿房,合理的爆破参数是:最小抵抗线为 2.8～2.5m,炮孔密集系数为 1.0～1.1,每米炮孔崩矿量为 10～12t,炸药消耗为 0.15～0.18kg/t;应用 YQ-100 深孔回采顶柱的合理爆破参数是:最小抵抗线为 3.0～4.0m,炮孔密集系数为 1.0～1.1,每米崩矿量为 25～30t,炸药消耗为 0.16～0.18kg/t。在采用上述爆破参数情况下,矿房爆破大块率为 3%～5%,矿柱爆破大块率为 8～10%。采用并-串-并爆破网路并配合必要的导爆线传爆,可以保证良好的爆破效果。

试验结果表明,在应用扇形深孔时,大块率和炮孔密集系数有着密切的关系,为了减少大块率,炮孔密集系数应根据扇形孔的深度确定。当采用浅孔时,应采用更小的炮孔密集系数。

为了在井下深孔爆破中推广铵油炸药,并保证良好的爆破效果,必须保证铵油炸药的合理配比,减小硝酸铵的粒度及水分含量并改进加工质量。

(5) 放矿溜井较多,堵塞事故频繁,处理维护困难。由于矿石稳定性差(局部有冒落),掘进较多的溜井,在施工过程中产生了很多(安全、支护和通风)问题,加上机械化水平低,劳动力消耗比较大,掘进速度慢。又因堵塞事故多,处理维修次数增加。为了处理堵塞问题,大部分溜井都设有人行间,这样就加大了掘进断面,而有效放矿面积受到限制,使生产受到了影响。

(6) 根据标定与统计资料分析,28kW 电耙台效为 95～97t/(台·班),电耙纯耙矿时间仅为 26%～28%,为进一步提高放矿效率及放矿工人劳动生产率,应采取下列措施:

① 完善底部结构,增加斗川高度,以保证矿石能顺利地流到电耙巷道三分之一宽度。

② 改进爆破参数,进一步减少大块率,研究机械破碎大块方法。

③ 加强放矿管理,提高纯耙矿时间,减少辅助作业时间。

④ 严格执行放矿溜井管理制度,以防溜井堵塞。

⑤ 改善井下通风条件,减少二次破碎及交接班通风时间。

(7) 为了最终确定封闭矿房方案在贫矿区第一分段应用的合理性,应进行下列专题研究:

① 矿石损失与贫化的控制及放矿管理。

② 端柱、侧柱回采方法。

③ 电耙巷道支护形式与底部结构的进一步完善。

④ 采空区处理与回采的配合关系,岩石移动的规律。

⑤ 采矿、掘进的机械化等。

(8) 分段崩落法最终结果必须在回采第二分段以后才能获得,因为只有第二分段才能造成完全在崩落覆岩下放矿的条件。因此从试验研究总的任务来讲,回采第二分段比第一分段更为重要。在第二分段试验时,应着重研究矿石损失与贫化问题,并从降低损失与贫化的角度,研究与试验更为合理的采矿方法。

4.4　上向水平分层胶结充填采矿工艺与试验

金川龙首矿建矿初期,在 1640m 中段 $8\sim13^{+25}$ 行勘探线的富矿区段,对上向分层胶结充填采矿法、分层崩落法同时进行试验比较,结果显示上向分层胶结充填采矿法优于分层崩落法,该采矿方法成为当时龙首矿的主要采矿法之一。在 1640m 中段,主要为多漏斗人工出矿的回采方案;在 1520m 和 1580m 中段,先后使用过电耙、铲运机、T-2G 等机械搬运矿石的回采方案。后因下向分层胶结充填采矿法在该矿取得了较好的应用与发展,到 1975 年以后逐步为下向分层胶结充填法所取代。

4.4.1　上向多漏斗出矿方案

上向胶结充填法多漏斗出矿方案如图 4.14 所示。

1) 采场构成要素

采场长度等于矿体的水平厚度,一般不大于 40m;采场高度为 30m(在 60m 阶段高度中间拉一副中段);采场宽度,根据原试验采场暴露面积试验资料,确定富矿区采场暴露面积不大于 200m²,故在矿石稳定的条件下,采场宽 5m。漏斗间距为 $4\sim5$m,断面为 1.6m×1.6m,人行井为 1.4m×1.4m,电耙道净断面为 2m×2m。

2) 采矿准备工作

准备工程除包括掘充填巷道、充填井(2m×1.6m)和切割道外,还应包括整个人工混凝土底部结构的形成过程。采切比为 $8\sim11$m/kt。

先掘切割巷道,后掘充填井(透上部充填道),沿切割巷道全长开帮至采场边界,然后用 01-30 或 YT-25 凿岩机水平压顶至采场全长,形成宽 5m,高 $4\sim4.5$m 的空间。矿石出完后,按设计充填 $2\sim3$m 高的混凝土底台(人工混凝土底台)。在底台上再开帮压顶,形成 5m 宽、4m 高的空间,出完矿石,架设假坑道。棚子间距为 $1.5\sim2$m,用 3cm 板子钉好合子板,支出矿漏斗、人行天井,钉好草袋子,密封后充填混凝土,形成混凝土底部结构。

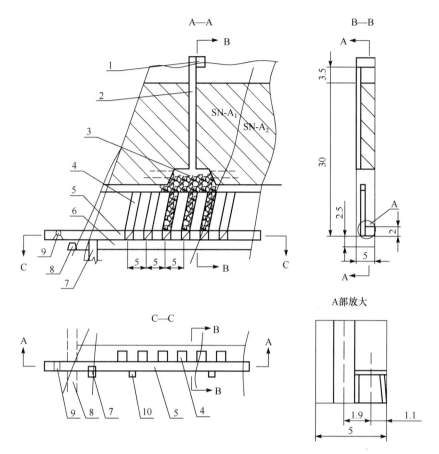

图 4.14　上向胶结充填法多漏斗出矿方案(单位:m)

1. 充填巷道；2. 天井；3. 矿堆；4. 溜矿井；5. 电耙巷道；6. 混凝土底台；
7. 溜井；8. 联络巷道；9. 电耙；10. 人行天井

混凝土底台可作为下中段回采接顶时的人工混凝土顶板。

3) 回采工艺

采场底部结构形成后,即可进行正常回采。首先从充填井口沿采场宽拉切割槽,槽宽为 2.5~3m,高为 2~3m,倒出部分矿石,由切割槽向上、下盘方向分次(或同时)水平压顶。为便于顶板管理,混凝土面至矿石顶板高度不准超过 4m。

炮孔交错布置,孔深为 2~2.5m,间距为 1.4~1.6m。凿岩机台班效率 40~60t/(台·班),最高可达 100t/(台·班)。

采用 2# 岩石炸药,火雷管起爆,炸药单耗为 0.2kg/t。爆破后,新鲜风流由电耙道经人行天井进入采场,炮烟通过充填井、充填巷道进入上水平总回风平巷。个别采场可安设局扇或用高压风辅助通风。

多漏斗采场中,由于漏斗多,爆破后约有 1/3 的矿石靠自重溜入顺路溜井,剩余部分用人工倒运,效率一般为 10~15t/(工·班)。

采场矿石出完后,用 3cm 厚的木板钉好漏斗和人行天井的合子板,用草袋子密封以防漏灰,同时检查充填巷道、充填井和灰溜子是否完好,确认无误后,用电话或电铃与搅拌站联系开始充填。此时采场至少要有 2 名工人负责检查充填量、混凝土质量及处理可能发生的事故。充填完毕后,24h 后可重新落矿。

一个 30m 长的采场,每分层采 2m 高,约 900t 矿量,平均需要 15d,采场生产能力为 60t/d。

4) 主要技术经济指标

主要经济技术指标见表 4.35。

表 4.35　上向分层胶结充填法多漏斗出矿主要经济指标

项目		指标
采场平均生产能力/(t/d)		40～60
采矿台效/[t/(台·班)]		40～60
采矿工效/[t/(工·班)]		3～5
损失率/%		0.70～4.71
贫化率/%		0.67～2.33
主要材料消耗	木材/(m³/t)	0.018～0.023
	炸药/(kg/t)	0.22～0.25
	水泥/(kg/t)	40.6～45.1
采矿直接成本/(元/t)		10～12

5) 评价

该采矿方法矿石回收率高,损失、贫化率低,对于开采稀有金属、高品位贵金属矿床是一种行之有效的采矿方法,但它工艺复杂、劳动强度大、采场生产能力低。

4.4.2　上向电耙出矿方案

1. 概述

为了提高采场生产能力,减轻工人劳动强度,简化生产工艺,在多年的生产实践中,将多漏斗人工倒矿改为双漏斗(或单漏斗)电耙出矿,达到了预期的效果,回采了近两个中段。

2. 采准布置

采场垂直矿体布置。因矿体水平厚度长达 20～80m,为出矿、通风、充填等因素所需,必须垂直采场布置 2～3 条分段巷道。采场宽 5m,在 50m 的两条行线间布置 10 个采场。以分段道作出矿道,沿采场中心线掘切割道,因隔一采一,所以切割巷道也先隔一掘一。

在采场的上水平(高出回采界线 5～6m)掘采区充填巷道(充填巷道的条数应与下部的分段巷道相对应),并与主充填巷道连通,形成区域性的充填系统。充填巷道必须带有 2°～3°并与混凝土耙运方向一致的负坡度。

在采场切割巷道(分段巷道附近)上掘充填井透上部充填巷道,有几条充填巷道必须掘几条充填井。这样就形成了完整的充填、出矿、通风系统(图 4.15)。

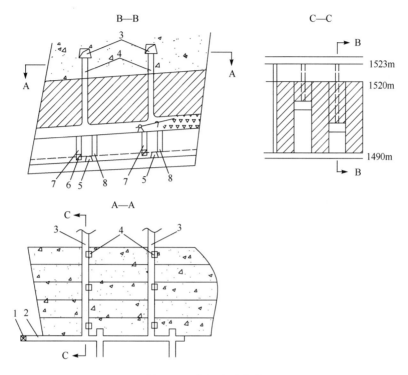

图 4.15　电耙出矿方案

1. 区域性主充填井；2. 穿脉充填巷道；3. 采区充填巷道；4. 采场充填井；5. 分段巷道；
6. 采场切割巷道；7. 采场预留行人井；8. 采场预留出矿井

3. 采场底部结构

充填系统形成后即可沿切割巷道全长(包括分段巷道在内)开帮压顶,将采下的矿石用 30kW 的电耙耙干净。

形成宽 5m、高 4～4.5m、采场全长的空间,然后在分段巷道的位置支假坑道,钉合子板。同时在采场的两侧分别支出矿漏斗(1.5m×1.5m)、人行天井(1.2m×1.2m),它们都必须在分段巷道两侧。有几条分段道,就必须相应地支几个出矿漏斗和人行天井。钉好草袋子或滤水布即能充填。充填体的高度距矿石顶板为 1.8～2.0m。每次充填采场都必须有人看灰,以预防不测。充填结束后,24h 后可转入正常作业。

回采工艺与上向多漏斗出矿方法相同。

4. 矿石搬运

采场用 30kW 电耙出矿,电耙绞车用长刹杆固定在出矿溜井的另一侧,滑轮挂在顶板和两帮事先安装好的锚杆上,位置视现场情况而定。出矿效率约每台班 100t 左右。

对大于 60m 的采场,至少应有两个充填井,两个分段巷道出矿。这样采场上、下盘回采一层可分两次交替作业,上、下盘充填在同一水平只需要封一次板墙即可。

5. 采场充填

充填前要搭好工作台,人员站在工作台上,用倒链把电耙(其他设备也一样)吊在顶板事先安装好的锚杆上,其他工具都放在工作台上。溜井和人行天井必须用 3cm 板子或专用塑料模板升高。

6. 采场接顶

接顶回采和接顶充填是上向胶结充填法的重要工艺环节。一期采场要做好充填接顶,二期采场要抓好接顶回采的安全工作。混凝土在采场靠自流向上下盘流动,形成 5°～7°的坡面角。一期采场要保证比较密实的接顶,顶板必须采成和混凝土充填体相吻合的坡面角。为了形成这个角度,有时可能损失一些矿石,有时可能采一点充填体而造成贫化,但这样保证了二期采场回收更多的矿石。另外还应把预留的人行天井和上部充填巷道掘透,可作为相邻采场的充填井。

7. 评价

电耙搬运与人工搬运相比,提高了采场生产能力,减轻了工人劳动强度,因而在龙首矿的 1520m 中段、1460m 中段和二矿区 1250～1300m 中段大量使用电耙搬运矿石。但它的贫化损失率较人工搬运高 1%～1.5%。

4.4.3　铲运机出矿方案

20 世纪 80 年代初期,龙首矿在 1460m 中段 6720m、6721m、6724m 三个采场同时采矿,用德国 LF-4.1 型铲运机轮流出矿,即一个采场出矿,一个采场落矿,一个采场充填,依次循环。这三个采场之间隔着两个分别为 6721、6723 的采场。铲运机从一个采场进入另一个采场必须在这两个相邻采场里打一个通道,其宽为 3m、高为 2.6m、长为 5m。这三个采场共采出 10 万 t 矿石,历时 3 年。平均日出矿 100t,大大高于其他采场(图 4.16)。

用铲运机出矿与电耙相比,主要是采场生产能力高,减轻了工人劳动强度。但它仍存在两个问题:一是设备坏了只能在采场维修,没有专门的通道进出设备(采场采完后,设备从井下到 1460m 中段);二是相邻采场(6721、6723)回采时,通道里的混凝土因无法分出全部混入矿石,造成贫化。

4.4.4　ZYQ-12G 装运机出矿方案

龙首矿在 1640m 中段,上向分层胶结充填全部使用多漏斗人工出矿。到 1520m 中段,首先在 648 采场使用国产 ZYQ-12G 气动装运机(图 4.17)出矿,二矿区用 T4-G 出矿,但因压缩空气不足、轮胎磨损过快等因素相继淘汰。最后采场还是以电耙出矿为主,一直使用到上向分层充填采矿法结束。气动装岩机出矿的底部结构、采切工程、落矿工艺、充填等与电耙出矿方案相同,不再赘述。龙首矿气动装岩搬运采场的主要经济技术指标见表 4.36。

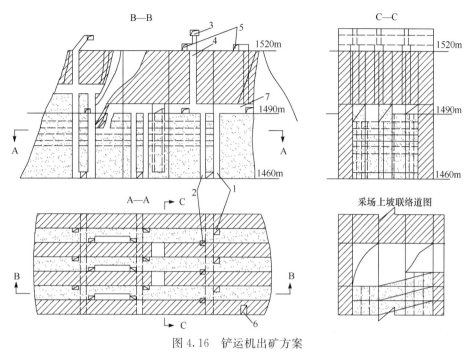

图 4.16　铲运机出矿方案

1. 人行天井；2. 溜矿井；3. 充填巷道；4. 充填井；5. 联络巷道；6. 设备井；7. 副中段穿脉

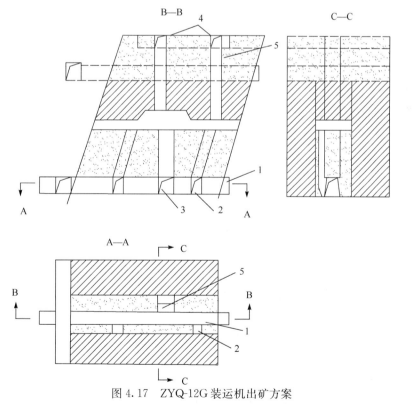

图 4.17　ZYQ-12G 装运机出矿方案

1. 电耙巷道；2. 人行天井；3. 出矿井；4. 充填巷道；5. 充填井

表 4.36　龙首矿气动装岩搬运采场主要经济技术指标

项目		单位	指标	
			1520m 中段	1460m 中段
采场平均生产能力		t/d	47.86	55.30
采矿工效		t/(工·班)	4.594	7.300
采矿台效		t/(台·班)	98.9	66.15
损失率		%	6.85	9.96
贫化率		%	2.69	7.30
主要材料消耗	木材	m³/t	0.0047	0.0033
	炸药	kg/t	0.239	0.243
	水泥	kg/t	53.75	61.70
采矿直接成本		元/t	4.15	6.66

4.4.5　龙首矿深部采矿工艺

1. 采矿方法选择

龙首矿早期深部开采主要开采范围为西部以 18 行为界,东至 4 行的 1460m 中段以下的矿体。该采矿方案设计于 1978 年 12 月完成。鉴于矿体的赋存条件、开采技术条件和龙首矿多年的生产实践,深部开采仍沿用胶结充填采矿方法。以 12^{+25} 行为界,以东为上向水平分层胶结充填采矿方法;以西为下向倾斜分层进路回采胶结充填采矿方法。

为了保证产量,提高劳动生产率,降低成本,减轻笨重的体力劳动,适当提高了上向采场的装备水平,对下向采矿方法作了必要的完善和改进。

2. 上向水平分层胶结采矿方法

1) 采场的划分及回采顺序

垂直走向布置采场,采场的长×宽×高为 50m×40m×60m,分层高为 3m。每 25m (5 个采场)为一个盘区,按二采一的顺序回采。如图 4.18 所示。

Ⅰ期采场的回采:在盘区内先采 1、3、5 三个奇数采场,将底盘联通,作为铲运机出矿的联络道,为避免Ⅱ期采场回采充填体,Ⅰ期采场由底盘推进至顶盘时留 3m 矿壁暂不回采,该矿壁作为Ⅱ期采场回采时的联络道。

Ⅱ期采场的回采:为充分发挥铲运机的能力,将相邻两个盘区 2、4 四个偶数采场作为一个盘区回采。Ⅱ期采场由顶盘向底盘推进。

2) 采准布置

(1) 每个采场开凿 2 个充填回风天井与上中段充填道连通作为充填、下放材料及回风的通道。为避免充填井开凿在围岩中,以副中段为界分为两段。

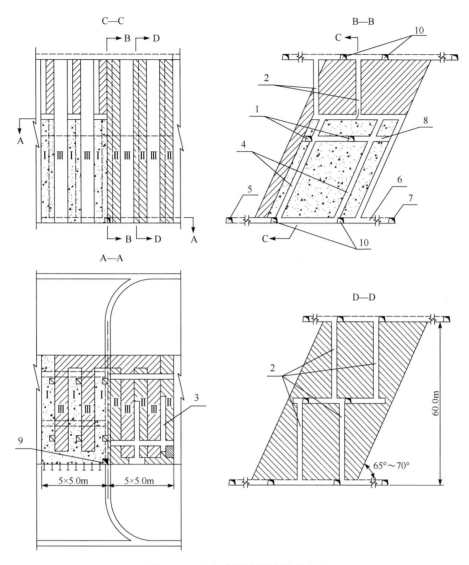

图 4.18　上向水平分层胶结采矿法

1 充填道；2. 充填回风天井；3. 切割平巷；4. 人行泄水井；5. 上盘脉外运输道；6. 穿脉装矿平巷；
7. 下盘脉外运输道；8. 副中段穿脉；9. 溜矿井；10. 人行通风联络平巷

（2）每个采场预留 2 个顺路人行通风天井与下部脉内联络道相通。Ⅰ期采场的顺路人行通风天井可作为Ⅱ期采场的充填井。

（3）每个盘区内布置一个顺路放矿溜井，将矿石下放到环形运输道的穿脉装车。顺路溜井可用钢板加固。

（4）利用盘区内一个顺路人行井（不设梯子）作为下放铲运机等的设备井。采准切割工程量见表 4.37。采切比为 21.64m³/kt 或 4.1m/kt，副产矿石占比重的 6.5%。

表 4.37　采准切割工程量

序号	巷道名称	断面/m²	条数	长度/m		工程量/m³		
				单长	总长	矿体中	岩石中	合计
1	充填道	4.8	4	11	44	211.2	—	211.2
2	副中段充填井联络道	4.8	1	40	40	192		192
3	充填回风天井	4.0	2	60	120	480		480
4	切割平巷	7.5	2	45	90	675		675
	合计	—	—	—	294	—	—	1558.2

3) 回采工艺

(1) 落矿。每个盘区选用一台 BU-141 型单臂凿岩台车,配备 Cop1038HD 型液压凿岩机,采场主要采用上向凿岩,凿岩效率定为 70m/(台·班),每米崩矿量为 3t。每班落矿 200t/(台·班)。

(2) 出矿。选用与美国瓦格纳公司生产的 ST-2B 型生产能力相当的铲运机,铲斗容积 1.5m³,铲运机每班工作按 4h 计算,台班能力取 200t。备用系数取 100%。铲运机进入采场后一般情况直至采场结束后才出采场,平时在采场内就地维修,必要时可从设备井下放到中段维修硐室进行修理。柴油设备的大中修可委托汽修厂进行。

(3) 充填。暂用砂石混凝土,用电耙倒运到充填井上口进行充填。

(4) 采场顶板撬毛,联络道处顶底盘围岩金属网锚杆维护等,均选用德国 GHH 公司 PT-10 型服务车。

4) 采场生产能力

(1) 每一分层矿量。$Q=40\times5\times3\times3=1800(t)$。

(2) 落矿周期。$t_1=1800/[200\times1\times3]=3(d)$。

(3) 出矿周期。$t_2=1800/600=3(d)$。

(4) 充填周期。$t_3=4d$(充填准备 2d,充填 1d,停歇 1d)。

(5) 其他影响时间。$t_4=1d$。

(6) 每分层回采周期。$t=t_1+t_2+t_3+t_4=11d$。

(7) 采场平均生产能力。$q=1800/11=164(t/d)$,取 160t/d。

3. 下向倾斜分层进路回采胶结充填采矿方法

下向盘区的基本结构设计中未作变动,但为了提高盘区的生产能力将原双面采场一律改为单面采场;在人员比较集中和暴露时间较长的分层巷道内预埋钢筋吊钩,以提高分层电耙道混凝土顶板的稳定性,保证安全生产;为改善采场通风条件,每个盘区增加回风天井,如图 4.19 所示。

1) 盘区划分及回采顺序

垂直走向布置分层巷道,盘区长为 25m,宽为矿体的厚度,高为 60m,分层高度为 3m,

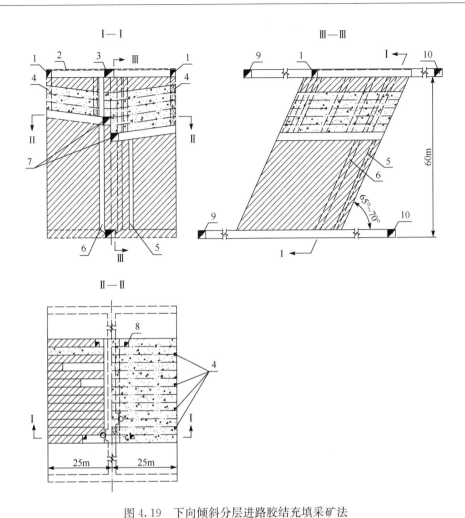

图 4.19　下向倾斜分层进路胶结充填采矿法
1. 充填平巷；2. 沿脉；3. 穿脉；4. 充填天井；5. 进风天井；6. 矿石溜井；7. 分层电耙道；
8. 回风天井；9. 上盘沿脉；10. 下盘沿脉

进路宽为 3m。相邻盘区的分层巷道交错布置，其中一个盘区的分层道至少超前其他盘区两个分层。

2）采准布置

每个盘区在分层巷道内靠近矿体底盘开凿一溜矿井。矿石经溜井下放到环形运输道的穿脉通过漏斗闸门装车。

在分层巷道电耙碉室附近的进路内开凿一进风井，在靠近矿体顶盘一侧预留一专门回风井，以保证在分层巷道内有贯通风流，改善采场的通风条件。在进路的末端每 3 个进路预留一充填小井作为充填回风的通道，采准切割工程量见表 4.38。

表 4.38　采准切割工程量

序号	巷道名称	断面/m²	条数	长度/m		工程量/m³		
				单长	总长	矿体中	岩石中	合计
一	采准	—	—	—	203	—	—	—
1	矿石溜井	3.14	1	60	60	188.4	—	188.4
2	进风天井	3.00	1	60	60	180		180
3	出风井	3.00	1	6	6	18		18.0
4	充填井	4.00	4	3	12	48.0		48.0
5	充填横巷	4.57	1	40	40	182.8		182.8
6	充填平巷	4.57	1	25	25	114.3		114.3
二	切割	—	—	—	720	—	—	6480.0
1	分层电耙道	9.00	18	40	720	6480.0	—	6480.0
	总计	—	—	—	923	—	—	7211.5

注：盘区矿量：$25 \times 40 \times 60 \times 3 = 180000$(t)；采切比：40.1m³/kt 或 5.13m/kt；副产矿石比重：12%。

3）回采工艺

（1）落矿。一个盘区配备一台 7655 气腿式凿岩机，每班两条进路交替作业，每条进路平均进尺 1.1~1.2m。

（2）出矿。采用电耙出矿，一个盘区配三台电耙绞车，两个凿岩进路各配一台 14kW 电耙，分层巷道配一台 28kW 电耙，28kW 电耙耙矿效率定为 180t/(台·d)。

（3）支护。在凿岩进路开口处和进路中充填体质量较差地段采用木材支护。

（4）充填。与上向采矿方法相同。

4）盘区生产能力

（1）每一分层矿量。$Q = 22 \times 40 \times 3 \times 3 = 7920$(t)。

（2）盘区班产量。$Q_1 = 3 \times 3 \times 1.2 \times 3 \times 2 = 64.8$(t)，取 60t。

（3）落矿。出矿周期 $t_1 = 7920/(60 \times 3) = 44$(d)。

（4）支护周期。$t_2 = 11$d(按出矿周期的 1/4 考虑)。

（5）充填周期。$t_3 = 3 \times 7 = 21$(d)。

（6）其他影响时间。$t_3 = 3$d。

（7）每分层回采周期。$t = t_1 + t_2 + t_3 + t_4 = 79$d。

（8）盘区平均生产能力。$q = 7920/79 = 100$(t/d)。

4. 主要技术经济指标、材料消耗及采掘设备

(1) 主要技术经济指标见表 4.39。

表 4.39 主要技术经济指标

序号	指标名称	单位	上向	下向
1	采场生产能力	t/d	160	100
2	采切比	m^3/kt	21.64	40.10
		m/kt	4.10	5.13
3	回采损失率	%	5	5
4	回采贫化率	%	7	7
5	副产矿石量	%	6.5	12.0
6	铲运机台班效率	t/(台·班)	200	—
7	28kW 电耙台班效率	t/(台·班)	—	60
8	液压凿岩机台班效率	t/(台·班)	200	—

(2) 开拓、探矿、采切材料消耗见表 4.40。

表 4.40 开拓、探矿、采切材料消耗

序号	材料名称	单位	每立方米矿岩消耗量	班耗	日耗	年耗
1	炸药	kg	2.2	79.20	237.60	78408
2	雷管	个	3.0	108	324	106920
3	导火线	m	5.5	198	594	196020
4	钢钎	kg	0.2	7.20	21.60	7128
5	硬质合金	g	1	36	108	35640
6	坑木	m^3	0.01	0.36	1.08	356.4
7	机油	kg	0.11	3.96	11.88	3920.40
8	锚杆	kg		49.7	149.2	49236
9	水泥	t	—	1.124	3.372	1112.76.0
10	砂子	t		0.946	2.838	937
11	石子	t	—	2.111	6.333	2090
12	混凝土预制块	m	—	1.38	4.18	1366

(3) 开拓、探矿、采切材料消耗见表 4.41。

表 4.41 回采材料消耗量

序号	材料名称	单位	每吨矿石耗量	班耗	日耗	年耗
1	炸药	kg	0.35	175	525	173300
2	雷管	个	0.30	150	450	135000
3	导火线	m	1	500	1500	495000

序号	材料名称	单位	每吨矿石耗量	班耗	日耗	年耗
4	钢钎	kg	0.02	10	30	9900
5	坑木	m³	0.005	2.5	7.5	2475
6	硬质合金	g	0.4	200	600	198000
7	机油	kg	0.021	10.5	31.5	1040
8	柴油	kg	0.412	65.9	197.7	65241
9	轮胎	条	0.0003	0.048	0.144	48
10	锚杆、金属网	kg	—	85	249	82170
11	钢材	kg	0.33	165	495	163350

4.5　下向倾斜分层胶结充填采矿法

1972年龙首矿研究人员考察了下向充填采矿法,1973年组织试验组,并进行采矿准备,1974年开始对下向倾斜分层胶结充填采矿法进行生产试验,1975年在12行以西全面推广。1980年长沙矿山研究院提出下向高进路胶结充填采矿方案,并组织生产性试验研究,获得令人满意的效果。1984年全面推广并成为龙首矿当时的主要采矿方法。

4.5.1　普通下向倾斜分层胶结充填法

金川集团公司龙首矿是我国最早试验胶结充填采矿法并获得成功的有色矿山之一。上向水平分层胶结充填采矿法在龙首矿东部矿体厚大且基本稳定的区段得到了广泛的应用,但对西部矿岩节理发育、松软破碎等很不稳固区段,因不能保证回采作业的安全,长期采用有底柱分段崩落法进行回采,采矿损失贫化大、木材消耗量高、地表岩层剧烈移动,影响露天边坡稳定性和地表工业设施安全。为探讨适应西部矿岩情况的胶结充填采矿法,于1974年初在1520m中段的11~12行区段进行了下向倾斜分层胶结充填采矿法试验,取得了较好的效果,并迅速在生产中得到推广应用。至1980年年底,龙首矿使用该法回采了近一个中段(60m),共采出矿石约50万t。

1. 主要方案及采场构成要素

下向倾斜分层胶结充填采矿法是一种自上而下分层回采、分层充填,以巷道进路方式在分层混凝土人工假顶保护下进行作业的回采方法。采场布置不受矿体形态变化的限制,当矿体厚度20m时可以沿走向布置,采场长度一般为50m。通常均采用垂直走向布置分层道,沿走向布置进路;进路布置可分为单侧进路和双侧进路。采用电耙出矿时,采场长度为25~50m,即单侧进路是25m,双侧进路是50m。采场宽度为矿体水平厚度,一般为20~30m,最宽达80m。采用铲运机出矿时,一般划分为盘区开采,盘区长为50~100m,宽为矿体厚度。

阶段高度为60m,中间设有副中段,天井布置在两翼,天井在回采分层的下部做溜矿井,上部做行人、下料通风用,每一分层掘一分层道,分层道垂直矿体走向布置,掘进断面面积为 2.5m×2.5m,用木材支护。分层高度 2～2.5m,为方便充填料流动和接顶密实,倾斜进路回采,即自分层道至进路端部,倾角 6°～8°。采场充巷填道一般在进路的端部,用充填井联系,单翼进路一条充填巷道,双翼进路两条充填巷道。随着采场回采下降10～12m,采场充填道相应下降。

低进路方案采用手持式凿岩机凿岩,电耙出矿,碎石混凝土充填,小规格进路布置,进路断面一般宽 2.5m,高 2.0m,分层巷道规格一般 2～2.5m×2～2.5m,如图 4.20所示。

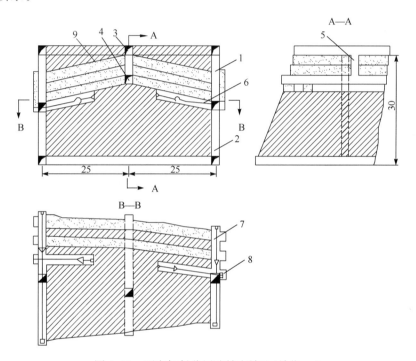

图 4.20　下向倾斜分层胶结充填法(单位:m)

1. 人行天井；2. 溜矿井；3. 穿脉充填巷道；4. 第二层充填巷道；5. 充填井；6. 回采进路；

7. 分层巷道；8. 电耙；9. 充填体层间接触面

进路回采隔二采一,回采结束后每条进路分别用厚 50mm 模板及草袋封闭,再用原木加固,然后进行充填。充填后凝固 2～3d,接着回采相邻进路,后期回采的进路与分层道一次充填。

采场首采分层未形成人工假顶前,全部用木棚子支护,形成人工假顶 2～3 层后,进路可以不支护或局部支护；分层巷道由于暴露面积大、时间长,也需进行支护。

2. 采矿方法评价

下向倾斜分层胶结充填采矿工艺安全性较好,特别有利于回采矿岩不稳固,品位较高的金属矿床,而且损失率小(<6.6%),贫化率低(<8%)。在生产过程中存在如下几个问题。

(1) 采场生产能力和采矿工效低。由于采矿工序复杂,回采进路断面小,限制了生产效率的提高。一般采场的生产能力 53t/d 左右,采矿工效 7.29 t/(工·班)。

(2) 回采工艺复杂,辅助作业时间长。在整个回采工艺中,做封闭墙、充填转层等工序占正常回采时间的 1/4～1/3。进路口封闭工作量大,每封闭一条进路需木材 0.6～0.7m³,2～3 个工班,木材消耗量大,采矿成本高。

(3) 采场通风不良,回采进路中温度高。

(4) 在回采坡度不足 8°时容易造成充填不接顶,若相邻进路充填不接顶,则空顶部分会连成一片,形成较大面积不接顶。

4.5.2　下向高进路胶结充填采矿法试验研究

1. 概述

金川集团公司龙首矿 1974 年初在 1520m 中段成功地试验了下向倾斜分层胶结充填采矿法,并在 1976 年得到推广应用。但该方法仍存在着回采工艺复杂、劳动生产率低、木材消耗量大、通风不良、采场综合生产能力低等缺点。为解决上述问题,长沙矿山研究院和金川集团公司龙首矿在总结原下向倾斜分层胶结充填采矿法经验教训的基础上提出了高进路、间隔回采,集中充填的试验方案。从 1980 年初做出施工设计,至 1981 年 1 月共回采了三个分层,采出矿石 24608t。采出矿石的直接成本由原下向方案的 6.13 元/t 下降到 5.38 元/t,降低了 12%。采场生产能力由原下向方案的 58.37t/d 提高到 94.3t/d,提高了 62%,木材耗量由 0.00859m³/t 降至 0.0012m³/t,降低了 86%,矿石的贫化率降低了 1%。试验证明下向高进路方案技术设计合理,生产工艺简化,节约大量木材,作业安全,各项技术经济指标取得了显著效果。

2. 试验采区地质概况

矿床属岩浆熔离贯入型硫化铜镍矿床。矿体主要是纯橄榄岩和二辉橄榄岩,矿体走向为北西方向,倾向南西,上盘矿体倾角 75°～80°,矿体下盘近似直立。上盘主要是二辉橄榄岩,较破碎,下盘主要是辉石橄榄岩和大理岩,极破碎,在围岩与矿体接触处一般有 1～2m 厚的蛇纹石化、绿泥石化破碎带,极易冒落。试验区段在 $12～12^{+25}$ 行,矿体平均厚度为 57m,最大达 76m,富矿位于矿体中部,平均厚 51m。富矿体下盘为贫矿,厚 3～5m,矿石极破碎,硬度系数 $f=4～6$。贫富矿的平均容量为 2.62t/m³,松散系数为 1.74。矿体中有时夹有表外矿和极破碎的熔斑岩岩脉。水文地质比较简单,涌水量不大,有少量裂隙水。

3. 采矿方法试验方案

针对下向低进路分层胶结充填采矿法存在着采场生产能力和采矿工效低、回采工艺复杂、辅助作业时间长、采场通风不良,回采进路中温度高和不易接顶等问题,提出了下向高进路胶结充填采矿方法试验方案(图 4.21)。

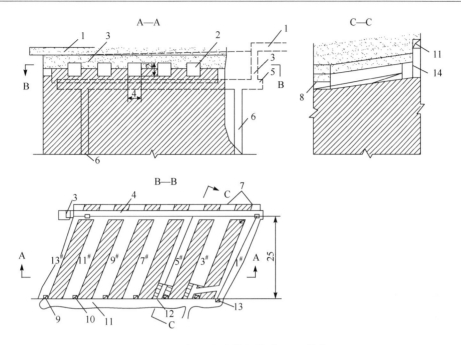

图 4.21　下向高进路胶结充填采矿法(单位:m)

1. 水平穿脉道；2. 回采进路；3. 上、下盘顺路天井；4. 分层巷道；5. 第四分层道；6. 上、下盘溜矿井；

7. 进路出矿电耙；8. 分层电耙道；9、10. 充填井；11. 充填巷道；12. 扩帮炮孔；

13. 人行、材料井；14. 压顶炮孔

该试验方案的特点是:高进路、间隔回采、集中充填,充填体中敷设钢筋,以提高效率、降低消耗、增强混凝土顶板和间柱的稳定性。

1) 回采进路和矿柱宽度的确定

(1) 进路宽度的确定与校核。

① 用概率统计方法求采场进路宽度。用进路的平均宽度 X_1 建立回归方程式

$$Y_1 = -0.35 + 0.13X_1 \tag{4.1}$$

用进路的最大宽度 X_2 建立回归方程式

$$Y_2 = -0.45 + 0.13X_2 \tag{4.2}$$

用概率的分析方法得知控制量 Y_1,Y_2 是出现在某一级的概率。必然产生冒顶的概率 $Y=1$,不可能产生冒顶的概率 $Y=0$,可能的、但不一定能产生冒顶的概率为 $0 < Y < 1$ 的任何数。如果取 $Y=0.5$ 作为判断混凝土顶板冒落与否的临界值,将它代入式(4-1)和式(4-2)中得 $X_1 = 6.5\text{m}$,$X_2 = 7.3\text{m}$。

② 用算术平均值求采场进路宽度。当用全部观测已采进路宽度尺寸的平均数时,其数学表达式为

$$\overline{X} = \frac{1}{n} \sum_{i=1}^{m} X_i \tag{4.3}$$

式中,$\overline{X}$——全部统计数的平均值,m;

X_i——一组观测值,m;

n——观测巷道的数目。

将调查中所观测到了的数值代入式(4-3)中则可得出:进路平均宽度 $X_1 \approx 4$m,进路最大宽度平均 $\overline{X} \approx 5$m。

③ 进路宽度校核(图 4.22)。将胶结充填体视为具有一定强度的均质砂质泥页岩,回采进路为一大断面的巷道。保证进路顶板安全的条件是沿塌落拱曲线表面的黏聚力(抗张力) T 应大于或等于作用在支架上的载荷 P,即 $T \geqslant P$。

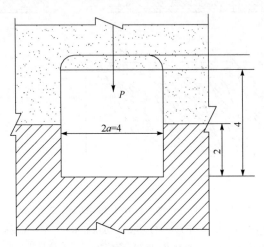

图 4.22　进路校核原理图(单位:m)

按普氏公式计算单位巷道长度上的顶压为

$$P = \frac{4}{3} \cdot \frac{a^2}{f} \gamma \tag{4.4}$$

式中,P——单位长度巷道上顶压,t/m;

　　　T——塌落拱曲线表面的抗张力;

　　　a——进路宽度之半,$a = 2$m;

　　　f——混凝土坚固性系数,$f = 3$;

　　　γ——混凝土容重,取 2.4t/m³。

计算得 $P = 4.267$t/m。假设载荷 P 作用于曲面上,则沿曲面可近似地看成受拉应力作用。据测定,进路中混凝土试块的抗拉强度养护 28 天后为 27.5t/m²,因此进路混凝土曲面的抗拉力远远大于载荷 P。由此可见,在 4m 宽的进路内回采矿石是比较安全的。

(2)矿柱宽度的确定。根据岩石力学知识可知,采用单向受压的情况来计算矿柱的宽度,从安全角度来说是比较合适的。

在龙首矿的地质条件下,在垂直方向和沿走向方向原生矿柱承受的作用力均较小,因此仅考虑了上盘滑动棱体的下滑力对原生矿柱的作用。故其原生矿柱的宽度计算式如下:

$$X = \frac{P \cdot A}{\dfrac{\sigma_1 L}{n} - P} \tag{4.5}$$

式中，X——矿柱宽度，m；

　　　　A——进路宽度，4m；

　　　　σ_1——矿石抗压极限强度，29.4×10^4Pa；

　　　　L——矿柱在负荷垂直平面上的高度，m；

　　　　n——计算矿柱的安全系数，取 3.5；

　　　　P——沿走向单位长度矿柱上的力，N/m；

经计算得 $X \approx 3.8$m。

为方便下一分层回采进路宽度为 4m，故确定矿柱宽度取 4m。

2）采准布置

矿块长 25m，宽为矿体的水平厚度，阶段高度为 60m（1460m 水平至 1520m 水平），分层道布置在 12 行勘探线上，其掘进断面为 2.0m×2.5m，在分层道中靠上、下盘初各掘一条断面面积为 2.0m×2.0m 的天井，靠上盘的用作通风，靠下盘的用作溜矿井。在回采过程中靠上下盘各预留一条 2.0m×2.0m 的顺路天井，用作人行、下料及通风。在 1525m 水平设一断面面积为 2.0m×2.0m 的沿脉主充填道，为了提高电耙的耙用效率，其坡度为 5°左右，采切比为 10.9m/kt。

3）回采

回采进路沿矿体走向布置，进路宽 4.0m，高 4.0m，长 25m，整个采场分成十三条进路，相邻上下分层道进路在垂直方向上交错 2.0m。图 4.21 中的 1#、3#、5#、7#、9#、11#、13# 进路为第一分层，也称为预备层，进路高 2m，宽 4m，间隔 4m，并以 8°～10°的坡度回采。该层所有进路采完后，安装吊挂锚杆，平整进路及分层道底板，敷设钢筋，撤出全部设备，封闭溜矿井，架设顺路推进模板，而后将全部进路及分层道一次充填。实践证明：增大回采进路的宽度和高度（4.0m×4.0m），采用间隔回采、一次充填，它可以简化回采工艺，缩短回采周期，提高采场的综合生产能力。

回采第二分层时首先在第一分层道的下面，从下盘溜矿井至上盘天井掘进一条高 2m、宽 2.5m 的分层道，而后回采 0# 至 12# 的双号进路。待全部进路和单号电耙座处的未采矿石采完后，按第一分层的工序敷设钢筋和进行充填，接着一次回采第三、第四分层直至 1460m 水平。

回采进路时，先掘一条 2m×2m 的回采巷道至进路尽头，接着向上掘一直径为 0.8m 的充填小井与穿脉充填巷贯通，形成进路通风系统。而后扩帮挑顶，形成 4m×4m 的进路。采用 YT-25 型凿岩机凿岩；2# 岩石炸药爆破；随后由人工用撬棍处理顶板和两帮的松石；先用 13kW 的电耙将矿石耙到分层道，再用 30kW 的主电耙将矿石由分层道耙入下盘溜矿井。

为保证回采作业按设计要求进行，地测人员及时掌握进路的方向与坡度；同时要严格控制充填质量，连续充填，确保接顶。

在整个回采过程中，工人在配有钢筋的假顶下作业，不用木支护，工作安全。靠近上下盘矿岩比较破碎,极不稳固,易冒落,不允许用 4m 高的进路回采。为解决靠近上下盘进路回采的问题,采取了如下措施:规定进路高度为 2m,分层回采;其宽度为 2~3m,不超过 4m;采用少装药的爆破技术;必要时用锚杆或木棚子支护,并将靠近上、下盘的进路留在最后回采,或随采随充,以减少进路顶板及上、下盘围岩的暴露时间。

工业试验共回采三个分层,1980 年 4~12 月共采出矿石 24608t。月采矿量波动很大,最高达 4861t,而 6 月却没有采矿,这是由充填时间过长及掘进分层道所致。因此要保持矿山的均衡生产,需要有 2~3 个采场同时作业,合理安排各采场的出矿、充填工序,使之交错进行。

4) 混凝土充填体中钢筋的敷设

回采进路顶板的暴露面积可达 $100m^2$,设计充填混凝土强度为 5.0MPa,实测值只有 2.95MPa,由于充填工作不连续,每回采一次就产生一层弱面,使充填体由多层混凝土组成(最薄层厚度只有 7cm),影响充填体的整体强度,未敷钢筋的 $9^\#$ 进路的顶板曾冒落一长 6m、宽 2.6m、重约 20t 的大块。为确保安全生产,在混凝土充填体中配置钢筋或底架是完全必要的。在层状的充填体中配置钢筋,能够有效地提高充填体的整体稳定性,防止顶板脱层及片冒。

人工混凝土间柱承压后首先从表面发生裂隙或破坏,并随着时间的增长与压力的增大向中心扩展,根据这一特征,考虑施工方便,进路中的吊挂钢筋按图 4.23 中 D—D 的方式安装。在充填混凝土中敷设钢筋,可增强混凝土的整体性与抗拉强度,有效地提高了混凝土假顶的稳定性,有利于安全生产。考虑到充填的不连续性,并结合现场的实践经验,进路中的主筋网度采用 2m(排距)×3m(行距),钢筋敷设的长度为进路长度的 1/3~1/2,进路中的纵主筋必须与分层道中的横主筋联成一个整体。分层道底板铺三根纵筋为好。吊挂筋与主筋直径宜采用 $\phi16mm$ 的热轧 A_3 钢筋,且横主筋两端应插入进路两帮距底板 15~20cm、深 0.5m 以上的孔中。钢筋敷设如图 4.23 所示。

由于混凝土充填料在采场自流充填过程中的离析作用,使充填料中的配比发生变化,造成充填体强度在采场中的分布不均匀,一般分层道的混凝土充填体强度最低,进路中混凝土充填体的强度较高,分层道越远,其强度越高。

根据充填体的结构特点、工作特性及充填体强度的分布规律,钢筋敷设按以下原则进行:①分层道是人员活动最频繁的地方,且混凝土充填体的强度较低,故其配筋密度应大于进路。沿分层道的全都敷筋。②在进路里只取靠分层道 1/3~1/2 的进路长度(9~15m)敷设钢筋。③进路中的纵筋必须同分层道中的钢筋或底纵梁搭接。④钢筋敷设之前必须将底板整平。⑤吊挂筋是关键部分,不可省略,选用热轧 A_3 钢、$\phi16mm$ 的钢筋。⑥敷设的钢筋应高出底板 150~200mm。

5) 采场充填

该方法的主要特点之一是工人在充填体顶板下作业,因此要求充填体具有一定的强度和稳定性,应合理地选择充填体材料,保证充填体的强度。胶结料为生产上多年采用的普通硅酸盐水泥,骨料用戈壁集料。

设计混凝土配比及强度见表 4.42,实测混凝土配比及强度见表 4.43 和表 4.44。

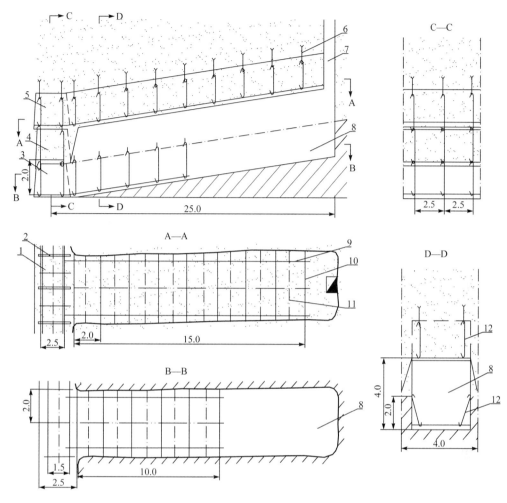

图 4.23　钢筋敷设示意图(单位:m)

1. 分层道纵梁;2. 分层道横梁;3. 第三分层道;4. 第二分层道;5. 预备层分层道;6. 吊挂锚杆;
7. 充填小井;8. 回采进路;9、10. φ16mm 钢筋;11. φ6.5mm 钢筋;12. 吊挂钢筋

表 4.42　设计戈壁集料混凝土配比及强度

充填地点	混凝土标号	每立方米混凝土材料消耗量/kg		
		水泥	砂石	水
采场	50 号	200	2150	240

表 4.43　充填混凝土配比试验

取样地点	样品质量/g	材料质量/g				
		水	水泥	砂	碎石	水灰比
分层道	1000	132.7	132.0	255.3	480.0	1.0
7# 进路	1000	125.5	82.3	204.5	587.7	1.5

表 4.44　充填混凝土强度实测

取样地点	试块受压面积/cm²	试块龄期/d	抗压强度/MPa	抗拉强度/MPa	备注
分层道	225	7	1.53	—	三块试块的平均值
	225	28	2.47	—	
7#进路	225	28	2.95	—	
	225	28	—	0.17	

(1) 充填系统概述。砂石场的戈壁集料筛除 45mm 以上的大块后,经转运站用准轨火车牵引 60t 的翻车将戈壁集料运到地面卸料站,卸入 $\phi3.5m$、深 18m 的砂石溜井,经下部给料漏斗放至 1594m 水平悬挂式主皮带,再经支皮带将砂石转运至地下搅拌站料仓。在地表设立制浆站,灰浆沿灰浆管道送至地下搅拌站。砂石及灰浆经搅拌机搅拌后放入溜灰井,再经充填耙道及溜灰井送至各采场,混凝土在充填耙道中用电耙耙运,在采场中自流充填。

(2) 充填工艺的特点及存在问题。该充填工艺主要的特点是:混凝土充填料从混凝土搅拌站到采场采用电耙接力耙运;在采场中混凝土充填料靠自流输送,充填不连续。上述工艺带来如下问题。

① 充填工作不连续,影响混凝土充填体的强度。从混凝土充填体的整体强度来说要求连续充填,该工艺是靠电耙运输充填料,在远离混凝土搅拌站的地方许多台电耙接力耙运,有时多达 7~8 台。由于设备多,事故也多,加上工艺复杂,很难做到连续充填。

② 充填不接顶。为使充填接顶,设计进路坡度大于 8°,然后在实际施工中,充填不接顶现象是经常发生的,例如,第一分层的 7#、9# 进路就没接顶,主要是上一封层的进路底板没有整平,进路坡度没有达到 6°~8°所造成的。第二分层的 2# 进路也没接顶,空顶高达 2.1m,长为 16m,充填不接顶对于下向分层胶结充填法回采厚大矿体来说是很大的安全隐患。因此必须加强充填的质量验收与管理,电路电器与耙运设备的检修,加强对充填耙道的维护。

4. 充填体的作用机理及其稳定性的评价

1) 充填体的作用

充填体是井下支护材料或结构材料之一,它随着充填料的配比、采矿工艺和充填体的几何形状、受力状态不同,反映方式也不同。为了查明充填体的功能,在下向高进路试验采场的混凝土人工顶板和矿柱内,连续埋设了三个分层的地压观测仪器,共埋设 YG 钢弦锚杆测力计 26 台,ZG 钢弦压力计 16 台和 DY-1 型电阻式位移计 9 台,共 51 台。观测工作自 1980 年 6 月起,整理资料截至 1981 年 4 月,取得了近 2000 个观测数据。根据现场实测数据表明,充填体具有以下特性和功能:

(1) 从充填体同一地点取出的混凝土块测定可知,7 天龄期的抗压强度为 1.53MPa,28 天龄期的抗压强度为 2.47MPa,28 天的强度比 7 天的高 1.6 倍。

(2) 充填体还具有可缩性(图 4.24)。试验采场第三分层 7# 进路的位移计与其对应的压力盒实测资料证明,当充填体承载力为 3.0～4.0MPa 时,测得的相应收缩量为 2～4mm,其收缩率为 0.1%～0.2%。一般而言,混凝土胶结充填料的收缩率可达 2% 左右。由此可见,在当时的条件下,试验采场充填料并未达到极限的收缩率,这就说明了充填体还可继续承载。

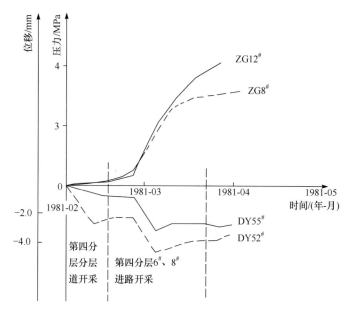

图 4.24　第三分层 7# 进路的压力-时间、位移-时间曲线

(3) 充填体具有支撑上下盘围岩的作用。试验和生产试验证明,每隔分层的充填体并不能阻止围岩次生应力场的产生。但是,如果及时充填仍能起到支撑上下盘围岩的作用,防止并减少围岩的片冒。采场压力检测表明,充填体对上盘围岩的抗力为 0.5～1.0MPa,对下盘围岩的抗力为 1.0～1.5MPa。

(4) 充填体分层间的相互作用。回采工作直接扰动着充填体和围岩的应力场,从而造成采场压力不断变化。纵观三个分层的仪器实测资料可知,在上负载荷和围岩压力的作用下,在回采过程中充填体之间存在压力转嫁的现象,这种现象以 ZG14# 压力盒观测结果最为典型(图 4.25)。从图中可以看出,当第二分层 6# 进路开挖时,压力值急剧上升,这充分说明了充填体上、下两层之间存在力的传递作用,从而造成上分层对下分层充填的递加作用力,这个作用力的最大值为 6.8MPa,但随着分层下采,其压力值下降到4.0～5.0MPa,并趋于稳定。由此可以说,回采工作对充填体影响为若干个分层。

2) 进路回采过程中充填体的受力状态

根据采场压力观测结果,可将进路间隔回采过程中充填体的受力状态划分为以下三个阶段:

第一阶段:人工矿柱承载(进路回采阶段)。龙首矿 1520m 中段试验采场是一个下向胶结充填采矿方法的延续采场,它的混凝土假顶已经形成。因此,首先用 4m×2m 的进路尺寸回采矿柱,成为"预备层"回采,然后再进行充填,使 4m×4m 待采进路两侧的上半部形成人工矿柱。在回采第二分层时,原来由待采进路的矿体所担负的应力转嫁给两

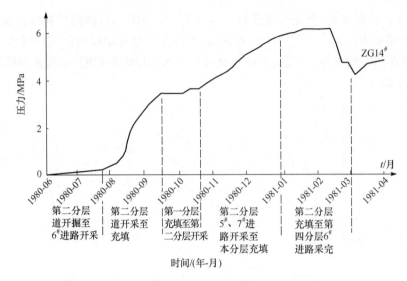

图 4.25　第一分层分层道顶板压力-时间曲线

侧人工矿柱,这就是充填体形成的人工矿柱第一次承压。实测表明,在这个阶段内,敷设在充填体内的钢筋(锚杆测力计)承受 20.0~30.0MPa 的压缩力。

第二阶段:压力相对稳定(进路充填)。当第二分层进路采完后,用混凝土充填料充填采空区,整个分层形成连续完整的充填体,构成了采场压力暂时相对平衡的条件,人工矿柱承受的载荷达到了相对稳定,充填体内钢筋(锚杆测力计)的压力值趋于平稳;第一分层道内紧贴顶板埋设的压力盒测值也趋于平稳。

第三阶段:应力重新分布(下层矿柱回采)。当第三分层进路回采时,已处于相对平衡的充填体应力重新进行分布,第一阶段内的人工矿柱受力状态,由升压区变成降压区,以致改变了应力性质,从受压状态变成了受拉状态。当第三分层开掘后,充填体内埋设的钢筋(锚杆测力计)由原来承压 30.0~40.0MPa 变成受拉 20.0~80.0MPa。

3) 对充填体稳定性的评价

(1) 分层道混凝土假顶的稳定性。下向胶结充填试验采场采用了敷设钢筋的混凝土假顶。为了了解这些假顶的安全程度,在混凝土充填体强度较低而经常有人员作业的分层道内埋设锚杆测力计测定钢筋在混凝土充填体内的受力状态。在现场实测数据和室内钢筋拉伸试验的基础上,计算出钢筋加强混凝土假顶的安全系数(表 4.45)。

表 4.45　钢筋加强混凝土假顶的安全系数

位置 项目	第一分层道 锚杆 YG02[#]	第一分层道 锚杆 YG05[#]	第一分层道 锚杆 YG04[#]	第一分层道 锚杆 YG01[#]	第二分层道 锚杆 YG48[#]	第一分层 3[#]进路 YG21[#]
最大拉力 σ_{max}/t	1.9	0.4	0.9	2.9	0.8	1.4
安全系数 $F_s=\dfrac{13}{\sigma_{max}}$	8.8	32.5	14.4	4.5	16.3	9.3

注:锚杆或钢筋直径 22~25mm,室内拉伸试验得出极限拉力为 12~14t。

应该指出,顶板破坏一般由拉伸应力造成,因此取钢筋极限拉力为 13t,锚杆测力计(钢筋)的实测数据取其最大的拉力,安全系数就是在这两个拉力条件下计算的结果,按照国内外有关资料,对照表 4.45 的计算结果不难看出,试验采场分层带的混凝土假顶是安全稳定的。生产实践已充分证明了这一点。

（2）回采进路混凝土假顶的稳定性。高进路、间隔回采、集中充填所形成的混凝土假顶并非一个整体,上下各分层的混凝土充填体在进路的纵坡面上交错布置。另外在开采进路的过程中,其两帮下半部的矿石矿壁,由于松软破碎,整体性差,不断发生片帮,而两帮上半部的矿壁整体性较好,并且配有钢筋,不易片冒。这样自然地形成上窄下宽的进路断面。从图 4.26 可以看出,进路的假顶实际上是由三个混凝土体组成。如果两帮下半部的矿石矿壁能够支撑上部混凝土

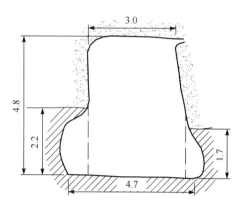

图 4.26　6# 进路 12m 处断面(单位:m)

的压力,则尽管比原采用的下向分层充填法的进路断面大,其顶板仍然是安全的。

（3）矿柱的稳定性。每个进路两帮的上部为混凝土矿壁,下部为矿石矿壁,矿柱稳定性可以根据测定的人工混凝土(或矿石)矿柱强度及其承载大小来评定。从采场压力测量得知,矿柱承受的极大载荷为 4.0MPa 左右,平均载荷在 2.5MPa 左右(截至 1981 年 4 月初)。矿柱载荷分布不均匀的主要原因是充填接顶不好,造成有的矿柱载荷大,有的矿柱载荷小,这对人工矿柱稳定性是很不利的因素。但是,必须考虑到两个有利的因素:一是充填体强度随时间的推移而增加;二是充填体并非单轴受力状态,而是二维或三维受力状态,混凝土抗压强度在二维、三维受力条件下起码比单轴受力条件下的抗压强度高 2~3 倍。这样混凝土充填体单轴抗压强度 2.95MPa,在二维或三维受力状态下,其强度可以提高到 6.0MPa 以上。因此,试验采场的混凝土人工矿柱强度完全可以满足支撑地压的要求,也就是说,混凝土人工矿柱是稳定的。

根据矿体岩性取样测定结果,其抗压强度为 18.2MPa。但是由于矿体弱面多,节理裂隙发育,整体性不如混凝土人工矿柱,矿石矿柱虽然单体强度比混凝土矿柱高,按强度理论估算其稳定性也完全满足地压要求,但实际上有片帮开裂现象。所以,高进路试验采场将矿石矿柱的高度降低至 2m,可以改善其受力状态,提高矿石矿柱稳定性。

（4）从生产实践评价充填体的稳定性。下向胶结充填采矿法试验证明,采场生产是安全的,混凝土充填体在回采过程中是稳定的,根据对下向采场 77 条进路尺寸和地压显现情况进行调查,然后用概率论统计分析方法进行计算,得出了龙首矿下向胶结充填采场进路尺寸大小的判别式(4.1)。必须强调指出,由于地质采矿技术条件的多变性和复杂性,准确地评定混凝土顶板稳定性有一定难度。此外,影响混凝土充填体稳定性的因素诸多,这些因素可能都包含在该判别式中。因此,在生产实践中,为了确保 4m×4m 混凝土

顶板的稳固,应该采用钢筋加固混凝土人工假顶。这种条件下,如果矿石矿柱稳定,那么,高进路方案的矿柱结构就更稳定了,并还可以适当加大。因为混凝土的承载能力随厚度的增加而增加,所以采场采用高进路 4m×4m 或 4m×5m 是合适的。

5. 下向高进路胶结充填法工艺特点及分析

新工艺用高进路、间隔回采,集中充填的方法进行回采,上分层回采进路在垂直方向上交错 2m。与原下向分层胶结充填采矿法相比主要有以下特点:回采进路之间的间柱由人工混凝土充填体和矿体部分组成;进路充填体与分层道充填体连成一整体;各层进路充填在垂直方向上交错 2m。

1) 间柱结构及其稳定性分析

下向分层胶结充填采矿方法主要是回采矿岩稳定性较差的贵金属矿床,但是较差的矿石和围岩条件限制了分层高度的增加,在一定程度上影响了采矿效率的提高。国内外所有下向分层充填采矿法的分层高度都在 3m 以下。新工艺设计回采进路高度为 4m,突破了 3m,这一突破主要是由改变间柱结构实现的。其结构形式如图 4.27 所示。

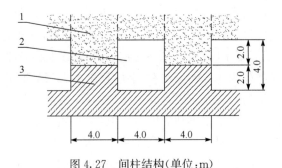

图 4.27　间柱结构(单位:m)

1. 混凝土间柱;2. 回采进路;3. 矿石间柱

对下向分层胶结充填采矿法混凝土充填体的一个基本要求是:其稳定性必须比破碎矿石的整体稳定性好,新工艺充分利用了这一特点,用稳定性较好的混凝土充填体代替了稳定性较差的矿石作为间柱的一部分。设计回采进路的高度及宽度均为 4m,在实际回采中,回采进路并非正方形,其高度也不一致。表 4.46 是二、三分层回采进路构成要素实测值。由表 4.46 可知,回采进路断面形状绝大多数是上窄下宽,这是由于下面 2m 较破碎的矿石片落使下面变宽,上面 2m 混凝土充填体间柱稳定性较好,很少片落;由图 4.27 可知,中、上部是混凝土充填体,下部是矿石,上部充填体很完整,而下部矿石间柱片落较严重。该现象在第二分层 6#、8#、10# 及第三分层 5#、9#、11# 等进路都较普遍存在。这种现象充分证明,充填混凝土的稳定性确实比较破碎矿石的稳定性好,充填混凝土代替矿石作为间柱可提高间柱的承载能力。

表 4.46 回采进路构成要素实测值

测量地点		实测值/m					
进路	编号	H	h_1	h_2	B	B_1	B_2
2#	1	5.6	2.3	2.1	4.0	4.0	—
	2	6.4	2.3	2.1	4.0	3.7	—
	3	4.5	2.3	2.1	4.3	4.3	1.5
4#	1	5.7	2.1	2.2	4.6	3.7	—
	2	5.0	2.1	2.2	4.3	4.0	4.0
	3	5.0	2.1	2.2	5.1	4.7	—
6#	1	5.0	2.3	2.0	4.5	3.5	3.0
	2	4.8	2.2	1.7	4.8	4.7	3.0
	3	4.6	1.9	1.5	4.6	3.8	3.6
8#	1	4.7	1.9	1.9	4.7	3.5	3.2
	2	5.0	1.8	1.8	4.7	3.6	2.5
	3	5.6	2.0	2.0	3.6	2.7	2.0
10#	1	4.8	1.6	1.6	2.7	3.7	2.6
	2	4.3	1.5	1.5	3.7	3.3	2.6
	3	4.8	1.6	1.6	3.3	3.0	1.5
平均值		5.0	2.0	1.9	4.2	3.7	—
第三分层进路	编号	H	h_1	h_2	B	B_1	B_2
3#	1	4.2	2.0	1.7	4.3	3.3	3.3
	2	4.2	2.0	1.7	4.1	3.8	3.1
	3	4.2	1.9	1.7	4.2	4.2	3.0
5#	1	4.5	2.3	2.0	4.5	2.6	2.7
	2	4.6	2.3	2.0	4.5	4.5	2.7
	3	5.3	2.9	2.9	5.7	4.0	2.3
9#	1	5.0	3.0	3.0	4.0	3.3	3.3
	2	4.3	2.5	2.5	4.5	4.1	3.4
	3	4.3	2.2	2.2	5.3	4.7	3.7
11#	1	4.0	—	—	2.6	2.4	2.5
	2	4.5	—	—	3.6	2.7	2.6
	3	4.2	—	—	4.2	3.2	2.7
平均值		4.4	—	—	4.3	—	—

注：H 为进路高度；h_1、h_2 为矿石间柱高；B 为进路最大宽度；B_1 为进路底板宽度；B_2 为进路顶板宽度。

（1）充填混凝土间柱支撑作用分析。充填混凝土采用戈壁集料作为骨料，用高标号水泥作为胶结材料，设计混凝土抗压强度为 50MPa。每立方混凝土中用砂石 2150kg，水泥 200kg,水 240kg。搅拌后用电耙送入采场,形成混凝土充填体。

对人工混凝土间柱研究证明,在矿房回采过程中沿混凝土间柱宽度方向上应力分布不均匀。经过研究,沿胶结体的宽度方向,表面应力最大,向深部逐渐降低。由于胶结体结构的单轴抗压强度很低,表面层迅速破坏,应力峰值向胶结体深部转移。由于混凝土充填体强度较低,当进路回采后表面即发生裂隙或破坏。随压力增加混凝土充填体破坏区从胶结体表面向中心逐步发展,最终在全部宽度上处于塑性变形状态。

根据混凝土充填体的上述特性,为了提高充填混凝土间柱的强度,在充填体内配置了直径 16mm 钢筋。

(2)充填混凝土间柱稳定性校核。用胶结体稳定性判别式来校核,由文献(金川有色金属公司龙首矿等,1981)中第 6 页的判别式计算混凝土充填体间柱宽 $B=1.15$m。

混凝土充填体间柱达到塑性变形时的安全系数为

$$K=\frac{4}{1.15}=3.5 \tag{4.6}$$

校核计算表明采用 4m 宽的间柱是安全的。

在实际施工中,充填体强度往往达不到 5.0MPa,为了确保生产安全,在充填体适当地配置钢筋。

(3)矿石间柱支撑作用分析。矿柱的高宽比对矿柱的强度及破坏方式有重大影响,当宽度远超过其高度时,顶板的作用力会对矿柱产生向内的约束力,使核心部分处于三向受压状态。岩石力学研究证明,岩石在双向受压时,其抗压强度高于单向受压的 1.5～2 倍。在三向受压状态下则抗压强度更高,当矿柱的宽度远远超过其高度时,将会大大提高矿柱的抗压强度,提高矿柱的承载能力,保证回采作业的安全;当矿柱的宽度等于或小于其高度时,则相当于在压力机下加一个单向受压试块,容易发生剪切破坏,应当尽量不采用这种形式的矿柱,特别是在破碎矿体中,采用这种形式的矿柱往往会出现矿柱大量剥落以致被压垮的现象;当矿柱的高度比介于上述二者之间时,矿柱在压力作用下逐渐发生蠕变,直至被压垮(图 4.28)。

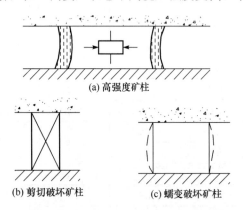

(a) 高强度矿柱

(b) 剪切破坏矿柱　　　(c) 蠕变破坏矿柱

图 4.28　矿柱高度比对破坏方式的影响

龙首矿在生产中产生的一些地压现象与上述原理相符合。在与新工艺试验采场相邻的上向分层胶结充填采矿法试验采场中,于 1980 年曾发生过大规模的矿柱两侧的 6720 和 6722 采场贯通,矿柱被压垮长达 7m 左右。矿房宽度 5m。矿柱被压垮后使 5m 宽的顶板跨度增至 15m,造成顶板更大规模的冒落,迫使 6720 采场长期停产,6722 采场下盘长 40m 左右的采场无法生产,使生产陷入被动局面。该事故发生在贫富矿交接处的接触破碎带,与矿石的破碎有关。另一原因是矿房出矿后在充填前空顶高度接触破碎带,6722 采场破碎带长达 7m。根据上述理论分析及实践经验,龙首矿确定在上向胶结充填采矿法采场中,空顶高度不大于 4.5m 是有一定理论和实践依据的。

新工艺试验采场矿石比较破碎,回采进路高度不允许过高,原下向分层胶结充填采矿法回采进路高度规定在3m以下。新工艺回采进路高4m,采用建筑用稳定性较好的混凝土充填体代替破碎的矿石,作为间柱的一部分,使矿石间柱只有2m高,宽度依然为4m,这样的高宽比大大提高了矿石间柱的承载能力,这对安全生产是有利的。若用原下向分层胶结充填法,两回采进路之间的间柱全由较破碎的矿石构成断面4m×4m,则可能不能保证安全生产。

设计回采进路高度为4m,在实际生产过程中超过这一高度,第二分层平均高度5.05m,最高达6.4m,第三分层平均高度4.4m,最高达5.3m。在回采过程中,虽然有过局部片落现象,但未发生过整个间柱压垮现象。

上述分析及工业试验结果表明,新工艺间柱结构是合理的,能提高间柱的承载能力,即使在较破碎的矿体中用高进路回采也能保证回采作业的安全。

2) 混凝土充填体结构形式及其稳定性分析

该充填体结构是指整个采场充填体内部各充填体之间的相互关系及组合。充填体的结构形式取决于采矿方法及充填工艺。

(1) 集中充填使进路与分层道的充填体连成一个整体,能提高充填体的整体稳定性。

原下向分层胶结充填法,每采完一条进路后将进路口封闭牢固,而后充填。进路充填体与分层道充填体之间被封闭隔开,破坏了充填体的整体稳定性。

新工艺是当每分层的全部进路回采完后,将整个分层的全部回采进路及分层道一次充填,这样做一方面免去了架设隔墙工序,节省了木材、人工及时间;另一方面使进路和分层顶板充填体连成一体,提高了充填体的整体稳定性。

龙首矿过去在下向分层胶结充填采矿方法采场的分层道中,曾发生过两次大规模冒落事故,一次是1977年发生在13行采场,上分层充填体全部冒落,冒落长度达到10m左右,一次是1978年发生在14行采场,分层道顶板冒落约20m长,上分层充填体全部冒落下来。冒落原因是充填不接顶,分层道过宽。此外,分层道与回采进路之间有一个垂直薄弱面,也是分层道充填体整体冒落的原因之一。

在新工艺试验中,掘进第二分层的分层道时,因充填体尚未完全凝固,发生层状片落,最高达0.5m,敷设钢筋露出,但未发生整层充填体冒落事故。这一现象证明,一次充填使进路和分层道充填体形成一个整体,以及充填体里的吊挂钢筋有效地控制了冒落事故的发展,保证了安全生产。

(2) 间隔回采形成的充填体能避免采场大面积空顶,避免采场应力集中。

下向分层胶结充填采矿法充填接顶是提高充填体的稳定性、有效地控制采场地压、保证安全生产的主要环节,然而,接顶又是充填工序中较难解决的问题。在实际施工中,常产生不接顶现象。充填第一分层时,7#、9#进路就没接顶,特别是9#进路几乎全部没接顶,空顶高度达到0.3～0.7m,充填第二分层时,也有些进路没接顶,如2#进路看见高度达2.1m,长达16m。据1980年充填资料统计(表4.47),全年充填空间为63240m³,而充填用去的砂石为107580t,水泥为12083t,据计算全年所用砂石及水泥量只能制备50920m³混凝土,该体积只占充填空间的80.5%,有2320m³空间未充填。充填不接顶是普遍存在的现象,这对安全生产是很大的威胁,用下向分层回采厚大矿体时充填不接顶,对安全生产威胁更大。

表 4.47　1980 年充填材料消耗及空间统计

充填时间/月	材料消耗砂石/t	消耗水泥/t	充填空间/m³
1	6300.00	1310.0	6650
2	9862.34	1254.0	4870
3	8995.37	900.0	5530
4	9287.90	900.0	5210
5	5559.20	880.0	3500
6	14514.80	1500.0	6150
7	10876.40	900.0	5960
8	7484.80	950.0	4580
9	12216.50	1200.0	7400
10	8597.90	603.6	5320
11	5040.40	214.0	3740
12	8845.00	1471.7	4300
合计	107580.61	12083.3	63210

当时国内外所用下向分层胶结充填采矿法的主要特点之一是,一个分层中的所有进路的顶板均在一个水平上,当然充填后其充填面也在一个水平上,各进路充填面连起来就在上下分层之间形成一个大面积的充填面,矿体越厚充填面越大,即使充填接了顶,这个大面积充填面也是充填体中一个薄弱面,如果相邻进路充填不接顶,将会连成一片形成大面积空顶,未接顶处的压力集中到接顶部位的采场上面,造成采场压力不平衡,在压力过于集中的地方,回采时会产生片帮、冒顶现象。

新工艺试验是从下向分层胶结充填采矿法采场开始的,第一、二分层充填体形成的充填面与原采矿法相似。

在试验过程中,测绘了回采进路断面形状,观察了第一分层充填接顶情况,观察了间柱受力破坏情况,埋放了观测仪器,对充填体稳定及采场地压活动情况做了全面的观测。根据回采进路断面形状测绘结果及观察到的第一分层充填不接顶情况,绘制出第一、二、三分层充填体断面图(图 4.29)。

由图 4.29 可知,1#、3#、5# 进路接顶较好,7# 进路大部分不接顶,9# 进路几乎都没接顶,9# 进路全部及 7# 进路大部分充填体不起承载作用,当第二分层 8#、10# 进路回采后就形成 12m 宽的悬顶距,12m 宽的顶压力就分别集中在 7# 间柱和 11# 间柱上面,而 7# 间柱承压能力更大,致使 7# 间柱发生较严重破坏,下面 2m 的矿石间柱产生宽达 15mm 裂缝。

7# 间柱受到破坏之后,其承载的压力转移到其他支撑体上,而大部分转移到相邻的

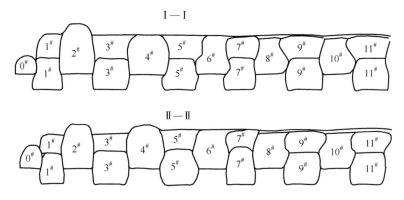

图 4.29　进路充填体断面图

Ⅰ—Ⅰ. 距分层道中心 12m 处断面；Ⅱ—Ⅱ. 距分层道中心 6m 处断面

矿柱上，使宽达 20m 的顶板压力集中在 5#、11# 间柱之上。于是 6# 间柱也受到破坏，下面 2m 矿石间柱严重片落，矿柱被压裂，裂缝宽达 7.5mm。

　　为研究采场地压活动规律及充填体作用机理，埋设钢绳压力盒、电阻式位移计、锚杆测力计等仪器，对钢绳压力盒、锚杆测力计测得结果分析如下。

　　钢绳压力盒布置如图 4.30 所示，图中 ZG20#、ZG16#、ZG17#、ZG18#、ZG06# 分别平放在 6# 及 8# 进路底板上测垂直压力；ZG02#、ZG04#、ZG15# 分别立放在 12#、0# 进路帮上测水平压力；ZG14# 平放在第一分层的分层道顶板测垂直压力。测量结果见表4.48。进路充填体应力变化情况如图 4.31 所示。

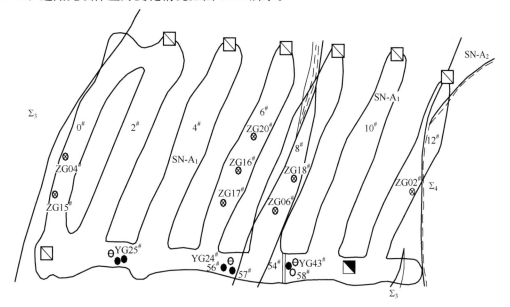

图 4.30　第二分层仪器布置图

θ. 锚杆测力计；●. 电阻式位移计（54#、56#、58# 钢丝套于长管）；⊗. 钢弦压力盒（0#、12# 进路贴帮埋设，6#、8# 进路埋于底板）

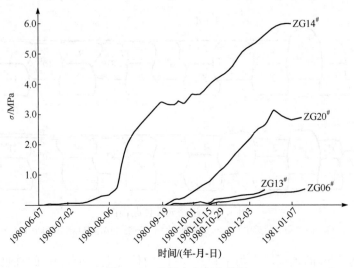

图 4.31　采场应力变化情况

　　由图 4.31 及表 4.48 可以看到下面两种现象：①各仪器测得的压力值差别很大，ZG14# 的最大值达 6.1MPa；②ZG14#、ZG20# 压力值随 5#、6#、8# 进路的回采而增加，6# 进路中 ZG20# 的压力值随着 5# 进路的回采而增加，而 8# 进路中 ZG06#、ZG13# 的压力值变化很小，几乎不受 9# 进路回采的影响。

　　以上现象完全由 8#、9# 进路充填不接顶，7# 进路接顶很差造成。

表 4.48　钢绳压力盒观测结果

观测时间 /(年-月-日)	观测值/MPa						
	ZG02#	ZG04#	ZG06#	ZG13#	ZG16#	ZG20#	ZG14#
1980-10-01	0.050	0	0.02	0.02	0	0.18	3.30
1980-10-04	0.065	0.03	0.01	0.02	0.09	0.21	3.40
1980-10-08	0.089	0.02	0.02	0.02	0.07	0	3.30
1980-10-15	0.181	0.01	0.08	0.05	0.02	0.42	3.60
1980-10-22	0.378	0.02	0.13	0.02	0.03	0.63	3.60
1980-10-29	0.589	0.02	0.02	0.03	0.04	0.77	3.84
1980-11-04	0.733	0.03	0	0	0	0	0
1980-11-05	—	0	0.07	0.19	0.05	1.03	4.12
1980-11-13	0.900	0.06	0.11	0.25	0.06	1.33	4.33
1980-11-20	0.954	0.08	0.15	0.28	0.05	1.63	4.54
1980-11-27	1.023	0.13	0.17	0.29	0.06	1.93	4.98
1980-12-03	1.073	0.23	0.29	0.32	0.06	2.07	5.10
1980-12-10	1.113	0.68	0	0.37	0.43	2.43	5.26
1980-12-17	1.143	0.33	0.35	0.51	0.27	2.58	5.54
1980-12-24	1.168	0.58	0.42	0	0	3.08	5.54
1980-12-31	1.214	0.55	0.42	0	0	2.88	5.90
1981-01-07	1.173	0.55	0.42	0	0	2.76	5.90
1981-01-16	1.214	0.56	0.42	0	0	2.87	6.10

综合上述结果,可得出如下结论:

① 充填不接顶现象确实存在。

② 仪器观测的结果与采场现象相符,间柱破坏最严重的地方正是观测仪器所得结果大的地方。

③ 因充填不接顶引起采场压力分布不均衡,没接顶的间柱失去承载作用,使接顶好的间柱承载受压过高。

新工艺是间隔回采,而且上下分层的回采进路在垂直方向上交叉 2m,因而,相邻两进路充填面不在一个水平上。在回采过程中,即使有个别进路充填不接顶,空顶宽度也不会超过 4m,这就避免了因大面积空顶而造成的采场压力不均衡现象。

3) 结论

(1) 用混凝土作充填料,较破碎矿石其整体稳定性好,用于下向分层胶结充填采矿法,能够保证安全生产。

(2) 充填混凝土能承受采场压力,其承载能力比破碎矿石强,择其作为间柱一部分,能够提高回采进路高度,以提高采场生产能力及采矿工效,为下向分层胶结充填采矿法采场使用大型采矿、运输设备创造条件。

(3) 高进路、间隔回采、集中充填下向分层胶结充填采矿法,能避免大面积空顶现象,避免采场压力过分集中,有利于地压控制。

6. 主要技术经济指标

试验指标及对比指标见表 4.49～表 4.52。

表 4.49　试验采场第一、二、三分层实际效率

项目	单位	第一分层	第二分层	第三分层	平均值
采场生产能力	t/d	—	—	—	94.3
采场最高生产能力	t/d	—	—	—	240.7
采场最高月出矿量	t/月	—	—	—	4861
采矿工数	t/(工·班)	7.69	8.28	9.90	8.62
采矿凿岩台数	t/(台·班)	98.94	50.90	55.50	68.4
矿石损失率	%	5.7	5.0	3.6	4.8
矿石贫化率	%	8.9	6.5	6.5	7.3
采矿直接成本	元/t	5.67	5.35	5.10	5.37

注:贫化率高的原因是矿体中夹有表外矿和煌斑岩不能分采引起的。

表 4.50　主要消耗材料

材料	单位	第一分层	第二分层	第三分层	平均值
炸药	kg/t	0.3253	0.4317	0.3398	0.3656
雷管	个/t	0.3508	0.3722	0.3553	0.3594
导火线	m/t	0.7715	1.0573	0.8330	0.8873
木材	m/t	0.00144	0.00128	0.00088	0.0012

材料	单位	第一分层	第二分层	第三分层	平均值
钢筋	kg/(台·班)	0.3103	0.2080	0.0637	0.1940
钎钢	kg/t	0.0814	0.1000	0.0473	0.0762
合金片	g/t	0.3187	0.3032	0.3996	0.3405
水泥	kg/t	86	57	88	77

表 4.51　试验方案与原下向方案采矿成本比较

项目	单位	试验方案	原方案	备注
1. 材料费	元/t	1.710	2.15	—
(1)炸药	元/t	0.476	0.50	—
(2)雷管	元/t	0.070	0.01	—
(3)导火线	元/t	0.115	0.13	—
(4)坑木	元/t	0.175	0.27	试验方案坑木和成材在一起
(5)钢筋	元/t	0.137	—	—
(6)成材	元/t	—	0.36	—
(7)钎子钢	元/t	0.054	0.05	—
(8)合金片	元/t	0.023	0.08	—
(9)其他	元/t	0.660	0.69	—
2. 动力费	元/t	1.550	1.54	—
(1)电	元/t	0.656	0.68	—
(2)风	元/t	0.890	0.86	—
3. 工资	元/t	2.118	2.44	—
合计	元/t	5.380	6.13	—

表 4.52　试验方案与原下向方案主要技术经济指标比较

项目	单位	原方案	试验方案	提高或降低/%
采场生产能力	t/d	58.37	94.30	62
采矿工效	t/(工·班)	7.29	8.82	21
采矿凿岩效率	t/(台·班)	56.2	66.8	19
木材消耗	m³/t	0.00859	0.00120	−86
损失率	%	4.35	4.90	13
贫化率	%	7.89	7.80	−1
采矿直接成本	元/t	6.13	5.38	−12

注:提高用"+",降低用"−";提高或降低=[(试验方案−原方案)/原方案]×100%。

7. 存在的问题及建议

（1）采场用电耙出矿,辅助工作量大,出矿效率低,影响采矿效率的提高。试验获得成功的新方案进路断面已达 4m×4m,可采用无轨自行设备出矿,凿岩台车凿孔。

（2）充填工作的不连续,混凝土充填体产生层状弱面而脱层。有时充填不接顶,影响混凝土充填体的整体稳定性。在当时的充填条件下,应加强充填系统的维护和充填设备的检修,改善生产管理,提高充填效率及充填质量,以减少等待充填时间,生产效率还可进一步的提高。

（3）在进路与充填道贯通之前,回采工作面通风较为困难,建议采用局扇通风或引射流通风。在进路的充填体中预埋管道与回风系统贯通也是措施之一。

（4）充填体内部受力状态,充填体层与层之间,充填体与上、下盘之间的受力状态应进一步观测,为采场结构参数改进提供可靠依据。

8. 试验结论

（1）试验证明,高进路方案采场生产能力大,采矿工效高,材料消耗少,采场结构合理,生产安全可靠,对于地表不允许陷落、矿石节理发育、不太稳固、矿石品位高的厚大金属矿体是一种行之有效的采矿方案。该试验的成功为下向胶结充填采矿法增添了一个新的采矿方案。

（2）根据工业试验及观测资料分析,可以确认采场构成要素和混凝土假顶结构是安全可靠的,低标号混凝土充填体用于下向分层胶结充填采场,能有效地支撑和控制采场地压。

（3）低标号混凝土充填体整体的稳定性比破碎矿石的整体稳定性好,其用作人工间柱,承载能力比破碎矿石强,根据这一特点,用混凝土充填体作间柱的上半部,使下半部矿石间柱的断面形状得以改善,也提高了其承载能力,因为提高了整个间柱的承载能力。在混凝土充填体中配以适量钢筋,进路断面还可以适当增加。

（4）充填作业集中进行,即将全部进路及分层道集中一次充填。免去了进路口挡灰墙,使进路与分层道的充填体连成一个整体,提高了混凝土充填的整体稳定性,减少了跑灰事故,节约了木材。

（5）实验方案的上、下分层进路在垂直方向上交错 2m,间隔回采,一次充填。即使有进路充填不接顶现象产生,也不会形成较大面积空顶,消除了由此而产生的采场压力集中现象,对于厚矿体回采是很有利的。

（6）分层道是人员、设备集中的地方,又是其顶板充填体强度最低、顶板暴露时间最长的地方,转层充填之前在分层道中敷设木底架（或钢筋）并安装吊挂钢筋,大大提高了分层道混凝土充填体的整体稳定性,免去了分层道木棚子架设。

（7）高进路方案进路规格加大,回采进路顶板暴露面积大,易造成充填体脱层或片冒。为确保安全生产,在混凝土充填体中配置钢筋和底梁,在整个回采过程中,工人在配有钢筋的混凝土假顶下作业,不用木材支护,工作安全。

4.6　下向六角形进路胶结充填采矿工艺与试验

4.6.1　下向六角形进路胶结充填采矿法概述

我国最早试验和应用下向倾斜分层胶结充填采矿法的矿山是金川龙首矿。1973年金川龙首矿试验组开始试验,到1975年试验成功,这为金川镍矿的开采方法奠定了基础。以后经过不断的探索和总结经验,下向倾斜分层胶结充填法在采场结构、回采工艺等方面都有不断的改进,主要有三次演变:一是由普通低进路演变为高进路;二是由高进路正方形断面演变为六角形断面;三是用机械化代替电耙出矿。第一次演变使充填工艺简化,采矿强度大幅度提高;第二次演变使采矿安全性大大加强。1986年开始试验机械化下向胶结充填采矿,采场出矿能力、安全性能均达到了国内先进水平。

六角形进路胶结充填法的进路断面为六角形,不仅改变了巷道围岩的应力状态,提高巷道围岩的稳定性,而且还扩大了进路的出矿面积,提高了采矿效率,并适应机械化开采的需要。北京科技大学的有限元分析结果还表明,采用六角形进路开采,使采空区混凝土充填体呈蜂窝状镶嵌结构,有利于应力传递、转移,大大改善了充填体的稳定性。姚维信(2001)从理论和实践上对其受力状况进行了分析比较,同时对六角形进路的形成过程、机械化盘区开采中进路断面扩大、进路光面爆破和进路断面圆化进行了分析和探讨。陈俊智对龙首矿下向六角形进路式采矿方法建立了三维模型,并利用数值模拟方法分析研究了开采过程中上部充填体及围岩的稳定性。六角形进路实际效果如图4.32所示。

图4.32　六角形进路现场

针对下向高进路胶结充填采矿方法存在充填体顶板不稳定问题,金川矿区首次提出并采用六角形进路胶结充填法。此方案也是高进路回采方案的一种,它采用仿生学原理,将正方形断面进路改为六角形断面,使采空区混凝土充填体呈蜂窝状镶嵌结构,从而改变其受力状况,提高了采场的稳定性,有效地控制了地应力作用。六角形进路断面高4.0m,

顶底宽 2.6m,腰宽 5.4m,采场布置和采充工艺及支护方式与高进路方案相同,如图 4.33 所示。

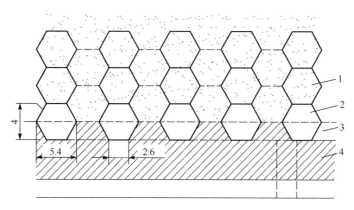

图 4.33 金川龙首矿下向高进路(六角形)尺寸图(单位:m)
1. 充填体;2. 已采空进路;3. 分层巷道;4. 矿体

龙首矿六角形进路采矿法可以分为普通电耙六角形进路与机械化盘区六角形进路两种。

(1) 普通电耙六角形进路采场是垂直矿体走向布置矿块,矿块长 50m,宽度为矿体的水平厚度(10~60m)。阶段高度 60m,在矿块中垂直走向布置分层道,断面面积为2.0m×2.5m,在分层道位置的下盘布置放矿井和通风井,与上下中段的穿脉道联通,放矿溜井下部安装振动放矿机出矿或电耙出矿。溜矿井和通风井随着转层,上部预留行人回风井兼用作材料设备井。矿块两端布置穿脉充填道,有充填井和行人井与上中段沿脉主充填巷道联通。穿脉充填道每 10m 下降一次。粗骨料充填中,充填料用电耙输送到采场进路的小井口,细砂充填中用管道输送到采场进路的小井口,采场内靠自流的方式进行充填。采场进路为垂直分层道双翼布置,长 24m,断面形状为六角形,顶底宽 2.6m,腰宽5.4m,高 4m,进路布置特点为相邻进路在垂直高度上交错半层,即 2.0m,进路隔一采一,每回采一层下降高度 2.6m。充填料用电耙接力送到采场。应用电耙出矿的下向采场采用天井作为采场通道的采准方式,为脉内采准。如图 4.34 所示。

(2) 机械化六角形进路,采用脉内外联合采准系统。斜坡道布置在盘区上盘围岩中,其断面面积为宽×高=4m×3.5m,直墙半圆拱,喷锚网支护,呈折返式布置。采场每下降 15m布置一条分段道,分段联络道与斜坡道相通,采场每层由分段道掘分层联络道进入矿体,每一分段道可服务回采 6 层。垂直矿体走向布置采场长 50~75m,宽度为矿体的水平厚度。阶段高度 60m,在采场中垂直走向布置分层道,断面面积为宽×高=4m×2.8m。在分层道位置布置两条脉内出矿溜井(当矿体水平厚度小于 40m 时只布置一条),回采水平以上充填时应预留通风井,作为采场顺路回风井。脉外布置一条废石井,通过分层联络道与分段道相通。采场两端布置穿脉充填道,采场进路端部掘充填小井与之相通,每 10m 下降一次。穿脉充填道与中段沿脉充填道相通。采场进路为垂直分层道双翼布置,长25~35m。断面面积为六角形,顶底宽 3m,腰宽 6m,高为 5m。进路布置特点为相邻进路在垂直高度上交错半层,即 2.5m,进路隔一采一,每回采一层下降 2.5m,如图 4.35 所示。

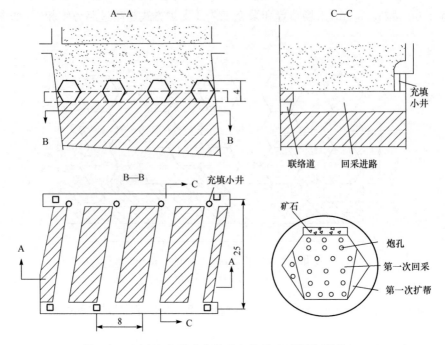

图 4.34　下向六角形进路普通电耙采矿示意图(单位:m)

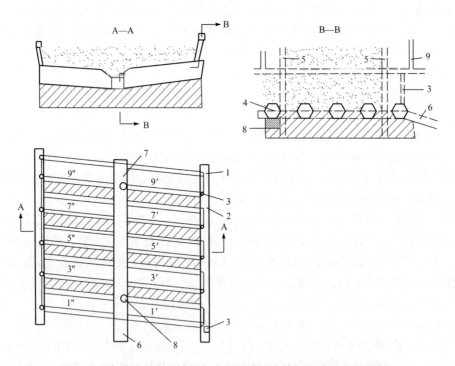

图 4.35　龙首矿下向机械化盘区分层胶结充填标准采矿方法示意图
1. 主充填井;2. 充填巷道;3. 进路充填小井;4. 进路;5. 采场回风井;
6. 分层联络巷道;7. 分层道;8. 出矿溜井;9. 充填巷道人行天井

4.6.2　六角形开采的优化理论

1. 宏观分析

（1）进路顶板宽度由 4m 改变为 2.6m，明显变窄，使采场暴露面积变小；进路上半部回采成梯形，使进路上半部顶帮接近拱形；顶板混凝土充填体呈上部大、下部小的倒梯形，受两帮混凝土的托起。从而改善了进路的受力状态，增强了自身承载能力，使进路稳固性增强。

（2）进路下半部两帮矿石形成斜面，接近于自然安息角状态，可以减少片帮的发生。

（3）因为进路交错布置，在充填不接顶时，只要不接顶高度小于 2m，即充填高度超过 2m，已采空的进路就不会与不接顶空间连通，减少了大面积暴露面的出现，从而减少了不接顶危害。在实际施工中，一般充填厚度达到 2.5m 以上，不接顶高度在 1.5m 以下时不会出现以上连通情况。

2. 六角形断面与高进路正方形断面采场稳定性非线性有限元分析

经过多年的生产实践，正方形高进路式回采方案顶板暴露面积大，进路两帮稳定性差，不易控制，有时发生混凝土充填体脱层和片冒现象，给安全生产带来威胁。通过生产实践，龙首矿采矿工人和技术人员逐步摸索改正方形进路为六角形进路。六角形进路是采用仿生学原理，将正方形断面改为六角形断面，使采空区混凝土充填体呈蜂窝状镶嵌结构，从而改变其受力状况，提高了稳定性，有效地控制了地应力作用。为了从理论上对六角形断面形状进行优化，金川龙首矿与金川镍钴研究设计院合作，利用计算机进行非线性有限元计算，对相同条件下的下向高进路四边形进路与六角形进路的采场稳定性进行了有限元分析法分析研究，根据金川矿区相似条件进行处理，致力于龙首矿关于相同条件下两种断面形状的采场稳定性分析研究。

采场的工程地质条件为：采场地表平均标高 1715m，进路位于 1490m，1490～1520m 为 30 号混凝土充填体，其上部为原岩，矿体为破碎富矿，矿体厚 50～60m，倾角 78°，上盘 Σ_3 岩组。

进路位于矿体中部，深 255m，四边形进路为 4m×4m 的正方形断面，六角形进路的顶底宽 2.6m，两帮正中宽度 5.4m，低边与侧边夹角 54°，其余边长为 2.44m，进路沿矿体走向布置。根据力学理论计算，工程掘进的影响范围为硐径的 5 倍以内，龙首矿四边形的硐径为 4m，六角形最大宽度为 5.4m，高 4m，因此在进行 FEM 计算分析时，考虑采场影响范围为采场周围 50m 以内。

金川镍钴研究设计院比照金川矿区相似情况，依据 Hockande、Brown 与 Binawsik 的岩石力学专著，以及当时的岩石力学理论，采用了线弹性模型和弹塑性模型建立非线性有限元计算力学模型或本构关系。

程序编制采用了西安矿业学院刘怀恒教授设计的 NCAP-2D 二维非线性有限元程序，对龙首矿的四边形与六角形断面的充填体和矿体及受地应力影响分别进行了计算。地应力的计算参考了中瑞（典）岩石力学研究的结果。

水平应力(MPa):$\sigma_h = 0.0425h + 3.0$。

垂直应力(MPa):$\sigma_v = \gamma h$。

计算结果的分析主要在于对周边的分析,对计算结果进行整理得出应力集中系数比较,见表 4.53。

表 4.53　正方形与六角形进路应力集中系数比较

位置	正方形		六角形	
	单元号	应力集中系数	单元号	应力集中系数
顶部	26	4.34	98	1.55
	25	2.90	90	1.29
侧帮	24	2.45	82	1.20
	16	6.80	81	1.90
	8	−0.05	72	2.80
	8	−0.10	71	3.40
	16	5.20	71	3.40
	24	2.46	72	2.80
	—		81	1.93
	—		82	1.21
底部	25	2.86	90	1.23
	26	4.31	98	1.545

从表 4.53 可以看出,正方形断面的四个角是应力集中区,应力集中系数为 6.8,计算最大主应力为 93.48MPa。两帮中部为应力降低区,两帮中间部位的应力集中系数为 −0.05,即出现拉应力,计算拉应力为 0.69MPa。因此,正方形断面两帮的稳定性很差,极易出现片帮现象。六角形的应力集中区主要是两帮的中间部位,应力集中系数为 3.4,比正方形降低了 3.4 倍,最大主应力为 47.19MPa,比正方形降低了 46.29MPa。由此可见,六角形断面对进路周边的受力状态有很大改善,使得两帮受拉现象在六角形断面的两帮消失了,使两帮稳定性有了明显改善。

从塑性区分布可以看出,正方形进路的顶部中央部位和两帮中间部位都处于塑性状态(金川公司镍钴研究设计院,1988)。因此,很容易出现顶部掉块和片帮。六角形基本上处于塑性区之外,同时由于六角形周边都处于受压状态,因此,六角形进路的周边形成了一个承载环,或者说利用进路周边的围岩来支护,同时,由于应力集中值比正方形小得多,因此,对整个周边都有很大的改善,顶部掉块和两帮片帮的可能性比正方形小得多。

经过分析得出如下结论:

(1)六边形进路的应力集中系数是正方形进路应力集中系数的 1/3.4,应力集中值降低了 46.29MPa,改善了进路周边的受力状态。

(2)六角形进路变正方形进路两帮受拉为受压,对两帮的稳定性大有益处,不容易出现顶部掉块和片帮。

（3）六边形进路的周边基本上处于塑性区之外，与正方形进路相比，不容易出现顶部掉块和片帮。

（4）由于六边形进路的周边基本位于塑性区之外，周边都受压，因此，在六角形进路的周边形成了一个承载环，充分利用了进路周边围岩的自身支撑能力，可以不支护或至少可以降低支护费用。

（5）从整体上讲，六角形进路的稳定性比正方形进路好得多。

3. 六角形进路应力集中分析与进路周边尺寸的合理选择

北京科技大学应用数值解析法和图解解析法，利用微机处理，求出了30多种尺寸匹配的六角形，并求出了相应断面尺寸及六角形周边应力集中情况。

通过计算分析，六角形进路顶底宽为2.6m，腰宽为5.4m，高为4.0m时，其应力集中系数两腰中点为6.69518，拐点为6.612387，顶板中点为2.053714。应力集中系数都较小，进路周边无拉应力出现，较为安全。为了满足不同生产设备的采矿作业需要，优化找出了合理的进路断面，见表4.54。

表4.54 龙首矿六角形进路断面尺寸

进路	顶底宽/m	腰宽/m	高/m	面积/m²
普采	2.6	5.4	4.0	16.0
机采	3.0	6.0	5.0	22.5
机采大断面	3.5	7.0	6.0	31.5

4. 进路充填体稳定性分析

六角形进路变正方形断面的矩形镶嵌为蜂窝状楔形镶嵌，提高了充填体的稳定性。不论正方形断面还是六角形断面，进路采完后都要及时充填，而充填在多数情况下是不能接顶的，或多或少地都存在着不接顶空间（图4.36和图4.37）。即使初期充填接顶了，充填体在凝固后也会有一定程度的收缩，形成不接顶空间。实测表明，胶结充填体的收缩率为2%。

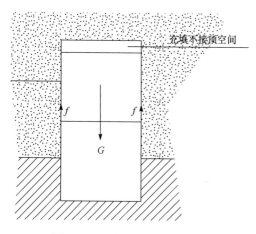

图4.36 正方形进路受力分析

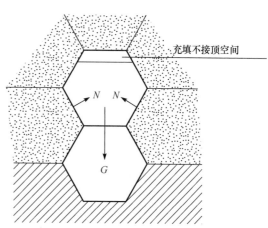

图4.37 六角形进路受力分析

对于正方形进路,两帮是垂直的,顶板充填体的稳定是依靠两帮的摩擦力实现的,而充填体的"收缩"会在两帮产生"弱面",因此顶板的整体稳定性差。同时,在不接顶空间较大时,不接顶空间以上的充填体会塌落,冲击下面的充填体而造成顶板整体失衡,发生顶板的整体垮落现象。

对于六角形进路,其两帮与水平面的夹角约为 59°,顶板充填体是依赖与接触面垂直的法向力 N 实现的,除非将两帮的充填体完全压坏,才可能出现顶板充填体的垮落。同样,其顶板比正方形进路更能抵抗冲击力。

从以上的分析可知,用六角形断面代替正方形断面的进路,有效地改善了进路的受力状况,降低了进路的应力集中系数,变正方形两帮的拉应力为六角形进路周围全为压应力,最大限度地发挥了矿岩的自承能力,减少了两帮和顶板垮落的发生,减弱了充填不接顶对采场生产带来的危害,为采场的安全高效生产提供了保障。

4.6.3　普通下向六角形进路胶结充填采矿法试验研究

1974 年金川公司龙首矿开始对下向分层胶结充填采矿法进行试验。经过不断摸索、总结经验,在采场结构、采矿工艺等方面都有了较大的改进。这期间大约经过两个阶段:一是由普通低进路(高为 2～2.5m,全面回采)演变为高进路(高为 4m,隔一采一);二是由高进路正方形断面演变为六角形断面。下向分层胶结充填采矿法的两次演变,都使它产生了质的飞跃。第一次飞跃使采矿工艺(主要指充填)大大简化,产量也随之提高;第二次飞跃,由于安全性大大加强,促进产量又有新的提高。龙首矿自 1986 年下半年开始推广六角形进路采矿以来,产量高、安全性好,生产能力达到了前所未有的高度。

1. 采准布置

龙首矿 1460m 中段以上为竖井开拓,脉外环形运输。按勘探线每 50m 掘穿脉道与上、下盘运输干线贯通。中段高度 60m,每条穿脉道在脉内掘两条天井至上中段,一条出矿井,一条行人通风。

采场沿走向布置。在上中段、下盘布置沿脉充填道与主充填系统相连,在采场端部布置穿脉充填道,搅拌好的混凝土充填料经过电耙接力耙运进入采场。穿脉充填道每隔10m 下降一次,掘人行井、下灰井与上部充填道贯通。

2. 采场技术尺寸

采场技术尺寸与所使用的机械搬运设备有关,龙首矿采场一直使用电耙,它的有效耙运距离一般为 30m 左右。对于双翼采场,采场沿走向长为 50m、单翼长为 25m,宽为矿体的水平厚度,一般为 30～40m,进路长 25m 左右。六角形进路断面高 4m、顶底宽 2.6m、腰 5.4m(以上均允许±0.2m),进路的倾角 5°～8°。遇到上、下盘边界矿体不规则,规格也有变化,当上盘新开进路时,因顶板无混凝土充填体,采用普通法回采,高、宽均应控制在 2.5m 左右,且需要架棚子,如图 4.38 所示。

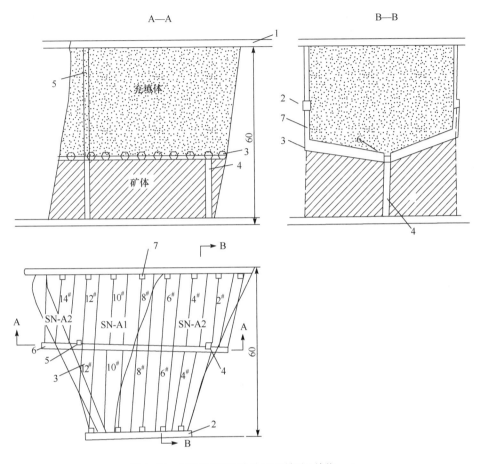

图 4.38　下向双翼进路分层充填法(单位:m)

1. 运输中段；2. 充填分段道；3. 进路；4. 矿石溜井；5. 人行通风井；6. 分层道；7. 充填小井

双翼采场分层道布置在采场的中间,每分层下降 2m,高×宽为 2m×2m,长为矿体的水平厚度,要求穿上、下盘矿体。分层道必须支护,由原来的木棚子支护改为现在的钢筋吊挂支护。

3. 回采工艺

回采时采用手持式凿岩机,孔深 1.5～2.5m,出矿采用 15～30kW 电耙,间隔进路回采。在倾斜进路里充填可以依靠自流达到接顶,且接顶密实。进路断面使用六角形断面,可达到安全目的。

1) 人工假顶

在无混凝土充填体假顶的采场,必须先形成约 2.5m 厚的假顶,然后才能使用六角形断面回采。方法是用普通下向胶结充填法回采一层,先掘进分层道,然后开进路,进路毛断面一般为 2.5m×2.5m。先采单号进路,然后再每条进路口用 5cm 厚的板子封板墙,里面挂草袋子或其他滤水布,外面要用撑子加固好,充填完毕后 24h 方可拆撑子,再采双号进路。待所有的进路都采完,就可以转下一层回采,转层时需要把设备撤至安全地点,此时不必逐条进路封口,只要把出矿溜井上口的分层道部分用5cm厚板子围住,外围挂草袋子或其他滤水布,里面打坚固撑子,充填后11h即可开始下一层回采。如图4.39所示。

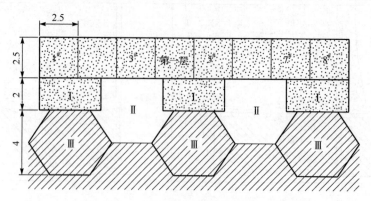

图4.39　六角形断面形成过程(单位:m)

第一层. 人工假顶;Ⅰ. 预备层;Ⅱ. 雏形层;Ⅲ. 六角形回采

2) 形成预备层

用普通低进路回采一层以后,还须再采一层预备层。此时分层道下降2m,进路高2m,宽4m,隔一采一,采完即可封口(只要把天井口分层道部分围住)充填(图4.39中Ⅰ)。Ⅰ为预备层,采高2m,宽4m;Ⅱ为高进路,采高4m,宽2.6m,采完后适当扩帮,腰宽控制在5.4m,图4.39中Ⅲ为正常六角形断面开采。

3) 六角形回采法

六角形回采法的首要条件是必须隔一采一,当预备层及高进路采完后,转采下层。如图4.39中Ⅲ时,六角形断面才能形成。六角形分第一次回采和第二次扩帮,如图4.40所示。工人到了进路里,可以明显地看到顶板的充填体由两帮的混凝土托着,而矿石又托着两帮的充填体,工人在进路里比较安全。

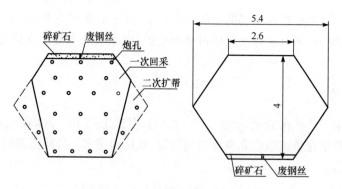

图4.40　进路回采标准断面(单位:m)

4. 通风及其他

1) 通风

下向分层充填采矿法采场的进路在充填小井未贯通之前,主要靠局部通风,分层道设两条开井,一是出矿溜井;另一条是人行通风井,通风井在上盘,出矿溜井在下盘。新鲜风流通过风井进入分层道,通过进路、充填小井进入上中段回风道,但在充填小井未贯通之前,风流也就从分层道上部行人井进入回风道,若采场没有专门的通风井是不合理的。

2) 整平底板

要使六角形断面形成较好,在进路里一看就可以看出它的轮廓,当进路采完后,在充填前还必须把底板扒平。到下层的顶板就是平的。在进路里看,上半截的梯形看得比较清楚,下半截一平底,六角形断面就展现出来了。如果底板不扒平,进路底板由电耙扒成深槽,到下层的进路顶板就呈"锅底形",形成的"半圆柱"混凝土给工人的人身安全造成威胁,而顶板的两边还夹有大块矿石,造成二次损失。

龙首矿在整平底板的同时,还将采场电耙用的废钢丝绳埋入底板,这样到下层回采时,露出来的废钢丝绳只要挽个结就可以吊挂滑轮,非常方便,挂一个滑轮只要一两分钟,不要打撑子,既省木材,又省时间。同时,进路回采也不用测量方向,一分层可以节约木材 $1\sim2m^3$,每个循环可节约时间 1h。

3) 保留充填小井

下向分层胶结充填采矿法中充填小井的保留或充死对采场的生产能力影响较大。根据多年的经验,龙首矿规定充填小井最高为 20m 左右。按现在六角形进路采矿法,每回采五个分层就要下降一次充填道,5m 以内的小井容易掘进,而掘进 5m 以上的充填小井费工、费时,掘一条 10m 的充填小井至少要 3 天(主要是排烟困难影响进度),而掘进一条 25m 长的进路只要 $5\sim7d$,可见保留充填小井(尤其是 5m 以上部分)比较重要。龙首矿采用各种方法,经过多次试验,终于找出了适合龙首矿保留小井的具体办法。其做法为:充填时,采矿工区、充填工区各派一人看守,当充填料接顶时,停止下灰,将准备好的板子封住下灰口,改由另一下灰口下灰,依此类推,直至采场充满为止。

5. 充填

龙首矿采用粗骨料混凝土充填。砂石由火车从砂石场运至砂石井,井下再由皮带运输机送至各搅拌硐室。制浆站设在地表,水泥用火车或汽车运至制浆站,用高压风送至水泥仓。水泥标号不小于 32.5,水泥通过给料器进入搅拌桶,加水后制成灰浆用充填管子送入井下搅拌站,灰浆水灰比为 $1.15\sim1.30$。井下搅拌站搅拌好的混凝土由电耙接力耙运至各采场。每立方米充填料水泥用量在 $170\sim180kg$,充填体标号在 $30^\#\sim50^\#$,各作业地点均有信号与搅拌站、制浆站联系。充填的采场必须派专人看灰,并有信号与作业地点联系。

6. 损失与贫化控制

下向分层充填法开采复杂矿体是比较容易降低损失和贫化率的,但需了解清楚地质情况(包括工程地质)、夹石分布、上下盘围岩界线,进行每个分层的施工设计,合理的回采,就可以达到最小的损失贫化率。目前有些采场造成损失、贫化率大的原因有:地质界线圈定不准,不按设计施工,不合理的残留部分矿柱。单翼采场回采比双翼采场回采的损失率要大,因为电耙座之间留下部分残留矿石难以回采。

下向分层充填法的贫化,损失率大小要视矿体复杂程度而定,一般为 3%~10%。龙首矿由于加强了管理,损失率和贫化率逐年降低(表 4.55)。

表 4.55 近几年损失率和贫化率

项目	1985 年	1986 年	1987 年	1988 年一季度
损失率/%	9.1	8.6	7.14	5.4
贫化率/%	9.9	8.7	6.1	5.5

7. 六角形进路断面合理性论述

1) 直观上分析

因为顶板的充填体由两帮的充填体支撑,使顶板的暴露面窄,即使顶板的充填体有层理(不连续充填体组成),但因有两帮的充填体托着,使它也难以掉落;六角形进路的上腰为充填体,下腰为矿石。由于扩帮后矿石形成近似于自然崩落角状态,也会发生片帮的现象。自从实行六角形进路采矿法以来,偶尔由于充填体质量差而出现顶板局部脱落,但从无片帮现象发生,所以采场安全性好。

2) 受力状态分析

(1) 顶板受力状况。从正方形与六角形断面看,采场进路断面为正方形时,顶板跨度为 4m,六角形为 2.6m,充填体相同,载荷相同,显然跨度小的承载力大。

(2) 应力集中状况。矿石被采出后,采场进路周围的应力要进行重新分布,往往在边角处形成应力集中区,应力集中系数大小随开挖形状不同而不同。如果原岩应力各方向相等,最好的形状是圆形,其次是多边形。随着边数减少,边角处的应力集中系数会增大。即随着多边形每个角的度数的减少,应力集中系数将增大,因此四边形中,上部两角的应力集中系数要比六角形中上部两角处大 3.4 倍。

(3) 断面形状对应力作用的适应性。金川矿区最大主应力轴接近水平,表明矿区作用的地应力以水平应力为主导,并且都是压应力。适应应力调整的最好断面形状应该是水平应力与垂直应力比值相同的宽高比。本采矿方法中六角形轴比为 5.4:4,而正方形轴比为 4:4。显然六角形要优于正方形,能适应金川矿区作用的地应力。

(4) 现场实际调查。自实行六角形进路采矿法后,在采场未发生因冒顶、片帮而引起的伤亡事故(表 4.56),说明理论分析与现场相符。

表 4.56 采场安全状况比较

时间	进路形式	轻伤/人	重伤/人	死亡/人
1981~1983 年	低进路	5	0	2
1985 年	高进路	2	1	0
1987 年	六角形	0	0	0

3）整体分析

（1）因为进路要隔一采一，所以不会发生大面积冒顶，只是个别进路因充填体质量差而发生局部脱层。

（2）从剖面图上看，充填体呈蜂窝状镶嵌结构，各进路之间相互啮合，所以不会出现多层同时冒落的现象。

（3）从充填工艺上看，因为两相邻进路合用一个充填小井，所以，如果任意一条进路充填没有接顶，那么在相邻进路充填时可以得到补充，不会形成大的空洞而造成安全隐患。

4）可以减少损失、贫化

（1）减少二次损失。顶板夹角大，此处矿石易回收，腰部夹角虽小，但矿和混凝土有节理，也不易造成损失。

（2）可减少贫化。因为是六角形回采，下盘进路可刚好沿着下盘界线采下来，若是正方形就要造成贫化或损失。

8. 采场生产能力

当矿体宽度大于 30m 时，一个采场内有两个工作面同时作业，一个凿岩，一个出矿。进路初掘断面按高 4m、宽 3m 计算，一个掌子 20～24 个孔（根据岩石情况），孔深 1.6m、炮孔利用率为 80%，则每个循环进尺达 1.28m。

每次崩矿量为

$$Q = HBL\eta\gamma = 4 \times 3 \times 1.6 \times 0.8 \times 2.8 = 43(t)$$

式中，H 为进路高；B 为宽；L 为孔深；η 为炮孔利用率；γ 为矿石平均容重。

一个小班两炮，应出矿 86t，按三班制作业，一个采场 258t，一个月正式作业 15d，出矿 3870t，但实际上受各种因素影响，不能保证有两个工作面同时作业，这里应该考虑 0.8 的修正系数，即一个月正常出矿 3100t 左右。

9. 六角形进路采矿法与正方形进路采矿法比较

1）下向分层充填采场生产能力比较（表 4.57）。

表 4.57　下向分层充填采场生产能力比较

时间	进路形式	采场数/个	总出矿量/t	生产能力			增长率/%	备注
				/(t/年)	/(t/月)	/(t/d)		
1981～1983 年	低进路	7	104879	14982.7	1278.5	49	—	—
1985 年	高进路	9.5	21546	22680	1890	70	42.8	正方形
1987 年	六角形	6.5	207880	31982	2781	103	—	—

注：二区产量未统计，因该区有上向采场，下向产量很难分清；本表根据全采用下向回采的三、六工区产量统计。

2) 主要经济技术指标(表 4.58)。

表 4.58　主要技术经济指标

项目	指标	1985 年(三、六工区平均值)	1987 年(全矿平均值)	备注
采矿	台效/[t/(台·班)]	60.35	66.58	——
	工效/[t/(工·班)]	6.9	8.27	
材料消耗	木材/(m³/t)	0.0035	0.0033	三项指标为年平均数；水泥标号不低于 32.5；1985 年上向采场占 37.8%，1987 年全部下向
	炸药/(kg/t)	0.33	0.355	
	水泥/(kg/t)	63.5	61	

10. 试验总结

下向分层胶结充填六角形进路采矿法是在总结先进经验的基础上产生的，在龙首矿得到大力推广，由于结构合理、安全性好、产量高已为大家所公认，属世界首创。龙首矿已全部采用下向分层胶结充填采矿法。可以预见，下向分层胶结充填六角形进路采矿法将会越来越多地使用在矿石破碎的富矿中，它将作为一种先进的采矿法载入史册。

4.6.4　机械化下向六角形进路采矿法工艺研究

金川龙首矿机械化下向分层六角形进路胶结充填采矿法是在 1990～1992 年由电耙出矿的下向普通分层六角形进路胶结充填采矿法改造而成的。该方法安全可靠、技术合理、产量高、工人易于掌握，已越来越多地使用在矿石破碎的富矿开采中。机采盘区主要分布在 1400m 中段 15～17 行。

1. 采准布置

金川龙首矿 1460m 中段以上为竖井开拓，1460m 中段以下为竖井、斜井、斜坡道联合开拓，中段为有轨运输。按勘探线每隔 50m 掘一条穿脉巷道，中段高 60m。机采盘区采用脉内外联合采准系统，如图 4.41 所示。斜坡道布置在盘区上盘围岩中，其断面宽×高为 4m×3.5m，直墙半圆拱、喷锚网支护，1460～1400m 中段呈折返式布置。采场每下降 12m 布置一条分段道，分段联络道与斜坡道相通，采场每层由分段道掘分层联络道进入矿体，每一分段道可服务回采 4～5 层。垂直矿体走向布置采场长 50～75m，宽度为矿体的水平厚度。阶段高度 60m，在采场中垂直走向布置分层道，断面宽×高为 4m×2.8m。在分层道位置布置两条脉内出矿溜井(当矿体水平厚度小于 40m 时只布置一条)，回采水平以上充填时应预留通风井，作为采场顺路回风井。脉外布置一条废石井，通过分层联络道与分段道相通。充填系统用上中段沿脉充填巷道与主充填系统相接通，穿脉充填巷道布置在采场端部。采场两端布置穿脉充填道，采场进路端部掘充填小井与之相通，每 10m 下降一次。穿脉充填道与中段沿脉充填道相通。采场进路为垂直分层道双翼布置，长 25～

35m。断面为六角形,顶底宽 3m,腰宽 6m,高为 5m。进路布置特点为相邻进路在垂直高度上交错半层,即 2.5m,进路隔一采一,每回采一层下降 2.5m,如图 4.35 所示。

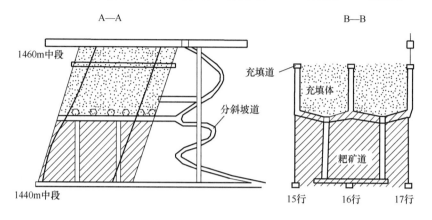

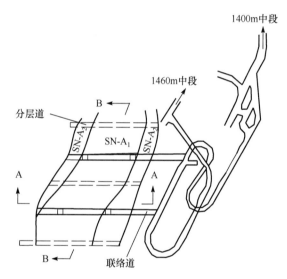

图 4.41　金川龙首矿机械化下向六角形进路采准工程示意图

长沙有色冶金设计研究院(2007)设计的盘区机械化下向六角形进路胶结充填采矿法采用脉内外联合采准系统。由于矿体下盘围岩比上盘围岩更破碎,辅助斜坡道布置在矿体上盘围岩中,其断面面积宽 4.6m、高 3.9m,直墙＋半圆拱,喷锚网支护,呈折返式布置,靠近矿体时每下降 40m 布置一条分段联络道连通相邻上、下两分段无轨运输平巷。分段高 20m,分段无轨运输平巷布置在矿体上盘,采场每分层由分段平巷掘分层联络道进入矿体,每一分段平巷可服务回采 6～7 个分层。采场垂直矿体走向布置,采场长 100m,宽度为矿体的水平厚度。阶段高度 60m。在采场中部垂直走向布置宽 4.6m、高 3.5m 的分层道,在分层道内布置两条 $\phi 1.5m$ 的顺路天井,作为采场回风井。在分段无轨运输平巷外侧每隔 100m 布置 1 条矿石溜井,另在脉外布置一条废石溜井。采场两端布置断面为 2m× 2m 的穿脉充填道,采场进路端部掘 $\phi 1.0m$ 的充填小井与之相通,每 20m 下降一次。穿脉充填道与中段沿脉充填道相通。采场进路为垂直分层道双翼布置,长 50m。断面尺寸为六角形,顶底宽 3.5m,腰宽 7m,高 6m。进路布置特点为相邻进路在垂直高度上交错半层,即 3m。进路隔一采一,每回采一层下降 3m。

2. 回采工艺

用水星-14 液压凿岩台车或 YT-24 凿岩机凿岩,孔深 1.8～2.4m,孔径 40mm。炮孔利用率在 95％左右,班出矿量 126t,采用三班制作业,日出矿可达 378t(一个盘区)。新鲜风流从斜坡道经分段联络巷道、分段巷道、分层联络巷道进入采场,污风从采场预留顺路回风井或进路充填小井排至上中段回风巷道。矿石用一台 LF4.1 铲运机搬运,铲入盘区脉内溜井,经下部中段放出。该盘区两个采场交替作业共 46 人,平均产量 13750t/月,工人劳动生产率为 11.95t/(工·班)。长沙有色冶金设计研究院设计实行下向进路回采,采用 Boomer 282 火箭式双臂液压凿岩台车凿岩、4m³ JCCY-4 型内燃铲运机出矿,管道输送的细砂胶结充填。

3. 进路充填准备及充填作业

龙首矿在采场充填中采用钢筋网铺底进行混凝土胶结充填,作业工序如下。

1) 平底

采场充填在采场回采结束后进行,对分层道底板回填 0.3m 厚碎矿石,进路底部回填 0.1～0.2m 厚碎矿石,扒平。形成 3°～5°倾斜角,以利充填,垫碎矿石的作用是对下分层爆破时增加爆破自由面和保护充填体。

2) 吊挂

在扒平的碎矿石上敷设钢筋网,再进行吊挂,吊挂中在第一分层都打吊挂锚杆,锚杆为 ϕ20mm 螺纹钢,长 1.2m,间距 1.5m。再用 ϕ10mm 的钢筋作为吊筋,将底板铺的金属三角桁架与铺杆相连。三角桁架是用直径 10mm 的钢筋焊接而成的,顶筋与吊筋相连,吊环预埋至碎矿石中,备下分层充填吊筋连接用。吊筋弯钩长度大于 400mm,弯钩处互相缠绕连接。铺底钢筋网固定在三角桁架的底筋上(图 4.42 和图 4.43),规格 3.0m×1.6m,网度 400mm×300mm(细砂充填)或 400mm×500mm(粗骨料充填),为 ϕ6.5mm 钢筋焊接而成,钢筋网与桁架之间相互拧结相连。普通电耙采场预留通风井和人行井井口的吊挂,必须采用直径为 200mm,L 为 4～5m 的圆木四根垛框形成吊挂,四角都用双股钢筋吊挂,与分层道、进路的拉筋整个拉在一起,层层如此,用 50mm 厚木板堵漏,用

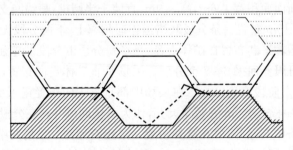

图 4.42　进路底梁吊挂

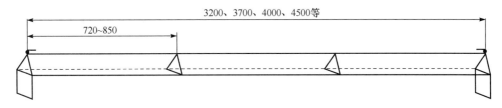

图 4.43　吊挂用的桁架(单位:mm)

ϕ200mm 圆木作为横撑,用草袋子或滤水布钉于木板上滤水,上部与顺路天井相接。

3) 充填封口

封口工序有木板封口及空心粉煤灰砖砌筑隔墙两种方法。利用空心粉煤灰砖砌筑挡墙,经济实用,墙体坚固,并有一定的滤水性。砌筑之后,再喷射一层 100mm 厚混凝土,加固挡墙。

4) 预支通风行人井、通风井

通风井采用 ϕ2m 铁盒子预留;通风行人井采用 ϕ2m 铁盒子预留,里面安装行人软梯。铁盒子要密封严实,防止进灰。

5) 实施充填

充填准备工作结束后,将搅拌均匀的混凝土充填料通过充填小井灌入采场。充填方式为细砂管道自流输送充填。采场充填 72h 后方可开始下一分层切割工程施工。

4. 人工假顶

人工假顶是下向充填最关键的结构,工人在混凝土充填体的顶板下作业,因此要求充填体具有一定的强度和稳定性。人工假顶的抗压强度设计一般取 3～5MPa,龙首矿改造的东部充填搅拌站建设了一套管道输送细砂胶结充填系统,细砂充填中使用的是 42.5# 硅酸盐水泥,水泥含量为 300kg/m³ 以下(根据粉煤灰添加数量来节省水泥用量),充填体强度均控制在 7d 为 1.5MPa,28d 为 3.5～4.5MPa。在采场转层充填时,要对分层道、进路底板矿石全面清理和平整,然后吊挂,铺设桥架和金属网,桥架间距 1.5m,长 3m,使用 ϕ10mm 钢筋焊成,由粗为 ϕ10mm 吊筋和上一层桥架吊环相连接牢固,再在分层道和进路底板及进路两底帮铺上金属网,且与桥架和吊筋搭接,如图 4.44 所示,金属网的网度为 400mm×300mm,是由 ϕ6.5mm 钢筋焊接而成的。

5. 六角形进路的形成

1) 由正方形进路向六角形进路转化

在正方形高进路正常回采时已形成混凝土假顶,图 4.45 中第一、二、三层为形成六角形进路的预备层,回采时进路方向不变,只需使进路下半部按六角形进路规格要求施工,即按底宽 2.6m,腰宽 5.4m 施工即可;第四层按六角形进路规格施工形成正规六角形进路断面。

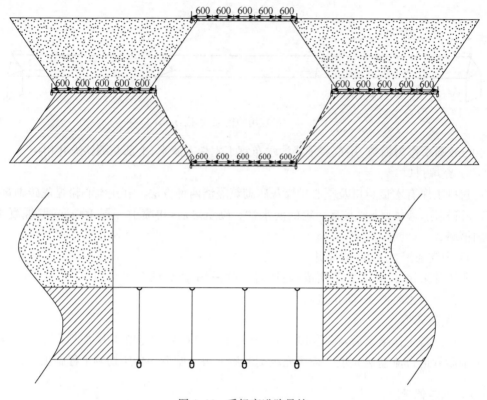

图 4.44　采场高进路吊挂

2) 新开采场六角形进路形成过程

第一步，形成完整的混凝土假顶。新开采场无混凝土顶板，须先形成 4～5m 厚的混凝土假顶，以确保高进路回采的安全。一般采新开采场第一层用低进路回采两个分层，如图 4.46 中第一分层和第二分层，断面规格 2.5m×2.5m(机械化盘区为 3m×3m)。回采时可视矿石稳固性情况隔一采一，先期回采的进路采完后逐条封口充填，再回采剩余进路，全部回采结束后，支顺路天井、封口，一次充填。从而形成一定厚度的、整体性比较好的混凝土顶板。

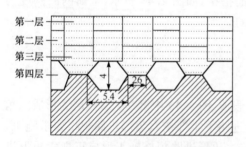

图 4.45　六角形进路形成过程一(单位:m)

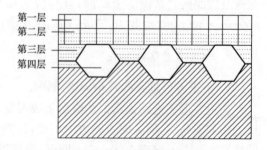

图 4.46　六角形进路形成过程二

第二步，形成六角形进路预备层。用低进路回采两层以后，须再采一层预备层，形成六角形进路预备层。此时分层道下降 2m，进路按平均宽度 4m 排列布置，进路规格为上部顶宽 5.4m,下部底宽 2.6m 的倒梯形,隔一采一,采完后可多条进路一次充填或全层所有进路一次性充填。本层要严格控制进路的方向和坡度,为下层形成正规六角形进路打好基础。如图 4.47 所示。

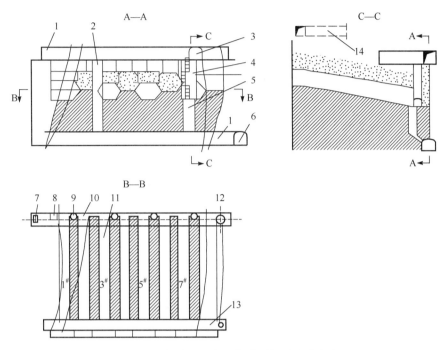

图 4.47　龙首矿下向六角形预备层回采方法

1. 中段穿脉运输巷道;2. 采场通风天井;3. 设备硐室;4. 顺路行人材料井;5. 溜矿井;6. 底盘沿脉运输巷道;
7. 电耙;8. 行人信号材料井;9. 充填下灰小井;10. 穿脉充填巷道;11. 六角形进路;
12. 充填下灰井;13. 分层巷道;14. 沿脉充填巷道

第三步,形成六角形进路雏形层,即第三层回采时以宽×高为 4m×4m(4.5m×5m) 进路断面回采第二层未采的进路,且必须把进路 2m(2.5m) 高的下半部开帮形成底宽 2.6m(3.0m),腰宽 5.4m(6m) 的倒梯形断面。

第四步,形成标准层。在第三层预备层形成后,下降 2m 转层回采第四层,隔一采一,按六角形进路规格施工,自然形成完整的六角形高进路。在实际回采中,进路绝大部分是一次性形成六角形断面,部分进路还需开帮处理形成。

4.6.5　三角钢筋桁架吊挂支护技术在下向胶结充填采矿中的应用

龙首矿是金川有色金属公司的一个老矿山,采矿方法从 20 世纪 60 年代初的分层崩落法逐渐演变到今天的充填采矿法,只有下向分层胶结充填六角形进路采矿法应用最为成功,但该方法对采场顶板安全可靠性要求特别严格。由于 1993～1994 年年初市场镍价急剧下跌,并一度降到了历史最低点,给全公司和龙首矿生产经营和正常运行造成很大困难,资金严重紧张,加上原材料价格的不断上涨,面对这一实际情况,公司上下齐动员,提出深挖内部潜力,扎实练好内功,降低生产成本,增强企业活力;结合龙首矿的实际,认为应在降低生产成本上多下工夫,由于充填成本在龙首矿采矿成本中占有很大比重,如何能降低充填成本就成为降低采矿成本的关键,为此在 1994 年 3 月提出对原充填吊挂支护形式进行改造的同时拟采用以钢代木的新型支护,故该项目由此产生。

该项目技术原理是依据普罗托季雅科诺夫的松散体理论,即桁架承受的载荷是其上面一定范围内坍落拱下充填体的重力。通过理论强度技术校核,完全能满足钢筋抗拉的强度$[\sigma] \geqslant 38 kg/mm^2$的要求,同时克服了原吊挂支护方案的缺陷。1994 年 6 月在采场推广应用后,从现场揭露开的实际情况来看,改进后的填充吊挂支护形式不但可以满足采场要求,且与以前相比,充填体顶帮的脱层、片帮事故明显减少。

1. 原充填吊挂支护方案弊病分析

原吊挂支护设计存在以下问题:

(1) 用 ϕ200mm 的圆木作分层道底梁及 ϕ150～ϕ180mm 的圆木作采场进路的吊挂底梁,成本太高。

(2) 采用圆木作吊挂底梁与用 ϕ10mm 的钢筋作主吊筋,存在主筋与圆木底梁在强度上不匹配的问题。这一点从多年的现场充填体片帮冒顶及脱层事故中不难发现。

(3) 下料运送不方便。

(4) 工人劳动强度大,吊挂费时,转层周期太长。

(5) 从企业走市场经济的运行机制看,木材价格有增无减,而钢材价格有减无增且波动性大,不像木材较稳定。故采用原支护方案会降低劳动生产率,使企业逐渐陷入困境。从经济角度讲,原支护方案很不合算。

2. 新充填吊挂支护方案概述

新方案与原方案的最大区别在于用简易的三角钢筋桁架替代了圆木吊挂底梁,用钢筋网替换了原来地板上敷设的纵筋,横筋和拉筋,其作用和原方案相同。

3. 新充填吊挂支护方案施工技术措施

(1) 进路吊挂长度为设计长度的 2/3。

(2) 桁架置放整齐平行,且吊环置于铺垫虚毛之下 200mm。

(3) 吊筋与环或桁架之间接口为麻花型捆绑,且要放在环子里面。

(4) 桁架之间间距为 1.5m 或≤1.5m。

(5) 钢筋网的网度必须符合设计要求。

(6) 桁架露头率合格达到 100%,除非是边缘或新增进路可打锚杆吊挂。

(7) 桁架本身质量合格,不符合设计的桁架采场有权拒绝使用。

(8) 吊筋的直径为 10mm,钢筋网中钢筋直径为 6.5mm。

(9) 回采结束即采场吊挂之前,必须将底整平,且铺垫≥300mm 的虚毛,即用进路底板平整度确保桁架的露头率和顶板的安全可靠性。

(10) 钢筋网必须绑牢和加固结实,且钢筋网绑扎长度必须≥10mm。

4. 主要技术性能指标

针对下向胶结充填采矿法,其主要性能指标及技术经济比较见表 4.59 和表 4.60。

表 4.59　强度技术比较

支护方式	形式	分层道/(kg/mm²)		进路/(kg/mm²)		
		吊筋	圆木桁架	吊筋	圆木桁架	帮上吊筋
原吊挂支护 1	普通下向采场	16.55	4.14×0.01	28.4	25.28×0.01	21.86
	机械化采场	37.10	18.50×0.01	25.0	15.40×0.01	21.30
新吊挂支护 2	普通下向采场	16.55	16.55	28.4	28.4	21.86
	机械化采场	37.05	37.05	25.0	25.0	21.30

表 4.60　经济技术比较　　　　　　　　　　　（单位:元/t）

地点	项目	粗骨料充填采场		细沙管道充填采场
		普通高进路采场	机械化盘区采场	
分层道吨矿成本	Ⅰ	6.48	4.75	7.56
	Ⅱ	2.72	2.10	3.60
	Ⅰ-Ⅱ	3.76	2.65	3.96
进路吨矿成本	Ⅰ	1.74	1.29	2.27
	Ⅱ	1.24	1.08	1.43
	Ⅰ-Ⅱ	0.50	0.21	0.84

注:Ⅰ代表原吊挂支护吨矿成本;Ⅱ代表新吊挂支护吨矿成本;Ⅰ-Ⅱ代表两种吊挂支护节约成本。

5. 结论

(1) 新充填吊挂支护方案理论计算正确,方案合理,实施应用后可靠。该成果的创造性和先进性在于全部以钢代木,通过材料替换,改变了以前传统的采用圆木作吊挂底梁的方式;整体效果好,同时结构也发生了变化,近似于钢筋混凝土,增强了吊挂支护的柔性。同时大幅度降低了采矿成本,为工人的采场作业提供了一个安全可靠的人工假顶,减少了木材的消耗和浪费,大幅度地降低了采矿成本。

(2) 该方案在龙首矿采场推广应用之后,取得了巨大的经济效益和社会效益,从龙首矿采场吊挂支护材料统计的结果表明,由木材和钢筋消耗的情况对比,节约木材 1166.1m³,节约资金达 92.30 万元,而产生的社会效益深远,没有采场片冒事故发生,死亡事故为零,保证了全矿生产经营及各项指标的顺利完成。

(3) 该方案不只限于金川集团公司龙首矿井下采场,对所有下向胶结充填采矿法的类似矿山都有推广应用的价值。

(4) 该项成果与传统的吊挂支护方案相比,虽有许多的优点,但也存在一些不足。例如,由于巷道长久服务后变形,钢筋网太大无法运送到作业场所,以及采场进路的规格和形状的影响等,这些问题都有待改进和完善。

4.6.6　六角形进路的优化与发展

姚维信(2001a,2001b)对龙首矿采场溜井的设计、施工和管理进行了研究。乔登攀等(2006)对龙首矿下向六角形进路式采矿爆破效率进行了试验研究,通过应用断裂力学理论确定了崩落孔和周边孔的布孔参数,采用大直径空孔直线掏槽全断面一次性崩矿方案,有效提高了爆破效率。柳军斌等(2008)针对高进路转无混凝土假顶低进路回收边角矿体的对策进行了探讨,提出了采用控制爆破、木棚支护和横巷假顶等技术,解决了高进路转低进路时的安全和效率问题。安文杰等(2008)对龙首矿采矿进路断面的扩大、溜井设计的改进、采场生产组织的协调等技术难题进行了研究,系统地分析总结了提高采场回采效率的一些措施。张绍勋等(2007)针对金川公司 F_{17} 断层以东矿山采用正六边形进路回采的断面成形质量不理想的问题进行了研究,并提出了相关解决措施。王贤来等(2007)对龙首矿下向进路式胶结充填采矿法中巷道预留技术进行了研究,认为可以降低巷道返修量和采场废石量,有利于采场充填和通风,并给出了施工预留巷道的方法。韩冰(2010)对龙首矿下向六角形进路式采矿爆破效率进行了研究,并得出了龙首矿矿岩体爆破性分级,通过布置合理的爆破参数、掏槽方式来提高爆破效率。

1. 机械化盘区开采中进路断面扩大

为了进一步改善作业条件,提高采场生产能力,1987 年开始进行了机械化盘区开采试验的设计与施工,先期设计为 515H 和 516H 两个机械化盘区,于 1990 年完成采切工程,同年 9 月开始回采试验,采场规格为:分层道在充填前回填 0.5m 厚的矿石,使转层高为 2m,但分层道高为 2.5m,宽度为 4m,以保证铲运机出矿的要求,进路规格为顶底宽2.6m,腰宽 5.4m,高 4m,进路平均宽度 4m,断面面积 $16m^2$,在生产过程中增加了分层道回填工序,且回填工作量较大,同时对铲运机在分层道与进路交叉处转弯时的技术要求较高。

2002 年,姚维信为了解决机械化盘区开采中出现的上述问题,收集了大量的数据,征求了各方面的意见和建议,经过认真分析、研究,认为应改变采场规格参数,扩大断面面积后,分层道宽 4m、高 2.5m,进路顶底宽 3m,腰宽 6m、高 5m,则进路平均宽度为 4.5m,进路断面面积 $22.5m^2$。这样就可减少充填前分层道回填 0.5m 厚矿石的工序,扩大了进路的宽度,更有利于铲运机的行驶,在龙首矿机械化盘区中全面推广使用。2007 年,乔登攀等利用三维有限元数值分析方法,模拟分析了六角形进路采矿方法的 8 种不同断面方案,结果表明,龙首矿下向六角形回采进路断面可进一步增大,最优进路断面规格为:底宽3.5m,腰宽 7m,高 6m,断面面积 $31.5m^2$,分层道规格宽×高为 4.5m×3.0m。

2. 光面爆破技术在六角形进路中推广使用

六角形进路下部两帮即为下层进路的上部两帮,其开挖的平整程度直接影响下层回采时的安全。在进路的实际施工中下部两帮的超挖,使下层进路上部两帮混凝土充填体突出,即"锅底形",极易掉落(图 4.48)。采用光面爆破以减少此类问题的出现。

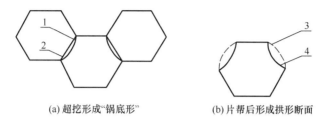

(a) 超挖形成"锅底形"　　　　　　(b) 片帮后形成拱形断面

图 4.48　"锅底形"形成及片帮

1. 超挖部分；2. 设计轮廓；3. 片帮部分；4. 片帮前进路轮廓

由于进路上半部为混凝土充填体,所以只需对下半部两帮进行光面爆破。经过试验和总结,对不同矿石条件选用不同的爆破参数,见表 4.61。起爆采用半秒差非电导爆管,点火采用导火线加火雷管,一次点火。在采场进路的光面爆破已在全矿推广使用。

表 4.61　进路光面爆破技术参数

物理参数	中硬矿石	软矿石
炮孔直径/mm	40	40
炮孔深度/m	2.3	2.3
掏槽形式	锥形	锥形
光面孔孔距/mm	500~600	400~500
光面层厚度/mm	550	800

3. 六角形进路圆化

经过多年的观察总结和分析,发现进路上半部两斜帮发生片帮的概率较大,且在进路帮的形状成"锅底形"时更易片落,当其片冒后使进路上半部成自然拱时就基本处于较稳定状态。由此分析发现,由于进路各边设计为直线,而在施工中只要有超挖,下层进路的上部帮就形成"锅底形"。进路中使用光面爆破技术在解决此问题时,已起到了很好的作用,以下的改进将进一步改善受力状况,最大限度地减少"锅底形"的出现。

1) 设计进路断面形状

如图 4.49 所示,改变原来进路两帮的直线轮廓为曲线轮廓,即对进路各边进行圆化,使进路回采后上半部成拱形,增加自身的稳定性。

2) 圆化进路的形成

第一层为六角形进路回采,在回采第二层时,对进路下部矿体部分两帮实施光面爆破,使周边孔沿设计轮廓排列呈弧形,这样下层进路的上半部两帮自然形成拱形；第三层施工同第二层一样,即形成完整的圆化进路。

3) 圆化进路的合理性

宏观分析,进路上半部更加接近于拱形,受力状况进一步改善,稳定性增加；进路下半

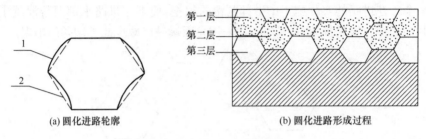

图 4.49　圆化进路形成过程
1. 圆化进路轮廓；2. 六角形轮廓

部两帮在超挖量相同时,改进圆化后比原来直线时造成的"锅底形"将减弱;下半部两帮向进路中心突出,其表面的应力以自重为主,并不会影响两帮稳定性。由非线性有限元受力分析有以下结论：

(1) 改进后的圆化进路的最大应力小于六角形进路的最大应力。

(2) 在顶部拐角(124 号、125 号、114 号、115 号单元)及下部(78 号、79 号、80 号、89号、90 号、98 号单元),改进后的圆化进路比六角形进路的受力状况好,如图 4.50 所示。

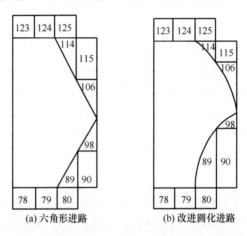

图 4.50　两种进路非线性受力分析编号图

(3) 在顶板中心(123 号单元),改进的圆化进路所受应力比六角形进路略大,但比位于上半部拐角处的最大应力要小,只要最大应力处不破坏,顶板中心应该是稳定的。

分析认为进路的受力状态得到了进一步的改善,稳定性有了进一步的提高。由断面形状对地应力的适应性分析,适应应力调整的断面应该是水平应力对垂直应力的比值与工程的宽高比值相同,金川地区最大主应力轴接近水平,表明矿区作用的地应力以水平应力为主导,并且都是压应力,可见改变形状后的六角形进路宽高比为 5.4∶4,比正方形进路宽高比 4∶4 更接近于地应力的比值,所以六角形断面进路承载地应力的能力要优于正方形进路,更适应金川矿区的地应力。

由非线性有限元分析法对进路受力状况分析认为,正方形进路的应力集中系数比六角形进路的应力集中系数高 3.4 倍;六角形进路变正方形进路两帮的受拉为受压,对两帮的稳定性大有好处;六角形进路周边都受压,因此在周边形成一个承载环,充分利用了进路围岩自身的承载能力。从整体上讲,六角形进路的稳定性比正方形进路要好。

下向六角形高进路胶结充填采矿法,其形成过程简单易行,受力状态明显改善,减少了采场的安全隐患,减少了矿石损失和贫化,有利于安全生产,有利于稳定均衡生产,有利于劳动生产率的提高,有利于提高企业经济效益。对龙首矿的安全生产起到了促进作用,同时对于矿岩破碎的类似矿山有很好的借鉴意义。

4. 互采新技术

正常的单个采场回采,通常是先切割分层道,再回采进路,一般回采完一层需要两三个月的时间,采矿效率较低,高位采场下降速度难以提高,采场之间很难协调到同步下降。互采技术是在安全条件具备的情况下,提前对分层道进行切割和进路回采,加快该采场的下降速度,提高生产效率,实现强化回采的目的。当机采的相邻采场进路底板标高相差在5m范围内时,相邻两采场可以实行互采,如图 4.51 所示,A 采场是高位采场,B 是低位采场,具体实施办法如下所述。

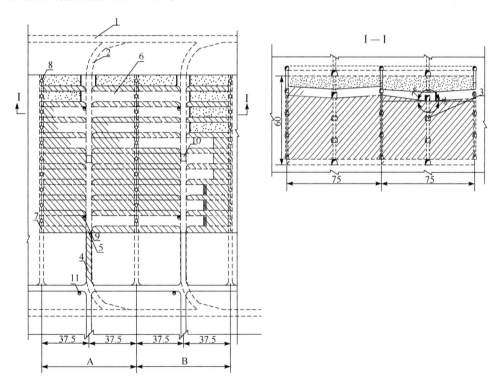

图 4.51 采场互采示意图(单位:m)

1. 中段有轨沿脉运输平巷;2. 中段有轨穿脉运输平巷;3. 分段平巷;4. 分段联络道;5. 分层道;6. 回采进路;
7. 充填平巷;8. 采场充填小井;9. 采场矿石溜井;10. 采场通风井;11. 中段废石溜井

1) 提前切割分层道的互采技术

(1) 前期准备阶段。实现互采的采场,首先要选择贯通采场的对应进路(离两采场溜矿井较近),在两采场上一层充填前,对要贯通的进路必须加密吊挂,将桁架由原来的

1.5m 变为 1m 的间距敷设在底板上,再铺上网度 200mm×200mm 的金属网,水泥量由 310kg/m³ 增至 350kg/m³,充填后形成更稳定的人工假顶,A 采场回采完下盘进路后,抓紧吊挂充填,为下一层由 B 采场进行下盘进路的回采创造条件。

(2) 采场贯通。B 采场正常回采时,按预先设计的思路,先回采与 A 采场贯通的进路,按 3%~7% 的坡度回采 B 采场的这条进路,回采到充填道位置时,挑通充填小井,解决通风问题后,继续向前回采 A 采场,到达分层道后,开始切割 A 采场的分层道,贯通 A 采场所有预留好的通风井,确保通风畅通。

(3) 正常回采。A 采场的分层道拉开后,进入进路回采时期,同时进行分层联络道的施工,当分层联络道掘完后,A 采场就进入独立的采矿阶段,实现了 A 采场的提前回采。

2) 高低位采场直接互采技术

两个相邻采场同时进入采矿阶段时,适当加快较高位的 A 采场的回采速度,即 A 采场的下盘进路充填完后,B 采场在下盘的某一条进路按 7% 的坡度,适当调整进路端部的方向,回采 A 采场的下一层进路,回采后的矿石由铲运机运到 B 采场的溜矿井放出,同时贯通 A 采场的上下盘分层道,达到 A、B 两采场同时回采 A 采场的下一层下盘进路,这些进路与 B 采场的下盘进路一起充填,B 采场在充填之前,将本采场的进路拉低到设计坡度,A 采场上盘的进路以同样的方式实行两采场互采,达到 B 采场转一层,A 采场就能连续转两层的目的,如图 4.51 中的剖面图所示。

5. 采场转层工艺优化

采场转层充填之前的准备工作,除进路平底吊挂外,还有支行人通风井盒子、封充填板墙等生产工艺,转层准备时间常需要 7~12 天,占总转层时间的 80%,工作量大,作业时间长,而且同时需要多人相互配合才能完成,作业效率难以提高。为了缩短采场转层时间,预支的人行通风井原来内部需要打木撑子来加固,现在改用钢撑来代替木撑子,操作方便、简单易行。这些工艺的改进减轻了职工的劳动强度,缩短了转层时间。

1) 预留井盒子钢内撑的设计

下向胶结充填采矿法中,行人通风井等工程是随采场下降逐层预留而成的,以前采用圆木内撑的方式进行预留,工作量大。经过研究,把圆木内撑改为钢内撑,钢内撑使用可伸缩的无缝钢管,与木质内撑相比,操作简单,可以回收重复使用。钢内撑加工设计如图 4.52 所示,双头螺杆用 ø89mm 无缝钢管加工而成,材质为 45# 钢,螺杆的螺扣加工成梯形扣,螺母、螺杆间为梯形螺扣啮合连接,管与垫板连接采用焊接及筋板加固焊接,螺母在钢管内部焊接,焊缝高度 6mm,要求周长全缝焊接。对钢内撑螺纹强度的选择是最关键的,必须保证螺纹抗压强度大于充填料浆的挤压强度,才能使钢内撑完全承受住充填料浆的挤压。

2) 预留井盒子钢内撑的安装

预留井盒子钢内撑安装如图 4.53 和图 4.54 所示,每层 2~3 根,支撑 8 层,采场转层充填时需用 20 根撑子来支井盒子,需两人操作,一人首先把钢内撑的一端对准放到要支撑的部位,另一人用钢钉通过内支撑的垫板固定孔把此端固定在木井盒子上,然后一人转动梯形螺栓,使钢内撑向外伸出直到另一端与井盒子接触,这时一人用钢钉同样通过小孔

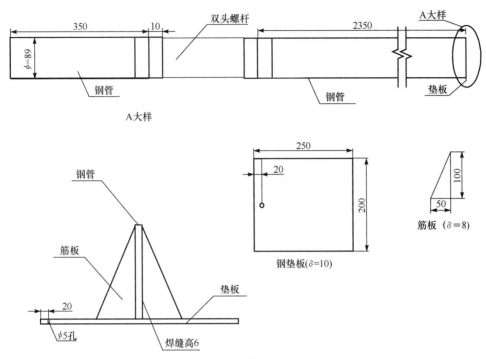

图 4.52　木盒子钢内撑加工图（单位：mm ）

把此端固定在木质井盒子上,继续转动螺栓直到井盒子有向外扩张的力度时为止,重复上述动作直至 20 根钢内撑安装完为止。

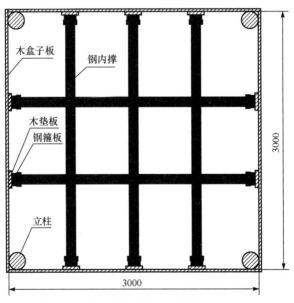

图 4.53　钢内撑安装设计示意图（单位：mm）

6. 提高一次性充填接顶技术

为了实现采场快采快充的目的,提高充填体质量,形成安全可靠的人工假顶,通过技

图 4.54　钢内撑现场安装

术研究,采用充填液位报警装置,确保一次性充填,降低了充填体分层,增强了进路顶板稳定性。充填液位报警装置利用定位行程开关进行液位高度控制,它由型号为 LX19K-B 行程开关、型号 UC4-75MM 电铃、36V-100W 的白炽灯泡、液位沉浮瓢、三芯电缆、小闸刀等构成,如图 4.55 所示。

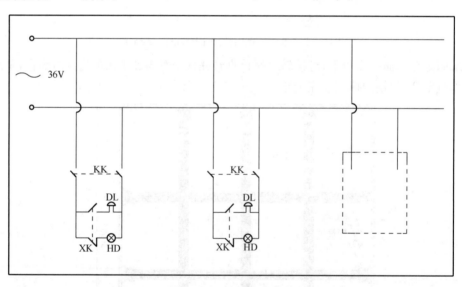

图 4.55　电器原理

报警是采用声光双控系统,定位行程开关达到定位限值时声光双控系统自动启动报警,为同时监控采场多条进路的报警,指示灯和电铃统一组装在一个配电盘上。

采场安装。采场各进路小井口的顶板上打两根锚杆,锚杆位置在进路顶板朝向进路口的方向,距离小井口的直线距离不得大于 200mm,锚杆露头不得大于 200mm。用来固定好下灰的充填管;定位行程开关在小井正下方,距进路顶板的垂直高度为 200～300mm,液位沉浮瓢探头距顶板的垂直高度为 800～1000mm,安装在充填管的对面,每条小井下方行程开关的安装依次类推;加工好的报警配电盘安装在充填道人员通行顺畅的地点。如图 4.56 所示。

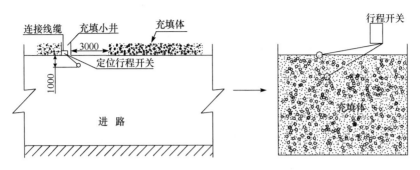

图 4.56　采场充填液位检测报警装置(单位:mm)

　　自动检测充填液位高度,避免人为估量的误差,避免了充填过程中人员在充填小井观测液位高度。实现了一次充填接顶,节省了因充填体分层或不接顶对生产的影响时间,消除了安全隐患,提高了劳动生产率。

7. 采场通风充填小井创新施工技术

　　按照过去的小井成型工艺,在采场分层道和采矿进路中用钻爆法上挑充填体,形成采场和主充填回风道相贯通的回风充填小井。挑小井是采场最危险、最辛苦的工作。上掘过程中,每次爆破的炮烟悬留在上空,有浓烈的炮烟刺激作业人员,湿式凿岩产生的水顺气腿子流下来,会淋湿作业人员的衣服,消耗体力大。

　　为了解决这个老大难问题,龙首矿各单位都展开科技攻关,摸索出一种高效、低成本、使用简单的模板成型技术。在采场充填时直接形成小井,既解决了挑小井问题,同时节约了充填材料,还降低了采场贫化。

　　用木板制作成直角梯形的模板,用模板围成一个梯形盒子,每个梯形盒子有 8 块模板构成,可以实现快速安装、快速拆除。

　　模板法小井成型试验的成功,为降低矿石贫化找到了一个很好的途径,提高了劳动生产率、减轻了作业人员的劳动强度。该充填通风小井形成方法已经在龙首矿推广使用。

4.7　本 章 小 结

　　本章介绍了龙首矿从建矿至今的主要采矿方法试验、设计历程,针对各采矿方法的采准、回采等进行了详细的叙述,并对采矿方法的理论研究进行了分析,总结了各采矿方法的优缺点,为龙首矿采矿方法的发展及对采矿方法的选择具有较好的参考价值。

第5章　二矿区采矿方法发展与演变

金川集团公司目前有三个矿区,各矿区在开采过程中不断改进和发展,经历了多种采矿工艺演变。二矿区采矿工艺的演变过程如下:上向分层胶结充填采矿法→下向分层胶结充填采矿法→下向分层高进路胶结充填采矿法→垂直深孔球状药包爆破后退式采矿法(即 VCR 法)→机械化盘区上向水平进路胶结充填采矿法→机械化盘区下向水平进路胶结充填采矿法,为二矿区采矿工艺积累了丰富的经验。

二矿区初步设计在东部 2# 矿体 1250～1350m 水平、35～39 行的矿体中采用上向水平分层胶结充填采矿法。

西部 1# 矿体,由于节理发育,最初设计的上向采矿法不能保证安全作业,从 1985 年开始改变采矿方法,采用下向分层胶结充填采矿法。通过实践,这一采矿方法同时应用于东部 2# 矿体 1250m 中段和 1300m 中段 34～36 行的特富矿和富矿体。

1984～1987 年引进 ROC306 型履带式井下高压潜孔钻机和 LF-4.1 型铲运机,创造了采场综合生产能力 250t/d 的记录。VCR 采场位于二矿区东部 34～35 行 1250～1300m 中段,但在第 2 个采场爆破过程中引发了上盘垮落,1250m 水平出矿巷道大面积冒落,造成约 5 万 t 的矿石损失,VCR 法试验以失败结束,说明 VCR 法不适应于较不稳定的金川围岩条件。

1984 年,我国和瑞典签订了"中国-瑞典关于中国金川二矿区采矿技术合作"合同,其内容之一就是进行机械化上(下)向水平进路胶结充填采矿法的试验研究。1985 年,在 1300m 中段 37～39 行 100m×100m 的矿体范围内组织机械化开采,达到日产矿石 1000t 的能力。1985～1988 年 10 月试验取得了较好的效果。

5.1　二矿区采矿方法与岩石力学研究

5.1.1　二矿区工程地质与岩石力学研究

1. 岩石力学与工程地质研究历程

中国科学院地质研究所与北京有色冶金设计研究总院、金川集团公司等单位合作,自 1969 年开始,历时十多年,对金川镍矿的工程地质进行了全面研究。在地质学家谷德振教授的指导下,应用岩体工程地质力学的理论与方法,对金川镍矿的区域稳定性进行了评价;对金川二矿区、龙首矿一期建设的地下工程进行工程地质预报。长沙矿冶研究院和中国科学院地质研究所、金川公司等单位在 1973～1976 年和中国地质科学院地质力学所、国家地震局地震地质大队等在 1975～1980 年对金川矿区地表及井下不同深度的原岩应力大小及方向进行了测量与有限元计算,提出矿块的布置方向和尺寸,研究报告《金川矿区原岩应力测量及构造应力场的研究》曾在澳大利亚墨尔本举行的第五届国际岩石力学会议上介绍,获中国有色金属工业总公司科技成果三等奖。

1984～1986 年,中南工业大学完成了金川镍矿二矿区采矿方法的岩石力学研究,1986 年北京钢铁学院于学馥教授完成了计算机在金川地压控制中的应用研究。

1983～1985 年,陈宗基教授和中国科学院武汉岩土力学研究所、北京有色冶金设计研究总院、冶金部北京建筑研究院、金川公司岩石力学工程队一起进行了金川二矿区不良岩层巷道稳定性研究,包括五个主要课题:①地质力学的地质调查;②岩体力学试验;③岩石应力测量;④试验硐室变形观测;⑤金川不良岩层巷道摩擦式锚杆、预应力锚索分期支护及稳定性观测的研究。

1985～1988 年,金川集团公司与瑞典律鲁大学波立顿公司、北京有色冶金设计研究总院合作,完成了中国-瑞典关于金川二矿区采矿技术合作——岩石力学的研究报告,1984～1989 年长沙矿山研究院与金川公司二矿区合作,进行了金川二矿区西一采区下向胶结充填大面积充填体作用机理的研究。

金川集团公司通过 20 多年的岩石力学与工程地质的研究,基本上掌握了金川矿岩变化规律,并运用这些规律指导金川的生产、建设,取得了重大成果。

2. 二矿区采矿方法的岩石力学研究

1983 年 8 月第六次金川资源综合利用和科技工作会议讨论了金川镍矿扩大生产规模所面临的主要技术问题。当时已认识到二矿区使用的下向分层充填采矿法和上向分层充填采矿法,若不进行回采作业的高度机械化,将难以满足在 1987 年前达到年产 4 万 t 电解镍的矿石需要。并且也意识到二矿区的采矿方法必须适合以下一些困难的地质和采矿条件:矿石破碎、水平应力大、顶部和上盘贫矿带要保护和采场生产能力必须大。因此,从长远目标来看,在二矿区大规模开采时,应考虑使用某种形式的大量崩矿采矿法。

然而,在金川复杂的地质和采矿条件下,特别是在采富保贫的技术要求下,分层充填法会遇到什么样的岩层控制问题是不清楚的。对于准备应用于大规模开采时期的采矿方法——大直径炮孔崩矿、垂直分条连续回采的阶段充填法的侧壁和充填体的稳定性问题也是不清楚的。因此,有必要对金川二矿区已使用和准备采用的采矿方法进行岩石力学研究。

当确定了金川公司二矿区所采用的采矿方法需要从岩石力学方向开展研究后,1985年由中国有色金属工业总公司和中南矿冶学院联合开展了“金川镍矿二矿区采矿方法的岩石力学研究”。该研究以矿山采矿技术条件为基础,以控制采场安全为主要目标,以矿山岩石力学为研究手段,进行了不同采矿方法的采场稳定性分析与对比研究。通过矿山工程地质研究,对上向进路分层充填法、下向水平分层充填法、垂直分条、大孔崩矿和嗣后充填的阶段或分段充填法及矿块或盘区自然崩落法等采矿方法进行了可行性论证,采用了数值分析技术,进行了下向和上向分层充填采矿法及阶段充填法三种采矿方法的仿真模拟与稳定性分析,给出如下结论。

1) 下向分层充填法

以进路方式回采的下向分层充填法在金川的龙首矿和二矿区都已成功应用,但是这种采矿方法的产量和生产效率非常低。使用这种方法还有其他方面的问题,例如,对顶部贫矿体的破坏影响和因矿体太厚而带来的地压控制上的困难。

　　下向分层充填法对顶部贫矿体和上盘贫矿体及围岩的扰动影响很大,比上向分层充填法要严重。当然,它的采矿安全条件比上向分层充填法要好。

　　从1300m阶段水平的标高开始向下回采的西一采区和西二采区中,必须在最初三～五个分层内使用刚度大、强度高的胶结充填料。推荐使用灰砂比为1:4的水泥戈壁细砂胶结充填料,并在最顶上三个分层的进路顶板上敷设两层$\phi 10mm$的钢筋(层间距0.5m),以增加充填体刚度。因为根据岩石力学研究结果,下向分层充填法最顶上15m左右的充填料的刚度和充填接顶质量对于控制顶板岩层也就是顶部贫矿体的下沉破坏起着关键性作用。在开采了三～五个分层大约15m以后,周围岩层的下沉和破坏已经稳定,因此无需继续使用刚度大、强度高、水泥比例很高的胶结充填料。研究报告中推荐了二矿区在下向充填法的其余各层回采中(除了在1300m标高的最初三～五分层以外),使用灰砂比为1:12～1:15的胶结充填料。这样不仅可以每年节约价值数百万元的水泥,而且还可以避免由充填体刚性太高而引起的次生附加应力带来的不稳定性。

　　下向分层充填法可以采用多阶段同时回采的作业方式,以提高矿山的产量。在上下充填体中间所夹的矿体由于水平应力集中而破坏,但是因为矿体是在回采工作面的底板下,所以岩层控制问题不会严重危及安全。

　　2) 上向分层充填法

　　上向分层充填法对周围岩体包括顶部贫矿和上盘贫矿的扰动要比下向分层充填法轻得多。在二矿区早期设计中,北京有色冶金设计研究总院强调尽量使用上向分层充填法的设计观点是正确的,这样做不仅可以提高采场生产能力,而且有利于"采富保贫"。

　　在矿石破坏的不利条件下及在开采深度增大以后,上向分层充填法的采场侧帮和顶板的片落冒顶将明显增加,从而危及作业安全。特别是向上回采到顶柱厚度小于20m时,由于高应力集中,顶柱有可能突然发生大冒落。因此,建议在上向分层充填法的采场顶板应该用长锚索预先加固。

　　在金川二矿区,多阶段同时作业的上向分层充填法不宜使用。顶柱的突然破坏和岩爆可能性在多阶段回采中会大大增加。

　　3) 金川镍矿二矿区总的稳定性

　　金川镍矿二矿区在开采过程中,岩层控制的主要问题集中表现在以下两个方面:

　　(1) 先开采富矿对顶部和上盘贫矿体的影响,如下沉移动和破坏。

　　(2) 采场顶板和侧壁的稳定性。

　　这两方面问题都受以下三个关键性因素的影响:原始水平应力大小、回采顺序和方向、充填体的刚度大小。

　　一般来说,影响金川二矿区采矿和掘进的最主要因素是原始水平应力的大小。原始水平应力越大,采矿以后引起的岩层破坏范围就越大。从各种采矿方法的稳定性分析中可以得出如下结论:

　　(1) 顶板贫矿体内破坏高度最大可达100m,一般在35m左右。

　　(2) 两盘的贫矿体在开采富矿以后可能被全部破坏,用上向分层充填法可以改善这一问题。

（3）围岩内的破坏带可深达 70m。因此，建议在 1250m 水平以下阶段运输平巷与矿体的距离至少在 70m 以外，一般宜在 120m 左右。

回采顺序和方向也严重影响着金川二矿区的总体稳定性，具体表现如下：

（1）自上而下与自下而上的分层依次回采，对顶部和两盘贫矿的扰动是相差较大的。

（2）在垂直走向方向上，从两盘围岩或贫矿与富矿的主要接触带开始向富矿体中央回退式回采。将能解除大部分水平应力对采场侧壁的约束，改善侧壁的稳定性。

（3）在水平面上，合理的回采顺序应该是从盘区走向的中央而且又是富矿体与贫矿体接触边界处先开始回采，然后楔形方向向盘区的走向两端和中央推进。各个回采单元（分条和采场）之间不宜留有矿柱，盘区之间不宜留大的矿柱。合理的回采方式应该是连续回采，而不是矿房—矿柱式的两步骤回采。

充填体刚度及充填质量也是影响总的开采稳定性的关键因素。在金川二矿区，设计和选用胶结充填料的总原则可以归纳如下：

（1）在矿柱破碎处，适当的提高充填体刚度，增加水泥比例，可以较好地控制围岩移动变形。

（2）在矿岩比较完整时，如富矿和特富矿，应避免使用刚度大的高强度胶结充填料。因高强度充填体会将矿岩所支撑的载荷中的一部分吸收到充填体中，不仅引起充填体破坏，而且在充填体和矿体接触处的某些特征部位上会产生次生附加应力，使得矿体局部破坏。

（3）岩体的破坏受充填料与岩体的刚度比例大小的影响。在顶部贫矿体底采用下向分层充填法回收富矿时，为了最大限度地限制顶部贫矿体下沉变形，在最顶上的 15m 回采高度内，应该使用高弹性模量和高强度的胶结充填料，即 1∶2～1∶4 灰砂比的胶结充填料，必要时还可敷设数层钢筋。在下向分层充填法的其余各层回采中，应该避免使用水泥比例大的胶结充填料。生产中使用的充填料浆灰砂比 1∶6～1∶8，灰砂比偏高，应该降到 1∶12～1∶15。高弹性模量、高强度的胶结充填料在某种场合下使用，不仅浪费水泥，而且还会影响其他岩体和充填体的稳定性。

（4）在大孔崩矿、垂直分条连续回采的阶段充填法中，应该避免采用高弹性模量的刚性充填料。

4）大直径炮孔崩矿、垂直分条连续回采和嗣后充填的阶段充填法

该研究向金川有色金属公司正式推荐将大直径炮孔崩矿（球状药包爆破）、垂直分条连续回采（不留间柱）和阶段空场嗣后充填法作为金川二矿区在年产 2 万 t 以上的电镍时的主要采矿方法。根据岩石力学研究结果，这种高强度、高效率的大量崩矿方法可以应用于二矿区，尽管存在矿岩破碎和地压大的不利条件，但只要正确做到以下几点，可以保证这种方法使用成功：

（1）分条结构参数。分条宜宽不宜窄，高度宜小不宜大。推荐参数为 16m（NS 方向）×12m（EW 方向）×50m（垂直方向）；也可先试验 25m 高度的垂直分条。

（2）回采顺序。自两盘围岩或贫矿体开始向富矿体中央后退式连续回采，以隔绝和释放水平应力。

（3）分条之间不宜留间柱，盘区之间不留矿柱。

（4）使用刚度较低的 1∶12～1∶15 灰砂比的胶结充填料。

（5）使用长锚索加固矿体和围岩。

陈俊彦等研究总结了金川二矿区当时正在使用的和以后准备使用的各种采矿方法的岩石力学基本特征。这项研究在理论上为合理应用应力控制和荷载转移机理及胶结充填料提出了一系列新的观点和见解，为世界上少有的复杂条件的大型矿床找到了新的开采方法和途径，并提出了一系列有效的关键技术措施，取得了较大的经济效益。

5.1.2　中瑞合作研究的试验采区岩体力学研究

金川有色金属公司是我国最大的镍生产基地，二矿区是其主要矿石产地，它的镍金属储量占整个金川矿区的75%。但是由于金川二矿区工程地质条件复杂，地应力较大，岩体稳定性差，导致生产效率低，矿石产量和镍生产满足不了需要。自建矿以来，特别是1978年以来，金川集团公司组织和联合全国有关科研、大专院校进行科技攻关，在岩石力学、采矿方法等方面取得了较大的研究成果，使矿山建设面貌有了很大改观，为矿山的生产建设提供了大量参考数据和建议。

为满足金川二矿区1990年达到日产矿石8000t的设计需要，1984年11月我国与瑞典签订了"中国-瑞典关于中国金川二矿区采矿技术合作"合同，双方共同进行两个试验采区的采矿方法试验、岩石力学试验和联合编制金川二矿区8000t/d矿石规模的采矿初步设计。1985年2月～1987年2月进行了岩石力学试验研究，在两年的合作研究中，岩石力学试验和岩体力学特性是重要的研究内容。

中瑞联合岩石力学试验研究主要内容如下：工程地质调查分析、岩石（体）物理力学参数测定、原岩应力测量、试验采场综合监测、数值模拟等。通过这次合作研究，使金川的岩石力学研究无论在技术理论上，还是在组织形式上都建立了一个较完整的体系；用世界较先进的技术装备了金川的岩石力学研究队伍，提高了技术人员的研究水平，为金川矿山岩石力学的发展奠定了良好的基础。这次研究为初步设计两个试验采场提供了大量的参数和建议。

中瑞技术合作的1#、2#试验采区分别采用脉外斜坡道采准，下、上向进路盘区机械化充填采矿方法。1#试验采区位于14行半～16行半，1300m中段向下回采，第一分层进路方向与穿脉斜交，1984年开始采准工作，1985年初基本结束，转入第二分层。第二分层进路方向与穿脉平行，断面宽4.5m，高3.7m。2#试验采区位于37～39行，从1308m水平向上进路间隔回采到1350m，进路方向与勘探线平行，断面宽度均为5m，一分层高3.5m，二分层高4m。

5.1.3　试验采区工程地质条件

1. 1#试验采区

1#试验采区以含矿超基性岩带（Ⅵ）为主，岩体结构类型以碎裂结构为主，部分块状结构，少量散体结构。Ⅲ、Ⅳ级结构面发育。15～17行半底盘沿脉附近有一走向NW20°，倾向南西，宽1～2m的挤压破碎带，为Ⅲ级结构面，属散体结构，稳定极差。岩矿体中节理裂隙发育，一般有三组，部分地段有四组以上，据调查有的地段节理线密度达13

条/m 左右。不少地段有小于 30° 的缓倾角节理,节理均有充填物,为白色含镍菱镁矿、蛇纹石、绿泥石、滑石等,厚度一般为 0.3~3mm,最厚可达数十毫米。节理间多具擦痕。1$^#$ 试验采区矿体已采部分 Q 值变化范围为 0.5~2.86,岩石质量属很差~差。Q 值从高到低的顺序是富矿、贫矿、超基性岩、大理岩(Ⅲ$_3$)。

2. 2$^#$ 试验采区

2$^#$ 试验采区以含矿超基性岩带(Ⅵ),上盘的均质条带混合岩带(Ⅳ)等为主。含矿超基性岩带为块状结构、碎裂结构。均质条带混合岩带以层状结构、块状结构为主,次为镶嵌结构。F$_{17}$ 断层是影响 2$^#$ 试验采区稳定性的主要因素。F$_{17}$ 断层走向北东,倾向南东,倾角 70° 左右,将 2$^#$ 矿体错断,水平断距 150 余米。在 1300m 中段 F$_{17}$ 位于 40~41 行,即在矿区东端。F$_{17}$ 旁有一系列平行小断裂,辉绿岩脉沿这些小断裂贯入,越接近 F$_{17}$ 越多,辉绿岩厚度也增大。辉绿岩与其围岩接触处都有一条数厘米至数十厘米的蚀变带及破碎带,有时为断层泥。辉绿岩为碎裂结构。上盘混合岩与贫矿接触处为构造片岩带,宽数十厘米至 2m,属层状碎裂结构。富矿一般发育 2~3 组节理,充填物偏少。块度大,为 1$^#$ 矿体的 3 倍左右。贫矿节理发育,为碎裂结构。混合岩裂隙不发育,块度大,是采区最稳定岩体。

3. 试验采区地应力特征

地应力测量从 1973 年起,先后有长沙矿冶研究院、中国科学院地质研究所、地质科学院地质力学所、国家地震局地壳应力研究所及兰州地震研究所等单位与金川集团公司合作,用光弹法、电阻应变法、压磁电感法等测量。1986 年中瑞技术合作岩石力学组对二矿区西部富矿原岩应力进行了测量,对以前的测量进行了补充,引进了更适合矿山工程地质条件的空心包体三轴应变计。

5.1.4　岩石物理力学性质

1. 岩石试样特征描述

岩石力学试样的岩性包括二辉橄榄岩、橄榄辉石岩、贫矿、富矿、特富矿、大理岩和混合岩等。二辉橄榄岩、橄榄辉石岩主要矿物为橄榄石、辉石,大部分均已蚀变为蛇纹石、绢石、透闪石和绿泥石。中细粒结构,块状构造。贫矿主要造岩矿物为橄榄石、辉石,大部分已蚀变为蛇纹石、透闪石和绿泥石等,含 3%~10% 的金属硫化物,一般为中细粒结构,星点状、斑杂状,少量为局部海绵状构造,有微裂纹。富矿主要造岩矿物为橄榄石、辉石,部分已蚀变为蛇纹石和绿泥石,含有 20% 左右的金属硫化物,半自形晶-他形晶结构,海绵晶状构造,微裂纹发育。特富矿主要为金属硫化物,半自形晶-他形晶结构、交代残余结构等,致密块状构造。大理岩主要矿物为方解石、白云石,次为蛇纹石。大理岩常蛇纹化,蚀变程度不一。等粒变晶结构,块状或层状构造,微裂纹发育。由于二矿区东部 2$^#$ 矿体与西部 1$^#$ 矿体岩石性质存在较大的差别,分别进行了试验。

2. 岩石力学性质测试

岩石力学试验结果见表 5.1 和表 5.2。由此可见,岩石强度变化较大。对于同一岩石,中国和瑞典所进行的岩石力学试验结果在大多数情况下差异较大。例如,对于贫矿弹性模量,瑞典试验均值比中国高一倍多,而二辉橄榄岩的弹性模量,中国试验结果比瑞典的高三分之一。而抗压强度的试验,两单位测试的结果变化更大,没有一种岩性较为接近的。这不仅是由于岩石结构、构造、蚀变程度上存在差异,以及岩石的致密、完整性的不同,试验过程的试样加工、加载及机器操作等系统误差,也会对岩石试验结果产生一定的影响。

表 5.1 岩石力学试验得到的岩石物理性质

序号	矿区位置	岩石类型	重度/(g/cm³)	密度/(g/cm³)	孔隙率/%	自然吸水率/%
1	二矿区西部 1# 矿体	大理岩	2.860	2.935	2.56	0.60~0.80
2		二辉橄榄岩	2.930	2.935	0.17	0.10~1.00
3		贫矿	3.024	3.071	1.50	0.10~0.50
4		富矿	3.052	3.077	0.81	0.10~0.90
5		花岗岩	2.815	—	—	0.13~0.48
6	二矿区东部 2# 矿体	贫矿	3.020	—	—	0.10~0.39
7		富矿	3.051	3.120	2.20	0.20~0.50
8		特富矿	4.570	4.642	1.50	0.13~0.46
9		大理岩	2.830	2.851	1.00	0.10~0.31

表 5.2 岩石力学单轴压缩试验结果

序号	分区	岩石类型	抗压强度/MPa		弹性模量/GPa		泊松比	
			中国	瑞典	中国	瑞典	中国	瑞典
1	西部 1# 矿体	大理岩	49~159	52.6~106.3	60~90	59.9~90.2	0.22~0.42	0.26~0.28
2		二辉橄榄岩	140~160	63.3~127.2	80~110	57.1~84.7	0.22~0.25	0.17~0.24
3		贫矿	40~107	107.8	20~40	79.3	0.20~0.23	0.33
4		富矿	53~87	87.3~141.6	60~70	53.9~81.0	0.28~0.35	0.28~0.35
5	东部 2# 矿体	贫矿	95~150	—	25~74	—	0.18~0.23	—
6		富矿	99~113	—	40~110	—	0.20~0.37	—
7		特富矿	82~125	—	39~99	—	0.19~0.26	—
8		大理岩	78~137	148.6~179.6	36~62	60.9	0.19~0.30	1.29~0.32

3. 岩石三轴压缩试验

三轴压缩试验近似地反映岩石的自然受力条件,因此,选用三轴抗压强度指标更趋于合理。三轴压缩试验($\sigma_1 \neq \sigma_2 = \sigma_3$)的围压为 10MPa、30MPa、50MPa,对西部的大理石、二辉橄榄岩、贫矿、富矿、特富矿进行了三轴压缩试验,结果见表 5.3。试验结果表明,三轴抗压强度比单轴抗压强度高。当围压由 10MPa 增加到 50MPa 时,强度提高 2~3倍。

表 5.3　二矿区西部矿体岩石三轴压缩试验结果

序号	岩石	围压/MPa	抗压强度/MPa	弹性模量/GPa	泊松比	平均弹性模量/GPa	平均泊松比	黏聚力/MPa	内摩擦角/(°)
1	大理岩	10	155.4	59.3	0.20	84.1	0.233	26	40
		30	239.6	74.7	0.20				
		50	360.8	118.3	0.30				
2	二辉橄榄岩	10	226.2	142.0	0.24	116.1	0.273	35	45
		30	329.9	93.7	0.35				
		50	459.3	112.5	0.23				
3	贫矿	10	155.5	71.0	0.28	95.7	0.313	16~28	37~46
		30	234.6	93.7	0.31				
		50	441.1	122.5	0.35				
4	富矿	10	178.1	58.0	0.35	64.2	0.330	38	34
		30	247.5	69.0	0.31				
		50	327.9	65.7	—				
5	特富矿	10	262.9	107.0	0.26	100.3	0.227	25~47	49~56
		30	467.0	89.0	0.21				
		50	616.0	105.0	0.21				

4. 岩体力学试验结果

根据二矿区室内岩石力学试验结果,并结合工程地质研究,确定了二矿区试验区段不同岩体的力学参数估计值,见表 5.4。

表 5.4　二矿区西部矿岩体力学参数估计值

区域	岩体类型	Q 值	抗压强度/MPa	抗拉强度/MPa	抗剪强度	
					黏聚力/MPa	内摩擦角/(°)
西部	大理岩(Ⅲ_3)	0.1~1.0	0.47~7.35	0.04~0.34	0.06~0.34	41~43
	二辉橄榄岩	0.7~1.7	0.37~11.45	0.01~0.85	0.02~1.44	40~43
	贫矿	0.5~2.2	1.19~9.21	0.10~0.67	0.16~1.15	40~41
	富矿	0.6~2.6	1.80~9.12	0.08~0.57	0.18~1.08	41~42
	特富矿	50~80	18.00	0.60~5.20	0.60~14.00	42~43
	混合岩	0.1~4.0	0.73~24.00	0.07~1.46	0.10~2.80	39.5~41.5
东部	大理岩(Ⅲ_3)	0.2~0.7	1.54~4.81	0.07~0.26	0.16~0.50	41~42
	贫矿	2.5~5.3	1.80~20.20	0.06~0.69	0.17~1.84	43
	富矿	8.0~12.6	1.76~21.00	0.06~0.69	0.16~1.91	43

5.1.5　现场监测及其规律

现场观测网在中瑞技术合作的两个试验采区各建独立观测系统,应用伸长仪、多点位移计、应力计、收敛计、水准仪等仪器监测工程围岩掘进、开采影响的表面变形、深部变形和应力变化。

1) 1#试验采区变形监测、应力监测结果

(1) 现场位移观测结果与计算分析的规律基本相似,但计算数值偏小;采场应力值变化表明,随着开采岩体呈加载、卸载的状态,总的趋势是随着开采应力值下降。综合分析说明1#试验采区开采到第二分层时还处于稳定状态。

(2) 1#试验采区第一分段道沿三级结构面掘进,岩体 Q 值多数小于 0.5。掘进采用普通法凿岩爆破,临时支护采用木棚,未能密封岩面,导致部分地段掘完后不久即片冒。之后 15～16 行改用喷射混凝土支护,终因巷道变形大,始终未能稳定,仅在喷锚补强后三个月变形减缓,后期 17^{+25}～16 行全部破坏报废,其余地段也多处严重开裂。地质力学分析和变形观测还表明,采场局部稳定性及巷道的稳定性受三级结构面、岩脉及四级结构面密集带控制,另外,还与凿岩、爆破、支护等因素有关。

2) 2#试验采区变形监测、应力监测结果

(1) 采区总变形趋势是采场外围向采场方向移动,最大变形速率为 0.2mm/d,小于金川岩体的破坏速率。

(2) 水平矿柱应力随着开采呈加载—卸载动态变化;据观察在应力较集中时(应力计安装前),矿柱完好,应力值大幅度下降时,均未见岩体破坏现象。综合位移、应力值分析表明,当第一分层回采结束时,试验采区仍处于整体稳定状态。

(3) 采场和巷道的局部稳定受三级结构面、岩脉及四级结构面密集带控制。

5.1.6　数值分析

1. 数值计算方法与模型

在计算中采用有限元和边界元两种分析方法,应用了两种二维有限元程序POCRFEM(瑞典 Bjoyfa 数据公司)和 FEMP(瑞典吕律欧大学)。计算单元为四边形等参数元。材料特性为各向同性,几何特性假定为线性。矿体和围岩的几何形状、岩石质量参数均采用有关金川二矿区地质勘探、岩石力学研究和工程地质调查的研究成果。

模型分为两大类:整体稳定性分析模型和局部稳定性分析模型。岩体强度参数是根据完整岩芯的力学试验估计的,计算分析模型中应用了 Hoek-Brown 的经验破坏准则、拉应变破坏准则和矿柱破坏准则(1985 年瑞典 Stephenson 提出)。

2. 分析结果

1) 1#试验采区稳定性分析

这个分析的目的是与实际回采相比较,分析结果见表 5.5。现场水准测量,当试验采

区的东邻区回采 2～3 层后,矿体中部顶板 6 个月下沉了 92mm,靠近 17 行上盘的矿体顶板下沉 28mm,下盘围岩中巷道底板上升了 1～9mm。依据伸长仪观测,上盘围岩水平位移 600 天累计 73.13mm,下盘围岩水平位移 246 天累计 6.7mm。稳定性分析与现场监测比较表明,总的趋势近似,但计算分析数据小于监测数据。

表 5.5　1# 试验采区分析结果

序号	回采分层	采场高/m	弹性模量/GPa	水平位移/mm	垂直位移发生部位	垂直位移/mm
A	1	4	0.5	<10	矿体中部顶板	40
B	3	12	0.5	<10	矿体顶板	70
C	5	20	0.5	45(在下盘)	矿体顶板	>80

2) 下向分层胶结充填采场的稳定性分析

下向分层胶结充填法的所有采矿活动都在充填体顶板下进行,所以充填体的质量非常重要,若充填质量不好会带来较多的问题。

分析结果如下:

(1) 分析不连续空间的厚度为 0、0.1m、0.01m,三种情况说明,不连续空间高度大小不同,对载荷自上而下传递无明显影响,充填体受载后可能变形直到不连续空间闭合,使顶板位移加大。

(2) 层与层之间的不连续空间对应力场无明显影响,暴露空间大,会降低水平应力,水平应力减小,大大增加顶板的破坏区。

(3) 被间柱隔开的采场数量的增减对充填体的破坏无影响。

3) 上盘巷道稳定性分析

初步设计将运输巷道布置在上盘。为了解盘区开采过程对上盘巷道稳定性的影响,计算模型选择 1238m 和 1138m 水平分别对在大理岩和超基性岩体中的巷道进行分析。结果见表 5.6。

表 5.6　上盘巷道分析情况

模型代号	巷道围岩	采矿情况	应力场及破坏区
D_1	大理岩	盘区开采、矿柱、贫矿未采	无张应力;由于大理岩强度低破坏区大
D_2	超基性岩	盘区开采、矿柱、贫矿未采	张应力在两帮顶板有张应力趋势;破坏区比 D_1 小
F_1	大理岩	开采矿柱	张应力大;巷道周围破坏
F_2	超基性岩	开采矿柱	巷道单向应力;巷道周围破坏

由于大理岩岩石力学性能差,巷道在大理岩内比在超基性岩内稳定性偏差。当矿柱回采水平低于巷道水平后,巷道变得不稳定。

4) 整体稳定性分析

整体稳定性分析是对西部 1# 矿体的 16 行和 1150m 水平进行的分析。经计算分析三个中段开采对岩体的影响可得出如下结论:

(1) 随着开采的进行,上、下盘围岩向采空区(或充填体的区域)移动,最大位移出现在下盘围岩,上、下盘围岩的收敛大小与矿体厚度无关。

（2）应力轨迹在采场周围发生弯曲，有部分应力曲线穿过垂直矿柱和盘区剩余矿石，在 1300～1250m 水平不留矿柱的回采使其采空区上、下部形成高应力区，并给 1150m 中段回采水平的矿柱加载直至破坏，故矿柱的回采应尽早开始，当 1150m 中段盘区向下回采 30～40m 时，必须开始矿柱的回采。

（3）矿柱厚度大小对下盘应力状态、破坏区影响小，矿柱回采后上盘大部分将被破坏。

（4）矿柱回采采用由外向中间的顺序比由中间向外围的顺序，对上盘位移和破坏区的扩张影响小。

5）2# 试验采区的稳定性分析

2# 试验采区的稳定性分析中包括 38 行试验采区外的 36 行，两个分析结果见表 5.7 和表 5.8。从表 5.7 和岩体强度综合分析得如下结论。

表 5.7　38 行分析结果

序号	采区范围（下部采区）/m	垂直矿柱比例/%	试验采区范围/m	水平矿柱厚度/m	应力		位移	
					应力值/MPa	应力场	数值/mm	方向
1	1300～1250	50	未采	8	无张应力	在采场周围弯曲	6.5	指向采区中央
2	1300～1250	50	1308～1325	8	顶板有张应力	采场角应力集中	35	顶板向下，水平矿柱向上
3	1300～1250	50	1308～1350	8	25	采场角应力集中	35	水平矿柱向上弯
4	1300～1250	20	1300～1350	8	25	采场角应力集中	38	水平矿柱向上弯
5	1300～1250	20	1300～1350	8	45	采场角应力集中	62	水平矿柱向下
6	1290～1250	0	1300～1350	18	35	采场角应力集中	很小	水平矿柱下盘端向下，上盘端向上
7	1290～1250	0	1300～1350	25	＜35	采场角应力集中	很小	水平矿柱下盘端向下，上盘端向上

表 5.8　36 行分析结果

序号	采区		最大位移			应力		
	范围/m	矿柱/%	部位	数值/mm	方向	应力场	张应力	应力集中
1	1250～1300	50	下盘	7	采区中央	在采场周围弯曲	—	—
2	1250～1325	50	下盘	8	侧帮比顶板大	轻微扰动	—	—
3	1250～1300	50	下盘	10	侧帮比顶板大	轻微扰动	—	—

续表

序号	采区		最大位移			应力		
	范围/m	矿柱/%	部位	数值/mm	方向	应力场	张应力	应力集中
4	1250～1390 1310～1350	水平矿 柱 10m	下盘	8	侧帮比顶板大	水平矿 柱受压	压应力 28MPa	—
5	1250～1350	0	下盘	65	侧帮比顶板大	扰动大	两帮	在四角

当 1250～1300m 留有 50％垂直矿柱时，1308～1350m 采完，8m 厚水平矿柱内压力增至 25MPa，位移达 35mm，根据岩体的极限强度 7.9～38MPa，水平矿柱局部发生破坏。

当留 20％以下垂直矿柱时，8m 厚水平矿柱可能大部分或全部破坏。

当水平矿柱厚 18～28m 时，从 1250m 采至 1350m 时，水平矿柱压应力小于岩体极限强度，位移量小，整体是稳定的。

由表 5.8 和岩体强度综合分析得出如下结论：当从 1250m 水平采到 1350m 水平，留有 50％垂直矿柱时，采区处于稳定状态；无垂直矿柱时，变形达到 65mm（下盘）并出现张应力，应力场扰动大，处于不稳定状态，如果无垂直矿柱，而在 1300～1310m 留有水平矿柱，稳定性要改善很多。

5.1.7　中瑞合作岩石力学研究总结

中瑞合作岩石力学研究是在以往金川二矿区岩石力学研究的基础上，紧密结合两个机械化试验采区的开采引进了一些新测试仪器、新技术、新方法，进行了较系统、全面的岩石力学研究，使金川矿区地压研究在原有成就的基础上有了新的进展。

经工程地质力学调查、有限元分析及现场观测综合分析认为，两个机械化试验采区的进路布置和回采顺序设计是合理的，能有效地控制采场地压，使两个试验采区处于整体稳定状态，而局部出现的岩体失稳主要受破碎带、岩脉穿插和节理密集等因素控制。

试验采区的数值分析结果与现场位移监测大体相符，只是分析结果比监测的位移值偏小。整体稳定性数值分析认为 1# 矿体采用下向分层胶结充填采矿方法，沿走向每 100m 的块段内留 15～20m 的垂直矿柱可以有效地控制矿房回采的地压。

5.2　二矿区 VCR 采矿法采矿工艺与试验

垂直深孔球状药包后退式采矿方法（vertical crater retreat method，VCR）是随着大孔径高效深孔凿岩设备出现后涌现出的一种新型高效率采矿方法。它的出现是利文斯顿爆破漏斗理论在实践中的直接成果，在当时引起了国际采矿界的广泛重视。1975 年，该方法首先在加拿大列瓦克矿回采矿柱中试验成功，随后在加拿大、美国及欧洲的一些矿山相继试验成功并推广应用。这种采矿法的崩矿是以爆破漏斗原理为基础，在采用大直径深孔技术的前提下，充分发挥球状药包爆破效能。可以说，球状药包爆破是 VCR 采矿法工艺的核心和技术关键，并且是爆破应用技术的一大进步。

VCR 法的主要特点如下：采用井下深孔凿岩钻机钻进（ϕ165mm）垂直深孔，用球状药包（长度与直径之比小于 6）由下至上分层爆破，采用高密度（1.35～1.55g/cm^3）、高威力(以铵油炸药为 100 时,应为 150~200)、高爆速(4500~5000m/s)、低感度、使用安全和防水性能好的炸药,主要采用乳化炸药。每层崩落的矿石用铲运机在出矿巷道内运出约 40％的矿石量,为下一层爆破提供补偿空间。待采场全部采完后,再进行大量出矿。尽量采用遥控铲运机回收底部结构中的残矿,最后一次充填。

该方法适用于中等厚度以上的急倾斜或水平矿体;矿体形态规整,无分层现象,无节理或破碎带,矿体稳固,上、下盘围岩稳固。当矿岩稳固性稍差时,需要改垂直平行深孔为扇形深孔,改单分层崩矿为多分层崩矿,控制每次扇形炮孔组中央和边孔的崩矿高差,使崩矿后的顶板呈拱形,防止矿石冒落。

我国进行 VCR 法的研究起步较晚。20 世纪 80 年代初,随着与其他国家交往的增多,我国也开始了 VCR 法的研究和论证工作,并首先在矿岩条件较好的广东省凡口铅锌矿进行了试验,取得了初步成果。金川公司于 1983 年开始着手 VCR 法的试验研究。鉴于金川二矿区的矿岩条件复杂,试验自始至终得到了金川公司和国家科学技术委员会的高度重视和关注。同时,中国有色金属工业总公司以(83)中色科字第 871 号文件下达了金川二矿区 VCR 法试验研究任务。同年,金川资源综合利用技术开发中心与国家科学技术委员会签定"国家攻关项目专项合同"(第 24-2-1 号)中把 VCR 法试验研究作为国家"六五"重点攻关项目。在随后金川资源综合利用技术开发中心与联合攻关参加单位签订的金中(矿)84-4 号科研专题合同中规定,金川二矿区 VCR 法试验要达到如下主要指标:分层爆破时出矿能力为 200~250t/d,大量出矿时为 400~500t/d,综合生产能力比上向胶结充填法的生产能力高一倍左右,矿石生产成本低于上向胶结充填法生产成本的 30％。

金川二矿区 VCR 法试验在进行了大量调查研究的基础上,于 1984 年底开始施工、试验等技术准备。1985 年 8 月 23 日开始爆破回采,全部试验于当年 11 月结束。实践证明,在金川二矿区不稳固和复杂矿岩条件下进行 VCR 法试验是成功的。试验中取得的复杂工程地质条件下的支护手段和措施、深孔凿岩技术、爆破工艺技术和方法、空场嗣后充填技术、施工组织和爆破安全措施等方面的研究成果均达到了先进水平,为在我国特别是在不稳固和复杂工程地质条件下推广和使用 VCR 法或进一步扩大深孔采矿范围的研究开创了先例。

5.2.1 技术论证

金川公司矿藏资源极为丰富。二矿区矿藏储量占金川矿藏总储量的 80％以上,是具有发展前景的特大型地下矿山。矿区的西部 1# 矿体、东部 2# 矿体(F$_{17}$断层以西)已建成采出矿石 3000t/d 的规模。根据金川二期工程的总体要求:到 1990 年,当金川公司达到年产 4 万 t 镍的生产规模时,矿石原料总量的 82％将由二矿区提供,其生产能力将达到 8000t/d 的规模。根据远景规划,到 1993 年后,二矿区的矿石生产规模将进一步提高到 17000t/d,以满足年产 8 万 t 镍的要求。

当时,二矿区东、西部 2#、1# 矿体分别采用了上、下向分层胶结充填采矿方法。实践证明,由于二矿区地质构造复杂,地压活动频繁,开采条件差,采用上述采矿方法是适宜的,并取得了较成熟的生产经验。但是,由于该方法采矿强度低,作业条件差,采矿成本高,采矿工艺复杂,给矿山进一步扩大生产规模带来了一定困难。为了与二期工程相适应,迫切地需要寻求适用于金川矿岩条件的回采效率高、损失贫化低的采矿方法。

金川二矿区工程地质条件有如下主要特点:矿区受区域性断裂构造的影响,广泛地发育着各种软弱结构面,如压性、扭性断层、层间错动带、接触破碎带等。它们的发育和广泛分布影响了矿岩的稳定性;根据矿区井下巷道工程变形破坏和工程地质调查,包括原岩应力测量结果证明:矿区最大主应力轴近水平,其方向与矿体走向垂直,也就是地应力是以垂直矿体走向的水平应力为主导。

在进行 VCR 采矿方法试验方案论证时,也有几个争议的问题:

(1) 由于矿体埋藏较深,在后期岩脉频繁穿插、矿岩体节理裂隙特别是近呈水平的节理发育的条件下,如何解决凿岩硐室或采空区顶板的稳定问题。

(2) 在矿区原岩应力以水平应力为主的情况下,如何解决采场侧帮的稳定性问题,特别是在爆破和大量出矿后,怎样避免出现大面积的塌落和片帮。

(3) 在二矿区节理裂隙发育的条件下,如何解决爆破回采过程中大块产出过多的问题。

(4) 大孔爆破没有经验,大规模的采用 VCR 法,在全局上如何安排合理的开采顺序,避免大规模的地压活动对矿山建设和生产所带来的不利影响。

针对上述问题,在广泛地吸取国外同类矿山经验的基础上,经过周密的安排和规划,决定采取如下针对性措施:

(1) 慎重选择试验地点。试验地点首先选择在矿岩条件相对较好的东部 2# 矿体。即首先保证在矿岩较好的条件试验成功,并获得经验,摸索出 VCR 采矿方法工艺的适应条件,然后再进行推广。

(2) 应用二矿区多年来在不稳定和不良矿岩条件下的岩石力学研究成果,采用锚杆-金属网喷锚技术、中长锚杆及长锚索加固技术。

(3) 研究合理的爆破技术方案,进行系列的爆破漏斗试验,选择与金川二矿区相适应的炸药品种。在此基础上力求通过调整爆破参数,制订合理爆破工艺的方法来解决大块率产出高和侧帮不平整的问题。

(4) 利用现有的观测方法和手段,为今后推广 VCR 采矿法提供基础依据,为进一步在西部 1# 矿体的试验研究创造条件。

5.2.2　试验选点及采切工程布置

东部 2# 矿体是仅次于西部 1# 矿体的主要生产矿体,当时,二矿区生产矿量的 60% 以上由 2# 矿体承担。按照矿山设计所制订的"采富保贫"的开采方针,所采用的上向水平分层充填法主要开采中间部位的富矿和特富矿,带采部分下盘贫矿,上盘贫矿均采取保护措施待后期回采。2# 矿体节理裂隙较发育,多为碳酸盐类物质充填,因此,节理多表现为滑面或软弱面。特富矿和富矿由于后期岩脉穿插较少,整体性相对 1# 矿体较好,贫矿次之,围岩较差。地压活动较西部弱一些,但从 1250m 和 1300m 主要生产中段已揭露的工程的破坏情况看,地压活动仍然是较典型的。

根据以上条件,为了逐步取得经验,首先选择 2# 矿体的一期上向分层充填采场进行 VCR 法试验在技术上是较有把握的。

经过多方案的比较,VCR采矿方法试验采场选择在东部2#矿体34～35行1250～1300m水平。该地段处于2#矿体含矿母岩向西延深的边缘地带。矿体的产状呈上大下小漏斗状。1300m中段35行矿体水平厚度100m,其中富矿82m。34行矿体厚度收缩到66m,其中富矿仅32m。1250m中段35行矿体厚度为55m,其中富矿28m,特富矿14m,在34行富矿尖灭;特富矿和贫矿总厚度仅为30m。该地段矿体反倾,倾角平均为71.5°～76°,下盘倾向南西,倾角较缓,平均为52°～54°,局部地段39°～40°。

试验采场(宽6m)区段矿石总储量见表5.9。

表5.9 试验采场储量

名称	矿石类型	矿石量/t	品位/%		金属量/t	
			镍	铜	镍	铜
上盘	S-A	9479	7.16	1.67	678.7	158.3
上盘	SN-A$_2$	7262	0.57	0.56	41.39	40.67
中间段	SN-A$_1$	38468	2.04	0.94	734.75	361.6
下盘	S-A	1206	3.35	0.96	40.4	11.58
下盘	SN-A$_2$	3683	0.43	0.49	15.84	18.05
合计	—	60098	—	—	1511.08	590.2

该地段富矿体被贫矿包围,除局部外,富矿、特富矿与混合岩接触处有一厚度不大的细脉浸染矿体穿插。矿体下盘有一破碎带,在1250m水平其宽度为3.1～7.5m,东(35行)宽西(34行)窄。1300m水平,下盘贫矿与泥岩、透闪岩、片岩接触,接触处岩性较破碎。该地段整个底盘为一破碎带,稳定性都差。在早期35行下盘穿脉施工中,曾发生过片冒,巷道支护也曾返修多次。为了避开下盘破碎带,VCR采场以1250m水平拉底堑沟与破坏带接触线为界,采场1300m水平下盘边界与1250m水平下盘边界的连线呈70°左右的倾角,以便于VCR爆破回采。下盘边界保留部分富矿待二步回采。

1300m水平上盘沿脉联络道掘在贫矿与富矿的接触线附近,它是联络东西采区在1300m水平的唯一通道。由于该接触线较为薄弱,采场上盘边界与联络道之间也需保留部分富矿,并需要采取特殊的保护措施,以防止VCR法爆破和采空区形成后富矿与贫矿在接触面滑脱,造成联络道破坏。

根据试验地段的工程地质条件及原定"采富保贫"的开采方针,设计仅回采试验地段的富矿体。因矿体底盘倾角较缓,故采场底盘按70°界线划分。试验采场尺寸:1300m中段回采长度37m,1250m中段回采长度22.5m,宽度6m,高度50m,设计段地质矿量为30771t(包括1250m中段拉底堑沟2334t,1300m中段凿岩硐室矿量3117t),回采矿量25320t,镍品位2.04%,铜品位0.94%。矿石相对密度为3.11。采矿方法如图5.1所示,千吨采切比为85.08m³/kt。试验采场的采切工程量见表5.10。

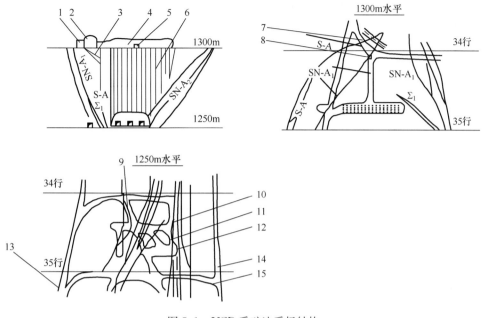

图 5.1　VCR 采矿法采场结构

1. 长锚索硐室；2. 上盘运输巷；3. 长锚索；4. 凿岩硐室；5. 凿岩硐室联络道；6. φ165mm 炮孔；7. 34 行穿脉；
8. 通风天井；9. 铲运机装车口；10. 调车尾硐；11. 出矿进路；12. 堑沟；13. 上盘运输巷；
14. 下盘运输巷；15. 35 行穿脉

表 5.10　采场采切工程量

名称		支护型号	断面面积/m²		长度/m	开凿量/m³	备注
			净	掘			
凿岩中段	凿岩硐室	喷锚网	23.94	26.73	37.5	1002.40	底板 300mm150# 混凝土
	硐室联络道	木支架	—	7.50	5	37.50	—
	通风联络道	素喷	—	7.28	27	196.56	—
	长锚索硐室及联络道	喷锚	—	14.70	8	44.10	—
	通风天井	—	—	3.00	50	150.00	—
生产中段	采场拉底平巷	—	—	36.00	22.5	810.00	—
	装矿进路	砌混凝土	7.43	9.70	9×3	261.90	400mm 钢筋混凝土支护且灌浆
	运矿平巷	砌混凝土	7.43	9.70	18	174.60	
	运矿横巷	砌混凝土	7.43	10.00	23	230.00	
	调车尾巷	素喷	7.43	10.00	18	180.00	
	卸矿硐室	砌混凝土	—	15.07	4	60.28	
	通风联络道	—	—	5.00	18	90.00	
合计		—	—	—	258	3237.34	—

试验采场采切工程布置体现了如下的特点：

（1）1300m 水平为凿岩水平，沿采场全长、全宽掘进凿岩硐室，长 43m，宽 6.3m，高 4.65m，用喷锚网支护。为了加固上盘贫矿、保护上盘运输巷道，安装了四组预应力长锚索。

（2）1250m 水平为出矿水平，采场底部结构设堑沟，长 22.5m，宽 6m，高 6m，间隔 10m 布置一条装矿巷道，底部出矿及联络道工程采用壁后注浆和钢梁局部加固措施。 1250m 中段是当时二矿区主运输中段，为此，试验采场建立了 LF-4.1（2m³）铲运机平面铲、运、装出矿系统。铲运机与 4m³ 矿车、12t 电机车配套。

（3）拉底堑沟时，先掘一条 3m×2.8m 的切割巷道，再进行拉底扩帮，挑顶，形成一条高和宽各为 6m 的拉底堑沟。最后留下部分矿渣作为爆破垫层。三条进路口底板敷设 15kg/m 钢轨，上仰角 5°～6°，作为铲运机出矿平台。进路口伸进采场 1.5m，并采用钢筋混凝土支护。

（4）为配合 ROC306 型潜孔钻机凿岩，1300m 水平设计了宽 6m、高近 5m 的凿岩硐室。这样大的硐室在二矿区是不多见的。

（5）东部 2# 矿体回风中段设在 1300m 中段。为进行采场通风在 34 行穿脉设置了一条回风天井（直径 2.0m）。考虑出矿使用无轨柴油动力设备，二次破碎量将会较大（二矿区井下破碎站老虎口尺寸为 900mm×1200mm），采用局扇加强通风。1300m 水平凿岩硐室有两个出口，也采用两台风机联动加强通风。回风井在采切施工时兼作凿岩硐室出渣溜井。

（6）切割工程量较大。采切工程量合计为 2958.04m³，总工程进尺 248m。采切工程布置可同为相邻采场服务。当按 VCR 法试验采场分摊，采切比为 85.08m³/kt、7.18m/kt。

（7）根据国外 VCR 采矿的经验和岩石力学及有限元分析表明，当深孔爆破形成新的采空区后，将在采空区底部出现应力集中区，这对底部结构是一种潜在的安全隐患；在采空区的顶部局部将出现拉应力区（带）。考虑到上述情况，对试验采场的底部出矿及联络工程进行了重点支护，如采用局部壁后注浆和钢梁支架局部加固等。在 1300m 中段凿岩硐室采用了中长锚杆金属网喷锚联合支护，其中锚杆为 1.8m 长的管缝式短锚杆和 3.3m 长的胀楔式中长锚杆组合支护。短锚杆随工作面掘进及时安装，以加固硐室顶板松动圈的岩石，阻止岩石的剪切破坏。中长锚杆在于防止围岩松动圈进一步扩大。短、中长锚杆安装后，将短锚杆与直径为 6mm、网度为 200mm×200mm 的钢筋，用喷射混凝土将表面岩石和深部岩体联合在一起，增强了围岩的稳定性。为了保证采场上盘矿岩和 1300m 中段沿脉道在回采爆破较大单响药量作用下，以及大量出矿后不致发生冒落或破坏，在 1300m 中段采场上盘掘进锚索硐室，采用 ROC306 型潜孔钻机凿 ϕ165mm、长 16.5～22m 的 6 个锚索孔，以预应力钢绳长锚索加固上盘矿岩。

（8）采场垂直矿体走向布置，主应力方向与采场长轴方向平行。

5.2.3　爆破漏斗试验与凿岩爆破参数

VCR 采矿法球形药包爆破理论，即爆破漏斗理论，是由 Livingston 等研究得出的，并应用于实践得出了一系列爆破参量之间的关系及一些技术经验。利文斯顿爆破漏斗理论是进行爆破漏斗试验的理论依据。爆破漏斗试验研究成果是指导 VCR 法工业试验的基础,也是 VCR 法爆破回采设计的基本依据。在进行凿岩爆破之前,进行小型的爆破漏斗试验,以确定金川 VCR 法试验采场的凿岩爆破参数。

美国的利文斯顿长期研究爆破效果的资料,从能量平衡的观点出发,首先提出了爆破漏斗的基本原理。这个原理表明,一次爆破传给岩石的能量大小取决于岩性及药性、药量,在一定的岩性和药性条件下,传给岩石的爆破能量的多少则取决于炸药质量,不同大小的爆破能量能使岩石产生不同的破坏和变形。另外,从炸药爆炸传给地表附近岩石的爆破能量的观点来看,药包深度不变化而增加药包质量,同药包质量不变而减小药包的埋深的结果是一样的。利文斯顿以改变药包的埋深来研究爆破对于岩石的破坏和变形的影响,得到了一系列的比例关系。

利文斯顿爆破漏斗理论的内容主要反映出如下关系:不同重量的同一种炸药在同一种介质中爆炸时,临界埋深(N)、最佳埋深(d_0)都与炸药量(W)的三分之一次方成比例,其比例系数(E)称为应变能系数,这就是所谓的比例关系。

$$N = EW^{1/3} \tag{5.1}$$
$$d_0 = \Delta_0 EW^{1/3} \tag{5.2}$$

式中,Δ_0 为最佳比例埋深,对一定的炸药,一定的介质来说,Δ_0 为常数。

同一种炸药不同的介质或不同种炸药同一种介质,E 值和 Δ_0 值不同,该差异反映了炸药和介质间的匹配关系。

进一步的研究表明,抛掷漏斗的大小、漏斗的开度、块度的分布等指标也都存在上述关系。爆破漏斗试验的目的是通过小型试验,找出特定介质 E 值和 Δ_0 值,并通过比较 VCR 法工业试验的炸药品种,按比例关系计算出工业试验的药包埋置深度,进而参照漏斗开度和块度指标,推荐工业试验的布孔参数。生产爆破中的孔距可取等于或小于计算的漏斗半径。用多排球状药包爆下的分层高度往往等于或大于球状药包最佳埋置深度。

VCR 采矿法试验采场拟布置在 1250~1300m 中段,34~35 行的富矿中。爆破漏斗试验地点应尽可能靠近试验采矿场,使矿岩条件相似,才能得到切合实际的结果。经现场踏勘和研究,试验地点选在 36 行的 601 上向分层充填采场内,采场顶、底板均比较平整,作业条件良好。该采场为含矿超基性岩体,有益矿物组分为镍和铜,伴生组分有钴、铂和钯等贵金属。矿物以硫化物为主,主要金属硫化物为黄铁矿、镍黄铁矿(紫硫镍铁矿)和黄铜矿(方黄铜矿)。金属氧化物有磁铁矿和铬铁矿。采矿场富矿上下盘两侧接触有贫矿带,富矿中部夹有特富矿。富矿和特富矿均呈块状结构,整体强度较高,稳定性较好,软弱构造面以节理为主,节理距 10~50cm,节理密度不大,将矿体切制成 10~70cm 的块状。总的看来,特富矿岩体整体性最好,稳定性也最好,贫矿岩体较破碎。试验炮孔均打在富矿中,越靠下盘,矿岩可爆性越好。

根据二矿区矿岩可爆性好的特点,在 VCR 采矿方法的前期技术准备期间,分不同阶段进行了 2# 岩石炸药和铵松蜡炸药与 BY 型乳化炸药(即低密度乳化炸药)和 HD 型乳化炸药(即高密度乳化炸药)的爆破漏斗对比试验。上述四种炸药主要性能指标见表 5.11。

表 5.11　炸药主要性能指标

炸药名称	密度/(g/cm³)	爆速/(m/s)
2# 岩石炸药	0.95	3500
铵松蜡炸药	0.85	2550
BY 型	1.20	4162
HD 型	1.40	4268

小型爆破漏斗试验主要技术指标见表 5.12。

表 5.12　爆破漏斗试验主要技术指标

炸药品种 主要指标	2# 岩石炸药	铵松蜡	BY 型	HD 型
临界埋深 N/m	1.760	1.760	1.800	2.000
最佳埋深 d_0/m	0.810	0.800	0.600	1.970
应变能系数 E	1.40	1.400	1.430	1.587
最佳埋深比 Δ	0.460	0.460	0.330	0.485
爆破漏斗体积 V_0/m³	1.760	1.740	—	2.347
漏斗直径/m	3.000	3.200	—	3.010
比能 V/Q/(m³/kg)	0.880	0.870	0.675	1.174
炸药单耗 q/(kg/t)	0.284	0.287	0.476	0.213

根据比例关系推算 VCR 法工业试验时主要爆破参数,见表 5.13。

表 5.13　不同炸药工业试验爆破参数

使用炸药 工业试验参数	2# 岩石炸药	铵松蜡	HD 型
药包质量/kg	20	18	29.6
埋深/m	1.75	1.74	2.20~2.45
孔间距/m	2.1~2.6	2.1~2.6	3.3~3.7

爆破漏斗及各种炸药的 Δ-V/Q 曲线如图 5.2 所示。

根据爆破漏斗试验可以得出以下结论:在金川矿岩条件下,HD 型乳化炸药与介质之间匹配更为合理。HD 型乳化炸药威力大、爆速高、密度大,爆破效果最佳,是理想的球状药包用药。这种炸药由于其感度低,使用安全,试验中将以最少的钻孔量和爆破循环获得良好的爆破效果。2# 岩石炸药和铵松蜡炸药也可用于试验采场,其来源广泛,成本低,具有较大的优越性。BY 型乳化炸药因性能不稳定,两次数据出入较大,故仅可作为参考。

5.2.4　大直径深孔凿岩

试验选用瑞典 AtlasCopco 公司的 ROC306 型履带式井下高压潜孔钻机,配套使用同一公司的 DG418 型增压机,其工作风压可进行调整,即可将工作风压由 0.5~0.6MPa 增

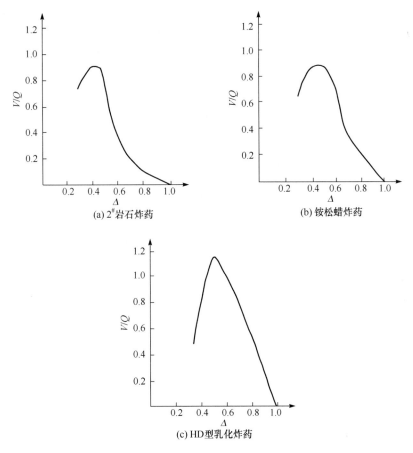

图 5.2　爆破漏斗及各种炸药的 Δ-V/Q 曲线

压至 1.5～1.8MPa。选用外径为 165mm 的柱齿钻头,直径 114mm,长 1525mm 的钻杆。选用当时最新型号的 COP62 型冲击器,该冲击器具有结构简单,在高风压下冲击功大的特点。开孔采用直径 182mm、内径为 170mm、长 0.8～1.2m 的钢管以保护孔口。

为保证钻机平稳进行凿岩作业,凿岩硐室的底板浇注了强度为 5MPa 的充填料浆,平均厚度为 400mm 的底板。

爆破回采补孔设计要求钻孔偏斜率不大于 1.5%。实测钻孔倾斜合格率为 65.2%,其中偏斜率为 1.5%～2.5% 的占 23.9%,大于 2.5% 的占 10.9%,根据孔底距实测结果,在孔底距(>3.8m)偏大排(孔)之间又补了 3 个钻孔,补孔率为 6.4%。

试验采场设计布孔 47 个,实际钻孔 50 个,共凿岩进尺 1832.3m。布置 3 排,排间距 2.6m,孔间距 2.5～3.0m,孔深 44m。凿岩共用了 41 个台班,平均台班效率为 44.69m/(台·班),最高台效为 86m/(台·班)。经现场测定,当冲击器工作风压为 0.6MPa 时,平均钻速为 93.7mm/min;当工作风压为 1.5MPa 时,平均钻速为 300mm/min。国内外凿岩效率对比见表 5.14。

表 5.14　国内外大直径深孔凿岩效率

主要参数 矿山名称	每米炮孔崩矿量/(t/m)	布孔网度/(m×m)	凿岩效率/[m/(台·班)]	炸药单耗/(kg/t)	矿岩尺寸/(m×m)
西班牙鲁比阿勒矿	30	3×3	45	—	矿体平均厚度 6m
霍姆斯克矿	193	2.4×2.4	47.5	—	—
CarrFork 矿	18.6	2.5×2.5 3×3	—	0.33~0.496	—
阿尔玛母矿	13	2×2	—	0.65	30×5
凡口铅锌矿	14.9~19.5	2.6×2.6 2.5×3.8	33.7	0.38~0.42	40×8
金川二矿区	14.66	2.5×2.5	44.69	0.468	37×6

和国外同类型设备相比,二矿区 VCR 法试验凿岩效率达到了较高的水平。除了使用的高风压增压机工作压力高、稳定,COP62 冲击器性能优良的因素外,金川矿岩的可凿性好也是一个有利的条件。另一个重要因素是,在引进先进设备后,二矿区技术人员对先进设备的操作、维修和保养方法等进行了吸收。但也可以看到,试验采场凿岩的偏斜率还是较高的,其原因是矿区岩性变化较大;对测斜仪的技术运用得还不熟练;凿岩风压有时过高,实践证明岩性较差时凿岩风压不宜超过 1.5MPa。

5.2.5　采场爆破

1. 概况

试验采场凿岩硐室水平截面 38m×6m(长×宽),出矿拉底水平截面 22.5m×6m。根据这一给定矿房尺寸,爆破设计布孔参考小型爆破漏斗试验提供的基本参数,同时也考虑了采场实际的地质条件,经过调整在凿岩硐室的长轴方向布 3 排炮孔,共计 50 个(其中 3 个补孔),排距 2.6m,孔间距 2.5~3m。采场上盘边界多布了 2 个加密炮孔,间距为 1.3m。加密孔间距是为了减少单孔药量,加强光面爆破效果,保证边界平整和稳定。采场炮孔布置设计参数如图 5.3 所示。

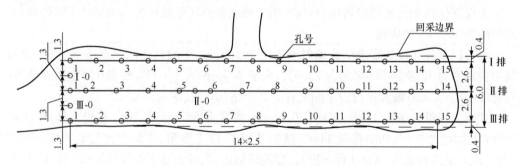

图 5.3　VCR 法试验采场炮孔布置图(单位:m)

为了保证上盘沿脉联络道的安全,在上盘贫矿中布设了 4 个长锚索孔,安装了 8 根预应力锚索。爆破期间和采空区形成后,对长锚索进行了受力观测。

采场回采高度为 44m,从 1985 年 8 月 23 日开始至 10 月 4 日回采爆破结束,历时 43

天,共进行了 7 个循环的爆破作业,其中单层装药爆破 3 个循环,双层装药爆破 3 个循环,最后顶柱爆破采取三层装药一次爆高 12m。试验采场爆破作业共用高密度乳化(HD 型)炸药 11.2t,2# 岩石炸药 1.008t。爆破主要技术经济指标见表 5.15。

表 5.15　VCR 法爆破主要技术经济指标

项目	指标
每米炮孔崩矿量/(t/m)	14.63
每分层平均崩矿量/t	2238.8
每分层平均崩矿高度/m	3.5
每吨矿石炸药消耗量/(kg/t)	0.493
二次爆破炸药消耗量/(kg/t)	0.027

爆破采用非电导爆管-导爆索微差起爆。在爆破工艺设计和施工中,考虑到采场矿岩不稳固和相邻巷道、采场的安全等特点,确定同段最大炸药量为:第一～三次爆破循环为 110～130kg,第四～六次爆破循环为 150kg,最后一次爆破循环为 225kg。单层爆破时,相邻爆孔药包起爆间隔为 25～50ms,双层或三层爆破,其层间隔为 50～100ms。

由于爆破采用非电起爆网路,其起爆顺序为:火雷管—导爆索—非电微差雷管—起爆弹(药包)。单层装药起爆网路由于药量不多,均采用单区起爆。双层装药起爆网路为了控制最大单响药量,采用分区爆破。顶层爆破高度为 12m,采用三层装药,分两个区起爆。为避免地震波、空气冲击波和飞石破坏起爆网路,区间延时由孔外串联雷管改为孔内串联雷管。爆破作业基本上是顺利的,只有第五循环爆破堵塞作业失误而将该循环分为两次爆破。各爆破循环如图 5.4 所示,爆破效果见表 5.16。

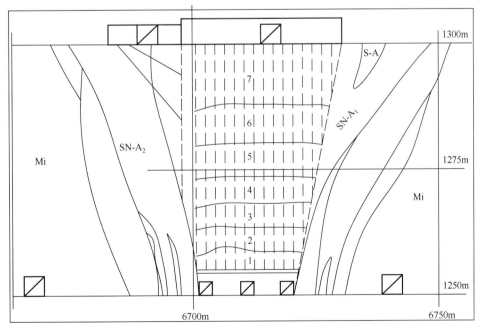

图 5.4　VCR 试验分次爆破示意图

表 5.16　试验采场爆破效果

循环	层数	装药量/kg	最大单向药量/kg	爆破矿量/t	炸药单耗/(kg/t)	崩矿高度/m	备注
1	1	745	130	1703	0.437	3.527	—
2	1	960	175	2011	0.467	3.683	—
3	1	930	110	1700	0.547	2.842	—
4	2	1500	135	3377	0.444	6.185	—
5	2	1400	145	2507	0.558	6.912	分两次爆破完成该循环
		955	150	2205	0.433		
6	2	2075	150	4619	0.449	6.566	
7	3	3763	225	9164	0.411	12.215	
合计	12	12328	—	27286	0.468	41.930	

2. 爆破作业施工组织

1) 施工组织

爆破总指挥,爆破技术组长,Ⅰ排(排长1人)、Ⅱ排(排长1人)、Ⅲ排(排长1人)。

2) 卡片制度

每个爆破循环作业的依据是每个循环的爆破设计图纸和依据设计编制的每个孔装药作业卡片。各排根据卡片进行爆破器材准备、加工、测孔、堵塞、装药、连接网路。根据分工,排除了承担上述爆破作业外,还需要负责各排的爆后测孔、故障处理(清理堵孔)等工作。最后将测孔数据提交给爆破设计组。

3) 施工循环

施工循环见表5.17。

表 5.17　VCR 爆破作业循环

作业时间　　作业名称	1天	2天	3天	4天	5天	6天	7天
上循环爆破后清孔测孔	→						
设计出图(卡片)			→				
运送炸药、砂				→	-----	-----	-----
加工器材、测爆堆、堵孔				→	-----	-----	-----
装药、爆破					→		----→
出矿					→	-----	-----

注:表中所示为两种循环。二者出矿时间不同。单层装药爆破循环一般为5天(实线);双层装药爆破循环一般为7天(虚线)。

3. 爆破循环设计

(1) 测孔的精确性直接关系到能否做出正确的爆破设计,也是指导爆破作业,掌握装药、堵塞质量、分析爆破效果的关键性指标。测孔采取如下方法:将测绳(带有刻度)底部绑一长 300～400mm 的橡胶管,测量孔深及爆堆高度,测其他深度(药包位置、填砂位置)时,则绑一铜制重锤。

(2) VCR 采矿方法爆破每个分层的顶板是否平整是非常关键的。根据下向爆破漏斗的特点,顶板的平整对漏斗的开度、块度将产生直接影响。因此,在爆破循环中,首先根据测孔数据确定一个分层药包中心位置。但根据试验采场的矿体特点,顶板出现不平整是难免的。这样,在分层药包中心的位置上,每孔的药包质量需进行适当的调整。

(3) 炮孔堵塞长度。合理选择填塞材料与填塞长度有利于炸药能量的充分利用,降低了爆破冲击波对爆区上部孔壁和凿岩硐室顶板的冲击破坏,这在矿岩不稳定条件下尤为重要。试验证明,选用粒径为 2～3mm 的棒磨砂作为堵塞料是适宜的。上部堵塞段长度以 2～2.5m 为佳,整个回采爆破未发生过炮孔坍塌和凿岩硐室顶板遭受冲击破坏的现象。此外,在第一、二层爆破时,上盘的炮孔采用水袋封堵孔口,取得了良好效果。单、双、三层药包结构如图 5.5 所示。

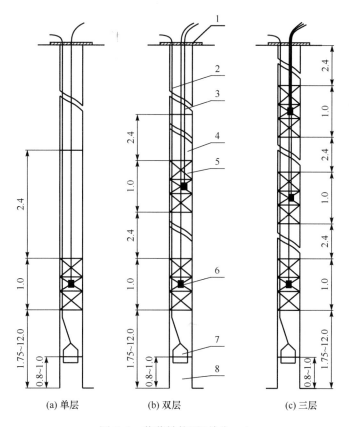

(a) 单层　　　　(b) 双层　　　　(c) 三层

图 5.5　装药结构图(单位:m)

1. 孔口横棍;2. 堵孔塞系绳;3. 导爆管;4. 河砂;5. 药包;6. 起爆弹;7. 堵孔塞;8. 炮孔

（4）选择合理的掏槽方式，确定正确的起爆顺序，这直接关系到爆破效果、对爆破震动影响的控制和对采空区侧帮稳定性的控制。试验中进行了"一字形"、"锥形"和复合掏槽的研究，并分析了不同掏槽形式的爆破震动效应和爆破效果。可以认为在金川二矿区矿岩条件下，特别是节理发育条件下，锥形掏槽能获得理想的爆破效果，在多层药包爆破中，锥形掏槽是爆破效果最佳的掏槽方式。

（5）爆破网路设计全部采用非电起爆系统，即火雷管→导爆索→非电微差雷管→起爆弹。HD型高密度乳化炸药由黑索金/TNT起爆弹起爆。单层装药起爆网路，由于药量不多，均采用单区起爆，如图5.6所示。

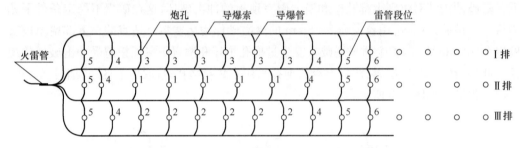

图5.6　单层起爆网路

双层装药起爆网路，由于受最大单响药量和非电雷管段数（仅用1～11段）的限制，而采取分区爆破。当距孔口较远（无冲击波或飞石危害）的分层爆破时，采用孔外微差控制爆破分区，即采用与前一分区末段段数相同的雷管控制后一分区网路的延时，实现段数接力。如图5.7所示。

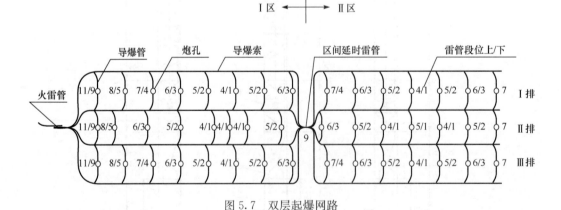

图5.7　双层起爆网路

顶柱分区爆破时，起爆网路敷设于硐室底板上，此时存在着空气冲击波和飞石破坏起爆网路的可能，因此在网路设计时，要求在空气冲击波和飞石到达之前，所有导爆管中爆轰波应已传入孔内。因此采取孔内微差控制分区爆破，即将各层药包引出的导爆管，包扎在与前一分区末段段数相同的雷管上埋入砂内半米左右。这样有效地保护了起爆网路，取得了良好效果。

(6) 球状药包台阶爆破(侧崩)的爆破效果是不理想的。试验采场下盘的三角矿体在每层爆破后均难以形成理想的下向自由空间,因此,当不得不采用台阶爆破(球形药包)时,往往爆破空间不完全,给下个循环爆破造成困难。例如,顶柱爆破时,前一循环底盘三角矿体爆破不完全,导致部分炮孔四层装药,但仍没有收到良好效果,部分矿石放不下来,残留损失 420t 矿石。

4. 爆破安全

针对金川二矿区工程地质复杂、矿岩不稳固的特点,在 VCR 法爆破设计中充分考虑了实现爆破安全和控制爆破破坏效应的综合性措施,并在实践中得到进一步充实和完善。主要采取以下几个关键性技术,保障了爆破安全。

(1) 控制最大单段药量。试验采场的 1250m 水平出矿系统和上下盘运输系统受工程地质条件和地压的影响,一些巷道工程已出现不同程度的破坏,而这些工程距初期爆破中心较近,因此,第一分层爆破时,除控制总药量外,还对靠近出矿进路口的炮孔均采用不同段雷管单段、单孔起爆,并减小药包埋深和单孔装药量。整个分层最大单段药量控制在 130kg 时取得了较好的控制爆破地震效应的效果,在爆破范围内的巷道工程未发生变化。当第二分层爆破将最大单段药量提高至 175kg 时,爆破震动对周围工程影响较大,主巷道工程原有裂隙有所扩大。第三层最大单段药量控制在 110kg,并将药包埋深减小 0.5m,崩矿高度降低 0.8～1.0m,之后爆破震动效应大为减小。随着爆破采空区向上推移,爆破效应对 1250m 中段的影响逐渐减弱,故第四、五、六爆破循环均采用双层装药,其最大单段药量控制在 150kg。第七循环系顶柱爆破(高 12m)采用三层装药。此时爆破中心距 1300m 中段的上盘沿脉运输巷道仅 10m,距正在回采的 501 采场仅 20m。在总结前三次双层装药爆破经验的基础上,该循环最大单段药量控制在 225kg,总药量为 3793kg,但爆后对上、下中段巷道工程和邻近采场均未造成破坏。

实践证明,多段非电微差雷管起爆系统控制爆破最大单响药量是行之有效的,在矿岩不稳固的条件下,可以达到控制爆破震动效应的目的。

(2) 控制爆破延迟时间。控制掏槽孔和临近扩槽孔的起爆延迟时间,与改善爆破效果和减轻爆破效应是密切相关的。试验证明,每一分层爆破时,在合理确定起爆范围的前提下,相邻单响延时 25～50ms,多层药包爆破时,层间延时 75～100ms,取得了满意的效果。

(3) 双保险的起爆系统。每个药包设置三发非电雷管,当仅有一根导爆管传爆时,药包也能按时起爆,每排孔内雷管分别与敷设在孔口的两根导爆索联网,当仅有一根导爆索传爆时,保证该排所有孔全爆。所有孔口(三排)导火索(四根)在引爆端闭合,有三发火雷管引爆。

(4) 分区爆破。根据最大单响药量的控制要求和非电雷管段数(试验仅用 1～11 段)限制,当总药量较大、分层数较多(>2)时,可采取微差控制爆破分区,以达到预期的爆破效果。

当对距孔口较远(无爆破飞石危害)的分层进行爆破时,可采用孔外微差控制爆破分区,即孔外微差非电导爆管采用与前一分区末段段数相同的雷管控制两独立的分区网路,实现段数接力(相当于扩充雷管段数)。

顶柱分区爆破时,冲击波与飞石的影响已经存在,因此,基本原则是在冲击波或飞石到达之前,所有导爆管中爆轰波应已传入孔内。试验采场顶柱分区爆破采取孔内微差控制分区,取得了良好的效果。

(5)点火的方向(传爆方向)应与人员撤离方向相反。导火索的长度应能满足人员撤离到安全地带的时间。点火时非爆破人员撤离。

(6)装药期间,停止出矿作业,并严禁二次破碎。

(7)爆破后,有关测试(孔)和其他作业人员需在通风1h后方可进入现场。

5.2.6　采场爆破观测与分析

爆破观测工作是围绕着安全问题进行的。限于设备和经济条件,在 VCR 法工业试验中仅进行了长锚索受力观测、岩体与衬砌中声波速度的观测、凿岩硐室顶板及长锚索硐室底板沉降观测、宏观破坏调查等工作。

1.长锚索受力观测

为了评价长锚索加固上盘矿岩的效果,在 2#、4# 锚索孔内各安装 2 个钢弦测力计以监测钢丝绳的受力情况。在每次爆破前后和大量出矿期间进行测定,其测定数据见表 5.18 和图 5.8。

表 5.18　钢弦测力计观测数值

观测时间 /(月-日)	1#		2#		3#		4#		爆破时间 /(月-日)	爆破累计 高度/m
	f/Hz	P/MPa	f/Hz	P/MPa	f/Hz	P/MPa	f/Hz	P/MPa		
9-3	1282	0	1280	0	1281	0	1274	0	8-23	3.52
9-7	1310	30.0	1296	18.0	1294	11.0	1274	0	8-30	7.21
9-11	1317	39.0	1298	20.0	1302	20.0	1274	0	9-6	10.05
9-12	1369	97.5	1306	28.0	1307	25.0	1273	0	9-11	16.24
9-19	1369	97.5	1309	31.0	1316	35.5	1274	0	9-20	23.15
9-23	1418	157.5	1322	47.5	1323	42.5	1273	0	9-28	23.15
9-30	1424	162.5	1328	52.5	1328	47.5	1273	0	9-30	29.72
10-1	1463	212.5	—	—	1342	62.5	—	—	10-4	41.93
10-8	1514	275.0	—	—	1348	70.0	—	—		

续表

观测时间 /(月-日)	1#		2#		3#		4#		爆破时间 /(月-日)	爆破累计 高度/m
	f/Hz	P/MPa	f/Hz	P/MPa	f/Hz	P/MPa	f/Hz	P/MPa		
10-22	1519	280.0	—	—	1356	77.5	—	—	—	—
10-29	1522	284.0	—	—	1361	82.5	—	—	—	—
11-5	1525	289.0	—	—	1363	85.0	—	—	—	—

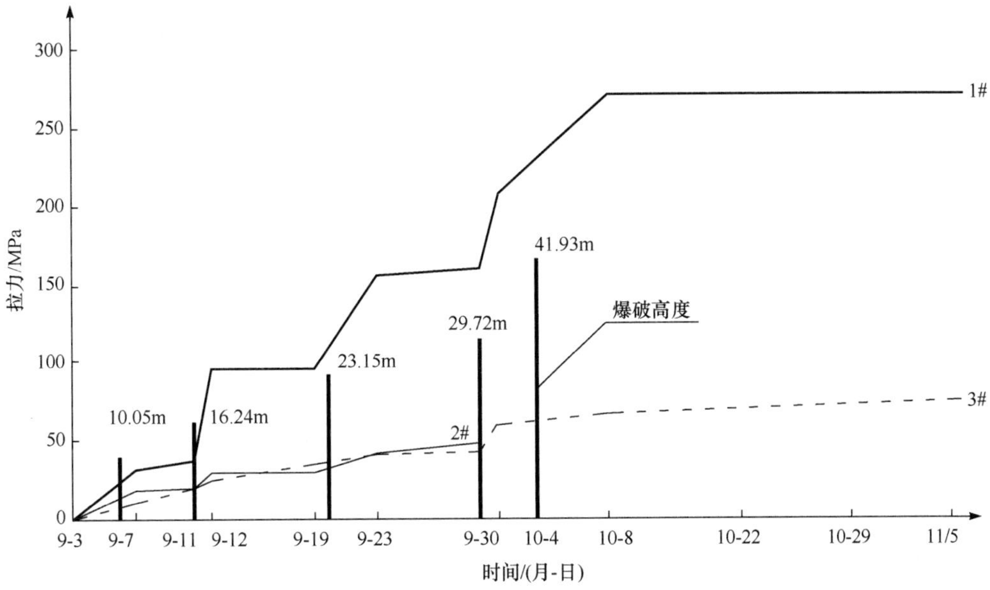

图 5.8　钢弦测力计时间-拉力曲线

观测结果表明：

（1）2# 锚索孔的 1#、2# 测力计和 4# 锚索孔的 3# 测力计显示的频率变化有规律地增长，说明随着采矿高度的增高，长锚索所受的拉力也随之增大。整个采场形成采空区后，锚索受力趋于平稳，被锚固的采场上盘上半部矿岩未发生片冒。可见，长锚索可以制约上盘矿岩的位移。

（2）1# 测力计位于采场上盘的中央部位，最大拉力为 270MPa。3# 测力计位于采场边缘的上盘岩体内，最大拉力为 70MPa，中央部位的拉力为边缘部位的 4 倍。因此，长锚索应考虑布置在矿岩的中间部位。

（3）离采场上盘帮壁越近，锚索受力越大，反之则越少，这说明用长锚索加固上盘不稳固矿岩体，关键在于限制其帮壁表面岩体的整体位移。

自长锚索安装到采空区充填结束，历时两个半月，经过七个循环的回采爆破震动，上盘最大暴露面积达 300m²，在锚固区范围内未发生片冒，上盘运输巷道没有变化和破坏。实践证明，用长锚索加固不稳固矿岩是行之有效的。

2. 凿岩硐室及长锚索硐室沉降观测

在 VCR 法爆破前,在 1300m 水平凿岩硐室和长锚索硐室各布置了 3 个观测点,在每次爆破后用经纬仪测顶板沉降值,观测结果见表 5.19。

表 5.19　凿岩与长锚索硐室沉降观测结果

测定 时间 /(月-日)	凿岩硐室测点						长锚索硐室测点					
	中 1		中 2		中 3		长 1		长 2		长 3	
	高程/m	沉降 值 /mm	高程/m	沉降 值 /mm	高程/m	沉降 值 /mm	高程/m	沉降 值 /mm	高程/m	沉降 值 /mm	高程/m	沉降 值 /mm
8-22	1306.329	—	1305.719	—	1305.790	—	1303.319	—	1304.783	—	1303.178	—
8-29	1306.231	8	1305.716	3	1305.790	0	1303.319	0	1304.783	0	1303.178	0
9-10	1306.231	0	1305.716	0	1305.790	0	1303.319	0	1304.783	0	1303.178	0
9-18	1306.231	0	1305.716	0	1305.790	0	1303.319	0	1304.783	0	1303.178	0
10-03	—		1305.688	28			1303.316	3	1304.774	9	1303.174	4

沉降观测的结果表明:

(1) 长锚索硐室在 1～6 循环爆破时,没有沉降。顶柱爆破并形成采空区后,有微量的沉降,但并没有大的影响,其观测成果与长锚索承力观测的结果是吻合的,也说明长锚索加固对采空区的稳定性起到一定的作用。

(2) 凿岩硐室直到顶柱爆破前,顶板才有少量下沉(最大仅为 28mm),说明硐室施工采用光面爆破、钢筋网、喷射混凝土、短锚杆和中长锚杆的联合支护技术措施是成功的。凿岩硐室承受住了历次爆破震动与冲击的影响。

3. 声波波速的检测

在 1300m 中段布置了 5 个测点,1250m 中段布置了 7 个测点。在每次爆破后,用 YB4-1 型超声测试仪和 17KC 的低频夹心式换能器监测纵波波速变化。测量结果分析表明:

(1) 1300m 水平矿岩及支护条件较好,初期爆破对 1300m 水平无大的影响。临顶部分层的爆破震动影响是存在的。1250m 水平矿岩条件明显比 1300m 水平差,受震动影响也较大(波速随爆震的频繁程度呈线性下降)。

(2) 声速的观测表明爆破震动的实际性影响是存在的,其影响程度和矿岩(支护)原始状态有关。较差的矿岩(如 1250m 水平)受震动的影响较大,其影响范围也较大。

(3) 进一步的分析也表明,波速还与测点到爆心距离有关,也与该点的支护形式有关。爆破振动效应随着距离的增加而降低。支护质量越高,受爆破振动影响越小。

4. 宏观调查

调查爆破后地震效应的宏观影响,对爆破设计及最大单响药量的确定有一定的指导作用。为了进行这项工作,在 1300m 中段布置了 9 个观测点,在 1250m 中段布置了 17 个观测点。经分析表明,巷道受爆破地震效应的破坏影响与巷道的原始状态关系甚大,同时又与巷道与爆源的相对位置有关。根据巷道的不同位置以及巷道受地压活动影响的程度,将巷道划分为两种形式:基本无地压影响的稳定巷道和受地压活动影响并遭破坏的巷道。再根据巷道与爆源的相对位置,在每次爆破量(Q 为最大单响药量)确定后,可用比例距离($\bar{R}=R/\sqrt[3]{Q}$)作为巷道破坏的基本依据:对完整巷道,$\bar{R}\geqslant0.7$ 不产生开裂和旧裂隙张开,$\bar{R}\geqslant3$ 无个别浮石掉落。受原地压活动影响已产生变形和破坏的巷道及围岩很破碎,已经发生垮落的地段 $\bar{R}\geqslant8.5$ 时才不发生裂隙张开和个别掉块现象。但反复经受震动,在 $\bar{R}=3\sim8.5$ 范围内巷道即使稳定性很差,也没有出现坍塌、冒落等现象。底部出矿进路($3^{\#}$)围岩最差,$1^{\#}$ 进路口稳定情况最好。$1^{\#}$ 进路口的观察点在 $\bar{R}=1$ 时无破坏现象,而 $3^{\#}$ 进路口的观察点在 $\bar{R}=3$ 时裂隙还在加大。三个进路口在 $\bar{R}\geqslant3.5$ 以后没有再观察到任何破坏现象。反复经受振动($\bar{R}\geqslant1.5$),其稳定性基本上是最好的。

对空气冲击波的破坏现象调查表明,第一层爆破时,1250m 中段冲击波的破坏范围不超过 40m。顶柱爆破时,1300m 水平距爆区 70m 以外的观察点没有发现任何破坏。其他各层爆破没有发现冲击波破坏现象。

进一步分析裂缝扩大的过程可以看到,第二分层爆破时裂缝张开的幅度最大。以后活动的幅度小,以致稳定在一定的宽度不再张开。这说明用控制单响药量的方法减少围岩、巷道的爆破影响取得了预期的效果。

二矿区 VCR 法试验立足于已有的装备条件,采取的测试手段是正确的,达到了预期的目的。四项观测手段综合成果说明,各项观测方法及其成果之间有着内在联系,并能定性地为爆破设计、安全、施工的手段和方法提供依据,在今后的 VCR 法推广和应用中具有非常大的指导意义。

5.2.7　采场出矿

VCR 法试验采用德国产 LF-4.1 型 $2m^3$ 柴油铲运机与 $4m^3$ 侧卸式矿车,14t 电机车配套装运矿石。采场出矿分三个阶段进行:第一阶段是控制出矿。崩矿与出矿紧密配合进行,以保证分层爆破的补偿空间,其出矿量为每层爆下矿量的 $30\%\sim50\%$。此阶段出矿 9498.7t,平均日出矿 369.97t,最高 864t。第二阶段是大量出矿阶段。特点是一方面大量出矿,另一方面在出矿中要确保上盘的稳定,不能让上盘过早暴露,故采取自下盘向上盘顺序出矿。此阶段共出矿 13099t,平均日出矿 655.9t,最高 1091.1t。第三阶段是残矿出矿阶段。其特点是大块较多,出矿条件差,此阶段共出矿 2968.3t,平均日出矿 250.8t。

分层爆破时,要求出矿量为循环崩落矿量的 1/3。在单层或双层药包的爆破循环中,$5\sim7d$ 的循环周期出矿作业是可以满足要求的。整个采场出矿历时 71d,166 台·班,放出矿石 25566t,日综合出矿效率 352.4t/d,铲运机台效 150.7t/(台·班),工效 30.2t/(工·班)。

对于二矿区矿体节理裂缝发育的矿岩条件,VCR 法爆破产生大块是不可避免的,但对大块的判定标准取决于井下破碎系统的破碎能力。根据金川井下条件,试验中以矿石其中一个边大于 0.8m 即作为大块,并进行测量标定。试验中采取抽样统计法进行大块率统计,按此方法标定的金川二矿区 VCR 法试验大块率为 1.52%。根据金川矿山安全操作规程规定,二次破碎大块在班末进行,其二次破碎平均炸药单耗为 0.027kg/t。

5.2.8　采场空区嗣后充填

VCR 法试验采场回采的是 2# 矿体一期上向充填采场,故要求试验采场的采空区充填体有一定的强度和自立性,设计该采场充填料浆灰砂比为 1∶4～1∶6,充填料浆的浓度为 78%。

顶柱爆破前,在凿岩硐室侧帮用锚杆固定架设 2 根 ϕ108mm 钢充填管,一旦出矿结束,即进行充填。设计采场充填分期进行,第一层(在底部结构水平)充填是最关键的。首先,采用预制块(300mm)立双层隔墙,隔墙间填入 200mm 的混凝土。每条进路设计一道隔墙,距采空区 5m 左右。为了防止跑浆事故,第一层充入 5～7m,待达到一定强度后,再进行上部连续充填,直至结束。

充填工作从 1985 年 11 月 5 日开始,于 11 月底结束,累计充填 111.5h,总充填量为 11135m³,平均充填能力为 99.8m³/h。

5.2.9　主要技术经济指标

(1)采矿综合成本。见表 5.20。

表 5.20　主要技术经济指标

序号	分类名称	上向胶结充填法	VCR 法
		平均吨矿石费用/(元/t)	平均吨矿石费用/(元/t)
1	采矿作业	6.74	3.310
	深孔凿岩	—	1.456
	爆破(深孔)	—	1.716
	长锚索加固	—	0.138
2	掘进	3.83	3.830
3	搬运	1.12	0.980
4	运输提升	1.94	1.571
5	充填	11.82	9.574
6	通风排水	1.34	1.085
7	车间经营	6.03	4.917
8	维检费	6.50	6.500
9	矿山管理费	8.74	7.079
10	合计	48.06	42.156
11	比值/%	100	80.800
12	采矿作业成本比值/%	100	49.100

注:表中所列上向充填法成本为 1985 年 1～9 月二矿实际成本;两种方法采矿作业成本是可比的,VCR 法成本降低 50% 以上;VCR 法比上向分层充填法的综合成本降低 19% 左右。

（2）设计矿量 30771t，其中切割 5451t，回采 25320t。

（3）实际矿量 32737t，其中切割 5451t，回采 27286t（回采矿量包括超爆、混入砂、混凝土、底盘残留矿）。

（4）总出矿量 34765.5t，其中副产（采准）3748.5t；采切 31017t，其中切割 5451t，回采 25566t。

（5）损失矿量（部分非永久损失）1720t，其中采场底部残留 1300t，下盘残留 420t。

（6）损失率 6.3%，贫化率为 0.93%（底盘损失待二步回采下盘三角矿柱时可回收，若采用遥控铲运机底部损失可避免）。

（7）采切比为 85.08m/kt。

（8）凿岩效率（平均）44.69m/kt。最高 86m/（台・班），总进尺 1832.3m，崩矿量 1466t/m。

（9）炸药单耗 0.495kg/t，其中爆破回采 0.468kg/t，二次破碎 0.027kg/t。

（10）大块率为 1.52%。

（11）出矿效率：①分层矿量 369.9t/d，最高 864t/d；②大量出矿 655.9t/d，最高 1019.1t/d；③综合能力 250.6t/d。

5.2.10 试验结论

（1）我国 VCR 采矿方法的试验工作与国外相比晚 8～10 年。金川集团公司在较短的时间内，通过联合攻关使 VCR 采矿方法试验研究获得成功，弥补了在复杂矿岩条件下应用 VCR 法工艺技术的空白，其研究成果达到了 20 世纪 80 年代国际先进水平。

（2）金川 VCR 法试验圆满完成了金川资源综合利用开发中心与国家科学技术委员会签订的"国家攻关项目专项合同"下达的试验任务和技术经济指标，取得了明显的经济效益。试验采场分层爆破时生产能力达到 369.9t/d，大量出矿时生产能力达到 655.9t/d。综合生产能力为 250.6t/d，比当时二矿区上向胶结充填法（70～90t/d）提高 2.5～3.5 倍。采矿综合成本降低 19.2%，采矿直接成本降低 50.9%。

（3）金川不稳固矿岩 VCR 法试验取得成功的关键是：做好试验前期技术准备，包括小型爆破漏斗试验，选择合理的凿岩爆破参数；采用先进的深孔凿岩设备，实现高效率凿岩；采用控制爆破技术，实现大规模爆破集中作业；采用长锚索，中长、短锚杆金属网联合喷锚加固技术，实现作业安全；采用高效率出矿设备和集中充填作业的措施，实现强化开采，缩短采空区暴露时间，保证了采场在回采、出矿和充填过程中的稳定性。这些经验可以在类似的矿山条件下推广使用，其单项工艺成果也有重要的推广应用价值。国内矿山应用 VCR 采矿法的主要技术经济指标见表 5.21。

表 5.21 国内 VCR 法技术经济指标

矿山	采切比 /(m³/kt)	矿块综合生产能力/(t/d)	凿岩效率		出矿效率	
			设备	台效/[t/(台・班)]	设备	台效/[t/(台・班)]
凡口铅锌矿	470.5～610	181.4 34	DO150 ROC306	18～19	LF-4.1 铲运机	226.3～334.4

续表

矿山	采切比 /(m³/kt)	矿块综合生产能力/(t/d)	凿岩效率		出矿效率	
			设备	台效/[t/(台·班)]	设备	台效/[t/(台·班)]
金川二矿区	80.5	250.6	ROC306	44	LF-4.1 铲运机	150.7

矿山	采矿工人劳动生产效率/[t/(工·班)]	矿石损失率/%	矿石贫化率/%	主要材料消耗			矿石直接成本/(元/t)
				炸药/(kg/t)	水泥/(kg/t)	坑木/(m³/kt)	
凡口铅锌矿	19.23~23.10	1.20~2.27	4.00~8.40	0.40~0.43	—	—	6.20~6.86
金川二矿区	44.87	6.30	0.93	0.495	70	0.00037	7.14

（4）VCR 法工艺技术的关键是深孔爆破技术，它有较广泛的适用范围，不仅仅是 VCR 法，对其他类型的深孔采矿、天井掘进也适用。

5.3　普通上、下向水平分层胶结充填采矿工艺

金川龙首矿建矿初期，在 1640m 中段 8～13^{+25} 行勘探线的富矿区段，对上向分层胶结充填法、分层崩落法同时进行试验比较，结果表明，上向分层胶结充填采矿法优于分层崩落法，该采矿方法成为龙首矿主要采矿法之一。在 1640m 中段，主要为多漏斗人工出矿；在 1520m 和 1580m 中段，先后使用过电耙、铲运机、T-2G 等机械搬运矿石。后因下向分层胶结充填采矿法在该矿取得了较好的应用与发展，到 1975 年以后逐步为下向分层胶结充填法所取代。

二矿区的上向水平分层胶结充填法应用来自于龙首矿的试验成功。1971 年的二矿区矿山开采修改初步设计中采用了四分之三的浅孔留矿法嗣后一次充填，四分之一的上向水平分层胶结充填法。审批时将采矿方法的比重改为上向水平分层胶结充填法 80%，浅孔留矿法 20%。从金川龙首矿的生产实践看来，浅孔留矿法虽然效率高，在比较破碎的矿体中也较上向分层充填法稍安全一些，但是由于大量放矿过程中容易引起顶底盘围岩和周围充填体的冒落，这对于二矿区保护大量贫矿和提高回收率是极为不利的。从巷道揭露情况看，16 行以西的矿石节理非常发育，比较破碎，再加上深部地压的因素，采用浅孔留矿法在安全上不可靠。因此，取消浅孔留矿法，以上向水平分层胶结充填法为主。由于当时的下向水平分层胶结充填法还缺乏实践经验，对东部原则上采用上向水平分层胶结充填法，如地压很大时，采用上向水平分层充填安全没有保证时，可改为下向水平分层充填法（人字梁方案）。对西部二采区 1200m 中段原则上采用上向水平分层充填法。这样采矿方法的比重大致为：上向水平分层胶结充填法占 70%，下向水平分层胶结充填法占 30%。

5.3.1　二矿区上向水平分层胶结充填采矿法

二矿区一期工程自 1982 年 6 月投产以后,采用的采矿方法是普通上向胶结充填法和普通下向倾斜进路胶结充填采矿法,后将普通进路改为高进路,采场生产能力只有 110～140t/d,该方法回采工艺简单、生产效率低、工人劳动强度大。凿岩用 YT-24 型气腿凿岩机,矿石搬运为 13kW、30kW 电耙,矿(废)石运输由 ZCK7-7/550V 或 ZCK14-7/550V 型架线电机车 YCC4-7 型矿车(4m³),装矿用 FCC-2.5 型振动放矿机或木漏斗,爆破材料用 2# 岩石炸药,并用火雷管逐次点燃起爆,危险性较大,后期推广了非电导爆管一次点火起爆。

在东部 2# 矿体 1250～1350m 水平、35～39 行线间的矿体中采用上向水平分层胶结充填采矿法。

1. 回采顺序

上向水平分层胶结充填法的采场均垂直走向布置(局部矿体很薄的地段除外)。根据矿区最大主应力方向,低标号混凝土各向受压强度高的特点,以及尽可能提高上向分层充填法比重的要求,东部以四个采场为一组,按"四采一"的顺序回采。一、二、三期采场宽度 6m,四期采场宽 5m。第一期设计东部只采两个中段。先采 1250m 中段的一期采场,然后采 1300m 中段,1300m 中段采完后,再采 1250m 中段的二、三、四期采场。为了减少采切工程量,1300m 中段做好倒运矿石的假巷后,继续向 1350m 水平回采,与此同时,回采 1250m 中段的二期采场,依此类推。假如四期采场不可能采用上向分层充填法,则等三期采场从 1250m 采到 1350m 后,再从 1350m 水平开始,以下采用人字梁方案回采。这一回采顺序的基本思路是:按 100m 中段高度回采,可在 1300m 中段倒运矿石。东部矿体沿走向方向的回采顺序为从中央向两翼推进。

措施井在 1300m 中段处于矿体之内,为避免应力集中破坏井筒,不留保安矿柱。措施井周围应采成斜面,保证充填严密接顶。钢绳罐道的拉紧装置在适当的时候移至 1350m 马头门下部。西部一采区 1250m 中段,两个采场作为一组,一期采场用上向水平分层胶结充填法,二期采场用下向水平分层胶结充填法,采场宽度均为 5m。1200m 和 1150m 中段因矿体很厚,沿走向划分为两个条带。上下中段条带对正,两个条带各期采场对齐,以保证矿柱能承受较大的水平推力。条带内的回采顺序与东部相同。如果也可以实现按 100m 段高回采,50m 倒运矿石的话,则只需在 1200m 中段保留顶柱。

2. 采准工程布置

在 1250m 水平脉内布置上下盘材料运输道,在 1300m 水平脉内布置上下盘充填回风沿脉道,在充填回风沿脉道内用天井钻机在上下盘各掘 φ1m 的充填回风天井 1 个,与上中段充填回风沿脉巷道连通,作为敷设管路、下材料、提升设备及回风的通道。每个采场布置顺路天井和顺路人行天井各 2 个,作为放矿、人员通行、进风的通道。人行天井同时作为滤水井,与下部脉内沿脉巷道连通,如果上中段不能下料,则人行天井设材料间提升材料。人行天井采用混凝土预制梁或木材支护。顺路溜井采用预制混凝土圈或钢板支护,在下部与中段倒运矿石的巷道连通,将矿石转动到环形运输道的穿脉巷道装车。溜井接茬须密封,防止充填水进入溜井。每个行线(50m)设置一条出矿穿脉道和平板漏斗。为了适应深部地压的特点并减少采准工程量,可将三、四期采场的充填回风天井预留在一、二期采场内,或者利用其顺路天井,如图5.9所示。

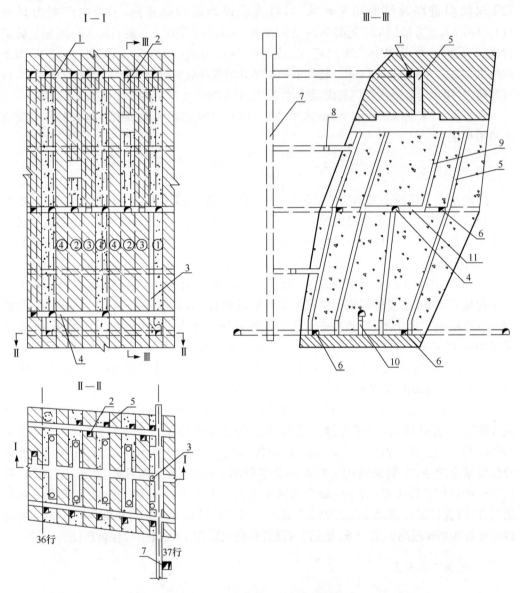

图5.9　上向水平分层胶结充填采矿法

1.充填回风道;2.充填回风天井;3.集中放矿溜井;4.沿脉倒矿巷道;5.行人通风天井;6.沿脉材料道;
7.电梯井;8.副中段联络穿脉;9.放矿溜井;10.放矿硐室;11.倒矿联络穿脉

3. 回采工艺

东部采场落矿以上向凿岩为主,每个采场同时开动2台YSP-45型(或9545型)上向凿岩机。分层高度为2.5m。采场搬运采用ZYQ-14型装运机,每个采场配备2台。倒运巷道也采用 ZYQ-14 型装运机,倒运的平均运距为 50m 左右,采用装运机代替电耙倒运矿石,具有灵活性大,通风条件较好,有条件以高效率的铲运机代替装运机,采准系统无须改变等优点。对采场中矿石稳固性较差的地段采用锚杆或金属网锚杆局部护顶。锚杆施工在爆堆上进行,可与搬运平行作业。

西部上向分层充填法的工艺与东部基本相同,只是凿岩以水平孔为主。先从人行材料井沿采场,用 7655 或 YT-24 凿岩机凿水平炮孔,2# 岩石炸药爆破,非电导爆管起爆,落矿后由 30kW 电耙子将矿石扒入预留溜矿井到集矿道,再用 55kW 电耙子将矿石扒入穿脉运输道中的 4m³ 矿车,由 14t 电机车牵引至破碎站。采场平均生产能力 80～100t/d。

采场分层高 5m,一般不支护或局部采用管缝式锚杆支护。

每分层采完后,预留好人行材料井和溜井,充填料浆经管道输送到采场进行充填,充填面距顶板一般为 1～1.5m。

5.3.2　二矿区下向水平分层胶结充填采矿法

1. 下向分层胶结充填法分类

下向分层充填法有两个方案:人字梁方案和进路回采方案。前者用于上向分层充填法采区的二期和四期采场,后者主要用于 16 行以西二采区。

西部二采区垂直走向将矿体划分为宽 33m 的条带,每个条带再划分为若干盘区,盘区的水平面积为 33m×33m。各条带按由东向西的顺序回采。每个盘区垂直走向为矿房矿柱两部分,矿房宽 20m,矿柱宽 13m。一个条带内各盘区的矿柱对齐。回采矿房的时候,对一个条带内各盘区的回采顺序没有严格要求。当 1225m 分段的矿房采完后,1200m 分段的矿房和 1225m 分段的矿柱同时回采,平行作业。此时,为了适应地压和通风的特点,要求一个条带内所有盘区的矿柱回采均衡下降。

2. 进路回采方案的采准布置

在每个盘区矿柱内布置两个双格天井,其中一格在回采水平以下作为采场矿石溜井,与 1200m 中段倒运巷道连通,上部供提升材料和设备使用;另一格为梯子间,是人行和通风的通道。两个盘区交界处的天井是进风井,盘区矿柱中央的天井是回风井。采场天井在 1250m、1225m 和 1200m 水平均与间距 33m 的盘区穿脉贯通。采场天井采用木支护或混凝土预制梁及木材混合支护。回采盘区矿柱时,每个条带须在底盘脉外增加一条回风天井。

3. 进路回采方案的回采工艺

回采分层高度为 2.5m。回采奇数分层时,首先从回采天井沿盘区矿柱边缘进联络道(宽 3m),然后垂直联络道布置进路(宽 3.3m)。一个盘区经常保持两个回采工作面,进路回采的顺序应满足尽快形成贯穿风流和充填体养护期不少于 7d 的要求。凿岩采用 7655 型气腿式凿岩机,出矿采用 ZYQ-12 型装运机。整个进路出矿结束后,即可进行充填,但须保留通风道,最后与联络道一起充填。进路内可用局扇辅助通风。

回采偶数分层时,从进风天井掘进"丁字形"联络道(宽 3m)与回风井连通,然后垂直奇数分层的进路布置进路(宽3m)。上下两分层的进路交错布置,可以减小人工假顶暴露面积,从而减少支护工作量及材料消耗。偶数分层进路回采的顺序与奇数分层回采顺序相同。盘区矿柱的回采与矿房回采大致相同,主要区别是:

(1) 一个条带内各盘区矿柱均衡下降。

(2) 奇数分层和偶数分层的联络道各布置在矿柱一侧,进路全部平行。

4. 人字梁方案的采准布置

采用人字梁方案的采场,人行天井和溜井都利用原一、二期采场的顺路天井和溜井,不再布置新的采准工程。原一、二期采场的一个天井在回采过程中应以人工假巷与副中段和上中段回风沿脉巷道连通。另一人行天井应按提升ZYQ-14型装运机确定断面。

5. 人字梁方案的回采工艺

回采分层高为3.5m。采场的切割工作是从一、二期采场的人行天井掘进切割巷道与一、二期采场的溜井贯通。这个时期的矿石利用人行天井的材料间放出。凿岩采用7655型凿岩机,出矿采用ZYQ-14型装运机。分层回采结束后,架设人字梁,然后进行充填。人字梁的结构、充填方法待试验后再定。采场通风可利用两天井形成贯穿风流。

5.3.3 下向水平分层(高进路)胶结充填采矿法

西部 $1^\#$ 矿体,由于节理发育,最初设计的上向采矿法不能保证安全作业,从1985年开始改变采矿方法,采用下向分层胶结充填采矿法。通过实践,这一采矿方法同时应用于东部 $2^\#$ 矿体1250m中段和1300m中段34~36行的特富矿和富矿。唐学军(1988)利用有限元数值方法对二矿下向高进路充填采矿过程中结构力学形态的变化进行了研究,得到了按常规加载模型分析时无法得到的许多重要结论。

1. 采场沿矿体走向布置

按行线每50m划分为盘区,盘区宽度为矿体的水平厚度(45~110m),中段高度为50m。

2. 采准

每个盘区沿穿脉布置2~3个出矿溜井和一个通风井,在半行线位置布置穿脉充填道。

3. 回采

从上中段水平以下6~7m处开层,由出矿通风行人井向上下盘掘进分层道,由分层道沿矿体走向向两侧开4.0m×2.5m的进路回采,在每一分层中设计数个进路,层中进路分单号和双号。第一、二分层先采单号进路,充填后再采双号进路,以下各层单号进路作为一个分层,双号进路作为另一分层。先采奇数进路,包括分层道进行一次充填,然后下降2m转层,沿上一层充填体再掘出分层道,回采偶数进路,这样既减少了充填时封口工作量,又避免了因充填不接顶而造成回采时存在安全隐患的问题。故从第三分层开始改为高进路(4m×5m)回采。这样上分层采奇数进路,下分层采偶数进路。二矿区下向高进路分层胶结充填采矿法如图5.10所示。

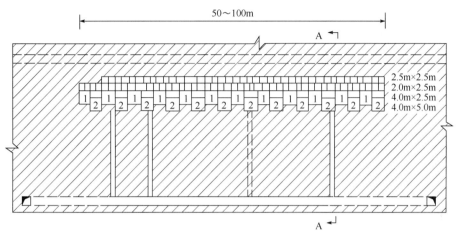

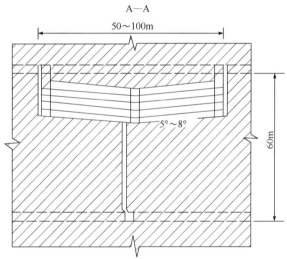

图5.10　二矿区下向高进路分层胶结充填采矿法

进路回采用 YT-28 凿岩机打孔,2# 岩石炸药爆破,非电导爆管起爆,落矿后用 30kW 电耙将矿石拉入溜井,经振动放矿机将矿石放入 4m³ 矿车。

4. 充填

进路采至边界,然后在进路端部挑小井与上部充填道贯通,用塑料充填管输送 −3mm 细砂水泥料浆进行充填。

5.3.4　机械化下向倾斜分层胶结充填采矿法

西部采区矿体(1 号矿体)富矿宽 60～100m,下盘贫矿宽 10～20m,上盘贫矿宽

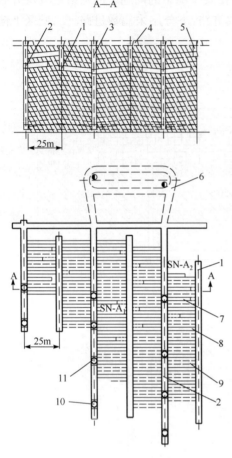

图 5.11　二矿区机械化下向倾斜
分层胶结充填采矿法

1. 分层充填道；2. 分层道；3. 人行回风井；

4. 充填道；5. 预制充填井；6. 铲运机斜坡道；

7. 回采进路；8. 已充填进路；9. 待充填进路；

10. 通风井；11. 出矿溜井

30～50m，采高 50m，矿体节理比较发育。在 1250m 中段以上 400m 长的区段内，主要是采用下向倾斜分层胶结充填采矿法。

采矿方案与龙首矿下向倾斜分层胶结充填采矿法相似。由于采用－3mm 细砂的水泥充填料，其流动性比戈壁砂石混凝土充填料好，因而进路的倾斜度由 8°～11°降为 3°～5°。

在 14～18 行的 250m 区段内，采用斜坡道运输、铲运机出矿、凿岩台车凿岩、细砂料浆管道输送充填料等机械化下向倾斜分层胶结充填采矿法(图 5.11)，在矿体下盘的岩石比较稳固的花岗岩中掘一断面高×宽为 3.5m×4m，坡度 9°～12°、总长 480m 的斜坡道，可适应 2m³ 铲运机及一台双臂凿岩台车、服务车的运行。

每隔 9m 掘分段平巷与斜坡道相通，分段平巷与每隔 50m 的采场分层道相通。在分层道内，每隔 30～40m 掘一矿石溜井。用密集木垛框支护，再用 ϕ1.7m 钢板筒(钢板厚 6mm)经过全焊接安装于木垛框内。在钢板筒与木垛框之间用混凝土充填，下部安有振动放矿机(FZC-2.5/1.4-55)。振动放矿机电动机功率 5.5kW，倾角 14°左右。由分层道向两侧掘进路，规格为 3m×3m，每三条进路采一条，用铲运机出矿。为了达到充填接顶，向上采掘坡度为 3°～5°。每一条分层道的上盘掘一人行通风天井，兼作采场充填滤水井。

按照 1500m² 面积作为一个标准采场计算，采场生产能力初步预计开层前二个分层为 50t/d 左右，正式形成假顶后将达到 90～100t/d。

5.4　机械化上向进路胶结充填采矿法试验研究

无轨机械化开采是世界上地下采矿的明显趋势。20 世纪 80 年代，我国充填采矿法矿山大多数仍采用手持式凿岩机凿岩，电耙或风动装岩机出矿，采场生产能力与工效都比较低，普通上向水平分层充填采矿法采场生产能力仅为 50～80t/d，工作面工效仅为 5～7t/(工·班)。

金川有色金属公司二矿区为了寻求安全高效、损失率和贫化率低的采矿方法，引进先进的设备与技术，对快速提高生产水平具有重要作用。为了加快二矿区的建设，促进矿山事业的更大发展,1984年11月与瑞典签订了"中国-瑞典关于中国金川二矿区采矿技术合作"合同,上向机械化胶结充填采矿法试验专题是其中之一。根据国家科学技术委员会与金川资源技术开发中心第24-2-1号合同,由金川有色金属公司与长沙矿山研究院负责该专题的技术攻关。主要内容是从国外引进成套的采、装、运和辅助设备与先进技术,组织机械化试验采区。中国-瑞典技术合作过程中,脉外采准系统由中方负责设计,脉内采准系统由瑞典负责设计,中方同意。上向机械化胶结充填采矿法试验采区在100m×100m的范围内日产矿石1000t。经过中瑞工程技术人员两年多的设计、施工和工艺试验,试验采区已基本达到设计规模。1986年11月正式投入生产,当月采区综合生产能力达到日产千吨的预定目标,最高日产达1400t,水平进路充填基本上接顶,取得了较好的经济效益,初步显示了新工艺、新设备和新技术的优越性。试验采区从设计、设备和工艺都具有国际先进水平,圆满地完成了国家科学技术委员会和有色总公司下达的攻关科研任务。

为了执行"中国-瑞典关于中国金川二矿区采矿技术合作"合同,瑞典专家组曾先后七次来金川工作,每次都与中方专家共同参加研究试验工作,经过两年多的共同努力,不仅使试验采区完成了国家规定的主要技术指标,而且从瑞典学到了许多先进技术和采掘设备的使用方法,如斜坡道工程、光面爆破、双钢筋网护顶、压入式通风、水平充填接顶工艺等,并已应用于试验采区的生产实践中。

5.4.1 概况

1. 地质概况

试验采区位于二矿区东部 $2^\#$ 矿体37～39行勘探线之间,1308～1350m水平,阶段高度42m,沿矿体走向100m。

该区段为 $2^\#$ 矿体最厚大部分,平均厚度95m。矿体下盘倾角70°以上,上盘倾角变化较大,从39°到90°。上盘围岩除有2m左右宽的边绿蛇纹透闪石、绿泥石片岩外,主要是混合岩。下盘围岩除有0～4m厚的边绿蛇纹透闪石绿泥石片岩外,其他为多种岩浆频繁穿插的中薄层大理岩破碎岩组(Ⅲ₃岩组)。矿石有超基性岩型硫化镍富矿和贫矿及少量特富矿。富矿石平均品位:镍(Ni)2.13%,铜(Cu)1.01%。富矿体上盘的贫矿较厚大,1300m水平为18～35m;1350m水平顶底盘贫矿均增厚。下盘贫矿较薄,为5～8m。设计中拟在开采富矿的同时,兼采下盘贫矿。

在1300m水平,富矿石以海绵晶铁状构造为主,富矿边部有局部海绵晶铁状和斑点状构造,矿石节理较发育。38行以东,由于 F_{17} 断层的影响,辉绿岩脉发育,成群出现,其走向多为NW45°～55°,与矿体走向近于垂直,破坏了矿体的连续性和稳定性,易发生片冒,给采矿工作带来困难。在36行附近有斜交矿体的张性断层 F_a 将矿体错断。沿断层带有滴水现象。据测定,矿岩的抗压强度见表5.22。

表5.22　二矿区矿岩抗压强度

编号	岩石	单轴抗压强度/MPa	编号	岩石	单轴抗压强度/MPa
1	海绵状富矿	78～137	5	构造片岩*	30.8
2	辉绿岩*	100	6	混合岩*	142
3	特富矿	95～150	7	蛇纹石化大理岩	99～113
4	二辉橄榄岩*	103.9	8	贫矿	81.6～125

* 长沙矿山研究院点载荷强度测定,其余为金川镍钴研究设计院测定。

从采矿技术条件来看,试验采区的地质具有以下特征:矿体厚大、倾角陡、品位富、埋藏深。就矿石的稳固性来说,属中等偏好,尤其是富矿。辉绿岩脉与矿体的接触带及顶底盘构造片岩带稳定性差。总的来说,上盘围岩的稳定性比下盘好。采区内存在一定数量的辉绿岩脉,较为破碎,是安全作业的主要威胁。

试验采区下部为当时矿山的生产中段(1250m水平),采用两步骤回采的上向水平分层充填采矿法生产。除在38行勘探线附近尚有10m未回采外,其余矿块的一步回采均已经接近1295m水平。试验采区与生产采区之间留有14m水平矿柱。试验采区东侧及1350m水平以上均为未回采的矿体。

试验采区(1308～1350m水平)的总矿量约为132万t。第一～四分层矿量见表5.23。

表5.23　试验采区矿量

| 矿石类型 | 第一分层 | 第二分层 | 第三分层 | 第四分层 |
	1308.9～1312.4m	1312.4～1316.4m	1316.4～1320.4m	1320.4～1324.4m
富矿/t	115187	132448	130854	128794
特富矿/t	784	423	—	—
下盘贫矿/t	5829	6882	6588	6475
总计	121800	139753	137442	135269

注:根据二矿区地质测量科1986年1月提供的最新资料,下盘富矿边界增大,矿量增加;表中矿量已经剔除夹石。

2. 试验方案

1) 试验方案的构成

采用脉外斜坡道采准、上向进路盘区机械化充填采矿法回采。

(1) 2# 试验采区总体布置(图5.12)。

为了适应无轨设备作业和维护的需要,采用脉外斜坡道采准,集中溜井放矿,中段有轨运输。用斜坡道连通1300m水平与1350m水平,再由斜坡道通过分段平巷、分层联络道通向采场。在斜坡道的下端(1300m水平)布置了坑内维修硐室。大型采矿设备在地表解体后,通过已有的竖井和平巷运至该硐室,作为设备组装和日常维护检修场地。采区垂直矿体走向布置,在走向100m的范围内划分为两个盘区,盘区宽约50m,盘区长度为矿体厚度(80～100m),各有一条联络道和一套装运设备。采用脉外斜坡道采准,集中溜井放矿。中段有轨运输。

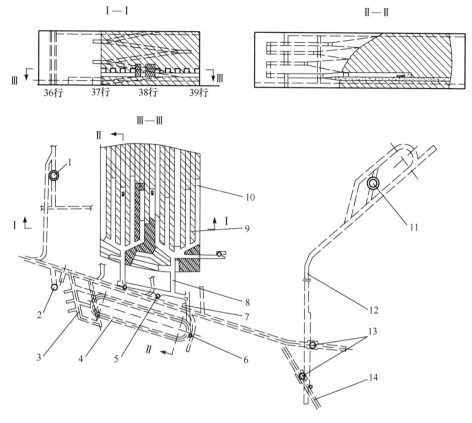

图 5.12　2# 试验采区总体布置

1. 措施井；2. 电梯井；3. 机修硐室；4. 斜坡道；5. 采矿溜井；6. 废石溜井；7. 风井；8. 分层联络道；
9. 二期进路；10. 一期进路；11. 东主井；12.1250m 水平；13. 主溜井；14.1300m 水平

（2）采矿方法。进路布置和回采顺序：沿矿体走向每隔 5m 布置一条进路，进路方向与矿体走向垂直。每个盘区内有进路 10 条，作两期间隔回采。2# 采区进路布置如图 5.13 所示。当一期进路矿石采出后，用 1∶8（水泥∶沙子）的胶结充填料全部充填，要求密实接顶。接着开始二期进路的回采。二期采空区所用充填料配比与一期相同。盘区内一些短进路放在转层前回采。整个水平分层回采完毕并全部充填后，转入上一分层的回采。

盘区内的辉绿岩脉，其厚度超过 3m，可留下不采。但视岩石条件而定，稳固性好的也可以回采。

（3）采场进路断面。第一分层高×宽为 3.5m×5.0m；第二分层高×宽为 4.0m×5.0m。第三分层以上根据试验情况再作适当调整。

回采作业：引进国外的先进设备和技术，H-127 双臂电动液压凿岩台车凿岩，非电导爆管控制爆破，局扇压入式通风，LF-4.1E 电动铲运机（或 LF-4.1 柴油铲运机）出矿，PT-45A 辅助车安装锚杆和装药，细砂管路自流接顶充填，DCP15NK17 隔膜泵排水，PT-45B 辅助车运送材料和人员。

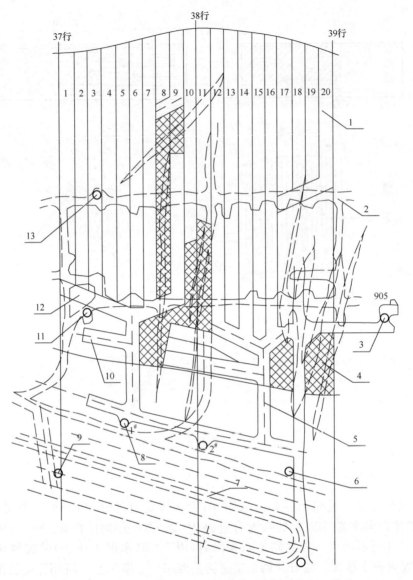

图 5.13 2# 采区进路布置

1. 回采进路（单数为一期进路）；2.1300m 原有工程；3.905 井；4. 永久矿柱；5. 分层联络道；6. 进风井；7. 斜坡道；
8. 溜矿井（上部作回风井）；9. 废石井；10. 配电硐室；11. 采区进风井；12. 分层道；13. 原 703 井

（4）劳动组织和工作循环。见表 5.24。一个循环时间为 760min，采用两个班一个工作循环。

表 5.24 每一工作循环时间

工序	时间/min	工序	时间/min
凿岩	160	出矿	175
装药	130	支护	245
通风	30	总计	760
撬顶	20		

（5）采区生产能力。第一分层每炮崩矿石量 160t，平均日产矿石量 792t（包括转层）。第二分层每炮崩矿石量 180t，平均日产矿石量 887t。

2）试验方案的特点

（1）采用上盘无轨巷道的采准方式，与高度的机械化作业相适应。采场设备进出自如，具有高度的灵活性，使采场生产能力大、效率高，设备的维护检修方便。由于矿体下盘为大理岩破碎岩组，采准工程布置在上盘。施工的实践证明这一选择是正确的。

（2）垂直走向布置采区，采场充分，工作面集中，可以充分发挥设备效能，强化开采。

根据金川二矿区岩石力学研究的成果，矿区最大主应力轴近呈水平，其方向与矿体走向近呈垂直。为此，沿脉切割拉开工作面，然后垂直矿体布置采场进路，有利于进路的维护和安全。

（3）采区内不留矿柱，同一水平分层连续回采，避免矿柱回采后期可能产生的一系列问题。

光弹模型的观测结果表明，划分矿房矿柱两步回采的矿房，当接近采完时，岩层条件发生恶化。在采场顶部和角落产生高度应力集中，使块状岩层塌落。在矿柱交错处应力可能高出矿柱本身平均应力的三倍。由于一步骤回采后的充填不接顶，二步骤回采到最后一两个分层时，被迫停采，造成矿石的大量损失。因此，与两步回采相比，这是本方案的突出优点。

（4）采用进路式充填采矿，高进路（分层）回采，工作面高度与回采分层高度一致，便于凿岩爆破、充填等作业，特别是有利于对进路顶板及两帮的维护。

（5）每个盘区有 3～5 条进路同时作业，组织采矿、出矿、充填平行交替作业循环，充分利用工时，发挥设备效率，提高采场生产能力。

3）试验方案中存在的问题

（1）采区开采面积很大，达 1000m²。在充填体不能完全接顶和充填体承受的载荷不能达到原岩应力的情况下，顶板岩层是否会发生大面积移动和形变。这是对方案最有争议和令人担心的问题。

以岩石力学的观点来判断，在保持顶板有足够稳定性的条件下，顶板弯曲类似于一个自由支撑的下部有充填体局部支托的梁的弯曲。由于顶板弯曲小，充填体对顶板的作用不大。实际上，采空区的充填作用是在开采相邻进路时防止顶板崩落，对顶板应力变形状态的影响并不大。随着时间的推移，缓慢的移动一旦发展为急剧的崩落，将给回采带来困难。

（2）进路式采矿的最大缺点是爆破时自由面少，爆破效率低。其次，作业面小，工作循环复杂，因而采场生产能力受到限制。

4）采取措施

针对方案中存在的问题，决定采取以下几项技术措施：

（1）加强充填管理，保证充填能充分接顶。首先用好光面爆破，使得顶板平整。其次，严格按设计要求建造充填堵墙和敷设管路。

（2）在回采作业中，对顶板进行有效的支护，保证锚杆支护施工质量。在局部破碎带，使用双层喷锚网支护，必要时采取钢筋混凝土支护，保证顶板的安全。

(3) 合理控制回采的施工进度,实现强化回采,做到强采强充,缩短采空区暴露时间。

3. 脉外斜坡道采准

1) 采准方式

在 1300m 水平与 1350m 水平之间,沿矿体走向,在上盘混合岩石中掘进斜坡道。斜坡道为"之"字形折返式,坡度为 15%;斜坡道两端各布置一条废石溜井,到 1300m 水平;从斜坡道每隔垂直高度 12m 掘进分段平巷;每一分段平巷担负 2~3 个分层的回采,通过分层联络道与采场相通。在 1300m 水平,斜坡道进口处设有机修硐室。设备从采场可以直接开往硐室,方便检修。

整个采区沿矿体走向划分为两个盘区,每个盘区自分段平巷掘进一条分层联络道进入矿体,然后沿脉切割,拉开工作面。随着分层的上采,分层联络道逐层向上挑顶,由重车上坡逐渐变为重车下坡。上下分段平巷开掘的分层联络道在平面上互相错开。

试验采场在上盘布置 2 个采场出矿溜井,在各回采分段水平,溜矿井的上段作为采区的回风井和从 1350m 水平下放充填管道,下段为出矿用。

1300m 水平是采区的轨道式矿石转运中段,运输巷道布置在上盘脉外,连通 41 行转载溜井和矿区的其他区段。

为改善通风条件,采场中钻凿一个直径 1m 的回风天井,连通回采水平与 1350m 回风水平。

2) 无轨采准巷道

无轨采准工程包括斜坡道、分段平巷、分层联络道、沿脉切割道等,其设计技术规格和支护方法见表 5.25。

表 5.25 各种无轨巷道的技术规格和支护方法

序号	巷道名称	断面/(m×m)	坡度/%	转弯半径/m	支护方法
1	斜坡道	4.4×3.9	15	10	锚杆金属网喷浆
2	分段平巷	4.4×3.9	0	8	锚杆金属网喷浆
3	分层联络道	4.4×3.9	12.5/0/14.3	8	锚杆喷浆
4	沿脉切割道	4.4×3.9	0	8	锚杆

(1) 巷道断面(图 5.14)。采区使用的无轨设备中,以 H-127 凿岩台车外形尺寸最大(长×宽×高=10020mm×1900mm×2950mm),故以它为计算巷道断面的标准。

巷道宽度:巷道宽度等于行车道宽度,不另外设人行道。行车道宽为设备总宽加 1600mm(即两旁有 800mm 间隔),再考虑风水管和电缆所占宽度 500mm,则净宽度为 1900+1600+500=4000(mm),掘进断面宽取 4400mm。

巷道高度:巷道高度为设备总高,再考虑行车时的垂直波动 300mm。因为采用局部通风,还得加上安装在巷道顶板的风筒直径 500mm,则净高应为 2950+300+500=

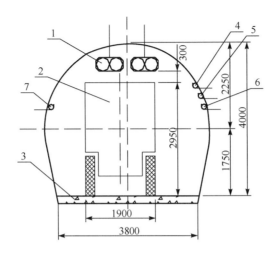

图 5.14　设备巷道(分段道)断面(单位:mm)

1. 风筒；2. 台车；3. 路基；4. 照明电缆；5. 风管；6. 水管；7. 动力电缆

3750(mm),掘进断面高取 4000mm。

试验证明采用上述断面规格是适宜的,然而在施工中往往不能保证其要求,致使风筒破坏,行车速度缓慢,影响生产。

(2)坡度。决定斜坡道坡度的因素是使用年限、运输类型和运输量的大小。瑞典基鲁纳铁矿和罗伐拉矿的经验证明,对于长期运矿的斜坡道,10%的坡度是合理的。由于试验采区的斜坡道是两中段之间的辅助巷道,运输不频繁,仅作上下设备、材料、人员之用,服务年限不长,斜坡道 5~6 年,分层联络道半年左右。因此,脉外斜坡道的坡度取 15%;出矿的分层联络道取 12.5%(运矿上坡)和 14.3%(运矿下坡)。

在掘进使用铲运机出渣时,适于下坡掘进,因为上坡装岩时,有部分车重被坡度抵消了,使铲斗插入爆堆的力量不足。工作人员在使用 LF-4.1E(或 LF-4.1)铲运机上坡掘进出渣,当坡度达到 10%时,效率较高,但当坡度达到 15%时就显得很费劲了。

(3)转弯半径。根据设备运行性能,矿岩条件,考虑到尽可能节省工程费用,决定斜坡道的转弯半径取 10m,分段平巷、分层联络道、沿脉切割巷取 8m。结果发现设备运行比较方便。

(4)路面铺设。为了减少轮胎磨损,在分段平巷铺设厚 150~200mm 低标号混凝土。在斜坡道铺设厚 200mm 的砂子、岩屑。这一措施提高了车速,轮胎损耗有所下降。经济上是很合算的。

3) 采准工程

试验采区总工程量为 4710m(59672m³),其中脉内工程量 2018m(38018m³),脉内工程量占总工程量的 63.7%,见表 5.26。

表 5.26 2[#] 试验采区采准工程量

序号	工程名称	数量	掘进断面/(m×m)	工程量	
				m	m³
1	基本措施井巷	—	—	66.3	984.8
2	机修硐室	—		306.0	3408.0
3	斜坡道	5	4.4×3.9	500.0	8580.0
4	分段平巷	4	4.4×3.9	338.0	5800.0
5	分层联络道	22	4.4×3.9	956.0	6405.0
6	分层沿脉切割道	22	4.4×3.9	1139.0	19545.0
7	38⁺³⁸穿脉道	1	3.6×3.1	47.0	528.0
8	1300m 上盘运输道	1	3.2×2.9	142.0	1326.0
9	2[#] 废石井出渣道	1	3.3×3.1	53.0	543.3
10	1250m 运输道	1	3.1×3.5	102.0	1264.0
11	电动铲运机接线硐室	—	4.0×3.6	385.0	5544.0
12	各种工具室	4	—	64.0	867.4
13	1350m 回风道	3	4.0×3.6	223.0	3211.0
14	采场出矿溜井(1.2 号)	2	2.7×2.7	100.0	729.0
15	41 行转载溜井(1.2 号)	2	2.7×2.7	100.0	729.0
16	斜坡道出渣井(1.2 号)	2	$d=1.5m$	100.0	177.0
17	1300m 排水钻孔	1	$d=0.16m$	50.0	1.0
18	38 行回风井	1	$d=1.0m$	38.0	30.0
合计		—	—	4709.3	59672.5

设计的采掘比为

$$采掘比 = \frac{采准切割工程量(m \text{ 或 } m^3)}{矿房(矿柱)总采出矿量(万\ t)} \tag{5.3}$$

$$采出矿量 = \frac{1-K}{1-V}Q$$

式中,K——矿石损失率,%(设计 $K=5\%$);

V——矿石贫化率,%(设计 $V=5\%$);

Q——采出工业矿量,t。

由计算得知,设计的采掘比为 35.73m/万 t 或 452.6m³/万 t。

设计的废石量比为

$$\frac{采准切割废石量(t)}{矿房(矿柱)总采出矿量(t)} = 3.695\% \tag{5.4}$$

计算中的斜坡道、硐室等是为该试验采区服务的,采掘比稍为偏大。若今后将斜坡道的服务范围进一步扩大,采掘比将会下降。

5.4.2　回采工艺

1. 台车凿岩及光面爆破

本试验采场为了达到安全生产、减少超挖,在进路回采的凿岩爆破中对光面爆破技术进行了试验。

1) 布孔参数

凿岩爆破参数的选择合理与否,是光面爆破效果好坏的关键。工作面的布孔参数完全按光面爆破的要求进行。

对于断面为 5m×3.5m 的工作面,按一般的爆破布置 35 个左右的炮孔就可以达到要求,但对光面爆破是不够的,主要是对顶、侧帮的炮孔严重不足。因此,这次炮孔布置主要是以选取较合理的光面层的厚度和顶、侧帮孔的间距为主要试验对象。对于其他的炮孔和掏槽形式的选择,可以根据爆破效果和现场经验而定。

(1) 掏槽形式的选择。按照以下原则选择掏槽方式:①在一般情况下,因矿石节理发育,工作面断面较大,炮孔深度 3.2m,要达到每炮进尺 3m,用常规的楔形和锥形掏槽,完全可以满足要求;②在个别情况下,矿石较稳固,特别是遇到特富矿体时,用传统的掏槽方式每炮的进尺一般在 2m 左右,严重影响了爆破效率,因而采用了中间大直径(ϕ=76mm)空孔的掏槽方式,使每炮进尺可稳定在 3m 左右。

(2) 周边孔布置。一般实践得出,当炮孔直径为 35~45mm 时,周边孔间距为 500~700mm。设计采用的炮孔直径为 38mm,考虑到在采场中采矿与巷道掘进有所区别,因此,设计选择顶孔的孔距为 700mm 左右,侧帮孔的孔距为 800mm 左右。光爆层的厚度一般是孔距的 0.8~1.0 倍。

(3) 辅助孔的布置。辅助孔按经验其间距一般在 0.7~1.0m。炮孔布置如图 5.15 和图 5.16 所示。

2) 台车凿岩试验

(1) 凿岩设备。为了与盘区采矿方法和生产能力相配套,从瑞典阿特拉斯公司引进 H-127 型双臂电动液压凿岩台车。其外形尺寸:长 10020mm(采用 BMH111 时);宽 1900mm(工作时 2650mm);最小高度 2250mm;最大高度 2950mm。

(2) 凿岩工具。钎钢为瑞典桑德维克厂生产的 ϕ32×3700mm 六角中空钎钢。钎头为 ϕ=38mm 柱齿状钎头和用凿掏槽孔用的中心大孔 ϕ=76mm 的超前柱齿状钎头。

(3) 凿岩试验工作。

① 凿岩台车启动前的准备工作。现在凿岩台车一般每班配备两名工人进行操作。凿岩前先检查凿岩台车设备运转交接班记录,台车的运转情况是否正常,如果一切正常,才能进入工作面工作。

② 凿岩前的准备工作。由设备硐室开到采场作业面,根据行驶的距离,转弯的数量和司机的熟练程度不同,经现场测定,所需要的时间为 15~25min,一般为 20min。台车进入工作面前应做好如下准备工作:开动局扇,保证工作面有新鲜风流;进路与出矿联络道之间的交叉口处,要把电缆挂起来,以免其他设备行走时压坏;检查顶板和两帮的浮石,划好中心线和进路断面轮廓线,划好炮孔位置;凿岩台车支撑起前后(共 4 个)千斤顶,升

起驾驶室顶棚;接水管,并检查水压是否达到规定要求。从台车进入工作面开始,到正式开始凿岩工作,经现场标定,准备时间为15～25min,一般为20min。

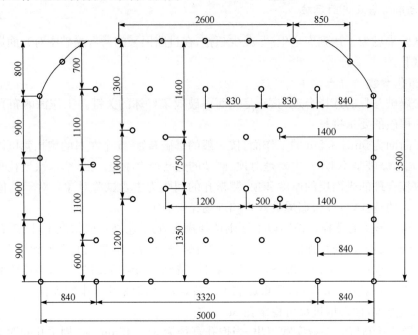

图 5.15　一般炮孔布置(单位:mm)

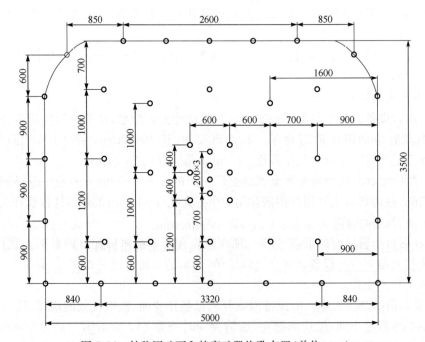

图 5.16　较稳固矿石和特富矿段炮孔布置(单位:mm)

③ 凿岩工作。台车凿岩工作应注意的问题:两个凿岩臂应保持一定距离,左臂凿左半部、右臂凿右半部,同时上下交错。这样才能使两臂工作不受干扰;指示仪表出现指示数字不正常时(如油压、水压等),应立即停机,排除故障;炮孔的位置、方向和深度应严格按设计施工,对不良岩层,试验人员应随时进行炮孔修改;在不良岩层进行凿岩时(如破碎带、辉绿岩脉)要十分小心,防止夹钎。

凿岩台车的凿岩能力在现场进行了测试,见表 5.27。

表 5.27　H-127 凿岩台车的凿岩能力测试

序号	班次	凿岩时间/s	炮孔数目/个	凿每个炮孔的平均时间
1	白班	74	43	1′43″
2	白班	59	38	1′33″
3	白班	30	31	0′58″
4	三班	70	31	2′16″
5	白班	35	34	1′02″
6	白班	60	33	1′49″
合计	—	328	210	9′21″
平均	—	—	—	1′34″

注:此表为两台凿岩台车同时作业的综合平均时间。

由表 5.27 可以看出,一个工作面的凿岩时间一般都少于 90min,达到了设计要求(120min)。

由现场测试得知,每个炮孔的对孔时间为 19~56s,平均值 37s,比设计的 90s 缩短了53s;每个炮孔的纯凿岩时间为 1′33″~2′03″,平均值 1′57″。

(4) 台车凿岩结束后的清理工作。①凿岩工作结束后,应立即对炮孔进行检查,确认无误后,进行现场清理工作。②卸下水管并放好,降下驾驶室顶棚,收回千斤顶,然后退出工作面,进入其他工作面重新进行凿岩工作。凿岩台车完成车班任务后,返回设备硐室,及时进行清洗维修,并认真填写设备运转记录。

(5) 凿岩效率计算。根据现场实测所取得的数据,对凿岩效率进行了计算。$\phi=$ 38mm 孔的纯凿岩速度为 3.2m/1′57″,即 1.64m/min。$\phi=76$mm 孔的纯凿岩速度。$\phi=$ 38mm 孔的纯凿岩时间为 1′57″,扩成 $\phi=76$mm 大孔的纯凿岩时间为 2′42″,即 $\phi=76$mm 孔的纯凿岩速度为 3.2m/(1′57″+2′42″)=0.688m/min。

(6) 凿岩成本。按每台凿岩台车配两名司机,每台凿岩台车每班凿完两个工作面,每炮的崩矿量为 157.5t,凿岩成本见表 5.28。每炮的费用为 65.58 元,每吨矿石的凿岩成本为 0.418 元。

表 5.28　凿岩成本

项目	单价	每循环消耗	每循环费用/元	每吨矿石费用/(元/t)
工资	9.1元	9.1元	9.10	0.058
电	0.1元/(kW·h)	100.5(kW·h)	10.05	0.064
柴油	0.58元/kg	7.5kg	4.35	0.028
水	0.1元/t	10.8t	1.08	0.007
钎头、钎钢	—	—	36.00	0.229
其他	—	—	5.00	0.032
合计	—	—	65.58	0.418

（7）凿岩试验结果。H-127 型凿岩台车通过在现场的大量试验表明，性能是可靠的，很多技术性能指标达到或超过了设计要求。例如，设计要求 $\phi=38$mm 孔的凿岩速度为 1.5m/min，而实际上在凿岩台车司机操作还不熟练的情况下达到了 1.64m/min；$\phi=76$mm 孔的凿岩速度也达到了 0.688m/min，比设计的 0.4m/min 增加了 0.288m/min；凿一个工作面的凿岩时间基本上控制在 90min 左右，比设计的 120min 少用了 30min。移动、调整凿岩臂的时间也缩短了，现在只需 37s，一般都不超过一分钟，比设计的 90s 大大缩短了。

本试验采场 37～38 行已转为第二分层，进路的高度由第一层的 3.5m 提高到 4.0m，在炮孔排列上与第一分层相似，只是每侧帮加一个炮孔，顶部增加 3～4 个孔，在此不详细叙述。另外，矿石的稳固情况比原预计的差，因此，工作面实际炮孔数比原来预计的偏少。

3）爆破试验

（1）爆破材料的选择。爆破材料立足于当时我国的现有材料。

① 炸药。炸药主要采用两种，即 2# 岩石炸药和 M-2 型粒状散装炸药，其主要性能见表 5.29。

表 5.29　炸药的主要性能

炸药名称	密度/(g/cm³)	爆速(钢管内径为50mm)/(m/s)	猛度(钢管内径为40mm)/mm	爆力/mL	殉爆/cm	备注
2# 岩石	0.9～1.0	3600	12	320	7	药卷直径 32mm
M-2	0.9～1.0	3800～4000	20～22	—	—	

为了解决顶孔和侧帮孔爆破用药问题，将 2# 岩石炸药包装成 $\phi=22$mm、长 200mm、药重 75g 的小药卷，其爆速为 2800m/s，殉爆距离 4cm。

$\phi=32$mm 药卷的规格为：长 200mm，药重 150g。

M-2 粒状散装炸药是专门用于装药车装药的炸药。

② 起爆材料。采用了比较先进的非电导爆管，其技术规格见表 5.30。

表 5.30　非电导爆管技术规定

规格		段位										
		1	2	3	4	5	6	7	8	9	10	11
毫秒差	8ms 以下	25	+10 50 −10	+10 75 −10	+15 110 −15	+15 150 −20	+20 200 −25	+30 250 −25	+25 310 −30	+30 380 −35	+35 460 −40	+40
半秒差	8ms 以下	+0.15 0.5 −0.15	+0.15 1.0 −0.15	+0.2 1.5 −0.2	+0.2 2.0 −0.2	+0.2 2.5 −0.2	+0.25 3.05 −0.25	+0.3 3.7 −0.3	+0.45 4.55 −0.45	+0.5 5.6 −0.5	—	
秒差	8ms 以下	+0.5 2.5 −0.5	+0.6 4 −0.6	+0.8 6 −0.8	+0.9 8 −0.9	+1.0 10 −1.0	+2.0 12 −0.9	—	—	—	—	

注：非电导爆管的脚线长为 5m，爆速 1950m/s。

③ 引爆器材。导爆索：$\phi=5.2\sim5.8\text{mm}$；爆速不低于 6500m/s。导火索：燃速为 0.5m/min。火雷管：普通 8# 纸壳雷管。

（2）装药设备。为降低炸药成本，提高装药速度和机械化装药水平，从瑞典阿特拉斯公司引进了 PT-45A 装药辅助车，它不但可以用来装药，还可以安装膨胀式锚杆或作为工作升降平台等。

（3）装药结构及起爆顺序。

① 装药结构。光面爆破异于一般爆破的显著特点是除了在凿岩布孔上采用较密集的周边孔布置形式外，还在装药结构上采用了减弱装药并同时起爆周边孔。

因受炸药品种的限制，周边孔尽管采用了 $\phi22\text{mm}$ 的小药卷，但炸药性能还是偏高，所以采用了间隔装药的形式。装药结构如图 5.17 所示。

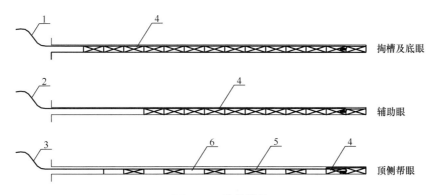

图 5.17　装药结构

1.5m 脚线毫秒差（掏槽孔）、秒差（底孔）非电导爆管；2.5m 脚线半秒差非电导爆管；
3.5m 脚线半秒差（帮孔）、秒差（顶孔）非电导爆管；4. 直径 $\phi32\text{mm}$ 药卷；
5. 直径 $\phi22\text{mm}$ 药卷；6. 方木条（断面 20mm×20mm，长 200mm）

装药前要对工作面的炮孔进行检查，并对各孔用压缩空气吹出孔内杂物。一个工作面吹孔的时间经测试为 20～60min。

　　装药前爆破工仔细阅读爆破施工图,并将导爆管按设计要求的段数放置在孔口处。在装药中要注意以下几个问题:装起爆药包时,不可将导爆管小角度折合,以防止传爆中断;在装完药后对孔口进行适当堵塞;要严格按照装药结构图施工,特别是周边孔更要十分注意;装完药后,要对工作面的导爆管数目进行清点,确认无误后方可连线。

　　2#岩石炸药药卷是采用常规的人工装药,每个孔的装药时间为 1.61min 左右。装一个工作面的时间为 30～120min,一般为 60min 左右。

　　为了提高装药机械化水平,科研人员对从瑞典阿特拉斯公司引进的 PT-45A 型装药辅助车进行了装药试验。装药车开到现场后,接好风管,然后将 M-2 型散装炸药倒入装药器内,开风,顶好顶盖,先用风空吹一下装药管,然后将装药管插入孔内,用风吹净各炮孔。炮孔装药时,先把起爆药包用装药管送到孔底,退回 0.3m 左右,打开装药开关,炸药即可送入,以适当的速度将装药管向外拉,拉至孔口 1m 处左右停风,同时将装药管拉出孔口,一个孔的装药即告结束。一般装一个孔的时间为 10s 左右,如果两个装药管同时装药,会使工作面的装药时间大大缩短,比人工装药的速度提高一倍以上。装药车装药主要用于掏槽孔、辅助孔,对顶帮孔和底孔(因为经常有水)还是采用药卷人工装药。

　　M-2 型炸药经现场爆破试验证明性能是可靠的。效率与 2#岩石炸药相近。

　　② 起爆顺序。装药结束后,将脚线按部位用胶布束成四束,每束必须将脚线束匀,每束用胶布相距 200mm 左右绑两次,之后用一根长 5～10m 的导爆索将四束串绑起来。导爆索两头与 8#火雷管(火雷管带有 2m 长导火线)用胶布绑在一起。结束后检查一下是否有漏联的,如有漏联的必须联上。引爆前先将工作面的起爆网络理顺,引爆时只需点燃一次导火线就可以了。

　　起爆顺序和起爆方法如图 5.18 和图 5.19 所示。

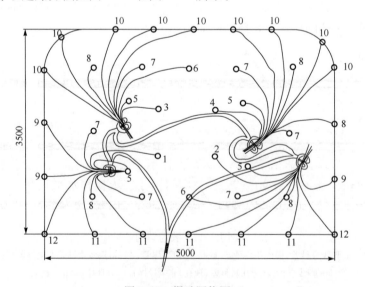

图 5.18　爆破网络图一

图中 1～12 仅表示起爆顺序,雷管段位可根据具体情况选择使用

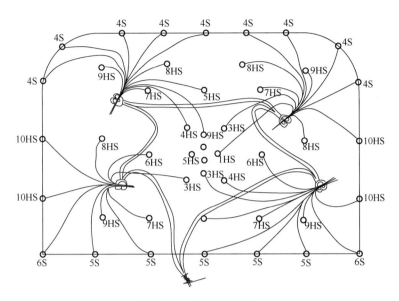

图 5.19 爆破网络图二

HS. 毫秒差非电导爆管；S. 秒差非电导爆管

（4）爆破试验结果。

① 爆破效率（表 5.31）。

表 5.31 爆破效率

时间/(年-月-日)	炮孔数/个	装药量/kg	爆破进尺/m	孔深/m	爆破效率/%	炸药单耗/(kg/t)
1985-11-06(二班)	51	86	2.0	3.2	62.50	0.819
1985-11-12(二班)	42	70	2.7	3.2	84.37	0.494
1985-11-14(二班)	68	90	2.5	3.2	78.13	0.686
1985-11-18(二班)	57	120	2.9	3.2	90.63	0.788
1985-11-19(三班)	47	70	2.2	2.5	88.00	0.606
1985-12-07(二班)	38	80	2.0	3.2	62.50	0.762
1986-03-29(三班)	45	84	2.6	3.2	81.25	0.615
1986-04-14(三班)	38	70	2.1	3.2	65.63	0.635
平均值	48	83.75	2.375	3.1	76.63	0.676

从表 5.31 中可以看出，由于当时工人的操作水平低，炮孔的位置和方向偏差很大，所以使爆破效率偏低，没有达到 90% 以上。现在，由于工人操作水平提高，爆破效率达到 85% 以上，有时甚至达到 100%，同时在炸药单耗上也下降到约 0.4kg/t。

② 爆破成本（表 5.32）。

表 5.32 爆破成本

项目	单价	每次爆破数量	每次爆破费用/元	每吨矿石费用/(元/t)	备注
工效	9.1 元/人	9.1 元	—	—	—
非电导爆管	0.97 元/个	40 个	38.80	—	—

续表

项目	单价	每次爆破数量	每次爆破费用/元	每吨矿石费用/(元/t)	备注
炸药	1.25 元/kg	63kg	78.75	—	—
导爆索	2.0 元/m	10m	20.00	—	—
火雷管	0.10 元/发	1	0.10	—	—
导火索	0.20 元/m	2m	0.40	—	—
其他	—	—	20.00		包括高压风、木条、防水材料等
合计	—	—	158.05	1.06	—

③ 试验结果。采场爆破试验是成功的,达到了设计要求,每次爆破完基本没有大块,爆堆形状也符合铲运机的铲装要求。两帮和顶板基本上是平整的,可以看到半圆炮孔,减少了爆破对围岩的破坏,使支护工作得到了明显改善。这次试验起爆器材采用了电导爆管,爆破工作安全可靠。装药使用 PT-45A 型装药车,提高了装药机械化水平,实现了设备配套,减轻了工人劳动强度,提高了劳动生产率,同时为二矿区使用散装炸药开辟了新的途径。周边孔采用减弱装药的形式,选用 $\phi22mm$ 小药卷并用木条进行间隔装药,这种办法是可行的。

4) 小结

(1) 试验中选用的凿岩爆破参数是合理的。在矿石稳固性较好,特别是特富矿中采用 $\phi76mm$ 的大孔直线掏槽形式是可行的。在一般情况下,采用楔形或锥形掏槽也能满足爆破效果的要求。

(2) 5m×3.5m 进路断面炮孔数目控制在 40 个左右;5m×4.0m 断面炮孔数目控制在 45 个左右。H-127 凿岩台车台效为 315～360t/(台·班)。

(3) 炮孔深度 3.2m 是可行的。

(4) 导爆索火雷管引爆,非电导爆管起爆,这种起爆系统是可靠的。

(5) 炸药单耗控制在 0.35～0.5kg/t。

(6) 顶孔和侧帮孔采用 2# 岩石炸药 $\phi22mm$ 小药卷,用小木条进行间隔装药也是可行的。

(7) 起爆顺序和微差爆破间隔时间(50～100ms)及其毫秒差雷管、半秒差雷管和秒差雷管也是可以的。

(8) 该试验采场采用 2 台 H-127 型凿岩台车,完全可以满足采场生产能力(1000t/d)的要求。

5) 存在问题和改进意见

(1) 使用 H-127 型凿岩台车和 PT-45A 型装药辅助车,因时间很短,培训工作跟不上,所以在凿岩和装药的质量上和熟练程度上存在一些问题,以后应该加强施工工人的技术培训。

（2）炸药的品种不足。除了装药车用的 M-2 粒状散装炸药外，其他均为 2# 岩石炸药，这样不但限制了爆破效果，同时给装药工作带来了很多不便。建议顶、侧帮孔的爆破用药应研制密度 0.8g/cm³、爆速 1000m/s 左右的弱性炸药，并采用 ϕ15mm，长为 1000mm 的塑料管包装，掏槽孔和辅助孔还是采用散装炸药，装药辅助车装药；底孔采用 ϕ32mm、长 500mm 塑料管包装的普通炸药。

（3）起爆材料不足。光面爆破，要尽量使顶、侧帮孔同时起爆，但因受毫秒雷管段数的限制，只能是在一个工作面上，同时使用毫秒差、半秒差、秒差雷管，顶、侧帮孔使用秒差雷管，因秒差雷管的同段时间误差较大，使起爆时差也较大。这样不但影响了爆破效果，同时也给装药工作带来了很多不便。可以增加毫秒差雷管段数，全部采用非电毫秒差雷管。

（4）装药前的炮孔清洗是劳动强度大又很费时的工作，当采用装药辅助车装药时可用装药管吹净，否则，建议在凿岩台车上装小型空压机，在凿岩工作的同时完成炮孔的清理工作。

（5）采用光面爆破技术，顶、侧帮的稳定性有了明显好转，但因矿体较破碎，片冒现象时有发生，顶、侧帮的光面爆破效果不十分理想，破碎岩层的光面爆破问题还有待进一步试验研究。

2. 采场顶板锚杆支护

1）不同形式的支护方法应用

在采场顶板管理中，曾试用以下几种支护方法。

（1）管缝式摩擦锚杆支护，锚杆外径 39mm，厚度 2.5mm，长度 1.8m 和 2.5m。用 H-127 凿岩台车或 YT-24 手提式凿岩机打孔。钎头直径 38mm。锚杆孔打好后，用 YT-24 凿岩机送入孔中。这是采区支护的基本形式，锚杆用量最大。

（2）瑞典膨胀式锚杆支护。锚杆结构在膨胀前外径 25mm，膨胀后外径 45mm，如图 5.20 所示。

安装时，用 PT-45A 送入孔中，然后，用水泵往锚杆末端注入高压水，水压 15.0～30.0MPa，使其成异形管胀开。杆体表面沿孔长承受不规则反作用力。它能使岩体表层以内的张性裂隙闭合，杆体与钻孔之间达到理想的紧密结合。

（3）瑞典水泥锚杆支护。水泥包直径 31mm，长 500mm；螺纹钢筋直径为 22mm，长为

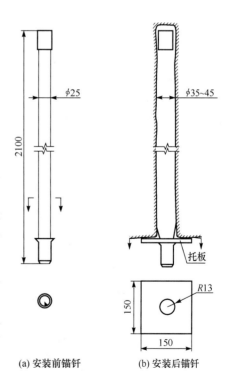

图 5.20　膨胀式锚杆（单位：mm）

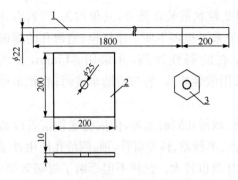

图 5.21　水泥锚杆钢筋结构(单位:mm)

1. 杆体;2. 托板;3. 螺母

2.0m;托板为 200mm×200mm×12mm,托板中央开 φ25mm 的孔,如图 5.21 所示。采用 H-127 或 PT-45A 钻孔。水泥包放清水中浸泡约 2min,然后用人力推入孔中。再用人工把杆体插入,稍转动,挤破水泥包即可。该锚杆的安装过程如图 5.22 所示。据称,水灰比为 0.46 的水泥浆将杆体包住。每米锚杆承载 5t 拉力,24h 后,每米锚杆达 15t 以上。当钢筋为 φ20mm 时,能产生 400N/mm² 的强度。

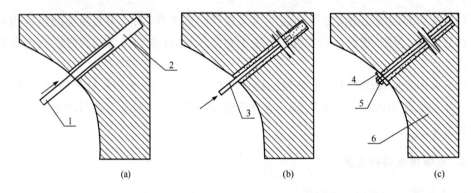

图 5.22　水泥锚杆安装示意图

1. 水泥卷;2. 锚杆孔;3. 锚杆;4. 托板;5. 螺栓;6. 矿体

　　(4)双筋钢条支护。钢筋直径 8mm、长 2.0m,两筋相距 109mm。在长度上焊接三处,焊片宽 25mm,如图 5.23 所示。这种钢条可根据顶板岩石稳定程度灵活使用,与锚杆配合,能达到很好的支护效果。

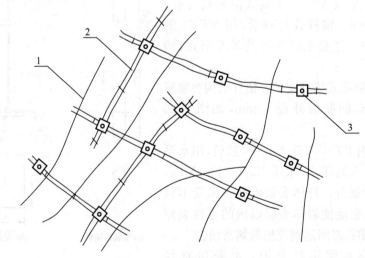

图 5.23　锚杆双筋网护顶

1. 顶板裂隙;2. 双筋金属网;3. 锚杆

(5) 喷射混凝土支护。混凝土的配合比(质量)为水泥：砂：石＝1：1：1.5。石子粒径 15mm 以下。速凝剂"782",掺量为水泥用量的 6%。水灰比 0.4～0.5。喷射厚度 100～120mm。设计混凝土标号 200 号。

2) 锚杆布置

设计确定:当顶板岩石不好时,沿采场进路每隔 1.5m 打一排锚杆。每排 9 根,支护网度为 1.5m×(0.5～1.0m),如图 5.24 所示。

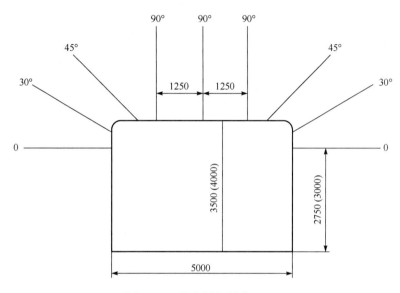

图 5.24　进路支护(单位:mm)

锚杆孔要求垂直岩石层理面钻凿。在辉绿岩脉破碎带,需先喷射混凝土,把碎块连成整体,待顶板稍许稳定,再打锚杆。当有三角节理或滑块时,需要采取临时支护措施才能施工。

3) 护顶设备和器具

PT-45A 辅助车带有升降台,作业平台全高 2.35m,可升高 1m。PT45 辅助车采用风压和液压操纵,用来安装膨胀式锚杆和粉状装药。

H-127 双臂电动液压凿岩台车可打锚杆孔。孔深 3.2m,直径 38mm。由于钻臂过长(推进器总长 4350mm),第一分层的采场高度不足,只能打倾斜孔,不能打垂直孔。

YT-24 手持式凿岩机有时用来钻凿管缝式摩擦锚杆孔,孔长 2.0m,钎头直径 38mm。但主要是安装锚杆。

A600AL 膨胀式锚杆泵包括 ECCO 液压增压泵,空气消耗 18.5L/min,最大水压36.0MPa,质量 40kg,是安装膨胀式锚杆的专用设备。

膨胀式锚杆拉拔器专用于做膨胀式锚杆锚固力试验。

4) 支护效率及成本分析

(1) 1986 年 3 月对管缝式摩擦锚杆的作业时间进行过测定,结果见表 5.33。

表 5.33 锚杆支护纯作业时间

锚杆编号	锚杆长度/m	锚杆直径/mm	锚杆孔凿岩时间	锚杆安装时间
1	2.5	40	2′10″88	7′13″11
2	2.5	40	2′55″98	5′12″78
3	2.5	40	3′11″11	3′11″27
4	2.5	40	2′06″41	5′58″87
5	2.5	40	2′36″11	6′27″78
6	2.5	40	2′16″78	7′08″10
平均值	2.5	40	2′32″88	5′51″94

据测定,锚杆安装使用 PT-45A 服务车,安装 6 根锚杆的时间分配见表 5.34。

表 5.34 安装 6 根锚杆的工时分配

作业性质	占用时间/min	占总时间/%
准备	40	36
安装	40	37
清场	30	27
合计	110	100

初步测定表明,每根锚杆的凿岩加安装的纯作业时间平均为 8min 25s。每排(9 根)锚杆需耗 1h 16min。一个班最少可以打两排锚杆,支护效率能够达到设计要求。从表 5.34 中也可看出,纯作业时间不长,仅占总时间的 37%,而辅助时间占用较多,致使工时利用率不高。

(2)成本分析。按设计的锚杆数量计算,每吨矿石的支护成本 1.13 元/t,见表 5.35。实际上,锚杆用量不大。据第一分层 1#、3#、5#、7#、9#、12#、15#、19#、20# 9 条进路的统计,至 1986 年 4 月底,各种锚杆的材料成本仅 0.16 元/t,见表 5.36。

表 5.35 支护成本

项目	成本摊销/(元/t)	备注
锚杆	0.91	管缝式摩擦锚杆
其他支护形式	0.09	包括钢筋、混凝土
凿岩费用	0.13	
合计	1.13	

表 5.36 锚杆实际使用量及成本

锚杆名称	使用量/根	单价/(元/根)	总价/元	出矿成本摊销/(元/t)
管缝式摩擦锚杆	530	8.00	4240	—
瑞典膨胀式锚杆	42	17.00	714	—
合计	572	—	4954	0.16

5）试验结果

（1）锚杆拉拔试验。管缝式摩擦锚杆拉拔试验，试验锚杆的长度 1.8m，外径 40mm。试验结果见表 5.37。

表 5.37　管缝式摩擦锚杆拉拔试验结果

岩石类型	镍富矿			混合岩		
岩石抗压强度/MPa	78～137			142		
钎头尺寸/mm	36.9			37.0		
锚杆编号	1#	2#	3#	4#	5#	6#
锚固力/tf	6.20	3.85	4.70	4.20	7.65	5.75
安装情况	顺利			比较顺利		

注：本试验根据《二矿区上向机械采区采准巷道喷锚支护的设计与试验》。5# 锚杆安装至最后 20cm 时，进度较慢。根据试验结果，选用 φ37mm 的钎头进一步做生产试验。

瑞典水泥锚杆拉拔试验的地点选择在 2# 盘区 16# 进路的两帮顶板，属镍矿石，其抗压强度 78～137MPa。用 H-127 凿岩台车凿孔，钎头直径 38mm，孔深 1.5m、3.0m。手工安装，试验设备为 ML-10 型、ML-20 型拉力计。自行制作与拉力计之间的连接器。试验结果见表 5.38。

表 5.38　锚杆拉拔试验结果

锚杆编号	锚杆长度/m	水泥龄期/d	最大锚固力/tf	最大位移/mm	最终破坏形式	备注
右-1	3.0	4	12.1	18.10	钢筋变形	第二次拉拔结果
	3.0	28	18.0	1.90	孔内发出响声	—
左-1	1.5	3	7.5	55.94	钢筋变形	—
左-2	1.5	7	6.5	32.04	钢筋未坏，压力上不去	—
左-3	1.5	7	12.0	48.10	钢筋变形	—
	1.5	28	13.1	33.04	拉断	—
左-4	1.5	28	13.1	11.70	钢筋变细	—

表 5.38 的试验结果说明，锚杆的锚固力较高，1.5m 长的平均达到 10.4tf；3m 长的 12～18tf。位移与其他类型锚杆相比较大，最大达 50mm。一般机械式锚杆到达该位移时，早已经破坏。位移过大，会使岩石失稳，丧失锚固力。水泥锚杆的拉力-位移曲线如图 5.25 和图 5.26 所示。

1986 年 7 月，用瑞典拉拔器对膨胀式锚杆在机修硐室的混合岩中进行了拉拔试验。试验结果见表 5.39。

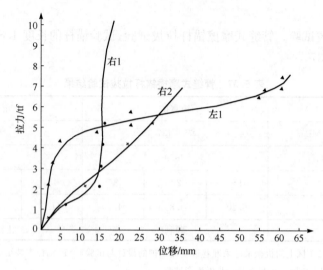

图 5.25　水泥锚杆拉力-位移曲线一

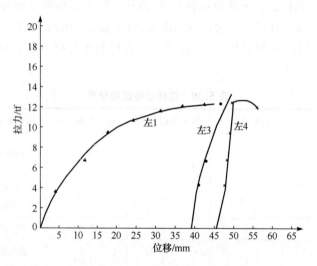

图 5.26　水泥锚杆拉力-位移曲线二

表 5.39　膨胀式锚杆拉拔试验结果

锚杆编号	锚杆直径/mm	锚杆长度/m	锚固力/tf	最大位移/mm	最终破坏形式
1	25	2.1	13.75	16.98	拉断
2	25	2.1	12.76	36.52	拉断

瑞典膨胀式锚杆的拉力-位移曲线如图 5.27 所示。

（2）锚杆生产试验。在生产试验中，使用的锚杆有两种：一种是管缝式摩擦锚杆，大多长为 1.8m，也有 2.5m 的；另一种是瑞典膨胀式锚杆，长 2.1m。各进路实际使用情况见表 5.40。

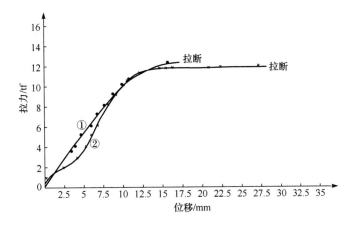

图 5.27　瑞典膨胀式锚杆拉力-位移曲线

表 5.40　锚杆实际支护网度统计

项目	进路号								合计
	1#	3#	5#	7#	9#	12#	15#	19#、20#	
进路长度/m	82	32	78	97	94	63	50	63	559
进路顶板面积/m²	410	160	390	485	470	315	250	315	2795
锚杆总数/根	82	37	101	72	92	58	60	70	572
平均每根锚杆担负面积/(m²/根)	5.0	4.3	3.9	6.7	5.1	5.4	4.2	4.5	4.9

对锚杆使用效果也做了一些统计,见表 5.41。

表 5.41　锚杆使用情况汇总

项目	进路号								合计	所占百分比/%
	1#	3#	5#	7#	9#	12#	15#	19#、20#		
使用正常	49	32	91	44	63	41	54	56	430	75.2
因打不进而外露	33	3	5	26	23	14	5	3	112	19.6
因岩石脱落外露	—	2	5	2	5	3	—	11	28	4.9
锚杆断裂	—	—	—	—	—	—	—	—	2	0.3
锚杆使用总数	82	37	101	72	92	58	60	70	572	100
其中瑞典膨胀式锚杆数	—	—	24	—	—	—	10	8	—	—

6) 试验结果评价

初步试验证明,瑞典水泥包锚杆具有较高的锚固力,使用方便,安装效率高。锚杆的位移较大。由于数量有限,这次没做生产试验。使用效果还有待进一步试验证明。

瑞典膨胀式锚杆锚固力高,稳定在 12～13tf,安装方便,能够适应试验采区岩石支护的需要,在使用中也有岩石脱落。这说明在破碎带单靠锚杆支护是不够的,还必须辅之以其他形式的支护。

长度 1.8m 管缝式摩擦锚杆,锚固力为 4～6tf,可以满足设计要求。但钎头直径与锚杆外径必须适应,否则将因径差过大或过小而达不到支护效果。

顶板管理应侧重辉绿岩脉破碎带。在富矿段,可以根据岩石稳定情况修改原设计的支护网度,适当减小支护密度,而在岩脉带则需采用锚杆加金属网(或双筋钢条)加强支护,或采用首先及时喷浆,而后打锚杆的办法。喷射混凝土在实践中使用不多,但是从 18# 进路辉绿岩破碎带及Ⅱ号盘区沿脉道岔口处喷浆的效果证明,该方法对处理片冒是行之有效的。

3. 巷道型采场局扇通风

为适应机械化开采通风需求量较大的要求,试验采用压入-抽出混合式通风系统。用局扇和塑料柔性风筒供给工作面新鲜空气,在回风水平排出污风。

1) 风量计算

(1) 按瑞典专家推荐的公式计算风量。

① 当使用电动铲运机出矿时,按炮烟排除需风量计算

$$q_r = \frac{A}{t}[L+i(n-1)] \tag{5.5}$$

式中,q_r——沿脉和采场需要的新鲜空气量,m^3/s;

　　A——沿脉和采场的横断面面积,m^2,$A=17.5m^2$,或 $A=20.0m^2$;

　　t——允许通风时间,s,$t=60×30s$;

　　L——爆破烟雾的输送距离,m,$L=150m$;

　　i——爆破排烟区的长度,m,通常 $i=50～80m$;

　　n——开始通风的最大系数,通常 $n=2～5$。

得出

$$q_r = 2.6m^3/s$$

② 当使用柴油铲运机(LF-4.1)出矿时,所需风量按照式(5.6)计算:

$$q_r = \frac{P×0.27×q_s×K}{3600} \tag{5.6}$$

式中,q_r——新鲜空气的需要量,m^3/s;

P——柴油发动机额定功率,kW,$P=60$kW;

0.27——柴油燃料燃烧值,kg/kW;

q_s——每千克柴油燃烧所需要的新鲜空气量,m³/kg,$q_s=3000\sim5000$,取3000;

K——综合利用率,水平运输时,$K=0.15$,上坡时增加0.2,下坡时减少0.1;装载和运输时,$K=0.3$;在25m内短距离运输,要考虑加载取$K=0.3$。

计算得出

$$q_r=4.0\text{m}^3/\text{s}$$

(2) 按我国有关规定计算的风量。

① 按排尘风速计算风量,巷道型采场风速不应小于0.25m/s。

$$q_r=VS=4.5\text{m}^3/\text{s} \tag{5.7}$$

② 对柴油设备运行的矿井,所需风量按同时作业台数每马力每分钟供风量3m³计算

$$q_r=\frac{3P}{60}=4.4\text{m}^3/\text{s} \tag{5.8}$$

式中,P——LF-4.1柴油发动机额定功率($P=88$hp,1hp$=745.700$W)。

我国上向水平分层充填采矿法矿山,大都采用有贯通风流的通风方式。对使用无轨设备并用局扇的采场,尚无成熟的计算方法。《冶金矿山安全规程》规定:按排尘风速计算风量,巷道型采场和掘进巷道不应小于每秒0.25m/s。又规定:有柴油铲运机运行的矿井,所需风量按同时作业机台数每马力每分钟供风量3m³计算。

按上述规定计算的结果,试验采区第一分层的通风量应为3.0~4.4m³/s;第二分层以上各分层的通风量应为3.0~5.0m³/s。这个标准要比瑞典方的公式计算结果大13%~20%。设计确定暂时按瑞典专家建议进行试验。

2) 采区通风

1300m水平上盘运输道的新鲜空气来自电梯井、西部井道和36行措施井。由1300m水平通过一个2.2m×2.7m的风井进入1308m水平。在此处设一木制风墙以安装4台风机。经风机出来的风流通过ϕ0.5m的柔性风筒分配到各个采场。污风从采场排出,通过溜矿井上段到1350m水平。在两个出矿溜井口处设两台风机,抽出污风,使其进入主回风系统。

每个盘区由通过进路的两条风筒通风,每条风筒又分成两个支岔,进入各自工作面。

3) 风机的计算与选择

(1) 负压计算。风流在通过风筒时,由于筒壁摩擦引起压力损失,其压力损失值ΔP_f的计算公式为

$$\Delta P_f=\frac{kL\rho V^2}{2d}=2300\text{Pa} \tag{5.9}$$

式中,k——摩擦系数,对塑料风筒$k=0.007\times(4.3-0.5)$;

L——风筒长度,m,$L=180$m;

ρ——空气密度,kg/m^3,$\rho=1.2kg/m^3$;

V——风速,m/s,$V=20m/s$;

d——风筒直径,m,$d=0.5m$。

另外,风筒摩擦阻力还受其他因素的影响,如入口、出口、风筒直径的变化、弯头等,都可以引起压力降低,增加的压力损失(ΔP_s)为

$$\Delta P_s=0.1\Delta P_f=230Pa \tag{5.10}$$

最后,在风筒的接头处产生压降。按100m距离漏压2%计算

$$q_f=\frac{q_r}{\left(1-\dfrac{\alpha}{100}\right)\dfrac{L}{100}} \tag{5.11}$$

式中,q_f——局扇吸入的风流(在风筒始端),m^3/s;

q_r——需要空气量(在风筒末端),m^3/s;

α——漏压2%,每100m风筒长;

L——风筒长度,m。

$$\frac{q_f}{q_r}=\frac{1}{\left(1-\dfrac{2}{100}\right)\times\dfrac{180}{100}}=1.037 \tag{5.12}$$

由此得知,通风机的通风能力要增加4%。风筒不长,又易修补,这个补偿可忽略不计。

(2) 风筒直径。根据最大风速20m/s设计风筒尺寸,其风筒直径的计算如下:

$$d=2\sqrt{\frac{q_r}{V\pi}} \tag{5.13}$$

式中,d——风筒直径,m;

q_r——风机吸入风流,m^3/s,$q_r=4.0m^3/s$;

V——风速,m/s,$V=20m/s$。

计算得出

$$d=2\sqrt{\frac{q_r}{V\pi}}\approx2\sqrt{q_f}\approx0.5m$$

故设计选择风筒直径 $d=0.5m$。

(3) 风机选择。所需功率为

$$P=\frac{pq}{\eta} \tag{5.14}$$

式(5.14)可写成

$$P=\frac{pq}{10\eta} \tag{5.15}$$

式中,η——实际风流的风机效率。

当风筒直径为 0.5m,风速为 20m/s 时,压降为 2530Pa,风量为 4.0m^3/s,效率

为 80%。

计算得出

$$P=12.7\text{kW}$$

根据计算结果及我国现有风机的实际情况,设计选择在 1308m 水平进风井,安装 JK55-NO5 型局扇 4 台;在 1350m 水平 1#、2# 溜矿井口及 38 行回风井口,安装相同型号的风机 4 台。局扇风量加上主扇风量可以满足采场的通风需求。

JK55-NO5 型局扇的主要技术参数如下:电机功率为 10.1kW,风量为 $4.2\sim6.6\text{m}^3/\text{s}$,全压 $135\sim176\text{mm}$ 水柱,风筒直径为 500mm,送风量距离为 200m。

4）采准巷道及回采工作面通风

第一、二分层回采工作面的通风在采区通风已经叙述,如图 5.28 所示。二分段以上通风布置与一分段基本相同,只不过进风口不是专用风井,而是斜坡道。在回采与掘进同时进行期间,为了避免斜坡道、分段平巷掘进工作面上的炮烟进入采场,在斜坡道口处放一个排废气风扇,使污风通过柔性风筒从最近的溜矿井排出,如图 5.29 所示。

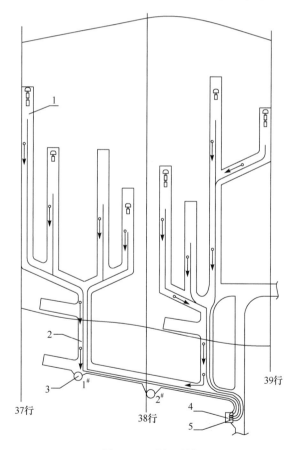

图 5.28　采场通风

1. 回采进路;2. 分层联络道;3. 溜矿井(上部作回风用);4. 进风井;5. 局扇

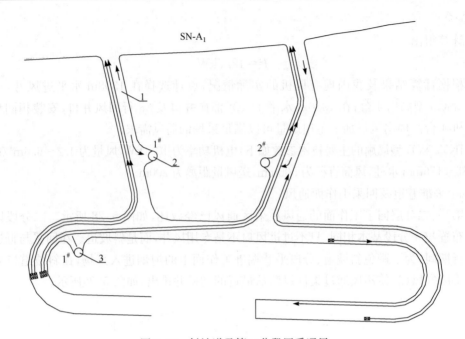

图 5.29　斜坡道及第二分段回采通风
1. 分层联络道；2. 出矿回风井；3. 废石溜井（兼回风）

5）大气标准和有害气体的安全控制

（1）中瑞两国所采用的废气标准见表 5.42。

表 5.42　有害气体含量标准　　　　　　（单位：ppm）

有害气体成分	O_3	CO_2	CO	NO	NO_2	NO_x	SO_2	甲醛	丙烯醛
中国	—	—	50	—	5	—	—	5	0.12
瑞典	0.1	5000	35	25	2	20	2	1	—

注：我国采用的有害气体含量标准为 1980 年颁布的《冶金矿山技术规程》。$1ppm=1\times10^{-6}$，下同。

（2）大气条件和有害气体的测定。

1986 年 9 月，研究人员对现有风机能力、通风布置所达到的通风效果进行测定，结果见表 5.43。

表 5.43　大气条件和有害气体含量测定

测验地点	13# 进路工作面	17# 进路工作面	1# 盘区沿脉切割道	1350m 水平 38 行回风井	1350m 水平 1#、2# 溜井口
CO/ppm	10	10	—	—	—
NO_x/ppm	微量	微量	—	—	—
粉尘浓度 /(mg/m³)	2.0	2.2	—	—	—
干球温度/℃	24.6	24.8	24.8	—	—

续表

测验地点	13# 进路工作面	17# 进路工作面	1# 盘区沿脉切割道	1350m 水平 38 行回风井	1350m 水平 1#、2# 溜井口
温球温度/℃	24.2	24.4	22.2	—	—
相对湿度/%	98	97	80	—	—
风量/(m³/s)	0.65	2.20	1.31	1.11	3.40
风速/(m/s)	0.049	0.127	0.07	—	0.96～1.50
备注	YT-24 凿岩	LF-4.1 出矿	H-127 凿岩	—	—

(3) 通风效果。试验期间,1986 年 3～4 月,曾对采区通风进行过三次测定 1#、3#、5#、7#、9# 进路的风筒不长,每个工作面的风量都在 2.93～5.4m³/s,效果较好。7 月初的测定值为 0.79～1.13m³/s,与 9 月的测定值相近。有害气体含量在允许范围之内,粉尘浓度为 3.38～4.42mg/m³。由于目前的风机功率只有 63kW,总进风量 14m³/s,没有达到设计水平。1250m 水平布置了 30kW 风机 2 台,排风能力不足。因此,工作面达不到排尘风速,湿度大、气温高、劳动条件较差。

为改善通风条件,今后拟采用效率高、噪声小的 JK55 系列风机,并加大功率和风量,使采场进路在长度达到最大时,工作面也能得到足够的风量、风速。另外,加强通风管理,把 1250m 水平采场上来的废气隔离,保证巷道规格,以利于风筒的安装和保护,减少通风阻力,减少漏风。在采取上述措施后,采场通风状况将会大有好转。

4. 采场搬运和采区运输

1) 采场搬运

(1) 使用设备主要特性。为了满足日产矿石 1000t 的要求,减少采场污染,设计采用两台 LF-4.1E2m³ 电动铲运机作为采场搬运的主要设备。整个采区分两个盘区,每个盘区配备一台 LF-4.1E,现阶段出矿还试用了两台 2m³ LF-4.1 和一台 CT-1500 柴油铲运机,这三种铲运机的主要特性见表 5.44。

表 5.44　铲运机主要性能参数

型号		LF-4.1E	LF-4.1	CT-1500
斗容/m³		2.0	2.0	0.83
最大爬坡能力		20%	22°	32°
最大转弯半径/m	内侧	2.65	2.65	2.33
	外侧	左转 5.2	4.88	3.90
总长/m		7.719	6.77	5.5
全宽/m		1.684	1.68	1.24
全高/m		2.050	2.00	1.24
发动机型号		—	F6L912W 风冷涡流室	F4L912W 风冷涡流室
发动机功率		75kW	88hp	57hp
电缆长度/m		110	—	—
自重/t		13.3	11.5	6.5
生产厂家		德国 GHH	德国 GHH	法国 EM

（2）搬运设施、运距、电缆保护。设计采用上向进路水平分层充填法回采,脉外集中溜井放矿。平均运距约110m,最短40m,最长达170m。因铲运机的电缆长度只有110m,故在脉内布置了两个电源接头硐室,以便铲运机调头和收放电缆。硐室长度15m左右,断面规格与采场进路相同。

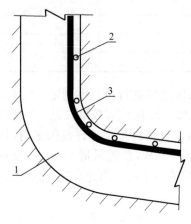

图 5.30　电缆防护示意图
1. 弯道；2. 塑料管；3. 电缆

实践证明,电动铲运机的电缆磨损严重,进口电缆只用三个多月便会损坏,为减少磨损,保护电缆,采取了两项技术措施,具体做法如下。

在电动铲运机经过的弯道内壁,用聚乙烯塑料管或橡皮竖立贴在岩壁上。塑料管可用废旧的充填管,用废钢钎固定。橡皮可以用废旧轮胎内衬,直接钉在木柱上,但要避免钉子外露,使电缆只与光滑的橡皮接触(图5.30)。

铲运机行走时,电缆往往受拉伸损坏。在电缆外面绕一根细钢丝绳(钢绳直径4mm),可以增加抗拉力,明显地起到保护电缆的作用。几个月来,使用国产电缆(沈阳电缆厂生产)加保护后,还没有发现受拉而损坏的现象。

（3）搬运效率、出矿能力及成本分析。试验设计确定,LF-4.1E的生产能力为:当运距为40m时,80t/h;当运距为110m时,50t/h;当运距为170m时,30t/h。自1985年8月以来,电动铲运机LF-4.1E多用于斜坡道掘进。采场搬运主要使用二台$2m^3$的柴油铲运机,另有一台CT-1500作为备用。1986年3～4月,采区有8～10条进路拉开工作面。在生产比较正常的情况下,对铲运机的搬运效率进行了测定分析,其结果叙述如下。

① 装、运卸时间。经20个班现场测定,在总平均运距为58m(45～105m)时,往返一趟的装运卸时间平均为2min 58s;在运距为92m时(78～105m),为3min 46s,见表5.45。

表 5.45　铲运机装运卸时间实测

次数	运距/m	铲装时间	转向时间	卸载时间	运行时间		合计
					往	返	
1	45	0′27″	0′19″	—	1′24″	—	2′10″
2	71	0′38″	0′18″	0′3″	0′51″	0′52″	2′44″
3	75	0′32″	0′11″	0′9″	1′10″	1′7″	3′9″
4	70	0′51″	0′26″	—	—	—	2′55″
5	50	0′39″	0′26″	0′50″	0′56″	0′7″	2′19″
6	71	0′38″	0′18″	—	—	0′3″	3′22″
7	74	0′32″	0′11″	0′9″	1′10″	1′4″	2′59″
8	55	0′20″	0′17″	0′7″	0′53″	0′53″	2′31″
9	15	2′2″	0′13″	0′17″	0′57″	1′3″	4′34″
平均值	58	—	—	—	—	—	2′58″

续表

次数	运距/m	铲装时间	转向时间	卸载时间	运行时间		合计
					往	返	
10	100	2′0″	0′12″	0′17″	1′6″	1′6″	4′38″
11	95	1′11″	0′21″	0′8″	0′51″	0′49″	3′23″
12	80	1′5″	0′12″	0′6″	0′57″	0′56″	3′18″
13	85	1′18″	0′11″	0′6″	0′53″	0′55″	3′24″
14	98	0′54″	0′14″	0′9″	1′37″	1′22″	4′18″
15	78	1′14″	—	0′3″	2′4″	—	3′22″
16	98	0′54″	0′14″	0′9″	1′37″	1′22″	4′18″
17	100	1′12″	0′12″	0′6″	0′53″	0′1″	3′25″
18	105	1′59″	0′12″	0′17″	1′1″	1′6″	4′38″
19	95	1′1″	0′13″	0′8″	0′51″	0′49″	3′14″
20	78	1′8″	0′12″	0′6″	1′1″	1′56″	3′24″
平均值	92	—	—	—	—	—	3′45″

② 小时产生能力。根据 36 个班测定装运卸时间计算的结果,当平均运距 65m(45~75m)时,平均生产能力为 64t/h;当平均运距为 102m(78~130m)时,平均生产能力为 46t/h。这个实测数据比较接近设计生产能力,见表 5.46 及图 5.31。

表 5.46　铲运机小时生产能力

序号	运距/m	装运卸时间	生产能力/(t/h)	序号	运距/m	装运卸时间	生产能力/(t/h)
1	45	2′10″	83	19	80	3′18″	55
2	61	2′44″	66	20	85	3′24″	53
3	75	3′9″	57	21	98	4′18″	42
4	65	2′55″	62	22	78	3′22″	52
5	75	3′22″	54	23	78	4′23″	53
6	70	2′59″	60	24	96	4′35″	46
7	50	2′19″	78	25	98	3′42″	49
8	70	2′55″	62	26	78	3′41″	49
9	71	3′32″	54	27	78	3′28″	52
10	74	2′59″	60	28	110	4′57″	36
11	55	2′31″	72	29	85	3′31″	51
平均值	65	2′52″	64	30	98	4′18″	42
12	130	5′20″	36	31	78	3′25″	53
13	90	4′8″	44	32	100	3′26″	52
14	140	5′42″	32	33	105	4′38″	39
15	120	5′24″	33	34	85	3′15″	55
16	100	4′38″	39	35	115	4′34″	39
17	230	6′9″	29	36	95	3′19″	54
18	95	3′23″	53	平均值	102	4′10″	46

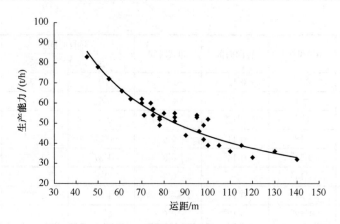

图 5.31　铲运机出矿能力曲线

③ 工时利用率。在试验期间对一号盘区的 $2m^3$ 铲运机 LF-4.1 的工时利用率进行了标定,平均工时利用率为 42.18%,见表 5.47。

表 5.47　铲运机工时利用率

日期			设备出矿时间/h	工时利用率/%	日期			设备出矿时间/h	工时利用率/%
月	日	班次			月	日	班次		
4	15	2	4.483	56.038	4	19	2	1.850	23.125
4	15	3	4.118	51.475	4	19	3	2.350	29.375
4	16	1	2.750	34.375	4	20	2	3.750	46.875
4	16	2	3.784	47.300	4	20	3	3.770	47.125
4	16	3	3.700	46.250	4	21	2	7.580	94.750
4	17	1	2.167	27.087	4	21	3	1.070	13.375
4	17	2	1.600	20.000	4	22	2	4.700	58.750
4	17	3	3.840	48.000	4	22	3	3.350	41.875
4	18	1	2.133	26.663	平均值			3.374	42.177
4	18	2	3.74	46.750					

表 5.47 表明,工时利用率较高,测定期间有 8~10 条长进路采矿,全部是凿岩、爆破、支护、出矿,没有充填作业,溜矿井基本畅通,3 号和 5 号工作面有片冒现象。相应的产量较高,每天均在千吨以上,最高出矿达 1400t/d。

铲运机作业成本分析:铲运机作业成本组成主要是轮胎、柴油、液压油等的消耗及司机的工资。根据试验期间的实际统计,摊到矿石成本中的出矿成本为 1.82 元/t,其中各项费用见表 5.48。

表 5.48　铲运机出矿成本

项目	成本摊销/(元/t)	备注
轮胎	1.19	包括 CT-1500 型和 LF-4.1E 型
柴油	0.16	包括 CT-1500 型和 LF-4.5E 型
其他油类	0.33	包括 CT-1500 型和 LF-4.5E 型
工资	0.14	包括司机、维修工工资
合计	1.82	—

在出矿成本中,轮胎消耗所占的比重最大,约占总费用的 64%,这是不正常的。根据国内类似矿山的经验,使用相同型号的铲运机每吨矿石出矿成本仅 1.82 元,其中轮胎成本 0.5~0.6 元/t,约占 30%。

轮胎消耗大的原因主要是轮胎本身质量差、路面不好,另外与目前司机操作不熟练等有关。

(4) 试验结果。如前所述,按照测定的小时生产能力及工时利用率计算,LF-4.1 型铲运机的台班效率为 216t/(台·班)(运距为 65m)和 155t/(台·班)(运距为 102m)。设备能力可以满足日产千吨矿石的要求。

自 1985 年 8 月以来,掘进工作与采矿平行作业,设备统一调配,未能组织正规生产,因而 LF-4.1 型铲运机的综合生产能力较低。1985 年 8 月~1986 年 4 月,实际完成采矿量 51622t,切割工程 8816t,掘进巷道长 9238m。LF-4.1E 专门用于第二、三分段斜坡道掘进,共出渣 1468t,掘进巷道长 155m),在运距为 100~240m 的条件下,综合平均效率为 51t/(台·d),见表 5.49。

表 5.49　铲运机完成工程量统计

年份	月份	柴油 LF-4.1 型铲运机			电动 LF-4.1E 型	
		采矿/t	切割/t	掘进/m	掘进	
					/m	/t
1985	8	968.2	418.9	8.0	—	—
	9	767.4	1172.9	24.0	—	—
	10	2549.9	—	1478.0	—	—
	11	6584.4	1735.4	1735.4	—	—
	12	5465.0	1521.0	2025.0	—	—
1986	1	6160.0	1897.3	1897.3	26.5	944.0
	2	5406.0	—	—	11.4	509.7
	3	7759.0	1966.0	1966.0	53.4	2141.0
	4	15967.0	104.0	104.0	63.7	1468.0
合计		51626.9	8815.5	9237.7	155.0	5062.7

2) 采区运输

试验采区自 1308m 水平以上各分层回采的矿石,由铲运机搬运至上盘溜矿井,至

1300m 水平经振动放矿机放入矿车,再由架线式电机车牵引至 41 行两个转载溜井,下放到 1250m 水平,然后经振动放矿机装入 4m³ 矿车,用 14t 电机车拉至东主井矿仓提升到地表。

(1) 设计确定。1300m 水平每日矿石的运输能力为 1000t,为单轨架线式电机车运输,轨距 600mm,用 24kg/m 型钢轨,1.6m³ 侧卸式矿车,7t 电机车牵引,运输距离为 200m,巷道断面规格宽×高为 2.6m×2.8m。

(2) 运输能力设计。电机车、列车计算如下。

按重列车上坡弯道启动条件计算,即

$$Q_{列重} = \frac{100Qp_{黏重}}{W_{列重起} + i_平 + 110j_加 + W_弯} - P \qquad (5.16)$$

式中,$Q_{列重}$——电机车牵引力,kg;

Q——机车黏着系数;

$p_{黏重}$——电机车黏着重量,kg;

$W_{列重起}$——列车静阻力系数;

$i_平$——线路平均坡度;

$j_加$——启动加速度,m/s;

$W_弯$——弯道附加阻力系数,$W_弯 = K\dfrac{35}{\sqrt{R}} = 15$;

P——机车总重,kg;

得出

$$Q_{列重} = 42290\text{kg}$$

每列车牵引矿车数 N 为

$$N = \frac{Q_{列重}}{Q_{自重} + Q_{效载}} = 11 \text{ 辆} \qquad (5.17)$$

每列车运输矿石量 $Q_列$ 为

$$Q_列 = QN = 27500\text{kg} \qquad (5.18)$$

电机车往返一次时间 T 为

$$T = t_装 + t_运 + t_让 + t_{其他} = 15\text{min} \qquad (5.19)$$

每班往返次数 n(取每班纯工作时 5.5h)

$$n = 22 \text{ 次} \qquad (5.20)$$

每班运矿所需次数 $N_矿$ 为

$$N_矿 = \frac{Q_{班产}k}{Q} = 16 \text{ 次} \qquad (5.21)$$

每班运输废石、材料 6 次。

由以上计算得知,选用 ZK7-600(762、900)/550 型电机车 2 台(其中 1 台生产、1 台备用),1.6m³ 侧卸式矿车 20 辆(11 辆生产、9 辆备用),即可达到设计要求。以上是考虑了各方面的影响因素而设计的,在试验过程中,仅用 6～7 辆矿车也保证了日产 1000t 的生产能力。

(3) 运输设备主要特性。1300m 水平的主要运输设备是 7t 架线式电机车和 1.6m³ 侧卸式矿车,其主要特性见表 5.50。

表 5.50　运输设备主要特征

型号	ZK7-550 型架线式电机	JC-1.6 型侧卸式矿车
车厢容积/m³	—	1.6
最大载重量/kg	—	4000
轨距/mm	600	600
轴距/mm	—	800
全长/mm	4500	2500
全宽/mm	1060	1200
全高/mm	(集电弓)2200	1300
额定电压/V	550	—
自重/kg	7000	1420

为提高放矿效率、减轻工人劳动强度、降低放矿成本、防止漏斗堵塞和安全事故,在 1300m 水平的两个采场放矿溜井口及 1250m 水平的两个转载溜井口均安装了振动放矿机。振动放矿机的主要技术性能指标见表 5.51。

表 5.51　FZC-2.5/1.4-5.5 型振动放矿机性能

项目	数据
额定激振力 F_2/kgf	4000
额定振动频率 n/(次/min)	960
传动功率 N/kW	5.5
振动台长度 L/m	2.5
振动台安装角 α/(°)	14～16
技术生产能力 Q/(t/h)	990～1030
振动放矿机质量 G/kg	2200

(4) 放矿及运输效率测定。试验采区的运输系统已于 1985 年 10 月初步建成。一年多来的实践证明,1300m 水平的放矿及运输效率较高,系统设计合理。在试验期间,对有关数据进行了测定,结果见表 5.52。

表 5.52　放矿及运输时间测定

测定内容	放矿时间	对位时间	往返运行时间	卸矿时间	合计
时间	60″	30″	8′36″	24″	10′30″

实测数据表明,振动放矿机每放一矿车用 10s,而木漏斗要用 25～30s,振动放矿机

的使用大大提高了放矿效率。列车拉运一趟总共也只用 10.5min,超过了原设计能力。目前,每趟拉 6 辆矿车,每辆矿车按载重 2.5t 计,每班纯放矿时间以 4.5h 计,则机车台班效率可达 386t。由此可见 1300m 水平的运输能力是足够的,在实际生产中,曾出现过日产 1400t 的情况。

1250m 水平为目前矿山的主要运输中段,为保证试验采场 1000t/d 的要术,东部设计的矿石运输能力为 2000t/d,采用 2 台 14t 架线式电机车运输,4m³ 侧卸式矿车,运输设备主要特性见表 5.53。轨距为 762mm,从 41 行转载溜井至东主井间的运输距离为 340m。

表 5.53　1250m 水平运输设备主要性能

型号	ZK-14-7.62/550 型架线式电机车	J4.0-7C 型侧卸式矿车
车厢容积/m³	—	4
最大载重量/t	—	10
轨距/mm	762	762
全长/mm	4900	3900
全宽/mm	1700	1300
全高/mm	1360	1400
轴距/mm	1550	1600
自重/kg	7000	1420

经测定,放矿运输一趟的总时间为 27.5min,见表 5.54。

表 5.54　1250m 水平放矿及运输时间测定

测定内容	放矿时间/(s/列车)	往返运输/(s/趟)	卸矿/(s/列车)	其他/(s/列车)	合计/min
时间	393	908	46	303	27.5

实际每趟列车只拉 7 辆矿车,如按每辆矿车有效载重 5t 计,则平均每小时的放矿能力 76.4t。每班工时利用率为 70% 的话,每班的生产能力可达 428t,足以满足设计产量的要求。

5. 水平进路充填接顶

本试验采区由于设计采用了上向水平进路盘区回采,因而对充填工艺和充填体性能要求与金川原上向水平分层充填法不同。特别是利用水平管道进行进路充填,充填体能否接顶是关系到本采矿法成败的一个重要因素。故针对金川二矿区现有的充填系统和充填材料,与瑞方合作进行了以充填接顶为主的采场充填工艺试验。

1) 充填材料及系统简介

金川二矿区按试验研究成果采用了高浓度细砂胶结充填新工艺。水泥主要采用距矿区 300km 的永登水泥厂生产的 32.5 普通硅酸盐散装水泥。人工细砂来自距地表制浆站约 6km、日产 3500t 细砂的砂石场。该砂石场是将采砂场机械开采的戈壁集料经过破碎筛分和一段开路磨砂、脱泥加工成 -3mm 自然级配的人工细砂,其物理性质见表 5.55,粒级组成见表 5.56 和图 5.32,化学成分见表 5.57。

表 5.55　细砂的物理性质

相对密度	重度/(t/m³)	孔隙率/%
2.67	1.45	45.7

表 5.56　细砂粒级组成

粒径/mm	5	2.5	1.2	0.6	0.3	0.15	−0.15
分计筛余量/%	0.8	2.6	18.2	29.4	20.4	20.0	8.6
累计筛余量/%	0.8	3.4	21.6	51.0	71.4	91.4	100

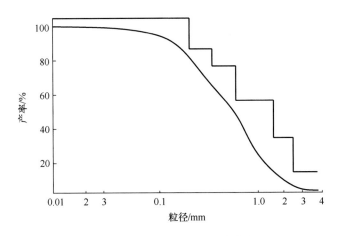

图 5.32　充填细砂粒级组成曲线

表 5.57　细砂化学成分

化学成分	SiO₂	MgO	Fe₂O₃	CaO	BaO	Cr	其他
含量/%	63.6	3.68	3.44	1.39	0.01	0.13	27.75

细砂胶结充填料浆经钻孔和管道重力输送至采场,即由地表制浆站经 47m、管径 100mm 的地表管段进入深度为 375m、直径 300mm 的钻孔到 1350m 中段,再经水平管段进入上盘机械化采区 1# 采场溜井上部,从溜井进入分段道后,用增强塑料管通过联络道接入待充进路。充填管路系统如图 5.33 所示。充填料浆实际控制浓度为 76%,灰砂比为 1∶5 左右。

2）充填前的准备工作

进路回采完后,应立即进行充填以保证采场安全和相邻进路能及早进行回采,充填前必须出净进路中残存矿石和拆除风水管线,按以下步骤进行充填准备工作。

（1）架设充填管道。进路中的充填塑料管是沿进路顶板中心每隔 3～4m 悬挂在锚杆上。锚杆一般由护顶锚杆承担或专门补打架管锚杆。管道用 8# 铁丝捆绑其上。管末出口距进路端头不大于 8m,管口置于进路顶板较高处,如图 5.34 所示。进路充填管道的架设是用带升降台的 PT-45A 型辅助车进行的,工作十分方便。

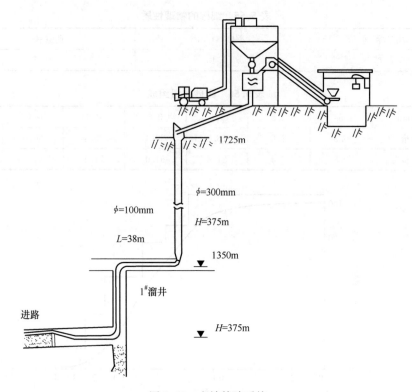

图 5.33　充填管路系统

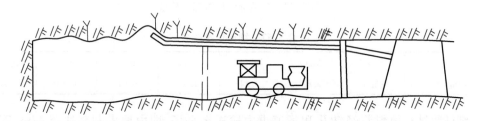

图 5.34　进路充填管道示意图

　　(2) 架设滤水堵墙。待进路中充填管道架设完毕,方可进行滤水堵墙的架设和封口。由于进路开口处断面大,矿石稳定性较差,封口位置距进路向里 5～6m,这样给以后开采带来困难。有时为减小开采相邻进路的进口暴露面积,希望封口滤水堵墙距进路口较近,同时为加强接顶效果,堵墙设在进路顶板较高处为好。

　　架设堵墙时,首先清除周帮浮石,底板挖槽清理,将木立柱立在坚实底板上,间距50～60cm,断面尺寸为 15cm×15cm,所有立柱应在同一个垂直面上。一道堵墙一般用立柱 7～8 根,横梁一般为 3～4 根(断面尺寸与立柱相同)。加固堵墙木撑可以使用水平斜撑和垂直斜撑。理论和实践证明水平斜撑的固定方法是在堵墙外进路两帮与各横梁同一高度处钻凿 0.5m 深的孔,用专门制作的直径 25mm 的带方钩的钢筋锚固其中,或在两帮的适当凹陷处为撑点进行架设。水平斜撑与横梁间夹角以 45°为宜。立柱、横梁和斜撑的长度与断面形状应根据它们各自所处位置情况而定。立柱将堵墙分为 8～9 格,中部高度最高的一格为溢流格,以便随料浆面的上升而逐步依次向上钉隔板排放清水。在溢流格底部钉 40cm 高的隔板两块(滤水隔板厚 3cm,宽 20cm),余下空间则为溢流口,其余各格分别按溢流格两边立柱至两帮的距离和两帮岩石凹情况下料,并依次从下至上钉到顶板处。堵墙四周用高标号水泥砂浆浇灌里、外缝。在堵墙隔板内侧由下至上钉上尼龙布。溢流格最上部留有 10cm 高左右的泄水口,供排气、排浆和观察用。充填封口堵墙架设如图 5.35 所示。

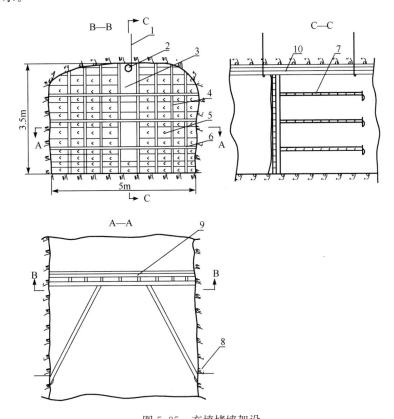

图 5.35　充填堵墙架设

1. 锚杆；2. 充填管；3. 溢流管；4. 立柱；5. 隔板；6. 横梁；
7. 水平横撑；8. 方钩圆钢；9. 尼龙布；10. 高标号砂浆

对于 5m×3.5m 断面的进路,每一堵墙需消耗木材:15cm×15cm 方木 1.5～1.7m³,3cm×20cm 板材 0.5～0.65m³,总计 2～2.4m³。每架设一道堵墙实耗工时 7～8 人·班。为了有利于长进路充填接顶,一般长度大于 40～60m 的进路,需在进路中部多架设一道简易堵墙。

3) 采场充填工艺与充填接顶效果

正式充填时,先向充填管内放水检查整个管路是否畅通和泄漏,然后才输送砂浆。随砂浆浑、液交面的上升逐步依次将准备好的隔板从溢流口下部向上钉一块,依次进行直到结束。

为了防止堵墙因浆体侧压力过大而破坏,以及料浆能充分脱水减少沉缩率而利于充分接顶,采取了边充边接顶,边接顶边截管的倒退充填方法。

当充填料浆浓度较低时,极易形成坡度较大的充填体沉缩表面,沿进路产生里满外空或管口附近局部接顶的情况。应撤掉1~2节充填管后再充填,使全进路都能充分接顶。当料浆充满进路后,溢流格最上部泄水口则开始向外溢流清水、浑液直至料浆时,则立即停止供浆。此时,为了避免洗管水流入进路而影响接顶效果,应当将洗管水排至充填进路外,其方法是在堵墙外切断充填管放水,即停止供浆后,在堵墙外的塑料充填管上的适当部位(最好是第一个管接头的后面)锯开一半圆形口,将1.5mm厚的钢制插板打入管中,堵住料浆倒流,再卸掉(或锯断)管接头,然后由制浆站放水清洗整个充填管路,直至见清水为止(图5.36)。本次充填即可告结束。

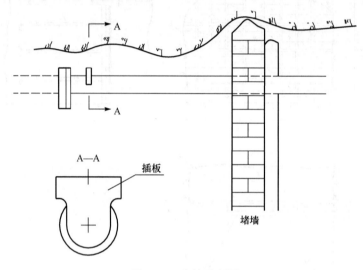

图 5.36　充填示意图

进路充填后,料浆经凝固形成的胶结充填体能否充满整个回采进路空间,对能否有效地起到支撑围岩地压,保证相邻待采进路回采时的安全尤为重要。因此必须认真做好充填接顶工作,而影响接顶效果的因素主要有:

(1)充填料浆物理力学性质(料浆浓度、流动性、脱水性等)。18#进路上盘段第二次充填表明,料浆浓度为78%~80%时,料浆不产生离析,充填体表面平整,50m长充填段的充填体表面最大坡度仅2°左右。溢流口无浑水溢出,脱水最少,沉缩率低,这些都利于接顶。

(2)充填工艺及设施(充填管布置与架设、料浆充填顺序、冲洗水的排放、脱水设施等)。按操作顺序和要求作业,接顶效果较好,空顶距一般不超过10~20cm。

(3)进路顶板的平整状况。凿岩爆破时采用光面爆破,使进路断面规则整齐,顶板平直,给接顶充填创造了有利条件。

试验结果表明,若充填管路布置与架设合理,堵墙封口质量好,按正规顺序进行充填和冲洗水不排入进路内,则充填接顶效果均好,如18#、10#等进路。但是,由于试验中工人对这一新的采场充填工艺还不够熟悉,试验充填工艺比矿山以往的工艺复杂等原因,造成有些进路充填接顶效果不佳,空顶距较大,有的部位高达一米之多,如 14#、16# 等进路。

试验结果表明,一般一条进路充填后,充填体顶面有 50% 接顶,其余空顶距不超过 20～30cm,就算达到充填接顶的要求。因为在这种情况下不会给相邻进路的开采带来较大的安全问题。

4) 浆体脱水和污水排放

细砂胶结充填料浆由于其液固比较大,故必须尽量脱除其中多余的用水量,使料浆凝固后形成的充填体达到预计的强度要求,并减少沉缩率而利于接顶。因此进路充填时,脱水方式与脱水设施要能在充填过程中和充填后尽快脱出料浆中多余用水,同时能承受浆体对堵墙的侧压力,每次充填结束后,还须继续借助堵墙内壁尼龙布的小孔,再通过木隔板间隙,在静水压力作用下,以渗透的形式渗透出料浆中的清水。溢流和渗透两种脱水方式脱水量所占百分比,主要视料浆中固体物料的粒级组成和料浆浓度的大小而异。实践表明,对于浓度大于 78% 的充填料浆,不宜用以溢流为主的脱水方式。这是由于高浓度料浆的不易离析性使浆体上部在短时间内很难呈现出明显的浑浊与清水的交面,溢流只能排出高含泥量的低浓度细砂浆。

充填时脱出的浑水(含泥量最小值约 2%)是经堵墙外的积水坑(常为巷道低洼处或临时挖成的简易水坑),用风动隔膜泵送至 1300m 水平的排水沟流走。

5) 充填试验结果

充填试验工作于 1985 年 12 月底从 18# 进路开始进行,到 1985 年 10 月底共充填进路 17 条,总计充填量约为 28949.0m³。从各进路充填结束后所形成的充填体和回采相邻进路时揭露出的充填体的接顶效果观察,有的进路接顶效果较好(如 18#、10# 进路等);有的进路留有 20～50cm 空顶距,个别甚至高达 1m 之多(如 14#、16# 进路),尤其是进路末端更为显著。这样给相邻进路回采工作在安全上形成一定威胁。个别滤水堵墙(如 16# 进路堵墙)由于加固不好,在充填时也出现过因倒塌而导致大量跑浆。对于低浓度料浆的进路充填,采用以溢流为主的脱水方式是行之有效的。但是采用锯管,插板堵浆再放水冲洗充填管的操作办法较为复杂,有待改进。同时进路内的充填管也无法回收利用。由于充填料浆浓度偏低,致使充填体强度未能达到设计要求(实测充填体 28 天抗压强度只有 3.0MPa 左右)。但充填体直立性均能满足回采相邻进路的要求,试验过程中尚未发生过充填体侧帮片落的现象。

6) 充填工艺的改进意见

针对一年多来的充填工艺试验进展情况和出现的问题,初步提出以下改进意见:

(1) 严格控制料浆浓度,以改善其流动性、不易离析性和沉缩率,从而提高接顶效果。

(2) 加强管理,严守操作程序和要求,使水平进路充填正规化、制度化。

(3) 改进充填结束时排放冲洗管水的操作方法,建议研制可靠、实用的三通阀,以简化操作。

(4) 进路回采时,坚持采用光面爆破技术,保证顶板平整,创造接顶的良好条件。

5.4.3　无轨设备的使用和维修

1. 配套设备及主要技术参数

东部机采采区根据需要成套引进 H-127 凿岩台车 2 台,LF-4.E 电动铲运机 1 台,LF-4.1EF 遥控电动铲运机 1 台,PT-45A 服务车 1 台,PT-45B 装药车 1 台,DOP15N 隔膜泵 2 台。

1) H-127 凿岩台车主要部件技术性能

(1) DC15 底盘。

① 发动机:DeutzF5L912W 55kW。

② 最大行走速度:13km/h。

③ 传动装置:液压 C/ark1800。

④ 轮轴:2F。

⑤ 爬坡能力:14°。

⑥ 转向系统:中间铰接,液压功力调向。

⑦ 轮胎规格:12.00×20PK18。

⑧ 直流系统:24V。

(2) 2×BUT25 支臂。

① 支臂伸长距离:1250mm。

② 推进器伸长距离:1250mm。

③ 推进器旋转角度:360°。

④ 支臂质量:1800kg。

(3) 2×BMH112 推进器。

① 总长:4825mm。

② 钻杆长度:3700mm。

③ 最大钻孔深度:3385mm。

④ 最大推动力:7.9kN(10.0MPa 时)。

⑤ 质量:245kg。

(4) 2×COP1032HD 凿岩机。

① 钻杆:R32-R28/R25。

② 冲击频率:40~50Hz。

③ 冲击功车:7.5kW。

④ 润滑耗风量:1.7L/(s·台)(0.2MPa 时)。

⑤ 冲洗水耗量:1L/(s·台)(1.0MPa 时)。

⑥ 质量:96kg。

(5) BHU32-2DCS 动力装置。

① 泵用电机:2×30kW。

② 电压:380V/660V。

③ 频率:50Hz 或 60Hz。

④ 液压泵:2 台径向变量柱塞泵。

⑤ 系统油压:冲击装置 15.0～22.0MPa。

⑥ 正常油箱容积:160L。

⑦ 长×宽×高＝10495mm×1900mm×2250mm。

⑧ 质量:14.2t。

2) LF-4.1E 电动、LF-4.1EF 电动遥控铲运机主要技术性能

(1) 斗容:2m^3。

(2) 最大有效载重:3800kg。

(3) 提升时间:3.6″。

(4) 降落时间:2.7″。

(5) 最大行驶速度:105km/h。

(6) 爬坡能力:20％。

(7) 电动机:75kW。

(8) 电压:380V。

(9) 转速:2975r/min。

(10) 质量:13300kg。

(11) 长×宽×高＝7719mm×1755mm×1850mm。

3) PT-45A 和 PT-45B 主要技术性能

(1) 长 5315mm 与 5350mm。

(2) 宽 1640mm 与 1840mm。

(3) 高 7900mm 与 7900mm。

(4) 发动机功率:44kW。

(5) 系统压力:42.0MPa。

(6) 装药机:ANOL(150L)。

2. 设备解体、下放、组装及调试

机采采区引进设备外形尺寸大、质量大,结构复杂。特别是 H-127 台车和 LF-4.1E 电动铲运机,解体、组装技术要求高。这些设备整机运送到井下硐室是不可能的,所以必须进行解体,一件一件地包装好运到井下硐室再进行组装。为此试验人员对以上两种设备的结构、性能仔细进行了反复的研究,制订了比较详尽的解体下放组装调试方案。H-127 台车解体后主要部件尺寸及质量,见表 5.58。

表 5.58　H-127 台车解体后主要部件尺寸及质量

序号	部件名称	尺寸/(mm×mm×mm)	质量/kg
1	1$^\#$ 钻臂	5230×670×1230	2000
2	2$^\#$ 钻臂	5230×670×1230	2000
3	1$^\#$ 电机及工作油泵	1280×400×500	300
4	2$^\#$ 电机及工作油泵	1280×400×500	300

续表

序号	部件名称	尺寸/(mm×mm×mm)	质量/kg
5	防护棚	1800×1800×100	250
6	操纵台	1700×900×1280	1000
7	电缆卷筒	1750×1550×780	600
8	液压油箱	1700×970×600	200
9	配电箱	1650×540×1000	500
10	冷却器	990×220×450	50
11	前桥	1870×1130×1130	800
12	后桥	1870×1130×1130	1000
13	前底盘	2400×1750×890	2000
14	后底盘	2800×1100×1700	3500
15	后机架	1190×840×740	500
16	空压机	700×425×570	200

LF-4.1E 解体后主要部件尺寸及质量,见表 5.59。

表 5.59　LF-4.1E 电动铲运机解体后主要部件尺寸及质量

序号	部件名称	尺寸	质量/kg
1	铲斗	1780mm×165mm×1250mm	1000
2	电缆卷	ϕ1450mm×400mm	900
3	前部(包括大臂)	2900mm×1670mm×1340mm	3500
4	后部(包括电机)	4400mm×1700mm×1300mm	5000
5	后桥	1700mm×600mm×400mm	1000
6	轮胎(4 个)	1700mm×900mm×1280mm	300

在解体过程中,对液压管道接头,各种阀、缸、油泵马达等的接头都进行了仔细的清洗,做了记号并用堵头堵牢、捆扎牢固,一件一件按组装顺序逐件运到井口,下放到井下,用改装后的平板车运到组装硐室,在工程技术人员及外围专家指导下进行组装。

H-127 台车、LF-4.1E 电动铲运机组装完毕后,经调试,一次试车成功。经检查各系统工作正常,达到了预期效果。H-127 台车、LF-4.1E 电动铲运机解体组装时间见表 5.60。

表 5.60　H-127 台车、LF-4.1E 电动铲运机解体组装时间

参数	H-127 台车	LF-4.1E 电动铲运机
参加人数	13 人(其中修理工 10 人,电工 3 人)	
解体时间/班	4	1.5
下放时间/班	7	5
组装时间/班	15	7
调试时间/班	4	2

3. 对操作工人、维修工人进行培训

为了把引进设备使用好、维护好,金川集团公司对从其他矿山抽调来的修理工及二矿区经考试合格后的一部分青年工人进行了技术培训。先学习理论知识,再进行实际操作,然后到井下实习,共办培训班四期,见表 5.61。经培训后的大部分工人基本上做到了懂原理、会操作,达到了预期效果。

表 5.61　操作工人、维修工人培训安排

期别	培训内容	参加人数/人	时间/d	备注
1	H-127 台车维修使用培训班	37	53	外宾讲课 4 天
2	LF-4.1E、LF-4.1EF 电动铲运机、电动遥控铲运机培训班	31	30	外宾讲课 16 天,自操作 14 天
3	H-127 台车维护使用培训班	11	12	业余时间
4	H-127、LF-4.1E、LF-4.1EF 维护使用培训班	35	90	——

4. 制订各种规章制度

为了管好、用好引进设备。根据维护使用说明书,结合二矿区的具体情况,制订了一些必要的、切实可行的规章制度。

(1) H-127、LF-4.1E、LF-4.1EF、CT-1500、PT-45A、PT-45B 操作规程,维护保养制度,以及 CT-1500 铲运机的岗位责任制,安全规程,轮胎装配安全操作规程。

(2) 引进设备用油规程。油料问题直接关系到进口设备的使用寿命。根据国外提供的油料数据,并把国外的各种油取样分析化验,选定国产油代替进口油料。一年多来没有因油料问题引起任何大小事故,使设备基本正常工作。

(3) 引进设备的奖罚制度。根据二矿区的设备使用情况,金川集团公司制订了关于加强进口设备管理及评比考核暂行规定。半年以来对加强设备的管理,提高设备的完好率,起到了良好的效果。

5. 存在问题及改进意见

机采盘区自使用引进设备试生产以来,工人虽经培训,然而由于设备结构复杂,技术要求高,加之管理水平跟不上、工人素质差、工作条件差及其他原因,在使用初期出现了较多事故,如卡钻等,损坏了很多不应该损坏的零部件,如台车的仰俯油缸、千斤顶油缸等。11 月 22 日又因 7# 进路冒顶发生了将 2 台车 2# 臂砸坏的重大事故。

研究人员虽然制订了一系列规章制度,然而由于各方面原因,没有得到很好的贯彻。维修力量严重不足,而培养一个合格的维修工人又决非在短期内能办到的。一部分操作工人对设备操作仍不太熟练,备件消耗多,造成这些设备的备品备件紧张,用国产件代替又无成熟的经验,因此经常影响生产。

今后要继续加强对工人的技术培训,加强维修力量;改善采场作业条件;严格贯彻各项规章制度;要逐步消化引进设备,向国产化方向发展,才能保证引进设备的正常工作。

5.4.4　试验指标

1) 主要技术经济指标(表5.62)。

表 5.62　主要技术经济指标

序号	项目	单位	指标	备注
1	采区综合生产能力	t/d	1039	—
	进路生产能力	t/d	131	—
2	工作面采矿工班效率	t/(工·班)	23.2	—
3	工区全员劳动生产率	t/(人·d)	8.04	—
4	台车凿岩效率	t/(台·班)	315～360	—
5	铲运机出矿效率	t/(台·班)	216	—
6	锚杆支护效率	分/套	8.5	—
7	设备完好率	%	85.7	—
8	采矿作业成本	元/t	5.47	不包括充填成本
	其中:凿岩成本	元/t	0.418	
	爆破成本	元/t	1.06	
	铲运机出矿成本	元/t	1.82	
	支护成本	元/t	1.13	
	通风成本	元/t	0.15	
	排水成本	元/t	0.041	
	备品成本	元/t	0.85	
9	充填成本	元/m³	62.02	根据1986年11月统计
10	矿石损失率	%	4.6	—
11	矿石贫化率	%	2.8	—
12	采切比	m/万t	35.73	—

2) 主要材料消耗(表5.63)。

表 5.63　主要材料消耗

序号	材料名称	单位	指标
1	台车钎头	个/kt	1.1
2	台车钎杆	根/kt	0.55
3	炸药	kg/t	0.60
4	非电导爆雷管	个/t	0.40
5	柴油	kg/t	0.191
6	轮胎	个/kt	0.605
7	液压油	kg/kt	8.5
8	锚杆	套/t	0.05

注:根据1986年11月统计数据。

3) 主要技术经济指标对比(表 5.64)。

表 5.64　两种采矿方法主要技术经济指标对比

序号	对比项目	单位	上向进路机械化充填采矿法	普通上向水平分层胶结充填采矿法	提高/%
1	进路(或采场)综合生产能力	t/d	131	77.08	69.95
2	工作面采矿效率	t/(工·班)	23.2	5.89～7.28	218.68～293.89
3	工区全员劳动生产率	t/(人·d)	8.04	3.44～4.29	87.41～133.72
4	采矿作业成本	元/t	5.47	5.95～7.34	—
5	采矿损失率	%	4.6	≤5	—
6	采矿贫化率	%	2.8	≤5	—

注:试验采区为 1986 年 11 月指标;普通上向水平分层胶结充填采矿法指标是根据 1986 年 1～11 月二矿区二、三工区统计数据。

5.4.5　试验结论

采区试验引进了全套采、装、运及辅助机械设备。在中瑞技术合作中,瑞典先后七次派人到金川公司,参加试验设计和现场指导。结合我国方面的实践经验,进行二矿区采矿方法技术攻关。使试验工作的设备先进,工艺完善,达到国际先进水平。

1) 试验中应用的最新技术

(1) 脉外斜坡道采准、盘区式回采。为适应无轨设备的使用,革新采准系统,充分发挥无轨设备高效、灵活的优点。

(2) 双臂电动液压凿岩台车凿岩,光面爆破。这一技术应用提高了凿岩效率,台班效率达 315～360t/(台·班),减少了爆破对矿岩的破坏,对维护顶板及两帮起了良好作用。

(3) 水平进路接顶充填。利用现有自流充填系统,在回采进路空区中堵墙、架管,基本能达到充填接顶的要求。这点对二期进路回采的安全至关重要。

(4) 巷道型采场局扇通风。用局扇和柔性风筒往工作面压入新鲜风流。通风方式灵活,易于变化和控制。只要管理得当,通风效果也比较好。

(5) 膨胀式锚杆和双筋钢条护顶。试验结果证明,膨胀式锚杆的锚固力达 12～13t,而且安装简便、效率高。双筋钢条可灵活采用,与锚杆配合,能有效支护顶板。

(6) LF-4.1E 型电动铲运机出矿,减少废气污染,是 20 世纪 80 年代新工艺;PT-45A 型装药车试验表明,3.2m 长的炮孔,装药时间仅 1.7min,比人工装药时间缩短一半以上。

2) 完成指标情况

2# 采区试验圆满完成了国家科学技术委员会下达的试验任务和技术经济指标,取得了明显的经济效益和社会效益。主要表现在以下几个方面。

(1) 实现了机械化配套,生产能力大。采区生产能力达到 1039t/d,进路平均生产能力为 131t/d,比二矿区的普通分层充填法提高了 69.95%。

（2）劳动生产率高。采矿工区总人数 124 人，全员效率为 8.04t/（人·班），比普通分层充填法提高一倍左右；工作面工效为 23.2t/（工·班），比普通分层充填法提高 2～3 倍。

（3）矿石的损失贫化率低。采矿损失率 4.6%；采矿贫化率 2.8%。

（4）采切工程量不大，采切比为 3573m/万 t（452.6m³/万 t）。

（5）工人劳动强度大大降低，作业条件改善。采场护顶后，安全有一定保障。生产集中，管理方便。

采矿成本与普通充填法相比相差不大，这是因为新的工艺正处于试验阶段，各种条件尚不完善。随着生产正常化，其成本还会下降。

3）试验结论

采用不留间柱、以充填体支撑顶板的大面积连续回采方案，国内外在当时尚无类似的实例可供参考，因而这是一个大胆的尝试。试验的难度大、技术复杂，涉及岩石力学和充填体力学的问题。为监测采场及周围矿岩应力、应变规律，埋设了多点伸长计（瑞典）、钢弦应力计（瑞典）、多点位移计（中国）、收敛测点计（中国）。从观测结果来看，回采对周围矿岩应力、应变及变形产生影响，底柱应力增加，上、下盘巷道产生变形（或变形速率增加）。因盘区开采空间较小，其影响尚未充分表现出来。在进路回采过程中，曾发生过局部片冒，但对整个施工影响不大。可以认为，在矿岩较稳固的条件下，试验方案在技术上是可行的。

4）有待解决问题

（1）观测顶板岩层应力的变化，研究充填体作用机理。这是开采方案取得成功的关键，不容忽视。

（2）解决设备维护和备用件的来源问题，加紧培训操作维修工，提高技术水平。

（3）调整全矿通风系统，保证采区新风来源，加大风机功率，使工作面有足够的风量和风速。

（4）研究更有效的支护形式和合理的锚杆、长锚索技术参数及其布置。

（5）改进施工组织及管理制度。采区引进了国外的先进设备和技术，但管理水平与国外有一定差距。因此，采矿工效较高，但全员工效较低。在矿山开采过程中，尽量控制人员数量，进一步提高全矿采矿工效。

5.5　机械化下向水平进路胶结充填采矿法试验研究

5.5.1　概况

1. 试验项目的由来

金川镍矿是我国最大的镍生产基地，矿产资源极其丰富。二矿区是金川集团公司的主力矿山，品位高，储量大，储量约占全矿区的 75%。二矿区于 1982 年投产，1985 年达到了 3000t/d 的规模，其产量由 1#、2# 矿体共同承担，其中 1# 矿体采用下向分层胶结充填法，2# 矿体采用上向分层胶结充填法。按照国家"七五"重点建设项目计划，金川公司在 1990 年左右形成续建 2 万 t 电镍规模，即总产电镍 4 万 t。到 1990 年左右，露天矿和二矿区东部 2# 矿体的生产能力均将消失，消失的产量将全部由西部的 1# 矿体负担，这就是说续建二期工程达产时，要求 1# 矿体的产量由 1500t/d 提高到 8000t/d。若仅靠当时已有的工艺技术、装备水平达到这样高的产量显然是不可能的。

为了实现上述目标,只能走技术创新的道路。一方面在现有条件下,对已有的生产工艺技术和装备水平立足国内进行改造;另一方面通过技术、设备的引进,彻底改变当前矿山的落后面貌。根据国家科学技术委员会[83]国科攻字 681 号文,"同意金川二矿区采场试验列为国际合作重点项目和引进关键试验设备"的精神,本着技贸结合的原则,1983 年先后与瑞典和德国分别签订了两个设备合同,引进采矿试验用的主体无轨设备,与瑞典签订了"中国-瑞典关于中国金川二矿区采矿技术合作"合同。机械化下向分层水平进路胶结充填采矿方法试验就是上述合同内容之一,该科研专题是国家"八五"重点科技攻关项目"金川资源综合利用"中的一个专题,试验研究的目的是为金川矿山二期生产达日产矿石 8000t 提供科学依据。

1984 年为该采区引进了瑞典的凿岩台车 2 台,服务车 2 台,德国的电动铲运机 1 台,柴油铲运机 1 台,接着由瑞典波立顿公司专家和中国参加试验单位的专家组成联合试验组,于 1985 年 1 月～1987 年 2 月进行了试验采区的采准、回采设计,采、切巷道施工和第一、二分层的回采试验,获得了较好的效果,为综合试验积累了经验。

中瑞技术合作后,由金川有色金属公司和北京有色冶金设计研究总院按照中国有色金属工业总公司的四点要求:①采区综合生产能力连续三个月平均达到 800～1000t/d;②设备完好率达到 85％以上;③充填基本接顶;④采区全员 100 人以内,继续进行试验。在经过各项单体试验和技术培训后,于 1988 年 7 月 15 日～10 月 15 日连续三个月进行了采、充、转层的综合试验。

这次试验采用了脉外斜坡道采准,大断面水平进路连续回采,若干独立区平行采完作业的采矿工艺;同时应用了高浓度细砂胶结充填料浆管道自流输送新工艺、光面爆破新工艺、新型炸药、水泥卷锚杆等技术;使用了 H-127 型双臂电动液压凿岩台车、LF-4.1 型电动铲运机和柴油铲运机、装药车、服务车、振动放矿机等大型无轨机械化配套设备,形成了一个先进的采矿工艺技术、大型无轨配套设备科学管理的试验采区。

连续三个月试验,平均达到如下技术经济指标:采区平均日产矿石 817t;进路生产能力 204t/d;工作面工效 8.25t/(人・d);损失率 2.06％,贫矿率 4.71％;采切比 3.25m/kt;采矿成本 5.12 元/t;充填成本 55.41 元/m³;设备完好率 88％,人员 99 人,充填基本接顶。此次试验顺利地完成了预期目标。

2. 中瑞关于试验采区技术合作的内容

中瑞在 1# 矿体进行的机械化下向采区(简称 1# 试验采区,下同)试验,其合同内容为:中瑞双方联合在 1# 试验采区进行机械化下向胶结充填采矿方法试验,试验采区的最终产量为日产矿石 1000t;由瑞方负责试验采区的回采设计,由中方负责脉外采准工程的设计。

瑞典专家研究后,认为该试验采区最高产量为 848t/d,1987 年在金川资源综合利用会议上,国家科学技术委员会和中国有色金属工业总公司对试验采区提出,综合试验要连续三个月,日产矿石 800～1000t,设备完好率 85％以上,充填基本接顶,试验采区全员不超过 100 人等要求。

3. 试验经历的几个阶段及成果

（1）1985 年 1～6 月进行了试验采区的采准、回采设计工作并完成了开展试验工作所必需的采准工程。

（2）1985 年 7 月～1986 年 6 月进行了回采试验的准备工作及分层回采试验。瑞典专家自 1985 年 2 月～1986 年 9 月先后六次赴金川现场参加试验并作现场指导，经双方共同努力，完成了第一分层的回采工作，第二分层的开采工作也已开始，试验取得了初步成果。根据合同规定，中瑞关于试验采区的技术合作于 1986 年年底结束。双方的合作虽然结束了，但由于无轨设备下井较晚，仍处于单项试验阶段，试验的预期目的尚未达到，中国有色金属工业总公司决定，由中方继续进行试验工作。

（3）1987 年 1 月～1988 年 7 月继续进行单项试验。加强了作业循环，进行了光面爆破试验，狠抓了充填体质量，改善了充填体结构，对充填搅拌站做了局部改造，为试验采区建立了一条独立的充填管路，完善了通风系统，对凿岩台车进行攻关试验，摸索出在矿岩节理裂隙发育情况下的凿岩经验。经过一系列试验，积累了一定的经验。在此基础上，于 1988 年 7 月 16 日～10 月 15 日在第四分层连续三个月进行了全面的综合试验。这次综合试验包括了采、充、转层全过程，达到了国家科学技术委员会和中国有色金属工业总公司提出的四项要求，取得了较好的成果，平均日出矿石 817t，设备完好率达 88％以上，充填基本接顶。

通过近四年的试验，充分显示了新工艺、新设备、新技术的优越性。试验采区在设计、设备和工艺等方面都达到了 20 世纪 80 年代国际先进水平，圆满地完成了国家科学技术委员会和中国有色金属工业总公司下达的科研攻关任务。

5.5.2　试验采区概况

1. 试验采区的位置及其周围条件

$1^{\#}$ 试验采区位于目前矿山生产水平（1250m 中段）的最西端，在 $1^{\#}$ 矿体 $14^{+20}\sim16^{+19}$ 行勘探线。采区沿矿体走向布置，长 99m，宽为矿体厚度。从 1300m 水平向 1250m 水平回采，段高 50m。

试验采区东邻普通下向分层倾斜进路胶结充填采矿法的生产采场，下部为未开采的厚大矿体。二矿区 1250m 以上为竖井开拓，无轨设备解体后，通过竖井下放到 1250m 中段，在维修硐室组装后，经试验采区斜坡道进入采场。采场矿石经溜井下放到 1250m 中段，用振动放矿机装入 4m³ 侧卸式矿车，由 14t 架线电机车牵引运往东部破碎站。

来自副井的新鲜风流，经 1250m 运输道道、试验采区进风井进入分层巷道，采场内为压入式通风，污风经分段道以上的脉外溜井进入矿山 1300m 水平总回风道。来自西部搅拌站的料浆，经地表充填钻孔或充填井内的充填管路通过 1300m 石门、回采分段以上的脉外溜井、分段巷道进入充填采场。

总之，$1^{\#}$ 试验采区布置在 1250m 中段以上 $1^{\#}$ 矿体的生产区段内，其提升、运输、通风、排水等与现生产采场共用一个系统，为试验工作提供了方便和有利的条件。试验采区位置如图 5.37 所示。

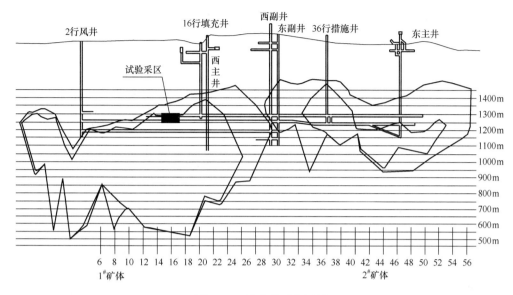

图 5.37　试验采区位置图

2. 试验采区的地质概况

1）地质条件

试验采区处于 $1^{\#}$ 矿体西部尖灭端的上部,富矿体平均水平厚度为 80m,上盘贫矿平均厚度为 36m,下盘贫矿平均厚度为 19m,矿体走向 N50°W,倾向 SW,倾角 60°~75°。富矿赋存在超基性岩体中的含辉石橄榄岩中,贫矿赋存在二辉橄榄岩中,矿体的顶、底盘围岩均为二辉橄榄岩。

矿石的单轴抗压强度较高（富矿和贫矿的最大单轴抗压强度分别为 121MPa 和 107MPa）,但由于节理裂隙发育,整体稳定性差,贫矿比富矿更差。

矿体局部地段有后期的岩浆侵入,主要有辉绿岩,次为煌斑岩,裂隙性质多为单节理,且大多有擦痕。裂隙面光滑,其中多有充填物,主要是滑石、蛇纹石、碳酸盐类矿物。贫矿体比富矿体裂隙密度大。

2）矿石品位及储量

根据已确定的采富保贫、优先开采富矿的方针,试验采区的开采对象为富矿并带采下盘较薄的贫矿,试验采区的地质储量（$A_1 + A_2$）见表 5.65;分层工业矿石储量见表 5.66。

表 5.65　试验采区地质储量

序号	矿石类型	矿石量/t	品位/%		金属量/t	
			镍	铜	镍	铜
1	上盘贫矿（SN-A$_2$）	503126	0.62	0.39	3113.02	1971.06
2	富矿（SN-A$_1$）	1515060	1.76	0.84	26725.54	12705.43
3	下盘贫矿（SN-A$_2$）	369854	0.49	0.40	1812.28	1479.42
4	富矿＋下盘贫矿（A$_1$＋A$_2$下）	1884914	1.51	0.75	28537.82	14184.85

表 5.66 试验采区分层工业矿石储量

序号	矿石量/t	第一分层 1305.1~ 1302.6m	第二分层 1302.6~ 1298.9m	第三分层 1298.9~ 1295.2m	第四分层 1295.2~ 1291.5m	第五分层 1291.5~ 1287.8m	第五分层以下 1287.8~ 1250m
1	富矿(SN-A$_1$)/t	46270	72060	77339	82759	84751	1151881
2	下盘贫矿(SN-A$_2$下)/t	13641	21596	23283	24931	26659	259744
3	合计/t	59911	93656	100622	107690	111410	1411625

3. 试验方案

采用脉内、脉外联合采准,机械化盘区下向水平进路胶结充填采矿法回采。

1) 总体布置

总体布置如图 5.38 所示。在试验采区设计前该地段已按普通倾斜分层充填法掘凿脉内溜井。为适应机械化开采的特点,增加了采区脉外斜坡道、脉外溜井,形成了脉内、脉外联合采准系统,溜井放矿,中段有轨运输。无轨设备经斜坡道通过分段巷道、分层联络道进出采场。

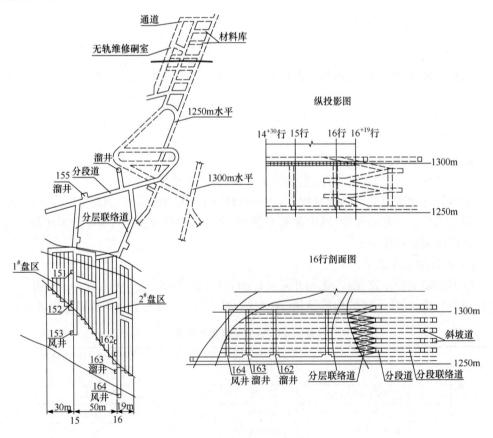

图 5.38 1$^#$ 试验采区总体布置

在试验采区范围内划分两个盘区。西部为
$1^\#$盘区,东部为 $2^\#$ 盘区,各以一条联络道和一套
采装运设备进行回采。

2) 采矿方法

进路布置与回采顺序。水平进路垂直矿体
走向布置,分层高度 4m,宽 4.5m。盘区内各划
分几个独立的工作区,工作区内的进路从盘区两
侧向中央连续推进,采一条充一条。工作区内的
回采顺序先顶盘后底盘,进路布置及回采顺序如
图 5.39所示。

回采作业采用 H-127 双臂液压凿岩台车凿
岩,PT-45A 型辅助车装药,非电导爆管控制爆
破;局部扇风机压入式通风;LF-4.1E 型电动铲
运机(或 LF-4.1 柴油铲运机)出矿;高浓度棒磨
砂胶结料浆充填;PT-45B 型辅助车运送人员和
材料。

5.5.3　试验采区的采准工程

为了适应机械化下向盘区开采的特点,充分
发挥无轨设备的效率,必然要求相适应的采准系
统和较大的巷道断面。因此,在试验采区矿岩条

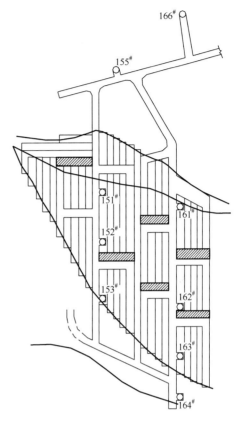

图 5.39　进路布置及回采顺序

件较差的情况下,合理选择采准系统和巷道支护形式就显得格外重要。实践是检验真理
的标准,这些问题只能通过科学试验来解决。

早在中瑞合作之前,试验采区地段已经按照常规的下向倾斜分层充填采矿方法进行了
脉内采准施工,为利用已经施工的采准巷道和满足机械化开采要求,于 1985 年初完成了脉
外、脉内联合采准系统的设计,同年 7 月完成了第一分层回采试验的脉内、脉外采准工程。

试验证明,采准系统的布置满足了机械化开采的需要,喷锚网支护的采准巷道经受了
考验,这无疑为 $1^\#$ 矿体全面地采用大型机械化下向盘区开采提供了宝贵的经验。

1. 采准系统

为充分发挥两台液压凿岩台车和两台电动铲运机的作用,提高采区的生产能力,将长
99m 试验采区划分为 2 个盘区,从 $14^{+20}\sim15^{+25}$ 行勘探线为 $1^\#$ 盘区(从第三分层开始将
$1^\#$ 盘区延至 14 行勘探线);$15^{+25}\sim16^{+19}$ 行勘探线为 $2^\#$ 盘区。盘区宽度从底盘贫矿界线
至上盘富矿界限,回采时两个盘区可同时下降,也可互相超前,但均用斜坡道、分段巷道、
分层联络道相通。

由于试验采区未设计前,该地段已经掘凿出了脉内溜井,故试验中采用脉内、脉外联
合采准系统。

斜坡道位于底盘伟晶花岗岩中,从 1250m 中段通至 1300m 水平,螺旋式布置。从斜
坡道端部弯道处掘进分段联络道、分段巷道。每一分段道服务于 2～3 个分层。自分段巷

道掘进分层联络道进入矿体。

斜坡道下端 1250m 水平设有维修硐室,作为无轨设备检修场地。在底盘脉外布置一条溜井,溜井经联络道与分段巷道连通。回采水平以上溜井作为采区的回风井,下段为出矿井。每个盘区内均布置 2～3 条溜矿井,靠近矿体顶盘布置一条进风井。1～4 分层在回采过程中增加了一条顶盘巷道。

2. 无轨设备采准巷道的坡度、断面

1) 采准巷道坡度

试验采区的斜坡道是两个中段之间的辅助联络巷道,作为上下设备、材料、人员之用,服务年限较长,坡度 <1：5(16.1%～19.4%),螺旋部分为平坡。出矿的分层联络道上、下行坡度 ≤1：7(14.3%)。

2) 巷道断面

巷道断面大小应该满足无轨采准设备运行的需要,试验采区所选用的几种无轨设备,以 H-127 凿岩台车的外形尺寸最大为准,其长×宽×高为 10020mm×1900mm×2950mm。

3) 斜坡道、分段巷道、联络道

(1) 净宽。

$$B = b_1 + b_2 + b_3 + b_4 \tag{5.22}$$

式中,B——巷道宽度;

$\quad b_1$——最大设备的宽度,AtlasCopco 凿岩台车 H-127,$b_1 = 1900mm$;

$\quad b_2$——凿岩台车与巷道壁之间的间隙,$b_2 = 1600mm$;

$\quad b_3$——安装压风管、水管和电缆的空间宽度,$b_3 = 300mm$;

$\quad b_4$——巷道壁不平整系数,$b_4 = 400mm$。

故

$$B = 4200mm$$

(2) 净高。

$$H = h_1 + h_2 + h_3 \tag{5.23}$$

式中,H——巷道高度;

$\quad h_1$——最大设备高度,AtlasCopco 凿岩台车 H-127,$h_1 = 2950mm$;

$\quad h_2$——设备行走时的颠簸高度,$h_2 = 250mm$;

$\quad h_3$——网管安装高度,$h_3 = 500mm$。

$$H = 3700mm$$

最终确定的巷道净断面尺寸宽×高为 4200mm×3700mm。

脉内溜井及上盘进风井的净直径 $\phi = 1800mm$,脉外溜井的净直径 $\phi = 2000mm$,溜矿井下部均安装有振动放矿机。

3. 采准巷道支护

1) 支护形式选择

采准巷道断面尺寸较大,除斜坡道外,均布置在节理裂隙发育、整体稳定性差的Ⅲ₃岩组,超基性岩体及贫矿中,岩石属中硬以上,但由于节理裂隙发育,整体稳定性很差。

原岩加固第一步是推广光面爆破技术,正确选择爆破参数,使周围岩石受破坏最小。

其次是选择合理有效的支护形式,金川矿区过去曾采用的形式有木支护、金属支架支护、混凝土预制块和喷锚支护等。前几种支护形式是岩体外部的独立支撑结构,它们起不到从围岩内部加固岩层、发挥围岩自身支撑能力的作用,不能有效地阻止围岩松动的发展,属于消极和被动的支护形式;喷锚支护形式能够有效地加固围岩,防止围岩松动,发挥围岩自撑作用的潜力,是积极的支护形式。

基于这一认识,喷锚支护无疑优于其他几种支护形式,针对岩层节理裂隙发育的特点,采准巷道支护结构主要选用喷锚网联合支护形式。锚杆紧跟工作面,迅速加固松动岩石,阻止岩体的剪切破坏,钢筋网同锚杆一起加固被节理裂隙分割的岩石,喷锚网联合作用,保持和增强了岩体的整体稳定性。

试验初期采用管缝式摩擦锚杆,1988 年二矿区水泥卷锚杆试制成功后,由于其成本低、锚固力大,逐渐代替了管缝式锚杆。金属网采用瑞典推荐的双筋网。在采准巷道施工中,进行了锚杆拉拔试验,管缝式锚杆的拉拔力在 5～7t,水泥卷锚杆一小时后的锚固力在 7t 以上,均满足巷道护顶的要求。

2) 喷锚网联合支护的基本参数

(1) 混凝土。

喷射混凝土选用 32.5 普通硅酸盐水泥,质量配合比为水泥∶砂子∶石子＝1∶2∶1.5。石子粒径为 7～15mm。速凝剂选用"782",渗入量为水泥用量的 6%,水灰比 0.4～0.5。混凝土标号 C20,喷层厚度 100mm。

(2) 锚杆。

试验初期主要采用管缝式摩擦锚杆。1988 年金川公司二矿区水泥卷锚杆研制成功。水泥卷锚杆成本低、锚固力大,逐渐替代了管缝式锚杆,两种锚杆的参数如下。

① 管缝式摩擦锚杆。

外径 40mm,管厚 2.5mm,长度有 1800mm 和 2500mm 两种。

② 水泥卷锚杆。

水泥卷直径 32mm,长 230mm。螺纹钢直径 18～22mm,长度为 1800mm,托板为 150mm×150mm×4mm,托板中央开 $\phi=16～20mm$ 的孔,如图 5.40 所示。锚杆网度均为 1.0m×1.0m,梅花形布置。

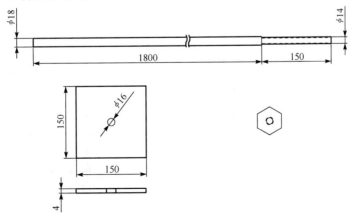

图 5.40　水泥卷锚杆杆体结构图(单位:mm)

（3）金属网。

最初设计采用 $\phi6mm$ 钢筋,网距 150mm×150mm。后来采用瑞典推荐的双筋网,两条双筋网直径均为 6mm,长 2.2m,两筋相距 60mm,双筋在三处用扁钢焊接,扁钢长×宽×厚为 80mm×20mm×3mm。双筋网可根据顶板情况灵活使用,与锚杆配合能达到很好的支护效果。双筋网及双筋网护顶如图 5.41 和图 5.42 所示。根据确定的断面,支护结构、斜坡道和分段巷道、分层联络道断面如图 5.43 和图 5.44 所示。

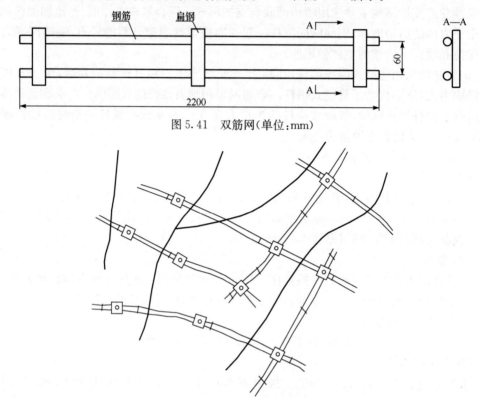

图 5.41　双筋网(单位:mm)

图 5.42　锚杆双筋网护顶

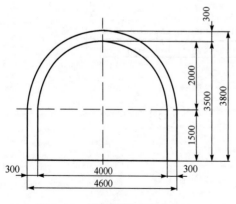

图 5.43　斜坡道断面(单位:mm)

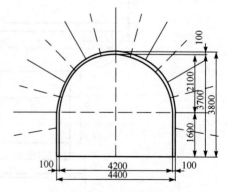

图 5.44　分段巷道、分层联络
道断面(单位:mm)

4. 采准工程施工及护顶试验

1）采准工程施工

原设计采准巷道使用引进的无轨设备施工，由于无轨设备下井较晚，直到 1986 年 7 月这些设备才全部进入试验采区。为了争取时间，在 1985 年完成了为第一分层开展试验工作所需的采准工程。从第二分段开始陆续使用无轨设备。尽管采准工程的初期是用传统的气腿式凿岩机和普通爆破法施工，其采准工程的质量还是满足了采矿试验的要求，主要采准巷道的施工方法见表 5.67。

表 5.67　主要采准巷道施工方法与技术

序号	巷道名称	施工方法与技术
1	斜坡道	凿岩：YT-24 气腿凿岩机 爆破：2# 岩石炸药，火雷管起爆 出渣：电耙 支护：预制块，喷射混凝土
2	第一分段分段巷道、分段联络道	凿岩：YT-24 气腿凿岩机 爆破：2# 岩石炸药，火雷管起爆 出渣：轨道式装岩机、矿车 支护：喷锚网
3	第一分段分层联络道	凿岩：YT-24 气腿凿岩机 爆破：2# 岩石炸药，火雷管起爆 出渣：CT-1500 支护：喷锚网
4	第一分段分段巷道、分层联络道	凿岩：H-127 电动液压凿岩台车 爆破：2# 岩石炸药，非电导爆管起爆，光面爆破 出渣：CT-1500，LF-4.1E 支护：喷锚网
5	脉内溜井	凿岩：YT-45 气腿凿岩机 爆破：2# 岩石炸药，火雷管起爆 出渣：木漏斗，矿车 支护：混凝土钢衬板
6	脉内溜井	凿岩：TZY-100 天井钻机，YT-24 扩孔 爆破：2# 岩石炸药，火雷管起爆 出渣：木漏斗，矿车 支护：混凝土钢衬板

2）护顶试验

在采准巷道施工中进行了锚杆拉拔试验，其目的是在各种岩层中选择合适的钎头直径，测试锚杆的锚固力。

试验的设备为 ML-10 型、ML-20 型油泵千斤顶、手摇式油泵、自制锚杆与拉力计之间的连接器。

（1）管缝式锚杆拉拔试验。1985 年在 1# 盘区下盘围岩、贫矿段及富矿带进行了管缝式锚杆拉拔试验，当时购置的锚杆外径 $\phi=42\text{mm}$，试验结果见表 5.68，锚杆的拉力-位移曲线如图 5.45 和图 5.46 所示。

表 5.68　管缝式摩擦锚杆拉拔试验结果

岩石类型	围岩			贫矿			富矿		
锚杆编号	1	2	3	1	2	3	1	2	3
钎头直径/mm	40.0	40.0	40.0	39.9	39.9	39.9	40.0	39.9	39.9
锚杆直径/mm	42.0	42.3	41.7	41.3	42.0	42.0	42.0	42.4	42.1
锚杆长度/mm	1780	1800	1800	1780	1790	1790	1820	1800	1800
锚固力/t	7.5	6.3	5.3	3.8	5.0	5.9	7.0	7.9	7.9
安装情况	较顺利			较顺利			顺利		

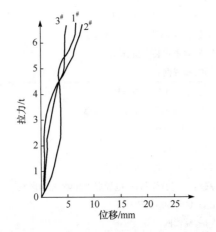

图 5.45　围岩中管缝式锚杆拉力-位移曲线
1#、2#、3# 为锚杆编号

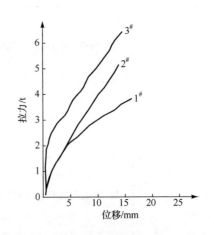

图 5.46　贫矿中管缝式锚杆拉力-位移曲线
1#、2#、3# 为锚杆编号

试验结果表明钎头直径比锚杆外径小 1～2mm 比较合适，生产试验中主要用外径为 40mm 的锚杆，钎头直径为 38mm。

在拉拔试验中，锚固力达到 5～7t。实践证明该锚杆已经满足试验采区采准巷道护顶的要求。

（2）水泥卷锚杆拉拔试验。试验地点选在试验采区的底盘围岩、富矿、贫矿和充填体内，拉拔试验结果见表 5.69，锚杆拉力-位移曲线如图 5.47～图 5.49 所示。

表 5.69　水泥卷锚杆拉拔试验结果

矿岩类型	围岩	富矿	贫矿	充填体
锚杆编号	1#	2#	3#	4#
锚杆长度/m	1.8	1.8	1.8	1.8
锚杆直径/mm	18	18	—	—
孔深/m	2.0	1.9	1.9	1.84
孔内杆体长度/m	1.7	1.7	1.7	1.72
锚固形式	全锚	全锚	全锚	全锚
装入药量/卷	6.0	5.0	5.0	5.5
安装一根锚杆所需时间/min	2	3	5	5
拉拔龄期/h	1.0	1.0	1.3	3.5
最大锚固力/tf	7.63	15.60	11.00	8.80 以上
最大位移/mm	11.0	74.6	80.0	—
最终破坏形式	拉动	拉断	拉动	充填体破坏

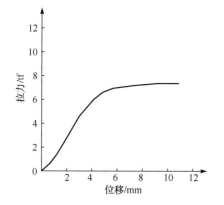

图 5.47　围岩中水泥卷锚杆拉力-位移曲线

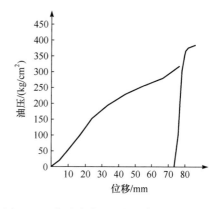

图 5.48　贫矿中水泥卷锚杆拉力-位移曲线

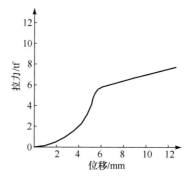

图 5.49　充填体中水泥卷锚杆拉力-位移曲线

试验结果说明,无论在岩石还是充填体中,水泥卷锚杆都有较高的锚固力,全锚杆在

1h 后锚固力均在 7t 以上,且成本低(比管缝式锚杆降低 30%),贯入阻力小,安装方便,是下向充填采场和巷道护顶的一种好的支护形式。

5. 采准工程量和采准比

采准工程量见表 5.70。

表 5.70　1# 试验采区采准工程量

序号	巷道名称	支护形式	断面面积/m²		数量/条	工程量	
			净	掘		长度/m	开凿量/m³
1	斜坡道	预制块或喷锚网	12.28	12.51	1	457	6951
2	检修硐室	预制块	8.03	10.49	—	196	2056
3	废石溜井联络道	预制块	8.02	10.42	1	50	521
4	废石溜井	钢衬板混凝土	—	5.94	2	100	594
5	脉外溜矿井	钢衬板混凝土	—	5.31	1	50	266
6	脉内溜矿井	钢衬板混凝土	—	5.94	8	369	2192
7	第一分段分段联络道	喷锚网	11.42	12.75	1	57	727
8	第一分段分段巷道	喷锚网	11.42	12.75	1	133	1696
9	第一、二分层分层联络道	喷锚网	11.42	12.75	4	131	1670
10	第一分层分层道	木支护	—	9	2	253	2277
11	第一分层 155# 脉外溜井联络道	喷锚网	11.418	12.75	1	16	204
12	第一~四分层顶盘巷道	喷锚网	—	12.75	1	234	2984
13	第二分段及其以下各分段联络道	喷锚网	13.71	14.70	4	80	1176
14	第二分段及其以下各分段分段巷道	喷锚网	13.71	14.70	4	540	7938
15	第三分段及其以下各分层分层联络道	喷锚网	13.71	14.70	72	3372	49568
16	电缆插头硐室	喷锚网	13.71	14.70	8	96	1141
	合计		—	—	—	6134	81961

注:1# 试验采区的地质储量(富矿+下盘贫矿)为 1884914t,采准比为 3.25m/kt,43.48m³/kt。

6. 采准系统的特点及建议

(1) 由于采用了脉外斜坡道采准,使传统的下向充填采矿方法采场结构发生了变化,人员、设备、材料进出采场安全、方便。无轨设备进出自如,有利于提高生产能力。

　　（2）脉内、外相结合的采准系统，缩短了出矿距离，开层可利用脉外溜井，出矿主要利用脉内溜井，提高了出矿效率。但由于脉内溜井的存在，使分层巷道的布置受到限制，只能布置在溜井的两侧。因此，从转层和充填等综合因素考虑，以单一的脉外采准为好。

　　（3）分段巷道、分层联络道等主要巷道均布置在节理裂隙发育的超基性岩体中，实践证明，在稳定性较差的岩层中，采用喷锚网联合支护是适宜的。为二期工程 1# 矿体采用大型机械化下向充填法开采的采准巷道全面推广喷锚网支护提供了成功的经验，在压力较大的地段，应间隔增加中长锚杆，以增强锚固力。

　　（4）分层联络道的坡度≤1∶7，满足了无轨设备运行和生产要求，但试验前施工的斜坡道坡度偏大（接近 1∶5），弯道的曲率半径过小（$R=6.5\text{m}$），总结出比较合理的参数为：采准斜坡道坡度≤1∶7，弯道曲率半径≥10m。

5.5.4　分层回采设计

　　1. 回采设计

　　1）设计依据与条件

　　依据中瑞关于下向试验采区技术合作合同规定，试验采区的回采设计由瑞方负责。1985 年 2 月 5 日～3 月 30 日瑞方第一次来华期间没有提交完整的回采设计，需返回瑞典后完成。当时第一分层的脉内、外采准工程已接近完成，引进的无轨设备尚不能进入采场。鉴于上述实际情况，经中方试验组研究，瑞方专家同意，第一分层的回采设计由中方负责，选用二矿区现有的采矿设备和采场布置形式，采用下向水平分层胶结充填采矿法回采。第二分层及以下各分层的回采设计，按瑞方设计思想，结合矿山实际进行适当改进和完善，采用机械化下向水平进路胶结充填采矿法回采。

　　机械化下向水平进路胶结充填采矿方法试验实现了配套无轨机械化作业，用 H-127 双臂电动液压凿岩台车凿岩，LF-4.1E 电动铲运机出矿；PT-45A 辅助车安装锚杆和装药，PT-45B 运料和输送人员；实现高浓度料浆自流管道输送，水平进路充填；采用柔性风筒压入式通风。试验采区最终达到了日产矿石 800～1000t 的目标。

　　2）第一分层的回采设计

　　（1）采场布置和回采顺序。分层巷道沿勘探线布置，水平进路沿走向布置。分层高度 2.5m，进路宽 3m，长 20～26m。为了控制地压和避免分层道两侧同时作业的干扰，采用单翼进路按三采一的顺序回采。采场布置如图 5.50 所示。

　　（2）回采工艺。

　　① 凿岩。YT-24 气腿凿岩机打水平孔，孔深 1.7m，钎头直径 38mm，炮孔 26 个，进尺 1.5m。

　　② 爆破。试验用 2# 岩石炸药进行控制爆破，药卷直径 $\phi=32\text{mm}$。边孔用 $\phi=22\text{mm}$ 小直径药包，间隔装药，非电导爆管起爆。

　　③ 出矿。1# 盘区用 CT-1500 铲运机出矿，平均运距 60m，向脉内溜井卸矿。2# 盘区电耙出矿，进路内用 14kW 电耙，分层道内用 30kW 电耙，向脉内溜井倒运。

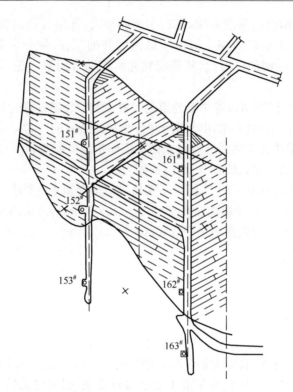

图 5.50 第一分层采场布置图

④ 护顶采用锚杆金属网护顶,其参数为:锚杆选用管缝式锚杆,$L=1.8m$,$\phi=40mm$,排距 1.0m,行距 1.0m,呈梅花形布置,孔径比锚杆直径小 1～2mm。金属网采用双筋网,$L=2.2m$,钢筋 $\phi=6mm$,双筋间距 60mm,双筋网扁钢间隔焊接,双筋网交叉布置。

⑤ 盘区通风。第一分层在 1300m 水平,且进路较短,通风条件较好,靠贯通风流通风。新鲜风流经顶盘进风井进入分层道,进路中污风随主风流经 1300m 底盘道进入总回风道。

⑥ 充填假顶建造。充填准备包括平整进路底板,铺 300mm 碎矿石垫层;在进路顶板锚杆上固定充填管路,充填管口距掌子面不大于 8m;在垫层上敷设塑料布或编织布,其上敷设钢筋网,吊筋与主筋 $\phi16mm$,副筋 $\phi6mm$。主副筋网度均为 300mm,吊筋上与顶板锚杆下与钢筋网固结,吊筋的网度与锚杆的网度相同;构筑充填封口木质挡墙,立柱规格为 125mm×125mm 或 150mm×150mm,立柱间距≤700mm,模板厚度 30mm,宽 150～200mm,横撑斜撑固定牢固,挡墙内侧钉编织布,挡墙周边用水泥浆抹缝,防止漏浆,挡墙中间留 800mm 宽的窗口,作为充填观察和溢流孔,窗口采取边充边封方式,不得一次封死。充填料浆为灰砂比 1:4 的料浆,料浆浓度为 78%。

3) 第二分层及以下各分层的回采设计

(1) 采场布置及回采顺序。水平进路垂直矿体走向布置,分层高度 4m,进路宽 4.5m。在两个盘区内各划分几个独立的工作采区,工作采区内进路均从外侧向中间连续推进,采一条充一条。工作采区内的回采顺序为先顶盘后底盘,第二、三、四分层的采场布置分别如图 5.51～图 5.53 所示。

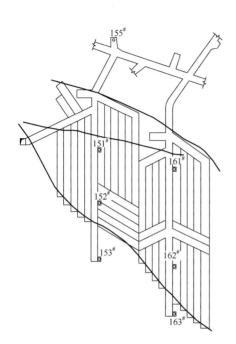

图 5.51 第二分层采场布置图

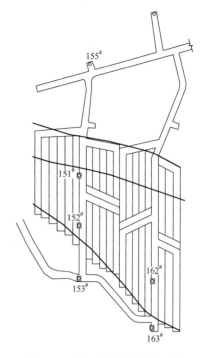

图 5.52 第三分层采场布置图

（2）回采工艺。

① 凿岩。每个盘区配备一台 H-127 双臂电动液压凿岩台车,钎头直径 38mm,钎杆长 3.7m,孔深 3.0m,爆破效率 90%,进尺 2.67m。楔形掏槽,掏槽孔一般 6 个,孔深 3.1m。按光面爆破的要求布置炮孔。根据采场顶板、两帮不同介质布置炮孔个数为 30～37 个。

② 爆破。两个盘区共用一台 PT-45A 服务车（带有升降平台,可升高 1m）来装药。利用 2# 岩石炸药进行控制爆破,药卷直径 32mm,边孔药卷直径 22mm,连续或间隔装药,非电导爆管起爆。试验多孔粒状硝铵炸药,非电导爆管起爆。

③ 出矿。每个盘区配备一台 LF-4.1E 电动铲运机,铲斗容积 2m³,向脉内、外溜井卸矿。1# 盘区平均运距 60m,2# 盘区平均运距 110m。

④ 支护。由于第一分层只回采矿石 60%,造成第二分层顶板不稳定。故设计采用多种形式,如喷锚网、木支护等。第三分层及以下分层直接顶板为充填体,护顶工作量很小。

⑤ 盘区通风。采场采用压入式通风,来自顶板

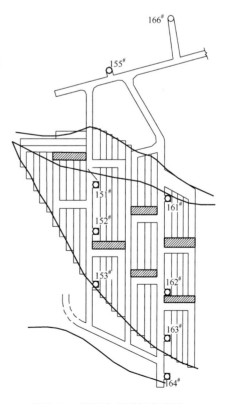

图 5.53 第四分层采场布置图

进风井的新鲜风流,用局扇和柔性风筒压入采区工作面,稀释后的污风经脉外分段道上段溜井进入 1300m 回风道。

⑥ 充填假顶建造。充填前的准备工作基本与第一分层的设计相同,只是竖筋直径 12mm,长 2m,两头带弯钩。敷设的金属网直径 6mm,排距 1.5m,行距 1.0m。吊筋网度 1.5m×1.0m。下部弯钩与金属网用铁丝绑紧。从垫层至 2.0m 高处用灰砂比 1:4 的料浆,其上用灰砂比 1:8 的料浆,料浆浓度为 78%。

2. 开采情况

1) 第一分层的开采情况

1985 年 7 月初开始了第一分层的回采试验,1986 年 4 月 2# 盘区回采结束,1986 年 5 月第一分层的回采工作全部结束。总作业时间近 1 年,采出矿石量 32475t。

图 5.54 为第一分层回采结束时进路的布置情况,从图中可以看出,实际采场布置和

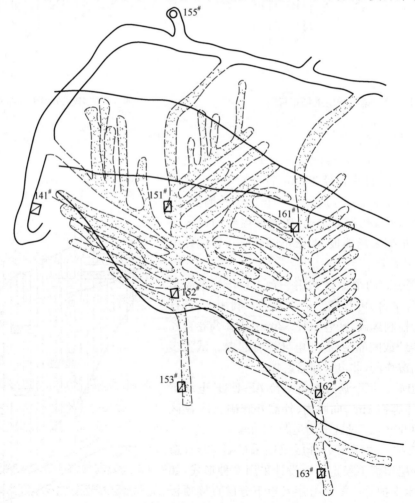

图 5.54 第一分层回采结束时进路的布置情况

回采顺序与原设计相比有一定改变,将设计的单翼进路回采改为双翼进路同时回采。1#盘区的部分进路方向也有所变化,有的短进路变为长进路。试验表明,为控制地压、减少丢矿、有利于充填结顶,以单翼开采的短进路更好些。

回采工艺基本按设计进行,虽然此时引进的无轨设备尚未下井,通过第一分层的回采试验也摸索了一定的经验,采用气腿凿岩机凿岩,进行了光面爆破试验,取得了较好的效果;1#盘区使用 CT-1500 柴油铲运机出矿,培训了队伍;管缝式锚杆和双筋网护顶起到了加固岩层的作用,提高了矿岩整体稳定性。试验证明第一分层采用锚网护顶是有效的;与瑞典专家一起进行了水平进路充填的初步尝试,工人学习和掌握了充填工序和方法。

2) 第二、三分层的开采情况

第二分层 1#盘区始于 1986 年 5 月,结束于 1987 年 9 月,2#盘区始于 1986 年 6 月,结束于 1987 年 9 月,第二分层回采结束时状况图如图 5.55 所示。

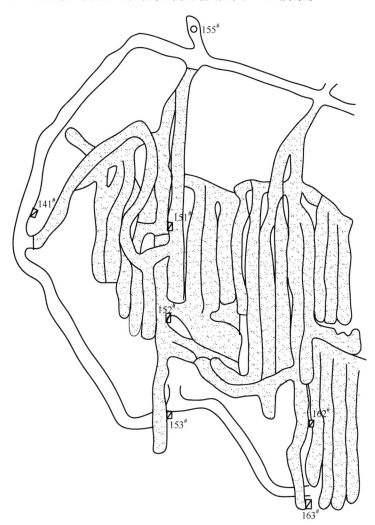

图 5.55　第二分层回采结束时状况图

采场布置和回采工作是按设计进行的,进路断面尺寸为 4.5m×4.0m。

凿岩仍用气腿凿岩机,出矿用 LF-4.1E 电动铲运机和 CT-1500 铲运机,由于电动铲运机的使用,改善了工作条件,提高了出矿效率。

第二分层回采过程中护顶工作量较大,由于第一分层遗留的矿石较多,这些经爆破已变得松散的矿石,作为第二分层的顶板很不稳固,采场许多地段采用了木支护和喷射混凝土支护,增加了维护量,回采进度缓慢。

整个第二分层采出矿石量 78294t,平均日产量为 200t,产量较低。

第三分层 1# 盘区始于 1987 年 9 月,结束于 1988 年 7 月;2# 盘区始于 1987 年 9 月,结束于 1988 年 8 月。采出矿石量 91566t,平均日产量为 348t,第三分层回采结束时状况图如图 5.56 所示。

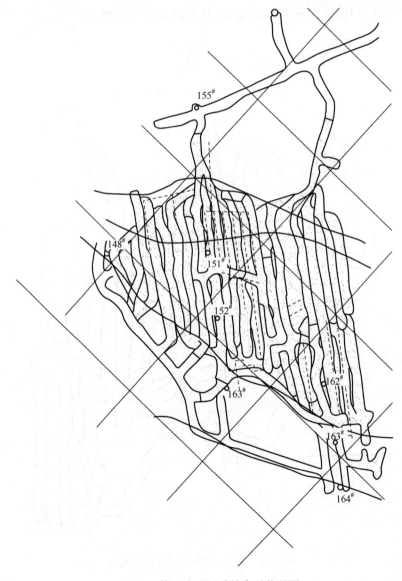

图 5.56　第三分层回采结束时状况图

第三分层回采仍按设计分区连续回采。在第二分层试验的基础上,曾在1987年10~12月进行了三个月的达产试验。在试验中抓了作业循环;使用凿岩车进行高精度凿岩和光面爆破试验,改善了充填假顶结构;进一步进行了充填结顶试验;完善了通风系统;对凿岩台车和铲运机等进行了跟班标定。三个月达产试验取得了一定的成果和积累了一定的经验,但产量未达到预期目标,10 月产量为 15625t,11 月为 8898t,12 月为 11063t,平均474t/d,未达产的主要原因如下。

(1) 第二分层的充填体片冒严重,威胁人身安全,影响生产。据不完全估计,发生冒顶片帮 41 次,共影响 69 个班的产量。其主要原因是:砂浆浓度低,砂子与灰浆离析现象明显;充填次数多,造成层与层之间由于引流水和管路冲洗水将灰浆带走,没有黏结力;充填假顶内没有按设计要求施工,有些地方没有吊筋,致脱层掉块时有发生。

(2) 凿岩台车发挥作用不大。达产期间凿岩仍以气腿凿岩为主,只是在 1987 年 11 月在 1# 盘区 7# 进路用 H-127 凿岩台车凿岩,配合用 φ22mm 小药卷进行光面爆破试验,机械化盘区主要设备不配套,产量难以保证。

(3) 充填准备和充填跟不上,影响了正常循环,产量也难上去。

上述情况引起了领导和试验组、工区的重视,试验组反复研究,决定针对上述主要问题有的放矢地逐个解决。首先在 1988 年初对西部搅拌站进行部分改造,为试验采区单独建立了一条充填管路,做到随用随充,并狠抓第三分层充填假顶的建造;对凿岩台车进行攻关试验,解决了凿岩较破碎情况下的吹孔掏孔问题。确定在单项试验过关的情况下,在第四分层再进行三个月的全面综合试验。

3) 第四分层的开采情况

在第三分层尚未结束的情况下,从 1988 年 7 月开始了第四分层的回采试验,并从 7 月 16 日~10 月 15 日连续三个月进行了综合性试验。这次综合试验包括采、充、转层全过程。回采状况如图 5.57 所示。

根据我国矿山现状,对于先进的技术和设备需要有个消化吸收的过程。经过几年的艰苦努力和摸索,不断地进行试验并及时总结,这次综合性试验达到了预期的目的,取得了较好的成果。

5.5.5　回采工艺试验

1. 试验概述

回采工艺是衡量整个采矿水平的主要标志,是该试验研究的重点。该试验采区回采工艺试验全套引进国外现代化无轨设备和先进技术,使得回采达到了高效无轨化作业。

试验内容主要包括:采用从瑞典引进的 H-127 双臂电动液压凿岩台车和 PT-45A 装药车进行高效凿岩爆破,并应用控制爆破技术;采用从德国引进的 LF-4.1E 电动铲运机实现采场高效矿石搬运;水平进路管道充填接顶技术;充填体物理力学性能和采场用管道机械通风技术等,并在试验中合理调整劳动组织和作业循环。通过试验对各系统、回采工艺、设备和采场实际生产能力作出全面的评价。

该试验起点高、难度大,有工人技术素质跟不上的主观困难,也有矿岩十分破碎的客观困难。经过近四年的努力终于取得了十分满意的结果,各项主要技术经济指标均达到

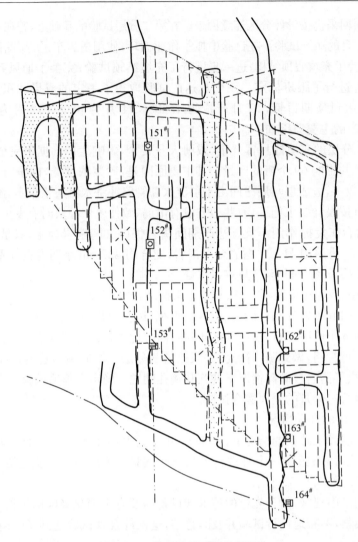

图 5.57　第四分层回采状况图

并超过了预计指标,使得回采工艺水平有了很大的突破,达到了 20 世纪 80 年代的国外先进水平,不仅为金川集团公司地下矿山,同时也为我国地下矿山的回采工艺带来了深远影响。

2. 采场布置及回采顺序

水平进路按垂直矿体走向布置,高 4m,宽 4.5m。在两盘区内各划分几个独立的工作区,每个区内布置数条进路,回采顺序均为从外侧进路向盘区中间分层道方向连续推进,采完一条充一条。工作区内的回采顺序是先顶盘而后底盘方向。

3. 凿岩

凿岩爆破参数的选择合理与否是爆破效果好坏的关键。这次试验工作面炮孔布置参数完全按照光面爆破的要求进行。

每个盘区配备一台瑞典 AtlasBoomerH-127 型电动液压凿岩台车,钎头直径 38mm (柱齿形),钎杆长 3.7m,孔深 3m,两次楔形掏槽,掏槽孔一般 6 个,按光面爆破要求布置炮孔,根据采场顶板和两帮介质不同炮孔个数为 30～37 个。试验采区某进路第二分层的炮孔布置如图 5.58 所示。

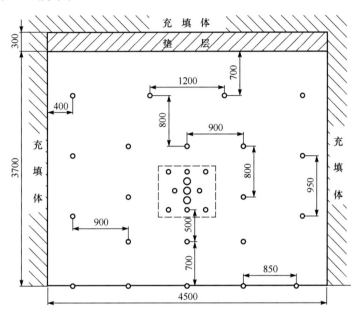

图 5.58　试验采场炮孔布置图(单位:mm)

1) 掏槽形式的选择

瑞典专家在设计中曾采用大孔直线掏槽形式,如图 5.59 所示。

大孔直径为 76mm,设计人员认为这种掏槽形式在中等和中等以上坚硬的矿岩中是必要的。但该试验采场矿岩十分破碎,节理十分发育,工作面断面又大(4.5m×4.0m),炮孔深度为 3.1m,也不算太深。要达到爆破效率 90% 左右(每炮进尺达到 2.7m 左右),用常规的楔形或锥形掏槽形式是可能的。在试验中尽量不用大孔直线掏槽形式,因为这种形式炮孔间距很小(最小为 150mm),凿岩很难掌握,有时相邻炮孔凿穿,造成夹钎,很难取出,并且炮孔数目较多(比其他掏槽形式多 6 个),同时还要换一次钎头,这样就增加了凿岩时间和凿岩费用。在试验中,最初采用了 4 个斜孔一次楔形掏槽,但爆破效率只有 70%～80%,从工作面爆破情况来

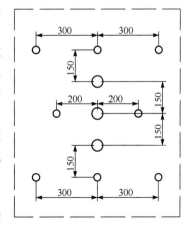

图 5.59　大孔直线掏槽(单位:mm)

看掏槽有问题,所以,改用了两次楔形掏槽形式,第一次掏槽为 1.8m(孔数为 2 个或 4 个,视工作面矿石情况而定,一般为 2 个),第二次掏槽孔深为 3.2m。这样,爆破效率有了明显的改善,其他炮孔深度为 3m,每次爆破进尺在 2.7m 左右,使得爆破效率达到 90% 左右。

2）辅助炮孔布置

最小抵抗线一般在 0.8~1.0m。

3）靠充填体附近的边孔布置

布置的原则是既要保护充填体在爆破时不被严重破坏，又要使矿石不留在充填体上，造成第二次爆破和矿石损失。炮孔与充填体的距离经试验控制在：侧孔为 0.4m；顶孔为 0.5m。

4）底板炮孔布置

为了使爆破底板平整，便于设备进出和铲运机出矿，底板炮孔布置较密，一般都控制在 0.8m 以下。

5）原岩侧炮孔布置

原岩一侧的炮孔布置是按光面爆破要求进行的，但考虑到进路回采的光面爆破毕竟不是永久或半永久巷道的光面爆破，是临时性的。因此，炮孔只作了适当的加密，一般控制在 0.5~0.7m。

根据以上原则，在 4.5m×4.0m 的进路回采工作面上应该布置 30~37 个炮孔，当工作面出现辉绿岩和破碎带等情况时，炮孔要作适当的调整。炮孔布置如图 5.60~图 5.62 所示。

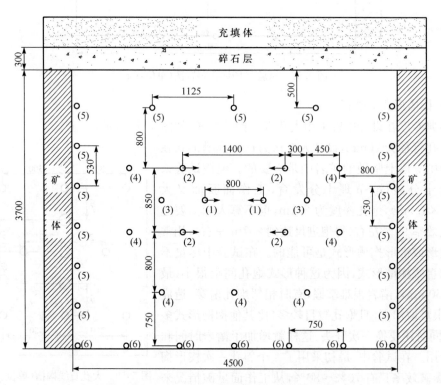

图 5.60　两侧为矿体、顶板为充填体时工作面炮孔布置图（单位：mm）

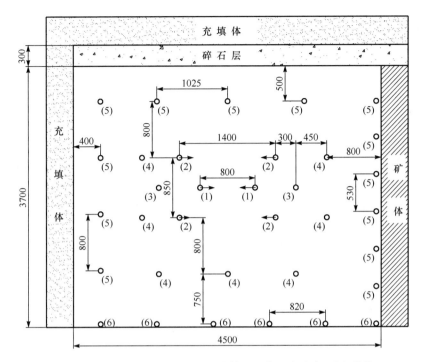

图 5.61　一侧为矿体、一侧和顶板为充填体时工作面炮孔布置图(单位:mm)

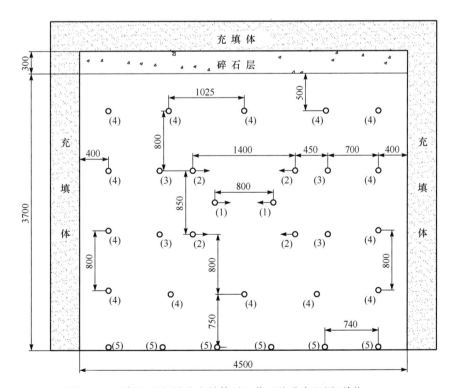

图 5.62　两侧和顶板均为充填体时工作面炮孔布置图(单位:mm)

4. 台车凿岩试验

1) 台车启动前的准备工作

凿岩台车一般每个班配两名工人进行操作。先检查台车运转交接班记录,上一班台车运转情况是否正常,再启动台车,继续检查各部分的运转情况,如果一切正常才能进入工作面,否则应该及时检修。

2) 凿岩前的准备工作

因设备硐室设在 1250m 水平,因此,台车一般不下到设备硐室内(除要进行中、大修外),而是放在分段道或比较宽敞的巷道内。根据台车行驶的距离、转弯的数量和司机熟练程度的不同,台车驶往工作面的时间也不同,经过现场测试所需的时间为 10~25min。台车进入工作面要注意以下几个问题:

(1) 开动局扇,保证工作面有新鲜风流。

(2) 进路与出矿联络道之间的交叉口处,要把电缆线挂起来,以免被其他设备压坏。

(3) 检查顶板及两帮的安全情况,画好中心线和腰线及进路断面轮廓线,画好炮孔位置。

(4) 接好水管和电缆,并检查水压、电压、油压等是否符合要求。

(5) 台车进入工作面后,到正式开始凿岩工作,经测试所需的时间为 15~25min。

3) 凿岩工作

台车凿岩工作应该注意以下几个问题:

(1) 两个凿岩臂应保持一定的距离,左臂凿左半部,右臂凿右半部,这样才能使两臂工作不受干扰,凿岩顺序由下而上。

(2) 随时检查仪表(油压、水压、电压)是否正常,如不正常应立即停机修理。

(3) 炮孔的位置、方向和深度应严格按要求施工,试验人员应根据工作面的具体情况随时修改布孔参数。

(4) 因岩石破碎,凿岩台车的轴推力要尽量小。

(5) 要保护好推进器、油管和凿岩机,不要与岩壁相撞。

台车凿岩对孔和纯凿岩时间实测见表 5.71。

表 5.71 单孔的对孔和纯凿岩时间

内容	工作面							
	1	2	3	4	5	6	7	平均值
平均对孔时间/s	20	38	48	28	21	34	28	31
平均凿岩时间/s	108	96	92	134	103	94	101	104

工作面的凿岩时间见表 5.72。

表 5.72 工作面的凿岩时间

内容	工作面							
	1	2	3	4	5	6	7	平均值
凿岩时间	51′12″	56′42″	58′24″	54′14″	55′48″	51′12″	45′12″	53′15″
纯凿岩时间	43′12″	40′48″	38′24″	44′42″	46′24″	37′36″	35′24″	40′55″

4) 台车凿岩结束后的清理工作

清理工作主要包括:

(1) 检查炮孔,如有漏掉要补上。

(2) 卸下水管并挂好,拿下电缆插头并收回,收回千斤顶,然后退出工作面,进入其他工作面重新进行凿岩工作。

(3) 台车完成当班任务后要及时清洗和维修,并认真填写设备运转记录,做好交接班工作。

5) 凿岩效率

根据现场实测取得的数据,对台车凿岩效率进行计算。

(1) 工作面的凿岩时间:$53'15''$。

(2) 工作面的纯凿岩时间:$40'55''$。

(3) 平均一个孔的对孔时间:$31''$。

(4) 平均一个孔的纯凿岩时间:$1'44''$。

(5) 平均一个孔的凿岩时间:$2'15''$。

(6) 凿岩速度:1.33m/min。

(7) 纯凿岩速度:1.6m/min。

(8) 台车台数:139~278t/(台·班)。

(9) 凿岩工班:68~135t/(工·班)。

以上为单机凿岩实测,小时综合效率为 43.27m,若按每班纯工作时间 5h 计,台车台效为 216m/(台·班)或 288t/(台·班);凿岩工效为 144t/(工·班)。

6) 凿岩成本

凿岩成本为 0.67 元/t。按每台凿岩台车配备两名司机、每班完成两个工作面凿岩,每炮的崩矿量为 135t。凿岩成本见表 5.73。

表 5.73　凿岩成本

项目	单价	每循环消耗	每循环费用/元	每吨矿石费用/(元/t)
工资	12.9元/人	25.80元	25.80	0.18
电	0.1元/(kW·h)	100.5kW·h	10.05	0.07
柴油	0.58元/kg	2.47kg	1.43	0.01
水	0.1元/t	10.8t	1.08	0.01
钎头、钎杆	5.7元/kg	2.9kg	15.68	0.11
液压油	2.5元/kg	1.5kg	3.75	0.03
其他	—	—	—	0.26
合计	—	—	57.79	0.67

7) 凿岩试验结果

H-127 型凿岩台车通过现场的大量试验表明,性能是可靠的,很多技术性能指标达到或越过了设计指标。例如,ϕ38mm 孔的纯凿岩速度设计为 1.5m/min,而实际上在台车司机操作还不熟练的情况下达到了 1.72m/min。一个工作面的总凿岩时间基本上控制在

90min 左右,比设计的 120min 少了 30min,移动、调整大臂的时间不超过 1min,比设计的 120s 大大缩短了。但是,由于岩石破碎给凿岩工作也带来了很多困难。例如,经常出现夹钎,孔壁很不光滑给孔的清洗和装药工作带来了很大困难;凿岩完成后工作面底板上有 5t 以上的矿石,必须用铲运机运出后才能找到底孔,所以底孔经常被破坏,底孔的清洗工作十分困难。

应该说 H-127 凿岩台车如果用于中硬和中硬以上的矿岩石中,它的效率和性能可能发挥得更好。

5. 爆破

爆破主要采用 2# 岩石炸药进行控制爆破。在巷道掘进和进路采矿过程中,为保护围岩自身的支撑能力和使充填体不受大的破坏,除使用机械切削方法外,最佳方法是早已为国内外实践所证实的光面爆破。光面爆破是沿巷道最终开挖边界布置,按一定准则加密平行炮孔,在这些炮孔内进行减弱装药爆破。爆破时光面沿这些平行炮孔的连接线方向破裂。瑞典曾经做过试验,采用 ϕ11mm 古力特药卷,每米装药量为 80g 时,爆破破坏深度只有 0.15m;采用 ϕ17mm 的该种炸药,每米装药量为 240g 时,其破坏深度为 0.3m。但是,如果在采用 ϕ38mm 的炮孔中装 ϕ32mm 的岩石炸药,其破坏深度达 1m 以上。

光面爆破的关键问题是炮孔布置、炸药选择和起爆顺序。

1) 爆破材料

(1) 炸药的选择。

① 2# 岩石炸药。这是金川集团公司地下矿山目前使用的主要炸药。顶、帮孔采用 ϕ22mm 药卷,其他孔采用 ϕ32mm 药卷。

② 自制的 JC-2 型乳化炸药。因底孔有些下斜,孔内水很难清理干净,如用 2# 岩石炸药必须采取防水措施,即使这样还经常发生拒爆,影响了爆破效果和铲运机的出矿效率。因此,采用本身就防水的乳化炸药,装药时可以不采取任何防水措施,能很好地解决炸药防水问题。

③ 自制的 JC-3 型散装铵油炸药。这主要是为了解决机械化装药的炸药来源问题,同时也为了降低爆破成本。这种炸药主要用于掏槽和辅助孔。

④ 研制了 SB 型低威力炸药。靠近原岩侧采用 ϕ22mm 的 2# 岩石炸药药卷装药时,如果连续装药威力偏大,间隔装药又很不方便,因而研制了 SB 型低威力炸药。

这几种炸药的主要性能见表 5.74。

表 5.74　炸药的主要性能

炸药名称	药卷直径 /mm	药卷长度 /mm	药卷质量 /kg	密度 /(g/cm³)	爆速 /(m/s)	猛度/mm	爆力/cm³	殉爆距离 /cm
2# 岩石	32	200	0.15	0.9	3600	12	320	7
	22	200	0.075	0.9	2800	12	320	4
JC-2	32	500	0.44	1.1	4100	16.5	—	6
JC-3	—	—	—	0.87	3000			
SB	28	500	0.15	0.5	2000	4	—	3

　　JC-2 型乳化炸药、JC-3 型散装铵油炸药于 1988 年 8 月通过鉴定。SB 型低威力炸药于 1988 年 10 月通过鉴定。这三种炸药的研制成功,为金川公司地下矿山炸药的更新换代,提高爆破技术水平带来了深远影响,也可以说是金川公司矿用炸药的一次革命。

　　(2) 起爆器材选择。起爆系统采用了半秒差脚线为 5m 的非电导爆管起爆系统,8#火雷管引爆。导爆管雷管段位见表 5.75。

表 5.75　导爆管雷管段位

段数	1	2	3	4	5	6	7	8	9	10
时间/s	8ms 以下	0.5	1.0	1.5	2.0	2.5	3.05	3.7	4.55	5.6
		±0.15	±0.15	±0.20	±0.20	±0.20	±0.30	±0.30	±0.45	±0.50

　　2) 装药

　　(1) 装药方式。

　　① 机械装药。为了提高机械化装药水平,降低爆破成本。从瑞典阿特拉斯柯普柯公司引进了 PT-45A 型装药辅助车,采用 JC-3 型散装铵油炸药进行了装药试验,装一个 3.0m 深炮孔的时间在 10s 左右,比人工装药速度提高一倍以上。爆破效果与 2# 岩石炸药相比较,差别甚微。机械化装药主要用于辅助孔和掏槽孔,其他炮孔还是采用药卷人工装药。

　　② 人工装药。因为 JC-3 型散装铵油炸药没有正式建厂生产,只是室内研制少量进行有限次的机械装药试验。所以这次试验中主要还是用药卷进行人工装药。顶、帮孔和底孔也只能采取药卷人工装药。人工装药一个 3.0m 深炮孔的时间约为 2min。

　　(2) 装药原则。

　　① 掏槽孔和辅助孔连续装药。使用的炸药为散装铵油炸药机械化装药,或 φ32mm 的 2# 岩石炸药及 JC-2 型乳化炸药药卷人工装药。

　　② 底孔连续装药。使用 φ32mm 药卷的 JC-2 型乳化炸药或 2# 岩石炸药药卷(采取防水措施)人工装药。

　　③ 靠充填体附近的帮、顶孔连续装药。使用 φ22mm 的 2# 岩石炸药药卷或 φ32mm 的 SB 型弱性炸药药卷,人工装药。

　　④ 靠原岩、帮、顶孔连续装药或间隔装药。采用 φ28mm 药卷的 SB 型弱性炸药连续人工装药,或用 φ22mm 的 2# 岩石炸药药卷间隔(间隔距离为 150~200mm)人工装药。

　　⑤ 起爆药包一律采用 φ32mm,长 200mm 的 JC-2 型乳化炸药或 2# 岩石炸药。

　　⑥ 起爆药包的位置一律放在孔底第一卷或第二卷位置上,雷管反向起爆。

　　(3) 装药结构。炮孔装药参数见表 5.76。

表 5.76　炮孔装药参数

孔别	孔深/m	装药长度/m	药卷直径/mm	装药量/kg	装药系数/%	不耦合系数
一次掏槽	1.8	1.6	32	1.20	89	1.188
二次掏槽	3.2	3.0	32	2.25	94	1.188
辅助	3.0	2.2	32	1.65	73	1.188

孔别	孔深/m	装药长度/m	药卷直径/mm	装药量/kg	装药系数/%	不偶合系数
靠充填体的帮、顶	3.0	2.6	22	1.05	87	1.727
靠原岩的帮、顶	3.0	2.8	22	0.60	53	1.727
底	3.0	2.8	32	2.10	93	1.188

图 5.63 为采用 2# 岩石炸药时的炮孔装药参数。当然,装药量可根据工作面岩石的具体情况进行适当的调整。

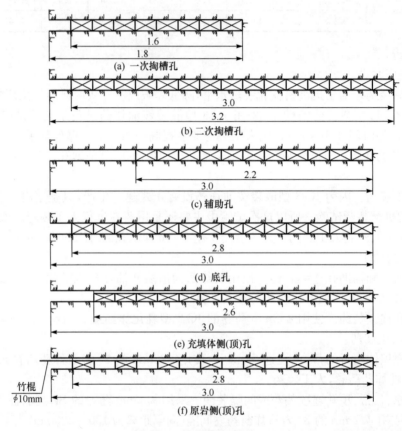

图 5.63　装药结构(单位:m)

3) 起爆

雷管用 5m 脚线的半秒差非电导爆管起爆系统。装药结束后,将脚线按部位拉匀分成 4 组,每组为 8 个左右,每组用一个同段非电导爆管,反向用胶布绑好。4 个组共 4 个同段非电导爆管,脚线拉匀,反向用胶布绑上 1 个带 2m 导火线的 8# 火雷管,检查一下是否有漏连。引爆时只需要点燃导火线就可以了,起爆系统安全可靠。

4) 爆破试验效果

(1) 炮孔清洗。因矿岩破碎又是高效凿岩台车凿岩,凿完后的孔壁很不光滑,孔内碎石较多,碎石块度与炮孔直径相差不大,炮孔清洗十分困难。在用风吹之前,先用铁钩将孔内碎块钩出,然后才能用风十分小心地将孔吹净。一个工作面清洗炮孔的时间一般在40min 以上,有时需要 1.5h。

　　(2) 装药时间。采用人工药卷装药,一个工作面要用 1h 左右。

　　(3) 连线起爆时间。一般需要 10～15min 就能完成。这样一个工作面从炮孔清洗到起爆大约需要 2.5h。

　　(4) 现场爆破效果。

　　由表 5.77 可以看出,炮孔数目低于原设计的数目,其原因是在清洗炮孔时,个别炮孔被破坏无法装药。主要原因是矿石十分破碎,破碎带又多,可崩性好,所以有的地段炮孔数目偏低,炮孔布置应按工作面矿岩具体情况调整,有的部位根本不需要炮孔。但是,掏槽和底孔的数目一般不能减少。

表 5.77　现场爆破效果

时间/(年-月-日)	炮孔数/个	孔深/m	装药量/kg	爆破进尺/m	爆破效率/%	炸药单耗/(kg/t)	备注
1988-08-01(三班)	25	3.0	52	2.7	90	0.357	—
1988-08-01(三班)	25	3.0	54	2.7	90	0.370	—
1988-08-02(一班)	20	3.0	45	2.6	87	0.320	孔数不足
1988-08-02(一班)	27	3.0	56	2.8	93	0.370	—
1988-08-02(二班)	24	3.0	50	2.7	90	0.340	—
1988-08-03(一班)	21	3.0	45	2.6	87	0.320	孔数不足
1988-08-16(三班)	24	3.0	50	2.6	87	0.356	孔数不足
平均值	—	—	50.3	2.67	89.14	0.347	—

　　爆破试验是成功的,每炮的崩矿量为 135t 左右,爆破效率接近 90%。爆破完后基本上没有大块,爆堆形状符合铲运机的要求。靠矿体一侧的侧壁基本平整,有时可看到半壁炮孔,减少了对原岩的破坏。靠充填体的侧帮和顶板基本上是沿分界面爆破下来,对充填体的破坏轻微,没有造成充填体片冒。非电导爆管起爆系统安全可靠。这次试验中在同一个工作面上同时采用三种不同性能的炸药进行了试验,对装药车也进行了试验。大大提高了爆破效果,降低了炸药消耗,减轻了工人的劳动强度。

　　主要技术经济指标如下:

　　① 每炮装药量:50.3kg。

　　② 每炮进尺:2.67m。

　　③ 爆破效率:89.14%。

　　④ 每炮崩矿量:135t。

　　⑤ 炸药单耗:0.37kg/t。

　　⑥ 每米炮孔崩矿量:1.5t。

　　⑦ 爆破工工效:135t/(人·班)。

　　⑧ 爆破成本:1.03 元/t(表 5.78)。

表 5.78　爆破成本

项目	单价	每炮数量	每炮费用/元	每吨矿石费用/(元/t)
工资	12.9元	25.8元	25.80	0.18
非电导爆管	0.97元/个	35个	33.95	0.24
炸药	1.5元/kg	50.3kg	75.45	0.52
火雷管	0.1元/个	1个	0.10	0.0006
导火索	0.2元/m	2m	0.40	0.0026
其他	—	—	14.00	0.097
合计	—	—	149.70	1.04

5) 凿岩爆破作业循环

表 5.79 为凿岩爆破作业循环。从循环表中可以看出一台凿岩台车每班能完成两个工作面的凿岩工作。

表 5.79　凿岩爆破循环

工作面	内容	时间/min	一班8h							
			1	2	3	4	5	6	7	8
1#	台车交接班	15								
	台车进工作面	20								
	凿岩前准备	20								
	凿岩	60								
	台车出工作面	10								
	炮孔清洗	60								
	装药爆破	90								
2#	台车进工作面	20								
	凿岩前准备	20								
	凿岩	60								
	台车出工作面	10								
	炮孔清洗	60								
	装药爆破	90								

6) 对凿岩爆破试验的评价

(1) 基本结论。

① 试验表明 H-127 型凿岩台车的性能是可靠的,许多技术性能达到或超过了设计要求,例如,纯凿岩速度设计为 1.5m/min,而在台车司机尚不十分熟练的情况下,达到了 1.76m/min;调整钻臂时间不超过 1min,也比设计的 2min 大大缩短了。该试验采场采用 2 台 H-127 型凿岩台车,完全可以满足 800~1000t/d 的生产能力的需要。

② 爆破效率近 90%,爆破后基本上没有大块,爆堆形状符合铲运机的装矿要求。靠

矿体侧的侧壁基本平整,有时看见半壁炮孔。爆破是成功的。

③ 试验所采用的凿岩爆破参数是合理的,炸药和起爆材料是先进的。

④ 试验是成功的,所获得的经济技术指标是先进的。为二期工程矿山的凿岩爆破设计提供了可靠的依据。

(2) 凿岩爆破试验评价。两个盘区共用一台 PT-45A 辅助车装药。以 2# 岩石炸药为主,试验了多种炸药进行控制爆破:掏槽孔和辅助孔连续装药,使用自制的散装铵油炸药机械化装药,或 ϕ32mm 药卷的 2# 岩石炸药及自制的 JC-2 型乳化炸药人工装药;底孔连续装药,使用 ϕ32mm 药卷,JC-2 型乳化炸药或 2# 岩石炸药,人工装药;充填体附近的帮、顶孔连续装药,使用 ϕ22mm 药卷,2# 岩石炸药或 ϕ32mm 的 SB 型低威力炸药,人工装药;靠原岩的帮、顶孔连续装药或间隔装药,采用 ϕ28mm 药卷,SB 型低威力炸药,连续人工装药,或用 ϕ22mm 的 2# 岩石炸药药卷间隔(200mm)人工装药。一律用非电导爆管起爆。

通过实际标定得出:每次爆破装药量 50.3kg;每次进尺 2.67m;爆破效率 89.14%;每炮崩矿量 135t;炸药单耗 0.37kg/t;每米炮孔崩矿量 1.5t;爆破工效 135t/(人·班)。

经统计凿岩成本为 0.67 元/t;爆破成本为 1.03 元/t。

(3) 存在的问题和改进意见。

① 装药前炮孔清洗工作劳动强度大又很费时,是当前凿岩爆破中存在的突出问题。因此,应在这方面继续试验研究。

② 在同一工作面上同时采用三种不同性能的炸药(JC-2、JC-3、SB)是理想的炸药选择,因此,应尽快解决这三种炸药的来源问题,并建议 JC-2 和 SB 型低威力炸药采用塑料管包装。

③ 凿岩台车利用率低。

6. 试验采区通风

1) 矿区、试验采区通风系统

(1) 矿区通风系统。矿区通风采用多风机分区并联单翼对角式通风系统。1# 试验采区在矿区西部通风区内,该通风区由副井进风,充填井出风。新鲜风流经过副井石门、1250m 水平运输道、采区进风井进入采场工作面,总回风水平在 1300m 水平。废风由充填井地表的主扇风机,经 1300m 水平 16 行石门、充填井抽出。主扇为轴流式通风机。设计的矿井总入风量 151m³/s,总排风量为 164m³/s,二矿区通风系统纵投影图如图 5.64 所示。

(2) 采区局部通风系统。为适应机械化开采,改善作业条件,试验采区采用压入式通风系统。来自 1250m 水平运输巷的新鲜风流,经采区顶盘的 164#、153# 风井通过辅扇(K40B 型、ϕ1.0m、$N=11$kW、$Q=7.5\sim17.3$m³/s)压入回采分层。1# 盘区辅扇设在 1250m 水平 153# 进风井底部,2# 盘区辅扇设在回采水平 163#~164# 的分层道。在每个盘区回采水平顶盘各安装 2 台局部扇风机。新鲜风流经柔性塑料风筒压入采场工作面,污风从采场进路排出,经盘区分层联络道、分段巷道、脉外 155# 溜井上到 1300m 水平,进入主回风系统。

第一、二分层回采试验时,采用贯通风流的通风方式。1# 盘区第一、二分层均由顶盘

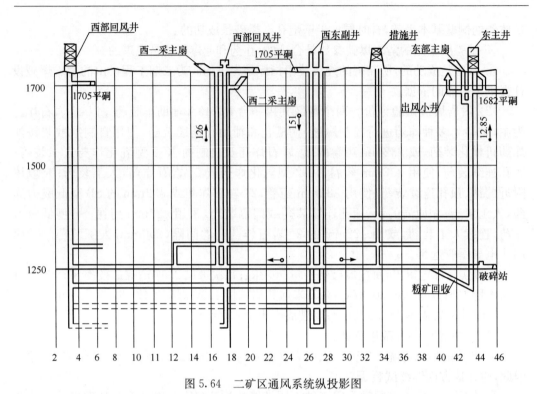

图 5.64　二矿区通风系统纵投影图

153# 风井进风;2# 盘区第一分层由 164# 风井进风,第二分层由 163# 风井进风。新鲜风流经通风井进入分层道,进路内的污风被稀释后,随主风流经 1300m 底盘道排出。

第三、四分层采用上述的压入式通风系统。盘区主风流系统示意图及第四分层通风系统平面分别如图 5.65 和图 5.66 所示。

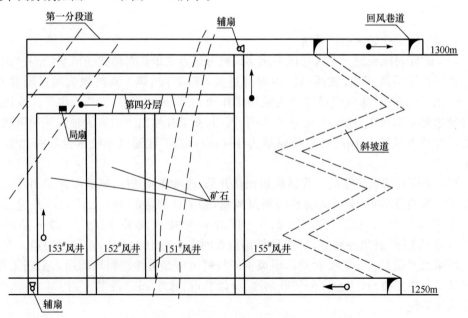

图 5.65　盘区主风流系统示意图

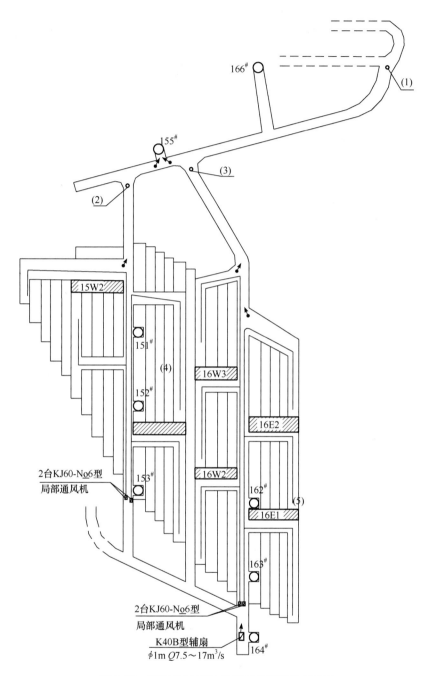

图 5.66　第四分层通风系统平面及测点布置图

2）风量计算

（1）按瑞方推荐的公式计算的风量。

当使用电动铲运机时，按炮烟排除需风量计算

$$q_r = \frac{S}{T}[L + i(n-1)] = 3.4\text{m}^3/\text{s} \tag{5.24}$$

式中，q_r——采场需要的新鲜空气量，m^3/s；

S——采场的横断面面积，m^2，$S = 18\text{m}^2$；

T——允许通风时间，s，$T = 60 \times 30\text{s}$；

L——爆破烟雾的输送距离，m，$L = 180\text{m}$；

i——爆破排烟区的长度，m，通常 $i = 50 \sim 80\text{m}$，取 80m；

n——开始通风的最大系数，通常 $n = 2 \sim 5$，取 $n = 3$。

当使用柴油铲运机（LF-4.1）出矿时，按稀释柴油废气时所需风量计算

$$q_r = \frac{P \times 0.27 \times q_s \times K}{3600} = 4.4\text{m}^3/\text{s} \tag{5.25}$$

式中，q_r——采场需要的新鲜空气量，m^3/s；

P——柴油发动机额定功率，kW，$P = 65\text{kW}$；

0.27——柴油燃料燃烧值，kg/kW；

q_s——每千克柴油燃烧所需要的新鲜空气量，m^3/kg，$q_s = 3000 \sim 5000\text{m}^3/\text{kg}$，取 $3000\text{m}^3/\text{kg}$；

K——综合利用率，装载和运输时 K 取 0.3。

（2）按我国有关规定计算的风量。按排尘风速计算风量，巷道型采场风速不应小于 0.25m/s

$$q_r = VS = 4.5\text{m}^3/\text{s} \tag{5.26}$$

对柴油设备运行的矿井，所需风量按同时作业台数每马力每分钟供风量 3m^3 计算

$$q_r = P \times 3/60 = 4.4\text{m}^3/\text{s} \tag{5.27}$$

式中，P——LF-4.1 柴油发动机额定功率，$P = 88\text{hp}$。

根据上述计算，无论是按瑞方推荐的公式还是我国有关规定，计算出的采场需风量最大值均为 $4.5\text{m}^3/\text{s}$ 左右，每个盘区同时工作的采场（进路）为 2 个，故所需风量为 $9\text{m}^3/\text{s}$，试验采区需风量为 $18\text{m}^3/\text{s}$。

3）局部通风机选择

（1）负压计算。

① 风流在通过风筒时，由于管壁的摩擦引起的压力损失 ΔP_f

$$\Delta P_f = \frac{kLPV^2}{d \times 2} = 2170\text{Pa} \tag{5.28}$$

式中，k——摩擦系数，对塑料风筒 $k = 0.007 \times (4.3 \sim 0.5)$；

L——风筒长度，m，$L = 170\text{m}$；

P——空气密度，kg/m^3，$P = 1.2\text{kg/m}^3$；

V——风速，m/s，$V = 20\text{m/s}$；

d——风筒直径,m,$d=0.5$m。

② 风筒摩擦阻力还受其他因素的影响,如入口、出口、风筒直径的变化、弯头等,都可以引起压力降低,增加的压力损失(ΔP_s)计算如下:

$$\Delta P_s=0.1\Delta P_f=217\text{Pa} \tag{5.29}$$

③ 风的总压降 $\Delta P=\Delta P_f+\Delta P_s=2387$Pa。

(2)风筒直径。根据最大风速($V=20$m/s)设计风筒直径尺寸。风筒直径按式(5.30)计算:

$$d=2\times\sqrt{\frac{q_r}{V\pi}}=0.535\text{m} \tag{5.30}$$

式中,q_r——风机吸入风流,m^3/s,$q_r=4.5\text{m}^3/\text{s}$。

故选择库存 0.5m 直径柔性风筒。

(3)局扇选择。风机所需功率 P

$$P=\frac{\Delta Pq_r}{1000\times N}=14\text{kW} \tag{5.31}$$

式中,N——风扇实际效率,N 取 80%。

故选择库存 14kW 局扇 4 台,型号为 KJ60No6(JF61-2)型局扇通风机,其参数如下:

① 电动机额定功率 14kW。

② 额定电压 220/380V。

③ 转数 2900r/min。

④ 效率 87%。

⑤ 工业应用范围全压 35mm/390m^3/min。

⑥ 风机质量 300kg。

4)风速、风量和有害气体的测定

1986 年在第二分层回采试验期间、1987 年及 1988 年综合试验阶段对通风效果进行测定,结果见表 5.80 和表 5.81。第四分层测点布置如图 5.66 所示。

表 5.80　综合试验阶段大气条件与有害气体测定(1987 年第三分层)

编号	测试地点	风速/(m/s)	风量/(m^3/s)	有害气体含量		测定日期	备注
				NO+NO$_2$/ppm	CO/ppm	/(月-日)	—
1	16 行下盘总回风道	0.132	2.316	0	3.3	10-9	西主扇未开启
2	16 行下盘分层道	0.153	1.148	0	5	10-9	西主扇未开启
3	141# 溜井口处	0.405	4.860	0	15	10-9	西主扇未开启

续表

编号	测试地点	风速/(m/s)	风量/(m³/s)	有害气体含量		测定日期/(月-日)	备注
				NO+NO₂/ppm	CO/ppm	—	—
4	155# 风井口	0.200	3.200	0	5	10-9	西主扇未开启
5	164# 风井口	0.144	2.592	100	8	10-16	有一台油铲工作，测量时均在油铲排气管附近
6	第二分段道	0.167	3.758	0	0	10-16	西主扇未开启
7	15 行岔口	0.156	4.420	0	2	10-16	—

表 5.81　综合试验阶段大气条件与有害气体测定（1988 年第四分层）

编号	测试地点		风速/(m/s)	风量/(m³/s)	有害气体含量			粉尘浓度/(mg/m³)	温度/℃		测定日期/(月-日)	备注
					CO/ppm	CO₂/ppm	H₂S/ppm		干	湿		—
1	第二分段道入口		0.11	1.76	0	0.3	0	—	24	23	8-29	西主扇未开动
			0.34	5.32	0	0.1	0	0.4	—	—	10-6	西主扇开动
2	15 行第四分层道		0.13	2.32	0	0.3	0	0.8	—	—	8-31	局扇未开
			0.23	4.18	0.0024	0	0	—	—	—	8-29	153# 风机开动
3	16 行第四分层道		0.16	3.85	0	0.3	0	—	—	—	9-28	局扇未开
			0.23	5.41	0	0	0.0002	1.3	24.5	23	8-29	局扇混合式通风
4	15 行盘区	III₃ 进路	0.23	4.14	0	0.1	0	0.5	—	—	10-12	分层道与 153# 贯通
		VI₃ 进路	0.23	4.14	0	0.1	0	0.4	24.5	23	10-12	分层道与 153# 贯通
5	16 行盘区	X₁ 进路	0.25	6.01	0	0.1	0	1.3	—	—	8-31	分层道与 164# 贯通
		XI₁ 进路	0.25	6.01	0	0.1	0	1.1	—	—	8-31	分层道与 164# 贯通
6	155# 溜井口		—	—	0	0.05	0	0.4	—	—	10-12	无作业

5）通风效果及评价

（1）经多次测试，工作面的风量在 $4 \sim 6m^3/s$，粉尘浓度在允许范围之内，作业条件较好。

（2）试验证明，管道压入式通风，使工作面始终保持新鲜风流，是巷道型采场一种行之有效的通风方式。

（3）通风的直接成本为 0.24 元/t。

7. 采场护顶

第二分层及以下各分层顶板为充填体假顶，在假顶内敷设金属网和吊筋，人工假顶保证了人员和设备的安全，一般不需另加支护。

试验采区第一分层顶板为矿体，由于矿石节理裂隙发育，整体稳定性差，试验选用管缝摩擦锚杆、双筋网护顶，锚杆长 1.8m，$\phi=40mm$，排距均为 1m，呈梅花形布置。双筋网长 2.2m，$\phi=6mm$，双筋间距 60mm，双筋交叉布置。支护方式与上向机械化胶结充填采矿法试验相同。

试验表明，由于进路采后即充，采场暴露时间较短，锚杆紧跟工作面，迅速加固顶板松动的矿石，阻止了矿石的剪切破坏。钢筋网同锚杆一起加固被节理裂隙分割的矿石，保持和增强了矿体的整体性。因此第一分层采用锚杆金属网护顶是适宜和有效的，也为二期矿山工程提供了成功的经验。

8. 采场矿石搬运

为了提高试验采区的生产能力，减少采场污染，改善井下作业条件，选用两台 LF-4.1E 型 $2m^3$ 电动铲运机作为采场搬运的主要设备。整个试验采区分两个盘区，每个盘区配备一台 LF-4.1E 型铲运机。试验阶段还配备 2 台 LF-4.1 和一台法国 CT-1500 柴油铲运机作为采准掘进和采场出矿的备用设备。

1）采场搬运条件

由于试验采区为脉内、外联合采准系统，盘区脉内、外均设有矿石溜井，开层时矿石由铲运机搬运至脉外溜井，盘区内的矿石视运距的远近，可分别用铲运机卸至脉内或脉外溜井。

$1^{\#}$ 盘区平均运距 60m，最长为 110m；$2^{\#}$ 盘区平均运距 110m，最长 160m。电动铲运机电缆有效长度只有 110m，为便于铲运机调头，充分利用电缆有效长度，在 $1^{\#}$、$2^{\#}$ 盘区的分段巷道和脉内联络道上各布置一个电源插头硐室，硐室长度 12m，断面与采场进路相同。

由于第一分层回采时，选用的无轨设备尚未下井，暂时利用二矿现有的出矿设备。$1^{\#}$ 盘区出矿采用 CT-1500 柴油铲运机，$2^{\#}$ 盘区采用电耙，第二分层及其以下各分层均选用设计的无轨设备出矿，其 LF-4.1E、LF-4.1 和 CT-1500 三种铲运机的技术性能与二矿区上向进路机械化胶结充填采矿法试验研究中所使用的铲运机相同。铲运机在进路内基本平坡运行，在分层联络道中上、下行的坡度均≤1:7。

2）电缆保护

电动铲运机电缆在弯道部分直接与矿壁摩擦及铲运机运行时电缆受拉损坏是严重的。为减少磨损，保护电缆采取了以下两项措施。在电动铲运机经过的弯道中，用废塑料管或废轮胎内衬直立贴在矿壁上，塑料管用钢钎固定，轮胎内衬钉在该支柱上，使电缆只与光滑的保护面接触。另外，在电缆线表面缠绕一根细钢丝绳（钢丝直径4mm），增加电缆的抗拉力，减少电缆受拉损坏。其方法与二矿区上向进路机械化胶结充填采矿法试验研究中电缆保护方法相同，如图5.30所示。

3）出矿能力

（1）电动铲运机小时出矿能力计算。根据LF-4.1E电动铲运机的技术性能和出矿条件，按式（5.32）计算小时出矿能力：

$$P=q\times\frac{d}{e}\times\frac{3600}{t_1\times f+\dfrac{2a}{v}+t_2}\times\frac{r_1}{r_2} \tag{5.32}$$

式中，P——小时出矿能力，t/h；

　　　q——铲斗容积，m^3，$q=2.0m^3$；

　　　d——矿石体重，t/m^3，$d=3.0t/m^3$；

　　　e——矿石松散系数，$e=1.6$；

　　　t_1——铲斗装、卸时间，s，$t_1=60s$，平均时间；

　　　f——矿石块度影响系数，$f=1$；

　　　t_2——转向时间，s，往返二次 $t_2=30s$；

　　　a——单向平均运距，m，$1^{\#}$盘区 $a=60m$，$2^{\#}$盘区 $a=110m$；

　　　v——铲运机运行速度，m/s，$v=6.0km/h=1.7m/s$；

　　　r_1——出矿条件，r_1取0.9；

　　　r_2——干扰系数，r_2取1.25。

按式（5.32）计算，当运距为60m时，$P=60t/h$；当运距为110m时，$P=44t/h$。

（2）实测的搬运效率、出矿能力。从第二分层回采试验到第四分层综合试验阶段，采场搬运主要使用2台$2m^3$电动铲运机和1台$2m^3$柴油铲运机出矿，在生产比较正常的情况下，对铲运机效率进行了测定分析，其结果如下。

① 装运卸时间。经过18个班现场测定，在平均运距为58m（30～100m）时，往返一趟的装运卸时间平均为$3'5''$；在平均运距为124m（110～145m）时，平均为$4'3''$，见表5.82。

表5.82　LF-4.1E型铲运机装运卸时间实测

次数	运距/m	铲装时间	转向时间	卸载时间	运行时间		合计
					往	返	
1	40	$1'7''$	$17''$	$10''$	$34''$	$30''$	$2'38''$
2	60	$1'31''$	$20''$	$14''$	$35''$	$36''$	$3'16''$

续表

次数	运距/m	铲装时间	转向时间	卸载时间	运行时间		合计
					往	返	
3	62	1′35″	22″	18″	38″	32″	3′25″
4	45	57″	13″	11″	36″	32″	2′29″
5	56	1′10″	12″	14″	34″	33″	2′43″
6	50	1′8″	9″	16″	37″	49″	2′59″
7	30	1′3″	17″	12″	24″	22″	2′18″
8	100	1′45″	20″	20″	55″	55″	4′15″
9	40	42″	17″	15″	46″	42″	2′42″
10	100	1′46″	24″	11″	58″	52″	4′11″
平均值	58.3	—	—	—	—	—	3′5″
12	110	50″	26″	14″	59″	55″	3′24″
13	120	1′5″	16″	26″	60″	58″	3′45″
14	115	52″	22″	19″	1′4″	59″	3′36″
15	145	1′7″	20″	10″	1′20″	1′19″	4′16″
16	115	1′35″	21″	11″	1′24″	1′13″	4′44″
17	130	1′28″	16″	8″	1′26″	1′7″	4′25″
18	135	1′17″	19″	9″	1′18″	1′5″	4′8″
平均值	124	—	—	—	—	—	4′3″

注:以上各工序时间均为每班各次的平均时间。

从表 5.82 中看出,在装运卸的过程中,铲装时间超过 1min,多是因为部分工作面底板不平,增加了铲装的难度。

② 小时生产能力。根据 16 个班测定装运卸时间计算结果,当平均运距 57m(30～100m)时,平均生产能力为 60t/h;当平均运距为 124m(110～145m)时,平均生产能力为 47t/h。实测的生产能力接近设计的生产能力,见表 5.83 和图 5.67。

表 5.83　LF-4.1E 铲运机小时生产能力实测

序号	运距/m	装运卸时间	生产能力/(t/h)	序号	运距/m	装运卸时间	生产能力/(t/h)
1	40	2′38″	72.00	9	100	4′11″	48.31
2	45	2′29″	61.29	10	120	3′45″	48.27
3	56	2′43″	49.68	11	110	3′24″	52.76
4	50	2′59″	51.92	12	115	3′36″	50.00
5	30	2′18″	81.00	13	145	4′16″	45.30
6	40	2′42″	83.16	14	115	4′44″	45.27
7	100	4′11″	48.31	15	130	4′25″	44.68
8	100	4′15″	36.54	平均值	124	4′3″	47.27
平均值	57	3′2″	60.00				

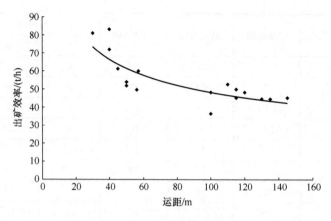

图 5.67　铲运机出矿能力曲线

③ 工时利用率。综合试验阶段一般有 5～6 条进路同时作业,特别是 8 月回采工作比较正常,凿岩爆破、出矿交替进行,有 2 台电动铲运机和 1 台柴油铲运机同时出矿,通过 22 个班的测定,平均每班铲运机台数为 2.36 台,平均每台每班工作 2.614h,班工时利用率为 32.7%,见表 5.84。

表 5.84　铲运机工时利用率

日期			设备出矿时间/h	班工时利用率/%	日期			设备出矿时间/h	班工时利用率/%
月	日	班次			月	日	班次		
8	29	2	2.000	25.0	9	12	2	3.667	45.8
8	30	2	1.733	21.6	9	13	2	3.500	43.8
8	31	2	1.750	21.9	9	14	2	2.833	35.4
9	1	2	2.233	27.9	9	15	2	3.500	43.8
9	2	2	1.833	22.9	9	16	2	2.250	28.1
9	3	2	2.000	25.0	9	17	2	1.667	20.8
9	6	2	3.667	45.8	9	18	2	2.000	25.0
9	7	2	1.500	18.8	9	19	2	3.250	40.6
9	8	2	4.000	50.0	9	20	2	2.875	35.9
9	9	2	2.500	31.3	9	21	2	3.167	39.6
9	10	2	2.833	35.4	平均值			2.614	32.7
9	11	2	2.750	34.4					

(3) 成本分析。综合试验期间,对铲运机(包括电动铲运机和柴油铲运机)出矿成本进行了统计,摊销到矿石成本中的出矿成本 2.1231 元/t,见表 5.85。

表 5.85　铲运机出矿成本

序号	项目	单位	单价/元	数量	金额/元	成本/(元/t)
一	材料	套	—	—	—	
1	轮胎	kg	1100.00	51	56100.00	1.2792
2	柴油	kg	0.58	7463	4328.54	0.0964
3	机油	kg	3.80	257	976.60	0.0223
4	液压油	kg	2.50	3160	7900.00	0.1801
5	液压动力油	kg	2.90	540	1566.00	0.0357
6	刹车油	kg	14.00	36	504.00	0.0115
7	齿轮油	kg	3.80	117	444.60	0.0101
	小计	—	—	—	—	1.6353
二	动力	kW・h	0.10	16183.3	1618.33	0.0369
三	工资					0.4509
	合计	—	—	—	—	2.1231

从表 5.85 中可以看出,轮胎费用在成本中占较大比重(60%),其主要原因是轮胎质量差及道路低洼不平,碎石未清理干净,致使轮胎磨损较快,用量较高。

(4) 对铲运机出矿的评价与建议。

① 根据测定的铲运机小时生产能力,按纯工作时间 5h 计,2m³铲运机(包括柴油和电动)的台班效率为 300t/(台・班)(平均运距 57m)和 235t/(台・班)(平均运距 124m),从铲运机工时利用率可以看出设备利用率偏低,在正常情况下两台铲运机可以满足产量的要求。

② 试验证明,铲运机是一种机动灵活、操作方便的新设备,铲运机等无轨设备的使用,促进了井下开采工艺的变革,使传统的下向充填采矿方法转变成为无轨化、机械化、高效率的新型采矿方法。

③ 2m³的 LF-4.1E 电动铲运机与 LF-4.1 柴油铲运机的出矿能力相近,但电动铲运机减少了对环境的污染,作业条件好,在有条件(运距短)的情况下,尽量选用电动铲运机。

④ 轮胎费用在出矿成本中占较大比重(60%),建议除及时清理路面碎石,保持路面平整外,应选用耐切割型轮胎,取代目前使用的普通轮胎,以延长其使用寿命,降低出矿成本。

9. 水平进路充填

机械化下向充填采矿方法的特点之一是水平进路连续回采,采一条充一条,充填体作为下一分层的人工假顶。因而充填工艺和充填接顶是该采矿方法的关键技术。根据矿区现有的充填系统和充填材料,与瑞方合作进行了一系列充填工艺试验。

1) 充填材料

金川二矿区充填系统采用高浓度细砂胶结管道充填工艺,其主要材料有以下几种。

（1）细砂。细砂由二矿区 6km 处的砂石场供给，该砂石场将戈壁集料加工成－3mm 自然级配的人工细砂，其物理性质见表 5.55 和表 5.56。该细砂具有粒度适中、透水性好的特点。渗透系数为 120mm/h，细砂化学成分见表 5.57。

（2）水泥。水泥由金川附近的永登、山丹等地供给，其性能指标见表 5.86。两种水泥的性能都比较稳定。

表 5.86　水泥性能

厂家及标号	单轴抗压强度/MPa			抗剪强度/MPa			凝结时间/h		安全性（沸煮法）
	3d	7d	28d	3d	7d	28d	初凝	终凝进	
永登 32.5	29.1	38.4	49.7	5.3	6.0	7.3	4.25	8.00	合格
山丹 32.5	32.6	39.1	48.7	5.0	5.7	6.7	2.33	6.03	合格
	28.8	35.4	44.2	4.9	5.4	6.6	2.63	8.63	合格
	27.6	36.7	46.7	4.5	5.6	6.7	4.72	7.50	合格

（3）水。水由距金川 40km 处的金川水库供给。

2）充填料浆物理力学性能试验

（1）充填料浆配比。因为下向分层采矿法人工顶板的形成对以后各分层的顺利和安全回采是十分重要的，设计为进路下部 2.0m 高的充填体强度不小于 5.0MPa，上部 1.7m 高的充填体强度可低一些。为此，充填料浆的配比选择为 1:4 及 1:8 两种，料浆的质量分数为 78%。两种配比料浆的立方米用料量见表 5.87。

表 5.87　料浆的立方米用料量

灰砂比	质量分数/%	立方米用料量/kg		
		砂	水泥	水
1:4	78	1238	309.5	436.5
1:8	78	1366	171	433

（2）充填料浆力学性能试验。按 1:4 及 1:8 灰砂比，78% 质量分数做成的试块，在标准条件下养护，其力学性能见表 5.88。

表 5.88　充填料浆试块力学性能

龄期/d	灰砂比	力载状态	重度/(g/cm³)	抗压强度/MPa	抗拉强度/MPa	抗剪强度/MPa	弹性模量/GPa	泊松比	黏聚力/MPa	内摩擦角/(°)
7	1:4	静态	1.948	2.54	0.43	0.61	57	0.18	5.2/6.1	45/52
		动态		4.14	0.70	0.96	73	1.13	—	—
		提高比 K_a		1.62	1.63	1.58	12.8	—	—	50/51
	1:8	静态	1.970	0.80	0.10	0.22	17	0.13	1.4/2.2	—
		动态		1.22	0.18	0.30	—	—	—	—
		提高比 K_a		1.53	1.80	1.40	—	—	—	46/73

续表

龄期/d	灰砂比	力载状态	重度/(g/cm³)	抗压强度/MPa	抗拉强度/MPa	抗剪强度/MPa	弹性模量/GPa	泊松比	黏聚力/MPa	内摩擦角/(°)
28	1:4	静态	1.084	6.40	1.01	1.02	93	0.17	12.8/10.2	—
		动态		11.01	1.77	1.59	113	0.16	—	42/50
		提高比 K_a		1.73	1.75	1.56	12.2	—	—	—
	1:8	静态	1.970	2.54	0.49	0.63	38	0.15	5.6/6.3	42/50
		动态		3.43	0.77	1.15	50	0.25	—	—
		提高比 K_a		1.35	1.57	1.83	13.2	—	—	—

注:K_a=动载/静载;黏聚力为抗压抗拉强度作图得出;内摩擦角为不同正应力下抗剪得出。

3)充填系统

1[#]试验采区位于二矿区西部,利用西部充填系统进行充填。该系统充填搅拌站位于地表 16 行附近。搅拌站由储料、给料及自控系统组成,各系统由中心控制室进行自动控制。搅拌好的料浆经钻孔或充填井充填管道重力输送,再经 1300m 水平管道进入试验采区 165[#]溜井上部,从溜井进入分段道、分层联络道后,用增强塑料管道接入待充进路。料浆输送为自流方式,垂直段总高度为 372m,水平输送距离大于 1000m,呈梯段布置。充填倍线为 3.5~4.0。该搅拌站设计有五套搅拌系统,可以同时使用三套搅拌系统制浆,各套搅拌系统的充填能力为 60m³/h,日充填能力 800m³。充填系统如图 5.68 所示。

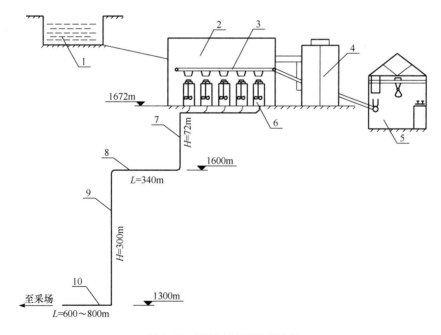

图 5.68　西部充填系统示意图

1. 水池;2. 制浆站;3. 皮带;4. 水泥仓;5. 砂仓;6. 搅拌桶;
7. 管道井;8. 水平管;9.16 行充填井;10. 水平管

4) 充填工艺试验

(1) 充填前准备工作。进路回采结束后，立即进行充填以保证采场安全和相邻进路及早回采，按以下步骤进行充填的准备。进路回采完毕后，即可做充填前准备工作，准备工作包括以下步骤。

① 平整进路底板。当进路回采结束时，立即将矿石清理平整。

② 架设充填管。进路外部采用钢管，进路内采用塑料管，进路内架设充填管的方法有两种。

第一种办法是首先每隔 5m 立一根 3～4m 长插杆，将充填管用 8# 铁丝固定在插杆顶端，当充填 2m 高后，将充填管抬高紧贴顶板，以保证充填的接顶效果，管子末端，距离掌子面不大于 8m 且尽量选择较高位置吊挂，如图 5.69(a)所示。

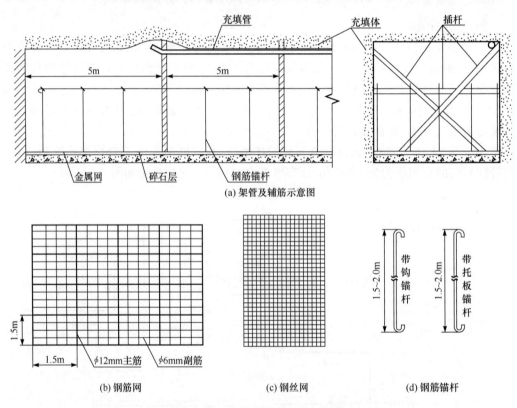

(a) 架管及辅筋示意图

(b) 钢筋网　　　　　　　　　(c) 钢丝网　　　　　　　　　(d) 钢筋锚杆

图 5.69　充填前准备工作示意图

第二种办法是在进路顶板中心线上，每隔 3～4m 安装一根锚杆，将管子用 8# 铁丝固定在锚杆上。架管借助于带升降平台的 PT-45A 型辅助车进行。

管子间的联结有法兰和快速接头两种。

③ 敷设钢筋网。具体做法有两种：第一种方法是将 ϕ12mm 钢筋加工成两端带钩的钢筋锚杆，长 1.8m；底部敷设的金属网由主筋、副筋组成，主筋直径 ϕ12mm，副筋直径 ϕ6mm，主筋网孔 1.5m×1.1m，副筋网孔 400mm×300mm，各网点皆用 24# 铁丝绑扎，钢筋网绑扎如图 5.69(b)所示。钢筋锚杆上部的弯钩固定于 8# 铁丝上，且绑扎结实。第二种方法是钢

筋锚杆长 1.8m,直径 ϕ12mm,将其一端焊上 150mm×150mm×4mm 托板,另一端围成弯钩;底板敷设的金属网由 10$^\#$ 铁丝编制而成,网孔 100mm×100mm,钢筋锚杆穿过金属网,锚杆上部再固定上 8$^\#$ 铁丝,铁丝网如图 5.69(c)所示,钢筋锚杆如图 5.69(d)所示。

④ 充填堵墙。架设堵墙的作用:一是封闭进路口;二是控制料浆的流淌距离。实践表明长 30~50m 的短进路,一道堵墙封口即可,超过长 50m 的进路,进路中间必须增设堵墙,步距 30~50m,中间堵墙形式与封口堵墙一样。在选定的堵墙位置上,应把浮石清理干净,底部挖槽,以便将最底一根横梁和立柱置于坚实的地板上。立柱间距 600~800mm,截面为 150mm×150mm,一般使用 6~8 根。所有立柱应在同一垂直面内。立柱立好后,钉横梁,横梁间距<800mm,截面和立柱相同,一般为 5~6 根。立柱和横梁长短应根据进路断面情况而定。立柱和横梁钉好后,由下往上钉板,板子厚 30mm,在正中一格开始只钉 500mm 高木板留作溢流口,钉好的板墙需用斜撑加固(图 5.70)。采用如图 5.70(a)所示加固法,斜撑一端和堵墙固定在一起,一端则是插在底板事先掏好的窝里。

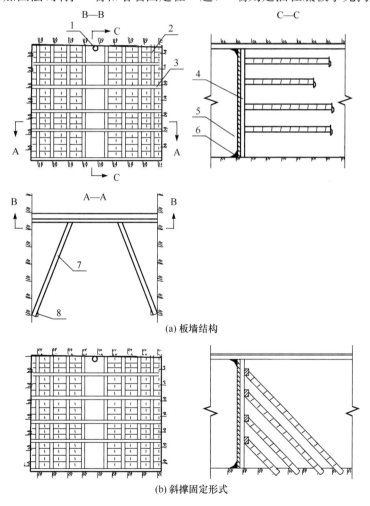

(a) 板墙结构

(b) 斜撑固定形式

图 5.70　充填堵口示意图

1. 充填管;2. 立柱;3. 横梁;4. 木板;5. 滤布(编织袋、麻袋片);6. 喷射混凝土;7. 斜撑;8. 方钩

堵墙加固好之后,必须封闭堵墙四周及内壁,以防跑浆、漏浆。封闭方法为在堵墙四周用麻袋片堵好空隙,然后用高标号砂浆抹缝,内壁用编织袋钉好;另一方法为四周用麻袋堵较大的空隙,然后采用喷射混凝土封闭(包括内壁)。

架设一道堵墙消耗木材为 $2.5\sim3.5m^3$,需工时为 $7\sim11$ 人·班(包括材料搬运)。

5) 进路充填工序

上述准备工作就绪后,即可通知制浆站进行充填。进路充填工序时间实测见表 5.89。

表 5.89　进路充填工序时间实测

充填进路序号	充填量 /m³	充填前准备工作/(人·班)			充填时间/h			
		清理及架管	铺筋	封口	第一次	第二次	第三次	第四次
16 行三分层 7# 进路	1320	6	7	7	0.83	8.00	0.67	6.25
15 行四分层 I_2 进路	819	4	4	12	2.42	2.00	2.33	3.92
15 行四分层 I_5 进路	612	2	2	18	1.75	2.17	5.00	—

(1) 料浆输送。先在制浆站充填管道中加 $5m^3$ 左右的清水,以检查管道是否通畅和湿润管壁,以后搅一桶灰浆来引流,随之下砂浆。

(2) 充填顺序和充填次数。为防止堵墙因浆体侧压力过大被压倒或被压裂,保证料浆能充分脱水,减少沉缩率而利于充填接顶,一条进路一般分为 $2\sim3$ 次倒退截管式充填。在充填过程中,随着浆面的逐渐上升和清水的排出,逐步由下往上将溢流口封堵。为使充填体充分接顶,当浆面上升至 $1.8\sim2.0m$ 时,通知搅拌站停止供浆,停充一个班。充填料浆的水基本脱出后,继续充填,充至快接顶时,再停止一次,让混凝土充分收缩,之后将堵墙封好,一次充满,停止供砂。为避免管路清洗水进入采场,影响接顶效果,应将洗管水排至进路外。在堵墙外将塑料管开锯一个半圆形口,打入事先准备好的厚 3mm 钢制插板,再在插板前合适位置锯断充填管,放出管路清洗水,另一方法是用三通阀将洗管水引走,此时进路充填结束。

6) 引流水、洗管水及污水排放

(1) 引流水、洗管水排放。在上述充填过程中,每次充填开始要放水检查管路,停止时要放水洗管,为避免这两部分水进入采场而降低充填体质量,影响充填接顶效果,研究人员研制出了三通排水阀,利用三通阀排水,十分方便,具体做法是:在充填进路外的管路适当位置安装三通阀(图 5.71),当充填开始时,关闭三通阀排浆口,洗管水从排水口排出,当看到料浆时关闭排水口,料浆从排浆口进入采场;当充填需停止时,看到清水流进采场,关闭排浆口,洗管水从排水口排出。这一过程非常方便地实现了对引管水和洗管水的处理,该三通阀使用灵活,可重复使用。

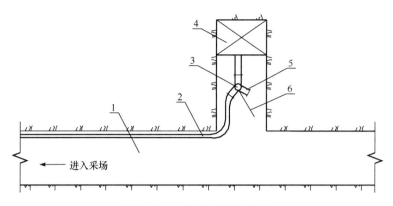

图 5.71　三通阀联结示意图

1. 分层道；2. 进浆管；3. 三通阀；4.166# 溜井；5. 排水口；6. 操作手柄

（2）浆体脱水和污水处理。在充填过程中有 15%～20% 的余水须脱出，若不加以控制和处理，则一方面加剧巷道的污染，另一方面影响生产的正常进行，必须设置专门的采场排水系统。为了形成稳定的人工假顶和减少沉缩率，在进路充填过程和结束时，应尽快脱出料浆中余水。脱水主要有两种方式：其一是借助堵墙内壁编织布的孔隙，通过木隔板间隙渗透；其二就是溢流。脱出的浑水沉淀在堵墙外面事先架设的高 0.5～0.8m 的小堵墙内，用风动隔膜泵排至浅水井。也曾试验过堵墙内壁用喷射混凝土全封闭的方式脱水。当充至 2m 高时，停充，将料浆表面上脱出的清水直接用泵排走。处理的主要措施是在堵墙外面 3～5m 处事先架设一堵高 0.5～0.8m 的小堵墙，充填时脱出的水或者溢出的砂浆可在小堵墙内侧沉淀，澄清后的清水用泵（风动隔膜泵）排放至指定地点（如空溜井内）。

7）充填结果

充填试验从 1985 年开始，到 1988 年已充填了三个半分层，充填量为 87431m³。由于多种原因，第一、二分层充填体质量较差，采矿时常发生冒落或脱层（表 5.90）。在第三分层充填时，研究人员吸取了第一、二分层的教训，一方面严格按设计要求进行充填工作，另一方面对充填工艺进行了探索和改进（上述充填工艺即是改进后的工艺）。从第四分层揭露情况看，第三分层充填的质量有了明显的改善，从而保证了综合达产试验的成功。

表 5.90　进路充填工作量实测

序号	充填地点	准备工作				充填工作		
		日期/（年-月-日）	铺金属网/m²	挂吊筋/根	架堵墙/座	日期/（年-月-日）	充填时间/h	充填量/m³
1	16 行三分层 S₂# 进路	1987-10-23～10-29	—	320	2	1987-10-30	3	200（不是总量）
2	16 行三分层 N₁ 进路	1987-10-28～10-29	—	126	2	1987-10-30～10-31	10	800

序号	充填地点	准备工作				充填工作		
		日期/(年-月-日)	铺金属网/m²	挂吊筋/根	架堵墙/座	日期/(年-月-日)	充填时间/h	充填量/m³
3	16行三分层分层道	1987-10-28~11-03	—	260	4	1987-10-30~11-05	27	2000
4	16行第二分层进路	1987-11-10~11-12	—	预埋锚杆	2	1987-11-16~11-18	15	1100
5	16行第三分层7#进路	1988-08-06~08-07		140	1	1988-08-08~08-11	16	1320
6	16行第四分层I₂进路	1988-08-25~08-26		100	1	1988-08-27~08-30	10	819
7	16行第四分层I₅进路	1988-08-29~08-30	—	74	1	1988-08-31~09-02	9	612

注:挂吊钢筋直径 $\phi 12mm$。

充填试验结果表明:

(1) 充填接顶效果较好。从相邻的揭露情况看,接顶情况普遍较好,大部分完全接顶,空顶距一般小于0.1m,大于0.2m的部位多出现在一些冒顶处或者堵墙口处。

(2) 充填体强度(28d单轴抗压强度)大于设计要求。现场实测大于5.0MPa的设计要求,实测料浆的强度见表5.91。

表 5.91 充填体强度

序号	取样时间/(年-月-日)	取样地点	抗压强度/MPa		
			3d	7d	28d
1	1987-11-09	现场	1.3	2.6	5.25
2	1988-08-10	现场	1.2	2.5	4.97
3	1988-01-02	现场	14.0	27.0	5.55

(3) 充填体的结构合理。钢筋锚杆的埋设提高了充填体的整体性和稳固性。

总之,由于充填接顶问题的解决,充填体结构的改善,提高了充填体整体性、稳定性。在中间间柱回采时,对宽×高=5m×4m的进路进行了充填试验。试验结果表明,充填体接顶稳固性好,安全性强,回采100多米长的进路,顶板没有出现任何问题。

8) 充填成本

充填成本由料浆制备、充填塑料管、法兰、密封胶面的消耗,以及预埋锚杆、金属网中的钢材消耗等组成。充填1m³砂浆的成本合计为55.41元/m³,见表5.92。

表 5.92　充填直接成本

项目	单耗	单价	单元成本/元
砂	1238kg	714 元/t	8.84
灰	309.5kg	115 元/t	35.59
水	436.5kg	0.1 元/t	0.005
塑料管	0.06 个/m³	25 元/m	1.5
密封胶面	0.009 个/m³	1.5 元/t	0.02
法兰	0.009 个/m³	20 元/个	0.02
动力费	—	—	1.08
人工费	—	—	5.24
其他	—	—	3.11
合计	—	—	55.41

9）充填效果及建议

充填试验工作截至综合试验结束，已充填了三个多分层，对于水平进路充填新工艺有一个认识和熟练掌握的过程。第一、二分层部分进路，由于对这一工艺还没有全面掌握，充填体曾出现脱层、掉块现象，个别进路充填接顶也不理想。经过总结和改进，已经能够熟练掌握了水平进路充填的新工艺，并已取得明显的效果。

（1）充填接顶的好坏及人工假顶的质量主要取决于充填料浆浓度、充填工艺及设施和充填顶板的状况，由于第三分层注意了充填料浆的浓度，充填前的准备工作认真，所以第三分层揭露的充填体接顶效果普遍较好，大部分完全接顶，局部空顶距小于 0.1m，大于 0.2m 的部位多在顶板凸出或堵墙口处，已达到充填接顶要求。

（2）充填体强度和人工假顶大为改善和提高，其强度大于 5.0MPa，保证了人员和设备的安全。第四分层掘进的进路有些地段宽度为 5m（与二期设计的宽度一致），以便充分发挥无轨设备的潜力和为二期工程摸索经验。

（3）试验证明渗透和溢流相结合的脱水方式是有效的。通过三年多的试验研究，总结出了一套适合二矿区厚大矿体大面积下向进路充填采矿法，它保证了采矿进路的安全和正常回采，使试验采场的日生产能力达到了 800～1000t。下向分层水平进路采矿方法的试验成功，在我国首次解决了水平进路充填工艺问题，该工艺在当时属国内首创，其技术和工艺水平达到了 20 世纪 80 年代国际先进水平，而且解决了厚大矿体大面积下向采矿的采充关系，回采进路假顶不需要支护，与国外矿山相比也有所创新和发展。

该工艺解决了水平进路充填接顶问题。改善了充填体的结构，解决了充填体弱面——分层充填体脱层，提高了充填体整体性和稳定性，保证了进路按顺序回采的安全。现充填成本较高，要降低成本当前要做的工作是：理顺充填系统工艺；安装和改进现有计量仪表,使物料计量工作准确;寻找廉价的充填材料,加速全尾砂的试验研究等。

10. 试验采区生产能力的分析

1) 计算与实测回采作业循环时间的对比与分析

综合试验前曾计算了回采各种工作循环时间,试验期间又进行了实际测定,计算与实测的回采作业循环时间见表 5.93。

表 5.93　计算与实测的回采作业循环对比

作业名称	循环时间/min	
	计算	实测
凿岩	150	125
装药、爆破	100	150
通风	30	30
撬顶	20	20
出矿	179	150
支护	60	60
总计	539	535

从表 5.93 可以看出:

(1) 实测的凿岩循环时间低于计算值。目前多是单臂凿岩,如果双臂同时开动,凿岩循环时间还可以缩短。

(2) 实测的装药爆破时间高于计算的时间,其主要原因是矿岩条件差,增加了清孔的难度,目前已摸索出一套经验,随着操作的熟练,其差距将逐渐缩小。

(3) 计算与实测的回采作业总循环时间差别不大,1.5 个班内完全可以完成一个回采作业循环。

2) 盘区回采作业循环图表

(1) 编制的原则。回采作业循环图表是根据计算的回采作业各工序的循环时间编制的。每一回采作业循环时间为 539min,即 8.98h。班有效工作时间按 75% 计,即每班纯工作时间为 6h,故一个回采周期为 1.5 个班,每日两个循环。

为保证采充平衡,每个盘区始终保持两条回采进路同时作业,其中一条凿岩、爆破,另一条进路出矿、支护。待这两条进路充填时,又有两条新的进路开始回采作业。

(2) 循环图表。盘区回采作业循环表见表 5.94,表中实线为计算循环时间,虚线为实测循环时间。

表 5.94　盘区回采作业循环图表

进路	工作名称	Ⅰ班								Ⅱ班								Ⅲ班							
		1	2	3	4	5	6	7	8	1	2	3	4	5	6	7	8	1	2	3	4	5	6	7	8
1#	凿岩																								
	装药、爆破									—— 实际															
	通风									- - - 设计															
	撬毛																								
	出矿																								
	支护																								
2#	凿岩																								
	装药、爆破																								
	通风																								
	撬毛																								
	出矿																								
	支护																								

3) 进路充填各种工作循环时间及循环表

一般进路长度 50m,根据充填各工序的工作事先作了计划安排,计划与实测的充填循环时间见表 5.95。

表 5.95　计划与实测的进路充填循环时间对比

作业名称	循环时间/班		备注
	计划	实测	
充填准备	3	3	各工序平行作业
充填	4	9	包括中间停充脱水
充填体凝固	8	3	——
总计	15	15	——

表 5.95 表明以下几点:

(1) 计划与实测的充填准备时间基本相同。

(2) 实测的充填时间高于计划时间,实际与计划的纯充填时间差不多,主要是由于各种因素的影响使充填时间增加了。

(3) 不论是计划还是实际测定,五天时间可以完成一个充填循环,只是有些充填进路凝固时间短些,试验证明只要有 24h 的凝固时间,就不影响相邻进路开掘。计划与实测充填循环表见表 5.96,其中实线为计划循环时间,虚线为实测循环时间。

表 5.96 进路充填作业循环图表

工作名称	第1天			第2天			第3天			第4天			第5天		
	I	II	III	I	II	III	I	II	III	I	II	III	I	II	III
吊挂充填管路															
铺碎矿石垫层							—— 实际进路充填作业循环								
敷设金属网							---- 设计进路充填作业循环								
架设堵墙															
充填(1:4料浆)															
滤水															
充填(1:8料浆)															
凝固															

4) 采区生产能力

(1) 回采、充填进度计划图表的编制。综合试验期间,根据回采、充填作业循环时间编制了三个月的回采、充填进度计划表。编制的原则为:试验采区共有 4 条进路同时进行回采作业(即每个盘区两条),每条进路每日两个循环,回采与充填在不同的进路内同时作业,按这样的安排,月产量为 25674t,日出矿石 1027t。

(2) 综合试验阶段采出矿石量统计。自 1988 年 7 月 16 日～10 月 15 日连续三个月综合试验期间,试验采区共出矿石 61265t,平均日出矿量 817t,最高达 1440t/d,见表 5.97。

表 5.97 综合试验阶段出矿量统计

时间	出矿量	
	t/月	t/d
1988 年 7 月 16～25 日	6000	600
1988 年 8 月 1～25 日	22849	914
1988 年 9 月 1～25 日	21008	840
1988 年 10 月 1～15 日	11409	761
平均值	20422	817

(3) 采区生产能力的分析。

① 机械化盘区下向胶结充填采矿方法的生产能力是采、充、转层等综合指标的反映。转层时,条件困难,生产能力相对低,1988 年 7 月 16 日在第四分层综合试验开始时,两个盘区均处于转层阶段,而且比正常转层条件还要困难,此时,1# 盘区的第三分层顶盘 10#

进路正在处理大冒顶,使 15# 分层道不能向前掘进。1988 年 7 月 21 日 10# 进路充填结束。该盘区只能保持 2 个工作面(没有备用工作面);2# 盘区第三分层也未结束,尚有一条进路(7#)正在回采,直到当年 8 月 15 日才结束充填。第一个月内,试验采区有三条进路回采。综合试验期间包括了采、充、转层全过程,三个月的产量有一定的代表性。

② 在综合试验期间,由于客观上的原因,如溜井满后,矿石运不出去;充填系统的故障使两个盘区的间柱 20 多天充不上,使两侧 5 条进路不能回采,产量也受到影响。

③ 随着工人操作水平和机械化管理水平的提高,尽量减小其他因素影响,产量有可能进一步提高。

11. 采充平衡与衔接

采充是否平衡和能否正常衔接,是机械化盘区能否连续回采及稳产高产的关键。

1) 单个进路的纯采矿时间

回采进路一般长度在 50m 以内,按设计和实践每日可完成两个回采循环,每循环进尺 2.7~2.8m,故每条进路纯采矿时间为 8~9d。

2) 单个进路充填时间

从计划安排和实际测定来看,每条进路充填时间为 5d。因此,在正常情况下,每个盘区可以保证两条进路回采,两条进路充填,而且独立平行作业,故试验采区内,采充是平衡的,衔接是顺利的。50m 长的进路,无论是充填接顶还是保证采充平衡,都是较理想的长度。

5.5.6　无轨设备的使用维护和保养

机械化采矿方法中设备的配套使用、维护、保养,是重要的环节之一,它直接关系到生产任务的完成,但是,在整个无轨机械化配套生产方面,在我国尚无先例的情况下,给试验工作带来了很多困难。经过三年多的实践,研究人员在无轨设备配套使用中初步摸索出一套经验,为金川矿山二期机械化生产奠定了基础。

1. 试验采区主要设备

(1) H-127 双臂液压凿岩台车 2 台(瑞典产)。

(2) LF-4.1E 电动铲运机 2 台(德国产)。

(3) LF-4.1 柴油铲运机 2 台(德国产)。

(4) CT-1500 柴油铲运机 1 台(法国产)。

(5) PT-45A 装药车 1 台(瑞典产)。

(6) PT-45B 辅助车 1 台(瑞典产)。

2. 设备解体、下放、组装与试调

采用无轨设备的矿山一般都有主斜坡道通向地表,准备无轨设备上下检修与保养,试验采区为对二期工程积累生产经验,在主斜坡道尚未掘通时提前进行试验,这就给设备下井、组装等带来了不少困难,经过对整体设备详细研究,结合龙首矿西主井提升能力,研究

人员将 H-127 凿岩台车按设备的可拆性拆成 37 个不同大小的部件,LF-4.1E 拆成六大部件,在解体过程中对液压管道接头,各种阀缸、油压马达等的接头进行了仔细的清洗,做了记号,并用堵头堵牢,一件件按组装顺序下放井下,用改装后的平板车运到井下硐室,在工程技术人员指导下,进行组装、调试,一次试车成功,经检验各种系统工作正常,达到预期效果。

3. 人员培训

为了使用并维护好引进设备,金川集团公司从管理人员到生产使用维修人员都进行了技术培训。培训人员包括设备副矿长、副总工程师、机动科长、试验采区设备副主任、设备使用和维修工人,培训地点包括国外设备厂家、生产使用厂家和矿内生产实践地,经过培训,初步掌握了设备管理、结构性能、操作方法、维修技术。

4. 设备保养维修

经过实践,研究人员对新车磨合、保养、检修事故报告资料管理等制订了一系列管理制度,对保证设备的完好率起到很好的作用。

为了完成检修、维护、保养,在井下与地表设置了维修硐室及检修车间,根据检修项目安置了不同的检修工具与设备,以保证维修工作需要。

5. 备件的国产化及易损备件

(1) 备品备件和油料是设备能否正常运行的一个大问题,试验组经过国内调查,认为部分备件国内可以试作,当时国内已有 15 个厂家对 65 种零部件进行了生产。油料已全部国产化。

(2) 主要易损备件。经过几年的试验,高压油管及接头、密封垫圈是台车和铲运机共同消耗较大的易损件,除此之外,凿岩台车上有凿岩机水封、钎杆顶座、氮气储能器隔膜,铲运机上有转向油缸与车体的联结螺栓、发动机皮带、风扇皮带等,为常用易损件。

H-127 台车和 LF-4.1E 电动铲运机主要部件尺寸分别参考表 5.58 和表 5.59,H-127 台车、LF-4.1E 电动铲运机解体组装时间见表 5.60。

6. 经验

(1) 引进的无轨设备在技术性能、配套方面是可行的,为金川二期建设引进设备方面奠定了基础。

(2) 由于采取一整套的技术管理、使用制度,使设备完好率大大提高,铲运机和台车完好率为 80% 和 90% 以上,达到了国内外同类矿山先进水平。

(3) 在引进设备选型中,机电人员一定要和工艺人员配合,才能保证选型正确,符合工艺要求。

5.5.7　试验指标

1. 主要技术经济指标

主要技术经济指标见表 5.98。

表 5.98　主要技术经济指标

序号	项目	单位	指标
1	采区综合生产能力	t/d	817
	进路生产能力	t/d	204
2	工作面采矿工效	t/(工·班)	13.6
3	工区全员劳动生产率	t/(人·d)	8.25
4	台车凿岩效率	t/(台·班)	135～270
5	铲运机出矿效率	t/(台·班)	124～157
6	锚杆支护效率	—	—
	其中:水泥卷锚杆	分/套	5.0
	管缝式锚杆	分/套	8.5
7	设备完好率	—	—
	其中:凿岩台车	%	99.6
	电动铲运机	%	88.4
	柴油铲运机	%	90.5
8	采矿作业成本	—	5.12
	其中:凿岩成本	元/t	0.67
	爆破成本	元/t	1.03
	铲运机出矿成本	元/t	2.12
	通风成本	元/t	0.24
	排水成本	元/t	0.04
	备品备件	元/t	0.52
9	充填成本	元/m³	55.41
10	矿石损失率	%	2.06
11	矿石贫化率	%	4.71
12	采切比	m/kt	3.25

2. 主要材料消耗

试验主要材料消耗见表 5.99。

表 5.99　主要材料消耗

序号	材料名称	单位	消耗指标
1	炸药	kg/t	0.37
2	非电导爆管	个/t	0.26
3	火雷管	个/t	0.006
4	导火线	m/t	0.012
5	钎头	个/kt	0.53
6	钎杆	根/kt	0.53
7	钢筋	kg/t	0.20
8	水泥	t/t	0.0041
9	坑木	m³/t	0.00168
10	柴油	kg/t	0.186
11	液压油	kg/t	0.13
12	机油	kg/t	0.00193
13	液压传动油	kg/t	0.0041
14	轮胎	套/t	0.00103

注:液压油:国产高压油管使用寿命有时仅为引进的1/30,由于高压油管破裂,液压油需重新加入,造成液压油消耗过高;轮胎:国产的轮胎经过试验在承受能力方面与引进设备配套轮胎相差很大,造成轮胎消耗过大。

3. 技术经济指标

两种采矿方法主要技术经济指标对比见表 5.100。

表 5.100　两种采矿方法主要技术经济指标对比

序号	对比项目	单位	I 方案 机械化下向分层 进路胶结充 填采矿方法	II 方案 普通下向高 进路胶结充 填采矿方法	提高或降低/% (I方案－II方案) /I方案×100%
1	进路综合生产能力	t/d	204	90.44	126
2	工作面采矿工效	t/(工·班)	13.6	6.49	110
3	工区全员劳动生产率	t/(人·d)	8.25	5.06	63
4	采矿作业成本	元/t	5.12	5.06	1
5	车间成本	元/t	16.37	15.23	7
6	单位面积生产能力	t/m²	2.19	1.20	83
7	采矿损失率	%	2.06	2.42	－15
8	采矿贫化率	%	4.71	5.40	－13

5.5.8　劳动组织

综合试验劳动组织见表 5.101。

表 5.101　综合试验劳动组织

序号	工种	单位	数量
1	台车司机与爆破工	人	36
2	铲运机司机	人	20
3	辅助车司机	人	1
4	修理工	人	9
5	钳焊工	人	6
6	电工	人	10
7	管道通风工	人	5
8	正副区长	人	6
9	安全员	人	3
10	技术员	人	1
11	其他	人	2
12	小计	人	99

5.5.9　试验应用分析评价

1. 采准系统

由在二矿区的条件下对这一方法的实践应用可知：

（1）采用脉外斜坡逆采准，使传统的下向充填采矿法的采场结构发生了根本性变化，人员、材料、设备进出采场十分方便。

（2）采用脉内外相结合的溜井系统，缩短了出矿距离，开层初期可利用脉外溜井，进路出矿时利用脉内溜井，提高了出矿效率。

（3）在节理裂隙发育不稳定的超基性岩体中布置分段巷道、分层道和分层联络道等主要采准巷道，实践证明，采用管缝式或水泥药卷锚杆实行喷锚网联合支护是适宜的，它的成功应用为金川二矿区二期工程大量的采准巷道全面推广光面爆破和喷锚网支护提供了丰富经验和有关数据。

（4）采用坡度为 1∶7 的分层联络道可满足无轨设备运行和生产的需要，部分已施工的 1∶5 坡度的斜坡道看来有些偏大。而转弯半径 $R=6.5m$ 偏小，在二矿区铲运机的条件下，转弯半径以大于 10m 为宜。

2. 回采方案

（1）回采进路垂直矿体走向布置，使进路的方向与二矿区主地应力方向一致，采场进路受力最小，有利于进路的支护与回采工作。

（2）盘区内划分为若干独立的工作区（矿块），各工作区可独立进行回采、充填和出矿，有利于均衡生产。

（3）进路回采顺序是从盘区外侧向中央连续推进，采一条充一条，避免了间隔回采时易造成分层道外垮度过大难以维护的问题;同时也可减少回采间柱时带来的贫化与损失。

(4) 采用 H-127 电动液压凿岩台车高精度凿岩和控制爆破技术,提高了凿岩速度,达到了光爆效果,对维护人工假顶及两帮起到良好效果。

(5) 采用 LF-4.1E 型电动铲运机出矿,减少了柴油设备对井下环境的污染,改善了作业条件。

(6) 进路通风采用局扇压入式通风,改变了常规下向充填法进路通常靠风流扩散的通风方式,使工作面经常保持一定量的新风送入,工作面条件较好。

(7) 进路装药时需清理下落碎石和掏孔,费时较长,一般需 2h 左右,为凿岩需时的 2 倍左右,这一问题尚有待进一步研究解决,以缩短作业时间。

3. 充填工作

(1) 应用了一套适合金川二矿区厚大矿体、大面积下向分层胶结充填工艺的措施和管理方法,初步看来,它可以保证进路采矿的安全和正常回采,解决厚大矿体应用下向水平进路回采方法的采、充平衡关系。

(2) 基本解决了水平进路充填体接顶和充填体弱面层理面脱层问题,改善了充填体结构,提高了充填体的整体性与稳定性,保证了进路按顺序连续回采和充填衔接问题。

(3) 水平进路充填接顶、大面积人工假顶的建造成功,为国内首创,为二矿区大规模机械化下向开采提供了成功的经验。

4. 技术经济效果显著

(1) 实现了无轨机械化配套作业,生产能力大,采区能力达 817t/d,最高达 1440t/d;进路平均生产能力 204t/d,单位面积产量为 2.19t/m²,分别为原下向倾斜分层充填法的 225% 和 182.5%。

(2) 劳动生产率高。试验采区共 99 人,全员效率 8.25t/(人·班),工作面工效 13.6t/(工·班),分别为原方法的 150% 和 209.55%。

(3) 设备完好率达到 88% 以上。

(4) 充填基本接顶,人工假顶质量好,安全有了保证,有利于生产能力的提高。

(5) 矿石损失、贫化率低,分别为 2.06% 和 4.71%。

(6) 试验采区出矿成本 5.12 元/t,与原方法 5.06 元/t 基本相同。

5.5.10　试验小结

通过四年来的实践,在逐步消化、吸收国外先进技术的过程中,二矿区机械化下向分层水平进路胶结充填采矿法首次获得成功,充分显示了新工艺、新设备、新技术的优越性。机械化盘区式下向水平分层胶结充填采矿法,对于金川二矿区不稳定矿岩条件是适合的,是一种高效率的采矿方法。

在二矿区 1# 矿体矿岩破碎、工程地质复杂的条件下,首次实现大面积下向分层水平进路胶结充填机械化连续回采,采矿技术和主要技术经济指标达到了国际先进水平。脉外斜坡道采准,采区内大断面水平进路连续回采;若干独立工作采区平行作业;防水、弱性、散装多种炸药配合使用;水泥卷锚杆护顶等新工艺、新技术的使用等,充分发挥了无轨设备高效、灵活的优点。全液压凿岩台车高精度凿岩和控制爆破技术的采用,提高了凿岩速度,达到了光面爆破的效果,对维护顶板和两帮起到了良好的作用。

试验研究中成功地配套使用了液压凿岩台车,电动、柴油铲运机,装药车,服务车等高效设备,以及成功地采用了防水炸药,水泥卷锚杆和水平进路人工假顶建造等新工艺技术,为提高生产效率和作业安全创造了有利条件。

圆满地完成了国家科学技术委员会和中国有色金属工业总公司下达的任务和要求,取得了明显的经济效益和社会效益。为金川二期矿山生产能力达到日产 8000t 规模提供了技术依据,为我国地下矿山大型无轨化、机械化采矿积累了宝贵经验。

试验采区所获得的重大技术成果为改变金川矿山落后面貌迈出了重要的一步,为金川二期矿山建设提供了可靠的技术依据,为我国地下矿山实现大型无轨化、机械化采矿积累了宝贵经验,为胶结充填法矿山提供了广泛的实用资料。试验的成功也开拓了我国地下矿山新局面,为国际合作和国内技术攻关相结合及为井下矿山配套大型采掘设备在使用、维修保养、职工培训等方面提供了成功经验,对我国地下矿山开采步入世界采矿先进水平行列具有重要意义。

5.6　二矿区采矿工艺评价与改进

5.6.1　主要采矿方法的优劣评述

二矿区采矿方法的变革方向是:将损失率高、安全性差、生产效率低的采矿方法逐渐向损失率低、安全性好、生产效率较高的采矿方法演变,并使采矿方法与客观条件相适应,既提高劳动效率,又降低劳动强度,改善劳动条件。

主要采矿方法优缺点分述如下。

(1)上向分层胶结充填采矿法。劳动生产率低、矿石损失率大、安全性差、劳动条件差、劳动强度大、成本低;只适用于 $2^\#$ 矿体岩石比较稳固的区段。

(2)上向分层机械化进路胶结充填采矿法。劳动生产率较高、矿石损失率大、安全性差、劳动条件差、劳动强度高。

(3)下向分层高进路胶结充填采矿法。劳动生产率低、矿石损失率较低、贫化率较低、安全性较好、劳动条件较好、劳动强度大,通风条件差。

(4)下向分层机械化盘区胶结充填采矿法。劳动生产率高、矿石损失率小、贫化率小、安全性较好、劳动条件良好、劳动强度较小、成本高。

(5)VCR 法。劳动生产率高、矿石损失率及贫化率很大、安全性及劳动条件较好、劳动强度很小,采矿综合成本较上向采矿法减少 19.2%。

一期和二期工程的实践表明,在采用过的几种采矿方法中,下向分层高进路胶结充填采矿法和机械化下向水平分层进路胶结充填采矿法比较适合二矿区的工程地质条件,这两种采矿方法的应用是比较成功的,有利于提高生产效率、减少矿石损失率和贫化率,但出矿成本高。

5.6.2　机械化盘区下向水平进路充填法早期生产中存在的问题

尽管下向分层机械化盘区胶结充填采矿法优点很多,如劳动生产率高,矿石损失率和贫化率小,安全性较好,劳动条件良好,劳动强度小。但在二矿区生产实践中存在的问题也十分明显。

1. 盘区生产能力达不到设计能力

按照最初设计,机械化盘区的生产能力为 33 万 t/a,即日出矿 1000t,而多年的生产实践表明,机械化盘区的实际生产能力只能达到原设计的 54%～73%(18～24 万 t/a),因此矿山为了完成既定的任务,必须多盘区多中段同时回采。这在客观上造成系统的浪费,设备与系统的配置不合理,矿井的高投入、高成本运转。

同时,由于受人力、车辆设备投入的限制,每个盘区只能布置一条分层联络道和配备一台套采矿设备,各盘区的备采矿量又不一致,造成小盘区车辆配备能力过剩,而大盘区则显不足,设备效率不能充分发挥。

2. 盘区下降不均衡

由于矿体在走向上的厚度分布不均匀,按照原来的盘区划分方法,按走向每 100m 划分一个盘区,造成各个盘区的面积差别很大,部分盘区的回采面积达到 1.936 万 m^2,而有的盘区的水平面积仅为 1.2 万 m^2,双方相差 0.736 万 m^2,这就造成各个盘区的下降速度和采矿高度的不均衡。多年来,二矿区也作了许多努力,如重新划分盘区的范围,调整各个工区的编制,高位盘区增加脉内溜井等,但由于矿体赋存状况等客观条件的限制,采取这些措施虽然有效,但很难从根本上解决问题。现在由于盘区之间的不平衡下降已经带来如下问题。

1) 分段联络道及分段道服务期限的延长

按照最理想的情况,每一分段的分段道服务于生产的时间为 3.5～4a(按最大盘区的下降速度计),加上建设期,分段道的总服务时间为 5.5～6a。但由于最快和最慢的两个盘区之间有一个高差,造成分段道的开始服务时间较平均时间早,结束时间较平均时间晚,总服务时间达到理想情况的 2 倍,即 10 年以上。而且由于下降速度差的存在,这个高差在加大,分段道的服务时间也在延长,从而造成分段道的返修量的逐年增加,图 5.72～图 5.75 分别为历年返修量和 1218m 及 1138m 分段、1198m 及 1118m 分段的返修工程量逐年增加的情况,可以看出返修量逐年增加的幅度比较大。

2) 分段道的建设难以满足回采的需要

按照各盘区平均的下降速度所安排的分段道建设进度计划,往往满足不了下降速度最快的 II、III 盘区的回采需要。二矿区迫于产量的压力,1218m 及 1198m 分段几乎是在刚刚完成基建,但整体系统还没有完善的情况下投产的,随着下降速度最快和最慢两个盘区高差的加大,这个矛盾将越来越突出。

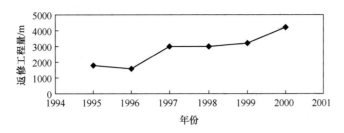

图 5.72　二矿区二期投产历年返修量

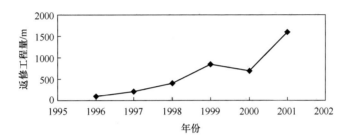

图 5.73　二矿区 1218m 分段及 1138m 分段返修工程量

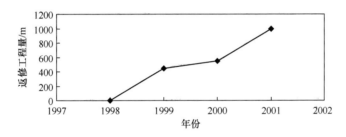

图 5.74　二矿区 1198m 分段返修工程量

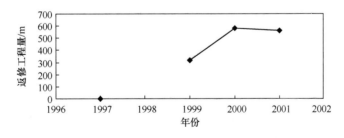

图 5.75　二矿区 1118m 分段返修工程量

3）充填系统还在不断的改造和完善

采用充填法采矿的矿山，从采场采出矿石，只完成了采矿工作的第一步，为了给下一步采矿创造条件，必须将已采空的进路进行充填，因此充填工作在采用充填采矿法的矿山占有很大的比重，要提高矿山生产能力，必须有计划地提高矿山的充填能力，使之与采场的出矿能力相匹配。充填工作还需解决以下方面的问题。

(1) 充填钻孔的充填量较低,使用寿命较短。钻孔是向井下采场输送充填料浆的咽喉,钻孔的状况及服务年限是二矿区能否有计划地及时地完成充填量的关键。过去由于充填孔内充填管使用寿命短,一条充填管最多充填 30 万 m^3,最少的只能充填 10 万 m^3 左右,而矿山现在每年的充填量约 100 万 m^3,为满足生产的需要只能不停地多打充填钻孔,二矿区从一期到二期的充填钻孔一共有 40 余条,但现在能满足生产需要的钻孔数量不多。尤其是由于密集的地下工程的制约,从地表到 1150m 中段已经难以寻找合适的区域去施工更多的充填钻孔,充填钻孔的施工周期也较长,因此如何提高每一条钻孔的充填量,延长钻孔的使用寿命是亟待解决的问题,也是关系到矿山达产后能否稳产高产的关键。

(2) 盘区充填通风系统需不断完善。随着采矿深度的加大,服务于中段的充填通风系统的破坏日趋严重,越来越不能适应正常采矿的需要。充填回风中段及预留在充填体内的充填回风小井(ϕ2m 的铁盒子)受采动的影响,经常发生变形破坏不得不返修,频繁的返修不仅影响正常生产,而且由于岩层和充填体的整体移动,工作量越来越大,施工也越来越困难,再者,这也给充填接管带来极大的不便。如何有效地改善充填通风系统的工作状态,将是一项艰巨的任务。

(3) 如何能有效地提高充填体质量是安全生产的前提。提高充填体质量,充填过程中影响充填体质量的各种因素会发生不同程度的变化,充分利用一些有利的因素,转化不利因素为生产服务。

4) 设备运行条件差

二矿区机械化盘区目前的平均运距均在 300m 以上(单程最大运距可达 480m)。铲运机平均往返时间 480s,甚至更长,导致铲运机效率低下,利用率不足 60%,铲运机生产能力平均只有 72.5t/h。同时给车辆带来较大磨损,导致备品备件超耗,轮胎费用增加,采矿成本上升。

5.6.3 机械化盘区开采工艺及技术革新

下向机械化水平分层进路胶结充填采矿法在中瑞合作试验取得成功后,在二矿区全面推广,如今已经使用该采矿方法 20 多年。经过不断积累经验、总结教训,该采矿方法不断得到完善。韩斌等(1998)对金川集团公司二矿区机械化盘区进路采矿中深孔爆破效率进行了研究,应用正交试验法设计了 27 种爆破方案,采用数理统计方法分析现场试验结果,得出采用双组阶段掏槽、孔深 3.3m、炸药单耗 0.35kg/t 等可达到最佳爆破效率的结论。李爱民和杨金维对金川二矿区机械化盘区充填采矿的关键工艺及技术,如回采方式、出矿溜井系统、进路方式和充填砂浆滤水工艺等进行了研究。辜大志(2005)从提高凿岩成孔率和掏槽爆破效率、优化凿岩爆破参数、确定合理的延期时间等方面进行了研究,以提高二矿区采矿方法爆破效率。

1. 充填工艺及技术优化

1) 充填工艺与充填体现状

在充填开始时,为了防止管道堵塞,首先必须在管道中注入水,这样在管道首尾形成压差,再将充填砂浆导入充填管道,然后将浓度逐渐提升至设计浓度(78%),此过程称为引流;在充填结束时,管道中的砂浆要清洗干净,以防止水泥砂浆在管道中固结,此过程称为清洗。在引流和清洗过程中,有大量的多余水进入采场。另外在充填过程中,各种物料的瞬时流量通过计量装置将信号反馈到控制室操作面板,控制人员依据反馈回来的信息调控各种物料的瞬时流量达到一个额定值,由于各种物料的瞬时流量值波动较大,且非常频繁,所以操作人员不停地进行操作也很难将料浆浓度、物料比例等参数控制在设定值。

采场充填体形成的坡度设计最大不超过 3°,而从现场观察到局部最大坡度达到 7°,在充填管头附近充填体出现明显的离析现象,即形成的充填体大多数情况下是沙子,水泥很少或没有。

由于上述情况,造成目前的充填工艺存在以下问题。

(1) 由于自流充填工艺技术自身的局限性,在充填开始和充填结束阶段,必须有引流水和清洗水,大量多余的水进入采场后造成“水淘砂”和“水洗砂”的现象,加剧了充填料浆各组成分的分层离析。

(2) 充填固体骨料——棒磨砂和河砂的颗粒粒度偏粗,降低了充填砂浆的和易性,造成砂浆在自然沉降过程中的离析。

(3) 由于搅拌站中央控制系统的局限性,在料浆制备过程中部分采用人工调控,人为操作对料浆配比及浓度影响因素较多,造成充填料浆质量波动较大,势必导致充填体分层离析。

(4) 采场充填顺序存在不合理性,充填过程中停车次数每增加一次,流入采场的水便增加 10m³ 左右,多余水反复冲洗已经沉降的砂浆,造成充填体表面水泥浆的流失,产生明显分层。

(5) 正常充填时的砂浆浓度为 78%,砂浆中的水约 72% 不参加水化反应,必须及时排除,否则影响了充填体早期强度的形成,这也是造成充填体分层的原因之一。

2) 充填砂浆滤水新工艺的研究与应用

自从二矿区投产以来,一直采用细砂自流充填工艺。由于细砂自流充填工艺自身的局限性和二矿区充填砂浆中的水不能及时排出等原因,充填砂浆存在分层、离析的现象,影响了充填体早期强度的形成和充填体的整体质量。自 1999 年以来,随着金川矿山充填材料种类的变化,二期尾砂充填系统投产后运行不稳定,加重了矿山井下充填砂浆的分层和离析,造成充填体一次打底充填、二次补口充填和接顶充填之间有明显的分界线。特别是由于充填砂浆中的水不能及时排放,造成了打底充填与二次补口充填之间有一层300～800mm 厚的强度极低的泥浆层。这一层的存在,严重影响了充填体的强度和整体性,给矿山的安全生产带来了较大的事故隐患。

由于充填砂浆中多余的水是造成充填砂浆分层离析和形成泥浆层的根本原因,只有解决了充填砂浆中多余水分的及时排放问题,才能降低充填砂浆的分层离析,消除充填体中泥浆层的形成,提高充填体的早期强度、整体强度和整体性。2003 年二矿区开始对充填砂浆中多余水分的及时排放问题进行了专题研究。

　　试验研究的主要内容包括:造成充填砂浆泥浆层的根本原因调查分析;砂浆滤水材料的试验研究(室内试验);砂浆滤水、脱水工艺的试验研究(工业试验);编制矿山砂浆滤水脱水的技术规范。

　　现场进行了 20 多条充填进路的充填体质量调查,发现充填砂浆的分层离析现象普遍存在,打底充填和二次补口充填之间都存在一层 300~800mm 厚的强度很低的泥浆层。其充填砂浆的流动坡度达到 7°~11°。

　　在调查的基础上,对充填工艺过程进行了分析。在充填作业过程中,充填砂浆的质量分数为 77%~79%,充填能力为 110~120m³/h,一次充填量为 500~800m³,一条进路需要 2~4 次充填才能完成,一条进路累计充填量为 1000~2000m³。打底充填时,先充填板墙处,板墙处的充填高度达到 2m 左右时,停止充填,清洗管路、倒管路,再从进路的里端往外充填(二次打底充填)。充填砂浆中的水是在打底充填作业完成后、间隔 12~24h(等水泥固化反应完成后),在板墙上方打洞流出,用泵抽走。在这个过程中,细泥与水流动到进路的里端,这层细泥在水的浸泡下与水泥浆发生的固化反应很弱,无法形成强度,当倒换充填管从进路的里端往外充填时(二次打底充填),这一层没有固化强度的泥浆又被冲刷到进路的外端,加上二次打底充填自身的泥浆和水,从而造成了泥浆层的形成,并加重了砂浆的分层和离析,如图 5.76 所示。

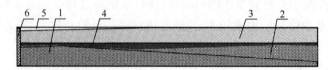

图 5.76　金川二矿区充填工艺及充填体结构示意图

1. 第一次打底充填形成的充填体;2. 第二次打底充填形成的充填体;3. 接顶充填形成的充填体;
4. 充填体中形成的泥浆层;5. 充填不接顶;6. 充填挡墙

　　依据调查分析的结果,结合混凝土学的有关原理,初步确定充填砂浆中多余的水是造成砂浆分层离析和泥浆层的根本原因。要解决充填砂浆分层离析和泥浆层的问题,必须首先解决砂浆中多余水分的及时排放问题。

　　在调查研究分析的基础上,提出了滤水脱水设想。采用 PSD100 砂浆滤水管既能够保证充填砂浆中的水分过滤排出,又能够保证充填砂浆中的水泥浆不流失,现场试验效果很好。

　　分别在二矿区一工区、三工区、四工区和七工区的Ⅲ盘区、Ⅳ盘区、Ⅴ盘区和Ⅵ盘区进行了不同技术方案的砂浆滤水试验。

　　进行滤水试验的进路揭露开后,项目组对充填体的分层离析情况和泥浆层的情况进行了现场调查。从现场观察的情况看,充填体没有发现分层;充填体的密实性相对于没有滤水的进路要好很多,靠近板墙部分的充填体颗粒粒度较进路的里端要细,但强度很高;打底充填与接顶充填之间没有任何泥浆层;打底与接顶之间没有明显的分界线,仅仅在靠近板墙处局部有 4mm 左右的分界线。

　　图 5.77 是二矿区三工区Ⅳ盘区 41# 进路揭露后的实际调查结果。该进路实际长度

120m,其中 30m 为工程废石回填,由打底和接顶两次充填完成。

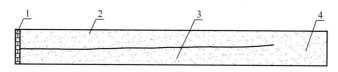

图 5.77　三工区 IV 盘区 41# 进路充填体结构示意图
1. 充填板墙；2. 接顶；3. 打底；4. 进路里端

成功研发矿山充填砂浆滤水新工艺,解决了充填砂浆不能及时脱水的技术难题。从根本上解决了充填砂浆分层离析和泥浆层的形成问题,既提高了充填体的早期强度,又提高了充填体的整体性。

3) 充填挡墙施工工艺技术的革新

多年来,二矿区井下充填进路封口一直采用木板墙工艺,施工复杂,劳动强度大,成本高,板墙的抗压性能差,极易造成板墙倒塌和充填砂浆流失,曾一度成为影响二矿区盘区生产的难题之一。为此,通过对充填板墙工艺进行长期研究改进后,充填板墙新工艺首先在四工区应用成功,此后陆续在各盘区推广使用。新型板墙外形为外弧形,用粉煤灰砖砌筑(图 5.78)。该工艺减少了分层道的暴露面积,大大地提高了分层道的安全性,减少了分层道返修和支护成本。相对于木板墙,粉煤灰板墙提高了自身强度,充填时不易倒和跑浆,使得充填过程更加稳定。外弧形板墙减少了分层道的暴露面积,有利于顶板管理,使盘区回采作业更为安全。

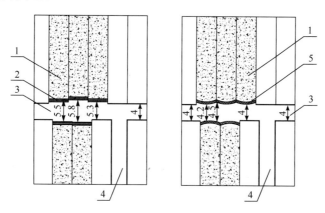

图 5.78　充填板墙革新示意图(单位:m)
1. 进路；2. 木板墙；3. 沿脉分层道；4. 穿脉分层道；5. 外弧形粉煤灰砖板墙

同时在设计中明确,长度超过 50m 的进路,要求在进路中间适当位置砌筑半板墙,保证充填质量。

李爱民(2005)对二矿区充填工艺的改进进行了研究,认为可以加厚挡墙,进行一次充填接顶,以改变目前由于一次打底、二次补充、三次补口接顶的充填次序而造成充填体分层,充填体质量下降,易产生冒落,给安全生产带来隐患的问题。同时改变多次充填泥水多、排污困难、采场工业卫生差的状况,有利于提高充填效率。

4）钢筋敷设吊挂演变过程

在下向充填的采场中，充填体顶板的安全是回采的关键，从二矿区投产开始，先后邀请长沙矿山研究院、北京科技大学、中南大学等科研院所、高校就充填体问题进行了研究，结果表明，充填体中敷设吊挂钢筋很有必要，对提高充填体强度作用比较大，但在设计中对此不明确，没有可操作性。二期工程初步设计说明书采矿部分对钢筋敷设吊挂没有具体的设计说明；1989 年金川公司《矿山技术标准汇编》中铺底筋、吊挂筋采用的全是人工现场编网；1997 年修订的《采掘工程质量验收标准》中钢筋敷设吊挂依旧采用人工现场编网，只是对编网进行了要求；《矿山改扩建初步设计说明书》中未对钢筋敷设、吊挂的方式和参数作具体说明，仅提到为确保采矿人员的作业安全，二矿区在充填进路的底板敷设钢筋加金属网，并与上部充填体联系起来。

鉴于敷设吊挂钢筋的重要性，并根据现场实践的经验，1999 年开始，二矿区对钢筋敷设方式进行了改进，改进内容为：底筋不再用人工方式逐根绑扎，而改为网片结构，底筋网片的网度为 400mm×400mm，网片规格为 2.25m×4.25m，在地表批量焊接加工；采用主副筋的吊挂，底筋的主筋直径 12mm，副筋直径 6.5mm，吊筋直径 12mm。

敷设吊挂钢筋改进后，从 2005 年推广使用，充填体强度有显著提高，脱层、开裂现象减少，安全状况改善。

5）充填引流技术的研究应用

采场充填过程中的接顶问题也是下向分层水平进路胶结充填采矿方法的关键之一，相邻充填不接顶，会造成回采进路顶板暴露面积大，给顶板管理和安全回采带来很大难度。接顶在生产现场采用估算，具体充填多长时间不能精确计量，现场的结果往往是要么不接顶，要么充填溢流物很多，浪费材料污染采场。从 2005 年开始，针对这一问题进行了技术攻关，具体做法如图 5.79 所示，充填接顶时专门接一组充填管到相邻已充填打底结束的进路，在接顶充填时，溢流充填砂浆通过充填管进入相邻进路，这样既保证充填进路的接顶，也不会使溢流物进入采场。

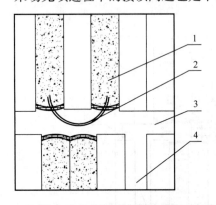

图 5.79　充填引流管示意图
1. 进路；2. 引流管；3. 沿脉分层道；4. 穿脉分层道

6）盘区充填砂浆滤水、脱水新工艺技术规范

根据大量试验研究结果和现场调查，二矿区研究开发出一整套矿山充填砂浆的滤水、脱水新工艺，并制订了相应的技术规范，详细叙述了充填板墙的衬砌、滤水管的安装、充填管的布置、充填顺序及过滤水的排放。这套工艺选用土工布为滤水介质，$\phi100mm$ 软式透水管为滤水骨架，确保在滤水过程中清水能渗漏流出，而砂浆不会渗漏损失，实现了边充填边滤水，充填结束后，充填砂浆中多余的水分全部滤干净的目的。该充填砂浆滤水新工艺布置如图 5.80 所示。

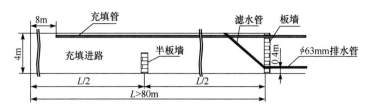

图 5.80　进路充填滤水新工艺

该工艺的主要关键技术如下。

（1）充填板墙的衬砌与滤水管的安装。首先,砌 600mm 厚的充填板墙,按设计位置预埋 2 根直径 100mm、长度 5000mm 的软式透水管（滤水管）,滤水管出水口接变径接头,变径接头再接直径为 63mm 塑料管；然后,在板墙内侧将滤水管与板墙成 45°～60° 拉直后端部绑扎到进路的顶板上；最后,在板墙的外侧喷射混凝土并密实。当进路的长度超过 80m 时,在进路长度的 1/2 处砌半板墙。

（2）充填管的布置与充填顺序。充填管布置到进路的末端,充填管管口距离进路末端 8m,从进路的里端往外充填,一条进路的充填由一次打底和一次接顶完成。

（3）过滤水的排放。对于第一～三分层,滤水管排出的水通过变径接头接直径为 63mm 的软管直接排放到水仓；对于第四分层和第五分层,滤水管排出的水通过变径接头接直径为 63mm 的软管排放到临时缓冲水仓,再用泵排放到水仓。这种充填砂浆滤水新工艺不仅能从根本上解决充填砂浆分层离析和泥浆层的形成问题,而且会提高充填体的整体强度及完整性,在工艺上能缩短充填作业时间,加快采充作业的循环速度。

7）充填钻孔的改进

优化充填钻孔的设计位置、钻孔分段高度和钻孔孔径,从而找出比较合理的提高钻孔充填量的途径；同时,采用高科技耐磨技术加工的充填管,提高充填管的使用寿命。根据现在应用耐磨管的情况,一条施工质量好的钻孔与管材质量优良的充填钻孔可将使用寿命提高到 80 万 m³ 以上,虽然单孔造价提高,但综合经济效益十分显著。

2. 盘区通风系统优化

原设计的分段上盘回风系统不但投入很大,且效果较差,采场污风难以有效排出,工人劳动效率较低,使盘区生产能力难以得到提升。为此,针对各机械化盘区充填采场的通风系统进行了优化设计。

1）下盘回风代替上盘回风

将上盘区通风方式改进为下盘区回风,即将充填回风系统布置在脉内,在采区内预留回风充填小井,小井上通盘区回风水平的穿脉回风道,回风道与下盘沿脉相通,新鲜风流经分段道、分层联络道和分层道进入回采进路,污风经过新鲜风流稀释和自身的扩散作用到分层道,在负压作用下不断排出采场,降低采场温度,改善作业条件。改造后盘区供风量从 10m³/s 提高到 14.5m³/s,缓解了分段道的压力,给分段道的返修创造了便利条件,提高了分段道的运输效率。

2) 增加充填回风井(中段)

在大中段之间增加一个充填回风井(中段),如图 5.81 所示,该方法是在充填体内人工预留直径大于 2m 充填回风井和充填回风道,从而使原充填回风系统由上盘分段道分层联络道移向中下盘充填回风井充填回风道这一比较完善的新系统。该通风系统取得了良好的效果,基本能避免原设计系统上存在的一些主要问题。而且采用增加充填回风中段也能很好地解决因老充填回风系统工程严重收敛变形而难以有效服务正常的充填和回风工作的难题。

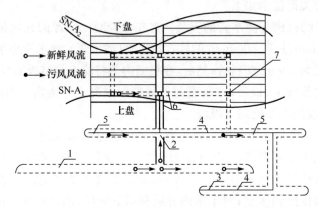

图 5.81　改造后的盘区充填回风系统示意图

1. 分段道;2. 分层联络道;3. 中段运输道;4. 充填管;5. 中段上盘回风道;
6. 盘区充填回风道;7. 盘区充填回风井

3. 机械化下向分层水平进路胶结充填采矿法成熟方案

1) 采场构成要素

为了便于开采及充分发挥无轨设备的灵活性,盘区垂直矿体走向布置,宽 100m,长为富矿加下盘贫矿厚度,不留顶底柱(新建 850m 中段留 14m 顶柱),盘区间不留间柱,连续回采(1000m 中段在 Ⅲ 盘区与 Ⅳ 盘区之间设置 20m 间柱)。采场中段高度为 1150m 中段为 100m,1000m 及 850m 中段为 150m。盘区内进路长度小于 70m,宽度 5.0m,高度 4.0m,首采分层和无假顶的进路宽 4m,高 4m,其中首采分层从第二分层开始回采,预留顶板高度 14m(图 5.82)。

2) 采切工程

在矿体上盘布置分斜坡道,分斜坡道与主斜坡道、1150m 中段主运输道、1000m 主运输道相连接。在距离矿体上盘 100m 左右处布置分段道,分段道与分斜坡道通过分段联络道相连接。一个中段划分为若干个分段,分段高 20m,在矿体上盘布置分段道;每个分段又分五个分层,分层高 4m。分段道与矿体通过分层联络道相接。在分段道上盘布置盘区脉外溜井,原则上每个盘区一条矿石溜井,每个中段布置一条或两条废石溜井,1000m中段溜井直径 2.5m,1150m 中段溜井直径 3m。溜井均为钢模板壁后钢筋混凝土支护。

分斜坡道坡度小于或等于 1:7;主斜坡道小于或等于 1:7;分层联络道坡度为 1:7。

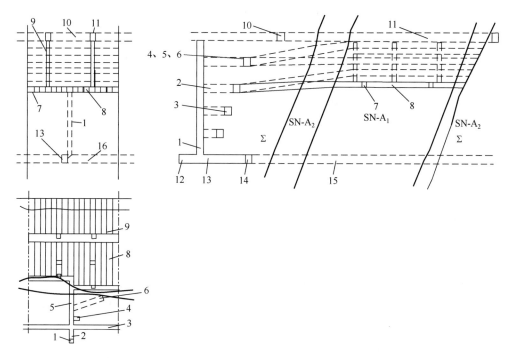

图 5.82　二矿下向分层机械化水平进路胶结充填采矿法示意图

1. 溜井；2. 溜井联络道；3. 分段道；4. 排污硐室；5. 分层联络道；6. 下分层联络道；7. 分层道；8. 进路；
9. 充填回风；10.1250m 水平沿脉回风道；11. 穿脉风道；12.1150m 沿脉运输道；13.1150m 穿脉运输道；
14.1150m 下盘运输道；15.1150m 穿脉充填回风道；16.1150m 沿脉充填回风道

采准巷道净断面宽×高为 4.6m×4.3m，分段道净断面为 4.3m×4.2m，分斜坡道净断面为
4m×4m，溜井联络道净断面为 4.3m×4.1m，充填回风道净断面为 2.6m×2.8m，预留充填
回风井直径为 2m。1150m 主运输巷道净断面为 4.8m×4.1m；1000m 主运输巷道净断面为
5.4m×4.7m。

由于采准巷道掘进断面大、工程地质条件差，二矿区全面推广使用双层喷锚网支护。
局部岩石稳固性差的地段采用 U 形钢拱架或钢筋混凝土支护进行加强支护。锚杆支护
一般采用直径 22mm、长度 2.25m 的螺纹锚杆，服务年限较长的分段道采用的锚杆强度
比分层道联络道和分层道大。

采矿中段沿矿体走向划分为若干个盘区，原设计两个采矿盘区之间留 20m 的矿柱相
隔，第一步回采矿房，矿房宽 80m；第二步回采矿柱。

采矿中段沿矿体走向划分成若干盘区。一个盘区内又划分为若干采区，在采区内以
进路的方式进行采矿。进路一般长为 40～60m，断面为宽×高＝5m×4m。采完一条进
路充填一条进路，每个盘区 2～3 条进路同时回采，回采完后立即准备充填。上、下两分层
进路尽量交错布置，保证顶板稳定性。

3）回采工艺

回采顺序为自上而下逐层进行，盘区内回采顺序为先下盘后上盘，先两边后中间。主

要包括凿岩、爆破、通风、出矿、充填等作业工序。

（1）凿岩。采用瑞典阿特拉斯·柯普科公司的 H-127、H-128（或 Boomer282）双臂电动液压凿岩台车进行凿岩，钎头直径 38mm（柱齿形）。H-127 台车钎杆长 3.7m，H-128（或 Boomer282）台车钎杆长 4.3m，钻孔深度大于或等于 2.5m。根据进路顶板和两帮介质的不同，通常布置 35~45 个炮孔，采用直线掏槽。台效为 250~300t/（台·班），凿岩工效为 125~160t/（工·班）。凿岩完成后，台车司机根据矿石破碎条件进行机械化撬毛，清除掌子面上大量浮石，装药作业前再进行一次人工撬毛，确保作业人员安全。

（2）爆破。原装药为机械化装药，后因设备不到位，炸药质量不过关，现仍用人工装药。爆破采用 ϕ32mm 的卷状乳化油炸药，卷长 200mm，连续装药，不堵孔。采用半秒导爆管雷管孔底起爆，一般每孔一个导爆管雷管。导爆管长度为 7m 和 9m 两种，雷管段位在 1~10 段选择，起爆顺序为掏槽孔→辅助孔→边帮、顶帮→底孔。待所有炮孔装好药后，再利用 8 号工业雷管起爆导爆管雷管，点火方式为电子点火。连接好爆破网络后，爆破作业人员开始爆破警戒工作，通知相邻作业面或者整个盘区人员撤离作业面。起爆时，将 8 号工业雷管前的导爆管切成斜口，将起爆器的起爆锥伸入导爆管内，长按起爆器激发开关约 3s，看到 8 号工业雷管延时药燃烧时人员即可撤离现场。8 号工业雷管的导火索长度为 1.5m，加上延期药总延时 300s。爆破效率一般为 85%~95%，炸药单耗为 0.3~0.4kg/t。

（3）通风。每次爆破通风时间为 30~40min。新鲜风流经过分段道两端的进风井进入各分段道，再经过分层联络道和分层道（穿脉和沿脉）进入采区。污风经采场顶部预留的充填回风井和回风假坑道（铁盒子）进入回风联络道，再沿回风联络道进入回风巷（布置在副中段），最终经过 14 行回风井抽出地表。其中，1150m、1000m 中段回风道分别布置在 1200m 和 1100m 副中段。随着分层不断向下进行，在充填体中不断下接回风巷，直到与下一分层的穿脉或沿脉相通，保证盘区良好的通风条件。

（4）出矿。出矿采用美国埃姆科公司制造的 EIMCO928（现在多应用金川集团公司自行生产的 JCCY-6）铲运机，斗容 6m³，额定载重量 13.6t，盘区平均运距 200m，出矿能力 60~120t/h，台效 250~300t/（台·班），盘区年生产能力 18~22 万 t/a。采矿进路内崩落的矿石由 JCCY-6 铲运机搬运至脉外矿石溜井内。在主运输水平通过振动放矿机放入 25t 德国 GHH（或 JKQ-25）公司生产的井下矿运卡车，1150m 中段的矿石由卡车装运至 1#、2# 中心溜井，通过溜井底部的振动放矿机放入破碎站，1000m 中段的矿石由卡车直接卸入破碎站。进路回采结束后，做好充填准备工作，然后进行充填作业。

（5）充填。为使盘区回采工作连续进行，以及有效控制盘区内回采过程的地压活动，坚持强采强充的开采方针，正常情况下盘区内只有 2~3 条进路回采，进路回采结束后，立即准备充填。为方便充填作业，每个盘区还配备一台 PT-45B 型服务车吊挂充填管及钢筋网。充填前先清理干净进路内的残留矿石，用耙子扒平进路底板矿石，用 ϕ6.5mm 的钢筋网敷设底筋，网度 400mm×400mm，顶底板间吊挂 ϕ6.5mm 竖筋，网度 1200mm×1200mm，顶板打锚杆固定充填管路（每节 ϕ100mm 塑料管长 4m），之后在进路口用粉煤灰空心砖封口,并喷射 30～50mm 厚的混凝土。上述工作完成后,向生产调度室申请充填,由调度室向充填工区下达充填量,充填工区下充填料充填。进路充填准备工作如图 5.83 所示。

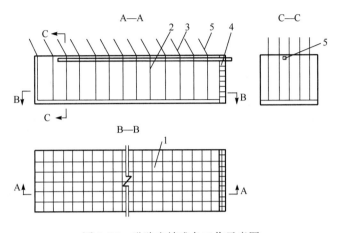

图 5.83　进路充填准备工作示意图
1. 底筋(焊网);2. 吊筋;3. 锚杆;4. 空心砖板墙;5. 充填管

充填采用高浓度管道自流输送工艺,—3mm 的棒磨砂和 42.5# 散装普通硅酸盐水泥在搅拌桶内与水搅拌后,利用水平耐磨钢管和垂直钻孔经过倒段下至充填回风水平,再经过穿脉充填回风道及预留的充填回风井下至采场。主系统及盘区内的分层道安装永久或半永久的耐磨钢管,采场进路内为增强塑料管。充填工艺指标为:砂浆质量分数 77%～79%,灰砂比 1:4、1:6,充填能力 100m³/h,充填体强度 R_{28}≥5MPa。

5.6.4　二矿区高效、低耗采矿方法研究方向

金川镍矿具有埋藏深、矿体厚大、矿岩破碎的特点。自建矿以来,从龙首矿的上向分层胶结充填法试验开始,到二矿区大规模上向进路机械化胶结充填法、下向水平分层机械化盘区胶结充填采矿法和龙首矿下向倾斜分层(六角形)胶结充填法试验,以后又进行了生产工艺方面的逐步革新和完善,下向机械化盘区胶结充填采矿法已成为金川镍矿最主要的采矿方法。目前金川镍矿利用该种采矿方法已生产了 20 多年,积累了丰富的实践经验,在生产中发挥了重要的作用,但也存在如下一些比较突出的问题:采矿成本较高、生产效率较低、盘区生产能力小和工人劳动强度大。

随着金川镍矿采矿深度的不断下降,当回采至 850m 中段时,矿山地压将会越来越大,由此所引起的问题将越来越严重,同时,采矿成本也会因此增高,下向机械化盘胶结充填采矿法的弊病也会日益显著。

主要对策是对金川矿山现有采矿方法进行优化改进,主要内容包括:

(1) 结合金川镍矿的现场实际,提出改进金川二矿区采矿方法的技术方案,以达到降低生产成本、提高生产能力、减轻工人劳动强度的目的。

（2）借鉴国内外矿山中深孔爆破技术的先进经验，提出适应于二矿区进路式采矿的炮孔布置形式、掏槽方式、起爆方式等爆破技术方案，达到提高爆破效率的目的。

（3）研究国内外深部厚大矿体地压控制技术的方法及其成功与失败的经验，提出现阶段适合于金川深部矿体地压控制技术的方式方法。

（4）提出金川今后深部高落差、远距离充填料浆输送和采场充填可能会遇到的问题及国内外解决这些问题的方法和经验。同时可以将国内外成功的充填管道清洗技术、充填接顶技术、充填引流水和刷管水的控制技术等在消化吸收的基础上应用于金川矿山。

（5）国内外矿山采矿无轨设备（主要包括凿岩台车、铲运机、矿用卡车、采矿服务车、装药车等）的使用方式及其工作状况的调查，并提出能提高大型无轨设备在金川矿山生产效率的有效途径。

（6）对金川镍矿的生产成本与出矿品位、矿石的损失和贫化、综合采矿技术之间的关系进行分析和研究，找出生产成本与矿石损失和贫化之间的最佳切入点，并提出降低采矿成本的技术措施。

5.7　金川矿山采矿工艺科研规划

针对金川矿区采矿工艺当前所面临的问题，"十二五"期间主要开展的重大科研课题是"金川矿山安全高效采矿工艺研究"。

金川二矿区已成功实现了单中段 12 万 m^2 的无矿柱大面积连续开采，采矿能力已突破 400 万 t/a，实现了金川厚大难采矿床的安全、高效开采。但随着矿床开采深度的加深及开采面积的扩大，深部采矿面临的问题逐步增加，尤其是深部多中段开采采场地压控制及水平矿柱的稳定性等问题，使二矿区开采面临严峻挑战，急需解决。

通过对二矿区复杂难采矿体开采理论支撑与关键技术研究，最终构建起金川二矿区厚大矿体无矿柱连续开采的支撑理论体系，总结出二矿区厚大矿体无矿柱大面积连续开采的关键技术，形成系统的复杂难采矿体开采成套技术和理论支撑体系。通过对矿山地压问题的综合性研究，提出相应的地压综合治理方法，在确保矿山安全的前提下，提高采场出矿效率，减少二次支护成本，最大限度地回收上部贫矿，合理利用资源。通过对龙首矿采矿方法优化研究，在龙首矿确定一种简单灵活、回采强度高、安全性好、管理方便、适合大型设备应用的采矿方法，使新的采矿方法能切实适应龙首矿实际情况，成为未来龙首矿主导的采矿法。

5.8　本 章 小 结

二矿区采矿方法的变革方向是将损失率高、安全性差、生产效率低的采矿方法逐渐向损失率低、安全性好、生产效率较高的采矿方法演变，并使采矿方法与客观条件相适应，既提高劳动效率，又降低劳动强度，改善劳动条件。采矿方法的具体演变过程是：上向分层胶结充填采矿法—下向分层胶结充填采矿法—下向分层高进路胶结充填采矿法—机械化盘区上向水平进路胶结充填采矿法—机械化盘区下向分层水平进路胶结充填采矿法。

一期工程采用的采矿方法有上向水平分层胶结充填法和下向水平分层胶结充填法,在生产过程中,又进行了机械化上向水平分层进路胶结充填法、机械化下向水平分层进路胶结充填法、垂直深孔球状药包爆破后退式采矿法(即 VCR 法)等试验,取得了比较好的效果,为二期工程采矿方法的选择积累了实践经验。由于金川二矿区矿体埋藏深,矿岩的节理裂隙发育,岩体软硬不均,受历次地质构造的影响大,矿岩中残余应力大,除 2# 矿体36～40 行的 1250～1350m 的特富矿、富矿段曾经采用过房柱式上向进路胶结充填法及34 行 1250～1350m 标高的 VCR 法,其余全部采用下向胶结充填采矿法,1400～1350m曾进行过大空场后充填采矿方法试验未获成功。

矿山二期工程由中瑞联合设计,采矿方法为下向分层机械化盘区水平进路胶结充填法,该方法是金川镍矿改革开放,国内外联合攻关,引进设备,走技术进步的成果。从1984 年起,先后从瑞典、德国、法国、澳大利亚、美国引进设备和技术,通过消化和吸收,结合金川镍矿实际综合试验,经生产实践、设备配套、回采工艺完善和生产系统改造,使无轨设备的生产能力得到充分发挥,使机械化开采的优势越来越明显,并得以推广应用。

下向胶结充填采矿法是金川应用最成功的采矿方法。最初采用普通低进路(2.5m×2.5m),后来演变成倾斜分层高进路,后来又发展成下向高进路。每次变化,开采量都有增加,安全效果也更好。然而,由于出矿设备都是电耙,出矿能力有限,大大束缚了采矿盘区的生产能力,故一期工程中,采矿盘区的生产能力平均仅为 120t/d 左右,1#、2# 矿体同时开采,矿山的生产规模也仅为 3000t/d。材料、采矿工人的劳动生产率仅为 600t/d。

1985 年,金川公司引进了当今世界上最先进的开采矿岩破碎、地应力大、采空区不能自立的贵金属的采矿方法,即机械化盘区水平进路下向胶结充填采矿法。机械化盘区下向分层水平进路胶结充填采矿法首先在 1985～1988 年 10 月试验结束,通过试验取得了如下成果。

(1) 形成了凿岩台车、炸药车、服务车、铲运机、振动放矿机等组成的一套完整的机械化配套系统,有较高的生产能力。

(2) 采用管道压入式通风,改善了采场作业条件。

(3) 利用水平管道对水平进路进行充填,接顶效果满足了生产的需要。

(4) 矿石损失、贫化率低。

采用脉外斜坡道采准,大面积进路回采,分层高度为 4m,进路宽度为 4～5m,采用无轨凿岩和出矿设备,提高采矿的机械化水平,提高劳动生产率,降低工人的劳动强度等。

下向进路机械化盘区胶结充填采矿法在凿岩、装药、出矿、支护、运料等方面形成了由凿岩台车、装药车、铲运机、服务车、振动放矿机等设备和细砂管道充填组成的完整的机械化采矿工艺系统(与上向机械化盘区的配置是一样的),管道压入式通风改善了作业条件,矿石损失率和贫化率分别为 2.06% 和 4.71%,盘区综合生产能力达到了 817t/d,设备完好率达 88% 以上。工人作业在人工制造的充填体假顶下面,比上向机械化盘区回采更具安全性,这也是与上向机采盘区回采最大的区别之一。工作面采矿效率 300t/班,工区全员劳动生产率 12t/(人·d),设备完好率 80% 以上,目前二矿区二期工程回采的两个中段均为该采矿方法,也是目前二矿区二期工程采用的唯一的采矿方法。实践证明,该方法是一种对金川矿体行之有效的采矿方法。该采矿方法的试验成果,为金川集团公司二期工程准备了一种行之有效的采矿方法,为我国矿山实行大型机械化采矿获得了宝贵经验。

第6章　金川矿山崩落采矿法理论研究与发展

6.1　概　　述

6.1.1　自然崩落法应用状况

自然崩落法,也称矿块崩落法,是通过在矿块底部拉底(有时辅以割帮或预裂)形成一定暴露空间,引起岩体应力场发生变化来促进岩石破碎而达到自然崩落的一种采矿方法。它依靠矿体自身的软弱结构面,在自重应力、次生构造应力的作用下,使其进一步发展失稳崩落,通过底部放矿使上部的矿岩逐渐崩落,直至上一个阶段或崩透地表。由于节省大量的凿岩爆破工程与费用,因而它是一种低成本、高效率、安全性好的地下大规模采矿方法。

自然崩落法 1895 年在美国 Pewabic 铁矿问世,迄今已有 100 多年的历史,积累了丰富的使用经验。起初,它只适用于节理裂隙发育的软弱破碎矿体。目前,由于矿体可崩性研究取得了巨大进展,自然崩落法已能成功地适用于节理裂隙发育的硬岩体。自然崩落法的应用遍及全世界。因其生产能力大,便于生产组织管理,作业安全,开采成本低,是唯一能与露天开采经济效益相媲美的采矿方法,备受各国采矿工作者青睐。目前使用自然崩落法的国家有很多,主要有美国、智利、加拿大、南非、菲律宾、印度尼西亚、澳大利亚、赞比亚、津巴布韦、中国等。目前世界上有五十多座矿山采用自然崩落法采矿,如美国的克莱迈克斯矿、圣曼纽尔矿、亨德森矿,智利的特尼恩特矿、萨尔瓦多矿,菲律宾的菲勒克斯矿等,生产能力最大的是智利的特尼恩特矿,日产量 13.5 万 t。

我国在 20 世纪 60 年代才开始酝酿运用自然崩落法,最早在易门铜矿狮子山坑和莱芜马庄铁矿进行了试验研究,随后在金山店铁矿、程潮铁矿、铜矿峪铜矿、丰山铜矿、镜铁山铁矿、漓渚铁矿和四川石棉一矿等先后开展了自然崩落法的试验研究。中条山有色金属公司铜矿峪铜矿年产量 400 万 t,是我国地下开采规模最大的金属矿山之一,其二期工程设计生产规模为 600 万 t/a。就其技术研究方面而言,除了在中条山铜矿峪铜矿进行的自然崩落法试验研究工作较为成功之外,其他矿山由于各种原因均没有真正推广应用。

自然崩落法是一种依靠岩体内部的自然力来达到矿石的破碎,并依靠重力来进行矿石搬运的大规模地下采矿方法,生产过程与传统采矿方法相比,存在着很大的不同。它的力学机理和工艺特点是:在矿块底部进行拉底(有时辅以割帮和预裂等诱导工程)以引起矿块周边岩体内应力的变化,促使矿体破坏,并在重力场作用下自行崩落,随着矿石不断放出或拉底工作不断进行,使矿体自然崩落并继续向上发展。因此,这种方法不需要进行大量的凿岩爆破工作以使矿石垮落,也不能通过凿岩爆破来实现人们所期望的崩落效果和生产能力,其崩落特性主要取决于矿体的地质条件,即岩体构造及其分布规律、岩体强度及地应力状态等因素。其能否成功实施,涉及矿岩的可崩性、崩落规律与崩落速率、矿岩的崩落块度、放矿控制、崩落区崩落状态与非崩落区稳定性监测等多方面技术问题。因此，自然崩落法既是一种高效率、低成本的采矿方法，同时也是一种高技术含量的采矿方法。

　　自然崩落法生产工艺的核心是实现矿体的有效崩落。矿岩可崩性研究是拟采用自然崩落法矿山可行性研究的中心内容，对采矿设计的回采顺序、拉底方向、拉底面积、出矿方式、放矿控制、割帮预裂、安全生产和技术经济指标等都有决定性的影响，是矿山达到预期经济效益的重要保证。影响岩体可崩性的因素主要有两个：一个是地质与力学因素，其中地质因素包括矿体内节理、裂隙及断裂等结构弱面的发育程度及其空间展布特征、矿体产出位置及其产状等；力学因素包括原岩应力场的方向与大小，岩体及岩石的抗压与抗拉强度及单轴与三轴压缩时的变形特征；弱面的剪切性能及其变形特征等。另一个是工程因素，指拉底、割帮、预裂等工程的尺寸、形状及布置形式，都直接影响岩体的崩落。拉底的形状很重要，拉底的有效面积及拉底的速度、方向都制约着岩体崩落。割帮、预裂工程的布置形式，割帮、预裂面积的大小和时间也都关系到崩落的成败。因此，工程因素是人们掌握自然科学的实践，是自然崩落法应用技术的结晶。

　　自然崩落法的力学机理和工艺特点是：在矿块底部进行拉底（有时辅以割帮和预裂等诱导工程）以引起矿块周边岩体内应力的变化，促使矿体破坏，并在重力场作用下自行崩落，随着矿石不断放出或拉底工作不断进行，使矿体自然崩落并继续向上发展。因此，这种方法与其他采矿方法相比，不需要进行大量的凿岩爆破工作以使矿石跨落，同时，也不能通过凿岩爆破来实现人们所期望的崩落效果和生产能力，其崩落特性主要取决于矿体的地质条件，即岩体构造及其分布规律、岩体强度及地应力状态等因素，其能否成功实施，涉及矿岩的可崩性、崩落规律与崩落速率、矿岩的崩落块度、放矿控制、崩落区崩落状态与非崩落区稳定性监测等多方面技术问题。同时，这种采矿方法一旦开始实施，向其他采矿方法转变将非常困难。

　　因此，拟采用自然崩落法开采的矿山，必须在可行性研究阶段，从系统工程的角度，在对开采技术条件进行全面掌握的基础上，对该矿床矿岩可崩性和崩落块度进行研究和预测，为工程设计提供指导性参数，以避免后期工作的被动。

　　自然崩落法对金川矿区来说是一种全新的采矿方法，在国内矿山也不多见，成功地应用自然崩落法的矿山更是屈指可数。因此，开展对Ⅲ矿区自然崩落法的关键技术研究，是Ⅲ矿区能否成功地进行贫矿资源开采的关键所在。

6.1.2　金川矿山崩落采矿法的研究历程

1. 二矿区崩落法研究

　　根据文献，金川集团公司最早进行自然崩落法研究的是二矿区。考虑到金川矿体厚大且陡倾，矿岩节理裂隙十分发育，矿岩不稳固，下部为富矿，上部为贫矿及崩落法采矿生产能力大等特点，能够满足国家对扩大金川镍矿产能的要求。20世纪70年代后期，曾提出采用矿块自然崩落法开采金川二矿区厚大矿体。1978年以来，包括Fluor-Inco、Qutokumpu和DavyMckee等著名的国际矿业工程咨询公司在内的许多外国公司，纷纷提出了采用矿块崩落法开采金川二矿区厚大矿体的建议。

根据中国有色金属工业总公司与中南矿冶学院(1985)的研究,矿块崩落法可以适应金川镍矿的矿岩破碎,易于崩落和采矿生产规模大的要求,在技术上对二矿区厚大矿体是可行的,但是采用该采矿方法受到以下三个方面的限制。

1) 二矿区已经建成的生产系统

当时二矿区已经形成 3000t/d 的充填法生产能力和开拓、采准与运输系统。若改为矿块崩落法开采,矿山必须重新进行深部水平开拓,以便形成新的出矿和生产系统;同时,部分井筒将处于岩层移动范围内,必然受崩落法采矿影响而发生垮冒报废,需要掘进新的竖井系统。同时,二矿区生产能力在由充填法向崩落法过渡时期内不能增加,一直到第一个盘区开始崩落才可能提高产能。这期间的基建时间相当长,对于提高我国镍金属产量来说是不利的。

2) 矿山选矿问题

矿块崩落法开采必然需要贫富矿兼采,同时崩落法贫化率较高,出矿品位比充填法低,因此选矿厂必须提前建设贫矿处理系统。

3) 采场充填体对崩落法采矿的影响

从充填法向矿块崩落法过渡的时期内,在二矿区 1# 和 2# 矿体的富矿顶部,已经填充了相当数量的水泥细砂胶结充填料,这给矿块崩落法矿石回收和贫化带来不利影响。而且矿块崩落法投产越晚,充填料混入矿石的贫化影响越严重。

综上所述,研究者认为矿块崩落法使用时机已经过去,在充填法生产形成定局的情况下,改用矿块崩落法则弊多利少。因此,建议在不变动全矿开拓系统的前提下,在充填法的范畴内寻求新的高效采矿方案。

王家臣等(2000)选择二矿区 30~50 行的矿体作为研究对象,采用 FLAC3D 数值计算方法对金川镍矿二矿区自然崩落法的拉底方案、拉底面积、崩落速度预测等规律进行了研究,运用蒙特卡罗随机模拟方法生成了三维节理网络,并运用拓扑学中的单纯同调理论对矿石自然崩落块度进行了预测分析,为设计工作提供了一定的理论依据。王宁等(2004)采用三维弹塑性有限元数值模拟方法,对以金川二矿区 F_{17} 以东 2# 矿体为自然崩落法试验采场的底部结构的稳定性进行了模拟研究。研究结果表明,随矿岩崩落开采,崩落区下方岩层出现较大范围的塑性破坏区和拉破坏区;巷道采取多次让压支护措施,能确保底部结构的稳定。

2. 龙首矿西部贫矿开采崩落法研究

龙首矿是金川集团公司最早试验并应用崩落采矿法的矿山,早在 20 世纪 60~70 年代初就曾经试验成功了分层崩落法和分段崩落法,但因为贫化损失高、作业条件差、生产能力小等问题逐渐被充填采矿法所取代。

金川集团公司在认真总结近年来不断完善公司战略、加快发展的成功经验,分析未来的机遇和挑战的基础上,提出了必须保证自有矿山原料稳定供应,充分开发利用现有地质资源,及时采取措施提高采矿生产能力的发展目标。针对龙首矿持续稳产的需要,提出了龙首矿西部贫矿开采的计划。

根据龙首矿西部贫矿品位低,矿岩破碎、稳固性差,地表容许塌陷的开采技术条件,

2004 年中国有色工程设计研究总院在金川镍贫矿资源综合利用可行性研究报告中提出了以铲运机出矿的自然崩落法方案。2006 年 6 月,长沙矿山研究院、长沙有色冶金设计研究院、金川集团公司龙首矿和金川镍钴研究设计院共同完成了"龙首矿西部贫矿开采前期研究及开发利用可行性研究",主要在地质资源研究、开采范围及开采顺序研究、采矿方法研究等 12 个方面进行了研究,推荐以大区阶段连续崩落法为基本方法,以无底柱分段崩落法和有底柱阶段崩落法为辅助方法。认为有必要进行大区阶段连续崩落采矿法采场结构参数优化,控制爆破技术、控制放矿技术、底部结构维护技术和采切工程支护技术等方面的试验研究。长沙有色冶金设计研究院于 2007 年 3 月完成了初步设计书,设计采矿方法为大区阶段连续崩落采矿法和无底柱分段崩落采矿法。金川集团公司委托兰州大学对大区阶段连续崩落采矿法的底部结构稳定性进行了研究。

3. 金川Ⅲ矿区自然崩落法研究

金川Ⅲ矿区位于金川矿区最西端,由于 F_8 断层的影响,相对于Ⅰ矿区岩体向南西推移 800 余米,全部隐伏于第四系之下,埋藏深度四五十米,全矿区共划分 57 个矿体。Ⅲ矿区矿体倾斜(60°~70°)、厚大、破碎软弱、品位低、高地应力、节理裂隙发育,岩体单块强度高、整体强度低等地质特征,地表允许塌陷,具备应用自然崩落法采矿的基本特征。由于Ⅲ矿区贫矿资源自身的特殊性所限制,比较难使用目前金川集团公司矿山所使用的充填采矿法回采,必须寻求适合该矿区矿体赋存条件的大规模低成本采矿方法。

按照金川集团公司的发展规划,Ⅲ矿区从 2003 年开始进行基建。为保证Ⅲ矿区开发如期投产,2002 年由中国有色工程设计研究总院、兰州有色冶金设计研究院及长沙有色冶金设计研究院三家单位完成了可行性研究报告,分别提出了自然崩落法、无底柱分段崩落法及阶段强制崩落法等三种不同的适于贫矿开发利用的回采方案。2002 年 6 月由金川集团公司矿山部组织金川集团公司矿山系统的工程技术人员对三家设计单位提出的Ⅲ矿区可行性研究的三种方案进行了系统的比较和优化论证研究,在综合分析三家设计单位采用的采矿方法的基础上,决定选用由中国有色工程设计研究总院提出的低成本、高效率的自然崩落法回采方案,并由中国有色工程设计研究总院进行Ⅲ矿区的初步设计。2002 年 12 月,中国有色工程设计研究总院完成了Ⅲ矿区开发的初步设计工作,矿山开拓方案为主井、副井和辅助斜坡道联合开拓。

孙红宾(2000)利用分形理论对金川贫矿自然崩落法崩落块度进行了预测,运用三维原岩块度模型和蒙特卡罗法对原岩块度进行了模拟,提出了新的分形破碎模型,并提出用无底柱分段崩落法中溜井内矿石破碎来模拟其破碎作用的方案。熊道慧(2000)应用相似材料模拟试验和 FLAC 数值计算,对贫矿开采进行模拟;通过贫矿自然崩落法的相似模拟试验,研究了贫矿在拉底过程中的可崩性、崩落机理及崩落速度等;用 FLAC 考察贫矿在不同拉底方案时矿体的变形和破坏情况,从而选择了最优的拉底方案。董卫军等在 2001 年应用 FLAC 软件为工具,以金川贫矿自然崩落为研究对象,通过数值模拟方法对自然崩落过程进行研究,取得较好效果。董卫军应用蒙特卡罗法,根据现场实测的节理几何参数,对金川铜镍矿贫矿体内的真实三维节理分布进行了计算机模拟。王福玉等(2002)提出了金川Ⅲ矿区开采设计中的关键技术与研究途径,对采矿方法的选择与前期研究工作进行了初步分析,对采用露天矿和地下矿山开采进行了初步比较,并提出了开采前期研究工作的重要性。孙旭(2003)对金川三矿采矿方法进行了探讨,选择了无底柱分段崩落法、分层崩落法和下向进路胶结充填法等三种采矿方法进行技术经济比较,推荐采用无底柱分段崩落法。张忠(2005)对Ⅲ矿区矿岩可崩性进行了研究,采用 RQD、MRMR 等多种岩体质量分级方法,对矿体和主要围岩的可崩性进行了分析评价,为Ⅲ矿区自然崩落采矿法的设计、生产提供了依据。2006 年魏建伟基于自然崩落法矿岩块度预测技术和以改进的 MAKEBLOCK 矿岩块度预测软件为平台,对金川Ⅲ矿区自然崩落法矿岩块度预测技术研究。朱志根(2006)对崩落矿岩散体在放出过程中的流动规律进行了研究,并利用了离散单元法对放矿过程进行了数值模拟,分析了矿岩散体放出过程的流动规律。冯兴隆等(2009)利用蒙特卡罗模拟方法,建立三维模型,预测了金川集团公司Ⅲ矿区自然崩落采矿法崩落块度。袁海平等(2004)采用双扭试件常位移松弛法,对金川软弱复杂矿岩进行亚临界裂纹扩展试验研究,得到了采场矿岩亚临界裂纹扩展速度与应力强度因子之间的关系,为预测金川Ⅲ矿区软弱复杂矿岩自然崩落法崩落速度提供可靠依据。

在采场设计以前,必须充分研究矿石的自然崩落规律,确定合理的拉底方案、初次崩落的拉底面积、崩落速度、崩落块度等,以便为确定采场产量规模、采场底部结构等提供必要的科学依据。2003~2008 年,金川集团公司先后与中南大学、长沙矿山研究院、北京科技大学和中国恩菲工程技术有限公司等多家研究单位就Ⅲ矿区自然崩落法进行了前期研究,并分别提交了研究报告。在此基础上,中国恩菲工程技术有限公司于 2006 年完成了自然崩落法的详细设计工作。

6.2　龙首矿西部贫矿崩落法研究与设计

6.2.1　采矿方法选择

1. 贫矿开采技术条件

龙首矿从东向西划分为东(Ⅱ6~Ⅰ8)、中(Ⅰ8~Ⅰ18)、西(Ⅰ18~Ⅰ34)三个采区,贫矿主要位于西采区。西部贫矿体主要赋存于 14 行以西,34 行以东,为星点状构造贫矿体。矿体走向长达 900m,深 400~600m,最深达 900m;向 SW 倾伏,倾角很陡,一般在 70° 左右,最陡可达 85°~90°。由 14 行向西,由上向下,总的趋势是变厚,但在平面上纵向上局部段变化也比较明显,一般是由薄变厚,再由厚变薄,至分枝或尖灭。

18~28 行下盘为富矿,即海绵晶铁构造富矿体。上盘为贫矿。1424~1280m 标高的富矿已由龙首矿用下向进路胶结充填法回采,并带采了部分贫矿,矿体下盘主要由充填体和破碎带组成。

西部矿体上部已经由露天开采(17~32 行),西端采至 1520m 水平,东端采至 1534m 水平。

矿石和围岩均不稳固,下盘围岩比矿体的稳固性更差,尤其是富矿与超基性岩体接触处极不稳固。地应力以水平应力为主导,且是压应力,水平应力大于垂直应力,主要作用在矿体上下盘,越深应力越大,最大水平应力在 23.4~39.1MPa。主要断层位于矿体下盘,切割矿体,受断层影响矿体破碎,有的呈松散结构,极不稳固。

2. 采矿方法

长沙矿山研究院等(2006)根据龙首矿西部贫矿开采技术条件,对采矿方法选择进行了研究。根据西部贫矿开采技术条件,选择了阶段自然崩落法、大区阶段连续崩落法、无底柱分段崩落法、分段留矿崩落法、机械化盘区六角形进路下向胶结充填法、有底柱阶段崩落法、阶段强制崩落法、机械化盘区进路上向胶结充填法、上向进路胶结充填法、下向进路胶结充填法、留矿法、分层崩落法、高端壁无底柱分段崩落法等 13 种待选采矿方法,采用模糊聚类理论对采矿方法初选,应用模糊综合评判终选采矿方法。

由于龙首矿西部贫矿上部为露天坑,矿体形态复杂,分枝尖灭现象明显;矿体和围岩均不稳固,且下盘围岩比矿体的稳固性更差;地应力大,而且水平应力大于垂直应力;不允许有较大的暴露面积。不宜采用空场法或空场嗣后充填法。根据龙首矿西部贫矿的开采技术条件及矿石以往的经济价值,也不宜继续采用富矿采区现用的机械化盘区六角形进路下向胶结充填采矿法开采。

结合国内外的同类矿山现状及发展趋势,该类矿体地下开采常用的采矿方法有无底柱分段崩落法、自然崩落法、阶段强制崩落法、有底柱分段崩落法等。

根据国内外地下采矿的经验,对于矿石品位较低,允许一定损失贫化,地表允许塌陷的极厚大水平及缓倾斜极厚矿体、倾斜极厚矿体和急倾斜极厚矿体,当矿岩稳固以下,并具有适合自然崩落条件的节理强度和方位时,一般采用阶段自然崩落法;矿岩稳固以上时,国外大多采用阶段强制崩落法,部分采用有底柱分段崩落法,国内大多采用无底柱分段崩落法和有底柱分段崩落法,部分采用阶段强制崩落法,对于下盘倾斜的中等稳固以上的矿体,国外常采用无底柱分段崩落法和有底柱分段崩落法。

大区阶段连续崩落采矿法是长沙矿山研究院提出的一种新型采矿方法。这种采矿方法的前期研究结果表明,它既适应中等稳固以上的极厚大矿体,又适应稳固性一般的极厚大矿体。当矿体底盘倾角较缓时,也有像有底柱分段崩落法和无底柱分段崩落法一样的灵活性。大区阶段连续崩落采矿法以强制崩落为主,自然崩落为辅,必要时可变成有底柱阶段崩落法和无底柱阶段崩落法,吸收了自然崩落法效率高、生产能力大、作业集中、便于管理、成本低的优点,也吸收了有底柱阶段崩落法和无底柱阶段崩落法能主动控制回采放矿过程和灵活性大的特点。同时,克服了自然崩落法灵活性小,适应条件要求严格,控制回采过程、地压活动和崩落块度难度大的缺点;也克服了有底柱阶段崩落法和无底柱阶段崩落法成孔率低、爆破效果差、损失贫化大、成本高的缺点。并且有利于露天坑下采矿和形成覆盖层。

从矿石贫化损失方面比较,无底柱分段崩落法凿岩、出矿在同一分段进行,崩落步距受出矿设备最大铲取深度的影响,矿石与废石的接触面积较大,每次出矿工作面都与废石接触,即每次出矿作业都会有贫化损失,最终导致矿石损失率和贫化率均较高。

有底柱分段崩落法不像无底柱分段崩落法一样小步距爆破和出矿,而以分段为采矿单位,全分段一次爆破,最终大量出矿;矿石和覆盖岩石接触量相对要小,所以损失率和贫化率相对要低。阶段自然崩落法和阶段强制崩落法为阶段落矿,大量放矿,与有底柱分段崩落法比较,矿石与覆盖岩石的接触量少得多,损失贫化比无底柱分段崩落法更少。所以,损失贫化率比有底柱分段崩落法低,比无底柱分段崩落法更低。

另外,从理论上讲,无底柱分段崩落法崩矿步距小,在采场端部放矿,其放矿椭球体受采场端部限制,短轴半径小,偏心率大,放矿椭球体小,极限废石漏斗半径也小。放矿过程,废石很快进入矿石,导致矿石损失贫化大,特别是当矿石不稳,眉线遭到破坏时,矿石损失贫化更难控制,但其对矿体形态和产状的适应性较强。有底柱分段崩落法崩矿步距大,矿石层厚度较大。在采场底部多放矿口放矿,与采场端部有一定的距离,采场端部对放矿限制小,在矿岩物理力学性质相同的情况下,放矿椭球体大而全,极限废石漏斗半径也大,放矿过程中,废石进入矿石较晚。所以,损失贫化要小。有底柱阶段强制崩落法比有底柱分段崩落法的矿石层厚度更大,损失贫化更低。

大区阶段连续崩落采矿法有留矿法的特点,大部分矿石远离覆盖岩石,放矿口多而且与采场端部距离大,更具有大而全的放矿椭球体和极限废石漏斗半径,只要放矿管理严格,可以获得较低的损失贫化率指标。

上述各采矿方法的损失贫化率由大到小的排列顺序是:无底柱分段崩落法、有底柱分段崩落法、阶段自然崩落法、阶段强制崩落法、大区阶段连续崩落采矿法。采矿工艺上,阶段自然崩落法,只需在矿块底部形成运输系统,构筑底部结构,开掘削弱工程,并在底部结构上部进行较大水平面积的拉底后,借助重力和张力作用崩落矿石,不需凿岩爆破或少凿岩爆破。工艺简单,采切比一般为 $20\sim30\mathrm{m}^3/\mathrm{kt}$。但底部结构维护和处理大块的工作量大,放矿管理复杂。无底柱分段崩落法凿岩、爆破、出矿在同一分层进行。当形成矿块底部运输系统、溜井、措施井和分段凿岩出矿进路后,即可回采,与阶段自然崩落法比较,需凿岩爆破,工艺较简单,处理大块和巷道维护容易,但采切工作量较大,采切比一般为 $50\sim60\mathrm{m}^3/\mathrm{kt}$。

有底柱分段崩落法,以分段为采矿单元,采场底部出矿,底部结构施工困难,与无底柱分段崩落法比,采准工程量要大,采切比 $60\sim70\mathrm{m}^3/\mathrm{kt}$,爆破规模大,大块在底部处理,放矿时常出现悬拱、卡斗,工艺相对复杂一点。尤其是水平深孔落矿,作业条件相对较差,人员、设备和材料运送困难,不利于提高综合机械化程度。阶段强制崩落法以阶段为采矿单元,爆破规模比有底柱分段崩落法大,爆破工艺和放矿管理复杂,大块悬拱处理量和底部结构维护量大。大区阶段落矿有底柱崩落法与阶段强制崩落法差不多,但起爆系统和放矿管理要求严格,既困难又复杂。

从采矿成本比较,充填法最高,阶段自然崩落法最低,其他方法处于两者之间。有底柱分段崩落法比阶段强制崩落法、盘区阶段有底柱崩落法采切略高,成本稍微高一点;阶段强制崩落法比无底柱分段崩落法采切比大,而且炸药单耗也高一点,所以成本较高。据美国分析,假设露天采矿成本为 1 美元/t,则阶段自然崩落法为 1.6 美元/t,房柱法、留矿法为 3.5 美元/t,分段崩落法及分段空场法为 4 美元/t,上向充填法为 5 美元/t,下向胶结充填法为 6 美元/t。

西部贫矿是急倾斜厚矿体,矿石、围岩稳固性差,围岩比矿石更不稳固。采用阶段自然崩落法采矿时,底部结构形成困难,维护费用高;落矿时,因矿体的高宽比大,矿、岩稳固性差,而且围岩比矿石稳固性更差,特别是 1424～1100m 标高的贫矿体其下盘为下向进路胶结充填体,不能形成理想的大块度围岩和较小块度的矿石,小块度的围岩和充填体将提前介入,使放矿难以控制,矿石贫化率增大,不能体现出自然崩落法的优势。一旦使用不成功,要改成其他采矿方法很困难。

根据长沙有色冶金设计研究院(2006)敏感性分析结果,出矿品位下降是影响经济效益最敏感的因素,成本增加是较敏感因素,增加矿石贫化率,对出矿品位和企业经营成本同时起作用,崩落法采矿时,一次崩、出矿规模与贫化率有直接的关系。全阶段或全分段爆破规模较大,出矿时矿石与覆盖岩石接触量小,贫化率也小。按一次崩、出矿规模大小,不考虑不可避免贫化率,崩落法贫化率从大到小的排列顺序是:无底柱分段崩落法、有底柱分段崩落法、阶段强制崩落法、大区阶段连续崩落采矿法。综上所述,设计对大区阶段连续崩落采矿法(图 6.1)和无底柱分段崩落采矿法(图 6.2)进行了技术经济比较,结果表明大区阶段连续崩落采矿法矿石贫化率和损失率较低,采出金属总量较大,金属镍16153.4t,金属铜 9535.2t,年利润总额高达 358.30 万元。

根据长沙矿山研究院关于龙首矿西部贫矿采矿方法前期研究成果和技术经济比较结果,大区阶段连续崩落采矿法从理论上讲,无论在经济技术和安全上,还是实用性上均具有明显优势,故设计推荐以大区阶段连续崩落采矿法为基本方法,以无底柱分段崩落采矿法和有底柱阶段崩落采矿法为辅助方法。但是,由于大区阶段连续崩落采矿法尚处于研究阶段,能否成功用于龙首矿西部贫矿的开采还有待进一步试验研究。特别是采场底部结构能否保持稳定是这种采矿方法成败的关键,也是矿山能否安全持续生产的关键之一,所以在采矿工程详细设计前应完成大区阶段连续崩落采矿法的试验研究工作,为设计提供依据。

设计 21 行以西,34 行以东,1100m 水平以上的贫矿体采用大区阶段连续崩落法进行回采。21 行以东 1424m 水平以上及 1280m 水平以下、1100m 水平以上贫矿南侧(上部)的分支矿体和充填体上部的残矿段采用无底柱分段崩落法回采;21 行以东 1424m 以下的矿段分支尖灭现象明显,若采用崩落法开采矿石贫化损失大,该区域内的矿体宜与富矿一起采用机械化盘区六角形进路下向胶结充填法开采。

如果适用条件许可,矿体厚度大于 15m、小于 20m,夹石厚度大于 10m 时,也可以采用有底柱阶段崩落法。

1040m 和 980m 两中段设计暂考虑采用崩落法开采,但考虑到这两个中段的贫矿量较少,仅 150 万 t,而且矿体分枝尖灭现象明显,如果开采时 Cu、Ni 价格和生产成本允许也可考虑采用机械化盘区六角形进路下向胶结充填法开采。

经统计采用大区阶段连续崩落法开采的矿量约占设计开采贫矿总量的 65%,采用无底柱分段崩落法和有底柱阶段崩落法开采的贫矿量约占设计开采贫矿总量的 35%。

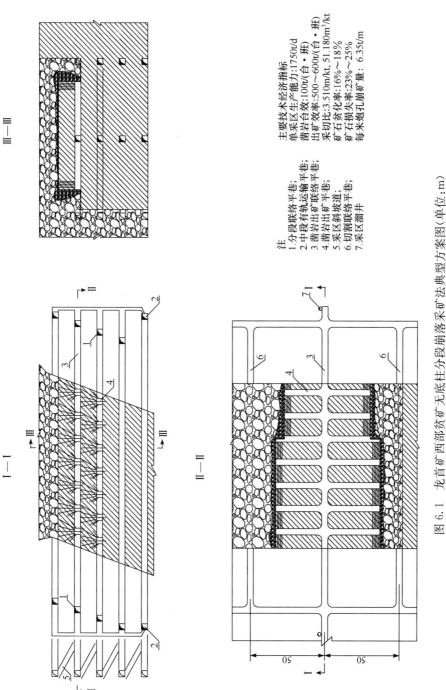

注
1.分段联络平巷;
2.中段有轨运输平巷;
3.凿岩出矿联络平巷;
4.凿岩出矿平巷;
5.采区斜坡道;
6.切割联络平巷;
7.采区溜井

主要技术经济指标
单采区生产能力:1750t/d
凿岩台效:100t/(台·班)
出矿效率:500~600t/kt, 51.180m³/(台·班)
采切比:3.510m³/kt
矿石贫化率:16%~18%
矿石损失率:23%~25%
每米炮孔崩矿量: 6.35t/m

图 6.1　龙首矿西部贫矿无底柱分段崩落采矿法典型方案图(单位:m)

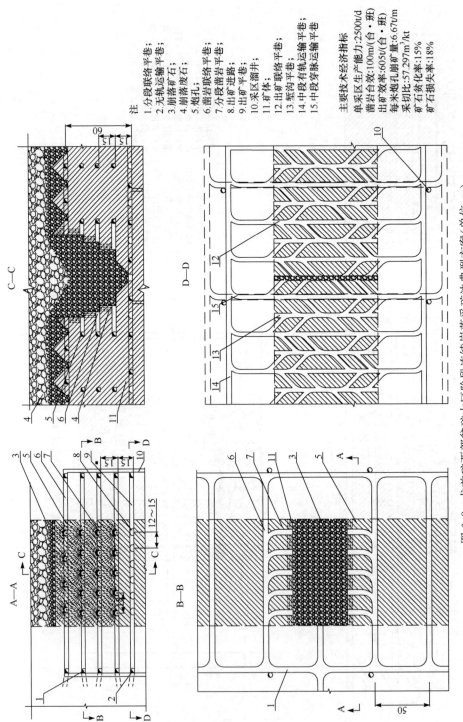

注：
1.分段联络平巷；
2.无轨运输平巷；
3.崩落矿石；
4.崩落废石；
5.炮孔；
6.凿岩联络平巷；
7.分段凿岩平巷；
8.出矿进路；
9.出矿平巷；
10.采区溜井；
11.矿体；
12.出矿联络平巷；
13.堑沟溜井；
14.中段有轨运输平巷；
15.中段穿脉运输平巷

主要技术经济指标
单采区生产能力：2500t/d
凿岩台效：100m/(台·班)
出矿效率：605t/(台·班)
每米炮孔崩矿量：6.67t/m
采切比：57.297m³/kt
矿石贫化率：15%
矿石损失率：18%

图 6.2　龙首矿西部贫矿大区阶段连续崩落采矿法典型方案（单位：m）

6.2.2　大区阶段连续崩落法

1. 采场布置和构成要素

西采区贫矿体在竖直方向上分为三个标高区间:第一标高区间为 1520~1424m,为露天坑底部的保安矿柱,即露天开采闭矿时所留顶板;第二标高区间为 1424~1100m,为上盘遗留贫矿,此范围内的下盘富矿和贫矿已经开采;第三标高区间为 1100~980m 及其以下,为上下盘连通的纯贫矿。长沙矿山研究院建议的大区阶段连续崩落采矿法为:以 26 行为界,在走向上将贫矿分成东、西两大区,东区长度为 26~21 行 250m,西区长度为 26~32 行 300m,宽度为矿体水平厚度。依据龙首矿多年的生产经验,一般情况下,巷道在 1 年内只需维修不需返修,故沿走向按 50m 间距划分采场(采准半年,回采半年)。考虑充分利用现有开拓系统,阶段高度按 60m 不变。由于受阶段高和凿岩设备的限制,阶段内去掉底部结构 15m 后,矿房高度为 45m,当设两个分段时,分段高为 22.5m。考虑到龙首矿西部贫矿的矿岩条件,以及上向深孔装药困难的因素,分段高以 15m 为宜。分段凿岩巷间距 18m,断面 4m×3.8m。

采用平底堑沟底部结构,底部结构布置参数根据设备作业要求及矿岩稳固性确定。Toro400E 型电动铲运机净长 9.833m,铲运机铲运进退长度为 2m,装矿进路眉檐扩帮 2m,崩落矿石水平堆积长度 3.5m,要求装矿进路长 17.33m。装矿进路与出矿道联络的夹角 45°,经计算,出矿联络道至堑沟间的距离 23.571m。出矿联络道间距 33.33m。考虑到底部结构的稳固性和出矿设备的要求,出矿进路间距 15m,断面为 4.5m×3.85m。底部结构采用喷锚网、U 型钢拱架加钢筋混凝土支护。矿石崩落后,底部结构上部所承受的力主要是覆盖在底部结构上部松散体的重量,底部结构钢筋混凝土的强度根据该重量确定。为了减少底部结构下部地应力对其破坏,尽量使出矿联络道与出矿进路形成整体。崩落矿石进入平底堑沟底部结构后,用铲运机运至采场溜井,放到下中段,经有轨机车运至主溜井破碎站卸矿仓。龙首矿西部贫矿大区阶段连续崩落采矿法典型方案如图 6.2 所示。

2. 采准切割

底部结构设在阶段底部。中段无轨运输平巷沿矿体走向布置在矿体上、下盘,并与斜坡道相通。出矿联络道垂直矿体走向布置,间距为 30~33m,出矿进路错开布置,间距 15m。堑沟平行出矿联络道。阶段内,从堑沟上口水平开始,在矿体上、下盘,沿矿体走向按 15m 高度分别布置上、下盘分段联络平巷,并与斜坡道相通。各分段沿分联络道平巷每 50~100m 布置一条垂直于分段联络平巷的分段凿岩联络平巷。垂直分段凿岩联络道或出矿道,每距 18m 布置凿岩平巷,断面为 4.0m×3.8m。

切割工作主要为首采区切割。首采区切割槽布置在东西两区分界处,逐分段形成。在分界处垂直矿体走向开凿分层切割平巷,在切割平巷内开凿切割天井,并凿上向平行孔,以切割天井为自由面在首次回采爆破的同时前段微差爆破形成切割槽,即自拉槽。拉底主要是形成出矿堑沟。堑沟滞后回采爆破一个堑沟上口的距离,用上向扇形孔爆破形成。

3. 回采出矿

在采区各分段凿岩平巷内,自端部开始,用 SimbaH254 型凿岩台车凿上向扇形炮孔,炮孔直径 80mm,孔底距 3.0~4.0m,排距 1.6m。采用 PT-61 型装药车或 BQF-100 型装药器装药,导爆索-非电微差雷管起爆,采区全阶段端部挤压爆破。炸药单耗 0.5kg/t。崩矿步距 1~3 排,即 1.6~4.8m。

崩落矿石进入堑沟后,用 Toro400E 型铲运机运至采场溜井,放到中段运输水平。再由机车运至井下矿仓。

4. 放矿

崩落矿石在覆盖层的掩护下,借助自重溜入底部结构堑沟内,用 Toro400E 型铲运机装运至采区溜井,再由 20t 电机车牵引 6m³ 底卸式矿车运至主矿石溜井。放矿滞后崩矿进行,放矿点与采场爆破工作面应保护一定的距离。每次崩落矿石不能全部放出,只能放出累计爆破总量的 10%~20%,剩余部分随爆破工作面的推进逐步放出,即第一次爆破后,只能放出该次爆破量的 10%~20%;第二次爆破后,放出两次爆破量之和的 10%~20%;第三次爆破后,放出三次爆破量之和的 10%~20%;依此类推,循序渐进。矿石与覆盖层之间的接触面保持斜面。

为了控制上下盘围岩提前进入放出漏斗,减少大规模的贫化损失,靠近上下盘一侧的放矿口先不进行放矿,留下一条放矿保护带。先放保护带外的矿石,待保护带外的矿石放完后,再放保护带处的矿石,其矿石带保护处的宽度为 15.4m。

放矿时,建立控制放矿平衡图表,明确每一出矿道和出矿口放矿量,最好利用计算机控制。控制放矿不仅是技术问题,而且在很大程度上靠严格管理。

特大块在出矿口处理,其余大块在采区溜井格筛上集中处理。悬拱通过相邻出矿口放矿松动处理。出矿道和装矿进路应及时维护、维修。

5. 采场通风与采空区处理

采场通风采取多级站压抽混合式,出矿联络道的通风由下盘压入、上盘抽出。分段通风由下盘分段联络平巷进入,另一端抽出。工作面注意洒水除尘。崩落法通风比较困难。为了保持较好效果,应多设风门和加强局部通风。

崩落法采矿在采矿的同时处理了采空区,必须注意保持合理覆盖层厚度。大区阶段连续崩落法是在露天坑底用无底柱分段崩落法回采露天坑采残矿体形成矿石覆盖层,并通过采场底部放矿,覆盖层随之下降,自然崩落露天边坡和两帮围岩补充覆盖层,同时处理边坡。当露天边坡不能及时自然冒落时,应用药室强制爆破。

全阶段放矿工作结束后,用无底柱崩落法崩落出矿进路上部桃形矿柱(底部结构),使上阶段覆盖层能连续下降,为下阶段采矿所用。矿柱矿石一部分由铲运机铲出,剩余部分和堑沟内矿石待下阶段回收。

6. 大区阶段连续崩落法覆盖层的形成

大区阶段连续崩落法覆盖层主要是在回采过程中,削弱围岩和边坡的稳定性,使其自然冒落来形成。如果回采工作推进到一定距离,矿石垫层厚度小于等于 20m,仍不能自然崩落形成岩石覆盖层时应采取措施,如药室爆破崩落两帮围岩。

　　在覆盖层形成过程中,应加强地压管理,定期定点监测边坡、采场的地压变化情况,及时预报地压灾害;及时采取措施补充覆盖层,保持覆盖层的安全合理厚度;开展覆盖层形成技术的研究,严格控制放矿,掌握覆盖层的移动和形成规律,在露天坑内和坑外完善防洪排水设施,避免泥石流进入覆盖层。

　　7. 主要技术经济指标和材料消耗

　　1) 主要技术经济指标

　　单采区生产能力:2500t/d;凿岩台效:100m/(台·班);出矿效率:605t/(台·班);每米炮孔崩矿量:12t/m;采切比:3.80m/kt、61.41m³/kt;矿石贫化率:15%;矿石损失率:18%~25%(1460m 中段 25%、1460m 水平以下 18%)。

　　2) 主要材料消耗

　　采矿主要材料消耗见表 6.1。

表 6.1　大区阶段连续崩落法主要材料消耗

序号	材料名称	单位	每吨矿石消耗	备注
1	炸药	kg	0.5	含二次破碎
2	非电雷管	发	0.025	—
3	导爆索	m	0.76	—
4	钻头	个	0.0023	—
5	钎杆	kg	0.014	—
6	连接套	个	0.0023	—
7	钎尾	个	0.0022	—
8	合金	kg	0.015	—
9	轮胎	个	0.00008	—
10	润滑油	kg	0.0022	—

6.2.3　采矿工艺评价

　　设计所采用的大区阶段连续崩落采矿法是西部贫矿开采前期研究成果。理论上讲,大区阶段连续崩落采矿法在技术、经济、安全和实用性方面均具有一定优势,但是,由于大区阶段连续崩落采矿法尚处于研究阶段,特别是采场底部结构能否保持稳定是这种采矿方法成败的关键,也是矿山能否安全持续生产的关键之一,所以在采矿工程详细设计前应尽快开展大区阶段连续崩落采矿法的试验研究工作,为设计提供依据。

　　设计 21 行以西,34 行以东,1280m 水平以上的贫矿体采用大区阶段连续崩落法进行回采。1280m 水平以下、1100m 水平以上贫矿南侧(上部)的分枝矿体和下盘充填体上部1424~1460m 标高的残矿段,采用无底柱分段崩落法回采;21 行以东的矿段分枝尖灭现象明显,若采用崩落法开采矿石贫化损失大,该区域内的矿体宜与富矿一并采用机械化盘区六角形进路下向胶结充填法开采。

如果适用条件许可,矿体厚度大于 15m、小于 20m,夹石厚度大于 10m 时,也可以采用有底柱阶段崩落法。

1040m 和 980m 两中段设计暂考虑采用崩落法开采,但考虑到这两个中段的贫矿量较少,仅 150 万 t,而且矿体分枝尖灭现象明显,如果开采时 Cu、Ni 价格和生产成本允许也可考虑采用机械化盘区六角形进路下向胶结充填法开采。

龙首矿西部贫矿的采矿方法已做过大量的前期研究工作。由于大区阶段连续崩落采矿法处于研究阶段,根据"龙首矿西部贫矿采矿方法论证研究"结果,鉴于盘区机械化下向六角形进路胶结充填采矿法已在龙首矿使用多年,实践证明,这种采矿方法对矿体形态产状的适应性强;采场稳定,可有效控制地应力,安全可靠;矿石贫化、损失小;工艺可靠、技术成熟,整个生产过程均可有效控制;对矿岩稳固性要求低;没有底部结构,不存在底部结构施工和维护难的问题,2008 年的修改设计推荐采用盘区机械化下向六角形进路胶结充填采矿法,对 1500m 以上的矿体拟采用无底柱分段崩落法。

6.3　金川Ⅲ矿区自然崩落法设计

6.3.1　概述

中国有色工程设计研究总院于 2002 年完成了金川Ⅲ矿区开采的可行性研究报告,确定了采用自然崩落法开采,之后完成了初步设计工作。在前期研究成果的基础上,中国恩菲工程技术有限公司于 2006 年完成了自然崩落法的详细设计。本节将依据Ⅲ矿区初步设计报告和自然崩落法详细设计对采矿方法进行阐述。

6.3.2　采矿方法的选择

金川Ⅲ矿区主要矿体为 1# 矿体,总矿量为 3025.7 万 t,品位 Ni0.61%、Cu0.4%,占全矿区总矿量的 92.9%,其中 12#、18# 矿体品位高一些,但矿量较少,分别为 38.9 万 t 和 1655.8 万 t。总的来说,矿石品位低、矿岩破碎、稳固性差、地表允许塌陷。因此,适合采用崩落法开采。适合Ⅲ矿区的崩落法主要有无底柱分段崩落法和自然崩落法。

自然崩落法在我国已经有了十多年的生产实践经验。铜矿峪矿是我国大规模采用自然崩落法的矿山,从 1989 年年底正式出矿,到 2001 年年底累计出矿 2600 多万 t。经过十多年的科研工作和生产实践,生产工艺已完全成熟,产量稳步提高,已经超过了 400 万 t/a 的设计规模。在工艺上,铜矿峪矿一直使用电耙出矿,但在 690m 中段 4# 矿体部分地段改用了铲运机出矿工艺。铜矿峪矿十多年的生产经验证明,自然崩落法是一种低成本、高效率的采矿方法,是解决贫矿开采的一条较好的途径。从整个金川矿区和Ⅲ矿区的矿岩情况看,矿体比较厚大,节理裂隙发育,矿岩具有良好的可崩性能。据初步分析,其可崩性条件比铜矿峪的条件要好得多。从 1570m 中段看,在 8# 勘探线处矿体厚度小(小于 40m),但是两边都厚大,不影响两边独自形成崩落区。从 1470m 中段看,矿体厚度基本上大于 40m,可以形成连续的崩落顺序。从 1370m 中段看,西部矿体厚度小,东部厚大,可以在东部采用自然崩落法,西部采用无底柱分段崩落法。

可行性研究报告中对采用铲运机出矿的自然崩落法、采用电耙出矿的自然崩落法和无底柱分段崩落法进行了详细的技术经济比较,推荐采用铲运机出矿的自然崩落法。电耙出矿适合于出矿块度小、大块产出率低的情况,一般块度应小于 0.8m。如大块产出率高,则会导致卡斗现象严重、二次破碎量大、放矿口破坏严重、劳动生产率低。铲运机出矿则适合于出矿块度较大的情况,由于出矿口宽,因此能克服电耙出矿存在的问题,但铲运机设备投资比电耙大,并且要增加斜坡道,工程量要大一些。对 III 矿区来说,当时还没有进行岩石力学研究工作,尚不好准确预测矿石的出矿块度。根据铜矿峪的经验及对金川矿区和 III 矿区的了解,III 矿区的合格块度初步定为 0.8~0.9m,出矿方式推荐铲运机出矿。

初步设计又对矿体的赋存条件和矿岩性质进行了研究,仍推荐 III 矿区的主矿体(包括 1#、12#、18# 矿体)采用铲运机出矿的自然崩落法。由于当时尚未有巷道揭露矿体,无法进行岩石力学研究工作,因此不能最终确定自然崩落法的结构参数,设计中只能根据当时掌握的情况暂定结构参数,待岩石力学工作做完后确定采场结构参数。

对于主矿体边部难以用自然崩落法回采的部分,若品位较高,则可以采用无底柱分段崩落法或有底柱崩落法回收。1370m、1270m 中段北部矿体厚度较小,今后也需采用无底柱或有底柱崩落法回采。

6.3.3　主矿体回采工艺及设备选择

1. 主矿体矿块构成

金川 III 矿区矿石品位低、矿岩破碎、稳固性差、地表允许塌陷,适合采用崩落法开采(图 6.3)。III 矿区自然崩落法中段高度为 100m,前期开采 1254m 以上的矿体,共分四个中段。选择的铲运机出矿,每个中段的作业水平有主层出矿水平(分别为 1554m、1454m、1354m、1254m)、拉底水平(分别为 1570m、1470m、1370m、1270m)、副层、运输水平(分别为 1430m、1220m)。运输水平是两个中段共用。

1) 中段高度的确定

中段高度也就是矿块的崩落高度,当矿体厚大、矿石崩落块度大、矿体倾角陡时,中段高度取大值;反之,取小值。智利特尼恩特崩落高度为 120~180m,铜矿峪矿中段高度为 120m。III 矿区矿体厚度偏小,上部倾角较缓,中段高度过大则势必矿石损失贫化率大,因此根据经验,确定中段高度为 100m。

2) 主层出矿水平

根据金川 III 矿区的矿岩物理力学性质所确定的中段高度,结合国外矿山和铜矿峪矿的经验,确定放矿点间距为 12m×12m。出矿穿脉垂直矿体走向布置,间距 24m,装矿进路间距 12m,装矿口相向布置,装矿进路与出矿穿脉成 60° 夹角。聚矿沟巷道和装矿进路之间则采用折线型布置。在矿体的下盘脉外布置沿走向的铲运机运输巷道,巷道净断面尺寸为 4.1m×3.7m。出矿穿脉、装矿进路、脉外运输巷道均采用 200mm 厚的混凝土路面,如图 6.4 所示。

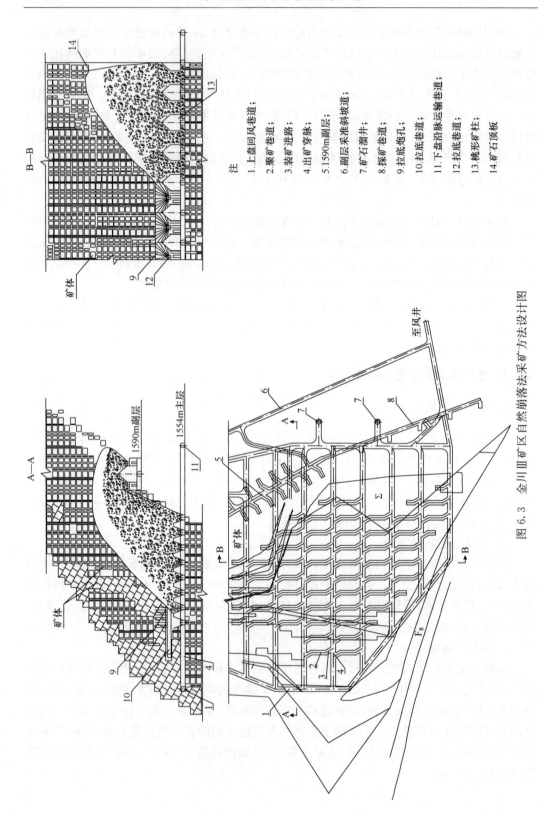

注:
1. 上盘回风巷道;
2. 聚矿巷道;
3. 装矿进路;
4. 出矿穿脉;
5. 1590m副层;
6. 副层采准斜坡道;
7. 矿石溜井;
8. 探矿巷道;
9. 装底炮孔;
10. 下盘沿脉运输巷道;
11. 拉底巷道;
12. 桃形矿柱;
13. 矿石顶板

图 6.3 金川Ⅲ矿区自然崩落采矿方法设计图

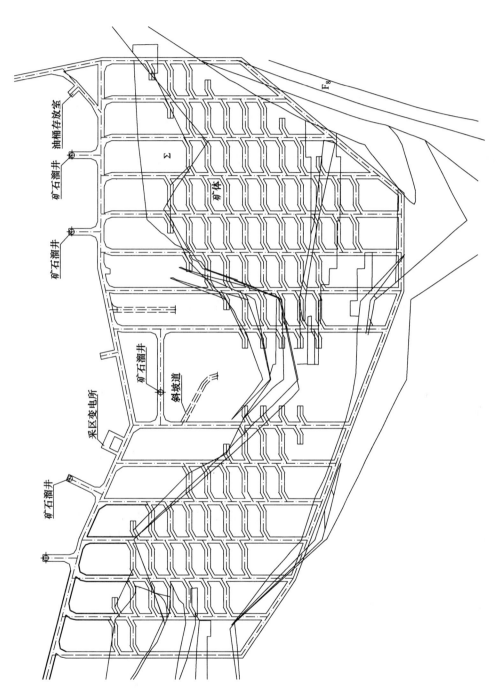

图 6.4　金川Ⅲ矿区 1554m 主层出矿水平平面图

采场溜井布置在下盘脉外运输巷道的外侧,溜井净直径为 3.5m,溜井口设格筛,合格块度为 900mm 左右,共设 5 个中段矿石溜井。废石溜井布置在矿体下盘中部,设 1 个废石溜井。出渣时由铲运机将废石铲至废石溜井中。

矿体上盘布置脉外回风巷道,污风原则上通过上盘回风巷道回到风井,排出地表。

3) 拉底水平

拉底方式与采用的中深孔凿岩设备有关。设计选择 T-100 型钻机,该钻机能打 360° 环形孔,台班效率约为 40m/(台·班)。

拉底水平位于出矿水平之上 16m。拉底巷道垂直走向布置,对应在主层出矿穿脉之上,拉底巷道的间距为 24m,巷道规格为 3.2m×3.2m,满足中深孔凿岩台车作业的要求。拉槽巷道布置在矿体底盘开采边界,沿走向布置。在 1570m 副层掘一条联络道和拉底水平联通。金川Ⅲ矿区主层拉底水平平面图如图 6.5 所示。

4) 割帮工程

割帮巷道布置在出矿水平以上 16m,即 1570m 水平。割帮巷道主要布置在采取上盘、侧翼的转折部位的边界线上,割帮平巷规格为 3.2m×3.2m,沿割帮巷道中心线施工上向平行炮孔进行预裂,预裂天井规格为 2m×2m,高度为 20m,间距为 25～40m。主层采区侧翼及东南角下盘在 1570m 和 1590m 水平布置割帮道各为 302m,预裂天井各为 16 个,预裂高度为 40m;主层上盘、南侧翼在 1570m 水平布置割帮道 382m,预裂天井 12 个,预裂高度 20m;副层割帮道总计 142m,预裂天井 6 个,预裂高度均为 20m。在岩石力学工作完成后,割帮工程的数量和位置可根据实际情况作适当调整。

5) 切割拉槽

走向上,推进线应大致平行于最大主应力方向或主构造线方向;倾向上,采用从盘底向盘顶,盘底超前;副层和上水平副层的拉底应滞后于主层和下水平副层一段适当时间;拉底推进线以恰当的速度均衡拉底。设计拉底工程位于出矿水平之上,间距为 24m,巷道规格为 3.2m×3.2m。在矿体下盘沿拉底边界布置拉槽平巷及拉槽井,拉槽井规格为 2m×2m,高度为 13m,间距为 9～12m。

6) 副层

由于矿体一些区段下盘倾角较缓,为了回收主层采场外的下盘矿石,在矿体下盘布置了三个副层,即 1574m、1594m、1614m 副层。出矿巷道沿走向布置,其他布置和主层基本相同。在下盘设一条采准斜坡道,将各副层和主层连通。采准斜坡道长约 586m,净断面尺寸为 4.1m×3.7m。

2. 主矿体回采工作及设备选择

1) 拉底切割

拉底采用 T-100 潜孔钻机(配 VW-4.7/5-16 空气增压机)打扇形中深孔,孔径 70mm,拉底高度 7m,中深孔排距 1.8～2m。拉底工作从下盘向上盘后退式进行。采用 BQF-100 型压气装药器装填粒状硝铵炸药,采用非电导爆雷管加导爆索起爆。为了保证拉底质量,在一条拉底平巷中同时爆破的扇形孔不超过 2～3 排。主层和副层聚矿沟的形成也采用 T-100 潜孔钻机凿岩,或采用 YGZ-90 凿岩机凿岩,采用 BQF-100 型装药器装药。

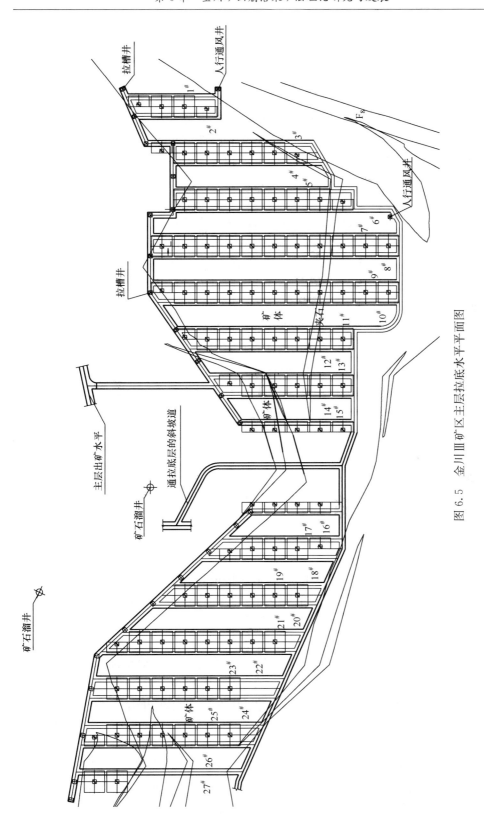

图 6.5 金川Ⅲ矿区主层拉底水平面图

2）出矿

主副层出矿均采用金川集团公司生产的斗容 $4m^3$ 的 JCCY-4 型柴油铲运机出矿，运载能力为 8t。

3）采场二次破碎

二次破碎暂选用 YT-28 凿岩机在大块上打孔放炮，严格控制裸露药包放炮。选用两台固定式液压破碎锤，在溜井口进行大块破碎。选择芬兰 Rammer 公司生产的液压破碎锤，冲击锤型号为 E64，臂型号为 C330。

4）放矿管理

（1）放矿速度。设计推荐的放矿速度为 0.21m/d。若正常生产所需的放矿点为 66个，则达到 5000t/d 的生产能力时，每个放矿点日出矿量约 76t。

（2）放矿控制。应充分认识到采场出矿的均衡性、出矿速度的阶梯型对采场正常崩落、损失贫化的控制，乃至矿山经济效益的巨大影响。重要的是要做好整个崩落区的均匀放矿，使矿石与废石之间的接触面最小。为了达到均匀放矿，就必须按计划严格控制从每一个放矿点放出的矿量。一般要求废石和矿石的接触面倾角为 $40°\sim50°$，且基本保持这一角度连续推进，其方法是按距离拉底推进线的远近和放矿点控制宽度把生产区划分为阶梯，使放矿量限制为靠近推进线的已崩落矿柱矿量的 $10\%\sim15\%$，并以同样百分率增加距离崩落面的每排放矿点的可放矿石的百分率。

放矿速度是应随矿石崩落放出石碎涨的部分，使崩落矿石面与崩落矿堆距离保持在 $3\sim5m$。应制订日班出矿指令，出矿工人按指令放矿，班末将各出矿点实际出矿量报放矿管理人员，用指令监督考核来实现点量控制，并及时用选矿厂返回的金属量来校正出矿品位。

5）采区通风

风流从副井、辅助斜坡道进来后进入下盘沿脉巷道，冲洗穿脉进路后，至上盘回风道，然后至风井石门，回到回风井。副层新鲜风流从副层采准斜坡道进入副层，冲洗工作面后回到 1554m 水平，随主层污风汇入总回风系统。

6）主要掘进设备和运输设备

根据开采工艺，巷道掘进采用 YT-28 型凿岩机凿岩。根据巷道的形式不同，出渣采用的设备也不同。对无轨巷道，采用斗容 $2m^3$ 的 JCCY-2 型柴油铲运机出渣，主要用于主层、副层、拉底层、斜坡道的掘进。废石由铲运机铲运至位于矿体下盘中部的废石溜井中。

其他有轨巷道或不适宜用铲运机出渣的地方，则采用 Z-30 电动装岩机出渣。

6.4 金川Ⅲ矿区自然崩落法前期研究

6.4.1 中南大学自然崩落法前期研究

金川集团公司组织相关工程管理与技术人员，于 2003 年 7 月赴长沙，与在自然崩落法开采技术研究方面具有一定基础和经验的中南大学对相关问题进行了探讨，并在 2004年 3 月签订合同，委托中南大学就金川Ⅲ矿区高应力破碎矿岩条件下自然崩落法开采相关问题进行研究,确定了"矿床开采技术条件研究"、"矿体可崩性与崩落矿岩块度分布研究"、"矿岩自然崩落规律研究"及"Ⅲ矿区自然崩落法放矿、底部结构和拉底技术研究"等四个专题。2006 年年底完成了该项目的最终研究报告。

1. 金川Ⅲ矿区矿床开采技术条件研究

金川Ⅲ矿区矿床开采技术条件研究根据现有工程的实际情况,以专门为项目实施而设计的工程地质勘察钻孔及矿床开拓系统施工过程中形成的巷道工程为依托,对Ⅲ矿区岩体构造、矿岩及不连续面物理力学性质、地应力状态等课题进行研究,为Ⅲ矿区自然崩落法开采可行性研究提供翔实的基础资料和科学依据。

1) 研究目的和意义

(1) 研究Ⅲ矿区矿体规模、形态、品位分布及岩层分布状态等。

(2) 根据自然崩落法可行性研究对岩体构造调查、矿岩物理力学性质测定及崩落过程监测等工作的要求,完成工程地质勘察设计工作。

(3) 制订出能用于钻孔岩芯及巷道详细线岩体构造调查的《现场岩体构造调查技术规范》,该规范将对调查内容、方法及数据的处理等进行全面描述。以《现场岩体构造调查技术规范》为基础对Ⅲ矿区的岩体构造进行调查。对岩体构造调查结果进行分析,为后续研究工作提供基础数据。

(4) 通过Ⅲ矿区矿岩及不连续面物理力学性质室内试验、对Ⅲ矿区矿岩及不连续面物理力学特征进行全面评价。

(5) 通过现场原岩应力测定研究Ⅲ矿区原岩应力大小、方向及应力场分布特征。

2) 取得的主要结论

通过金川Ⅲ矿区矿体实体模型和品位分布的块段模型的建立,得出如下结论:

(1) 矿体在空间形态上呈一竖起的"猪肝状",或者说是平面和高度方向厚度、走向和倾角均有较大变化,形态较为复杂。

(2) 矿体倾角在 1600m 水平以上较缓,而以下则较陡。

(3) 矿体顶部直至地表基本上覆盖着破碎、松散的洪积层。

(4) F_8 断层破碎带分布在 Ⅰ 号矿体西南端部,基本上与矿体直接接触。

针对以上特征,研究报告建议在走向上以 8 行和 12 行为界,将矿体分为 3 段(3 个盘区)。同时,必须在设计中引起充分的重视,并采取相应的措施,以避免矿石的损失和贫化及冲击性灾害的出现。这是因为 1600m 水平以上的各个中段矿体倾角较缓,如每个中段只设一个出矿水平,则该中段上部矿石被先期崩落地下盘围岩所遮挡,无法放出,造成矿石损失和贫化;随着下部矿石的崩落,上部的洪积层和矿体西南端部断层破碎带碎屑没有围岩崩落形成的缓冲和遮挡层,如放矿管理及控制手段和措施不强,将直接混入矿石,造成贫化。

为对金川Ⅲ矿区开采技术条件、可崩性、崩落块度等进行研究,制订了工程与水文地质调查规范,进行了工程地质钻孔设计,并进行了钻孔和坑道调查,具体情况如下:

(1) 在 4～12 行共设计了 13 个钻孔,实际施工 11 个,钻孔施工总长度 2704.74m,定向长度 1076.61m,采集到有效数据记录 8159 条。

(2) 在井下 1554m 水平巷道中进行了暴露面构造调查,调查坑道总长度 385.95m,采集到有效数据记录 1134 条。

(3) 对 10 个钻孔的岩芯进行了点载荷试验,试验样品个数 547 个。

上述工程的施工和数据的获得,为对Ⅲ矿区开采技术条件、矿岩可崩性评价和崩落块度预测等工作奠定了坚实的基础。

对 11 个新施工的工程地质钻孔和 1554m 水平总长 358.95m 巷道的调查结果进行分析处理。通过研究取得如下成果:

(1) 只考虑钻孔调查数据时,金川Ⅲ矿区节理间距成指数分布,参与分析的 10 个钻孔的平均节理间距在 0.1153~0.1716m,整体均值 0.1461m;当同时考虑坑道调查数据时,Ⅲ矿区节理间距仍成指数分布,其中,上盘围岩内节理间距均值 0.1258m,矿体内节理间距 0.2032,下盘围岩内节理间距均值 0.3149m,整体均值 0.2m;大多数节理表面属于平面粗糙型。

(2) 当同时考虑坑道和钻孔调查数据时,节理间距均值有所变化,这与两种方法调查时调查人员对于结构面的主观判断有关。一般而言,相比钻孔调查,坑道调查时更可能会忽略一些构造,造成间距偏大。

(3) 综合上述分析结论,金川Ⅲ矿区节理间距均值在 0.1416~0.2m。转换成节理密度,则单位长度内的节理条数为 5~7 条。按照国外研究人员提出的自然崩落法适用条件,自然崩落法开采方案在金川Ⅲ矿区是适用的。整体上看,金川Ⅲ矿区上盘的岩体质量弱于矿体,而矿体则弱于下盘,这对于自然崩落法正常、安全生产是比较有利的。

(4) Ⅲ矿区 RQD 值普遍较低,RQD 值范围为 13%~53%,平均值 31.502%;所有钻孔上盘围岩的 RQD 值均低于矿体的 RQD 值;这意味着上盘在矿体崩落过程中不会出现成拱的问题,但必须考虑上盘崩落块度较小,流动过程中增大矿石的贫化。

(5) 为确保矿岩的平稳崩落,在拉底面积、放矿控制等方面一定要高度重视;台阶、波浪及平面型等 3 大类粗糙度中,Ⅰ、Ⅳ、Ⅶ、Ⅷ类占的比例较大,而其他类型占的比例则相对较小,均不超过 7%。

(6) 统计范围内,大范围的粗糙度中,台阶型占 21.2%,波浪型占 29.9%,平面型占 48.9%。小范围的粗糙度中,粗糙型占 61.8%,平坦型占 31.0%,光滑型占 7.2%。

(7) 5 类张开度类型中,紧闭的和中等张开的所占比例较小,均不超过 3%,而其他类型所占比例则相对较大,尤以张开的为多;统计范围内,很紧闭的占 0.6%,紧闭的占 17.7%,中等张开的占 2.5%,张开的占 55.1%,张开很大的占 24.0%;节理以张开及张开很大为主,两者总和占 79.1%。

(8) 通过坑道调查,对Ⅲ矿区结构面进行了分组,具体情况如下:

① 当不分区时,Ⅲ矿区存在 4 组优势节理组。第一组倾向均值 7.2°,倾角均值 49.8°;第二组倾向均值 96.27°,倾角均值 47.1°;第三组倾向均值 186.2°,倾角均值 52.1°;第四组倾向均值 289.5°,倾角均值 51.5°。

② 矿体内存在 4 组优势节理组。第一组倾向均值 5.4°,倾角均值 51.05°;第二组倾向均值 91.01°,倾角均值 48.4°;第三组倾向均值 174.6°,倾角均值 52.2°;第四组倾向均值 283.2°,倾角均值 52.8°。

③ 上盘内存在 2 组优势节理组。第一组倾向均值 8.22°,倾角均值 49.3°;第二组倾向均值 189.6°,倾角均值 53°。

④ 下盘内存在 3 组优势节理组。第一组倾向均值 101.9°,倾角均值 45.35°;第二组倾向均值 192.7°,倾角均值 52°;第三组倾向均值 298.1°,倾角均值 50.45°。

(9) 从抗压强度样本数据的统计分析可知,金川Ⅲ矿区矿岩的单轴抗压强度较低,均值为 34.65MPa。这可能与做试验时岩芯已经在现场暴露很长时间发生风化有关,但金川岩石容易风化也是一个值得注意的问题。在生产过程中岩石出现风化是不可避免的,且岩体强度通常小于岩石强度,因此得到的参数对于衡量岩体强度有重要的工程意义。

通过对岩芯及巷道等处岩石的物理力学性质室内试验研究,得出了如下成果:

(1) 混合岩在天然情况下的平均单轴抗压强度为 54.77MPa,平均的弹性模量为 17.79GPa,泊松比为 0.217,在干燥情况下的单轴抗压强度与单轴抗拉强度分别为 28.2MPa 与 2.42MPa,而在饱和情况下的单轴抗压强度与单轴抗拉强度分别为 16.6MPa 与 1.42MPa;橄榄岩在天然情况下的平均单轴抗压强度为 68.34MPa,平均的弹性模量为 53.39GPa,泊松比为 0.223,在干燥情况下的单轴抗压强度与单轴抗拉强度分别为 42.5MPa 与 1.57MPa,而在饱和情况下的单轴抗压强度与单轴抗拉强度分别为 16.5MPa 与 0.68MPa;大理岩在天然情况下的平均单轴抗压强度 79.70MPa,平均弹性模量为 49.58GPa,泊松比为 0.235,在干燥情况下的单轴抗压强度与单轴抗拉强度分别为 37.1MPa 与 5.62MPa,而在饱和情况下的单轴抗压强度与单轴抗拉强度分别为 35.3MPa 与 3.92MPa。

(2) 在围压逐渐增大的情况下,轴向破坏应力相应增加,其中橄榄岩增加最快,其次是大理岩,最后是混合岩;通过直线回归得到:混合岩的黏聚力为 14MPa,内摩擦角为 36.64°;橄榄岩的黏聚力为 17.55MPa,内摩擦角为 60.62°;大理岩的黏聚力为 12.38MPa,内摩擦角为 52.64°。

(3) 通过弱面直剪试验得出:混合岩的平均黏聚力为 15.01MPa,内摩擦角为 29.86°;橄榄岩的平均黏聚力为 6.67MPa,摩擦角为 22.06°;大理岩的平均黏聚力为 4.67MPa,内摩擦角为 27.03°。

通过对金川集团公司Ⅲ矿区 1554m 中段 F_8 断层附近区域三个测点的地应力测量数据的初步计算与分析,结合矿区工程地质调查,得到如下几点结论:

(1) 测点附近区域的最大主应力为 9.14～14.93MPa,三个测点的最大主应力的算术平均值为 10.89MPa,最大主应力的方向介于 N17.55°W 和 N78.07°W。最大主应力大小属于中等应力水平,比二矿区及龙首矿相同深度的最大主应力要小,原因可能与 F_8 大断层的应力释放有关。

(2) 1# 与 3# 测点的最大主应力的倾角均小于 20°,基本接近水平,属于水平构造应力,2# 测点的最大主应力的倾角为 76.24°,近垂直方向,属于倾斜应力,可能受到局部隐含构造的影响所致。因此,从 F_8 断层附近的三个测点地应力测试结果可以看出,该局部区域仍以水平构造应力为主,这与 1# 穿脉附近巷道出现的水平大变形特征是相符的。

(3) 测点附近区域的最大剪应力为 3.58MPa,这一应力可能是造成矿体纵轴两端埋深和深度不等的原因。次最大剪应力为 3.43MPa,为水平方向,显然,这一剪应力极易使矿体呈东北至西南走向。可见,三个测点的剪应力特征与Ⅲ矿区矿体基本上呈东西长、南北窄且沿Ⅰ矿区向西南偏移 800m 的产状特征相一致。

(4) 测点附近的侧压系数为 0.96~9.92,这比中国内地地压的平均侧压系数要高,水平构造应力更为明显。大的侧压系数使Ⅲ矿区某些巷道发生水平大变形具备了潜在条件。

(5) 采用应力张量的分析理论对 1554m 中段 F_8 断层附近的三个测点的主应力结果进行了综合计算,得出该区域最终应力场的总体规律,其中最大主应力为 9.14MPa,方向为 N50°W。

2. 矿体可崩性与崩落矿岩块度分布研究

矿体可崩性与崩落矿岩块度分布研究的主要内容包括:Ⅲ矿区岩体构造空间分布规律研究、矿岩可崩性评价原理和方法、崩落矿岩块度分布评价技术方法、矿岩可崩性评价及崩落矿岩块度预测等。主要技术路线是以金川Ⅲ矿区矿床开采技术条件研究所获取的基础资料为基础,进一步对反映开采技术条件的不连续面空间分布规律进行分析研究;以对开采技术条件的研究成果为基础,建立可崩性评判指标的三维评价模型及矿体可崩性三维分级模型,从而对Ⅲ矿区可崩性进行分级、分区与综合评价;以节理面的空间分布规律研究为基础,对Ⅲ矿区节理系统进行模拟,采用矿石块度预测三维截取模型及软件系统 3DBLOCK 对Ⅲ矿区不同岩体分区崩落矿石块度分布进行预测。

1) 目的与意义

自然崩落法与其他的可以通过凿岩爆破来实现人们所期望的崩落效果和生产能力的采矿方法不同,其崩落特性主要取决于矿体的地质条件,即岩体构造及分布规律、岩体强度及地应力状态等因素。因此,在自然崩落法的可行性研究阶段必须开展以下工作:

(1) 确定矿体的可崩性,即确定在一定的人工诱导工程条件下,矿体能否以一定的速率维持持续崩落,并形成一定的生产能力。

(2) 确定崩落矿石块度是否能满足经济开采要求。在自然崩落法的设计阶段,矿石块度分布决定所采用的底部结构类型和尺寸及所使用的出矿方式和设备类型。在生产过程中,块度分布决定了二次破碎炸药消耗量、大块产出率及所采用的二次破碎方法、矿石的流动性及放矿控制过程。因此矿体可崩性和崩落矿石块度的准确预测是自然崩落法成败的关键。

2) 研究主要结论与建议

(1) 钻孔调查获得的节理倾向在 0~360°基本均匀分布,无法进行结构面分组。但由于这种方式结构面调查的详细度高于坑道调查,所反映的倾角的分布参数具有典型意义,钻孔调查获得的结构面倾角的均值为 40°。

(2) 金川Ⅲ矿区评价区域的矿岩可崩性分为四级,即Ⅱ级、Ⅲ级、Ⅳ级和Ⅴ级。Ⅱ级可崩性矿岩体积占评价区域总体积的 1.88%,Ⅲ级可崩性矿岩体积占 40.52%,Ⅳ级可崩性矿岩体积占 27.46%,Ⅴ级可崩性矿岩体积占 30.14%。Ⅱ矿区的 RMR 均值为 39.8,Ⅱ级可崩性矿岩所占比例极少,而其他三级可崩性矿岩占评价区域的 98.12%,即金川Ⅲ

矿区评价区域的矿岩可崩性处于中等偏上,即可崩性为较好至很好。

(3) 参照尼科拉斯的自然崩落法适用条件,金川Ⅲ矿区上盘节理密度值 7.1 介于 3~
10,RQD 值 31.14 介于 20~40,在自然崩落法适用程度上分别属"可用"和"优先"级别;
矿体节理密度值 5.9 介于 3~10,RQD 值 41.40 介于 40~70,在自然崩落法适用程度上
都属"可用"级别;下盘节理密度值 5.6 介于 3~10,RQD 值 59.86 介于 40~70,在自然崩
落法适用程度上都属"优先"级别。因此,综合以上因素考虑,在金川Ⅲ矿区采用自然崩落
法开采方案是可行的。

(4) Ⅲ矿区上盘岩体的 RMR 指标为 36.21,矿体的 RMR 指标为 41.2,下盘的 RMR
指标为 45.28。因此,金川Ⅲ矿区下盘与矿体区域 RMR 指标值都介于 40~60,为Ⅲ类,
矿岩可崩性较好,破碎块度属中等。而上盘 RMQ 指标在 20~40,为Ⅳ类,矿岩可崩性
好,破碎块度小。但应该注意到,矿体上盘的可崩性指标 RMR 值小于矿体的可崩性指标
RMR 值,这就意味着上盘比矿体更加易于跨落,因此,在实际开采过程中必须在放矿管
理方面加强工作,否则将引起较大的矿石贫化。另外,矿体下盘的可崩性指标 RMR 取值
虽然比矿体稍高,但其平均值也只有 45.28,仍然属于可崩性较好的范围。因此,对布置
在矿体下盘的井巷工程一定要加强支护,并在生产过程中加强对崩落区和非崩落区状态
的实时监测工作。

(5) Laubscher 法预测的金川Ⅲ矿区上盘岩体持续崩落水力半径为 22.9m,下盘岩体
持续崩落水力半径为 31.2m,矿体持续崩落水力半径为 27.5m;Mathews 法预测的金川
Ⅲ矿区上盘岩体持续崩落水力半径为 10.6m,下盘岩体持续崩落水力半径为 19.4m,矿体
持续崩落水力半径为 11.4m;对比发现,由 Laubscher 法预测的持续崩落水力半径比
Mathews 法预测的连续崩落的水力半径 S/R 值偏大。这种情况是由于矿岩体所固有的
不确定性,使计算的稳定数 N 存在一定的变化范围,从而矿岩崩落水力半径也难以用单
一的值预测,因此 Mathews 法所求出的水力半径的值是均值;由于 Mathews 法考虑了岩
石的抗压强度、节理面产状等多个因素,故在一定程度上其估算出的水力半径值比 Laub-
scher 法估算出来的值更加准确。另外,在 Mathews 法中区分主要破坏区和连续崩落区
分界线并不表示 100% 的崩落。

(6) 金川Ⅲ矿区 1554m 水平以上矿岩的可崩性较好,RMR 均值为 33,Ⅲ类、Ⅳ类和
Ⅴ类可崩性矿岩占评价区域矿岩的体积分数为 92.7%。

(7) 从整体上对 1554m 水平以上的矿岩进行块度预测,以及按相邻勘探线间分区块
度预测,可以得出金川Ⅲ矿区 1554m 水平以上矿岩块度的大块率(大块按等效尺寸大于
0.9m 计)适度,二次破碎工作量不大的结论。从放矿实验结果来看,放矿口堵塞概率
不大。

(8) 按矿体、上盘和下盘分区进行块度预测发现,矿体、下盘和上盘块度大块率(大块
按等效尺寸大于 0.9m 计)比整体预测的块度大块率明显升高,二次破碎量加大,这是因
为这种预测方案没有考虑覆盖层(第四系洪积层)对块度的影响。矿体、上盘和下盘三个
区域的块度相比,上盘块度要明显低于下盘和矿体的块度,这是因为 F_8 断层破碎带主要
位于上盘区域。下盘块度偏大,有利于开拓工程的稳定性,而上盘块度偏小,又因 F_8 断层
破碎带主要位于上盘区域,容易引起矿石贫化,因此应加强放矿控制。从放矿试验结果来

看,存在一定的放矿口堵塞概率;覆盖层和断层破碎带对块度预测的结果影响较大。

(9) 按三个中段进行块度预测发现,1554m 中段和 1604m 中段块度大块率(大块按等效尺寸大于 0.9m 计)比整体预测的块度大块率明显升高,二次破碎量加大,这也是因为这两个区域不可能有覆盖层(第四系洪积层)存在。三个中段的块度相比,1654m 中段块度要明显低于 1554m 中段和 1604m 中段的块度,这是因为 1654m 中段和覆盖层接触重叠,并且有大量砂质泥岩的存在。从放矿试验结果来看,存在一定的放矿口堵塞概率。

(10) 块体形状以盘状块体和块状块体为主,不同区域的块体形状区别不大,这主要是因为采用同一组节理产状参数进行预测的缘故。

(11) 从块度分区预测的结果来看,合格块度尺寸设定为 0.9m 时偏小,二次破碎量偏大,因此建议合格块度尺寸设定为 1.1m,即溜井口格筛尺寸设定为 1100mm×1100mm,并且也能满足小于溜井直径三分之一的要求。

(12) 建议放矿漏斗的底部尺寸设定为 4m×6m 或 8m×3.2m,这样可以大大降低放矿口堵塞的概率。

3. 矿岩自然崩落规律研究

1) 研究内容

矿岩自然崩落规律研究的主要内容包括:Ⅲ矿区矿岩自然崩落机理与崩落方式研究;Ⅲ矿区软弱复杂矿岩自然崩落模拟方法与技术研究;Ⅲ矿区矿岩自然崩落拉底面积与矿岩崩落速率预测。目的:确定Ⅲ矿区矿岩自然崩落规律;预测Ⅲ矿区矿岩自然崩落拉底面积、矿岩崩落速率、矿岩崩落高度和崩落石量。

2) 主要技术支撑

(1) 现场调查,通过分析Ⅲ矿区岩体现场特性,基本掌握了Ⅲ矿区开采地质条件。

(2) 对自然崩落法在国内外的研究现状进行了详细调查和资料收集。

(3) 设计和加工了岩石亚临界裂纹扩展速率试验的加载装置,包括特殊的加载压头和试样底板。加工了岩样并做了岩石的弹性模量和泊松比试验,但未完成岩石亚临界裂纹扩展速率试验的数据处理。

(4) 完成了岩石断裂韧度和亚临界裂纹扩展速率试验,并处理和分析了试验数据。

(5) 于 2004 年 10 月从金川镍钴研究设计院已选取并加工好的试样中带回 6 种岩性 26 个试样,基本尺寸 $\phi 53.5mm×107mm$,试样用于金川Ⅲ矿区岩石流变试验。岩石流变试验已按 5 种岩样每组岩样 3 个试样进行了试验,编制了相应的试验数据处理程序,完成了贫矿、二辉橄榄岩、混合岩、氧化矿和大理岩五种岩样的流变试验数据处理与分析。已完成了矿岩自然崩落判据和岩体流变断裂的相关理论推导,建立了节理裂隙岩体流变断裂破坏和崩落判据。

(6) 采用引进的 FLAC3D 软件,完成了诱导条件下持续大规模矿岩自然崩落规律模拟程序的编制,形成了参数输入、计算模型、材料属性、边界条件、拉底工程布置、矿岩崩落与流变计算、数据采样设置、崩落判据与崩落矿量计算、节理岩体应力强度因子计算、拉底凌空面参数计算、自然崩落凌空面参数计算、阶段有效崩落面积计算、计算数据后处理、后处理图形文件自动形成、特殊绘图接口程序、崩落指标数据文件、应力强度因子等高图和矿岩崩落等高图等共 18 大模块,所有模块均全面通过了测试。

(7) 采用引进的 3DEC(三维离散元)软件,对金川Ⅲ矿区自然崩落模拟做对比研究,并实现动态模拟矿岩的整个崩落过程。

(8) 为便于更准确地找出金川Ⅲ矿区矿岩自然崩落规律,建立了矿区第二个计算模型,并进行了多种方案的数值模拟,得出了矿岩初始崩落面积和持续崩落面积等一批结论性研究成果。

3) 主要结论

(1) 通过断裂试验、流变试验、理论推导和数值模拟相结合的办法,对Ⅲ矿区矿岩的自然崩落机理、崩落数值模拟技术与方法、崩落速度预测进行研究,表明所拟定的研究技术路线是合理的。

(2) 采用常位移松弛双扭试验法对取自金川矿区的矿石、上盘二辉橄榄岩、下盘二辉橄榄岩、混合岩和大理岩五种岩样进行了亚临界裂纹扩展和断裂韧度测试,松弛所测得的 $\lg K_{\mathrm{I}}$-$\lg v$ 关系能很好地呈线性,表明岩石的亚临界裂纹扩展速率与裂纹尖端应力强度因子服从幂指数关系,这与 Charles 理论相符。试验结果的离散性大是由于岩石本身的矿物成分、颗粒大小、力学性质的不均匀引起的。为减小试验离散性的影响,在使用常位移松弛法时必须对同一种岩石做多次试验,取各次试验结果的回归系数平均值作为亚临界裂纹的特性参数。

(3) 分别按由碱离子扩散控制 K_{I}-v 关系的 Charles 应力腐蚀理论和由化学反应控制 K_{I}-v 关系的 Hillig-Charles 应力腐蚀理论两种理论,对四种岩样常位移松弛所测结果进行回归分析,前者相关系数较后者略高,但相关系数都在 0.90 以上,相关性均为线性高度相关,此两种理论都能很好地解释试验结果。由此说明所测岩样的应力腐蚀亚临界裂纹扩展是拉应力和裂纹尖端物质与环境中的腐蚀介质发生化学反应,使化学键断裂,这两种机制联合作用的结果。

(4) 岩石亚临界裂纹扩展试验所能探测到的最小扩展速率除与岩石本身的组成成分有关外,还与该试件的松弛时间有关。松弛时间越长,所测到的试件亚临界裂纹扩展最小速率也越小,但无法小到与之对应的在扩展机制中起主导作用的扩展门槛阈值 K_0 程度。该专题根据前人的方法,按应力腐蚀裂纹扩展方程计算裂纹扩展相应的应力强度因子 K_{I}。该值从工程意义上可视为亚临界裂纹扩展门槛值,目前已完成处理的三种岩样的门槛值均为断裂韧度的 0.6~0.8 倍。

(5) 利用 RYL-600 微机控制岩石剪切流变仪对金川Ⅲ矿区贫矿、二辉橄榄岩、混合岩、氧化矿和大理岩(蛇纹石化)五种岩石进行了流变试验。试验结果表明,所测五种岩样材料流变特性明显,试件在各级荷载作用的瞬时轴向应变与轴向荷载大小成比例增长,蠕变初期各分级变形均较明显,在经历快速蠕变率衰减过程的初期蠕变后进入稳定蠕变阶段,此时应力越高,稳定的蠕应变率越大。

(6) 试样的流变与所受载荷历史有关,材料具有瞬弹性、瞬塑性、黏弹性和黏塑性共存的特性。瞬塑性应变随应力的增高而增大,但由于岩石材料抵抗瞬塑性变形的能力随着应力水平的增高而增强,单位应力的瞬塑性应变增加不断减少。将瞬时塑性应力-应变关系曲线与岩石全应力-应变曲线中的裂隙压密段相比较可见,二者均有向应变轴下凹的形状,由此可认为低应力水平下试样就表现出瞬塑性变形是该岩样内部微裂隙的压密闭合所致。由于金川Ⅲ矿区岩石裂隙较发育,这种因微裂隙压密闭合所导致的瞬塑性变形特性表现更为明显。岩石的瞬弹性应力-应变关系为线性,黏弹性应变最终稳定值与应力的关系也为线性,但黏弹性变形的发展与时间的关系却是非线性的。

(7)岩样蠕变曲线开始时存在一定的瞬时变形,然后剪应变以指数递减的速率增长,最后应变速率逐渐趋于稳定,其蠕变特性与典型的 Burgers 模型蠕变特性曲线较接近。因此该研究选用 Burgers 蠕变模型来描述所测的蠕变特性,对试验数据进行了整理,最终确定了蠕变模型的基本参数,为节理岩体裂纹扩展和流变断裂研究提供了基本资料和理论依据。

(8)根据应力强度因子与裂纹扩展速度关系、亚临界裂纹扩展门槛值、断裂韧度值和岩石流变特性,以断裂力学、流变力学和能量准则为理论依据,将节理岩体概化力学模型进行了拓展和完善,推导了以应力强度因子、分支裂纹长度和时间为内变量的相应势函数,建立了多种破坏机制时的统一流变断裂准则,最终形成了诱导条件下节理岩体持续大规模自然崩落判据。

(9)在充分发挥 FLAC3D 商用软件各强大功能优势的基础上,利用 FLAC3D 软件自带的 Fish 语言对程序进行了二次开发,将诱导条件下节理岩体自然崩落判据转化为计算机程序,增加相应分析模块,形成了诱导条件下节理岩体自然崩落模拟分析系统。该模拟系统共由矿岩崩落与流变计算及前后处理等 18 大模块组成,目前所有模块均全面通过测试。该程序具有通用性、模块化和自动化设计等特点。程序实现的主要功能有:①拉底和削帮工程的自动布置;②拉底单元的自动搜索与确定;③矿岩崩落过程模拟与崩落速度预测;④矿岩自然崩落效果的数据自动输出,包括拉底面积、崩落面积、崩落矿量、平均崩落高度等;⑤后处理模块实现了各自然崩落效果图的自动生成;⑥与其他软件的接口程序实现了特殊效果图的绘制。

(10)应用所开发的矿岩自然崩落模拟系统,对金川Ⅲ矿区高应力破碎矿岩条件下岩体自然崩落进行了数值模拟,研究了无削帮时不同拉底面积条件对矿岩应力重分布的影响及岩体自然崩落效果,并对矿岩自然崩落速度进行了预测,解决了复杂条件下矿岩崩落规律预测的难题。模拟结果表明,对于单一的拉底工程,破坏首先从拉底区上部中间开始,成拱形向上发展,当拉底面积达到 $875m^2$ 左右时,在拉底顶板中心位置将出现大范围的拉应力区,矿石的自然崩落主要由拉伸破坏引起,矿岩在其自重作用下脱离母体,产生初始崩落。当拉底面积达到 $1575m^2$ 后,崩落基本可以连续向上发展,达到了程序设置的最多 8 次预测次数,崩落进入持续崩落阶段。当拉底面积继续增大并达到 $1830m^2$ 左右时,崩落进入持续有效阶段,日均崩落速度在 $2.5t/m^2$ 以上。当拉底面积达到 $3500m^2$ 以后,持续崩落阶段平均日崩落面积指数 0.43714,每日的平均崩落高度 0.92241m,崩落速度 $2.7662t/(m^2 \cdot d)$,形成年崩落矿量接近 400 万 t 的水平。

(11)为研究不同岩性时的崩落规律,该研究除对矿体进行崩落模拟外,还对上盘围岩和下盘围岩进行了拉底崩落模拟和崩落速度预测。模拟结果表明,在无削帮条件下,下盘岩体初始崩落面积为 $1050\sim1312.5m^2$,比矿岩初始崩落面积要大,这与折算后的岩体力学参数完全相符。当拉底面积达到 $1837.5m^2$ 后,岩体崩落进入持续崩落阶段,当拉底面积达到 2100m² 时,崩落速度为 2.6512976t/(m² · d),因此可认为下盘岩体持续有效崩落面积为 1830~2100m²。按数据变化趋势,当拉底面积为 2000m² 左右时下盘岩体可进入持续有效崩落状态,此时日均崩落面积指数为 0.40704375,日均崩落高度为 0.8583125m。另外,通过对比研究,相同拉底面积时不同岩性自然崩落的难易程度不同,矿体相对下盘围岩来讲更易于崩落。但矿区 4~6 行上盘围岩大多为断层破碎带,在各方案拉底时,岩体均出现大规模的冒落现象,因此在现场生产和放矿管理时,应特别注意靠近上盘围岩边界的矿体拉底和科学合理放矿,避免边界矿体过度贫化,造成资源浪费。

(12) 采用引进的 3DEC(三维离散元)软件,实现了矿岩自然崩落整个动态过程的模拟。

(13) 金川Ⅲ矿区岩石力学性质软弱,流变变形明显,亚临界裂纹扩展速率较快,矿岩在各个阶段达到自然崩落所需的拉底面积都偏小,矿岩易自然崩落。断层和破碎带对其局部矿岩的自然崩落有加速作用,高水平应力对矿岩自然崩落有明显的夹持作用。

4) 几点建议

根据金川Ⅲ矿区高应力破碎矿岩条件下自然崩落法前期研究结果,Ⅲ矿区采用自然崩落法对矿岩进行开采总体上是可行的,但由于矿区岩体软弱破碎、节理裂隙发育、高地应力、断层众多等诸多极其复杂的开采条件,要实现对矿岩自然崩落过程按要求进行有效的人为控制,还需进一步地开展研究工作。为此,对后续研究工作,该研究提出如下几点建议:

(1) 矿岩崩落控制将是金川Ⅲ矿区自然崩落采矿法的一重大技术难题,也是Ⅲ矿区自然崩落法最终应用成功与否的关键。崩落控制问题应引起高度重视,及时组织和实施后续科技攻关研究工作。

(2) 矿岩的破坏发育状况和围岩变形监测是矿岩自然崩落控制课题的重要研究内容,合理适时的变形监测、科学有序的工程拉底、分区有效的矿岩崩落控制措施,对于确保自然崩落法生产的正常进行,具有重要的工程意义,同时也会带来巨大的经济效益和社会效益。因此,应尽快设计和建立起采场及其围岩应力应变监测系统,加强对矿岩破坏发育情况的适时监测,及时了解崩落区矿岩崩落高度和矿岩发育状况,为采矿设计提供重要参考依据。

(3) 应通过室内矿岩崩落相似模拟实验和现场岩体崩落实验,进一步加强金川Ⅲ矿区矿岩自然崩落机理的研究。

(4) 结合现场监测数据和室内相似实验与现场崩落实验研究成果,应对前期矿岩自然崩落数值模拟程序进行调整和改进,进一步完善模拟系统,同时应增设矿岩自然崩落控制模拟模块,最终建立适合于矿区矿岩自然崩落过程与崩落控制模拟系统。利用该系统,模拟和预测不同拉底方式下的矿岩崩落及矿岩与围岩接触面附近的矿岩崩落效果,为实际生产提供科学合理的拉底和崩落控制方案与措施。

4. 自然崩落法放矿和底部结构稳定性研究

自然崩落法放矿和底部结构稳定性研究的主要内容包括:崩落围岩覆盖条件下放矿基础研究;采场底部结构稳定性评价;拉底巷道稳定性评价。

1) 研究目标

(1) 以单漏斗放矿试验为基础,应用计算机数字模拟技术,探明高阶段放矿规律,确定最优放矿方案,同时研究出矿石黏结和高位阻拱对放矿的影响程度。

(2) 采用数值模拟技术研究高应力破碎条件下采场底部结构的稳定性,了解底部结构应力、应变在回采过程中的变化特征,探明底部结构的破坏形式,优化底部结构形式和参数,初步确定底部结构的支护形式。

(3) 采用数值模拟技术研究采场拉底巷道的稳定性,确定在不同拉底方式和拉底技术下拉底巷道应力、应变变化规律,优化拉底巷道的布置形式和支护形式。

2) 主要技术支撑

(1) 单漏斗放矿物理模拟试验,较为直观地模拟矿岩移动情况,以及放出体、残留体和矿岩混杂的过程,初步探明放矿过程的矿岩移动规律和矿石损失贫化过程,以便说明降低贫损的关键所在,并可用来优选采场结构参数、放矿方案与放矿制度等。试验分为两部分:一部分是立体模型试验;另一部分为平面模型。

(2) 采用 PFC3D 软件模拟计算机放矿数值模拟研究,包括单漏斗放矿数值模拟和多漏斗放矿数值模拟。

(3) 运用 MAP3D 岩体力学数值模拟软件,对底部结构和拉底水平应力状态数值模拟分析,为选择合理的支护形式提供理论依据。

3) 主要结论

该研究在充分的现场调研和资料收集的基础上,运用理论研究、实验室试验和计算机数值模拟等手段,对金川Ⅲ矿区自然崩落法放矿基础、底部结构和拉底巷道稳定性进行了较深入的研究,所得结论如下:

(1) 从单漏斗物理模拟试验、计算机单漏斗和多漏斗放矿数值模拟及经验公式和图表三个方面,对放出椭球体形状和出矿水平巷道布置参数进行了研究,取得了初步成果。

① 放出椭球体短轴半径为 14~16m,矿石粒级较大时,放出体短半轴也较大,当进行 12m 间距漏斗计算机放矿数值模拟时,可看出两漏斗放出椭球体有明显的相互影响。

② 室内试验验证,氧化矿颗粒较小,在干燥条件下,矿石本身没有黏结性,由于细小颗粒较多和一定含水量,具有较强结拱性。

③ 因氧化矿石粒度小、粉矿含量高,放出椭球体很不发育,其放矿区域出矿点间距应控制在 8~10m。

④ 矿体倾角较缓,需在矿体下盘布置辅助出矿水平,由于放矿高度降低,应视高度大小缩短出矿点间距,改善贫损指标。

⑤ 在矿体岩石质量区域,基于 4m³ 的铲运机出矿确定的 24m 出矿巷道间距是合理的。如果选用 6m³ 的铲运机,出矿巷道间距可增大至 30m,从而增加底部结构的稳定性,降低采准工程量。

(2) 在岩体工程地质调查的基础上,应用 MAP3D 岩石力学数值软件对底部结构和拉底巷道应力状态进行模拟,结合 Hoek-Brown 强度准则,分析岩体及工程的稳定性,并提出了相应的支护措施。

① 拉底推进线附近岩体因受拱座压力作用,应力集中程度高,达 20MPa 左右,特别

出现在眉线、交叉点及拉底平巷端部岩体中。

② 当拉底推进线刚刚通过,高应力突然释放,产生较大范围的拉应力,可达 2MPa 甚至以上,主要在聚矿槽和拉底空间结合部、聚矿槽之间、交叉点和拉底平巷间与聚矿槽结合部岩体中。

③ 支护形式视岩体稳定性分区,普遍采用混凝土支护、喷锚网支护或喷锚网与钢拱架联合支护。

④ 对聚矿槽眉线位置和交叉点支护地段,附加长锚索、钢丝绳锚杆支护,另外在施工时采用预支护和控制爆破技术。

⑤ 建议采用超前拉底技术,特别在破碎带影响严重地段,为底部结构工程施工创造低应力环境,降低支护和掘进成本。

⑥ 建议上下盘沿脉巷道布置在采场边界线 20～30m 以外,降低巷道围岩应力。

(3) 由于Ⅲ矿区自然崩落法应用的特殊性和复杂性,建议继续进行计算机放矿控制技术应用研究、底部结构长期稳定性控制技术研究和漏斗堵塞及大块处理技术研究,完善自然崩落法放矿和底部结构稳定性研究内容。

6.4.2　长沙矿山研究院自然崩落法前期研究

1. 研究内容

长沙矿山研究院于 2006 年年底完成了金川Ⅲ矿区自然崩落法前期研究报告,主要研究内容包括:国内外应用、研究现状调研与工程地质等资料收集分析整理;Ⅲ矿区矿岩可崩性与崩落矿石块度分布规律研究;Ⅲ矿区自然崩落法崩落规律研究;放矿控制技术研究;底部结构和拉底技术研究。

2. 结论与建议

1) 研究结论

该研究是在充分收集金川Ⅲ矿区的大量勘探及工程建设资料及进行现场调查基础上进行的综合分析总结。

(1) 金川三矿是个基建初级阶段的矿井,在巷道尚未接触矿体时利用钻探对岩体构造进行了调查,勘探钻孔的布置基本上控制了矿区(主要是 1# 矿体)的主要研究单元,钻孔施工及数据采集基本按照《岩体构造调查技术规范》设计完成,可以满足可崩性研究时,对岩体、岩石及不连续面物理力学性质的空间分布规律进行研究的需要。

(2) 在充分收集已有Ⅲ矿区勘探成果和相邻一、二矿区采掘工作实践及科学研究综合成果的基础上,对Ⅲ矿区的区域地质条件、矿山资源情况和水文地质、工程地质条件进行全面评估,认为该矿在地质条件复杂、环境地质条件相对较差、资源状况不甚理想的情况下,有必要开展相关采矿方法的前期研究,为投资决策提供依据,为下一步现场试验研究提供基础。

(3) 根据金川Ⅲ矿区矿岩的岩性、结构面特征等,将其矿岩分为超基性岩、大理岩、混合岩和矿体等四个岩组,并根据结构面的钻探和巷道结构面详细测量的结果,对各岩组的结构面特征如结构面的间距、粗糙度、张开度、RQD 值、结构面产状、迹长等进行了研究,确定了其分布规律,为下一步研究提供了基础数据。

(4) 通过对钻探所取得的岩(矿)体的节理产状、节理面间距、节理面的粗糙度、节理面的张开度和节理充填物进行详细统计分析,可知 1# 矿体及其围岩中存在两组以上的节理面,节理密集程度高,张开度较好,充填物胶结程度差,矿岩整体稳固性差,对崩落有利。

(5) 通过对岩体岩石质量指标的统计分析认为,矿区岩(矿)体的 RQD 值普遍偏低,有利于崩落,但不利于巷道的稳定,容易产生地面沉陷等环境地质问题。

(6) 该次原岩应力测量工作表明,测点附近区域的最大主应力值属于中等应力水平,比二矿区及龙首矿相同深度的最大主应力要小,最大主应力的倾角均小于 20°,测点附近的侧压系数为 0.96~9.92,属于水平构造应力。

(7) 在结构面调查、地应力和岩石力学参数测定等的基础上,采用 RQD 法、RMR 法、MRMR 法和 Q 法对各岩组的可崩性进行了分级,综合各分级方法认为,金川Ⅲ矿区的超基性岩为中等易崩,大理岩和矿体为中等易崩至易崩,混合岩的可崩性最好,为极易崩至易崩。

(8) 采用蒙特卡罗法模拟原理,由结构面的产状特征等,对金川Ⅲ矿区的混合岩、贫矿的结构面网络进行了计算机模拟,编制了结构面模拟分析的软件,其模拟结果对认识金川Ⅲ矿区分结构面特征具有一定的指导意义。

(9) 采用 BCF 软件对金川Ⅲ矿区的混合岩和贫矿的崩落块度、放出块度和卡斗状态进行了研究分析,结果如下:

① 贫矿。崩落块度的平均体积为 $0.0023m^3$,最大体积为 $0.28m^3$,不会产生应力碎岩;放出矿石的平均块度为 $0.0013m^3$,最大体积为 $0.1m^3$;不会产生卡斗。

② 混合岩。崩落块度平均体积为 $0.0040m^3$,最大体积为 $0.23m^3$,不会产生应力碎岩;放出块度的平均块度为 $0.0013m^3$,最大体积为 $0.09m^3$;不会产生卡斗。

(10) 根据 Laubscher 方法,混合岩的稳定区面积约为 $2520m^2$,贫矿与大理岩的稳定区面积为 $3600~3840m^2$,超基性岩的稳定区面积为 $4080~4560m^2$,超过此面积矿岩将进入初始崩落状态,随崩落的进行,进而自然崩落。混合岩的持续崩落面积约为 $9000m^2$,贫矿与大理岩的持续崩落面积为 $12600m^2$。

(11) 根据 Mathews 稳定图方法,贫矿保持顶板稳定的水力半径为 3.2m,顶板产生大的破坏时的水力半径为 7;混合岩保持顶板稳定的水力半径为 1.5m,顶板产生大的破坏时的水力半径为 3.2m。即贫矿的初始崩落面积为 $168m^2$,持续崩落面积为 $820m^2$;混合岩的初始崩落面积为 $48m^2$,持续崩落面积为 $168m^2$。

(12) 3DEC(三维离散元)数值模拟分析表明,贫矿在拉底形状合理的情况下,初始崩落面积不大于 $2850m^2$,持续崩落面积不大于 $4600m^2$。

(13) 研究中对三种拉底方案进行了模拟分析,在首采地段由东往西顺序拉底(模型Ⅰ);在首采地段由东往西,按对角线顺序拉底(模型Ⅱ);在首采地段从矿块中心部开始拉底,四周环形推进(模型Ⅲ)。3DEC 数值模拟分析表明,拉底方式对矿岩崩落有显著影响,综合比较而言,对角线梯形拉底推进方式较优。

(14) 结合实际情况分析,认为贫矿的初始崩落面积为 $168~2850m^2$,持续崩落面积为 $820~4600m^2$。对自然崩落法采场而言,这一面积不大,削帮或预裂等措施在诱导崩落方面发挥的作用不大,因此在Ⅲ矿区的条件下,不需要采取削帮或预裂等诱导崩落措施。

(15) 单漏斗模型实验表明,放出体的高度越大,则放出体越易呈上粗下细的形状。研究采用求解非线性问题的最小二乘法,按照放出体是两个半旋转椭球体对接进行拟合分析,得出放出体表面方程。与传统的椭球体理论相比更加接近实际。

(16) 实验数据的分析表明,在Ⅲ矿区首采地段矿石高度 120m,贫矿资源的品位 $C_{Ni}=0.66\%$,$C_y=0$,$\gamma_y=1.53t/m^3$,$\gamma_k=1.50t/m^3$ 的条件下,放矿口宽度取 $d=3.2m$;截止品位取 $C_z=0.55\%$ 时,漏斗间距为 20~23m 可获得良好的放矿效果,此时矿石贫化率为 16.7%,矿石损失率为 22.7%。但在 1554m 以下中段由于中段高度为 100m,漏斗间距相应缩小,具体数值应根据现场情况开展工作。

(17) 根据实验室放矿试验研究得出的颗粒(矿岩)移动坐标变换方程,按最小矿岩接触面原则,借助最优化方法开发了覆岩条件下计算机放矿控制系统,可为矿山生产快速、准确、科学地编制中长期生产计划,可对覆岩条件下放矿进行优化排产,降低贫损指标,取得更好的放矿效果,较准确地预测出矿品位,有效地指导生产,实现矿山生产最优放矿控制。

(18) 金川矿区是以水平构造应力为主的高地应力区,工程地质条件复杂,岩体破碎软弱,巷道开掘后受构造应力影响向内挤压,巷道的变形破坏非常严重,并有明显的流变特性,因此底部结构形式首先必须有利于保持其稳定性。从这一角度考虑,通过分析比较提出了长颈堑沟底部结构。

(19) 在金川Ⅲ矿区矿岩稳固性差的条件下,底部结构布置形式也应首先考虑有利于维护其稳定性。因此,错开的人字形布置和平行四边形布置方式较适合。

(20) 该研究中采用数值模拟方法对底部结构在开采过程中的稳定性进行了分析,结果表明底部结构巷道受到采动影响后,围岩位移有较大幅度的增加,采动对围岩变形与破坏及巷道的稳定性影响显著。

(21) 水平构造应力对底部结构巷道的稳定性影响显著。出矿巷道失稳破坏的主要方式是底鼓;装矿进路失稳破坏的主要方式是片帮。并且,随着开采深度的增加,地应力逐步增大,深部巷道的变形破坏速度明显加快。

(22) 椭圆形断面能很好地控制巷道两帮的变形破坏,拱形直墙断面+底板反衬断面形式则对抑制巷道底鼓作用十分明显。因此,对底部结构中的装矿进路巷道应优先考虑采用椭圆形断面,对出矿穿脉则宜采用拱形直墙断面+底板反衬断面。

(23) 采用单一锚杆或 U 型钢架支护后,围岩变形并不能得到有效的控制;而采用锚网支护后,围岩变形显著降低,支护效果较好。

(24) 为了维护底部结构的稳定,在拉底之前,应对底部结构进行喷锚支护;在拉底之后,对底部结构再次进行支护,可采用二次喷锚支护、U 型钢支护或混凝土支护,以保证出矿的顺利进行。

2) 几点建议

该研究成果所提出的相关数据可为矿石可崩性评价、底部结构设计、放矿控制等提供借鉴和依据,但因客观原因造成数据不全或者是准确度较差,研究结果与实际存在一定差异,因此建议在下一步工作中开展如下工作:

（1）该研究由于井巷工程未控制主要矿体,除钻孔调查外,工程地质调查主要集中在 F_8 断层附近,各参数指标受 F_8 断层影响明显,在下一步工作中,应继续对Ⅲ矿区运输水平、拉底水平及副层巷道开展详细的工程地质调查,以便全面了解Ⅲ矿区工程地质特征及其规律,为施工设计提供依据。

（2）由于工程所限,原岩应力测试点只能分布在第一、第三穿脉,受 F_8 断层影响明显,为了全面掌握Ⅲ矿区原岩应力的分布规律,随着开拓工程的进展,应在有代表性的地段开展适量的原岩应力测量。

（3）在进一步开展Ⅲ矿区全面工程地质调查的基础上,开展深入的崩落块度分析预测研究,为开采设计与生产提供依据,不断完善开采工艺系统。

（4）在现场生产过程,加强块度测量与分析研究,验证修改块度预测结果,进一步完善预测分析方法,形成一套适应金川Ⅲ矿区的块度预测分析方法或理论。

（5）在崩落规律研究中,由于矿岩的复杂多变性,数值模拟方法在理论上存在一定的局限性,计算参数、边界条件等与实际情况存在差距,应在下一步工作中加强矿岩物理学参数调查测试和工程地质调查工作,完善分析计算结果,同时开展崩落规律的物理模型实验,与数值模拟方法相互印证。

（6）放矿实验研究中以预测的矿岩块度作为实验材料配置依据,与现场实际存在差异,建议在下一步工作中,根据现场实测情况进行检验,以准确掌握放出体运动规律。

（7）该研究中开发的计算机放矿控制是在已有研究成果的基础上完成的,应在下一步工作中根据现场实际情况完善。

随着矿体三维模型的初步建立,应开展专门研究,将放矿控制系统与矿体三维模型进行整合,实现矿山品位的动态管理。

（8）该研究中采用数值模拟方法对底部结构的稳定性进行了分析,由于参数选择和分析方法的局限性,与现场实际情况一定存在差距。为有效指导设计与生产,应在下一步工作中开展实验室和现场底部结构支护研究,通过多方案对比,优化选择,寻求合理的支护材料和支护工艺,确保底部结构在出矿期间的稳定性。

（9）采取多种手段,对底部结构在开采过程中应力位移变化实施监测,掌握其变化规律,为设计和生产提供基础数据。

6.4.3 北京科技大学自然崩落法前期研究

1. 研究内容

自然崩落法对金川矿区来说是一种全新的采矿方法,在国内矿山屈指可数,而在国外也并不多见。该方法开采技术条件要求高,采矿风险大,国内外成功地应用的矿山也为数不多。因此,对金川Ⅲ矿区采用自然崩落法能否获得成功,是金川矿床资源开发所面临的关键技术难题。

为了成功进行金川Ⅲ矿区贫矿资源的开发,金川集团公司特别重视,通过招标确定多家研究单位开展对Ⅲ矿区自然崩落法开采中的几项关键技术研究。作为研究单位之一,北京科技大学承担了"金川Ⅲ矿区阶段自然崩落采矿法数值模拟研究"课题,主要是建立数值模型,从事Ⅲ矿区矿块的可崩性模拟及崩落块度预测研究。该课题研究于 2004 年 9

月 1 日开始,2006 年 12 月底完成了研究报告。在实施过程中,首先明确该课题的研究任务,紧紧围绕自然崩落法采矿中的关键技术问题,并针对金川Ⅲ矿区 1#矿体的工程地质环境与采矿条件,开展了广泛而深入的研究。主要研究内容涉及矿区工程地质评价与参数预测、矿床地质模型建立、矿块可崩性数值模拟、矿块崩落块度预测及 1570m 中段的放矿模拟等方面。

首次建立了金川Ⅲ矿区的矿床地质矿床模型、矿块地质力学模型、放矿管理模型和可崩性数值模型等三维模型。这些模型的建立不仅将有限的监测数据与地质信息外延到整个矿体,而且也为矿块的崩落机理与可崩性数值模拟提供了必要的空间力学参数,为放矿过程的仿真分析奠定了基础。

与此同时,课题组还深入现场,开展了现场的节理裂隙调查工作,由此建立了岩体节理网络模型。并基于岩体分形与损伤演化理论,探索了矿块崩落块度的预测理论与方法。这些创新性研究及所取得的研究成果,为金川Ⅲ矿区自然崩落法的采矿设计与生产管理提供了理论依据。

通过上述研究共完成了 4 个研究报告,分别为"金川Ⅲ矿区工程地质条件评价与矿岩可崩性经验预测"、"金川Ⅲ矿区地质矿床模型建立与 1570m 中段放矿模拟"、"金川Ⅲ矿区矿块可崩性数值模拟与诱导工程参数研究"和"金川Ⅲ矿区矿岩体节理调查统计分析与崩落块度预测"。

2. 主要结论

基于该研究得出如下结论:

(1) 金川Ⅲ矿区是由于断层 F_8 的错动才形成的一个独立矿体,因此断层 F_8 对Ⅲ矿区矿岩的稳定性产生剧烈的影响,尤其对矿体东段 4～6 行的上盘围岩影响更加显著。位于矿体上盘的断层 F_3 和矿体东端的 F_{36} 两条断层距离 1 号矿体较远,对矿岩的稳定性不甚剧烈,但断层 F_3 可能对 58# 矿体产生影响。

(2) 有限的节理裂隙调查统计分析结果表明,1# 矿体节理主要发育有三组节理:第一组,N33°～62°W;第二组,N15°～55°E;第三组,N60°E。其中,第一组最发育,后两组次之。

(3) 根据地质勘探报告和金川镍钴研究院提交的岩石力学试验数据进行了综合统计分析,由此发现,上盘岩石单轴抗压强度(47MPa)低于下盘(51.3MPa),而上、下盘围岩差于矿体(64.6MPa)。整个矿块的平均抗压强度为 54.3MPa。

(4) 断层 F_8 的影响及矿体边缘绿泥石片岩搓碎带的影响,使矿块岩体内赋存局部极不稳定的软弱破碎带,尤其矿块上盘围岩的稳定性差于下盘围岩,这都构成了自然崩落法采矿最不利的条件,在采矿设计中应特别注意。

(5) 基于钻孔所获得的节理间距最大值仅 13.35cm,最小值仅 0.1cm,均值为 0.374cm。表明Ⅲ矿区 1 号矿体的节理十分发育,岩体十分破碎。

(6) 根据Ⅲ矿区新钻的 11 个钻孔的统计分析,有 9 个钻孔的节理间距服从负指数分布,仅 2 个钻孔服从对数正态分布。

(7) 对新钻的 10 个钻孔的节理统计分析结果显示,Ⅲ矿区 1 号矿体节理产状分布较为复杂,矿体具有多方向多组节理,表现出一定程度的均匀分布特性。但矿体主要以北西向节理为主,北东向次之,北南向节理也占有一定的比例。

(8) 根据 5、6 行钻孔的节理统计分析,发现节理产状从下盘的北东向到上盘的逐渐向北西向偏转。

(9) 总体来看,上、下盘围岩质量存在一定的差异性。上盘围岩(RMR=31)略差于下盘围岩(RMR=34);上、下盘围岩均差于矿体(RMR=40)。整个矿块的岩体均值 RMR=35,属于Ⅳ类围岩,可崩性较好。这与岩石单轴抗压强度所显示的矿岩质量基本一致。

(10) 基于 10 个钻孔的统计分析,上、下盘围岩及矿体均存在一定的变异性。相比较,上盘围岩的变异性最小(V=0.092),下盘的变异性最大(V=0.234),矿体的变异系数略小于下盘围岩(V=0.214)。

(11) Ⅲ矿区 1# 矿体总体来说均属于Ⅳ类围岩,矿体为Ⅳ类偏上,上、下盘为Ⅳ类中间。

(12) 尽管整个矿岩质量属于Ⅳ类围岩,但从 RMR 等值图中看出,在 5～6 行范围的下盘矿体存在局部属于Ⅲ类中等稳定岩体,而在上盘则存在属于Ⅴ类的不稳定岩体,这对于 1 号矿体的东段矿块的自然崩落极为不利,在采矿设计和放矿管理中应特别注意。

(13) 根据 Laubscher 崩落图和矿岩分类结果,获得Ⅲ矿区 1 号矿体可崩性的预测指标如下:

① 上盘围岩的初始崩落水力半径为 8m,连续崩落的水力半径为 17m。

② 矿体初始崩落的水力半径为 10m,连续崩落的水力半径为 20m。

③ 下盘围岩的初始崩落水力半径为 9m,连续崩落的水力半径为 19m。

(14) 采用对数回归分析改进的 Mathews 稳定图,求得矿块连续崩落的形状系数 S 或水力半径 R 如下:

① 上盘围岩达到崩落的水力半径均值为 12m,变化范围为 10.9～13.1m。

② 矿体达到崩落的水力半径均值为 22m,保护范围为 17.3～24.7m。

③ 下盘围岩达到崩落的水力半径均值为 15m,保护范围为 11.5～18.5m。

④ 整个矿块达到崩落的水力半径均值为 17m,变化范围为 12.7～21.3m。

由此可见,由于矿体所固有的不确定性,计算的稳定数 N 存在一定的变化范围,矿体崩落的水力半径也难以用单一值预测,采用一个变化范围也是合理的。

(15) 对比上述两种矿岩崩落水力半径的预测结果来看,存在一定的差距,有待于进一步研究和深入细致的研究。

(16) 矿床的地质品位的变化。根据对新补充钻孔的矿石品位数据的分析和处理,发现Ⅲ矿区的矿石品位比地质大队所提交的地质品位有所降低。

(17) Ⅲ矿区矿体形态的复杂性。Ⅲ矿区矿体形态比地质报告所描述的还要复杂。矿体总体空间形态表现为水平和垂直两个方向呈现两个斜体"8"字形。在水平方向沿走向方向的斜体"8"字或水平放置的葫芦,中间细小位置基本上在 8 行附近,但在不同高程有所变化。在垂直方向,"8"字中间位置 1570m 中段位于 1550m 水平,1470m 中段位于 1400m 水平。这种矿体分布形态对以矿块为开采单元的自然崩落法开采十分不利,在两头大的矿块中间夹杂的废石必然使出矿品位降低,损失贫化严重。

(18) 金川Ⅲ矿区 1# 矿体,南部矿块连续崩落的半径为 30m,北部矿块连续崩落的半径为 32m,随着拉底面积的不断增大,在矿体内部形成的应力平衡拱也不断扩大,直至无法形成新的应力平衡拱,此时矿体将崩落至顶部。

(19) 侧压系数对崩落规律的影响。对于同一 PFC 模型,随着侧压系数的增加,矿块连续崩落的半径会降低。

(20) 拉底的高度虽然对矿块的崩落高度有影响,但不是主要的影响因素。

(21) 基于建立的南北矿块崩落高度的数学回归模型,可以估算在不同条件下的矿块崩落高度,为金川Ⅲ矿区自然崩落法的采矿设计提供有效的理论依据。

(22) 对于金川Ⅲ矿区 1# 矿体,节理裂隙较为发育,岩体破碎,其崩落块体的大块率仅为 15.2%。

(23) 对于第一崩落矿块的 1570m 中段,由于地处上部,节理裂隙更加发育,岩体块度更小,其初始崩落块度仅为 12.5%,比整个矿体 15.2% 的大块率小 2.7%。由此可见,随着崩落矿块的延深,1# 矿体深部的大块率将增大。

(24) 由于位于上盘的混合岩的大块率大于贫矿,因此可以推测,除了矿体东部上盘 F_8 断层的影响外,如果正常放矿,上盘混合岩不会混入矿体而导致放出矿石的贫化。

(25) 位于矿体下盘的大理岩较为破碎,其大块率与贫矿相符。但由于该类岩石位于下盘,一般不会混入放出体,但在放矿管理上要加以控制。

3. 几点建议

基于上述研究及所获得的结论可知,在金川Ⅲ矿区采用自然崩落法开采,尽管存在一些不利条件,但还是可行的。根据已有的研究提出以下几点意见和建议。

(1) 研究竭尽全力搜集Ⅲ矿区的所有资料和数据,并进行详细分析和研究,由此获得的一些研究成果仅仅是初步的。考虑到资料太少,尤其新钻孔的定向技术存在一定的问题,数据统计结果的可靠性难以保证。

(2) 此次自然崩落法在金川矿区尚属首次,加之所获得的资料较少,由此所获得的结论和成果有待于进一步研究,并在采矿生产实践中验证。

(3) 总体来讲,1570m 中段根据Ⅲ矿区 1# 矿体的水平葫芦状的矿体分布形态,给出了南部两个开采盘区是合理可行的。但是,根据所建立的三维矿床地质模型的研究,尤其是基于三维放矿模型实际放矿模拟发现,该设计方案有待于进一步优化和调整。意见如下:

① 南北两个盘区的位置应向下盘调整。从矿床地质平剖面图上发现,对于 1570m 中段,下盘矿石品位远高于上盘,局部位置的矿石达到富矿品位。已经给出的 1570m 中段设计方案的盘区位置总体上来讲是偏向上盘。因此导致南段盘区下盘有 10～15m,北段盘区 20～30m 的矿体难以回采。在此还不包括采用副层回收的上部矿石。因此,建议将南北盘区分别向下盘移动 12m 和 24m。

② 南段矿块副层设计的调整。Ⅲ矿区 1# 矿体赋存高度南高北低(或东高西低),相差 30～40m。南段矿块上部矿体不仅赋存范围大,而且矿体倾角较缓,因此,对南段盘区

必须设置 3 个副层,不能调整为 1 个副层。副层的位置也应作相应的调整。

③ 北段盘区范围应向北增加 1 排放矿漏斗。根据矿体地质品位图发现,在北段盘区的北侧还有可采矿石不能回收,需要增加 1 排放矿漏斗,避免矿石的丢失。

(4) 盘区放矿漏斗位置的灵活调整。

Ⅲ矿区矿体形态的复杂变化,导致盘区矿石品位也分布不均。根据放矿模拟研究,即使对于盘区中间的放矿漏斗所放出的矿石品位也相差较大,其原因在于矿体形态及矿石品位的复杂多变,放出的矿石夹杂废石,使矿石贫化严重。为了降低矿石的损失贫化,除了将矿体划分为南、北两个盘区开采外,还应根据矿体形态和矿石品位,适当调整放矿漏斗的位置,以便剔除夹石。放矿漏斗位置的调整应结合地质矿床平面图和剖面图,并结合放矿模拟研究结果加以调整;否则,放出的矿石贫化严重,达不到选矿设计品位。

6.4.4　自然崩落法底部结构巷道稳定性和支护技术研究

1. 研究内容

中国恩菲工程技术有限公司于 2008 年 11 月完成了金川集团公司Ⅲ矿区自然崩落法底部结构巷道稳定性和支护技术研究。研究主要从两个方面进行:第一是自然崩落法巷道支护;第二是高应力破碎易塌孔岩体大变形巷道修复技术研究。针对Ⅲ矿区的矿岩特点和采用自然崩落法的特点,引进国内外先进的新型支护技术,并在Ⅲ矿区实施,制订Ⅲ矿区自然崩落法巷道支护的技术措施,形成Ⅲ矿区自然崩落法支护的技术标准。

2. 主要结论

该研究在充分进行现场调研和资料收集整理的基础上,结合自然崩落法采矿工艺和巷道支护原理等,针对Ⅲ矿区的矿岩特点和自然崩落法的特点,结合国内外新型支护技术,利用科学试验和计算机数值模拟等手段,对Ⅲ矿区自然崩落法底部结构、巷道稳定性及巷道支护返修技术等进行了较深入的研究,取得了一定的研究成果,主要结论如下:

(1) 自然崩落法生产效率高、生产成本低,是唯一能和露天开采成本相媲美的地下采矿方法。在矿体赋存条件合适、地表条件允许的情况下,自然崩落法是优先选择的采矿方法,特别适应于矿石品位低的贫矿开采。

(2) 金川Ⅲ矿区自然崩落法底部结构支护应采用"积极支护",以喷锚网为主结合中长锚索支护,并提高喷射混凝土强度,加长锚杆。

(3) 第一次在金属矿山引进湿喷混凝土工艺。与干喷相比,湿喷可以减少喷料回弹,提高混凝土强度。为了获得高性能的喷射混凝土,通过添加硅灰来提高强度,添加钢纤维以提高韧性,添加减水剂以控制水灰比和满足和易性要求。采用钢纤维湿喷混凝土,可以取代传统的干喷钢筋喷射混凝土,工序简单,效果好。

(4) 通过大量的室内试验和现场试验,利用金川当地购买的 42.5# 普通硅酸盐水泥、细骨料(中砂)和粗骨料(豆石)及减水剂、速凝剂、硅灰,优选出了合适的湿喷混凝土组方,配制出了满足生产工艺要求的 C40 湿喷混凝土,可以确保现场喷射混凝土强度达到 C35。

（5）速凝剂对混凝土强度产生很大的不良作用，速凝剂添加量越多，强度值越低。因此在满足喷射效果的前提下，应尽量减少速凝剂的添加量，速凝剂一般应控制在 2.5%～3%。为了达到较高的喷射混凝土强度，应该对骨料（豆石）清洗以除泥，同时采用质量好的砂子。

（6）针对Ⅲ矿区的破碎矿岩和变化的应力条件，研发了波浪型锚杆。在岩体变形时通过产生较大的变形，波浪型锚杆能够吸收岩体中更大的动能，减少岩体的破坏，从而获得比普通砂浆锚杆更好的支护效果。

（7）Ⅲ矿区试验段的试验证明，两层钢纤维湿喷混凝土支护及中长锚索支护，现场支护效果好，巷道变形小，用于自然崩落法底部结构是完全满足要求的。

（8）巷道修复应采用注浆加固联合锚杆支护，巷道加固的重点是修补围岩裂隙和降低岩石中膨胀成分对岩体的影响。自钻式锚杆既是钻孔施工过程中的钻杆，又是砂浆锚杆的杆体，同时还是锚杆孔灌注砂浆的注浆管。自钻式锚杆和其他手段结合起来是解决巷道修复的一个较好的方法。针对Ⅲ矿区的矿岩条件，应采用适合中硬以上岩石的钻头。

（9）针对Ⅲ矿区矿岩条件和自然崩落法的特点，系统地制订了自然崩落法主要巷道如脉外运输巷道、出矿巷道（即穿脉巷道）、放矿口、拉底巷道（一般为垂直走向布置）的支护措施和标准，在双层喷锚网的基础上开发了钢筋条补强、中长锚索等组合支护，并成功应用于 1554m 水平。

（10）采用 FLAC3D 软件对两种不同支护形式的出矿巷道断面进行了稳定性分析计算，结果表明，混凝土支护对限制巷道围岩的变形作用明显；巷道走向方向与最大主应力方向一致时，巷道变形较小，有利于巷道的稳定；用混凝土及锚杆支护后，巷道围岩的塑性区明显减小，由于巷道开挖引起的围岩应力变化也相应减小，有利于巷道的稳定；根据现有岩石力学参数的分析结果，金川Ⅲ矿区巷道采用（喷锚）混凝土＋锚杆支护后，围岩基本稳定。

该研究成果已在金川Ⅲ矿区 1554m 水平普遍推广应用，2006～2008 年 10 月，所支护的巷道未发现有明显的破坏和大的变形，大大减少了巷道的二次修复费用，降低了生产成本。实践证明其支护效果是成功的、有效的。

该研究成果在解决高应力破碎矿岩的支护方面对金川矿区具有普遍适应性，对国内外同类型矿山具有广泛的推广应用前景。

6.5　本 章 小 结

自然崩落法是一种低成本、高效率、安全性好的地下大规模采矿方法。2002 年，中国有色工程设计研究总院、兰州有色冶金设计研究院及长沙有色冶金设计研究院三家单位完成了可行性研究报告，分别提出了自然崩落法、无底柱分段崩落法及阶段强制崩落法三种不同的适于贫矿开发利用的开采方案。金川集团公司在综合考虑各种因素的基础上选择了由中国有色工程设计研究总院提出的低成本、高效率的自然崩落法开采方案，并于同年 12 月，由中国有色工程设计研究总院完成了Ⅲ矿区开发的初步设计工作。

之后针对Ⅲ矿区贫矿开发方案，金川集团公司先后与中南大学、长沙矿山研究院、北京科技大学和中国恩菲工程技术有限公司四家科研单位共同进行了金川集团Ⅲ矿区自然崩落法前期研究,主要研究内容为矿床开采技术条件研究、矿体可崩性与崩落矿岩块度分布研究、矿岩自然崩落规律研究、Ⅲ矿区自然崩落法放矿、底部结构和拉底技术研究及自然崩落法底部结构巷道稳定性和支护技术,为Ⅲ矿区自然崩落法实施提供了比较翔实的理论依据。

第7章　二矿区回采工艺优化与矿柱开采技术

7.1　概　　述

金川二矿区二期工程由中国-瑞典联合设计,采用机械化盘区下向进路胶结充填法,矿房矿柱两步回采,两两盘区之间留20m宽的矿柱。经过二矿区与科研单位合作,对矿房矿柱回来模式进行了研究。研究结论认为由于矿柱的存在,矿柱及其周围会产生高度的应力集中,导致矿柱压裂破坏,很难确保矿柱的稳定。同时增大了矿柱回采的难度,增加了富矿的损失与贫化,延长了采准巷道的使用和维护年限。因此,提出了无矿柱大面积回采方案。二矿区采矿方法设计为矿房矿柱回采模式,由于存在转层频繁、矿柱回采难度大、采矿成本高、盘区生产能力小等弊端,工程技术人员根据矿床开采特点,用大面积连续下降回采工艺代替了保守的矿房矿柱回采工艺。

采用矿房矿柱同步大面积连续回采技术,采矿损失率由设计的5%降为4.2%,贫化率由设计的7%降为5.5%;二矿区年出矿能力突破400万t,成为我国采用胶结充填采矿法矿山中年生产能力最大的矿山,使万吨采掘比由设计的650m³/万t降至320m³/万t。

充填工艺的优化,增加了充填体整体稳定性,提高了充填体质量,保证了大面积连续回采的安全性。通风系统优化,大大提高了盘区有效回风量,改善了采场作业环境,促进盘区生产效率的提高。

随着开采深度和面积的增加,从1150m水平向下,在矿体沿走向的$16\sim16^{+30}$行保留了30m宽的矿体作为粉矿回收道的保安矿柱。根据金川矿区多中段回采的特点,金川二矿区地下开采已形成"两柱"结构(水平矿柱+垂直矿柱),厚大的"两柱"抵御着垂直和水平地应力,支撑着上、下盘围岩,约束着大范围岩体移动。"两柱"开采中或开采后,上述作用逐渐减弱直至消失,势必导致大范围应力调整,上、下盘围岩移动加速,充填体受力增大,在结合矿区地质条件、回采过程和矿区监测资料的基础上,探讨深部矿体科学合理回采技术方案。通过相关科研单位的合作,相继完成了金川矿区深部无矿柱回采方案数值模拟和预测的结果,确定了其合理回采工艺,为深部矿体的安全生产提供技术支持。研究得出了金川二矿区$1^{\#}$矿体宜采用大面积下向胶结充填开采方案,沿走向连续回采不留矿柱,有利于充分回收资源和回采安全由于围岩应力集中转嫁到上、下盘围岩中和充填体接触带的围岩区域及矿体东西两端围岩内的结论。从1098m分段开采垂直矿柱是可行的,仍采用下向胶结充填法回采,优化各生产工序,尽最大可能回收资源。

7.2　二矿区机械化盘区采切优化设计与实践

7.2.1　机械化盘区矿房矿柱回采方案

就二矿区采矿方法完善的历程而言,一期工程中,矿山初期采用的主要采矿方法有:电耙子上向水平分层胶结充填采矿法、电耙子下向高进路胶结充填采矿法。为了提高采场的矿石生产能力,中国-瑞典关于中国金川二矿区采矿技术合作项目,对机械化盘区下向水平分层胶结充填采矿法进行研究和现场试验,取得预期的效果。其后,将机械化盘区下向水平分层胶结充填采矿法确定为矿山的主体采矿方法。设计给出的主要参数为:采矿中段高度100～150m;一个中段划分为若干个分段,分段高20m;每个分段又分成5个分层,分层高4m。中段与分段之间由分斜坡道连通;分段至各分层有联络道相通。回采顺序为自上而下逐层进行。

沿矿体走向划分若干盘区。两个采矿盘区之间留20m的矿柱相隔,第一步回采矿房,矿房宽80m;待中段矿房回采结束后,第二步回采矿柱。

一个盘区内又划分为若干采区,采区内以进路的方式进行采矿。盘区回采布置图如图7.1和图7.2所示,纵投影如图7.3所示。

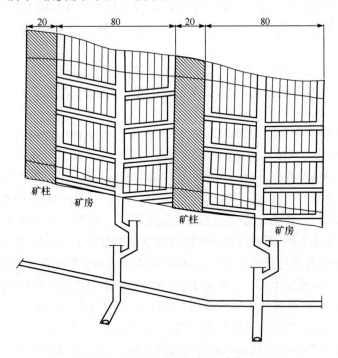

图 7.1　原采场回采设计图(单位:m)

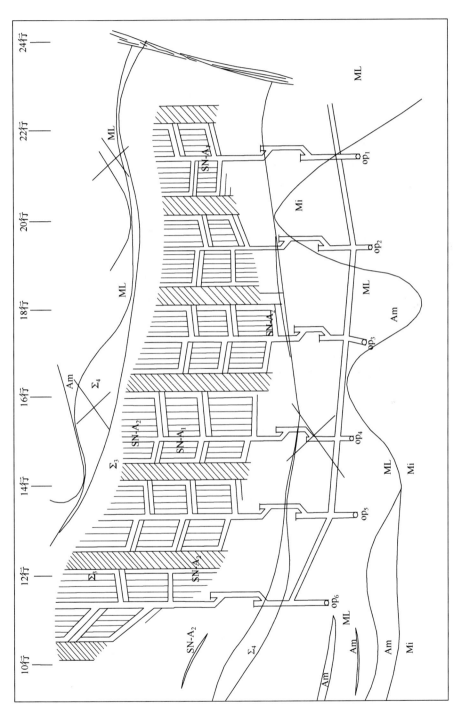

图 7.2 原分段回采设计图

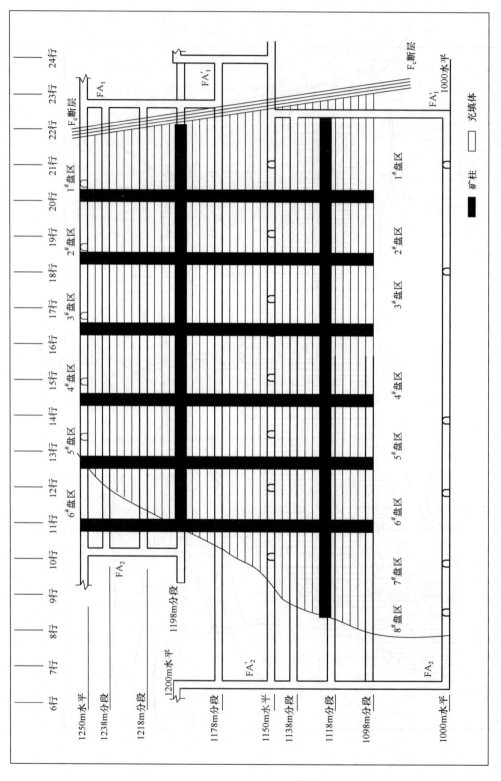

图 7.3　采矿纵投影图

二矿区二期工程于 1995 年开始逐步投入生产,其西部采区(即 1# 矿体)三个中段同时回采(图 7.4):1300m 中段从 1328m 水平向下回采;1250m 中段从 1238m 水平向下回采;1150m 中段从 1238m 水平向下回采。

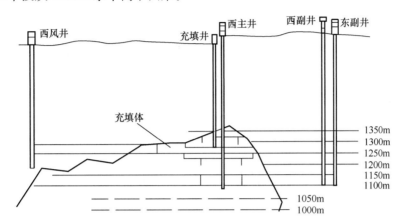

图 7.4　二矿区多阶段回采方案图

根据金川二矿区二期工程设计方案的安排:从 1250m 中段以下 1238m 分段布置 6 个下向机械化胶结充填法盘区回采,其中 1 个备用盘区;从 1150m 中段以下 1138m 分段布置 9 个下向机械化胶结充填法盘区,初期是 3 个回采、1 个备用。在沿走向 100m 长的矿段内划分一个盘区,第一步骤用机械化下向胶结充填法回采完 80～85m,留下 15～20m 矿柱,待采完一个阶段后第二步骤回采 15～20m 矿柱。矿房矿柱回采存在的主要问题有以下几点:

(1) 由于矿柱的存在,矿柱及其周围会产生应力高度集中,导致矿柱压裂破坏,很难确保矿柱的稳定。例如,在 1000m 中段为保护原粉矿回收道,而在 3#、4# 盘区间预留的 30m 矿柱,在回采 1118m 分段时,3#、4# 盘区垂直矿体而与矿柱平行的进路有岩爆现象发生,进路片帮时有发生。因此,20m 宽的矿柱能否完整地保留到回来结束值得探讨。

(2) 在矿房回采和充填结束以后,再回采矿柱,增大了回采的难度,增加了富矿的损失与贫化,延长了采准巷道的使用和维护年限。

二矿区近几年回采的实际贫化率为 4.8%,实际损失率为 5%;按照矿房、矿柱两步回采,参照同类矿山矿柱回采的情况,矿柱回收率最高也只能达到 75%,而且贫化率也高,换言之,回采矿柱时损失率将高达 25%。矿柱回采按 75% 的回收率,二矿区总的矿石回采损失率将达到 10%。另外,根据 1000m 中段在 3#、4# 盘区间预留矿柱的情况看,矿柱承受的压力相当大,矿柱能否安全回采也是值得认真研究的问题。

同时回采矿柱时尽管矿石量少,但也要形成完整的采准工程、通风系统、充填系统。因此,在回采矿柱时,每一分段需要对原有 2000m 以上的采准工程进行维护,返修相应的溜井、通风系统、充填系统工程或新施工上述工程,费用将大大增加,与大面积连续回采相比,矿柱回采的吨矿采准工程费用将高出 5～6 倍。再以万吨采掘比的指标衡量,当前大面积连续回采的万吨采掘比为 32m³/万 t,采用矿房、矿柱两步回采最终的万吨采掘比将达到 65m³/万 t。

(3) 矿柱的存在,增大了采矿工艺的复杂性(如进路布置、管线敷设、回采顺序等),大大降低了采矿生产能力,增加了采矿成本。按照矿房、矿柱两步回采的设计,最初矿房设计的进路长度为30m,对于凿岩台车、斗容6m³铲运机等大型无轨设备来讲,设备利用率将大大降低,采矿效率难以提高,生产能力难以达到设计要求。

7.2.2　金川镍矿井下开采面积

金川镍矿下向胶结充填法经过20多年的生产实践和多次技术改造,以高度机械化开采和良好的生产管理,使这种工艺复杂的采矿方法成为高效率开采和贫化率、损失率最低的方法。现在金川矿区每年用下向胶结充填法采出的矿石已达214万t,占地下开采总量的98%。龙首矿采用下向胶结充填法的开采面积已达2.8万m²,采高180m,二矿区西采区达5.8万m²,采高60m。二期工程投产后,生产规模扩大了一倍以上,而且要多阶段回采。这样,保证整个矿区范围内的回采安全性,将是至关重要的课题。

金川龙首矿,共有东、中、西三个采区:中部采区为老采区,西部采区刚投产,东部采区正在建设,总生产能力为3000t/d。中部采区全部采用下向倾斜分层胶结充填法,矿体厚度10~90m,长度约400m,中间为富矿,上、下盘为贫矿,整个采区施行贫矿富矿兼采。已从地表(1703m)采到1409m水平,采高300m,其中采用大面积下向胶结充填法的高度为180m,整个采区布置11个采场,主要采用下向六角形进路胶结充填采矿法。中部采场充填是用25mm经破碎的戈壁集料,胶结材料为32.5硅酸盐水泥,平均水泥用量为199.92kg/m³,充填体强度为5~7MPa。由于回采是采用六角形倾斜进路的方法进行的,因而充填体比较密实,基本达到了接顶的要求。龙首矿大面积下向胶结充填采矿情况见表7.1。

表 7.1　龙首矿下向回采情况

采区	中段/m	采区长/m	采区宽/m	采区面积/m²
中段采区	1520	400	10~90	15000
	1460	400	15~125	22800
	1400	425	10~75	27000
西部采区	1424	350	5~17	5600
	1400	350	10~40	8100

金川二矿区一期工程设计为99万t/a,实际生产能力已达145万t/a。二期工程设计能力为264万t/a。采矿方法为下向胶结充填采矿法占96%,上向分层胶结充填采矿法占4%。西部区段为二矿区主要开采地段,开采面积5.8万m²,目前已开采高度为60m左右。东部采区约为2万m²,采高150m。

二矿区采用机械化盘区下向胶结充填采矿法,多阶段无矿柱连续回采方案,目前采场充填体顶板暴露面积已达到10万m²左右,而中国-瑞典关于金川集团公司二矿区二期工程联合设计中每个盘区100m都留有20m矿柱。金川二矿区通过实践,认为1218m以上矿体进行无矿柱大面积连续回采是可行的,它有效地提高了矿石的回收率,并且在同等数量的采准工程下,可扩大回采面积20%左右。但随着开采深度的增加,大跨度采场存在着潜在的安全隐患,如可能诱发采场地压剧烈显现、大规模岩移、矿体整体失稳、巷道顶板突发性冒落及岩爆和冲击地压,这都将造成巨大的经济损失和人员伤亡。二矿区西部采区大面积下向胶结充填法的开采情况见表 7.2。

表 7.2　二矿区西部采区面积统计

工程	中段/m	采区长/m	采区宽/m	采区面积/m²
一期	1300	450	5~90	25800
	1250	550	10~165	57900
二期	1150	750	30~175	86500

　　近年来,随着矿山年产量增加,一方面由于大盘区产量不可能无限度增加,就只能增加小盘区的产量,势必加快小盘区下降速度,盘区间不均衡下降造成采掘矛盾突出。2006年,1150m 中段回采下降速度最快的 II 盘区和回采下降速度最慢的 V 盘区标高相差22.7m,1000m 中段回采下降速度最快的 III 盘区和回采下降速度最慢的 VIII 盘区标高相差27m,均相差了一个作业分段。多分段、多中段作业将给今后的生产组织带来更大的困难。另一方面,分段工程建设进度滞后于分段矿石储量所能满足的回采时间,造成采掘矛盾突出。矿山年产量按 400 万 t 排产时,1150m 中段分段平均矿量为 600 万 t,年产量按162 万 t 安排,每个分段服务 3 年 9 个月;1000m 中段分段平均矿量为 740 万 t,年产量按193 万 t 安排,每个分段服务 3 年 10 个月。"十一五"末投产的 850m 中段,分段平均矿量为 530 万 t,年出矿即使按 150 万 t 考虑,每个分段也要服务 3 年半。

　　根据二矿区新开分段工程建设的实际情况,受井下施工条件和废石出口的限制,新开分段工程需要 4~5 年才能建成,掘进进度明显滞后于采矿进度,采掘矛盾突出。因此,2003 年以后,二矿区加大了上盘贫矿的回采力度。至 2008 年,除 1000m 中段的 5#、6#、7#(此三个盘区上盘贫矿很少)盘区外,其余盘区上盘贫矿的开采面积均有较大提高,见表 7.3。

表 7.3　2003 年与 2008 年上盘贫矿回采面积对比

盘区		2003 年上盘贫矿回采面积/m²	2008 年上盘贫矿回采面积/m²	增加面积/m²
1150m 中段	1#	583	6327	5744
	2#	1400	3873	2473
	3#	260	2732	2472
	4#	740	1719	979
	5#	774	1446	672
	6#	980	3527	2547
	合计	—	—	14887
1000m 中段	1#	1160	2488	1328
	2#	727	2794	2067
	3#	546	2292	1746
	4#	350	1877	1527
	5#	0	0	0
	6#	0	0	0
	7#	0	0	0
	合计	—	—	6668

由于增加了盘区回采面积,单穿脉分层道已不能满足盘区回采的需要,为适应二矿区产量的逐年增加,在二矿区和相关单位工程技术人员的研究下,双穿脉分层道设计被成功地应用于盘区生产中,为二矿区年度生产任务的超额完成提供了重要保障。由于金川二矿区西部采区二期回采具有其自己的特点:回采面积将更大,约 10 万 m^2,回采更深,地表以下 450~750m;采矿更集中,生产能力要求更高。

近 40 年来,金川公司与中国科学院地质研究所、地质科学院、北京有色冶金设计研究总院(现中国恩菲工程技术有限公司)、北京科技大学、长沙矿山研究院、中国科学院武汉岩土所、长沙矿冶研究院、中南大学、兰州大学等国内院校、研究院所,以及瑞典吕律欧大学与澳大利亚蒙特艾萨矿山公司等国外机构进行科研合作,对原岩地应力测量、矿山工程地质、露天边坡变形破坏与治理、巷道稳定性与支护技术、采矿方法的优选、胶结充填作用机理、采场结构与围岩稳定性分析及地压控制技术等,进行了较为系统的深入研究。毫无疑问,上述研究工作取得的相关技术成果,为二矿区顺序完成一期工程(1250m 中段)的开采任务、二期工程(1150m 中段和 1000m 中段)矿石生产能力按期达产与后续超产,提供了关键技术支撑。

7.2.3　二矿区 1 矿体采矿模式的探索与争论

1. 两步骤采矿模式与连续采矿模式

相比较于机械化盘区下向进路胶结充填采矿法在二矿区成功推广应用,并得到专家学者、工程技术人员的普遍认同,二矿区的 1# 矿体适合采用何种采矿模式开采,一直存在着两种不同的观点。

1) 两步骤采矿模式

两步骤采矿的主要思路是,沿矿体走向每隔一定矿体长度划分 1 个盘区,盘区进一步细分为矿房(或称回采盘区)、盘区矿柱(横向矿柱);先用下向进路胶结充填法回采矿房,后用合适的采矿工艺回采矿柱,借助矿柱、充填体来支撑顶板和围岩,给矿房回采创造更好的条件,尽可能保护与采空区相邻的贫矿,使贫矿今后易于安全高效回采。

通常情况下,矿柱的刚度和强度均比胶结充填体大,因而,矿柱能有效抵制上下盘围岩向采空区方向的变形。

2) 无矿柱大面积胶结充填连续采矿模式

无矿柱大面积胶结充填连续采矿模式,简称连续采矿模式。主要思路如下:沿矿体走向每隔一定矿体长度划分一个盘区,但是,在盘区中不留盘区矿柱(横向矿柱);单步骤用下向进路胶结充填法回采盘区内的矿体;借助于充填体与待采矿体,支撑顶板与上下盘围岩,保证盘区回采作业安全,寄希望于通过邻近采空区的上下盘围岩均衡朝采空区方向变形,释放围岩中的部分能量,抑制围岩发生重大灾害事故,尽可能保护与采空区相邻的贫矿,使其今后易于安全高效回采。

这两种不同的采矿模式,立足于不同的岩层控制理论基础之上。相对而言,两步骤采矿模式技术思想建立的历史较为久远,选用两步骤采矿模式开采二矿区 1 号矿体,能得到国内外众多矿山成功实例的佐证;而连续采矿模式是近 20 余年来随着工程技术人员对岩层控制机理认识水平逐步深入而提出的一种较新的采矿模式,在国内外一些矿山中进行过试验与应用,但是可靠设计参考的工程实例较少,这可能也是当初选用两步骤回采模式的原因之一。

2. 1#矿体采矿模式的探索与争论

尽管如此,针对二矿区 1#矿体合理采矿模式确定这一现实技术问题,自 20 世纪 80 年代初,中南矿冶学院与加利福尼亚大学合作进行首次探索以来,近二十余年研究人员进行过如下有意义的探索:

《金川镍矿二矿区采矿方法的岩石力学研究报告》(1985 年)采用有限元模拟技术,研究二矿区 1#矿体采用下向胶结充填法开采时,为保持采区的稳定性与保护上部贫矿,是否必须留盘区矿柱,以及盘区矿柱尺寸和对嗣后回采的影响。得出的主要结论是:①1#矿体水平面积很大,采用不留盘区矿柱的下向胶结充填开采是不可取的;②针对 1150~1250m 三个中段的开采条件(原设计中段高度较低),在采矿范围内留 6 个 25m 宽的矿柱,采用先采回采盘区(矿房)、后采矿柱的两步骤采矿模式是可行的。

《中国-瑞典关于中国金川二矿区采矿技术合作岩石力学研究报告》(1988 年)采用平面有限元法,对盘区内设置不同厚度的矿柱(15m、20m、25m)、无矿柱,以及两步骤回采矿柱的推进方式等因素,对 1#矿体开采地压显现产生的影响进行了研究,得出的结论为中瑞科技合作金川公司二矿初步设计的 1#矿体回采模式和盘区构成结构参数提供了设计依据。但是,得出的主要结论中还有一条结论,应引起采矿界同行的深入思考,即矿柱厚度大小对下盘应力状态、破坏区影响小,矿柱回采后上盘大部分将被破坏。

《金川二矿区 1#矿体下向胶结充填大面积充填体作用机理试验研究》(1990 年)除现场实测手段研究大面积充填体稳定性作用机理及其对地压活动的控制效果外,还采用平面有限元方法,探讨在 1#矿体沿走向不留间隔矿柱而进行大面积下向胶结充填采矿的实际可行性,研究结果认为,金川二矿区 1#矿体宜采用大面积下向胶结充填,沿走向连续回采而不留间隔矿柱。

《金川二矿区二期工程无矿柱大面积连续开采的稳定性及其控制技术的研究》(1997 年),对二矿区深部采矿工程背景进行了深入的调查、试验和研究;采用三维有限元、离散元数值模拟方法,对实施无矿柱大面积连续开采的稳定性进行了分析和研究,研究表明,二期工程基本适合于无矿柱大面积连续开采的结论,还提出了控制深部开采地压活动的技术措施。其后的《金川二矿区采矿系统优化与决策研究》(2001 年)针对二期工程在开采 16~22 行矿体过程中存在的技术风险,以围岩稳定性为研究目标,进行影响采场稳定性因素分析、系统优化与最优控制技术研究,给出了影响采场稳定性多因素综合评价结果及其失稳风险预测结果。显然,就 1#矿体适合采用两步骤采矿模式还是连续采矿模式进行开采这一前提性技术问题,上述成果并未形成一致性的结论。

二矿区 1#矿体的设计报告明确指出,1#矿体适用于采用两步骤采矿模式进行回采。但是在矿山生产中二矿区对设计报告指定的采矿模式做了变更:

第一,1250m 水平以上一期工程中,采用连续采矿模式,即采用不留盘区矿柱(间隔矿柱)的下向胶结充填采矿法,沿矿体走向进行连续开采的面积已超过 5 万 m²。生产实践证明,在此条件下充填体能控制上覆岩体和上下盘的地压活动,能保证采矿生产安全。

第二,在一期工程应用连续采矿模式取得成功的基础上,二期工程中,连续采矿模式得到广泛应用。截至 2005 年 8 月,应用连续采矿模式,1150m 中段东边盘区已回采至 1178m 分段,西边盘区回采至 1198m 分段;在 1000m 中段,除了 16 行东侧 30m 宽矿体留作临时保安矿柱外,东边盘区已回采至 1098m 分段,西边盘区回采至 1118m 分段;应用连续采矿模式回采这两中段的矿体,未出现明显灾害性地压活动的迹象。

在国外一些深部高地应力作用的矿山中,最重要的岩石力学研究问题是探索如何消除岩层灾变失稳产生动力危害的机理与技术。从战略层面,重新设计开采顺序,希望通过优化设计开采顺序,控制矿岩地层储能的释放方式,消除或减轻岩爆危害。为了消除两步骤采矿模式在二次回采矿柱时存在的难以克服的技术问题,许多矿山已经把两步骤采矿模式转变为无矿柱采矿模式。这种无矿柱的采矿模式,能够使围岩以更均匀的速度朝采空区方位变形。尽管可能消除不了岩爆及矿震,但能把矿岩局部动力失稳危害降到最低限度。

上述国外深部矿山在无矿柱采矿方面所做的探索值得借鉴与参考。

7.2.4　二矿区大面积连续开采研究历程

二矿区从 1996 年进入二期工程生产。当前,二矿区已经进入深部开采,矿体的走向长度、宽度、开采面积及地应力等都显著增大,开采面积约 10 万 m^2,连续高度已达 150m 左右。在几十年的开采过程中,二矿区虽然在大面积连续回采的地压控制方面积累了一些有效的经验,实现了安全高效开采,但井下和地表所反映出的一系列问题表明,随着回采深度、规模和强度的增加,矿山地压活动愈加强烈,采场周围大范围岩体已经开始活动并波及地表。1999 年 9 月,中国科学院地质与地球物理研究所在对金川矿区地表控制网 GPS 检测时发现,二矿区采场上方的地表控制点产生了指向采场的水平位移和沉降,最大水平位移 357mm,最大下沉量 327mm。2002 年 2 月,在金川二矿区中西部上盘又发现了近 40 条贯穿性地表裂缝,而且下盘的地表也开始出现裂缝现象,这些现象不能不引起二矿区的高度重视。

充填体的稳定性问题及盘区间科学合理回采顺序也引起了人们的高度关注,尤其是对大面积不留矿柱连续开采的条件下矿体和充填体的稳定性问题投入了极大的关注。针对 1150m 中段的大面积连续开采过程中的采场地压显现规律及采场与充填体的稳定性问题,开展了广泛而深入的研究与探讨。

1995 年,金铭良首次对金川镍矿大面积开采的稳定性问题进行了研究,总结了金川镍矿 20 多年的采矿生产实践与科研工作,成功地实现了 3 万~5 万 m^2 的大面积连续开采成功经验,并对二期工程不留间柱的大面积开采的矿柱留设、回采顺序、多阶段开采等问题进行分析和研究,提出了二期工程大面积连续安全开采的对策。其后,吴爱祥、王小卫、高谦、把多恒和张忠等也先后对无矿柱大面积开采进行了一系列研究。吴爱祥等(2002)指出,随着开采深度逐渐加深,地应力呈线性增大,面临着诸如巷道、采场稳定性及生产效率低、成本高等突出问题,为此提出,要实现金川二矿区安全、高效地开采,应加大技术创新力度、统筹规划开拓工程和开采顺序,使各开采盘区均衡下降,改善围岩受力特性,提高锚杆支护系统的强度。王小卫等(2002)针对二矿区 850m 中段开拓设计与开采方案决策中所涉及的关键技术问题进行了深入探讨,并就解决这些关键技术问题应开展的研究工作,提出了开展工程地质评价、优化开采方案与回采工艺等建设性意见和建议。

把多恒等(2003)对金川镍矿区域性稳定及二矿区 1# 矿体的稳定性问题进行了探讨。高谦等(2004)针对二矿区地质和采矿条件,首先指出了二矿区二期开采潜在的安全生产问题,并提出了以追求二期工程采场地压优化控制为主要目标的采场系统优化研究方法和技术路线。研究采取了现场研究与室内分析相结合的方法,研究思路实施了从局部分析到整体评价、从平面分析到三维综合系统分析的途径;研究理论采取了正交数值试验与人工智能相结合;研究范围从地表岩层移动到深部采场高应力环境巷道变形控制技术,全面、系统地探讨二矿区深部采矿环境、影响因素、采场系统优化及采场整体和局部失稳破坏的风险预测与最优控制技术研究技术路线。张忠(2003)通过对金川镍矿区域地层、区域构造、新构造运动等方面研究成果,对金川镍矿区域稳定性问题进行探讨。把多恒总结了 1# 矿体开采过程中的岩石力学和工程地质研究成果,认为深入开展矿区的工程地质研究,全面揭示 1# 矿体地质力学特性,是科学合理地进行深部采矿设计和实现矿床安全开采的重要保障。

杨志强、刘同有、陈清作、蔡美峰和吴爱祥等对二矿区 1# 矿体的大面积连续开采的地压控制开展了深入研究。蔡美峰等(1998)采用非线性有限元法,对留间隔矿柱和不预留间隔矿柱两种回采方案进行了采矿过程的数值分析,并对两种回采方案的围岩应力、位移和塑性区及采场的稳定性进行了对比分析,首次论证了二矿区深部实施无矿柱连续回采的合理性和可行性,认为从应力、位移等方面留临时矿柱比不留临时矿柱要好些,但临时矿柱开采后,最终的效果相差并不大,留临时矿柱方案由于矿柱内存在高应力,给后期矿柱的回收带来极大困难;而且认为金川二矿区二期工程采用无矿柱连续回采的方案是可行的;这些问题也是金川二矿区将一直关注和需要解决的重大问题。陈清作等(2000)首次采用岩石工程系统理论与方法探讨采场开采系统优化与控制技术,王永前等(2002)深入研究了金川高应力区深部开采地压显现规律与控制技术。王正辉等(2003)采用现场观测方法及三维有限元分析方法研究了机械化下向分层水平进路胶结充填和无底柱大面积连续开采的充填机理和稳定性,研究表明,充填体承受采场地压和变形,盘区间以不留矿柱为宜,推荐采用交错布置的回采与充填方式。韩斌等(2004)采用数值分析技术,对二矿区多中段机械化盘区回采顺序进行了仿真模拟和优化分析。高建科(2005)认为二矿区采用不留间柱的方法,在矿体的全长全面布置盘区,直接进行大面积胶结充填开采,施工工艺简单,生产管理方便,生产效率高,安全可靠。崔宏亮等(2009)以金川二矿区 1# 矿体为例,在采用机械化下向胶结充填采矿方法的基础上,对留矿柱两步回采方案与无矿柱连续回采方案的优劣进行了对比研究,得出了深部开采宜采用"不留矿柱大面积连续开采"的结论。

由此可见,针对矿区大面积连续开采的地压规律与控制技术开展了大量的研究工作,基本上揭示了影响采场地压显现的主要因素,并提出了行之有效的地压控制技术,为二矿区的大面积连续开采设计与回采工艺优化提供了理论依据,实现了二矿区上部矿体安全高效的连续开采。

7.2.5　二矿区矿房、矿柱两步回采与大面积连续回采的对比理论研究

由中南大学与金川镍钴研究设计院和金川二矿区共同完成的金川二矿区矿房、矿柱两步回采与大面积连续回采工艺的对比研究,采用数值模拟、理论分析、室内试验与现场调查相结合的方法,研究内容如下:①金川二矿区地下采矿引起的地表变形规律研究;②多中段同时开采下1000m临时水平矿柱作用的研究;③金川二矿区850m中段矿体回采产生的开采效应研究;④充填体抗剪连接技术与850m中段开采新方案之探索性研究。得出结论:

(1)850m中段矿体的回采是在多中段同时采矿的工程背景下进行的,不可避免地存在临时水平矿柱的作用与其回收技术问题,不同于单中段顺序回采的情形。因而,确定850m中段矿体合适采矿模式时,应考虑该中段的工程背景。

(2)二矿区一期工程、二期工程地下采矿活动,在采空区上方地表中产生收敛、升降等变形或岩层移动行为的空间分布状态,经历了萌芽、分化与发展等阶段。其后,采用连续采矿模式、两步骤采矿模式对850m中段进行回采,累积采矿活动在地表产生变形行为的空间分布状态,仍然基本相似。但是,应关注以下特征:

其一,两步骤采矿模式的第一步矿房回采产生的变形空间分布状态的表征值,稍小于连续采矿模式产生的对应值;第二步矿柱回收后,两步骤模式产生的变形表征值进一步增大,最终稍大于或基本等于连续采矿模式产生的对应值。

其二,850m中段开采,将进一步促进地表位移下降区域、位移上升区域的发育,尤其是位移上升区域的最大位移值随该中段矿体开采水平下降呈继续增大的趋势,可能该区域已呈受张状态的矿岩介质易于产生区域性失稳破坏,进而成为矿区整体失稳的主要隐患源。

(3)在主应力显现方面,两种不同采矿模式回采850m中段矿体,在采空区围岩中均诱发形成次一级最小主应力场,具体包括最小主应力降低区、最小主应力集中区或升高区(可能出现在矿体两端开采范围中或附近),它们的产出模式与分布范围基本相似或相同。在开采区域及采空区直接相邻围岩中形成最小主应力明显降低区源场,具体表现为最小主应力大幅度降低,不同采矿模式形成源场的模式与分布范围存在明显的差异性。这种差异性表明,盘区矿柱在调控最小主应力演变方面起到了局部性的作用。对于最大主应力,类似地存在次一级最大主应力场、最大主应力明显降低区源场,其产出模式与分布范围也存在类似的规律性。

(4)数值模拟结果表明,在其他条件相同的前提下,连续采矿与两步骤采矿在采空区上下盘围岩中产生的收敛变形位移的分布状态基本相似。但是,两步骤采矿模式第一步矿房回采产生的收敛变形分布的表征值小于连续采矿模式产生的对应值;两步骤采矿第二步矿柱回收后,收敛变形表征值继续增大10%～20%(850m中段采空区),最终稍大于或基本等于连续采矿模式产生的对应值。

(5)在两步骤采矿模式中,盘区矿柱除了起到支撑采场顶板、上下盘围岩的作用外,

对抑制下部回采分段矿体"底鼓"起到了有效作用。这是盘区矿柱直接改善第一步骤矿房回采作业条件的主要贡献之一。

（6）与连续采矿模式相比，两步骤采矿的盘区矿柱对临时水平矿柱的完整性、结构变形的平稳性起到了破坏性的影响。因此，两步骤采矿条件下，水平矿柱的回采将面临更大的技术挑战。

（7）与连续采矿模式相比，两步骤采矿的盘区矿柱限制了上下盘围岩朝采空区方位收敛变形的均匀性与平稳性。受矿柱支撑的围岩部位及矿柱自身可能成为矿井生产局部动力失稳危害产生的诱因。此外，矿柱发生不同程度的破坏与变位现象，今后回收工作将面临作业条件差、矿石回收率低等技术问题。

（8）采空区围岩中产生的破坏区，在行线剖面上出现的情形是：破坏范围主要集中分布于采空区上下盘围岩的上部及下盘围岩的下部；在水平剖面上，主要集中分布于采空区或矿体的下盘围岩中，上盘围岩部分地段范围可能有较大范围破坏区产出。在条件相同的情况下，与两步骤采矿模式相比，连续采矿产生的破坏区分布范围的特征尺寸大20～40m。

（9）两步骤采矿模式下，当第二步骤回采完矿柱后，模型的收敛位移、破坏区分布、主应力等指标，与连续采矿模型的对应参数趋于一致。该结论应引起关注。这是因为设计报告确定的回采顺序是：第一步回采矿房，第二步回采盘区矿柱，最后视情况回采贫矿。显然，当盘区矿柱回采后，贫矿开采几乎不可能得到人们期待的可靠保护。

（10）上述结论表明，基于850m中段矿体所处的开采工程背景，连续采矿模式更适用于该中段矿体的开采。另外，对850m中段采矿新模式及充填体抗剪连接技术进行了探索性研究，获得的一些初步结果可望为该中段矿体的安全高效回采提供技术支撑，但是，这些探索性初步结果仍需结合850m中段的工程条件，做进一步深入系统的研究。

此外，韩斌（2004）利用二维有限差分数值分析方法及相似材料模拟实验方法，对二矿区双中段开采的整体回采顺序进行了研究，认为二矿区1#矿体从矿体一端向另一端逐步过渡的回采方式为最佳回采顺序，为深部开采。建议850m中段回采过程中，按照从东部向西部逐渐回采的模式来调整和规划，这样从长远考虑能够更有效地起到合理优化地应力分布的目的。

江文武（2009）在连续采矿模式和两步骤采矿模式的研究基础上，率先提出了一种集成两步骤采矿模式、连续采矿模式之技术优势的新采矿模式——中央盘区有序滞后下降的整体连续开采模式。其核心技术为：深部矿体中部设置一个有序滞后回采盘区，在该盘区中配合采用割帮回采技术使其与两翼盘区在回采时空衔接方面有效过渡，实现深部矿体整体连续开采的技术目标。

7.2.6　二期工程无矿柱大面积连续回采的技术攻关

1. 金川二矿区二期工程开采

金川二矿区二期工程于 1995 年开始逐步投入生产,其西部采区(即 1# 矿体)回采的格局是三个中段同时生产:1300m 中段从 1328m 水平向下回采;1250m 中段从 1238m 水平向下回采;1150m 中段从 1156m 水平向下回采。原设计开采方案为:沿矿体走向每隔 80m 留 20m 间隔矿柱,用以临时支撑顶板和上下盘围岩。

根据金川二矿区二期工程设计方案的安排:从 1250m 中段以下 1238m 分段开始布置 6 个下向机械化胶结充填法盘区回采,其中 1 个备用盘区;从 1150m 中段以下 1138m 分段开始布置 9 个下向机械化胶结充填法盘区,初期是 3 个回采、1 个备用。在沿走向 100m 长的矿段内划分一个盘区,第一步骤用机械化下向胶结充填法回采完80~85m,留下 15~20m 矿柱,待采完一个阶段后采用相同方法回采第二步骤 15~20m 矿柱。

由于该方案将会造成大量开拓矿量的积压,并且在后期开采承压矿柱时也将遇到种种困难,不仅增加大量生产成本,而且还会造成资源的损失和浪费,同时也给开采施工工艺和生产管理带来很大不便,严重影响矿山的产量和生产效率。为此金川集团公司二矿区根据矿山的具体情况,在实际生产中采用不留间隔矿柱的方法,直接进行大面积胶结充填连续开采。在 1250m 水平以上中段采用下向胶结充填采矿法,不留间隔矿柱,沿走向连续开采的面积已超过 5 万 m^2。生产实践证明,该方法施工工艺简单、生产管理方便、生产效率高,并且能保证采矿生产的安全。为了从理论上进一步阐明该方法的合理性和可靠性,同时论证在走向长度、矿体厚度、开采深度和地应力显著增大的下部中段,即二期工程(1250~1050m 中段)实施无矿柱连续开采的可行性,二矿区先后与多个科研单位和大专院校进行了合作研究。

鉴于矿房矿柱回采存在的问题,为了确保二期工程的顺利进行,中国有色金属工业总公司组织金川公司与长沙矿山研究院等科研单位进行了试验研究,1990 年提交研究报告,成果表明:

(1) 金川二矿区 1# 矿体大面积充填体作用机理的研究,经实测与有限元计算和回采实践表明,大面积胶结充填体在静态和爆破作用的动态时,都能支撑相应的岩层压力和减弱二次扰动应力场中围岩的变形位移(含沉降和底鼓),有效地控制地压,从而起到稳定围岩保证回采安全的作用。尤其是机械化高强度连续回采和充填,更有利于岩体和充填体的稳定性。

(2) 金川二矿区 1# 矿体宜采用大面积下向胶结充填,沿走向连续回采而不留间隔矿柱。这样有利于充分回收资源和回采安全。反之,若沿走向留间隔矿柱,则间柱将成为长时间承载的应力集中带,而处于高应力塑性区(含高应变能岩爆危险区)和严重破坏状态,这将导致很难回采,很可能造成大部分间柱资源永久损失。此项成果已在金川二矿区工程实践中应用,并取得了明显的经济效益和社会效益,为金川二矿区二期工程、国内外类似矿山及需要采富保贫厚大矿体的采矿合理设计提供了可靠依据。之后,周先明等(1993)对二矿区 1# 矿体大面积充填体——岩体稳定性进行了有限元分析,其主要计算结果和相应的现场测量数据基本相符合,从而论证了在金川二矿区 1# 矿体内,沿其矿体走向应当不留间隔矿柱而宜用大面积连续胶结充填。

由北京科技大学、金川镍钴研究设计院和金川集团公司二矿区对金川二矿区二期工程无矿柱大面积连续开采的稳定性及其控制技术进行了研究,揭示了深部矿岩体的岩性变化规律,并应用三维有限元数值模拟和离散元数值模拟手段,对留矿柱和不留矿柱的稳定性进行了对比分析,并同时模拟不同开采顺序和开挖步骤对开采稳定性的影响。不但阐明了二期工程实施无矿柱连续开采的合理性和可行性,而且提出了二期工程采矿设计的优化方案和保证无矿柱大面积连续开采稳定性所要采取的措施,为二期工程采用无矿柱大面积连续开采方法提供了可靠的科学依据。

有限元数值模拟研究表明,当矿房开采后,间柱内的应力集中增大,其最大主应力值将高达 447.74MPa;间柱基本上属于高应力区变形,一段时间后将会出现压碎破坏。而不留间柱的情况下,岩体内的应力为 97.99~326.46MPa,载荷大部分转移到上下盘围岩内。高应力区分布在靠近矿体和充填体的围岩接触带上。由于大面积的充填体支撑着围岩,所留矿柱仅在支撑其上部岩体。

二期设计的大断面无轨运输通道(断面 4.7m×4.1m)都布置在上盘围岩中,由于岩体主要为碎裂结构。节理抗剪强度很低,矿房开采后的巷道收敛变形及破坏将会加速。由此可见,在采用大面积下向胶结充填采矿法并留下垂直矿柱进行回采后,由于分段巷道大规模破坏,矿柱回采将是很困难的。高应力区集中在矿柱上,上盘围岩的破坏比下盘更为严重和广泛。

2. 二矿区二期工程大面积开采对策

二矿区西部采区的矿体是一个上部小、下部大的矿体,开采面积也从 3 万 m²(1300m 中段)、5 万 m²(1250m 中段)逐步增大到 8 万 m²(1150m 中段)以至 12 万 m²(850m 中段)。二矿区采用大面积连续回采下向胶结充填开采方式,在世界范围内是没有先例的,其区域地压显现,要待数个中段回采结束以后才可能有明显的表现。同时,随着开采中段的下降,矿床开采深度不断加深,深部地应力的作用方式改变,也会导致区域地压表现形式发生改变。矿山开采产生的区域应力调整对井巷工程和充填体稳定性的影响,乃至对矿山生产安全的影响还需要不断研究。为了保证深部开采的安全,提出了如下对策。

1) 间隔矿柱

下向胶结充填采矿法在金川矿区不留矿柱,过去回采面积最大达 5 万 m²,没有出现问题。要在 8 万~10 万 m² 上连续回采,是否按设计留 5~8 个 15~20m 的间隔矿柱后回采,这是一个难题。这些分散的间隔矿柱极易被上下盘开采后的压力挤碎,同时连接采场的大量分段巷道也被破坏,给以后回采间隔矿柱带来极大困难。

根据研究结果和经验,建议 1150m 中段以上采用连续开采的方法,而 1150m 中段以下在 16 行设立一个中间 50m 宽的大矿柱将 8 万~10 万 m² 暴露面积间隔成两个 4 万~

5万m²的开采区段进行连续回采,这样可以达到支撑1150m中段以上矿体大规模两个中段回采而不发生大的矿体和岩体移动;保持通向上下盘主要粉矿回收道不破坏;矿柱靠近分斜坡道,回采矿柱特别方便;大矿柱不容易被上下盘集中应力破坏。但该矿柱不是永久性矿柱,回采时间的合理性还有待进一步研究。

2) 开采顺序

应用下向胶结充填采矿法大面积开采厚大矿体过程中,要更有效地既减少巷道返修又能控制围岩,除了充填密实、充填体质量好、及时充填外,合理的开采顺序很重要。

矿体的厚薄和开采方案的不同,对开采顺序的合理性安排有很大影响。龙首矿采用电耙出矿方案,各相邻的采场开采都有独立的充填、通风、溜井系统,各采场开采高度都不在一个平面,上下差10m以上,这对控制围岩及开采安全特别有效。二矿区的机械化出矿方案,所有采场都要与分段道相通,而分段巷道经常由于开采、围岩变形而逐渐破坏,减少分段巷道返修工作量,各个采场高差又不可能太大,但为了开采安全,开采顺序应从两端逐步向中央推进,也就是中间采场略高于两端采场,这对地压控制效果最佳,尤其可减少对围岩内的主要分段巷道的破坏。

3) 多阶段回采

为提高矿山生产能力,针对下向充填法单位采场面积产量较低的问题,应考虑尽可能实行2～3个阶段同时开采。二矿区西部将由单阶段逐步发展为两阶段(如1250m和1150m中段、1150m和1000m中段)和三阶段(1328m、1250m和1150m中段)回采。每个阶段高差为80～100m,东部为5个阶段同时回采。从图7.5可以看出,破坏系数 f 曲线,已采的采区顶板至正在采矿进路的直接顶板,混凝土假顶的稳定性是逐渐增加的。主要原因是上部混凝土充填体受初始采动影响比下部严重,当开采到一定深度(15～20m)后,混凝土充填体的稳定性就会逐步变好。这一规律已被金川二矿区东部采区及西部采区的同一矿体2～3个阶段同时回采所证实。

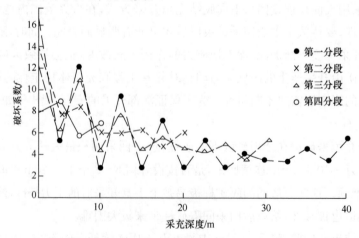

图7.5　采矿进路上部混凝土充填体破坏系数与采充深度关系

破坏系数的表达式为

$$f = \frac{\alpha I_1 + J_2^{1/2}}{K} \tag{7.1}$$

$$\alpha = \tan\mu / (9 + 12\tan^2\mu)^{1/2}$$

$$K = 3C / (9 + 12\tan^2\mu)^{1/2}$$

式中，μ——材料内摩擦角；

C——材料黏聚力；

I_1、J_2——分别为应力张量的第一不变量和应力偏张量的第二不变量。

用多阶段下向充填开采方式提高矿山产量，在国外已有成功经验，但其多数在窄矿脉或不规则矿体中进行，所以规模都不大。

与之相比，金川矿区由于采用了具有国际先进水平的机械化开采工艺和生产管理方法，已经实现了高效率的下向充填开采，年产量已达 200 万 t 以上。金川二矿区二期工程一个阶段回采能力为 5500t/d，两个阶段回采能力则为 8000t/d。这就是该方法灵活、高效的优点。

3. 矿房矿柱回采存在的问题

鉴于矿房矿柱回采存在的问题，为了确保二期工程的顺利进行，中国有色金属工业总公司组织金川集团公司与长沙矿山研究院等科研单位进行了试验研究，1992 年提交了研究报告，其成果表明：

(1) 金川二矿区 1# 矿体大面积充填体作用机理的研究，经实测与有限元计算和回采实践表明，大面积胶结充填体在静态和爆破作用的动态时，都能支撑相应的岩层压力和减弱二次扰动应力场中围岩的变形位移（含沉降和底鼓），有效地控制地压，从而起到稳定围岩保证回采安全的作用。尤其是机械化高强度连续回采和充填，更有利于岩体和充填体的稳定性。

(2) 金川二矿区 1# 矿体宜采用大面积下向胶结充填，沿走向连续回采而不留间隔矿柱。这样有利于充分回收资源和回采安全。反之，若沿走向留间隔矿柱，则间柱将成为长时间承载的应力集中带，而处于高应力塑性区（含高应变能岩爆危险区）和严重破坏状态，这将导致很难回采，很可能造成大部分间柱资源永久损失。

采矿中段高度 100～150m；一个中段划分为若干个分段，分段高 20m；每个分段又分成 5 个分层，分层高 4m。中段与分段之间由分斜坡道连通；分段至各分层由联络道相通。沿矿体走向每 100m 划分一个盘区，盘区内以进路的方式进行采矿。标准进路长 50m，宽×高为 5m×4m。隔一采一，采完一条进路充填一条进路。盘区回采布置如图 7.6 所示。

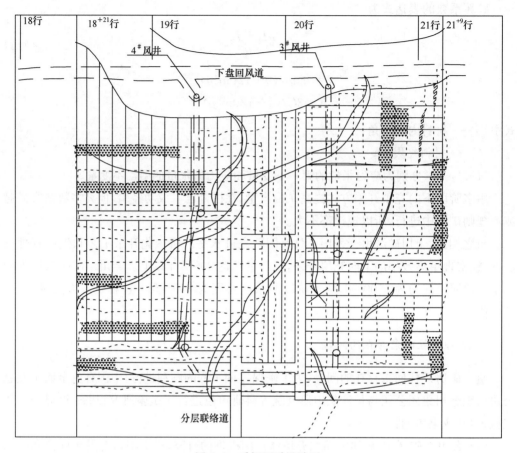

图 7.6　采场回采设计图

7.2.7　机械化盘区采切工程优化

1. 大面积连续下降的回采方式

二矿区采矿方法原设计为矿房矿柱回采方式，由于存在转层频繁，矿柱回采难度大、采矿成本高、盘区生产能力小等弊端，因此，现场工程技术人员根据矿床开采特点，用大面积连续下降回采工艺代替了保守的矿房矿柱回采工艺。

大面积连续下降回采工艺的主要特点是不再保留矿柱，实现了连续回采和连续下降。从应用情况来看，这种回采工艺使整个盘区每一分层的回采面积增大了 20%，减少了转层频次，提高了盘区生产能力和综合回采效益。韩斌等（2005a）采用数值模拟、相似材料模拟、技术经济比较和工程地质条件比较相结合的手段，对金川二矿区高应力条件下分段道的最优布置位置进行了研究。研究结果表明，分段道布置在溜井上盘，分段道围岩所处应力环境得到改善，围岩自身的稳定性提高，所受采动影响明显减小，有利于分段道的稳定；分段道布置在溜井上盘，虽然采准工程费用增加，但巷道返修费用减少，同时，分段道所处岩体的工程地质条件得到改善,也有助于分段道的稳定。

2. 回采进路的布置方式

原二期设计采矿进路始终沿穿脉方向布置,长度 40~50m。由于上下两分层进路平行布置,容易造成应力集中,进路回采往往还未到设计端部,充填体顶板就出现裂缝,给采区的生产带来安全隐患,采场不得不架设大量的木棚子甚至钢拱架进行支护来解决安全方面的问题,造成了对生产能力的严重影响。为此,对盘区各分层的回采顺序和各分层进路的布置方式进行了技术改良,采取了上下分层交错布置的回采方式。该回采工艺在金川二矿区的工程设计和生产实践中全面推广应用并获得了圆满成功。但究竟哪种布置方式更科学合理,金川集团公司之前并没有进行过相关的研究,从文献来看,也没有检索到针对该问题的研究报道。下向进路胶结充填采矿法采矿作业在上一分层充填体下进行,充填体(尤其是承载层)的稳定性是这一采矿方法成败的关键,而承载层所受载荷,又是决定承载层稳定性的关键因素。韩斌(2004)首先对二矿区上下进路布置方式进行了优化研究,同时对盘区内回采顺序进行了研究。研究结果表明:

(1) FLAC3D 数值模拟结果显示上下分层进路垂直交错布置较平行布置能够改善充填体中的应力分布。

(2) 采用上下分层进路交错布置方式,可使回采区域充填体中的最大主应力减小,这有利于提高进路承载层的稳定性,达到在不增加充填体水灰比等各种条件的前提下提高充填体稳定性的目的。

(3) 结合二矿区实际生产状况,提出了优化机械化盘区内部回采顺序的具体技术措施,包括减小相邻盘区之间的相互影响、控制承载层厚度与进路宽度、减小水平应力等。

邹勇(2007)采用 FLAC3D 数值分析软件模拟,分析了上下分层回采进路布置方式的变化对采场结构及充填体稳定性产生的影响。结果表明,与上下分层进路相互平行布置的方式相比,采用上下分层进路垂直交错布置的方式,更有利于改善充填体的应力分布状态,有利于控制充填体及围岩的位移变形。

上下层的回采进路采用交错布置方式,消除了上下两层进路平行布置时造成的悬臂梁作用,避免了充填体顶板的应力集中,提高了盘区充填体顶板的整体稳定性,消除了充填体顶板冒落和两帮垮塌造成的安全隐患,减少了木棚子、钢拱架支护量,降低了生产成本,使盘区生产能力提高近 15%。

3. 采场排水系统的技术研究

二矿区原排水方式是采场泥水排到分段水仓,沉淀后的清水通过管缆井或两翼风井排到中段水仓,再转排到中央水仓,人工清理沉淀的泥,清理量大、成本高、效率低,且水仓需要等泥浆完全沉淀后才能进行清理,时常影响生产。水仓掘进工程量大且长期浸泡使得上盘工程地质条件进一步恶化,对下一分段的分段道掘进造成不利影响。原排水系统如图 7.7 所示。

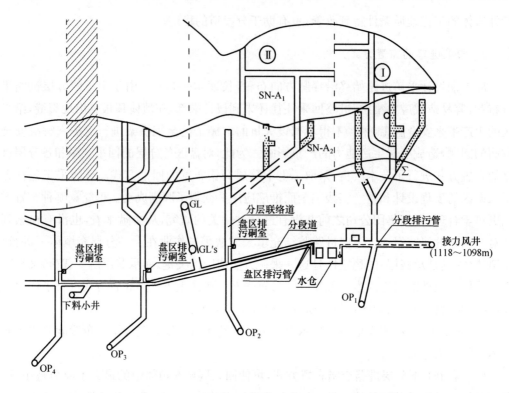

图 7.7　原排水系统

二矿区 2003 年开始重点对采场的排水系统进行改造，形成了如下的系统：1150m 中段东部 1#～3# 盘区的泥水通过排水钻孔（1178～1150m 水平）排到 1150m 水平的 1#、2# 中转水仓；1150m 中段西部 4#～6# 盘区的泥水通过排水钻孔（1178～1150m 水平）排到 1150m 水平的 7#、8# 中转水仓后，通过 1150m 下盘运输道经 1150m1#、2# 中转水仓到 1150m 中心水仓，从 1150m 中心水仓排至地表；1000m 中段东西部各盘区的泥水通过东西两翼的 4 条排污钻孔分别排至 1000m 中段的东、西部中转水仓后，再排到 1000m 水平中心水仓，1000m 中心水仓通过 2 条排污钻孔排至地表。同时，采场排污选择了飞力泵，实现泥水混排，不必再等泥浆沉淀。在系统上较好地解决了盘区排水排泥的难题，提高了排污效率，降低了排污综合成本，为盘区生产创造了条件。

4. 脉内溜井的应用

二期工程设计的盘区出矿溜井均布置在远离矿体的脉外位置，对于回采区域为矿体厚大部分的大盘区，其矿石运距增加了很多，使盘区矿石铲运的整体效率严重下降，制约了盘区生产能力。为此，二矿区工程技术人员提出了一个创新的解决方案：在大盘区靠近矿体上盘增设脉内溜井，井深 20m，直径 3m，上部与采场连通。2002 年此项工艺分别在 1150m 中段的 4#、5# 盘区和 1000m 中段的 5#、6# 盘区开始使用，采场矿石可直接在盘区内搬运，大大减小了运矿距离，盘区生产效率提高了 23% 以上（表 7.4），加快了高位盘区的回采下降速度，对提高二矿区整体生产能力起到了关键作用。盘区脉内溜井工艺如

图 7.8 所示。

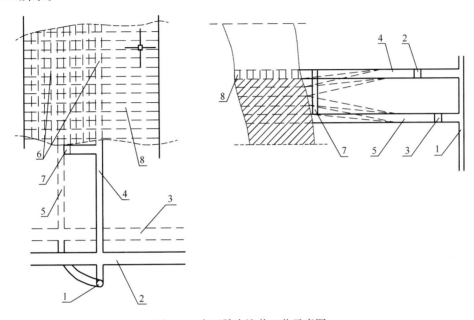

图 7.8　盘区脉内溜井工艺示意图

1.脉外溜井；2.1198m 分段道；3.1178m 分段道；4.1198m 分段三分层联络道；
5.1178m 分段三分层联络道；6.分层道；7.脉内溜井；8.进路

表 7.4　脉内溜井新工艺应用前后盘区年生产能力对比　　　　（单位：10^4 t）

年份	1150m 中段			1000m 中段		备注
	4# 盘区	5# 盘区	6# 盘区	5# 盘区	6# 盘区	
2000	17.4	18.4	16.0	15.7	11.8	应用新工艺前盘区生产能力
2001	20.1	21.1	17.2	19.3	17.0	
平均产量	18.8	19.3	16.6	17.5	14.4	
2002	24.1	22.4	20.4	21.2	18.3	应用新工艺后盘区生产能力
2003	21.7	24.5	23.4	25.9	22.5	
2004	25.6	24.2	27.7	26.5	25.2	
平均产量	23.8	23.7	23.8	24.5	22.0	
增幅/%	26.6	22.8	43.4	40.0	52.8	—

5. 地压控制与稳定性维护技术

在受高地应力作用并且矿岩自身稳定性极差的工程背景下，采矿活动诱发矿岩、充填体及其他结构中的应力转移、重新分布，进而产生程度不同的地压显现时空分布现象，对从事采矿活动的工作人员、设备，以及必备的开拓与采准工程的安全构成不同的影响。抑制、减轻甚至是消除剧烈地压活动以及对人员、设备及相关工程构成的灾害性危害或隐患，是保证采矿活动安全顺利实施的重要前提。针对二矿区开采工程，近期取得了地压控制与稳定性维护技术研究成果,这些成果在确保二矿区井下采矿活动生产安全方面起到了不可忽视的作用。

1) 连续回采工艺中相邻分层回采进路交错布置地压控制技术

原二期设计采矿进路(进路长度40～50m)始终沿穿脉方向布置,工程实践发现,进路回采往往还未到设计端部,充填体顶板就出现裂缝,给采区的生产带来安全隐患。改用上下层的回采进路采用交错布置后,基本消除了充填体人工假顶冒落和两帮垮塌造成的安全隐患,明显降低了回采进路支护工程量和生产成本,盘区生产能力提高近15%。相邻两层回采进路采用交错布置,改善回采进路的地压显现的时空状态,明显提高人工假顶稳定性的地压控制技术的实质,如图7.9所示。

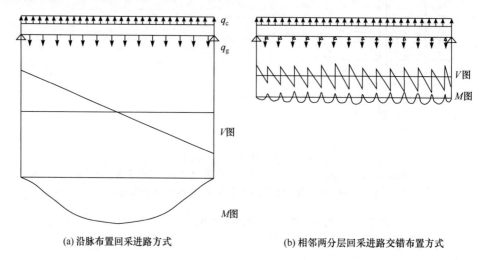

(a) 沿脉布置回采进路方式　　　　　　　　(b) 相邻两分层回采进路交错布置方式

图7.9　回采进路布置方式对人工假顶结构受力状态产生影响

图7.9中,q_c代表上一分层回采进路充填体对人工假顶(假设为梁)产生的悬吊与黏结作用;q_g代表人工假顶结构的自重及上部充填体传递下来的铅垂向下方向作用的叠加荷载;V图为人工假顶中剪力图,表示假顶中剪力的分布情况;M图为人工假顶中弯矩图,表示假顶中弯矩的分布情况;位于梁两端大的 △ 符号,代表梁两端的铰支座;图7.9(b)中位于梁两端铰支座之间的小 △ 符号,代表交错布置方式中下一分层回采进路的充填体(宽度5m)对人工假顶的支撑作用,同样视作铰支座。

在其他条件相同的背景下,沿脉布置回采进路时,人工假顶的受力状态类似于简支梁模型,其最大跨度为进路长度40～50m;相邻两分层回采进路交错布置时,人工假顶的受力状态类似于受多个铰支座支撑的静不定梁模型,其相邻两个铰支座之间的跨度为回采进路宽度(5m)。

根据结构力学理论,得到沿脉布置回采进路、相邻两层回采进路交错布置工程背景下人工顶假顶结构中的弯矩(M)、剪力(V),大幅度小于沿脉布置回采进路布置工程背景下产生的对应值。其结果是,相邻两层回采进路采用交错布置,改善回采进路的地压显现的时空状态,明显提高人工假顶稳定性。

2）连续回采采空围岩相对平顺收敛变形的控制技术

自 20 世纪 80 年代初以来,在矿山生产实践中,探索了两步骤采矿模式、连续采矿模式开采二矿区 1# 矿体在围岩中产生采矿效应显现分布特征的差异。研究结果表明：

（1）与连续采矿模式相比,两步骤采矿模式在第一步回采期间留下的盘区矿柱,在一定程度上抑制了采空区上下盘围岩的收敛变形的发展,表现为第一步回采结束后的收敛变形稍小于连续采矿模式回采结束产生的对应值；另外,比较两种不同模式回采条件下上下盘围岩收敛变形沿矿体走向变形的趋势发现,对于两步骤采矿模式而言,第一步骤回采结束后,受盘区矿柱支撑作用的影响,与矿柱相邻近围岩的收敛变形发育受到抑制,使得第一步回采结束后采空区上下盘围岩朝采空区方位收敛变形的均匀性与平稳性受到不利影响。

（2）从受力状态来看,对于两步骤回采模式而言,第一步骤回采结束后,受矿柱支撑的围岩部位及矿柱自身不可避免地产生应力集中现象,有可能演变成采空区局部动力失稳危害产生的诱因。

相比而言,连续采矿模式结束后,采空区上下盘围岩朝采空区方位收敛变形,沿矿体走向方向发育表现出较好的均匀性与平稳性,降低甚至消除了采空区围岩中部因应力集中产生动力失稳的可能性。

3）大面积回采中的空顶面积问题

尽管二矿区目前采用的大面积连续回采与矿房矿柱回采不同,但在实际的生产组织中,既考虑了盘区均衡下降、减少采准工程的维护量,也考虑了盘区下降时的相对高差。例如,1150m 中段 2# 盘区已回采到 1158m 分段三分层,标高 1154m,5# 盘区在 1178m 分段三分层回采,标高 1174m,高差 20m,形成梯段式开采方式,有利于减小矿体开采的应力集中。

在采充平衡、采充管理上,按照设计标准,盘区内同时回采的进路不得超过 4 条,回采结束后 7 日（有回填时 10 日）内应充填接顶,保证盘区采充秩序,并且保证盘区暴露总面积只占盘区总面积的十分之一左右。

7.3　双穿脉道回采方案设计与实践

7.3.1　单穿脉道存在的问题

金川二矿区机采盘区划分是沿矿体走向每 100m 划分 1 个盘区,宽度为矿体厚度。1150m 中段 1178m 分段由东向西沿矿体走向依次分布 7 个盘区,分别由采矿四、五、六工区负责回采,盘区之间不留矿柱连续进行回采。1 个分段上下划分为 5 层,每分层 4m 高,分段与分层之间由分层联络道联通。

二矿区盘区回采设计一直沿用单一穿脉分层道切割回采工艺,如图 7.10 所示。主要缺点如下：

（1）安全性不好,在采场发生重大灾害后不利于人员设备的安全疏散撤离；交叉作业频繁。

（2）穿脉道上布置的进路开口时,对两帮喷锚网支护体破坏大,由于与下盘进路回采

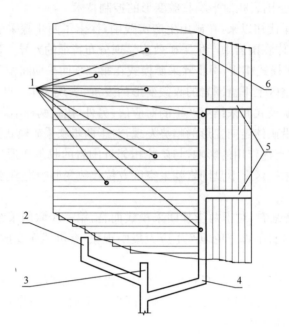

图 7.10　单一穿脉分层道切割回采工艺示意图

1. 行人、回风小井；2. 第三分层联络道；3. 第二分层联络道；4. 第一分层联络道；5. 沿脉道；6. 穿脉道

相互影响大，导致进路回采周期和充填等待时间长，充填质量波动较大，顶板暴露时间长，容易产生裂缝或脱层现象。

（3）生产组织、回采顺序计划安排不易，采充关系不平衡。

（4）盘区通风采用串联方式，由于单一穿脉道布置方式，实际投入使用的预留回风井只有4~5条，有2条还要兼作充填井，要搭建人行梯子、平台和架设充填管，造成盘区通风阻力大，通风有效截面积减小，使盘区通风状况不佳，还存在一些通风死角。

（5）设备使用效率受到限制，采充关系不协调，导致设备使用效率不高，车辆在运行途中出现突发性故障不能马上维修恢复，堵住出矿唯一路线。

7.3.2　双穿脉分层道技术的应用特点

双穿脉分层道技术在金川二矿区的应用是在2004年开始的。杨金维等（2010）分析了双穿脉分层道技术的应用特点，并较详细地介绍了该技术的工艺过程及注意事项，并对双穿脉分层道布置与单穿脉分层道在产量、生产系统、回采率及综合效果等方面进行了比较。其应用特点如下：

（1）机械化盘区下向胶结充填采矿法生产盘区回采设计，采用双穿脉分层道布置形式最初见于1000m中段1138m分段Ⅱ盘区二分层回采设计及Ⅲ盘区二分层的回采设计。这个时期生产盘区双穿脉分层道设计布置形式尚处于萌芽状态，之所以采用这种布置形式是因为沿脉方向布置进路时，进路长度过长，如不对该区域矿体沿穿脉方向进行切割，进路回采过程中的通风无法保障且检修量过大，无法保证安全回采。

（2）对于单穿脉分层道布置形式,由于在生产盘区回采中的穿脉巷道片帮及充填体假顶质量差、地压活动频繁等原因无法使用,需利用另外一条穿脉道进行回采,盘区进路摆布较为灵活,受穿脉道影响因素变小。

（3）利用双穿脉分层道将待回采的矿块切割划分为几块,既可独立回采又相互关联,且相互补充地采区,从而达到提高回采效率的目的。

（4）采用单穿脉布置形式,但单穿脉道东、西两区域沿穿脉方向布置进路,所布置的这些进路 60％均可作为穿脉道使用,这就将单穿脉布置形式转化为多穿脉布置形式。

7.3.3　双穿脉循环分层道的主要设计方案及要点

结合机采盘区原有的充填回风井及行人井的位置和矿体储存状况,创新地将原来的单一穿脉分层道设计方案修改为双穿脉循环分层道设计方案。

基本设计思路:与机械化采矿各盘区原通风预留工程顺利衔接,根据盘区原有的充填通风井、行人井的位置,合理确定穿脉分层道的位置,并根据它们在生产中发挥的作用不同,分为主回采穿脉道和辅助运输穿脉道。主回采穿脉道与分层联络道相连,主要负责对矿块进行合理分割,架设风水管、排污管、电缆和照明等动力设施,确保盘区动力供应,是盘区通风、人员出入、设备运输的主通道。辅助运输穿脉道主要负责对盘区横向布置的进路进行回采,增加预留小井数量,提高盘区通风质量,是人员、设备进入盘区的另一条通道,能协调进路回采顺序解决采充矛盾,以此保证盘区正常回采过程中通风和充填系统满足生产需求。

按照上下分层进路交错布置的原则,制订盘区本分层的进路布置方式;并考虑下一分层开口位置的进路和下盘、边缘进路应优先回采的顺序,合理设计回采方案;最终确定主穿脉道的具体位置。在环境条件不变的情况下,提高开采强度,缩短开采空间的暴露时间,获得良好的开采效果。根据统筹原理,双穿脉循环分层道设计应能提高设备使用效率,减少非正常作业时间,提高单班劳动效率,加快转层转段时间,缩短分层道及采空区的暴露时间,减小主、辅穿脉道的二次支护成本投入,保证盘区安全、高效、均衡的生产模式。双穿脉道循环分层道切割回采工艺如图 7.11 所示。

该技术在设计与应用中应注意如下事项:

（1）穿、沿脉分层道上、中和下盘要尽可能与小井连通,并确保小井位置分布和小井数量,以保证盘区在正常回采过程中通风和充填系统满足生产需求。

（2）根据上一分层进路布置方式和矿体稳定状态,对矿块进行合理分割。按照上下分层进路交错布置的原则,制订盘区本分层的进路布置方式;并考虑下一分层开口位置的进路和下盘、边缘进路应优先回采的顺序,合理设计回采方案;最终确定主穿脉道的具体位置。主穿脉道服务时间等于盘区分层总回采时间。

（3）主回采穿脉分层道的位置确定后,再根据进路的布置方式确定辅助分层道。它将随着所服务回采区域的结束逐段消失。

（4）主、辅穿脉道可循环段长度应能有效解决采充矛盾,保证进路回采顺序和进度按设计进行。一般确定在上、中盘范围内。

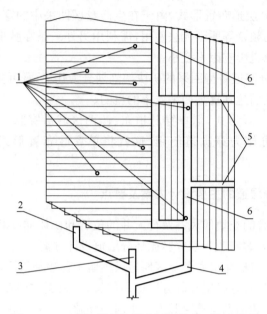

图 7.11 双穿脉循环分层道切割回采工艺示意图

1. 行人、回风小井；2. 第三分层联络道；3. 第二分层联络道；4. 第一分层联络道；5. 沿脉道；6. 穿脉道

（5）在确保双穿脉道稳定和支护费用经济合理的前提下，为满足后期回采的需要，依据进路宽度的整数倍确定两分层道之间的矿柱宽度。

（6）在双穿脉循环绕道的两端要考虑无轨设备的转弯半径问题。

（7）根据回采设计方案合理架设风水管、排污管、电缆和照明等动力设施，随时根据回采需要调整配电盘的位置和数量，减小相互影响因素，确保盘区动力供应。

（8）盘区内设置污水中转沉淀池和废石堆放点，以解决排水管线、钻孔堵塞和充填溢流灰、废石临时堆放的问题。

（9）在环境条件不变的情况下，提高开采强度，缩短开采空间的暴露时间，获得良好的开采效果。

（10）根据统筹原理，双穿脉循环分层道设计应能提高设备使用效率，减少非正常作业时间，提高单班劳动效率，加快转层转段时间，缩短分层道及采空区的暴露时间，减小主、辅穿脉道的二次支护成本，保证盘区安全、高效、均衡的生产模式。

7.3.4 双、单穿脉分层道的综合对比分析

1. 同一生产盘区回采过程中的产量对比

图 7.12 给出了双穿脉分层道和单穿脉分层道布置的回采产量的对比曲线。由图可见，在 1098m 分段的同一生产盘区回采过程中，采用单穿脉分层道布置的第 1 分层的月产量基本上小于采用双穿脉分层道布置的第 2 分层的月产量。因此，总体上来讲，采用双穿脉分层道布置方式有利于提高整个矿井的产量与效率。

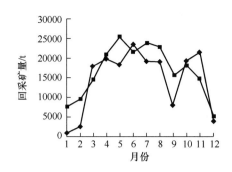

图 7.12　双穿脉分层道和单穿脉分层道布置的回采产量对比
◆1098m 分段Ⅱ盘区第 1 分层（单穿脉）；■1098m 分段Ⅱ盘区第 2 分层（双穿脉）

2. 不同生产盘区中单、双穿脉回采时对比

1）单穿脉道布置

盘区通风采用串联方式，由于单一穿脉道布置方式，采场在正常生产过程中实际投入使用的预留回风井只有 4～5 条，有 2 条还要兼作充填井，要搭建人行梯子、平台和架设充填管，加上预留风井长时间使用，产生挤压变形，使井筒断面收缩，造成盘区通风阻力大，通风有效截面积减小，使盘区通风状况不佳。该设计还存在许多通风死角，新鲜风流洗刷采场作业区域不全面，炮烟和无轨设备排出的油烟从采场完全排出需要等待的时间长，给人员、设备造成不便，影响和制约了劳动生产效率的提高，且危害职工的身体健康，缩短设备的使用寿命。

另外，采用单穿脉道布置不利于标准化样板盘区创建和文明施工。随着近几年来文明标准化样板盘区创建工作的深入，各盘区风水管线架设标准要求越来越高，风水管、电缆、排污管、灯线分开直线并行架设，安全标识牌悬挂齐全，现场清理干净整洁，文明施工程度高。但由于管线基本架在穿沿脉道顶板上，穿脉道上进路开口放炮对管线及支架破坏严重，又无法进行有效避让，导致管线电缆的重复性投入和人工维护费用上升，不利于标准化样板盘区创建和文明施工。

2）双穿脉道布置

具体方案如前所述。根据回采设计方案合理架设风水管、排污管、电缆和照明等动力设施，随时根据回采需要调整配电盘的位置和数量，减小相互影响因素，确保盘区动力供应；盘区内设置污水中转沉淀池和废石堆放点。解决排水管线、钻孔堵塞和充填溢流灰、废石临时堆放的问题；在环境条件不变的情况下，提高开采强度，缩短开采空间的暴露时间，获得良好的开采效果。

7.3.5　双穿脉分层道布置形式的优点及综合效果分析

1. 双穿脉分层道布置形式的主要优点

双穿脉循环道回采设计方案比原设计多 1 条穿脉道，并与沿脉道贯通实现盘区车场可循环，减少了影响铲运机出矿时间，增加了铲运机的运行时间，提高了铲运机的利用率，进而提高了盘区的生产能力。由此可见,其布置形式具有以下优点。

(1) 多了1条出矿路线,盘区内车辆通行率由不到88%提高到96%,无轨设备利用率明显提高。

(2) 多了1条安全通道,盘区回采强度加大,单层回采时间缩短,减少了盘区安全隐患,提高了盘区的安全标准。

(3) 充填、转层转段对盘区生产组织无明显影响,每班作业循环数增幅达20%,盘区产量增幅达20%,盘区产量保持稳定高产。

(4) 盘区内平均通风量达到 $10m^3/s$,进路通风量达到 $6m^3/s$,通风状况、作业条件大大改善。

(5) 减少了穿脉分层道两帮因服务时间过长而造成的二次支护费用,进路开口爆破对风水管、电缆的破坏几乎为零,因此节省的材料、人工维护费用都很可观。

(6) 盘区现场文明生产施工状况明显改善。

2. 综合应用效果

双穿脉循环道回采方案便于制订生产计划、协调生产组织,调节采充关系;超前意识的设计,就是在回采本分层时,就要对下一分层设计提前构思,有计划、有侧重地对本分层的进路回采顺序进行调节,确保转段转层时,计划实施有步骤、系统有保障、生产不欠量、矿量有保障,工程质量严要求,经济效益好;由于采充关系和谐;保证分层回采从开层到收尾均有可靠的通风和充填系统;人员劳动生产效率和设备使用效率大大提高;盘区小系统安全性高,可实现高负荷不间断生产。

表 7.5 列出了金川二矿区 1150m 中段 V、Ⅵ 盘区于 2004～2007 年改进设计后采用双穿脉循环道创新回采设计方案的生产矿量。由此可见,该采矿设计方案在工区推广应用以来已经获得显著的经济效益。

表 7.5 2004～2007 年 1150m 中段 、 盘区对比

年份	项目	V盘区	备注	Ⅵ盘区	备注
2004	采掘总巷道长/m	3511.0	单一穿脉道回采方案	4533.7	双穿脉循环道回采方案
2004	年采出矿量/t	224698	单一穿脉道回采方案	277239	双穿脉循环道回采方案
2005	采掘总巷道长/m	3891.5	单一穿脉道回采方案	4465.8	双穿脉循环道回采方案
2005	年采出矿量/t	248171	单一穿脉道回采方案	280090	双穿脉循环道回采方案
2006	采掘总巷道长/m	4120.8	双穿脉循环道回采方案	4114.4	双穿脉循环道回采方案
2006	年采出矿量/t	287696	双穿脉循环道回采方案	280575	双穿脉循环道回采方案
2007	采掘总巷道长/m	4074.9	双穿脉循环道回采方案	4340.1	双穿脉循环道回采方案
2007	年采出矿量/t	287928	双穿脉循环道回采方案	317921	双穿脉循环道回采方案

双穿脉分层道技术在金川二矿的成功应用表明,该布置设计具有矿块分割更趋合理、采充关系接替顺畅、井位布置更合理、工作效率进一步提高、安全性能得到改善等优势,确保了金川二矿区每年度生产任务的超额完成,并逐步在其他盘区加以推广应用,也为类似矿山的开采提供了设计参考。

7.4　二矿区 16 行垂直矿柱安全回采设计与回采工艺

7.4.1　垂直矿柱简介

1995 年,在回采 1000m 中段的第一个分段——1138m 分段时,为了保护从 1150m 水平上盘运输道穿越矿体直至下盘西主井的粉矿回收道,从 1150m 水平向下,在矿体沿走向的中央 16～16⁺³⁰ 行,保留了一个宽 30m、长度等于矿体厚度(约 100m)的大矿柱作为粉矿回收道的保安矿柱。与 1150m 中段水平矿柱对应,常将此保安矿柱称为垂直矿柱。

由于原粉矿回收道受采矿扰动影响,自投入使用以来一直处于收敛变形严重、变形速度快的状态,虽然采用钢拱架＋双层喷锚网＋注浆的联合支护形式进行了多次返修,仍然不能维持其稳定性,不能满足清理粉矿的需要。在此情况下,二矿区于 2000 年新建粉矿回收道,原粉矿回收道只起 1150m 水平回风道的作用。目前,1000m 中段Ⅰ～Ⅳ盘区已回采至 1098m 分段,保安矿柱高达 50m,已完全满足对粉矿回收道的保护需要。为了充分回收资源,二矿区提出从 1098m 分段对垂直矿柱(1098～1000m)进行回采。高建科等(2008)从开采安全性、矿山地压活动、矿山整体稳定性三个方面对金川二矿区 16 行垂直矿柱的开采风险进行了分析与预测,相应提出了 16 行垂直矿柱安全回采的合理建议。韩斌等(2005b)对金川二矿区 16 行大型垂直矿柱的地压控制效果进行了研究,结果表明保留 16 行矿柱可以有效改善整个回采区域的应力分布状况,减少回采区域的应力集中程度,有效控制垂直方向的位移量,对保持整个回采区域充填体的整体稳定性及保护关键井巷工程具有十分重要的作用。

7.4.2　行矿柱开采的理论研究

1. 研究理论

2005 年兰州大学对二矿区 16 行垂直矿柱的应力状态变动历史及破坏过程进行了模拟,最终认为,垂直矿柱已产生严重的塑性变形,变形裂隙已贯穿矿柱,原有的矿柱保安功能已经大大弱化,矿柱可以回采。中南大学对 16 行垂直矿柱的安全回采进行了可行性研究,得出了"二矿区可以采用大面积连续回采工艺,可以考虑对该矿柱进行安全回采"的结论。2006 年中国科学院地质与地球物理研究所通过对金川二矿区深部多中段回采地压规律的研究,也得出了"16 行垂直矿柱已产生严重的塑性变形,可以进行回采"的结论。

2. 数值分析

韩斌通过对垂直矿柱的受力状态、变形破坏规律的分析研究,对 16 行垂直矿柱地压控制效果进行数值分析(16 行垂直矿柱位置如图 7.13 所示)。为研究 16 行矿柱的作用,选择如下四种方案:

方案一:自 1250m 水平和 1150m 水平同时向下回采,保留 16 行矿柱。

方案二:自 1250m 水平和 1150m 水平同时向下回采,不保留 16 行矿柱。

方案三:按照二矿区建矿以来的回采顺序开采,保留 16 行矿柱。

方案四:按照二矿区建矿以来的回采顺序开采,不保留 16 行矿柱。

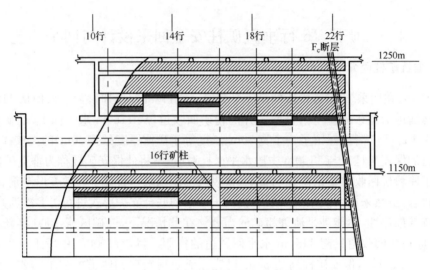

图 7.13　二矿区双中段开采走向方向剖面图

模拟范围为水平方向 1200m,垂直方向 600m;网格划分为 28800 个单元格,29161 个节点;本构模型为充填体——理想弹塑性,矿岩——应变软化;采用了莫尔-库仑屈服准则。

通过数值模拟得出如下几个结论:

(1)通过比较方案一、二的模拟结果可知,保留 16 行矿柱,可改善整个回采区域的应力分布状况,减少回采区的应力集中程度,从塑性区分布面积来看,两者区别并不十分显著。

(2)方案三在 22 行以西区域压力拱拱脚处最大主应力比方案四大,但方案三整个回采区域的最大主应力相对降低。这说明由于 16 行矿柱的存在,使回采区域的应力部分作用于 16 行矿柱上,另一部分转移到了矿体两端(尤其是 22 行以东区域)。可见 16 行矿柱的存在,对于改善回采区域的开采条件可起到比较重要的作用。

(3)比较上述四种方案垂直方向位移可知,由于保留了 16 行矿柱,垂直方向最大位移量的分布区域减少 24.7%(当 1150m 中段回采至 1150m 水平,而 1000m 中段回采至 1070m 水平时),有效地控制了垂直方向的位移量,延缓了充填体的整体移动。这对维护整个回采区域充填体的整体稳定性及保护关键的井巷工程(尤其是西主井)非常重要。

(4)金川二矿区以垂直于矿体走向方向的水平应力为主,在水平应力作用下,弹性模量相对较低的充填体难以阻止上下盘围岩的移动,将引起上下盘围岩产生闭合位移,过大的闭合位移对上下盘井巷工程的稳定非常不利。16 行矿柱可以对上下盘围岩起到一定的支撑作用,对阻止和延缓上下盘围岩的移动可以起到较好的作用。

(5)方案三和方案四的模拟结果比较表明,当 1000m 中段回采至 1124m 水平时,16 行矿柱中形成了 35~40MPa 的高应力集中,之后随着充填体承载能力的提高和 16 行矿柱自身承载能力的降低,其中的应力集中程度逐步下降,当 1000m 中段回采至 1078m 水平时,16 行矿柱中的应力与其周围各盘区充填体中的应力集中值已无任何差别。

通过数值模拟、充填体作用机理及水平矿柱稳定性分析,得出结论:适时开采 16 行矿柱是完全可行的。

3. 现场监测分析

金川公司二矿区在进行二期开采过程中,对 16～22 行范围内的矿岩及充填体的整体稳定性状态进行了现场监测。主要采用水准仪和收敛仪两种监测手段,本部分仅对水准监测结果进行阐述。水准监测系统布置在 1300m 和 1250m 两个中段。在 1300m 水平 21 行、18 行和 16 行巷道顶板上布设了 3 个水准点。1250m 水平是一、二期工程的分界水平,由于该中段受采矿影响程度已逐渐减小,因此,其充填体及围岩的变形在一定程度上反映了充填采场的长期稳定性。在这一水平,16 行、17 行、18 行、19 行和 21 行共布设了 42 个水准点。

由于 1300m 水平和 1250m 水平的采矿已结束,受采矿活动的影响逐渐减弱,巷道变形也已稳定,因此这两个水平的位移监测,在一定程度上反映了顶板覆岩及充填体的整体稳定状态。从现场水准监测结果看,各测点下沉位移与时间的变化呈现出似线性规律,这说明 1250m 水平和 1300m 水平的位移变形速率近似一个常数。

方案三是按照二矿区自建矿以来的实际回采顺序进行的数值模拟,从这一方案的数值模拟结果来看,1996～2001 年,16 行、17 行、18 行 1250m 水平垂直方向位移累计下沉量为 0.58m,假定沉量速率为均匀下沉,那么推算可知,250d 的累计下沉量约为 80.5mm。从现场水准监测结果可知,17 行、18 行、21 行 250d 的水准监测结果平均值也在 80mm 左右(16 行监测值较大)。可见,数值模拟结果与现场实际监测结果具有较好的对应关系。

7.4.3　垂直矿柱回采研究结论

通过现场监测和有限元分析,二矿区矿房、矿柱两步回采与大面积连续回采工艺的对比研究获得如下结论:

回采矿柱前,矿柱中的最大应力已达到 87～94MPa,而且大多数矿柱处于塑性状态。可见,单独开采矿柱的难度极大;采用无矿柱连续开采,充填体局部区域存在不稳定现象,但整体上可以保持稳定;影响围岩及充填体稳定的主要因素是原岩应力特征,即水平应力的大小和方向控制围岩下沉及变形破坏,充填料的刚度是最重要的。在开采深度小于 500m 时,充填体的弹性模量必须达到围岩的弹性模量的 4%～6%;对于多中段同时回采,在上、下两个阶段的下向充填工作面之间的矿柱,将经历一个高应力集中期。在矿柱厚度为 30m 时,大约开始出现破坏应力,当厚度减小到 10m 或更小时,破坏应力就消失;金川二矿区 1# 矿体,宜采用大面积下向胶结充填开采方案,沿走向连续回采不留矿柱,有利于充分回收资源和回采安全(由于围岩应力集中转嫁到上、下盘围岩中和充填体接触带的围岩区域以及矿体东西两端围岩内)。

采用大面积连续回采技术,设计的采矿损失率为 5%,生产中为 4.2%;设计的贫化率为 7%,生产为 5.5%;矿山年出矿能力突破 400 万 t,成为我国采用胶结充填采矿法开采生产能力最大的矿山。盘区回采效率提高,使单盘区平均日生产能力从 1996 年的 500～600t,提升到 800～1000t;劳动生产率提高,井下工人劳动生产率由 2000 年的

907t/（人·a），提高至 2008 年的 2463t/（人·a）。

2003 年以前，二矿区一、二期、二期改扩建工程中，1150m 中段和 1000m 中段均采用盘区大面积连续开采方式，矿山生产能力达到了 297 万 t 的目标。要完成 400 万 t 的年生产计划，850m 中段 978m 分段必须在 2010 年形成 45 万 t 以上的生产能力。2003 年，中国有色工程设计研究总院完成的 850m 中段 978m 分段的采矿设计依然是矿房、矿柱两步开采方式，为了保证出矿能力的稳步提高，大面积连续开采是前提。因此，就必须对 850m 中段能否实现大面积连续开采进行研究。

随着开采深度的不断延深、采矿范围的扩大、地压增高，不仅采场突变失稳风险在增加，而且潜在的危害性也在加大。因此，进行矿房、矿柱两步回采与大面积连续回采工艺的对比研究，确定矿区深部的回采工艺，对提高地下采矿经济效益，确保人身安全，最大限度地开采利用矿产资源具有重要意义。

7.4.4　垂直矿柱回采方案实施及效果

根据兰州大学和北京科技大学的研究结论，从 1098m 分段开采垂直矿柱是可行的。

垂直矿柱位于 1000m 中段 Ⅲ、Ⅳ 盘区之间，垂高 118m，矿石总量 180 万 t，镍金属量 2.3 万 t，铜金属量 1.3 万 t。矿体主要由上下盘贫矿＋富矿构成，走向 NW，倾向 SW 倾角 70°左右，稳固性 $f=7\sim8$，平均镍品位 1.60%，铜品位 0.80%，矿石密度 3.0t/m³。矿体上盘主要为二辉橄榄岩和大理岩，偶见少量的辉绿岩对矿体破坏作用有一定的影响。

1098 分段 Ⅲ 盘区在三分层回采设计方案的基础上，沿上盘 20m，横间距 10m 垂直于下盘方向长 70m 分别布置双穿脉、双岩脉分层道；Ⅳ 盘区利用矿床水平应力大于垂直应力的条件，采用沿脉方向布置进路，上层顶板与本层顶板尽量交错。落矿采用台车凿岩，铲车出矿；支护采用素喷＋喷锚网＋U 型钢拱架支护方式；回采方式采用隔段递进形式回采，即一条进路回采结束后，沿这条进路进行回采；通风充填系统，通过预留的假坑道、小井进行通风和充填。

矿柱回采按两步走：一是对正在回采的 1098m 分段 Ⅲ 盘区三分层回采设计进行设计变更；二是通过先回采 Ⅲ 盘区三分层 20m 宽垂直矿柱过程来分析采用的回采工艺、方法措施的合理性，对存在影响垂直矿柱安全回采问题进行改进。其后，在 Ⅲ 盘区三分层回采垂直矿柱取得经验的基础上，再对 Ⅳ 盘区三分层 10m 矿柱进行回采。

在垂直矿柱附近进路中，埋设监测仪器并设置监测点，进行观察、监测矿岩裂缝的变化及顶板下沉位移量和两帮合拢的速度。通过监测获得数据，分析确定地压活动规律及活动频率，以及垂直矿柱屈服后对矿岩、接触带破坏程度的影响情况，并分析可能与灾变因素之间的内在联系，从监测资料中提炼出灾变警示信息，对垂直矿柱回采前、回采中、回采后进行技术指导，来提高矿柱矿的回收率及加快回采强度和无假顶形成速度，并针对矿柱回采过程中出现的安全问题，妥善地安排施工工艺，合理地制定出综合处理对策，解决控制地压问题。在回采矿岩接触带间有沿脉穿插、断层泥、角砾石发育段一期、二期进路时，侧面凿岩时要多凿孔、少装药，尽量控制该侧的轮廓。凿岩爆破时，进尺不宜超过 2m。搬运结束后及时素喷封闭工作面或喷锚网支护再进行回采。

回采顺序遵循"先下盘后上盘，先两翼后中间，后退式"回采顺序，同时为了便于控制地压,避免大面积形成空间,矿柱进路不应超过两条。在具体布置矿柱进路回采顺序时,尽量少回采三期进路,避免一、二期充填不接顶给回采三期进路带来的难度。

垂直矿柱内,设计回采的进路断面设计为4m×4m(宽×高),根据不同区段的矿岩特点采用不同的支护形式,中盘矿岩整体性好、块度均匀、稳固性好,采用素喷支护;中上盘矿岩整体稳固性差,节理发育复杂,滑面大,采用喷锚网支护;中下盘矿岩破碎,易风化,应采用双层喷锚网支护;特殊隐患区段,应采用喷锚网+U型钢拱架支护。

充填应本着"快采快充"的原则进行。进路充填准备时,底筋、网度、吊筋适当加密。充填过程中,采用相邻进路引流的方法,引流出的泥浆经沉淀后清水排出,再进行充填,确保充填体假顶层形成后有足够的强度,为下层回采进路创造安全的一个工作环境。

采场通风:采用双分层道布置,改变原单一分层道布置方式,使盘区通风充填小井最大限度使用,保证采场空气稀释后回风需要。

7.4.5　项目实施情况与经济效益

1. 实施情况

第一阶段:2006年11月~2008年3月,Ⅲ盘区垂直矿柱安全回采。
第二阶段:2007年10月~2008年9月,Ⅳ盘区垂直矿柱安全回采。

2. 直接经济效益

垂直矿柱1150~1000m矿石储量近260万t(含上下盘贫矿),其中1100~1000m段矿石储量为180万t,镍金属量2.1万t,铜金属量1.3万t。2006年11月以来,通过对1098分段Ⅲ、Ⅳ盘区三分层垂直矿柱安全、高效的连续回采,已经回收垂直矿柱首采层矿量约5.8万t,镍金属量673t,铜金属量460t。

若不对1100m以下垂直矿柱进行回收,待1000m中段回采结束后再考虑对垂直矿柱进行回收,原有系统工程已破坏报废,与连续回采方案相比,不仅将增加基建投资几千余万元,资源回收的成本增加,而且无论采用何种采矿方法对垂直矿柱回收,预计其矿石损失率和贫化率都将明显提高,不利于资源综合利用。

3. 间接经济效益

1) 增加了盘区有效回采面积,扩大了盘区生产能力

将1100~1000m段垂直矿柱回采后,使原回采面积较小的Ⅲ、Ⅳ盘区有效回采面积增加(Ⅲ盘区原回采面积1.5万m^2、Ⅳ盘区原回采面积1.7万m^2),两个盘区共增加有效回采面积约5000m^2,仅1098m分段三分层就增加矿量约6万t,每个分段可增加矿量约30万t,扩大了单盘区的生产能力。而且,1100~1000m段垂直矿柱的回采,弥补了1150m中段各盘区进入水平矿柱回采后生产能力下降的不利因素,为二矿区2008年生产经营计划顺利完成和"十一五"发展规划的实现奠定了基础。

2) 减缓了低位盘区下降速度,使盘区间下降速度趋于均衡

垂直矿柱纳入1098m分段Ⅲ、Ⅳ盘区三分层回采之后,由于增加了30m宽的无假顶段,不仅使盘区有效回采面积增加,增加了盘区生产能力,而且使1000m中段原下降速度

最快的Ⅲ、Ⅳ盘区的下降速度得到有效减缓。按Ⅲ、Ⅳ盘区所承担的矿量计算,对低位盘区每个分段可延长近一年的服务时间,有效地控制了低位盘区的下降速度,使1000m中段盘区间下降速度不均衡的矛盾得到缓解,采掘关系进一步趋于平衡,有利于今后全矿生产组织的协调,也便于矿体整体的地应力控制。

3)分步回采技术方案研究与实践,对今后矿柱回采具有借鉴意义

垂直矿柱开采前,虽处在塑性屈服破坏状态,但相对保持稳定。项目实施过程中,垂直矿柱底部揭露新的部分,由于无法与已经破坏的矿柱旧的部分协同抵抗外力,将会再次迅速进入新的塑性破坏状态,有可能产生应力集中现象,导致相对稳定的垂直矿柱再次失稳,次生应力增加,给安全回采带来困难。针对这一问题,在确定回采技术方案时,制定了两步回采垂直矿柱的方案,先回采Ⅲ盘区20m矿柱,释放矿柱内部分地应力,在地应力重新分布趋于平衡后,再回采Ⅳ盘区10m矿柱,垂直矿柱彻底消失,地应力再次重新分布并达到平衡。在现场实践过程中,针对不同地质条件下的应力变化趋势,灵活运用多种支护方式,有效地控制了地应力集中释放可能导致的局部巷道垮塌或冒落,对今后矿柱回采技术方案确定具有重要的借鉴意义。

4)安全形成充填假顶,为下分层高负荷生产组织创造了安全条件

通过对垂直矿柱回采计划、生产进度和充填过程等科学控制,在1098m分段Ⅲ、Ⅳ盘区垂直矿柱首采层安全地形成了充填假顶。从SURPAC软件所形成的实测效果图来看,垂直矿柱基本上得到了全部回收,假顶段与无假顶段已经形成了整体,为下分层的安全回采和盘区高负荷生产打下了坚实的基础。

5)积累了丰富的无假顶采矿施工管理经验,具有很好的指导价值

通过加强垂直矿柱回采过程控制,形成了垂直矿柱无假顶连续回采的理论依据和安全措施,对今后机械化盘区回采工艺、盘区划分、回采顺序、地应力管理等具有很好的指导价值,为二矿区今后深部高应力无假顶进路回采积累丰富的施工管理经验。

7.5　二矿区水平矿柱开采的稳定性研究

7.5.1　二矿区水平矿柱回采现状

二矿区是金川集团公司的主力矿山,年出矿量达430万t,采用下向胶结充填采矿法,1150m和1000m两个中段同时开采。所谓水平矿柱是指二矿区1150m中段和1000m中段之间的未采矿体(图7.14)。目前1150m中段有6个采矿盘区,1000m中段有8个采矿盘区,盘区间采用不留矿柱大面积连续回采。在1150m和1000m两个采矿中段之间形成了长约600m、宽约120m的大型水平矿柱,水平矿柱最薄处约23m,并继续被采薄。

由于多中段开采,在1150~1250m已经形成水平矿柱并且越采越薄(因各盘区下降速度不均衡,各盘区底柱厚度也不一致)。与单中段开采相比,多中段开采具有开采强度大、采动影响剧烈、地压显现突出、地压活动复杂多变等特点。在今后的开采过程中,两中段之间的水平矿柱会越来越薄,尤其是在深部高地应力环境下,水平矿柱中的应力如果产生高度集中,应变能聚集,当达到某种临界状态时,在外界扰动下属于薄板结构的水平矿柱可能突然失稳,产生瞬间大范围破坏,形成突发性灾变事故。面积达9.8万m²、厚度仅

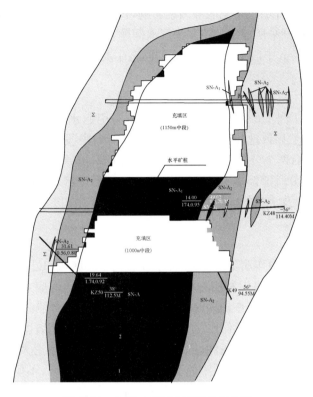

图 7.14　金川二矿区水平矿柱示意图

为 20m 的薄板状水平矿柱在矿区高应力作用下,被贫矿和超基性岩等软弱岩层环包的水平矿柱会不会形成应力集中区;在采矿作业的扰动下,厚度不等的水平矿柱会不会发生突发性灾变失稳或岩爆事故;开采水平矿柱时,大范围的采空充填区将逐步失去矿体对上、下盘围岩的水平支撑,两个中段的采空充填区将连为一体,上、下盘围岩是否会向充填空间发生大量变形位移,造成采场大面积来压,使采场分层道和布置在上、下盘岩体中的系统巷道、分段采准巷道等工程难以维护;水平矿柱开采结束后,对深部开采的安全性有何影响;上述问题是二矿区开采水平矿柱所面临的亟待解决的问题,因为无论是哪一种情况发生,都将给二矿区造成灾难性损失。因此,对水平矿柱开采的稳定性进行研究,不论对金川二矿区还是对类似矿山,都具有非常重要的现实意义。

　　随着二矿区年出矿量的连续大幅增长,开采深度和面积也在不断增加。深部多中段开采强度大,采动影响强烈,加上工程地质条件复杂、地压大,岩体稳定性差,致使采场充填体和采准巷道变形破坏严重。1150m 中段下降较快的 1#～3# 盘区在回采 1198m 分段最后两个分层时,均出现分层道大面积脱层的情况,而 1178m 分段巷道地压显现更为明显,分段道经多次彻底返修,但收敛变形仍然非常严重。这种现象预示 1150m 中段水平矿柱开采的难度及潜在的危险性。

　　1150m 水平的工程十分密集,按照现行的采准工程布置方式,水平矿柱的最后一个分段——1158m 分段道将和 1150m 下盘道、穿脉道贯通,这将对 1150m 中段上、下盘系统工程及运输系统、通风系统和排污系统造成极大的影响和破坏。同时受脉外出矿溜井基本消失、1000m 中段开层遗留空区等因素影响，1150m 中段生产能力也将下降。1158m 分段采准工程布置和开采所面临的诸多深层次问题亟待研究解决。

开采二矿区 1150m 中段水平矿柱面临的问题主要以下几种。

1. 地压活动问题

地质构造部位的不同及水平矿柱高度的减小，将引起水平矿柱中应力作用方式的变化，开采水平矿柱必然导致地压活动日趋频繁。1150m 中段下降较快的 $1^\#$～$3^\#$ 盘区在回采 1198m 分段最后两个分层时，均出现分层道大面积脱层的情况，而 1178m 分段巷道地压显现更为明显，分段道经多次彻底返修，但收敛变形仍然非常严重。这种现象预示了水平矿柱开采的难度及潜在的危险性。

2. 回采顺序问题

地下采矿是在地应力作用下进行的，对于没有开采的区域和已经充填的区域，不同的回采顺序就有不同的应力集中和应力释放，也就会形成不同的应力场和位移量的变化。二矿区 1000m 中段和 1150m 中段同时开采，每个中段沿走向每隔约 100m 划分为一个盘区，由于矿体厚度不一致，各盘区分层矿量相差悬殊；再者，由于各盘区地质条件不同，地压大小也有差异，各盘区的开采条件也不尽相同；再加上盘区不论大小年产量基本相同，使得目前同一分段各盘区的回采顺序处于无序状态。这种状态，不但会造成矿体局部应力集中，导致回采困难，而且对控制充填体和围岩的移动也十分不利。

按目前的回采状况，东、西部盘区转入 1158m 分段的时间差约为 4.5 年，水平矿柱的最后一个分段将分为两部分进行开采。因此，根据二矿区的生产现状，急需展开对同一中段盘区间回采顺序的优化研究，旨在为今后二矿区机械化盘区回采顺序的科学决策和采准工程的优化设计提供理论依据，以确保安全、合理、高效地回收水平矿柱。

3. 对系统的影响和破坏问题

水平矿柱的开采对 1150m 中段上、下盘系统工程及运输系统、通风系统和排污系统会产生哪些影响和破坏，需提出科学合理的开采方案和系统恢复措施，确保水平矿柱开采期间大系统的安全通畅。

4. 开采水平矿柱的生产能力问题

水平矿柱回采期间受采准巷道维护困难、溜井深度减小和 1138m 分段开层无假顶回采遗留空区等因素影响，盘区生产能力将下降，届时 1150m 中段将面临减产局面。

5. 对深部安全性影响

水平矿柱开采结束后，对矿区的应力场扰动和应力重新分布情况如何？对深部回采的安全性有何影响？

上述问题是关系到公司和二矿区可持续发展的关键性技术问题，合理解决这些问题对保证矿山安全、持续稳产，最大限度地回收 1150m 中段水平矿柱 640 万 t 矿石都具有十分重要的意义。同时也为二矿区 1000m 中段水平矿柱的开采及深部回采遇到的同类采矿工程问题实现技术积累。

7.5.2　水平矿柱稳定性分析与控制技术研究

采用多中段开采所形成的水平矿柱的稳定性分析与灾变失稳控制,是二矿区二期工程中的关键技术。尤其接近二期工程的尾声,1150m 中段的水平矿柱逐渐变薄,不仅水平构造应力造成水平矿柱应力高度集中,从而使得采场地压显现剧烈,而且水平矿柱的灾变失稳,直接导致整个采场的稳定性发生突变,潜在围岩和充填的整体灾变失稳风险。因此,自 2000 年以来的 10 余年间,国内外采矿界高度关注二矿区 1# 矿体开采水平矿柱的安全回采与地压控制技术的研究与探讨。

张忠、马建青和穆玉生等对 1098m、1138m 和 1178m 分段巷道的变形特征及稳定性进行了研究,为二矿区深部巷道提供了理论依据。赵崇武、高直和韩斌等在采矿生产实践中,关注了二矿区水平矿柱开采与稳定性问题,针对 1150m 中段回采现状,对水平矿柱的回采方式、回采顺序以及开采对水平矿柱的稳定性影响进行了研究。徐有基和马崇武等分析了水平矿柱在回采过程中的屈服过程以及构造应力与采动对其稳定性影响。研究结果显示,水平矿柱的屈服破坏从东部开始,然后扩展到西部,2005 年的水平矿柱已基本上整体进入破坏状态;水平矿柱上各盘区在 2006 年及以后的开采中将出现显著沉陷,但对采场巷道的变形破坏影响不大,没有必要调整水平矿柱上各盘区的既定采矿方案。侯哲生等(2007)据二矿区 1150m 水平矿柱的开采特点和水平构造应力,将其简化为两端受水平力作用的弹性地基梁。采用非线性突变理论建立水平矿柱的尖点突变模型,并根据突变模型及失稳条件对水平矿柱在逐渐被采薄过程中的稳定性状况进行预测。研究结果显示,水平矿柱不会发生非线性的灾变失稳。

赵其祯等(2008)采用数值分析技术,对水平矿柱在回采过程中的稳定性进行了仿真分析。马崇武等(2007)还研究了上盘围岩变形破坏与水平矿柱之间的关系。研究结果显示,尽管水平矿柱在高应力作用下发生塑性屈服,但是采场仍处于整体稳定性状态;但最后 30m 厚的水平矿柱回采难度增大。为了减小回采矿柱的困难及水平矿柱消失对采场整体稳定性的影响,需要增大充填体强度,从而提高采场的整体稳定性。事实上,在最后 30m 水平矿柱的回采过程中,充填始终采用灰砂比为 1 : 4 的高强度充填体,其充填体的抗压强度不低于 5MPa,从而有效地控制了采场地压,实现水平矿柱的安全高效开采。

江文武等(2010b)针对复杂采矿条件下金川二矿区仍采用多中段开采的现实,采用三维非线性有限差分数值模拟方法,揭示了 1000m 临时水平矿柱从其形成、逐分段回采变薄直至最终消失全过程,在控制围岩地压活动方面所起作用的机制,以及临时矿柱应力与变形分布的演变规律。研究结论表明,临时水平矿柱形成之初,在控制上下围岩收敛变形方面起到明显的作用,但在矿柱与围岩结合部位引起应力集中现象明显;回采水平矿柱对采空区下盘围岩变形产生相对较大影响,但不致引起灾害性地压活动的产生。江文武等(2010a)采用尖点突变理论对二矿区 1000m 中段和 850m 中段同时开采形成的水平矿柱进行了稳定性分析,得出了水平矿柱失稳概率小的结论,并提出了在临时水平矿柱回采过程中可采取的工程技术措施。

　　针对 1150m 中段水平矿柱的稳定性,国内数家科研单位先后进行了数值模拟研究,较为一致的结论是:当水平矿柱开采到厚度为 20～30m 时,矿柱将出现全断面的塑性屈服破坏。目前水平矿柱已开采至数值计算方法认为的屈服破坏厚度,王世武等(2008)针对水平矿柱变形破坏的实际状态,对水平矿柱最薄的 1178m 分段 Ⅱ、Ⅲ 盘区和水平矿柱最厚的 1198m 分段 Ⅴ、Ⅵ 盘区进行了详细的工程地质调查分析,得出了如下结论:①水平矿柱随机节理大量出现,低倾角节理大量增加,表明目前水平矿柱已遭受新的破坏,岩体结构劣化,岩体强度和矿柱刚度降低;②随着水平矿柱厚度减薄,矿体 RQD 值降低,节理密度增加,这表明水平矿柱越薄的部位,岩体破坏越严重;③超声波探测同样表明,随着水平矿柱厚度减薄,岩体完整性降低,最薄处目前已处于极破碎状态;④水平矿柱以压剪性节理为主,节理贯通性好,节理面平直或微起伏,节理粗糙度 JRC 一般为 6～8;⑤水平矿柱工程地质调查中,没有发现明显的高应力集中现象。北京科技大学等(2012)采用数值仿真分析技术,分析了即将形成的 1000m 临时水平矿柱分别在矿房矿柱两步回采和大面积连续回采方案下的应力与位移变化规律,从而为深部矿体开采设计提供理论依据。

　　张海军等(2011)总结了前人对水平矿柱底柱回采稳定性的研究,对水平矿柱底柱回采面临的问题有了比较全面的认识,并对水平矿柱矿石资源安全、高效、合理的回收提出了建设性的措施。

7.5.3　水平矿柱回采应力场分布规律及安全评价

　　二矿区与兰州大学于 2004 年 6 月～2005 年 10 月展开了 1150m 中段水平矿柱回采前后应力场分布规律及安全评估工作,主要内容及结论如下。

　　1. 模型计算

　　(1) 弹性有限元计算结果结合塑性屈服破坏判断准则(包括节理面滑移、围岩块和矿岩块破坏)。

　　(2) 弹塑性有限元分析。

　　(3) 包括三维模拟和二维模拟。

　　2. 主要结论

　　(1) 给出了水平矿柱上各盘区从东到西破坏时间的大概顺序,认为现阶段(2005 年)的水平矿柱(除Ⅶ盘区外)已经整体破坏,并预测水平矿柱上各盘区采场将出现沉陷现象。

　　(2) 给出了前几年呈弹性状态的水平矿柱与上盘端部围岩中沿脉巷道及其支护之间强烈相互影响的力学作用原理,认为前几年 1178m 标高沿脉巷道及其支护的严重破坏,就是穿脉向应力集中程度不断提高的水平矿柱的抵顶作用所致。

　　(3) 基于对水平矿柱破坏现状的判断,于 2005 年预测:2006 年准备投资建设的 1158m 沿脉巷道的变形破坏程度要轻于 1178m 沿脉巷道。

　　(4) 基于对水平矿柱破坏现状(除Ⅶ盘区外,2005 年的水平矿柱已经整体破坏)的判断,认为在未来数年内调整水平矿柱上各盘区的采矿步骤和顺序,没有现实作用,建议二矿区决策层不必调整水平矿柱上的采矿方案。

（5）认为现阶段（2005 年）保安矿柱已经整体破坏，失去了支持水平矿柱和上下盘围岩的作用，所以建议二矿区决策层可回收保安矿柱中的可观矿量。

3. 研究结论与实际相符状况

（1）关于水平矿柱从东到西破坏过程的论断，能够与其上盘端部围岩中沿脉巷道东部破坏轻、西部破坏重的特征相统一。因为随着水平矿柱从东到西的破坏过程，水平矿柱的抵顶作用也将表现为从东到西的消减过程。

（2）关于 2006 年准备建设的 1158m 巷道的变形破坏程度会较轻，水平矿柱各盘区已经基本破坏（Ⅶ盘区除外），所以将出现较大沉陷位移的结论，初步得到现场观测的验证。

4. 保安矿柱的应力状态变动历史及破坏过程

（1）三维弹塑性有限元模拟结果给出：2004～2005 年保安矿柱应该发生了贯通性塑性屈服破坏。

（2）三维弹性有限元计算结果结合塑性屈服破坏判断准则（包括节理面滑移、围岩块和矿岩块破坏）所得结论：2004～2005 年保安矿柱应该发生了贯通性塑性屈服破坏。

5. 保安矿柱的受力现状及破坏水平

（1）现在保安矿柱的出露部分已经发生了连贯的塑性屈服破坏，保安矿柱的强度下降为残余强度，继续支持于上下盘围岩之间，对上下盘围岩还能起到一定的维持稳定的作用，但作用不明显。

（2）保安矿柱发生了整体屈服破坏，穿脉方向上积累的较高应力得到释放，估计其已经下降为与保安矿柱中破碎矿岩残余强度相当的程度。所以，现在的保安矿柱在三个方向上都处于应力水平较低的状态。

（3）保安矿柱中原来较高应力状态时积累的变形能，已经在破坏的过程中释放并耗散，所以现在的保安矿柱也处于能量水平较低的状态。

6. 保安矿柱新出露部分将不断发生快速破坏的力学原因

在已经出露的保安矿柱发生大面积整体性屈服破坏之后，后续出露的保安矿柱新的部分将依次迅速发生破坏。

关于这一论断的现场证据：在水平矿柱之下Ⅳ盘区采场，采矿人员发现，新暴露出来的保安矿柱两个侧面上（属于保安矿柱新出露部分）经常发生垮帮塌落。

关于这一论断的力学解释：在保安矿柱还未发生整体性塑性屈服破坏状态之前，相对于当时的应力状态，保安矿柱各部分矿岩还存在一定的富裕强度储备，这时新出露的保安矿柱部分可以与保安矿柱旧的部分一起，通过应力状态重分布来适应穿脉向应力进一步增大的新应力环境。但随着保安矿柱不断出露，穿脉向应力水平不断提高，保安矿柱中的富裕强度储备将逐步被"挖掘发挥"而减小为零，遂发生保安矿柱的整体性屈服破坏。之后，新出露的保安矿柱部分，不能从富裕强度储备已经降为零的旧保安矿柱中获得一定程度的强度支援,在解除东西两侧的矿岩维持作用以后,自身强度难以支持穿脉方向的大构造主应力,于是发生快速破坏。

7. 保安矿柱在力学意义上的可采性评价

(1) 现已出露的保安矿柱的可采性评估。

现在保安矿柱的出露部分已经屈服,强度降为残余强度,对上下盘围岩的支持作用明显弱化。由于水平矿柱也已经屈服,所以保安矿柱对水平矿柱的支持作用失去了原来的意义。保安矿柱存在与否,对矿区大范围内的宏观应力场和宏观变形场影响微弱。

(2) 从 1098m 水平开始可不再预留保安矿柱的力学理由。

新出露部分将快速破坏,已经不能体现原初设计的意图,继续预留没有明显的安全价值。

8. 对开采中可能面临的力学问题的推测

(1) 在破碎的保安矿柱之中建立采场的困难性。

从 1098m 开始采断保安矿柱,就要面临在破碎的保安矿柱矿岩中开辟采场的情形,此时在开采进路及掌子面上,顶板矿岩破碎不完整,松动塌落的概率较大,可能危及采场安全。

(2) 采场布置中的力学问题。

保安矿柱的开采,关键在于 1098m 处第一层保安矿柱矿岩的开采作业。从 1098m 开始,进行关于保安矿柱中第一层矿岩的开采时,能否考虑拱顶形态的采场进路安排。因为这样可以利用力拱效应以降低冒落的危险性。同时,应考虑配备采场使用的简易支架。

(3) 对最佳开采时间的看法。

保安矿柱的最佳开采时间应该定在保安矿柱附近围岩相应于保安矿柱屈服破坏过程的调整变形运动基本结束之后。2005 年保安矿柱已经基本上整体破坏,围岩的调整变形过程在 2007 年是否会趋于结束,希望矿上结合现场经验予以判断。

(4) 从 1098m 开始将保安矿柱割断以后,可能引起水平矿柱上 Ⅲ、Ⅳ 盘区交界附近的较明显沉陷。

(5) 为确保安全,建议采用必要手段加强现场实时监测。

7.5.4　水平矿柱开采的工程措施

韩斌(2004)采用二维非线性大变形有限差分数值模拟、大型相似材料模拟试验及现场工程地质调查等多种方法,对金川二矿区多中段开采厚大矿体水平矿柱的稳定性进行了研究,揭示了水平矿柱、充填体及围岩在整个开采过程中的动态地压分布规律,得出了水平矿柱在今后开采过程中不会出现突然失稳的结论。并根据水平矿柱的工程特点,提出了今后开采中需要采取的具体工程技术措施。

研究认为,金川二矿区双中段开采的水平矿柱在今后的开采过程中并不会出现突然失稳的事故,但由于水平矿柱在双中段回采过程中经受了长期的采动影响,也承受了应力集中等过程,水平矿柱的破碎程度将比目前矿体更为严重。因此在今后水平矿柱的回采过程中,一期进路的片帮问题将比较突出,这必然导致承载层两侧支点间的实际距离增大,这对充填体的稳定性影响是非常显著的。

根据数值模拟结果可知,今后在水平矿柱逐步开采的过程中,水平矿柱内的应力逐步转移到其上、下部充填体中,但靠近回采工作面上部充填体内的应力变化并不大,因此下向进路承载层所受的载荷并不会出现明显的变化。

今后在水平矿柱的开采过程中,应该采取下述措施以确保回采进路充填体的稳定性:

(1) 在水平矿柱的开采过程中,有必要对进路宽度、片帮规模进行现场统计,如果随着回采深度的增加,片帮规模进一步增大,则应该通过提高承载层强度或者增加承载层厚度来提高承载层的稳定性,根据韩斌等(2005b)相关研究可知,增加承载层厚度比提高承载层强度更有利于降低充填成本。

(2) 在进路开采过程中必须采用光面爆破,尽可能减小爆破对矿体和充填体的破坏作用。同时由于矿体破碎,爆破效率将会降低,也会造成较高的塌孔率,装药问题将比较突出,因此建议根据现场矿体破碎情况适当降低炮孔深度(建议炮孔深度 2.5m)。这样既可降低每炮装药量,也可以提高爆破效率。

(3) 一期、二期进路充填接顶是保证相邻进路承载层稳定的重要因素,因此在水平矿柱的开采过程中,必须要做好充填接顶工作。

(4) 打底充填时,建议在进路内部间隔 15m 左右砌筑 2m 高的充填小挡墙,同时要增加下料口的数量,以减小充填料浆在进路内流动过程中的离析现象。打底充填必须实现一次性完成,保证承载层的整体性。

(5) 充填引流水和刷管水是影响井下充填体强度的一个因素,因此在水平矿柱开采过程中可通过安装三通、高压风吹洗管道等措施,以便尽可能减少多余的水分进入充填进路。

(6) 根据第 4 章的相关研究可知,充填体失稳与充填体的蠕变特性紧密相关,如果进路暴露时间过长,充填体失稳的可能性会逐步增大,因此在开采设计时,进路长度一般控制在 30~40m 为宜,尽可能实现快采快充的作业方式。

7.6　金川二矿区充填体作用机理试验研究

充填体的作用机理研究对充填采矿设计和稳定性分析极为重要,金川二矿区对此也多次进行研究。长沙矿山研究院和二矿区合作分别于 1984 年和 1990 年先后两次研究了二矿区 1# 矿体下向胶结充填采场充填体稳定性作用机理;北京科技大学于学馥教授对此也进行了深入研究,并提出了充填体的三种作用原理:应力吸收与转移、应力隔离和系统的共同作用。

7.6.1　二矿区 1 矿体下向胶结充填大面积充填体作用机理试验研究

1. 试验研究内容

1) 概述

根据金中(矿)84-2 号金川资源综合利用科研专题及金科矿字第 88-02 号"金川二矿

区西一采大面积下向胶结充填机理的研究"合同,为了监测回采和充填过程中的地压规律,考察下向胶结充填过程中的顶板、围岩、充填体的受力变形特征,研究大面积充填体稳定性作用机理及其对地压活动的控制效果,探讨在金川二矿区 1# 矿体沿走向不留间隔矿柱而进行大面积下向胶结充填的实际可行性,从 1984 年以来,二矿区和长沙矿山研究院共同合作进行了充填体稳定性作用机理研究工作。经过 6 年的努力,圆满地完成了合同所规定的各项科研任务,该成果具有显著的经济效益和社会效益。通过二矿区 1# 矿体大面积充填体作用机理大量观测与计算,得出了一系列可靠数据,为确立可行性回采方案和"八五"采矿方案论证提供了理论与实践的依据。其测试方法具有国际先进水平。

2) 矿区地质和采矿工艺概况

(1) 地质概况。二矿区主体有两个,西部为 1#,东部为 2#。各长千余米,宽数十米至二百余米,垂直延深数百米,是急倾斜似层状或透镜体状,走向北西,倾向南西,同超基性岩体产状一致。矿区工程地质构造比较复杂。构造运动从震旦纪到近期的多期继承性活动,使原生岩体受到多次后期构造变形;岩浆岩的侵入作用及其穿插,也影响了矿区岩体的整体性,因而其节理发育,软硬岩性相间并具有膨胀、扩容、蠕变等特征;同时,矿区的原岩地应力场以水平应力为主,且水平应力为压应力并随深度增加,所有这些对岩体、矿体及各类脉岩起着控制作用,从而形成了二矿区的主要工程地质特征。

矿区富矿为硫化铜镍富矿,储存在超基性含辉橄榄岩中,呈海绵状构造,裂隙发育。富矿体的上、下盘各有一层贫矿,蚀变较强,节理、裂隙发育。贫矿与围岩接触处有一层蛇纹石、透闪石、绿泥石片岩带,其节理发育,岩性比较破碎,整体稳固性差;这样,围岩、矿体(富矿、贫矿)、接触带各具有不同的力学特性,它们在整体上作为地质连续介质构成了二矿区的工程地质空间条件。

(2) 采矿工艺简介。二矿区 1# 矿体从 1300m 水平以下,当时已回采充填达 30 多米。其中,16+22～22+25 行线采用下向倾斜分层高进路胶结充填采矿法。该方法中段高 50m,沿走向每 50m 划分为一个盘区,垂直矿体走向掘进天井联络道。充填道等采准工程,再开分层道,以倾斜进路进行回采。高进路下向分层法用两层分开,分层高度 2.5m,从分层道向两侧开掘回采进路,坡度 5°～8°。高进路回采时,首先从出矿溜井向人行通风井开掘分层道(规格 2m×2m),再从分层道向两侧实行进路(规格 4m×4m)回采,用气腿凿岩机凿岩,爆破后用 30kW 电耙将矿石耙到分层道,再集中耙到矿石溜井。进路布置方式是第一层在奇数进路中回采,第二层在偶数进路中进行回采,这样交替地进行回采,整个分层回采结束后,封闭溜井、人行通风井进行充填并转层。

在 14+25～16+25 行线长 100m 矿体中采用机械化下向分层胶结充填采矿法。矿体下盘掘有坡度为 15‰的斜坡道(规格 4m×3.5m),中段高 50m,每隔 12m 有分段平巷与采场相通,为了保证厚大矿体采场通风和出矿,每 50m 设有一条穿脉分层道,再于其中每隔 50m 设一脉内出矿溜井;上盘设有通风、人行井。回采工作是从分层道向两翼掘进路(规格 5m×4m),后退式连续回采,当 1# 进路回采结束后,立即封闭充填,充填后开 2# 进路。直到最后封闭分层道,充填结束后转入下一层回采,当时已采至第五分层。

二矿区充填料为−3mm 棒磨砂,按照灰砂比为 1：4 而形成 78% 浓度的充填料浆,充填体强度设计为 4.9MPa,而实际为 4.5～7.35MPa。

3) 主要试验方法和研究成果

(1) 实际观测及分析。从 1985 年开始,在金川二矿区 1# 矿体,先后于 17 行线的 1290m、1292m 水平和九区的 16 行线第 4 分层 15 穿、四区 22 行线的第 9 分层等充填进路,以及在 1250m 中段巷道和 1300m 中段巷道,共安装、埋设各类仪表 125 台。其中,在进路充填体内埋设仪器 101 台。即有测定充填体顶板压力的钢弦力盒 19 台,测定上盘对充填体作用压力的钢弦压力盒 2 台,测定充填体内配筋受力状态的钢筋应力计 9 台(支),测定上盘受充填体作用反力的钢筋应力计 1 台(支),测定分层道底鼓的钢筋应力计 1 台(支),测定进路充填体受力变形的遥测应变计 35 台(支),测定充填进路上、下盘相对闭合位移(close displacement)的多点位移计四组 28 台(支),测定锚杆实际工作受力大小的锚杆测力计三组 6 台(支)。在 1250m 中段和 1300m 中段巷道内安装仪表 24 台。即有测定直接顶板岩层压力的油液压枕 10 台,测定围岩和矿体岩层移动的多点位移计 12 台(支),测定顶板(直接护顶)下沉的顶板动态仪 2 台,此外有巷道收敛装置两处 9 点。根据对上述安装、埋设的仪表、仪器所进行的日常观测,取得了有效数据 2000 多个,其主要结果如下:

① 充填体所承受的顶板压力为 2.94~4.41MPa,最大为 6.37MPa(17 行分层道叉口处和 16、15 行叉口处)。

② 上盘对充填体的压力为 2.64MPa(17 行 1292~1290m 水平)。充填体的作用反力(抗力)为 2.35MPa。

③ 充填体内钢筋受力:纵筋受拉力的变化较大,为 2.5~19.11MPa,稳定值为 16.66MPa,其最大拉力为 21.27MPa(16 行 15 穿内沿进路轴向配筋)。吊筋的拉力为 9.31~11.27MPa。

④ 充填体内的应力:主应力的方向近似垂直顶板,稳定值为压应力,其变化范围是拉应力 0.49MPa 至压应力 5.3MPa。

⑤ 上下盘围岩整体向充填体内的“松动”位移为 9~14mm。

⑥ 巷道内顶板压力:1250m 中段 19 行处读数值为 10.2t,其压力值是 3.8MPa,1250m 中段其他几处读数值为 1.4~3.8t,其压力值是 0.4~1.4MPa;1300m 中段 17~18 行处读数值为 11t,其压力值是 4.2MPa,15~16 穿叉口处读数为 13t,其压力为 4.8MPa,1300m 中段其他几处读数值为 1.4~3.0t,其压力值是 0.4~1.1MPa,这些测值是观测的稳定值。

⑦ 巷道顶板下况。1300m 中段巷道,在 15~16 穿叉口处,顶板在一个月内下沉 12.0~14.6mm,而后稳定。

⑧ 进路采场内和分层道内的锚杆受力为 2.94MPa,个别处的锚杆整体受拉力达到 3t 以上。

⑨ 巷道底鼓。17 行 1292m 分层道底鼓 31mm 后经充填稳定。

⑩ 1250m 中段下盘 18~20 行沿脉主运输道在 7 个月内平均收敛速度为 2.7~3mm/d;1300m 中段 19~21 行穿脉,其脉内联络道在 7 个月内平均收敛速度为 2.7~3mm/d;在 1250m 和 1300m 中段内部存在局部处巷道顶板显著升高(反向负位移)的现象。有 2 处在返修之前,上升达 50~60mm,巷道成尖桃形或“腰花”形。

（2）有限元电算数值模拟研究。从1984年以来，先后分别对17行横剖面（垂直走向）及14～22行纵剖面（走向），针对不同的回采方案进行了有限元电算数值模拟研究。首先，针对17行下向高进路回采方案进行了弹性分析；其后，在弹性分析取得初步成果的基础上，又针对金川二矿区地压大、水平方向地应力大于垂直方向地应力、在充填水蚀软化作用下，岩体塑性变形显著，并具有蠕变等特征，进行了弹塑黏性分析。同时，为了论证二矿区二期工程中沿走向不留间隔矿柱进行回采和连续充填的可能性，对于14～22行的纵剖面，进行了不留间隔矿柱与留隔矿柱两种方案对比，包括回采矿柱、充填接顶良好与充填不接顶等几种计算模型对比的综合分析。在计算中，由于岩性成分和结构关系复杂，机时量大，费用高，所以对于蠕变（时间影响）近似地采用时间分段（离散比），按线性近似取其中最终收敛值。在取塑性强化"帽盖"时，也是近似地针对围岩（含贫矿）、富矿的力学参数，取平均强化"帽盖"值。电算数值模拟得的基本结果是：

① 在沿走向不留间隔矿柱（即不采取沿走向每隔80m或50m留20m宽垂直走向的间隔矿柱）情况下，岩体（围岩、贫矿和富矿）内应力集中，虽然局部相当大（约97.99～326.47MPa），但是主要应力都转嫁到上、下盘围岩内，也就是高应力区都集中在靠近矿体和充填体接触带的围岩内。并且由于充填体的作用，1300m中段以上覆盖岩层的下沉位移很小，为18～70mm，即使取岩体、矿体各自低弹性模量E值，这个下沉位移最大值也只有340～350mm，即1300m中段以上覆盖岩层的最大沉降小于500mm。直接顶板（包括富矿护顶层和贫矿）的下沉位移（挠度）为60～90mm。取岩体、矿体之低弹性模量值E，该下沉位移有300～450mm，即直接顶板的沉降小于或等于500mm，上、下盘闭合位移12mm；取低弹性模量E值，达到50～60mm。1#矿体的东西两端的进路采空区帮壁向采空区内的闭合水平位移为90～110mm；取低弹性模量E值，则可达到400～500mm。最大底鼓为26.4～33mm，即30mm左右；若取低弹性模量E值，则这个底鼓约可达到150mm，进路充填体顶板的沉降为12～15mm。充填体内的最大主应力多为近似垂直顶板方向，为压应力，其值为1.8～7.89MPa。

② 沿走向留间隔矿柱的电算数值模拟表明，间柱内的应力集中增大，其最大主应力（压）值高达447.94MPa，间柱内基本上处于高应力区及塑性破坏区。时间一长，所留间柱都会成为压碎破坏状态。

电算数值模拟还比较了沿走向每隔80m留20m矿柱和每隔50m留20m矿柱这两种情况，前者所留的间柱破坏更为严重。

（3）实测数据与有限元计算数据对比。

① 上下盘闭合位移。实测值9～14mm；计算值12～50mm。

② 最大底鼓。实测值31mm；计算值26～33mm。

③ 进路充填体顶板沉降。实测值19mm；计算值12～15mm。

④ 充填体内垂直顶板方向的压应力（主应力）。实测值：5.3MPa；计算值：1.8～7.89MPa。由此可以看出，实测值小于计算值，电算模拟表明沿走向不留间隔矿柱进行大面积下向胶结充填，在稳定性方面是合理可行的；实测也表示，沿走向不留间隔矿柱进行大面积下向胶结充填确是安全稳定的。因此可以得出总的结论是：沿走向不留间隔矿柱而进行大面积连续下向胶结充填法采矿，有利于长时间围岩自承能力的持续稳定，可增强

围岩的自承能力,改善围岩的支撑状况,抑制上覆岩层的沉降,克服底鼓不利,从而有利于回采作业安全。若沿走向留间隔矿柱,间柱内(压)应力集中,间柱处于高应力区及塑性破坏区,使间柱很难回采。

(4) 室内试验研究。在二矿区对岩体、矿体已取得较详细可靠的各种力学参数的前提下,研究人员于 1986 年进行了胶结充填体制料(含部分现场取样)的静、动态力学参数测定试验。为了研究静态及爆破动态对充填体作用性能影响下的力学特性,在 40t 动载材料试验机上进行了两种配合比(灰砂比为 1:4,1:8)、两种龄期(7d,28d)的静态和动态载荷下的抗压、抗拉、抗剪强度、弹性模数、泊松比、内摩擦角等参数试验。结果显示,在爆破时动态情况下的抗压、抗拉、抗剪强度、弹性模数比之静态时的各相应参数值,皆显著提高,即动态参数都大于静态参数值(1~1.7 倍);泊松比基本不变。主要试验结果如表 7.6 所示。

表 7.6　静动态力学参数试验结果

参数	配比	加载方式和加载龄期								提高比值
		龄期 7d				龄期 28d				
		静载		动载		静载		动载		
		实验值	均方差	实验值	均方差	实验值	均方差	实验值	均方差	
抗压强度/MPa	1:4	2.50	2.8	4.06	4.1	6.27	4.1	10.84	6.3	1.65
	1:8	0.78	0.7	1.19	1.6	2.49	2.1	3.37	0.9	1.46
抗拉强度/MPa	1:4	0.42	0.4	0.68	0.8	0.99	0.7	1.73	0.7	1.69
	1:8	0.10	0.1	0.17	0.4	0.48	0.5	0.75	0.3	1.68
抗剪强度/MPa	1:4	0.57		0.94		1		1.56		1.57
	1:8	0.21		0.29		0.61		1.12		1.61
弹性模数/GPa	1:4	5.6		7.10		9.1		11.0		1.25
	1:8	1.7		—		3.7		4.9		1.32
泊松比	1:4	0.16		0.13		0.17		0.16		—
	1:8	0.13				0.15		0.25		—

(5) 现场宏观调查分析。采场和巷道地压调查及巷道变形调查主要有以下几个特征。

① 因为存在很大的水平方向地应力作用和充填水蚀软化作用,所以采区周围一定范围内岩体、矿体多呈塑性状态,并有蠕变特征,而离采区较远的开拓巷道(斜坡道)仍多为脆性破坏特征。

② 在未充填前地压较大,而充填后即随之稳定,在进行转层前后,往往要来"压"一次,主要巷道特别是处于 18~22 行的下盘沿脉道,总要发生较显著的变形,尤其是在1290~1280m 几次转层时变形较大,但随着转层后充填的按顶,又逐趋稳定。这就使得离矿体较近的 1250m 下盘沿脉道和电梯井等处经常进行返修。

③ 1300m 中段内沿脉、穿脉巷道的交形,在回采充填到开层以下五至四个分层(2.5m 分层是六个分层,4m 高分层是 4 个分层)以后,都趋于稳定。

④ 采场进路内充填料不按设计配比时,成层离析显著,其表面回弹强度低,挂吊筋的锚杆承力作用很小,易引起大块充填体的冒落,进路采场内留有个别大块矿石时,则容易引起大块充填体冒落。

⑤ 靠近矿体东西两端和靠近上、下盘的充填进路顶板,因为受到显著的水平方向地应力作用,所以有因弯曲变形而产生的裂缝,但是由于配筋作用,很少出现大块充填体冒落情况。

⑥ 在爆破时,对于进路充填体除第四条原因外,未发现有因井下爆破或轻度地震而引起的大面积充填体塌落的情况。

⑦ 已充填的各个分层,进路和分层道接顶情况良好。对于少数进路,其不接顶长度不超过进路长度的 1/5,而且那些进路的不接顶区都没有连成一片"空区"。从宏观上看,那些不接顶区只是大面积充填体内的一些小"窗格",对于充填体的整体稳定性无碍。

2. 现场观测研究

1) 试验研究方案的目的

金川二矿区 1# 矿体遵循国家对金川镍基地二期工程开发的原则和采富保贫的方针,高效安全生产,大面积采用下向胶结充填。这样就存在一个实际问题:14～22 行沿走向400 多米,沿倾向矿体后平均 70m,中段高 50m,形成约 3 万 m² 面积的下向胶结充填体,能不能有效地控制住 1300m 中段以上矿石(贫矿体)和上下盘围岩的稳定性;能不能达到1250～1300m 中段安全生产、采富保贫的目的;要不要留矿柱(沿走向的间隔矿柱);若留矿柱而不损失富矿资源,则最后还必须回采,针对金川二矿地压大、水平地应力作用显著等特点,用下向胶结充填方法留下的难采矿柱,与其最后还要用下向回采,则不如一次连续采完不留矿柱,但这样做在安全生产方面,在围岩稳固方面是否可行;这就是本项充填机理研究的意义所在,也是该试验工作的核心目标。

2) 现场观测试验方案的主要内容

(1) 14～22 行充填体内观测进路充填体承受的顶板压力盒顶板沉降,进路充填体的受力变形,进路充填体内钢筋受力状态,上、下盘围岩的闭合位移和相对位移。

(2) 1250～1300m 巷道内观测巷道的顶板压力及断面收敛程度,巷道的底鼓、片帮、变形状态,上、下盘围岩和 1300m 中段以上岩层(贫矿)的位移,1250m 中段电梯井的地压显现特征。

3) 观测资料整理及成果分析

(1) 充填体应力应变规律及配筋受力分析。1985～1989 年,先后在二矿区西部下向胶结充填采场的不同部位、不同高程埋设应变计及钢筋计,进行了长时间的观测。通过对观测资料的整理分析,揭示了充填体本身的受力变形规律及充填体对采场地压的控制效果。

充填体两侧的待采进路未进行回采时,充填体的初期应变为 $-30\sim20\mu m$,应力为(拉)0.59～(压)3.13MPa。另一侧进路回采后,其垂直方向应变从 $-300\sim-600\mu m$,应力变化为 3.13～4.09MPa。以这种回采方式,当两侧进路回采完充填后,下一分层相应进路回采时,充填体应变继续增加,增加值为$-150\sim-400\mu m$。有些进路充填体由于发生塑性变形,处于塑性状态,应变进一步变化,如 22 行第十分层的垂直应变最大达到$-1080\mu m$,但应力状态趋于稳定。

两侧进路同时进行回采时,充填体的应力、应变发生急剧变化,应变达$-700\mu m$,应力为压应力 5.29MPa。由于进路回采后未及时充填,进路充填体承受较长时间的压力作用。致使充填体变形继续大幅度增加,充填体起到承压矿柱作用。这一期间的应变值达$-720\mu m$,17 行第三分层最大应变值达$-1420\mu m$。进路充填后,变形即趋于缓和。由于这一期间产生较大的压缩变形,第三、第四分层相应进路回采时,充填体应变没有明显增加,而只是产生较为缓慢的蠕变,变化值仅为$-50\sim-80\mu m$。

下一分层相应进路的回采,引起上一分层进路充填体的应变值为$-310\sim-550\mu m$,应力为 $3.13\sim4.80$MPa。而由于回采后未及时充填,引起应变的增加值为$-150\sim-250\mu m$;其下相邻第二分层的回采,对充填体应变的影响不大,应变值增量只有$-20\sim-100\mu m$。由于下一分层的回采,沿进路走向及轴向均发生拉伸应变,其值为$+50\sim+200\mu m$,产生的拉应力大小为 $0\sim0.54$MPa。

沿进路走向及宽度方向,充填体的受力变形也随进路的回采而发生变化。一侧进路回采时,充填体由于另一侧矿柱的侧向限制还处于三向受力状态,沿进路走向及宽度方向产生的压应力分别为 $0.73\sim1.86$MPa 和压应力 1.71$\sim$拉应力 0.34MPa。两侧进路同时回采时,充填体处于平面应力状态,沿进路走向的应力值为压应力 $0.49\sim1.37$MPa,而沿宽度方向其压应力为 $0.39\sim0.44$MPa。充填后改善了充填体的受力状态,沿进路宽度方向的压应力值为 $1.18\sim1.42$MPa,沿进路走向的压力值为 $1.37\sim2.25$MPa。

① 采场配筋受力状态。进路内沿采场走向布置的主(纵)筋在其下一分层未采之前,其受力为 0$\sim$拉应力 2.45MPa,竖筋受拉应力 $1.32\sim9.31$MPa。下一分层两侧进路回采后,钢筋承受的最大拉应力值为主(纵)筋 21.2MPa、竖筋 17.6MPa。两侧进路充填后,钢筋受力逐渐减小。直至下一分层相应进路回采,钢筋受力又逐渐增大,主(纵)筋拉应力值达 19.11MPa,竖筋拉应力值为 11.2MPa。

② 底鼓。17 行 1292m 分层道底鼓 31mm 后经充填稳定。

(2) 胶体充填人工假顶的压力变化规律。充填体所承受的顶板压力,是指充填体抵抗顶板人工假顶变形的抗力。

① 钢弦压力盒的资料整理。GH-50 型压力盒是根据所测频率大小直接对照每台压力盒绘出的原始表格,得出荷载值大小,然后根据压力盒的承压面积换算成压力。

② 胶结充填人工假顶压力变化规律。观测结果表明,充填体承受的顶板压力主要为 $2.94\sim4.41$MPa,最大值为 6.37MPa,最小值仅有 0.54MPa。相邻进路的回采不同程度地影响顶板压力大小,同时不同的承压部位因回采时采空区范围不同,亦即采空区面积不同,而承受不同的压力值。

a. 相邻进路回采的影响:由于相邻进路的回采破坏了原有的平衡状态,引起采场局部应力重分布和顶板下沉,使充填体承受顶板压力,起到支撑荷载的人工矿柱作用。不论先采下一层相邻的两侧进路或是下一层的相应进路,引起的压力主要为 $1.47\sim2.45$MPa,最大值为 3.13MPa。充填后压力暂时稳定,而后来的相邻进路回采对顶板压力的影响已显著减弱,压力增量为 0.29～0.99MPa,最大值为 0.49MPa。相邻进路回采结束后,其下第二层相应进路的回采对顶板压力的影响只有 0～0.39MPa.压力缓慢上升,然后渐趋于一稳定值。这一观测结果表明,充填采场由于回采和充填引起的影响范围在三至五个分层以内,更主要地是在相邻两至三个分层比较明显。

b. 沿采场不同部位顶板压力的变化:在进路和分层道口处,采空区范围比进路要大,所以其顶板压力相应也比较大,其值为 0.19～0.90MPa。从埋设于不同采场、不同高程的压力盒得出的顶板压力可以看出,在 1250～1300mm 中段的下向胶结充填采场内,当形成的充填体厚度较薄时,即回采的层数较少时,顶板压力较大;而当回采层数较多,充填体厚度增大之后,顶板压力值有逐渐减小的趋势。这是由于首先的几层回采时,引起上、下盘围岩的扰动,破坏了岩体原有的平衡,产生应力重分布,作用于充填采场,使充填体相应产生较大的顶板下沉,从而使作用于充填体上的压力值较大。而越往下回采,由采矿引起的围岩扰动影响程度越小,同时作为一个整体的充填体厚度逐渐加大,顶板的下沉挠度也就越小,所以顶板压力较小。

c. 围岩与充填体的相互作用压力:由于回采引起上、下盘围岩产生位移,而充填体为了限制围岩的闭合移动,使围岩与充填体之间产生一相互作用压力。17 行上盘对充填体的作用压力约 2.64MPa,而充填体的作用反力为 2.94～3.13MPa,在回采其下第二分层时,这种作用压力趋于一稳定值即 2.35MPa。造成充填体作用反力值较高的原因是由于采矿爆破的影响,测点附近的围岩松动,岩体的弹性模量降低,低于充填体弹性模量。

(3) 巷道顶板压力的变化及围岩移动。巷道的变形破坏与岩体质量、岩体结构等客观因素有关,但采矿、支护等人为因素也有较大的影响。为了配合采场充填体的测试,在采场上、下盘围岩及 1250m、1300m 中段巷道均布置了位移测孔及液压枕。

1250m 中段 18～20 行测点的巷道表面收敛值在 160d 内达 42.0mm,平均速率为 2.62mm/d;1300m 中段 19～21 行测点的水平收敛值平均速率 2.7～3.0mm/d 局部地段巷道底鼓显著,上升达 50～60mm。1300m 中段 15～16 行脉内通道安装的顶板动态仪观测到该处的顶板沉降值为 14.6mm。采场上、下盘围岩位移测量表明,围岩向充填体的闭合位移为 9.0～14.2mm。

巷道压力及位移观测结果表明,虽然下向回采引起围岩应力重分布,一定程度地影响中段巷道的稳定,但巷道的变形破坏主要是由于金川矿区存在较大的构造残余应力,尤其是 1250m 中段采场充填时经常发生"跑浆",巷道周围的岩体长年处于含水状态,地下水的作用使有的岩体呈塑性状态并产生扩容膨胀。所以,二矿区中段巷道已经形成多年,有的地段存在着明显的流变现象,巷道发生收敛变形及底鼓,支护承受较大的压力作用,引起支护破坏。

4) 充填体作用机理探讨

近年来,在矿岩条件差、地压大、矿石价值高的矿体中,为有效地控制地压和更充分地回收有用矿物资源,以及提高对周围境的保护,在地下开采中广泛采用了下向分层胶结充填法。用低标号混凝土充填采空区的目的是利用形成的充填体介质限制顶板及上、下盘围岩的移动,保证回采的安全。

根据现场实测成果对 $1^{\#}$ 矿体充填体的作用机理进行概括如下：

（1）充填体承受顶板压力的特征。充填体在相邻进路回采前，应力值为（拉）0.14～（压）0.19MPa，基本处于无应力状态。说明一步骤回采后充填前引起采场局部的应力重分布已经完成，充填后充填体只能承受此后相邻采场转移来的顶板压力，并且是只能承受其压力的很小一部分。大部分压力逐次转移到上下盘围岩内支撑。正是充填体这一支撑作用，才能有压力的逐次转移。

（2）二步骤进路回采过程中充填体的作用。相邻进路同时回采，引起充填体产生的应变为 $-600\sim-700\mu m$，应力为（压）3.13～5.29MPa，顶板压力为 1.47～4.41MPa。而两侧进路分期回采时引起的最大变形是分两步产生的，第一步产生的应变约为 $-380\mu m$。说明二步骤进路回采时，充填体已开始承受变形，起到支撑顶板下沉、保证回采安全的作用。充填体应变及承受的顶板压力现场测试都表明：充填体的受力、变形状态主要受二至三个分层回采的影响。在下向胶结充填中充填体的抗拉作用很重要，采场内配筋承受一定的拉应力，使充填体具有足够的刚度，提高其抗弯（拉）强度。

（3）回采充填三层以上的充填体成为一整体支撑结构层，支护顶板岩层，限制围岩移动。下向胶结充填分层回采，在分层回采完充填后，充填体成为一整体的支撑结构层，处于三向应力状态，其最大垂直应力为（压）4.90～6.14MPa，承受的顶板压力最大为 6.37MPa。在三向应力状态下，如果 $\sigma_1=\sigma_3$，充填体的极限强度 $\sigma_1=\sigma_0+\tan\beta\sigma_3[\tan\beta-(1+\sin\varphi)/(1-\sin\varphi)]$。根据试验结果，充填体的 $\tan\beta$ 值为 5.5～6.5。其极限强度为 $\sigma_1=\sigma_0+(5.5\sim6.5)\times\sigma_3$。沿进路走向及宽度方向，充填体所受应力为（压）1.17～2.5MPa，虽然处于不同围岩状态下的三向受力，但一般情况下充填体也不会因超过其极限强度而发生破坏。这说明充填体作为一个整体，有能力承担由于回采引起的压力作用，具有较好的整体稳定性。

3. 胶结充填体控制下的压力和变形显现特征

1）充填机理试验区范围内巷道的地压显现和变形调查分析

金川二矿区 $1^{\#}$ 矿体 1250m 中段和 1300m 中段内主要巷道在地压显现上都有一个特点，就是来压快、压力比较大、变形很显著、持续时间比较长。由于受到原岩地应力场及岩体结构的控制影响，表现形式有如下特点：

（1）以侧压为主。在 1250m 中段下盘主运输道 18～20 行处，1300m 中段 20～22 行处，都出现直墙内鼓并产生纵向张裂缝，出现桃形、偏桃形；侧墙产生不规则开裂或拱部被压裂开。

（2）巷道多底鼓。有的区段底鼓量达 0.23m 以上，如 1300m 中段 22 行。

（3）局部地段顶板冒落及两帮片塌，如 1250m 中段底盘运输道数地段多次冒落。

（4）受走向断层的影响。例如，1300m 中段沿脉巷道在 30 行附近遇到超基性岩接触的走向断层，发生拱顶剪断及其巷道底鼓。

（5）地应力加上断层双重影响。例如，1250m 中段穿过 F_{16} 断层破碎带的石门，巷道轴线方向与最大主应力方向近于垂直，该处巷道变形十分严重。

（6）充填进路转层时的顶压影响。1250m 中段 19 行半的电梯井实际上是一个支撑

"矿柱",每逢转层都发生一次显著的变形破坏。转层完成(压力转移、应力重新分布平衡)后,又重新趋于稳定。

2)一步骤进路充填体和两步骤进路稳定性的观察

(1)一步骤进路采空以后,随即进行充填,则两步骤进路回采时不太破碎;采空后到充填间隔越久,则二步骤进路越破碎,也就越难回采。

(2)一步骤进路采空充填后,充填料经 18~24h 即开始凝固。充填体具有支撑能力,但在 2~3d 充填体仍有 0.7%~1.3% 的自然收缩,此后即稳固(不受力时不被压缩)。其表面回弹强度具有真实强度的 1/3。

(3)一步骤进路充填体接顶不良好时,二步骤进路多破碎,这种情况较多见:如 17 行三分层的 5#、13# 及五分层 7#、15# 进路都是如此。但是,除极个别进路难采丢矿外,未发生过大量塌落和待采进路被压塌的现象。

(4)进路充填不完全接顶是常见的,有些地段甚至空顶达 30~50cm。但是在倾斜进路 17 行、20 行、22 行、机械化 16 行盘区水平进路等处,都没有出现很长一段不接顶的情况,一般不接顶段占全长的 1/8~1/5,更没有相邻进路之间充填体不接顶、空顶连成一片的情况。

(5)进路充填体顶锚杆对于吊筋的作用十分明显。少数大块充填体冒落或片落,是连杆柱拉下来的,所以安装杆柱必须保证质量。

3)进路的充填体冒落特征

现场调查发现,充填体的冒落与上一分层残留的大块矿石有密切关系。同时,水平主应力也有重要影响。

17 行第三分层 13# 进路于 1986 年 4 月开始回采,6 月 10 日顶板充填体冒落,冒落区长 13m、宽 4m、高 1.4m,主要有两大块,块度分别为 8.0m×2.0m×1.4m 和 7.0m×1.5m×1.2m,此外还有破碎小块;1986 年 5 月回采该进路,6 月 12 日顶板充填体冒落。冒落区长 11m、宽 3m、高 0.5m,呈层状连续冒落,冒落了三个小层,小层接触面平接。17 行盘区第三分层 15# 东、西进路,13# 东进路,11# 东进路;18 行盘区第三分层 9# 东进路、3# 进路附近的分层道;19 行盘区第三分层 3# 西进路;16 行机械化盘区下盘一端等处,顶板充填体也都先后发生了较多的冒落。情况与 17 行第三分层 13# 西进路、5# 西进路类似。20~23 行的进路,由于残留的大块矿石少,充填体的破坏现象就少,采到第五分层仍未出现充填体大块冒落现象;充填时接顶密实也是保持充填体稳定的一个重要措施。

4)室内模拟试验

针对上述情况,根据矿体构造特征、原岩应力分布、回采和充填工程特点等实际情况,进行了室内简易模拟试验。

(1)模型构成。模具的底界、两侧和后端为钉牢的木板,前端为玻璃板,上面为透明塑料板,构成净体积为 30m×20m×14cm 的空间。揭开顶盖塑料板,用富矿石把模具底部 8cm 高的范围按节理面紧密填满(矿石节理面发育,块度一般为 10cm×6cm×4cm),然后把一块 4cm 高、11cm 长、9cm 宽的矿石紧贴模具前端和右端放置,最后把穿有许多小孔的透明纸紧贴矿石放置。

配置灰砂比为 1:4、浓度 80% 的充填料浆,用料浆把模具填满,把透明塑料顶盖放下,在水平方向左右两边施加 1.5kg 压力(相当于现场 NNE 向水平最大主应力)、前后方向施加 0.5kg 压力、垂直方向施加 8kg 压力。

(2) 模型中进路采场顶部充填体破坏特征。经过 9h,充填料基本固结为充填体,打开前端玻璃板,将模型中间部分 10cm 宽、20cm 长的矿石"采掉"。留下一条长×宽×高为 20cm×10cm×8cm 的进路作为采空区,然后用铁锤高频率短间隔性敲打左右两条进路,模拟进路周围矿石回采时爆破震动对顶部充填体的影响。首先可以看见充填体中大块残留矿石与充填体之间的接触部位形成陡倾剪切裂隙,裂隙逐渐延深、扩大,进路右边的充填体缓缓下沉;当进路高度减为 5cm(原高 8cm)时,左边充填体大致在进路左帮上部产生张裂隙,并向后延深,在进路长度方向的一半附近(相当于残留大块矿石的长度),这条张裂隙发生弯曲,逐渐与右边剪裂隙连通。此时充填体进一步受压,张裂隙逐渐扩大,在裂隙宽度达到 3.5mm 时,进路顶部充填体冒落。

(3) 模型中充填体的破坏机制解释。胶结充填体内部黏结力较强且变形模量较大,能经受很大的围压而不破坏;但充填体与残留大块之间黏结力较差,接触带属于两种介质连接面,在垂直方向的主应力(压应力)及前后、左右的水平压应力作用下,产生剪切力并形成剪切裂隙;在水平应力很大时,甚至产生弯曲变形破坏。在充填体沿剪裂面滑移的条件下,进路左帮上部的充填体受到拉张而开裂,从而使充填体失去支撑能力成为自由体冒落。这个模拟试验的现象与现场观测到的充填体破坏过程是一致的。

当然,绝大多数充填进路是稳定的。即使是来压高峰和较大规模装药爆破时,大面积充填体也是整体稳固的。

5) 结论

由现场调查分析结果,可以得出下面几点结论:

(1) 金川二矿区 1# 矿体大面积下向胶结充填,从 1300m 中段以下约 30m,沿走向 14~22 行约 400m 的大面积充填体,已经起到和正在继续起着控制地压、稳定围岩的作用。

(2) 大面积连续回采和胶结充填情况下,岩层扰动应力逐次传递到上、下盘围岩内和东、西端围岩内,因此,主要采准工程应当布置在离矿体较远处,以尽量减少返修工程量。

(3) 对于厚大难采又是高品位的矿体,现场回采经验表明:宜用下向胶结充填连续回采而不宜留矿柱。若留矿柱,就必然像 20 行电梯井附近那样,成为一个保安"矿柱"支撑带,最终导致很难回采与资源损失。

4. 主要研究结论

1) 结论

根据以上研究成果,得出下面几点结论:

(1) 金川二矿区 1# 矿体大面积充填体作用机理的研究,经实测及有限元计算和回采实践表明,大面积胶结充填体在静态和爆破作用时,都能支撑相应的岩层压力和减弱二次扰动应力场中围岩的变形位移(含沉降和底鼓),有效地控制地压,从而起到稳定围岩保证回采安全的作用。尤其是机械化高强度连续回采和充填,更有利于"岩体和充填体"的整体稳定性。

（2）金川二矿区 1# 矿体，宜采用大面积下向胶结充填，沿走向"连续"回采而不留间隔矿柱，这样有利于充分回收资源和回采安全。反之，若沿走向留间隔矿柱，则"间柱"将成为长时间承载的应力集中带，而处于高应力塑性区（含"高应变能"岩爆危险区）和严重破坏状态，这将导致很难回采，很可能造成大部分"间柱"资源永久损失。

（3）在沿走向不留间隔矿柱进行大面积胶结充填的情况下，开层以下 15m 一定要形成稳固的人工假顶，这对于其后的回采安全和充填体的整体稳定性至关重要。对于充填体，除了确保合理回采和充填质量外，适当配筋是必要的。配筋的关键不在于增加密度，而在于按照设计保证施工质量。吊筋锚杆一定要紧固上一分层的顶板，沿进路轴向的纵筋一定要形成"连接整体"而搭接到进路两端，这样才能充分体现吊筋和纵筋的受力作用。

（4）在大面积连续回采和下向胶结充填情况下，应注意做到以下三点：

① 因为围岩应力集中转移到上、下盘围岩和充填体接触带的围岩区域及矿体东西两端围岩内，所以在二期工程中，主要开拓采准工程（含脉外主要沿脉运输道、斜坡道）都应当离矿体远一些。一般情况下，应离开矿体的距离为该处矿体厚度的 1～1.5 倍。

② 就其回采顺序而言，最好是沿矿体走向，从中部（18～22 行）向东西两端推进；垂直矿体走向，从上盘向下盘推进。这样做，使应力逐次转移到下盘围岩内，从而有利于回采和充填安全。

③ 对于靠近矿体东西两端围岩和靠近上、下盘围岩的进路，其轴向最好能与该处的最大水平主应力方向近似一致。这样是为了尽量减少进路两侧帮壁受水平方向地应力作用而导致片帮破坏，从而有利于该处进路充填体的稳定。

（5）沿走向不留间隔矿柱，其社会效益与经济效益显著。

沿走向不留间隔矿柱与留间隔矿柱相比，有以下优点（按第一个中段计算，一个中段高 88m）：

① 可以充分回收资源，因留间隔矿柱，在矿房回采后，地应力集中在矿柱和上、下盘围岩上。若回采此矿柱，将增加矿石损失和回采难度。若矿柱回采按 15% 计算损失，则损失金属镍 0.8 万 t，铜 0.38 万 t，合计 5897 万元。

② 不需要保留矿房回采后的各个采准巷道。若留矿柱，为了回采矿柱必须保留和维护盘区回采后的采准巷道。依据二期设计若回采矿柱，则盘区内采准巷道至少维护 50%，需维修费用 373.5 万元。

③ 可减少回采矿柱的联络道工程费用 420 万元。

④ 可减少矿石贫化。因应力集中，矿柱回采时矿石贫化增大，按贫化率 15% 计算，则贫化矿石（多出废石）47.52t。不仅加重了矿石提升运输，也给选矿造成一定困难，增加了选矿费用。

（6）金川二矿区 1# 矿体大面积下向胶结充填充填体作用机理研究，为国内外厚大的、矿岩稳定性差的矿体提出了一系列比较详细的充填体作用的实测和计算数据，从而为国内外类似矿山的安全合理回采提供了可靠理论依据和实际可行途径，其社会效益也是很明显的。

2）推广应用前景及效益预测

研究提出的方案，在金川矿岩稳定性差、品位高的矿体中应用，可获得重大经济效益和社会效益,值得在金川二期工程中推广应用。

金川二矿区大面积胶结充填采矿方法研究结果在金川二矿区 1# 矿体 1250m 以下的几个回采中段,以及国内采用充填采矿方法的大型有色、黑色金属矿山值得借鉴,将可获得较好的经济效益和社会效益。

希望在金川继续进行深部岩层稳定性控制的研究,以完善该研究所取得的成果和进一步推广应用。

7.6.2 充填体作用机理分析

北京科技大学于学馥教授对二矿区充填体的作用机理进行了深入研究,提出了充填体的三种作用原理:应力吸收与转移、应力隔离和系统的共同作用。

矿体采出来之后,地下形成了采空区,把砂土、石块或混凝土等填入采空区后形成充填体。充填体充满或接近充满地下空间,它不是简单的支撑结构去被动地承受荷载,而是地层的一种介质(人造介质)与地层形成共同体,并参与地层的自组织活动。以下论述 4 个问题:

(1) 应力吸收与转移。充填体进入采空区,最初是不受力的,之后随着充满度的增加和混凝土的逐渐凝固而具备了吸收地应力和转移应力的能力,从而形成了地层"大家族"的一员,参与地层的自组织系统和活动。

(2) 应力隔离。金川矿区采矿有两种情况需要考虑运用"应力隔离原理",以隔离地应力对回采的影响:一种是隔离水平应力;另一种是隔离垂直应力。

金川矿区的水平应力一般为垂直应力的 $1 \sim 2.5$ 倍。回采时这样大的构造应力对采场的稳定性影响很大。为此,可以设计比较合理的采矿顺序来减小影响。隔离垂直应力是下向胶结充填法至关重要的采矿技术。因为下向采矿法本身要求采矿作业人员必须在人工假顶(充填体)下面作业。人工假顶必须有足够的强度和恰当的应力吸收、转移与传递,以确保顶板安全。一般充填体混凝土标号是 50#,这就要求吸收与转移的应力适当,否则顶板是不安全的。

充填体内吸收与传递的应力大小,既与原岩体应力大小有关,也直接与充填体的弹性模量有关。人工假顶混凝土灰砂比的设计与调配,首先应当通过计算和试验获得。

根据应力转移原理,充填体弹性模量越大,应力转移的效果越好。从隔离应力角度来考虑,充填体弹性模量越小,隔离的作用越好。在下向采矿中段的垂直方向上,对于第一分层,即岩体与充填体接触的那一分层,要求必须坚固(接顶牢固、强度大),否则会影响以下各分层的稳固性。于是,那一分层混凝土标号设计要大一些。金川采用的灰砂比为 $1:3 \sim 1:4$。从第二层起,每分层的人工假顶分别采用两种不同标号的混凝土掺拌使用,灰砂比分别为 $1:8$ 和 $1:10$,即上半部分用低弹性模量混凝土,以减小应力的吸收和节省水泥;下半部分用高弹性模量混凝土,以加强顶板的安全性。到第五及以后各分层,由于上部应力基本被隔离,本来都用 $1:8 \sim 1:10$ 低标号的混凝土就可以确保安全,但由于采用下向采矿,人在混凝土假顶下工作,考虑这个因素,在第一分层下用 $1:8 \sim 1:10$ 占分层高度的 $2/3$,$1:3 \sim 1:4$ 占分层高度的 $1/3$。

通过计算和试验来设计人工假顶的混凝土配比,是国内外都没有采用的技术和工作方法。

(3) 系统的共同作用。充填体进入地下空间后,由于充填体、围岩(地层)、地应力、开挖等共同作用,特别开挖系统的自组织机能,围岩变形得到了抑制,围岩能量耗散速度得到了减缓,矿山结构和围岩破坏的发展得到了控制,特别是无阻挡的自由破坏塌落也得到了控制。

上述充填体3个方面的作用是一个互相联系又相互制约的过程。如果增加充填体刚度,充填体的坚固性可以大一些,同时可以吸收较多的原岩体应力。但总的来说,充填体的强度是不大的,因而也会引起充填体的破坏,给下部开采带来不利条件。此外,多用了水泥也是不经济的。围岩本身能够承受较大部分的原岩应力。如果过分地强调增加充填体的刚度,可能忽视围岩自身的支撑能力。实际上,绝大部分的应力是由围岩(地层)承担的。研究充填体的作用机理,除了要考虑上述三方面的问题之外,还要考虑开挖与回填顺序的影响。

开挖与回填顺序是一个演化过程。在这个过程中,不同的部位(空间变化)和不同的开挖步骤(时间变化)对充填体都有不同的影响。通过这些变化来调整充填体配比,协调矿山结构的稳定性是十分必要的。

(4) 开挖与充填过程中的弹塑性区变化。仍以上述金川采用过的上向胶结充填法为例来说明开挖与充填过程中的弹、塑性区动态变化。

基于有限元分析可以看出,塑性区的分布是有规律的,呈"冠状"集中在上部工作面附近,并随着回采的进行而上移;同时已充填的采场及矿柱下部,随着回采工作面的推进而逐渐由弹性变为塑性,随后又从塑性恢复到弹性;有的地方甚至发生多次弹性和塑性的交替变化。

这里要说明的一个问题是,弹性和塑性的交替变化,并不说明塑性区的永久变形得以恢复。这种永久变形并没有恢复,只是应力降低了以后,它又恢复到弹性状态。

7.7　本章小结

本章重点介绍了二矿区机械化下向采矿盘区采场优化方法、不留矿柱大面积连续采矿与矿房矿柱两步回采对比研究,得出了大面积连续采矿能够适应二矿区采矿的需要。结合各类研究,提出了双层穿脉道回采的优点和应用效果,并对1150m水平矿柱和16行垂直矿柱回采安全问题进行了理论分析,提出了相关安全措施。对二矿区充填体作用机理进行了研究,肯定了二矿区下向胶结充填采矿方法的合理性,并提出了合理的开采顺序对采矿安全的影响。

第8章 金川矿山深部开采工程与关键技术

8.1 龙首矿深部开采工程

8.1.1 概述

龙首矿由建矿时的小露天开采到井下开采,进而转入深部开采、1220m及以下深部改造,如今正在进行的是深部东部扩能技术改造工程、西一采区贫矿开采工程和西二采区贫矿开采工程。

龙首矿东采区扩能技术改造工程是提高龙首矿东部采区富矿生产能力、弥补中采区产量减少、确保现有生产系统持续稳产的重点技改工程,设计生产能力66万t/a。建成后龙首矿东中西采区按设计132万t/a的生产能力生产12年,99万t/a的生产能力再生产12年。该工程2012年竣工投产。

龙首矿西一采区贫矿开采工程设计生产能力165万t/a。龙首矿西一采区贫矿开采工程的37行主回风井已完工,新斜坡道、1460m水平回风充填工程、1448m水平采准工程和1340m水平平面运输工程正在建设,计划2015年建成。1220m中段工程计划2017年建成。

龙首矿西二采区贫矿开采工程于2003年9月8日正式开工,2009年2月从三矿整体划归龙首矿管理。设计生产能力165万t/a。目前副井返修、副井井塔建设等工程尚未完工,预计2014年建成。

龙首矿目前开采深度最大的为东采区扩能技术改造工程。长沙有色冶金设计研究院于2004年完成了龙首矿东采区扩能技术改造工程初步设计。东采区扩能技术改造工程设计开采范围主要为东采区(II6~I8)850~1220m标高的富矿体。采用明混合井方案进行设计,提升能力,设计规模为4000t/d。混合井设在矿体上盘、I10行勘探线附近,开采岩石移动带以外,北距新1#竖井约1070m。混合井从地表一直掘至750m水平,分别在1703m、1220m、1160m、1100m、1040m、980m、920m、850m、820m、790m中段设有双面马头门。750m水平不设马头门。其中,1703m中段为矿石转运中段,1220m、1160m、1100m、1040m、980m、920m、850m中段为正常生产中段。在最低生产中段850m以下,分别设有820m破碎水平、790m皮带道装载水平、750m粉矿回收水平。

根据龙首矿的开采现状及规划发展部于2007年7月17日签发的"龙首矿贫矿开采上盘37行回风井位及1220m水平以下采用充填法回采论证会议纪要"精神,金川镍钴研究设计院设计的中西部1100m中段开拓工程设计范围为中西采区I8~I34行,1220~1100m标高的富矿+上盘、下盘贫矿矿体。金川镍钴研究设计院于2011年3月完成了1100m和1040m两个中段开采的设计工作,正在进行建设。

8.1.2　龙首矿中西采区深部开拓系统工程

根据设计采用的采矿方法及开拓工程的布置,设计采用从上至下的开采顺序。龙首矿中西采区陆续转入 1220m 中段回采,1100m 中段开拓工程建成投产时,预计 1220m 中段的回采也接近尾声,1100m 中段即为 1220m 中段的接替工程。

1. 运输方式

西部环形运输、中部沿脉＋穿脉运输方案。根据矿体厚度、采场生产能力和矿体分布情况,1100m 中段Ⅰ10～Ⅰ21 行为双轨沿脉运输,10 行、11 行盲矿体采用小环形运输;Ⅰ21 行以西沿脉运输道以环形运输为主。矿石由 14t 架线式电机车牵引 4m³ 侧卸式矿车,从下盘沿脉运输道进入到各穿脉道进行放矿,矿车装满后再由上盘沿脉道运出,一直拉运至主溜井(1100～980m)卸入,溜井中的矿石再经 980～850m 倒段溜井的倒运,最终进入破碎硐室上部矿仓。

1100m 中段的废石主要为各分段开拓工程所产生的废石,主要由无轨设备沿斜坡道运至地表,生产期间的少量废石则通过盲副井或者混合井中的罐笼井进行提运。

2. 采矿方法

随着龙首矿机械化装备水平的不断提高,为减轻井下作业人员劳动强度,加大采场生产能力,龙首矿于 2007 年陆续引进了凿岩台车进行凿岩,6m³ 铲运机出矿。设计的 1100m 中段西采区Ⅰ21～Ⅰ32 行采用机械化下向分层胶结充填采矿法。对于中采区的 10 行、11 行盲矿体,考虑到该矿体较小,很难进行大规模的开采,因此还是推荐沿用现有的六角形进路下向胶结充填采矿法。

3. 压气

矿山现有东、西采区空压机站各一个,东采区空压机站内配置 2D12-100/8、D-100/8-e_2 型空压机共 3 台(每台 $Q=100m^3/min$,$N=550kW$),西采区空压机站内配置 3 台 L5.5-40/8 型空压机(每台 $Q=40m^3/min$,$N=250kW$),两个机站的总装机容量为 $420m^3/min$,考虑备用机组后总供风能力为 $320m^3/min$。压风主管从新 2# 井口入井,在该井筒内铺设了一条直径 250mm 的压风主管,在 1220m 中段以上各中段马头门处接供风支管到每个中段。

通过计算,1100m 中段生产时的最大用气设备耗气量为 $169.1m^3/min$,本次设计的 1100m 中段供风管接自 1220m 水平 21 行人行通风井(1220～1100m),中段供风管路设计采用直径 $\phi159mm\times5.5mm$ 的无缝钢管。

4. 供水

目前龙首矿的井下用水均来自矿山现有的 $600m^3$ 高位水池。新 2# 井筒内现有一条 $\phi159mm\times5.0mm$ 的主供水管路,盲竖井井筒内原有供水管路规格为 $\phi76mm\times5.0mm$。在龙首矿东采区扩能技术改造工程设计中,将沿盲竖井井筒铺设的 $\phi76mm\times5.0mm$ 规格的供水管路更换为 ϕ159mm×5.0mm 的供水管路,并新增铺设 1100m 中段供水管路规格为 ϕ159mm。

通过计算,1100m 中段生产时的最大用水设备耗水量为 1.484m³/min,供水管路接自 1220m 水平 21 行人行通风井(1220～1100m),中段支管为 ϕ133mm×5.0mm 的无缝钢管。

5. 充填系统

龙首矿现有两个独立的充填搅拌站,即西部搅拌站和东部搅拌站,承担着东、中、西三个采区 150 万 t/a 生产规模的采矿充填任务。龙首矿无论采用机械化盘区下向分层水平进路胶结充填采矿法,还是下向六角形倾斜进路胶结充填采矿法,采空区都必须充填。

随着西一贫矿工程的推进,现有的西部充填搅拌站已无法满足生产需求,因此在西一贫矿工程中考虑在 28 行附近矿体下盘新建充填搅拌站。1100m 中段分别在 1220m 水平、1160m 水平设充填回风水平,考虑该工程的不定因素较多,充填工程另作设计。

8.1.3　辅助生产设施

1. 供电

龙首矿地表现有 26#6kV 配电站一座,位于新 2# 井附近,电源引自 5# 变电所,采用双电源架空进线。在 1220m 中段现有井下 6kV 中央配电站。该配电站双回路 6kV 电源分别引自地表 26# 配电室 6kV I、II 段母线,采取单母线分段运行的方式。1100m 中段设计的 1100m 中段中西采区双回路电源引自 4 行盲井 1100m 井口配电硐室,高压铠装电缆沿运输巷道拱顶一侧悬挂敷设。

考虑到中段运输平面系统跨度较长,因此供电系统考虑建设两个变电所,中西采区 1100m 中段在 16 行沿脉道建一个牵引及动力变电所,在 28 行上盘运输道新建一个牵引及动力变电所。在 1100m 中段两个变电所内各设一台 500kV·A 矿用变压器,每个变电所引进 2 路高压,使两个变电所分段运行。在两个变电所内各设牵引硅整流装置(GQF-600A/600V)一套,其交流电源则采用整流变压器(SG-200kV·A,380V/600V)。

2. 通信

龙首矿在 1220m 中段的设计和建设中已经考虑了新增一套数字内部通信系统作为主通信设施,并留有一定的余地,因此中西采区 1100m 中段的通信系统可从 1220m 中段的中继终端引至各中段,只需根据通信点的设置需要增加通信器材。

3. 排水

龙首矿 1100m 中段井下采矿用水约 900m³/d,采场污水经过初步沉淀后,通过分段道内敷设的排污管路,分别从分段工程的泄水钻孔排至 1100m 中段水沟内,自流至中央水仓。

设计中的 1100m 平面工程,各穿脉道及沿脉运输道均设水沟,作业地点的污水通过混合井车场附近新建的钻孔排到 850m 水平水仓。另外,考虑分段工程内采场的排水,在 24 行附近布置两条泄水钻孔(1220～1100m),将采场污水排到 1100m 水平,再通过水沟自流汇入混合井车场排污钻孔统一排出。

8.1.4　深部工程建设情况

截至 2009 年底,东部采区扩能工程东采区 1160m 中段已回采结束,1100m 中段已投入生产,1100m 水平为运输水平,1100m 水平以下各中段在基建之中。目前,龙首矿中西采区陆续转入 1220m 中段回采,1100m 中段正在进行基建。1100m 中段开拓工程建成投产时,预计 1220m 中段的回采也接近尾声,1100m 中段即为 1220m 中段的接替工程。

8.2　二矿区深部开采工程

8.2.1　概述

针对二矿区 850m 中段开采设计,中国有色工程设计研究总院于 2003 年 6 月完成了《金川集团有限公司二矿区 850m 中段开采工程初步设计》,基建工程量约为 51.4 万 m³,支护工程量约 11 万 m³,总投资约为 7.61 亿元,2005 年开工建设,2010 年完成,基建期 5 年。

二矿区 1# 矿体 850m 中段埋深接近 1000m,属于深部开采范围。与上部开采相比,深部开采不仅大大提高了提升成本,而且采矿环境随着深度的增加,也将发生不利的变化。一般表现在采场地压大、温度高,并潜在着深部开采难以预料的地质灾害,如突水、岩爆、冲击地压、大面积来压等。因此,重视深部矿藏的工程地质研究,借鉴国内外先进技术,尤其是总结分析金川二矿区 1000m 中段以上开采的经验和教训,深入研究深埋矿床的开采环境、开采技术条件,揭示深部采场地压规律,科学合理地进行 850m 中段的开拓系统设计、开采方案研究,并对深部开采过程中潜在的地质灾害进行预测、评价和预防,以确保深部矿床安全、经济、高效生产,对金川深部开采不仅必要,而且也势在必行。

850m 中段工程地质条件极其复杂,工程建设周期长。金川集团公司于 2002 年 6 月委托中国有色工程设计研究总院进行二矿区 850m 中段开采工程初步设计。2003 年 8 月设计文件提交,确定初步设计的主要内容是:850m 中段开采工程是矿山持续生产的中段接替工程,建成后 1# 矿体总的生产能力不变,仍为 9000t/d。其中,1000m 中段 5000t/d,850m 中段 4000t/d。采用竖井、斜坡道联合开拓,中段运输为有轨运输方式。此后,金川集团公司与中国恩菲工程技术有限公司多次就 850m 中段开拓系统整合优化方案、排水系统、生产能力等进行仔细讨论,确定二矿区 850m 中段生产能力为 350 万 t/a,并对系统进行了优化设计。

郭慧高在 2005 年对金川二矿区 1# 矿体 850m 中段平面开拓系统进行了优化研究。李爱民(2005)对金川二矿区采矿方法及深部开采工艺的改进措施进行了研究,针对下向分层机械化盘区胶结充填采矿法存在的问题,通过改进采准工程布置、盘区回采面积、充填工艺、回采强度和支护措施等,提高采矿安全和效率。侍爱国(2003)应用系统理论,对深部开采的采矿方法、开拓系统、深部围岩支护等多方面进行研究,从而提出许多有见解性的改造方案,综合论证了深部开采方案的安全可靠性、技术可行性以及安全合理性,同时提出深部开采需要研究的课题方向及发展方向。张海军等(2008,2010)探讨分析了随着开采深度加大,二矿区深部开采面临着岩石力学、地热、岩爆、巷道支护、通风、充填等一系列问题,提出了建立稳定性监测网与灾变预测及预防研究、地热预测与降温技术研究、涌水治理技术、围岩控制和通风技术等技术措施。韩斌(2004)利用二维有限差分数值分析方法及相似材料模拟实验方法,对二矿区双中段开采的整体回采顺序进行了研究,认为二矿区 1# 矿体从矿体一端向另一端逐步过渡的回采方式为最佳回采顺序,为深部开采。建议 850m 中段回采过程中,按照从东部向西部逐渐回采的模式来调整和规划,从长远考虑这样能够更为有效地起到合理控制地应力分布的目的。

随着市场铜镍金属的变化,金川集团公司对二矿区的开采能力不断进行调整,导致开拓工程量增加;此后完成的 Ⅱ 矿区 1100～850m 水平生产勘探工作,与地质勘探相比,探明新增较多的矿石资源/储量;同时在开展项目工程建设期间,由于工程地质条件的变化,部分工程(如破碎硐室及其旁侧的矿石溜井等)工程地质条件较差,对其布置位置进行了调整。2011 年 3 月提交了《金川集团有限公司二矿区 850m 中段开采工程修改初步设计书》,基建工程量约 70.6 万 m³,支护工程量约 15.6 万 m³,总投资 16.4 亿元。

8.2.2　二矿区深部开采关键技术研究

1. 复杂条件下多中段无矿柱大面积连续采矿技术理论研究

二矿区 1# 矿体基本采矿方法是下向胶结充填采矿法,设计矿房矿柱两步骤回采,沿矿体走向每隔 80m 留 20m 间隔矿柱,用以临时支撑顶板和上下盘围岩。由于两步骤回采方案造成大量开拓矿量积压,且后续回采矿柱也将遇到种种困难,因此金川集团公司二矿区根据矿山具体情况,在实际生产中采用不留间隔矿柱的采矿方法,直接进行大面积胶结充填连续开采。

然而随着二矿区 1150m 中段开采结束转入 850m 中段开采,金川镍矿采矿生产已经进入千米深井开采阶段,深部岩石条件明显恶化,处于高地应力区,岩体破碎,开采条件极差,原有采矿方法在开采过程中出现应力大量集中。深部采场的高温、高压及地下水影响日趋显著,给深井采矿生产带来严峻挑战。尤其对于采用多中段无矿柱大面积连续开采,随着采深而逐渐扩大的采场面积,也增大了控制深部采场地压的困难。因此,很多学者很早就关注和探讨二矿区深部的安全采矿与大面积连续开采所面临的问题以及主要对策。

高谦等(2007)首先关注了金川矿区深部高应力矿床开采中的关键技术研究。在总结国内外难采矿床采场地压规律和控制技术研究的基础上,深入论述了金川 1# 矿体开采存在的问题、潜在的风险以及需要解决的关键技术难题。并明确了数值分析、现场监测与工程经验集于一体的动态反馈系统工程方法,是解决复杂采矿工程的必由之路。张向阳等(2009)进行了深部超基性岩水化作用及对力学性能影响研究。为了揭示深部地下水对超基性岩的作用,首先采用膨胀率测试仪对岩样的自由膨胀率及含水率进行测定,再通过岩石抗压试验测定水对岩石强度和弹性模量的影响。实验结果表明,超基性岩的试件遇水软化,发生较大的变形,内部产生膨胀应力,造成岩石抗压、抗剪强度降低,使围岩发生膨胀变形破坏。金川超基性岩的膨胀软化特性,增加了对深部巷道稳定性控制的困难,给深部采场和巷道稳定性支护带来更加严峻的问题。王永才等(2008)对金川镍矿深部高应力环境下的岩体碎胀蠕变特性进行了研究。选择二矿区 1178m 分段道攻关试验巷道为研究对象,采用大型离散元软件 3DEC 进行模拟分析,对几种不同支护方案进行数值模拟和稳定性评价,揭示了不同支护形式对巷道稳定性影响,为深部巷道支护设计提供理论依据。另外,王永才等(2010)在系统分析金川进入深部开采所面临的巷道稳定性、采场稳定性及岩层移动等主要问题的基础上,提出了解决金川深井高应力条件下采矿问题的关键技术思路和方向。马长年等(2010)针对金川二矿区开采现状,在原有开采方案的基础上提出了一种新的开采方案,即矿体中部一个盘区有序滞后一个分段回采,并同步割帮处理滞后盘区的开采方案。并采用 FLAC3D 软件对 850m 中段开采模式进行了模拟分析,结果表明与连续开采和两步骤开采方案相比,新开采方案既能使矿体开采之后的主应力分步调整趋于均匀,又能够较好地抑制上盘、下盘围岩向采空区赋存方位的收敛变形,为850m 中段矿体的开采提供了更有利的采矿作业条件。王治世(2006)分析了金川矿区深部开拓围岩的特点和支护方式,提出了针对金川矿区深部开拓工程施工采用双层喷锚网＋中长锚索＋锚注联合支护的支护结构、施工工艺和典型问题的解决方法。

近年来,人们更加关注二矿区深部矿体的开采,针对深部开采面临的关键技术难题,开展了采场围岩和地表岩移观测、开采技术、采场整体稳定性控制及风险评价的综合技术研究与探索,为深部矿体开采优化设计与风险防控进行了前瞻性探索。崔宏亮等(2009)对金川二矿区深部 850m 中段的矿房、矿柱两步回采与大面积连续回采工艺进行对比研究,认为连续采矿模式更适用于该中段矿体的开采。

金川二矿区已成功实现了双中段无矿柱大面积连续开采,采矿能力已突破 900 万 t/a。但随着矿床开采深度的加深及开采面积的扩大,深部采矿面临的问题逐步增加。尤其是进入 850m 中段开采后,深部多中段开采采场地压控制及水平矿柱的稳定性等问题,将使二矿区开采面临严峻挑战。届时,二矿区有可能呈现 1150m、1000m、850m 多中段多分段同时开采的局面。随着开采水平的延深,开采暴露的充填体面积将逐步扩大,充填体失稳的可能性逐步增加。在复杂条件下,二矿区深部 850m 中段实现多金属伴生硫化铜镍矿资源的开发与利用,并确保多中段无矿柱大面积连续采矿的稳定性,将会遇到多种生产难题。这些都需要不断地深入研究,必将推动采矿科技进步与矿山发展。北京科技大学等(2012)采用了数值仿真分析技术,分别模拟 850m 中段开采过程中典型剖面和水平剖面上的开采效应,由此揭示深部开采采场地压规律,并通过两种不同的开采模式的对比分析,进行连续开采和两步开采方案的对比分析和优劣评价,从而为深部矿床开采模式决策和采场地压控制奠定基础。

2. 机械化盘区下向分层水平进路胶结采矿法

1985 年,金川镍矿引进了适宜开采矿岩破碎、地应力大、采空区不能自立的贵重金属采矿方法——机械化盘区下向分层水平进路胶结充填采矿法。采场主要构成要素如下:采矿中段高度 100～150m;一个中段划分为若干个分段,分段高 20m;每个分段又分成 5 个分层,分层高 4m。中段与分段有分斜坡道相通;分段至各分层有分层联络道相通。回采自上而下逐层进行,盘区内回采顺序为先下盘后上盘、先两边后中间,对井下采空区则采用高浓度料浆管道自流输送及膏体泵送系统进行充填。由于采用了控制爆破技术、喷锚网支护技术、水平进路充填,并选用较大型的无轨采掘设备,生产效率大大提高。

3. 深部高效率卸荷采矿成套工艺技术

二矿区深部 850m 中段复杂条件下多金属伴生硫化铜镍矿资源开发综合利用,将采用 H-282 双臂液压凿岩台车进行凿岩、JCCY-6 铲运机搬运矿石等无轨设备,沿用适宜于矿岩破碎、地应力大、采空区不能自立的贵重金属开采的机械化盘区下向分层水平进路胶结充填采矿法进行采矿作业,将形成由凿岩台车、装药车、服务车、铲运机、振动放矿机等组成的一套完整的机械化配套系统。该系统灵活机动,具有较高的生产能力,形成深部高效率卸荷采矿成套工艺技术,可为我国矿山深部开采提供借鉴与参考。

4. 深部高浓度尾砂充填工艺技术

膏体充填技术是多年来充填界关注的核心充填工艺技术,也是每次国际充填采矿会议讨论最多的充填工艺技术。从世界范围及长远发展来看,膏体充填技术是充填采矿技术发展的主力方向。金川二矿区是国家膏体充填技术成功运用者,采用全尾砂泵送膏体充填工艺进行采场充填。二矿区深部 850m 中段复杂条件下多金属伴生硫化铜镍矿资源开发综合利用,将开展深部高浓度尾砂充填工艺技术研究,加大矿山尾砂、废水等的使用,实施节能减排工程,减少对环境的污染。

5. 深部开采大面积地压灾害防治技术

在二矿区深部 850m 中段复杂条件下多金属伴生硫化铜镍矿资源开发综合利用过程中,务必重点开展深部开采大面积地压灾害防治技术研究。力求确定二矿区未来可能面临的灾变失稳事故的各种力学模式,评价各种灾变模式的风险程度;研究灾变模式的触发机制、发生概率、消减措施和预警手段等;对各中段最后一层的充填,提出科学的、切实可行的工艺方案;根据各种灾变模式及其诱发因素,制定灾变应急预案;以确保安全生产,为国内外复杂条件下深部矿产资源开采提供借鉴与参考。

6. 贫富资源均衡回采

金川二矿区 850m 中段保有贫矿储量占全部保有储量的 18% 左右,目前富矿开采规模已基本处于极限,估计 20 年后富矿开采规模将开始下降。在目前镍铜金属市场看好的情况下,为合理开发,最大限度地回收利用珍贵的镍资源,应加大贫富兼采力度,扩大深部边角矿体开采规模,同时加大对边角矿体的勘探,最科学有效地开发有限的矿产资源。

7. 废石胶结充填技术

金川矿山采用下向胶结充填采矿法工艺,每年需要大量的充填物料,仅二矿区每年的充填量就达到 $1300km^3$,现采用棒磨砂作为主料进行充填,充填费用在采矿成本中的权重特别大。到"十二五"末,金川二矿区进入 850m 开采中段后,金川矿山系统形成 1000 万

t/a 的出矿能力,废石量将超过 130 万 t/a。若能充分利用井下产生的废石作为充填骨料,实现井下废石破碎集料管输充填的工业应用,不仅能够解决矿山充填材料严重不足的问题,还能够大幅降低废石提升及充填成本,同时对改善矿山周边区域的生态环境也具有重要意义。

2005～2009 年,昆明理工大学与金川集团公司合作开展了废石-全尾砂高浓度料浆泵压管输充填工艺研究,并且进行了长距离管输工业试验。结果表明,粗粒级废石骨料的应用,可有效降低胶结剂用量,成本低。因此,针对进入 850m 开采后废石运输距离远、充填材料紧张的实际情况,通过开展废石胶结充填技术研究,能够成功实现废石破碎集料高浓度管输充填工艺,找到经济适用的充填材料配比,减少废石提升量,不仅能够解决矿山充填材料严重不足的问题,还能大幅降低废石提升及充填成本,推进矿山充填技术发展。

8.2.3　二矿区深部 850m 中段采矿技术条件评价

1. 概述

二矿区目前回采中段为 1150m 中段和 1000m 中段,其接替中段分别为 850m 中段与 700m 中段。截至 2002 年底,1150m 中段剩余可采矿量仅 1800 万 t,回采已经进入 1198m 分段。二矿区以 140 万 t/a 生产能力和 8m/a 的下降速度,部分盘区于 2007 年便下降到 1150m 中段最后一个分段(即 1158m 分段),届时因为水平矿柱应力集中、溜井逐步缩短、储矿量减少等因素影响,生产能力不可避免要下降。

矿山改扩建工程完成后,二矿区 1# 矿体已经形成的出矿能力为 9000t/d,其中 1150m 中段承担 4000t/d;1000m 中段承担 5000t/d。随着 850m 中段开采工程的建设,除了接替 1150m 中段的矿石产量,根据矿体赋存状态和开采技术条件以及国际国内市场对镍金属的需求,金川公司要求在 850m 中段开采工程建成后,二矿区的出矿能力达到 450 万 t/a。根据 1000m 中段和 850m 中段的矿量分布,考虑 850m 中段以下的生产衔接,1000m 中段和 850m 中段同时生产期间,达产后,前者出矿能力按 230 万 t/a,后者为 220 万 t/a;1000m 开采结束后,850m 中段的出矿能力暂时依然按 220 万 t/a 考虑,需待 700m 中段探矿以后,依据深部矿体的资源量对矿山开采规模的调整,最后确定。

二矿区 850m 中段开采工程设计范围为二矿区“1# 矿体 850～1000m 标高 26～6 行范围内富矿和下盘贫矿”。根据二矿区 30 多年生产实践,为充分回收资源,并使企业具有良好的经济效益,采用盘区进路下向胶结充填采矿法,回采富矿,带采下盘贫矿和厚度小于 20m 的上盘贫矿,为后期贫矿开采创造较好的条件。随着开采水平下降到 1000m 水平以下,上盘贫矿厚度变薄,大于 20m 厚度的贫矿矿石量明显减小。经中国恩菲工程技术有限公司与二矿区反复沟通,共同认为对于这部分上盘贫矿,后期采用其他采矿方法开采,虽然回采的直接成本较低,但由于需要重新单独建立采准系统,单位矿石的采准成本较高,矿石综合成本也不会降低。因此,850m 中段的开采范围确定为采出全部矿石,即开采 1000m 以下的富矿和上下盘的贫矿。

2. 矿床地质特征

1）矿区地层构造

矿区地层简单,主要有第四系和前震旦系白家咀子组。含矿超基性岩体沿断裂与围岩成 5°～10°侵入于白家咀子组第一段蛇纹大理岩和第二段条痕-均质混合岩之间。前震旦系分布方向为北西西—南东东,在矿区出露总厚度 1465m。岩性自下而上共分为五层,分别为花岗片麻岩、黑云母片麻岩、夹石英云母片麻岩、白云质大理岩、肉红色花岗片麻岩和黑色黑云母片麻岩;其中大理岩和片麻岩直接成为超基性岩体(容矿岩石)的围岩。地层走向北西 300°～310°,倾向南西,倾角为 50°～80°。

矿区主体构造为倾向南西的单斜构造,层间褶曲发育,常形成紧闭的小背斜和小向斜。

矿区成矿前断裂主要有 F_1,超基性岩体即沿 F_1 断裂侵位而形成。成矿期断裂发育程度较差,规模一般较小,且基本未破坏超基性岩体。成矿后断裂按性质有冲断层和平推断层,其中平推断层规模很小,仅有几米位移,对矿体无破坏作用。F_1 断裂位于矿区北部,走向北西 295°～310°,倾向南西,倾角 60°左右,延长 200km,构成龙首山和北部潮水沉降带的分界线。为一宽数十到百余米的破碎带,破碎带中的次级断裂和岩浆活动极为发育,围岩混合岩化、蛇纹石化等变质蚀变现象也较普遍,晚期构造活动明显,表现在前震旦系逆覆于第四系上 480 余米。该断层为压扭性断裂,目前仍在活动。

850m 中段开采设计范围所属的 II 矿区位于 F_{16-1} 和 F_{23} 之间。

F_{16-1} 断裂破碎带位于龙首矿区和 II 矿区之间,走向近东西,倾向南,倾角 70°左右,长 700m。断层破碎带宽 2～3m,由大理岩、混合岩、碎屑岩组成,穿过岩体部分由超基性岩碎块组成。该断裂将矿体错断,分隔为龙首矿区和 II 矿区。

F_{23} 断裂位于 56 行附近,为 II 矿区南部边界,走向近北东 65°～70°,倾向南东,倾角 70°～80°将岩体破坏但无大的位移,为压性断裂。

F_{17} 位于 38～42 行,为张扭性断层。该断层走向 NE45°,倾向南东,倾角 73°～81°,长 1800m,横切超基性岩体及围岩,断层带宽 2～6m,水平断距 130～260m,垂直断距 90～150m。

F_{39} 断裂位于 16 行,为扭性断裂构造,走向北西,倾向南西,倾角 70°左右,破碎带宽 1～3m。另外,由于后期构造变动、岩体形成时的边缘冷却或热液活动,在岩体边缘或内部形成构造破碎带、片岩带,其规模不大,一般一米至数米,长数十米,部分大于百米。片岩带分布方向和岩体走向一致,在岩体边缘特别发育。边缘片岩带常构成矿体底板,对开采不利。含矿超基性岩体内节理可分三组:第一组走向 NW285°～315°,与本区构造线方向一致;第二组走向 NE10°～40°,与区内横断层方向一致;第三组走向 NW335°～345°,与岩体内较大脉岩方向一致。

矿区出露的火成岩主要有吕梁期的伟晶质花岗岩、白云岩及正长岩,加里东期有花岗斑岩、超基性岩体及各类脉岩。从酸性到超基性、从深成岩至派生脉岩均有产出,其中与成矿有关的岩浆岩主要有超基性岩体及其派生的脉岩。

超基性岩体沿北西方向的断裂带不整合侵入于前震旦系片麻岩-大理岩系中,岩体形态为单斜岩墙,走向北西 $300°\sim310°$,倾向南西,倾角 $50°\sim70°$。II矿区超基性岩体位于I、IV矿区之间,西端出露于I矿区 3 行以西,深部向西倾没,倾伏于 $1\sim6$ 行,并与I矿区岩体相连,东端已探明到 56 行,在 56 行以东被断层错断,全长 3000 余米。岩体于 40 行附近被 F_{17} 断层错断。根据岩体内矿物组合及岩石结构构造,将其分为含辉橄榄岩、橄榄辉石岩、二辉橄榄岩、辉石岩、辉长岩和蛇纹透闪绿泥片岩(边缘相)共六个岩相。它们呈同心壳状自中心向外分布。此外,富矿硫化物为呈海绵晶体构造的硫化物含辉橄榄岩,形成富矿体;与其他岩相一般有清楚的界限。主矿体的贫矿均匀分布于主富矿体周围或附近的岩相中。

2) 水文地质

从水文地质的角度分析,矿区东部分布有含水较丰富的第四系含水层;雨季有汇集地表水流的大沙沟;经常放水的宁双水渠,这些说明 F_{17} 以东的水文地质条件相对复杂。设计主要对象为 F_{17} 以西的 $1000\sim850$m 的 $1^{\#}$ 矿体,设计范围内水文地质条件较简单。由于采用胶结充填法采矿,将保护上部岩层和地表不产生较大移动,第四系含水层和基岩裂隙含水层的地下水只有通过基岩裂隙向下渗透补给,深部的涌水主要取决于岩石裂隙发育程度。

初步设计中预测 850m 标高以下正常涌水量为 $4300\text{m}^3/\text{d}$,最大涌水量为 $5000\text{m}^3/\text{d}$。

3. 基础储量

根据生产勘探报告提交的储量范围为 $6\sim26$ 行勘探线,$1100\sim850$m 标高。850m 中段开采初步设计利用 Datamine 系统对整个矿体建立三维立体模型,得出 $6\sim26$ 行的 $850\sim1100$m 的矿石量(富矿+贫矿)为 98068624t。

4. 开采技术条件

金川矿床赋存于区域性大构造褶皱断裂带的次级断裂构造中,断裂为矿区主要构造形式,矿区地层为走向 NW、倾向 SW 的单斜构造层。主要构造有三组:第一组走向压扭性断裂,倾向 $195°\sim205°$,倾角 $50°\sim85°$,以 F_{16} 为代表;第二组走向北东,张扭性断裂,倾向 $140°\sim145°$,倾角 $70°$,以 F_{17} 为代表;第三组走向北东东,压扭性断裂,倾向 $190°\sim200°$,倾角 $70°$,以 F_{16-1} 为代表。

$1^{\#}$ 矿体为二矿区最大矿体,占全矿区总储量的 76.45%;全长 1600m,平均厚度 98m。矿体呈似层状产出,倾向 $230°$,倾角 $60°\sim70°$,为超基性岩型矿石;由贫富两种矿石组成,以富矿为主,占矿体储量的 87%,分布于 24 行以西。富矿位于矿体的中心,贫矿位于富矿的周围、顶部及两侧。矿体围岩主要为二辉橄榄岩,其次为大理岩。

自开发以来,特别是近二三十年以来,金川矿山对II矿区 $1^{\#}$ 矿体岩体结构类型、结构面特征、原岩地应力规律进行了大量的研究,取得了丰富的成果。矿岩主要物理力学性质和强度特性指标如下:

1) 物理力学性质

反映岩石物理力学性质的参数主要有:密度、孔隙率、含水量、吸水率等。岩石的物理力学性质是岩石矿物组成、结构构造的综合反映,因此也是影响岩石力学性质的主要因素之一。

金川二矿区岩石的物理力学性质参数测试结果见表 8.1。

表 8.1 金川二矿区矿岩物理力学性质测试结果

矿岩名称	密度 /(g/cm³)	孔隙率/%	抗压强度 /MPa	松散系数	移动角/(°)	硬度系数
大理岩	2.67	1.0～2.5	49～159	1.4	40	0.9～4
橄榄岩	2.93	0.17	140～160	1.5	45	6
贫矿	3.02	1～1.5	40～107	1.5	37～48	5.4
富矿	3.05	0.81～2.2	0.15～150	1.65	34	6
混合岩	2.62	—	0.19～113	1.5	45	7.5
花岗岩	2.62～2.69	—	115～165	1.65	44	7
辉绿岩	2.64～2.85	—	60～80	1.4	49～56	3～4
斜长角闪岩	2.65	—	70～80	1.4	49～56	3～4

2）强度特性指标

根据多年的矿山生产经验和岩体工程地质条件分析（表 8.2），地表水或地下渗流水对设计的富矿开采影响不大。原因如下：

（1）该部位的岩体中未发现大的含水断裂；

（2）矿山开采的采矿方法为下向胶结充填采矿法，上部岩体仅出现沉降，因此地表径流仅可能下渗到岩体之中，对矿床开采无大的影响。

表 8.2 金川二矿区岩石强度参数测试结果

岩石名称	弹性模量/GPa	泊松比	黏聚力/MPa	内摩擦角/(°)	抗压强度/MPa	抗拉强度/MPa
混合岩	57～96	0.2	0.1～0.2	49～57	40～160	6.6～15.8
片麻岩	50	0.19	0.15	35	20～115.4	3.7
绿泥石石英片岩	53～77	0.19～0.38	0.15～1.5	40	20～60	—
黑云母片岩	14	0.3	0.15～0.28	40	20～40	0.6
中薄层大理岩	20～57	0.22～0.28	0.2	43	41.9～159	3.7～6.4
厚层大理岩	77	0.31	0.2	45	61.8～125	4～9.2
斜长角闪岩	82	0.2	0.6	—	64～94.5	—
中细粒花岗岩	67	0.21	0.3	49	100～185	9～15.6
海绵状富矿	45～64	0.19～0.36	1.4～3.5	50	87.3～137	2.3～21.4
特富矿	74	0.18～0.23	＞3.5	＞50	95～150	5.7～25
贫矿	60～81	0.19～0.25	0.7～1.2	40	82～125	2.1～14.4
二辉橄榄岩	57～85	0.2～0.25	0.5～1.2	38	63.3～127	1.3～19.3
辉绿岩	76～104	0.27～0.33	—	—	36～137.8	5～9.5
断层破碎带	—	—	0.08	＜20	0.09	—

8.2.4 深部开拓工程与布置

1. 850m 中段设计工程量

矿山开采规模由初步设计的维持原有的 297 万 t/a 增加到 450 万 t/a；1000m 采出矿

石由卡车运往1000m现有破碎站破碎后,下放到850m中段,有轨矿车倒运至主井附近的箕斗装载皮带溜井,改变为卡车运往位于24行主井附近的矿石溜井,与850m中段采出矿石一同在810m破碎站破碎、提升;采矿工程基建工程的开凿工程量由513503m³增加到705470m³,相应的支护工程量由109478m³变为156106m³,开凿工程量增加了191967m³,支护工程量增加了46628m³。从采矿工程各个项目工程量变化的逐项分析也可以看出,由2003年完成的《金川集团有限公司二矿区850m中段开采工程初步设计》到2011年3月完成的修改初步设计,基建工程量发生变化、开凿工程量增加191967m³、支护工程量增加46628m³的主要原因有:

(1)为满足开采能力扩大到450万t/a的要求,850m中段开采范围由开采富矿(带采富矿上下盘的贫矿)扩大为850m中段内贫富矿同时回采,增大了回采面积,相应地增加了回采盘区数量,影响的主要项目有:

① 850m中段运输工程的沿脉道延长,增加9#、10#盘区穿脉矿石运输道。

② 1000m回风充填系统的沿脉道加长476m,相应增加了盘区的充填回风穿脉道的数量。

③ 978m分段工作盘区数量由4个变为8个。

④ 24行上盘主井及其粉矿井筒均延深到700m中段,分别延长28m,溜破系统的矿石溜井、成品矿仓分别延长10m、15m。

(2)经过生产探矿,850~1000m的矿石资源/储量明显增加,850m水平矿体的厚度变大。对850m中段修改初步设计的坑内基建工程量产生影响的,主要是1000m回风充填系统的盘区的充填回风穿脉道和978m分段的盘区分层道延长。

(3)为了减小1000m中段采出矿石破碎的能源消耗,减少矿石转载倒运的作业人员,金川集团公司提出将1000m采出的矿石不经过1000m破碎站破碎和850m中段有轨运输的倒运,直接通过24行主井附近的溜井下放到850m水平,和850m中段矿石一并在新建的破碎站处理。修改初步设计按此方案进行了工程调整,变化的主要内容有:

① 增加了1000m中段的矿石转载系统,增加的工程量为28642m³/5937m³。

② 破碎与溜矿系统中增加了2条矿石溜井及其转载矿仓、转载硐室等工程,工程量约5874m³/2096m³。

③ 破碎机由PEWA900/1200低矮颚式破碎机改变为PXZ0917型旋回破碎机,硐室断面变大,长度增加。

④ 随着1000m采出矿石的破碎、转载方案的改变,在850m中段开采工程建成以后,可以停止1000m破碎站的使用,修改初步设计的工程中相应取消了在原初步设计中的1000m矿石转载溜槽、矿石溜井、装矿硐室等工程。

(4)原初步设计中拟破碎站及其相关的矿石溜井等附属工程,布置在24行主井的上盘。具备开展工程地质勘察工作的施工条件以后发现,拟建破碎硐室位置及其附近处于Ⅲ₃岩组及其与Ⅳ岩组(条带混合岩)的接触蚀变带中,稳定性差,不利于破碎站及其相关工程的施工建设与维持其长久稳定。因此,为了寻求适合于建设破碎站及其相关工程的稳定岩体,进行了大量的工程地质勘察工作,确定了目前的设计位置。经过已有的开挖工程揭露可以看出,溜破系统中的810m破碎站、成品矿仓、1000~850m矿石溜井、850m卸载站与转载硐室等主体工程均处于均质混合岩中,稳定性好,利于维持这些工程的长期稳定。由于破碎站选址变化而引起工程量变化的工程有:①850m 矿石运输道、卸载车场等;②皮带道及其至粉矿回收井联络道加长;③破碎站至主井的大件绕道、至粉矿回收井的联络道等增长;④工程地质勘察巷道、钻孔及其施工硐室等。

(5) 为了加快破碎系统建设,将通往 700m 中段主斜坡道的一部分提前施工,增加了898～810m 破碎站的斜坡道和其与 850m 中段的联络道等工程。

(6) 在矿山生产实践过程中,为了提高盘区回采强度,减少分层转层时间,盘区内布置 2 条分层道,每个盘区在 1000m 回风充填水平相应增加 1 条回风充填穿脉道以及回风充填小井 2～4 条(一般为 3 条)。

2. 生产能力

1) 生产规模的验证

(1) 按中段可布置盘区数。由于 1000m 水平以下矿体的上盘贫矿厚度较小,厚度大于 20m 的贫矿与 1000m 水平以上相比,长度及矿量都明显减少,且分布零散;同时 F_c 以东的矿体规模不大;850m 中段保留的上盘及侧翼贫矿较少。若将上述贫矿保留,由于金川的岩体破碎,已有的开拓和采准工程维护和返修成本比较大,以后开采时需单独建立开采系统,因此即使采用高效低成本的采矿方法,其综合采矿成本仍会高于现有采矿法。因此,将 1000m 水平以下的矿体,包括所有的富矿和贫矿作为 850m 中段的开采范围。从1150m、1000m、850m 中段地质平面图以及 1100m、1050m、950m、900m 水平地质平面图,可以确定中段的有效盘区数量,计算出各中段的生产能力,计算列表见表 8.3。由表 8.3可以看出,在正常情况下,850m 中段与 1000m 中段同时开采期间,1$^\#$ 矿体的生产能力为12000～16000t/d,完成 450 万 t/a 矿石产量是可能的。2011 年,850m 以下的生产勘探尚未开展,依据地质勘探时期资料确定的盘区个数,850m 中段与 700m 中段同时开采期间矿山生产能力达到 450 万 t/a 是不可能的;但在 1000m 中段回采未结束之前,1000m、850m、700m 中段同时开采期间,还有一段时间内达到 450 万 t/a 的可能。因此,要尽快开展 850m 水平以下的地质勘探工作,查明深部矿体的形态和资源储量状况,为确定二矿区下一步开采规模和金川集团公司的未来发展目标提供依据。

表 8.3　中段生产能力计算

中段名称	可布置盘区数/个	工作盘区/个	备用盘区/个	盘区生产能力/(t/d)	可达到生产能力/(t/d)
1150～1000m	9	7～8	1～2	800～1000	5600～8000
1000～850m	10	8	2	800～1000	6400～8000
850～700m	3～5	2～4	1	800～1000	1600～4000
700m 以下	2～3	2～3	—	800～1000	1600～3000

(2) 按年下降速度验证。1150m 中段(即第一中段)回采结束后,各中段年下降速度如表 8.4 所示。

表 8.4　中段年下降速度

中段	标高范围/m	尚可采出矿量①/t	中段高度/m	分段高度/m	最大生产能力/(万 t/a)	最大年下降速度/(m/a)
第二中段	1150~1000	47297808	150(尚有矿石高度②108m)	20	230	5.25
第三中段	1000~850	53084338	150	20	220	6.21
	850~700	21082914	150	20	132	9.49
	700 以下	7236623	—	—	—	—

　　① 对 1150~1000m 中段来讲,尚可采出矿量是指二期工程投产后剩余地质储量的可采出矿量;其余中段为中段的实际可采出矿量。

　　② 尚有矿石中段高度是指与 1150~1000m 中段尚可采出矿量对应的剩余地质储量的平均高度。

　　由表 8.4 可以看出,在不计第一中段(即 1150~1250m 中段)剩余矿石量的情况下,第二中段(1000~1150m 中段)的矿石量尚可供 230 万 t/a 生产规模服务约 20 年,第三中段(850~1000m 中段)可供 220 万 t/a 生产规模服务 24 年以上,在这样的时间内,建成一个新的生产开拓系统是能够实现的。也要看到,由于矿体的水平厚度差异较大,分段内各盘区下降速度不同,导致各盘区的回采标高差别较大,大多数情况下生产盘区在 3 个分段内同时开采,使得中段的开采时间较长;另外,850m 水平以下的建设没有地表直接出口,要利用现有的井巷工程,采用盲井开拓,建设时间较长。因此,金川集团有限公司应积极开展如下工作:

　　① 尽快开展 700m 中段及以下生产探矿和地质勘探,了解深部矿体的赋存状态、矿体形态和边界,为自产矿石发展规模和深部开拓工程布置提供依据;

　　② 在开展生产探矿的同时,要注重深部矿体开采技术条件,包括岩体工程地质特征、地应力状况、地热等研究工作;

　　③ 开始深部矿体开拓方案的研究工作,使深部探矿与开采工程布置充分结合,必要时提前施工控制性工程。从年下降速度看,1000m 和 850m 同时开采矿房时,2.3~3.3年完成一个采矿分段的掘进是可以实现的。根据采用的采矿方法、矿床开采技术条件,经以上计算和验证及二期投产几年的生产实践证明,1#矿体富矿开采 850m 中段和 1000m中段矿房同时生产期间,矿山生产能力是能够达到 450 万 t/a 的。

　　2) 矿山服务年限

　　二矿区 1#矿体富矿开采经过一期、二期工程和矿山改扩建工程以及 850m 中段工程建设,450 万 t/a 生产规模可生产到 2029 年。在此之前,应完成 700m 中段的开拓工程以及相应的采准工程建设,使矿山生产顺利衔接。850m 中段矿房回采 220 万 t/a 的生产能力可达 24 年以上,中段服务年限包括与 1150m 中段生产衔接期、达产期和矿柱回采期共计 28 年以上。考虑 700m 中段和 700m 水平以下的矿体,850m 中段结束以后,二矿区 1#矿体开采系统还将服务一段时间。

　　3. 主要系统

　　1) 开拓运输

　　根据《金川集团有限公司二矿区 850m 中段开采工程初步设计》,确定 850m 中段开采工程的矿石提升井为 24 行上盘主井、18 行副井和主斜坡道共同组成的主副井加斜坡道联合开拓系统。金川矿山改扩建工程的 18 行副井仅服务到 850m,考虑到矿山深部探矿和将来开拓的需要,将 18 行副井的服务范围扩大到 700m 水平,其井底标高为 745.0m,承担人员、材料、废石提升任务,并兼做 850m 开采的进风井。850m 中段盘区采出矿石由铲运机经分层联络道运到设于分段道上盘的盘区矿石溜井,下放到 850m 中段;在装矿硐室内用振动放矿机装入 6m³ 底侧卸矿车,由 14t 电机车双机牵引经过 850m 中段穿脉运输道、沿脉运输道和矿石运输石门运至设于主井旁的 1# 卸矿站(或 2# 卸矿站)翻卸入矿仓。经设于 810m 水平的旋回破碎机破碎,落入储矿仓,用振动放矿机下放到箕斗装矿皮带。

850m 中段开采工程建成后,1000m 中段回采的矿石,利用已有的矿石运输卡车系统,经过新增的 1000m 矿石转载运输道,运至设于 24 行上盘主井旁侧新建的 2 条矿石转载溜井,下放至 850m 中段;再由振动放矿机下放,经溜槽自动溜入 1# 卸矿站(或 2# 卸矿站)下部的矿仓,与 850m 采出的矿石混合,一并进入 810m 破碎站。到达装矿皮带的 850m 和 1000m 中段采出矿石,通过主井提升到地表。提升到地表的矿石经皮带转入设于主井附近的两条转载矿仓(溜井)内,下放到火车运矿平硐装入地表矿石运输列车,运往选厂。850m 中段各分段掘进废石可通过废石溜井下放到 850m 中段装入 1.2m³ 的固定式矿车,牵引到 18 行副井车场。18 行副井可将废石直接提升到地表,运往废石转载站。

2) 充填系统

进路充填料来自地表的两个充填站,承担目前矿山 400 万 t/a 的充填任务。850m 中段接替 1150m 中段,地表搅拌站具备回采盘区进路充填料浆的制备能力。850m 中段回采的充填任务由西部两个搅拌站共同承担,四合一料浆尾砂高浓度自流系统和−3mm 棒磨砂胶结料浆高浓度管道自流输送系统,单个系列搅拌筒的设计料浆制备能力均为 80m³/h,浓度为 75%～78%,沉缩比按 10% 计,每小时可充填采空区 72m³。标准采矿进路长 46m,断面面积 20m²,计 920m³。进路充填分两次进行,每次充填层厚 2.0m,充填时间 6.4h,约为 1 个班。2 个充填系列轮流对 3 条进路充填,2 天可充填完一个回采盘区。

3) 通风系统

金川二矿区二期工程已经生产多年,矿山改扩建工程的主要通风工程已建成,并开始运转。两次设计的通风方式均为多级机站,局扇辅助通风,主要通风设备运行基本正常。实践证明,二矿区所采用的多级机站通风系统是成功的,具有漏风少、风量容易控制、能耗低等优点。

850m 工程通风仍采用多级机站通风方式,原则上以矿山改扩建工程通风系统为基础,基本保持矿山改扩建工程通地表主要竖井通风功能。东西副井、2 行风井、18 行副井进风,再经过采区两端进风井:FA_2、FA_2'、FA_1'、FA_1'' 及西进风井、东进风井,进入采场。污风由盘区回风天井到 1150m、1000m 下盘回风平巷,通过 14 行回风井排到地表。一级机站设在井下各主要通风平巷内,主要作用为分配风量和增加通风动能,可节省能耗和提高通风效果。二级机站为 14 行地表风机站,起引导风流和克服回风侧通风阻力的作用。考虑充填采矿法漏风较少,设计井下实际需风总量为 467m³/s。

根据井下作业需风点的分布情况,将井下划分为回采分段、运输水平、破碎系统三个主要通风区。

（1）回采分段通风。回采通风系统包括 1000m、850m 两个回采中段,每个回采中段有各自进风天井和回风天井。1000m 中段的回采分段依靠回采范围西端的 FA_2' 进风井及矿体东端的 FA_1'' 进风井进风;盘区进路的污风经顺路回风天井回到回采水平上部的回风穿脉,再经下盘回风平巷回到 14 行回风井。850m 中段的回采分段由回采范围西端的西进风井及矿体东端的东进风井进风,采场污风经顺路回风天井回到回采水平上部的回风穿脉,再经下盘回风平巷回到 14 行回风井。

（2）运输水平通风。运输水平通风包括 1000m、850m 两个运输水平。1000m 中段采用柴油设备运输,需风量大。850m 中段采用有轨运输,需风量较少。1000m 运输水平污风经回风石门直接回到 14 行回风井;850m 运输水平污风经 850m 回风石门排至盲回风井,再经 1000m 水平回风石门到 14 行回风井。

新建的 1000m 中段矿石转载巷道的新鲜风流由 18 行副井提供。风流从 18 行副井 978m 车场绕道、通风安全巷道、通风安全小井进入 1000m 水平的矿石转载车场,稀释在矿石转载巷道运行无轨矿用卡车柴油发动机排出的尾气后,进入 1000m 现有的矿石运输巷道,与 1000m 运输水平环形运输道的污风一并由 14 行回风井排到地表。

（3）破碎系统通风。破碎系统通风主要包括破碎硐室、皮带道、粉矿清理三个水平的通风。通过粉矿回收井同时给以上三个水平供新鲜风流;其中破碎硐室设在 810m 水平,硐室内安装除尘设备,污风直接排到主井内,皮带道设在 765m 水平,皮带道和粉矿清理水平的污风直接排到主井内。

（4）排水排泥设施。初步设计中 700m 中央水泵房包括水仓、排水泵房、排泥硐室及其细泥沉淀设施等,承担 1# 矿体 6 行以东 1000~850m 中段开采期间地下涌水、盘区采矿充填溢流水以及其他生产、生活用水的排出任务;也承担 700m 中段的排水任务。中段布置 2 条水仓,总储水容积按 2500m³ 考虑。考虑矿山开拓工程布置,850m 中段开采时的水仓、排水泵房、排泥硐室建在 700m 水平,位于 18 行副井附近。水泵通过钻孔内的排水管直接将地下涌水和坑内泥沙通过管道排往设于地表的储泥库内。经过泥库沉淀后,清水用于绿化。

4. 主要基建工程

850m 中段开采工程井巷基建工程量约 70.5 万 m³,主要包括以下工程。

1) 24 行上盘主井

上盘主井位于矿体上盘现已探明矿体界线 45° 范围以外。设计井筒直径 $\phi 5.6m$,内配 17m³ 双箕斗,在 765m 水平设箕斗装矿点。有效提升高度 860m(850~1710m),井口标高 1797.6m,井底标高 697m,总工程量约 35000m³。提升机卷筒直径为 $\phi 4.6m$、6 绳的进口设备,钢绳罐道,驱动电机为交流同步电动机,采用交变频控制,电机功率 5800kW。设计提升能力为 350 万 t/a。24 行上盘主井主要提升任务有:① 1000m 中段回采结束前,承担二矿区 1000m 和 850m 中段矿石的提升任务;② 1000m 中段回采结束后、850m 中段开采结束前,担负 850m 中段产出的矿石提升任务,同时承担倒段提升到 765m 水平胶带装矿水平的 700m 中段及其以下采出的矿石;③ 850m 中段回采结束后,将 700m 中段及其以下采出的矿石倒段提升到地表矿仓。

2）地表矿石运输平硐

由于受地形限制，由主井提升到地表的矿石必须经过运输平硐才能与公司内部的既有铁路接轨。平硐总长 1837m，平硐内轮廓按内燃机车牵引标准轨距铁路隧道建筑限界设计，净断面（宽×高）为 5.0m×6.3m，净断面积为 30.8m^2。平硐内设大躲避硐 6 个，间距 300m；在大躲避硐之间平硐的两侧每隔 60m 各设置 1 个小躲避硐，共计 24 个。平硐尾部设通风井 1 条，井筒断面直径 3.5m，井深 115m。

3）18 行副井延深

18 行副井位于矿体上盘，有效提升高度自 850m 中段到地表，井底标高 804.000m，井筒直径 6.5m，内配两套各自独立提升的 4000mm×1250mm 双层单罐笼和平衡锤。850m 中段设计中将该井筒延深，使之也可服务于 700m 中段的废石提升，井底标高到 645.000m，延深长度 159m。延深后，井筒总长度 1156.500m。采用 2 台 JKM4/4 提升机，电机功率 800kW。该副井主要提升 1000m、850m 中段生产废石和 700m 中段部分基建废石、850m 中段生产人员和部分材料，同时作为 850m 中段回采的进风井。

4）850m 运输中段

850m 中段为有轨运输水平，采用上盘穿脉有轨运输方式。主要承担 850m 中段采出矿石的运输任务，矿石运输能力为 220 万 t/a，废石为 650t/d。

矿石运输为 4 列 14t 电机车双机牵引 11 辆 6m^3 底侧卸式矿车到 1$^\#$ 和 2$^\#$ 卸载站卸矿；废石运输采用 1 列 7t 电机车牵引 15 辆 1.2m^3 固定式矿车到 18 行副井 850m 中段车场。另有一列材料车担负 850m 中段材料运输任务。

850m 运输中段工程主要有：上盘沿脉有轨运输巷道 2 条、上盘穿脉有轨运输巷道和装矿硐室、矿石转载车场、废石穿脉有轨运输巷道和装矿硐室、18 行副井石门及其车场、24 行上盘主井石门及卸矿站、无轨设备维修硐室和电机车维修硐室、东进风机站和西进风机站及相关的通风设施等。

5）14 行盲回风井

原地表到 1000m 水平的 14 行回风井井底已经进入 F$_{16}$ 的影响带，不能再延深。采用倒段方式建设 14 行盲回风井，与原 14 行回风井形成接力，作为开采 850m 中段的回风井。14 行盲回风井处于矿体下盘 14 行附近，井口标高 1003m，井底标高 850m。井筒直径 6.5m，盲回风井井筒在 1003m、950m、900m 水平和 850m 中段留有马头门，以备回采期间与回风充填联络道连通。

6）700m 水泵房与变电所

700m 水泵房包括水泵硐室、水仓、排泥硐室、喂泥仓等工程和 2 条 1150～700m 排水排泥钻孔。水泵房位于 700m 中段 18 行副井附近，承担 850m 中段和将来 700m 中段回采的地下涌水、采矿盘区进路充填溢流水及其他坑内水的排出任务，并承担将水仓内沉淀泥沙排出任务。700m 水泵房排出的污水通过钻孔和管路直接排往地表。同时在 700m 中段水泵房附近设 1 座中央变电所。

7）矿石破碎站及粉矿回收系统

矿石破碎站和粉矿回收井位于 24 行上盘主井附近。破碎站位于 810m 水平，承担 850m 中段和 1000m 中段采出矿石的破碎任务，内设 PXZ0917 型旋回破碎机。箕斗装矿皮带道位于765m水平,用于将破碎后的矿石转入计量斗。在850m中段卸矿站与破碎站之间建有两条上部矿仓,破碎机与皮带水平之间建有储矿仓;破碎后的矿石可直接用振动放矿机下放到装矿皮带。粉矿回收道位于700m水平,与700m中段的巷道相通。粉矿回收井承担主井井底粉矿的提升任务,井筒自850m水平至700m水平留有850m、810m、765m和700m马头门。粉矿回收井直径4.4m,井筒内配单层2200mm×1250mm罐笼,带平衡锤。粉矿回收道和主井的地层涌水,经巷道水沟排到700m中段的水仓内。

8) 1000～850m人行盲井

1000～850m人行盲井位于矿体上盘22行附近。该井筒连通850m中段和1000m中段以及两者之间的各回采分段。井筒直径4.4m,提升机型号为2JTP-1.6,内配单层2200mm×1250mm罐笼,带平衡锤,留有1000m、978m、958m、938m、918m、898m、878m、850m单侧马头门。该井筒是850m中段开采期间各分段的人员、供风和供水通道。

9) 通风工程

850m中段开采的通风工程除已述的14行盲回风井外,还有东进风井及其进风机站、西进风井及其进风机站、1000m水平沿脉回风充填道、盘区穿脉回风充填道、14行盲回风井联络道等项工程。东进风井、西进风井的井筒净直径均为4.5m,分别留有978m、958m、938m、918m、898m、878m及850m马头门;通过进风联络道,与850m中段沿脉运输道连通。858m分段回采期间的进风问题,通过自850m水平至分段道掘通风斜巷解决。东进风井位于矿体上盘23行附近,西进风井位于矿体上盘6行附近。两条进风井的850m联络道内均设有进风机站和相应的电控硐室。1000m水平主要的通风工程包括:沿脉回风充填道、回采盘区和备用盘区的穿脉回风充填道以及14行盲回风井联络道。850m中段回采期间盘区进路的污风,经回风顺路天井到盘区穿脉回风道,各盘区污风在沿脉回风充填道汇集,从14行回风井排到地表。14行盲回风井联络道将盲回风井与14行回风井1000m现有联络道连通,850m中段回采期间作为850m中段污风出口;700m中段回采时也是700m中段的回风主要通道。

10) 1000m矿石转载运输道

850m中段开采工程建成以后,停用1000m中段现有的破碎站。1000m中段采出矿石由矿石溜井下放到1000m水平,用振动放矿机装入MKA25.5型(载重25t)无轨矿用卡车,经新建的1000m中段矿石转载运输道运至主井附近的卸载硐室,从矿石转载溜井下放到850m有轨运输卸矿站旁侧的卸矿溜槽中,进入破碎站的上部矿仓。新建矿石转载运输的端部形成环形卸载车场,设卸载硐室2座及相应的转载溜井2条。

通过安全通风小巷、安全通风小井将18行副井978m车场绕道与1000m矿石转载运输道连通,作为安全出口,也为矿石转载运输道提供新鲜风流。

11) 设备维修硐室

维修硐室包括无轨设备维修硐室和电机车维修硐室。无轨设备维修硐室位于矿体上盘16～20行,主斜坡道870m标高上下,主要承担850m中段和700m中段回采期间的无轨设备坑内小修任务和日常保养,并建有可供无轨设备加油的储油库。电机车维修硐室位于18行副井石门与矿石运输沿脉巷道之间,用于维修电机车和矿车。

12) 978m 分段工程

978m 分段是 850m 中段的首采分段,由分段联络道与分斜坡道连通。通过人行联络道、进风联络道分别与人行井、东进风井、西进风井相通,经过分层联络道可以到达生产盘区内。

13) 主斜坡道和分斜坡道

二期工程建成的主斜坡道从地表一直通达 935m 水平,850m 中段开采设计从 951.279m 一直延深到 850m 中段有轨材料运输车场,并与分斜坡道在 878m 连通,中间设置 2 个车辆避让段。设备、部分材料从斜坡道上下,用无轨设备运送。在斜坡道的 888.00m 标高分枝,连通位于 810m 标高的新建破碎站,用于破碎站的大件运输。主斜坡道净断面(宽×高)为 4.8m×4.1m,坡度为 1:7。

1000m 中段～850m 中段分斜坡道上口位于 1150～1000m 水平分斜坡道 1000m 水平岔口处,下部与主斜坡道连通。分斜坡道中在 958m、938m、918m、898m、878m 水平分别掘进分段联络道各 20m。878～858m 分段的分斜坡道留待生产水平下降,需建设 858m 分段时一同建设。

14) 坑内排泥、排水系统

水泵房设在 700m 中段 18 行副井旁侧,将坑内涌水从 700m 直接排到地表。采用 2 台水泵串联组成 1 套排水系统,满足排水扬程要求。共选用 6 台 DKM80×9 型水泵,每 2 台为 1 套排水系统,共 3 套排水系统。正常情况下,其中 1 套工作,1 套备用,1 套检修。水泵的主要工作参数为 $Q=300\text{m}^3/\text{h}$,$H=720\text{m}$,$N=1000\text{kW}$。

坑内排泥方式为用潜水泥浆泵将水仓中的泥浆送入一个搅拌槽,然后用活塞泥浆泵将泥浆压入已经开始运行的排水管,将泥浆和地下涌水一并排往地表拦泥库内。排泥泵采用 NB250-38/15 型活塞泥浆泵,其主要工作参数为 $Q=38\text{m}^3/\text{h}$,$P=15\text{MPa}$。

在 700m 中段中央水泵房建成之前,850m 中段建临时排水设施,850m 水平施工建设期间的地下水由该排水设施排往 1000m 水平现有水仓。临时排水设施包括水仓、水泵房、配电硐室和 850～978m 水平的排水钻孔及其联络道、978～1000m 的排水小井等工程,以及排水管路,设计排水能力为 400m³/d。

15) 坑内充填设施

充填料浆来自地表西部第一、二充填搅拌站,坑内充填设施包括地表到 1000m 水平的 3 条充填钻孔,以及 1350m、1150m 的钻孔硐室和联络道、1000m 的钻孔联络道。

16) 坑内供水、供风系统

由于 850m 中段开采工程是 1150m 中段的接替工程,现有的供水、供风系统完全能满足生产能力扩大的要求,850m 中段开采设计只增加管线,没有增加供水、供风设备。现有风、水管路已经通过钻孔送到 1150m 中段,从 1150m 接管,沿人行井送到 1000m 中段,再沿 1000～850m 中段的人行井将风、水送到各采矿分段。

8.2.5　深部850m中段开采回采工艺

1. 采矿方法的选择

二矿区 1# 矿体厚大,埋藏深,矿岩的节理裂隙发育,岩体软硬不均,原岩应力大。该矿体已开采多年,采矿方法历经数次演变,最终确定为机械化盘区进路下向胶结充填采矿法,盘区生产能力大,采场作业安全。

中瑞联合设计确定,并由此后多次设计继续使用的采场构成要素为主运输中段高度100~150m;中间划分为若干个分段,分段高20m;每个分段又分成5个分层,分层高4m。中段与分段有分斜坡道相通,分段至各分层有联络道相通。回采顺序为自上而下逐层进行。

沿矿体走向划分若干盘区开采,盘区宽度100m,其中回采宽度80m在盘区与盘区之间留有20m的矿柱。一个盘区内又划分为若干采区,在采区内以进路的方式进行采矿。标准进路长30m,宽×高为5m×4m。采完一条进路充填一条进路。由采区的一侧向另一侧顺序回采。几个采区一起平行作业,完成凿岩、爆破、出矿、充填等作业。

实践证明,机械化盘区进路下向胶结充填采矿法适用于金川二矿区矿岩工程地质条件。从理论计算来看,采用矿房矿柱的盘区回采方式有利于矿山的区域地压控制。

在十几年的生产实践过程中,矿山对盘区内进路采用上下分层交错布置的形式,改善了回采进路人工假顶充填体的受力状态,稳定性提高,使盘区生产能力提高、矿石的损失和贫化率降低,生产成本下降;盘区内用贯穿风流通风方式代替风筒压入抽出混合通风方法,简化了生产工艺,减少了工人的劳动强度,改善了无轨设备在盘区内的运行环境,提高了劳动效率。矿房矿柱回采顺序的尝试,将原设计的盘区矿柱与矿房一并开采,可以减少矿山的采准工程量,提高矿山总回收率。

2. 回采工艺和采矿设备的选择

850m中段设计沿矿体走向布置采矿盘区,宽100m,盘区长度为开采富矿加带采贫矿(包括上盘贫矿和下盘贫矿)的水平厚度。

中段内回采顺序为矿房自上而下,分层回采。850m中段的首采分段为978m分段;为维护1000m水平的脉内回风充填道的稳定,首采分层进路底板标高设在978m水平。盘区内采用连续开采方式,在上下分层之间回采进路交错布置。

类似于二矿区单中段开采面积达12万 m² 的矿山采用大面积连续回采下向胶结充填开采方式,在世界范围内是没有先例的,其区域地压显现,要待数个中段回采结束以后才可能有明显的表现。同时,随着开采中段的下降,矿床开采深度不断加深,深部地应力的作用方式改变,也会导致区域地压表现形式发生改变。矿山开采产生的区域应力调整对井巷工程和充填体稳定性的影响,乃至对矿山生产安全的影响还需要不断研究。为对区域应力调整的发生部位和强度进行监测,设计在850m中段设置1套微震监测系统。通过布设监测点和信号传输系统,将区域应力调整过程中发生地震波信号输送到微震分析设备,计算出其发生部位和强度。再对部位的事件发生频次和强度研究,判断地质灾害的大小,起到地质灾害预警的作用。

1) 回采工艺

设计 850m 中段仍然沿用目前矿山生产实际采用的回采工艺。850m 中段高度 150m;分段高 20m;每个分段又分成 5 个分层,分层高 4m。回采进路长 45～50m,断面 5.0m×4.0m。盘区内分 4～6 个采区,矿体水平厚度特大地段可分 8 个采区,采区内分若干个进路,各采矿工序分别在几个进路内平行作业。鉴于分层道及进路通道维护困难,进路间采用间隔回采方式。主要作业工序为:

(1) 凿岩。设计采用 H-282 型双臂电动液压凿岩台车,炮孔深度 2.6m。

(2) 爆破。采用 2# 岩石炸药落矿,导爆管起爆,人工装药。周边炮孔采用光面爆破,每个回采进尺约为 2.5m。

(3) 通风。新鲜风流从东西两端的进风井进入分段道,沿分层道进入盘区。清洗工作面后,污风经顺路天井回至上部回风穿脉,沿回风平巷回到 14 行主回风井。

(4) 出矿。进路出矿使用 JCCY-6 型柴油铲运机,将爆破崩落的矿石由进路掌子头搬运到盘区矿石溜井。

(5) 充填。第一层厚度为 2.0m,充填料浆配比为水泥：砂子＝1：4,第二层采用四合一充填料浆(尾砂、棒磨砂、水泥和粉煤灰),灰砂比为 1：8。充填进路的底板敷设钢筋加金属网,并用联系钢筋与上部充填体联系在一起。

盘区生产能力经过二期工程的计算和改扩建工程验算,都可以达到 1000t/d,矿山实际生产过程中基本上达到了这一规模。

2) 采矿设备选择

850m 中段开采仍按二期工程的采矿装备水平进行设计。矿山现有回采掘进设备已使用十余年,需要进行更新。更新设备数量按回采盘区数量和掘进工作面数计算,更新设备已列入设备明细表中。从设备备品备件的充分使用和维修、操作工人已对现有设备熟练掌握角度考虑,铲运机已经由金川集团公司引进技术,并制造出合格产品,设计按该型号更新,凿岩台车采用现使用设备的替代型号。盘区配备回采设备有 H-282 凿岩台车 1 台,JCCY-6 型铲运机 1 台,飞力渣浆泵 1 台。此外,还有材料车、湿式喷射混凝土机等设备供多个盘区共用。

3. 采矿技术经济指标

1) 矿山生产期间的掘采比

850m 中段开采期间,还需为深部中段矿石开采建设新的开拓运输系统。850m 中段开采也要为本分层下部矿石开采完成分斜坡道、分段联络道、分段道、分层联络道、矿废石溜井和风井及人行井联络道等采准工程的掘进。矿山生产期间的掘采比,为 28.31m³/kt。

按年采出矿石 450 万 t,包括下中段的开拓在内,矿山年平均产出废石量为 188550m³ (541139t),其中生产废石量为 127395m³ (365624t)。矿山日平均产出废石 571.4m³ (1590t)。

2）采矿损失率和贫化率

根据矿山近十年使用机械化盘区下向进路胶结充填采矿法的生产实践经验，采矿盘区进路回采采用间隔回采方式，在回采两条充填进路之间矿体时，充填体混入较多。因此取采矿的贫化率为7%，采矿损失率为5%。在严格控制回采进路方向及规格的条件下，贫化率还有望降低。

3）矿山生产期间的年材料消耗量

采矿主要材料单耗见表8.5，掘进主要材料单耗见表8.6。850m中段开采年主要材料消耗量见表8.7。

表 8.5　采矿主要材料单耗

序号	材料名称	单位	数量
1	炸药	kg/t	0.35
2	导爆管	发/t	0.45
3	钎子钢	kg/t	0.022
4	合金片	g/t	0.36
5	木材	m³/t	0.0007
6	柴油	kg/t	1.36
7	轮胎	条/t	0.00023

表 8.6　掘进主要材料单耗

序号	材料名称	单位	数量
1	炸药	kg/m	32
2	导爆管	发/m	34
3	钎子钢	kg/m	1.07
4	合金片	g/m	70.5
5	木材	m³/m	0.064
6	柴油	kg/m	160
7	轮胎	条/m	0.025
8	水泥	kg/m	650
9	砂子	kg/m	1050
10	石子	kg/m	2350

表 8.7　矿山主要材料消耗量

序号	材料名称	日消耗量	年消耗量
1	水泥	1164t	38.40万t
2	砂子	27.02t	8917t
3	棒磨砂	4583t	151万t
4	粉煤灰	380t	12.56万t

续表

序号	材料名称	日消耗量	年消耗量
5	水	2152t	71.04 万 t
6	炸药	5.60t	1847t
7	导爆管	7011 发	2313762 发
8	木材	11.19m³	3694m³
9	合金片	6.72kg	2219kg
10	钎子钢	328kg	108087kg
11	柴油	22.66t	7479t
12	轮胎	3.78 条	1248 条
13	石子	60.48t	19958t

4）矿山劳动生产率

虽然设计的 850m 中段矿石运输提升方式发生变化，但矿山作业人数没有变化，仅是企业内部人员转岗，依然沿用二期设计时期的劳动生产率：全员劳动生产率 4.0t/（人·d），井下工人劳动生产率 9.8t/（人·d）。

4. 工程建设

金川集团公司二矿区深部 850m 中段开采工程是二矿区 1# 矿体 1150m 中段的接替工程，由中国恩菲工程技术有限公司承担设计任务，设计工程量 67.11 万 m³，生产能力 220 万 t/a，是公司重点技改项目。原计划 2010 年建成，建设工期为 5 年。工程施工期间受多种因素的影响，工程建设进度滞后，已于 2013 年年底建成投产。

该开拓工程有 18 个子项，包括：18 行副井延深、地表火车运输平硐、上盘主井系统、溜破系统、粉矿回收系统、斜坡道、850m 水平有轨运输系统、700m 水泵房和变电所、700m 中段工程、回风系统、进风系统、978m 分段工程、溜井工程、充填系统、人行盲井、1000m 矿石转运系统、硐室工程、基建探矿工程等。

8.2.6　存在的问题与建议

1. 深部 850m 中段复杂开采作业环境影响

二矿区深部 850m 中段复杂条件下多金属伴生硫化铜镍矿开采，部分工程超过 1000m，最大开拓深度达 1165.5m，属世界公认的深部开采工程，现还在逐年向下延深。与浅部生产中段相比，随着开采深度增加，采矿作业环境发生变化，面临着岩石力学、地热、巷道支护、通风、充填等一系列问题，将呈现高应力、高地温、矿岩破碎、渗水压力大等复杂开采环境。

（1）目前二矿区采用的多中段大面积无矿柱连续开采工艺，极具挑战性，在国内外尚属首例，没有相同或相似的范例可供参考和借鉴。且进入 850m 中段开采后，采场面积将扩大至 10 万 m²，地应力将超过 50MPa，对于急倾斜特厚大的 1# 矿体，在充填体与贫矿及围岩接触带又是软弱破碎带，以及沿矿体倾斜方向和走向不留矿柱的条件下，能否安全平稳地实现大面积无矿柱连续下向开采是一个亟须解决的问题。

（2）研究结果表明，原岩温度随开采深度的增加而升高，开采深度每增加 100m，岩石温度增高 3～5℃，在深度为 1000m 时，地温将达到 30～50℃。由研究推理并结合 1150m 中段和 1000m 中段回采实际情况分析可得，深部 850m 中段及其更深部，开采时作业环境温度可能达到 40℃以上，将面临严重的地热问题，持续高温将对人员的健康和工作能力造成极大伤害，工人在热湿的空气环境中较长时间的劳动会发生中暑晕倒、呕吐和湿疹等，使劳动生产率大大下降，生产事故大大增加，同时还会降低井下设备的工作性能，缩短井下设备使用寿命。

（3）金川以往研究结果表明，金川矿区以水平构造应力为主，进入中深部开采后，地应力呈线性增加，水平应力随深度增加而增大，水平最大主应力与最小主应力差值随深度增加而增大，以致巷道岩体强度降低，巷道与支护体破坏非常严重。据统计，1150m 中段和 1000m 中段，从 1999 年开始，井下巷道返修量急剧增加，由 1999 年的 3200m 增加到 2007 年的 15617m，这可以认为是长时间岩体移动的集中表现，足以形成一次大范围的地压活动。进入 850m 中段及更深部开采后，矿山开采深度加大、采动影响加剧，必然导致巷道周围地应力分布发生显著变化，地应力值增大，巷道岩体强度降低，巷道与支护体破坏将非常严重。

（4）进入 850m 中段深部回采后，深部矿岩条件复杂、地应力和采动应力大，开采强度将逐年加大，采充循环时间缩短。20 世纪 70 年代后期确定的充填体强度标准（5MPa）是否适合深部 850m 中段及更深部矿体回采，能否满足深部安全开采人工假顶的强度要求，是关系到矿山能否可持续发展及镍矿资源能否安全合理开发利用的关键技术问题。

针对上述不利因素，二矿区工程技术人员与国内科研院校进行一系列相关合作，对影响 850m 中段开采工程安全、高效回采的问题进行广泛深入的研究，形成了深部复杂条件下高效大规模成套开采技术，为我国矿山深部开采提供借鉴与参考。

2. 资源控制

850m 以下深部矿体只有个别钻孔控制，资源控制程度很低。深部资源量、品位、形态的控制不仅关系到生产接续，也关系到矿山开发总体规划，鉴于金川镍资源在中国的重要地位，深部资源对国家镍金属总体战略具有重要意义。就已有的地质资料看，1# 矿体深部有良好的探矿潜力，但随着标高的降低，矿体的赋存规律和变化逐趋复杂，矿山尽早开展深部矿体开发的方案研究工作，可以保证矿山生产实现顺利衔接。

3. 矿山深部开采的技术问题

二矿区 850m 中段开采深度已近 1000m，已属世界公认的深井开采条件，开采环境将发生较大变化,如地应力增高、地温增高、岩体的流变性增大等;此外,岩体强度、水文地质条件都将变得更为复杂,使矿山开采难度加大。为此,应进行下列课题的研究:

(1) 深部矿体开采的岩体工程地质环境调查与评价。

(2) 矿山深部开采地压监测和采区稳定性研究。

(3) 矿山开采岩体移动规律研究及其对井巷工程的影响。

(4) 井巷工程支护新工艺和新技术研究及在受采动影响条件下的巷道支护方法研究。

850m 中段开拓工程于 2004 年底开工以来,根据金川矿区的施工经验采取了光面爆破、先柔后刚、先让后抗支护的施工方式。曾先后采用过双层喷锚网、喷锚网加钢筋混凝土、喷锚网＋中长锚索＋现浇混凝土等支护形式,这些支护形式都有一定的效果,但仍不能完全适应金川矿区深部岩石的特点。针对这种情况,试验使用双层喷锚网＋中长锚索＋锚注的联合支护形式收到了较理想的支护效果,已在二矿区开拓工程中推广应用,取得了较好的应用效果。

4. 850m 中段矿体形态变化对 1000m 中段已有工程的影响

2003 年 6 月完成的《金川集团有限公司二矿区 850m 中段开采工程初步设计》的主要设计基础资料,是 1973 年 4 月经甘肃省革委会地质局审查批准的《甘肃省永昌县白家咀子铜镍矿地质勘探储量报告》。自 2001 年 10 月开始的二矿区 1100～850m 水平生产探矿工程,于 2007 年 3 月提交《甘肃省金昌市金川铜镍矿 II 矿区 1100～850m 水平生产勘探地质报告》。两者相比,经过生产勘探,矿体控制程度提高,19 行以东,特别是 20 行、21 行、22 行、23 行、24 行矿体轮廓变化较大,1000m 水平以下 20 行以东的矿体水平厚度增加,上盘界限向上盘位移约 100m。因而,1000m 中段以下(即 850m 中段)开采范围处于 1000m 中段矿石运输巷道及水仓联络道等工程的下方,其造成的开采围岩变形与移动将会对上述工程的稳定性构成危害,应引起足够重视。850m 中段开采实施后,应对上述工程进行变形监测和加固,尽可能维持较长时间的稳定,必要时可以在开采影响范围之外重建。

5. 建立微震监测系统防止地质灾变

850m 中段修改初步设计中为二矿区增加了 1 套微震监测系统,以实时了解和掌握矿山开采引起的岩体变形发生位置、强度和变形规律,分析矿山合理的回采顺序和强度,为矿山安全回采创造较好的地压控制环境,防止大面积地压活动的地质灾变发生。

8.3　三矿区深部开采工程

三矿区 F_{17} 以东深部开拓与扩能技术改造工程是在金川矿山改扩建工程 $2^{\#}$ 矿体 F_{17} 以东富矿开采工程的基础上实施的项目,设计生产能力 120 万 t/a,服务年限 25a。

该改造工程开采范围为 II 矿区 $2^{\#}$ 矿体 40～52 行勘探线,1182.5m 水平以下到 1040m 水平之间的所有矿石,可采矿石储量 2041 万 t,金属含镍量 21.7 万 t,金属含铜量 11.6 万 t。基建工程量 10.5 万 m^3,项目总投资为 2.1 亿元。设计工程量 8013m/ $104560m^3$,基建工期 2 年,于 2007 年 9 月开工,计划 2009 年 9 月完工。后来因基建进度严重滞后于计划,后又对基建的方案进行优化,提出新的基建进度计划:2009 年 9 月形成 1050m 水平 46 行以西出矿系统;2010 年底形成 1050m 水平 46 行以东出矿系统,满足生产接替需要。

2007 年 F_{17} 以东矿山生产规模达到 100 万 t。从 2008 年开始,三矿区将原设计六角形进路采矿工艺调整为下向机械化水平矩形进路胶结充填采矿工艺,采出矿能力进一步提高,实现当年采出矿 120 万 t。在没有利用深部开拓与扩能技术改造工程的前提下,利用原有系统,已经实现《三矿区 F_{17} 以东深部开拓与扩能技术改造》1150m 中段 120 万 t 达产设计规模,2009 年产量 133 万 t,2010 年产量 130 万 t。由于 F_{17} 以东矿山提前投产,多采出矿石 65 万 t(2004 年 21 万 t,2005 年 44 万 t),所以 2010 年之前多采出矿石超过 200 万 t,投产后高负荷开采多采出矿石约 150 万 t。

一方面矿山年产量超计划较大,F_{17} 以东各盘区的下降速度很快;另一方面基建工程的严重滞后,致使三矿区现在生产的 F_{17} 以东矿山深部开拓工程和接替采准工程双重滞后,采掘失调矛盾依然存在。以回采标高下降最快的 II 盘区作参考,转入第 8 分层时间为 2008 年 11 月(底板标高 1159m),由于分段采准工程建设需要 2～3 年,所以 1150m 分段工程应从 2007 年 4 月开工建设,2008 年 11 月之前应完成 1150m 分段建设。由于超负荷开采,F_{17} 以东深部开拓与扩能技术改造开拓项目已经不可能完成与生产的正常衔接。截至 2011 年 3 月,1130m 分段平面工程基本完工,1130m 分段盲井工程累计完成溜井 4 条、风井 1 条,还有 4 条井未施工,仍然需要 0.5～1.5 年才能完成。1050m 中段工程也严重滞后于设计工期,还剩余掘进工程量 434m,需要 0.5～1.5 年才能完成掘进、支护、铺设轨道及相关设施安装,斜坡道延深需 1.5～2 年的时间。

根据金川集团公司的要求,三矿区年出矿量已达到 140 万 t,除 F_{17} 以西,F_{17} 以东每年的出矿量应在 108～110 万 t,采矿速度进一步加快。根据现阶段回采现状、盘区地质界线的变化,随着回采标高的降低,矿体界线收缩加剧,同一标高的总矿量也相应减少,对基建工程的压力进一步加大,特别是 IV 盘区和 V 盘区。随着 F_{17} 以东深部开拓与扩能技术改造工程的施工及 F_{17} 以东 1150m 转段措施工程的陆续开工,F_{17} 以东矿山各采场回采保证了生产的连续性,有利于矿山的可持续发展,采掘严重失调矛盾得到进一步缓解。

目前存在的问题是生产巷道返修工程量大,对生产系统造成较大影响。三矿区 F_{17} 以东矿山自 2004 年投产以来,生产巷道返修工程量逐年增加,特别是近两年由于采矿扰动加剧,巷道变形开裂严重,返修工程量增幅较大。F_{17} 以东矿山 1172m 分段道及分层联络道、1150m 中段有轨运输道、斜坡道及 1200m 回风道等工程大范围收敛、变形、底鼓、开裂,导致无轨设备和有轨运输车辆正常通行困难,且通风阻力加大,需进行返修和加固。

8.4 本章小结

本章简要叙述了龙首矿、二矿区和三矿区深部开采工程的设计、施工和关键技术研究情况。

龙首矿目前进入或接近深部开采的采区有两个:东部采区深部扩能工程和中西采区深部工程。东部采区扩能工程,截至 2009 年底,东采区 1160m 中段已回采结束,1100m 中段已投入生产,1100m 水平为运输水平,1100m 水平以下各中段正在基建之中。目前,龙首矿中西采区陆续转入 1220m 中段回采,1100m 中段正在进行基建。1100m 中段开拓工程建成投产时,预计 1220m 中段的回采也接近尾声,1100m 中段即为 1220m 中段的接替工程。

二矿区 850m 中段开采工程设计范围为二矿区 1# 矿体 850~1000m 标高 26~6 行范围内富矿和下盘贫矿。二矿区目前回采中段为 1150m 中段和 1000m 中段,其接替中段分别为 850m 中段与 700m 中段。矿山改扩建工程完成后,二矿区 1# 矿体已经形成的出矿能力为 9000t/d。二矿区 1# 矿体厚大,埋藏深,矿岩的节理裂隙发育,岩体软硬不均,原岩应力大。该矿体已开采多年,采矿方法历经数次演变,仍使用比较成熟的机械化盘区进路下向胶结充填采矿法,盘区生产能力大,采场作业安全。

三矿区 F_{17} 以东深部开拓与扩能技术改造工程是在金川矿山改扩建工程 2# 矿体 F_{17} 以东富矿开采工程的基础上实施的项目,设计生产能力 120 万 t/a,服务年限 25 年。建成投产后将为三矿区提供稳定的产量。

第9章 金川矿山充填工艺与系统

9.1 龙首矿充填系统

龙首矿的第一个充填系统建成于1965年,是第一期工程(浅部)简易充填系统,主要为1580m水平以上8~12^{+25}行的富矿体采矿服务,1974年停用。

1971~1974年由北京有色冶金设计研究总院、长沙矿冶研究所和龙首矿共同试验、设计建成的混凝土充填系统,采用了一些先进工艺,实现了充填系统机械化。

1981年,北京有色冶金设计研究总院在龙首矿深部开拓系统设计中,对1460m中段以下的充填系统进行技术改造,设计采用了细石混凝土和细砂胶结料管道自流输送新工艺的深部充填系统。1988年4月,对细砂管道输送进行试车,并在1462m水平15行进行充填,一次成功,自此建起了深部充填系统。1992年,又建成了西部充填系统,设计采用了小于3mm的戈壁集料棒磨砂料浆管道自流输送工艺。但在生产中多数采场仍采用小于25mm的戈壁破碎集料混凝土充填,以保持低水泥配比和较高的充填强度。至1993年,东、中、西三个采区都有了各自独立的充填系统。东、中采区的地表制浆站在地表10行下盘附近,西采区的地表制浆站在露天坑边坡,现今全部采用细砂胶结管道充填。

龙首矿现有充填系统由充填工区统一负责管理和维护。该系统主要由充填料搅拌系统、水泥制浆系统、砂石储存及运输系统几部分组成。整个系统有浓度计、流量计、冲板式流量计、调节阀、电动控制阀、电子皮带秤等对全过程实施监测和控制。

龙首矿目前有三套独立的充填系统,即东部充填系统、西部充填系统及西二采区充填系统,承担龙首矿2011年70万m³充填量。

龙首矿自20世纪70年代采用下向进路分层胶结采矿法,充填一直采用粗骨料进行。粗骨料搅拌站主要由搅拌楼、供料系统和地面料仓等组成。粗骨料充填物料为−25mm戈壁集料、闪速熔炼炉渣、干粉煤灰、破碎块石和少量废石等,胶结料使用32.5普通硅酸盐水泥。破碎的戈壁集料由准轨火车牵引50t自翻车卸入中部搅拌站砂石井或地表砂石仓中储存。砂石井直径3.5m,井深78m,可存860m³充填料,西部地表砂石仓仓容约1300m³。

碎石厂破碎的块石料,要求含砂度不低于35%,其来源为戈壁集料和露天开采排出的废石。水泥是用8t散装汽车罐拉运到搅拌站,压风吹入水泥圆筒仓中储存。水泥仓直径5.0m,高15.4m,可容纳900t左右水泥。粉煤灰用60t火车罐拉运,压风吹入直径4m、高12m的圆筒仓中储存。该仓可存储300t左右粉煤灰。

充填用水由水池供给,容量500m³。水泥由灰仓底部漏斗经双管螺旋给料机均匀给料,冲板流量计计量后进入灰浆搅拌桶(直径1.3m×1.5m),水经电磁流量计计量后给水到搅拌桶,按1.3~1.4(不含粉煤灰)的水灰比制浆,同时干粉煤灰由U型螺旋给料机给料经冲板流量计计量后进入搅拌桶共同搅拌成浆体,自流或泵送到中、东部井下搅拌站。灰浆输送管路上安装有流量计和密度计检测流量和浓度。

目前,龙首矿正在试验采用粗骨料代替棒磨砂、粗骨料管道输送等技术,向降低充填成本、提高充填质量的方向发展,而加强充填材料、充填工艺和充填过程控制这三个方面,是逐步实现金川矿山的低成本、高质量充填工艺新技术的重要途径。

9.1.1　东部充填系统

龙首矿东部充填系统是在原中、东部粗骨料充填系统的基础上改造而成的细砂管道胶结充填系统,由金川镍钴研究设计院和自动化研究所联合设计。2003 年 3 月开始施工,于 2004 年 7 月 20 日建成投产,主要服务于龙首矿东、中采区的所有采场。工程投产后,龙首矿中东部的充填能力由原设计的 $60m^3/h$ 增至 $100\sim120m^3/h$,同时简化了充填料制备工艺,提高了充填连续性,加强了充填质量控制,减少了充填故障,改善了作业环境,降低了操作人员的劳动强度。

1) 供料情况

东部充填系统现建有一座 $12m\times38m\times4.5m$ 的卧式砂仓,仓容约为 $2000m^3$,储料量最大 3000t,分为大、小料仓。其中,大料仓规格为 $12m\times22.5m\times4.5m$,小料仓规格为 $12m\times15.5m\times4.5m$。砂仓一侧建有 3 个 $\phi2m$ 的稳料仓,容积各为 $24m^3$。其中:$1^\#$ 稳料仓存风沙,$2^\#$ 稳料仓存棒磨砂,$3^\#$ 稳料仓存水淬渣。卧式砂仓中的物料通过抓斗吊装至相应的稳料仓。稳料仓底部安装 $\phi2m$ 的圆盘给料机,其中 $1^\#$、$3^\#$ 稳料仓圆盘给料机给料能力分别为 80t/h,$2^\#$ 稳料仓圆盘给料机给料能力可达 120t/h。

$1^\#$ 皮带输送机长 42m,宽 800mm,采用 5.5kW 的电机控制,负责将 3 台圆盘给料机供应的骨料输送到 $2^\#$ 皮带上,输送能力 250t/h;$2^\#$ 皮带安装在地表皮带廊内,经 2005 年改造后,长度在原有基础上缩短为 120m,宽 800mm,负责将 $1^\#$ 皮带输送的骨料倒运到充填制备站附近的 $4^\#$ 稳料仓,输送能力 250t/h;$4^\#$ 圆盘给料机下方安装长 7.1m、宽 500mm 的 $3^\#$ 皮带,采用 4.5kW 的电动滚筒驱动,正常输送能力为 $160\sim180t/h$,最大可达 200t/h,负责将 $4^\#$ 稳料仓的骨料输送到砂浆搅拌桶。$4^\#$ 稳料仓容积为 $33m^3$,在料仓底部装有 1 台 $\phi2m$ 的圆盘给料机,主要存放和输送来自 $2^\#$ 皮带的骨料,供料能力可达 200t/h。

东部充填站建有 1200t 水泥仓 1 座、500t 粉煤灰仓一座,分别用来储备水泥和粉煤灰,采用型号为 $\phi250mm\times2500mm$、功率 7.5kW、转速 1440r/min 的双管螺旋给料机分别向各自的灰浆搅拌桶供料。螺旋给料机设计输送能力 25t/h,灰浆搅拌桶型号为 $\phi1.7m\times1.8m$,通过功率为 7.5kW、转速为 960r/min 的电机驱动完成灰浆搅拌。水泥浆和粉煤灰浆在灰浆搅拌桶内制备均匀后,通过砂浆泵泵送至砂浆搅拌桶内。

2) 砂浆制备系统

骨料和水泥浆、粉煤灰浆汇集到 $\phi2.0m\times2.1m$ 的砂浆搅拌桶内,由功率为 45kW、转速为 980r/min 的电机驱动搅拌形成充填料浆,叶轮转速 240r/min,设计制备能力为 $80\sim100m^3/h$,实际充填能力已达到 $120m^3/h$。

3）输送系统

制备均匀的充填料浆经过浓度计测定输送质量浓度、流量计测定浆体流量后,通过内衬有 $\phi219mm \times 26mm$ 的耐磨陶瓷管的一级钻孔(地表 1682～1408m 水平)、套管内径为 100mm 的二级(1408～1280m 水平,管道预埋在 8 行盲竖井内)和三级(1280～1220m 水平,管道预埋在 7 行通风井内)钻孔及相应倾斜与水平管道输送至采场进行充填。

4）控制系统

系统采用 A-B 公司的 PLC-SLC500 及先进的智能化仪表进行自动控制,所有参数(如给砂量、给灰量、给水量等)通过自反馈系统进行自动调节。

9.1.2　西部充填系统

龙首矿西部充填系统由金川镍钴研究设计院设计,建安公司和龙首矿施工,始建于 1985 年,投产于 1992 年 12 月。西部采区充填系统为细砂管道胶结充填系统,日充填能力 700m³,主要负责西采区 16 行以西的采场充填工作。

西部充填制浆站建有 3000t 砂仓、500t 水泥仓、粉煤灰仓各一座,有皮带机、螺旋给料机、灰浆搅拌桶等设施,部分检测仪表及 DCS 集散控制系统一套,设计输送能力 80m³/h,实际输送流量为 100m³/h 左右。

1）供料情况

充填骨料储存在 10m×45m×4.5m 的卧式砂仓内,仓容 2000m³,储料量最大 3000t,分为大、小料仓。砂仓一侧建有两个 $\phi2m$ 的圆盘稳料仓,容积各为 24m³。其中,1# 稳料仓存风沙,2# 稳料仓存棒磨砂。卧式砂仓中的物料通过抓斗吊装至相应的稳料仓。稳料仓底部安装 $\phi2m$ 的圆盘给料机,1#、2# 圆盘给料机给料能力分别为 80t/h 和达 120t/h。来自圆盘给料机的充填骨料通过长 37m、宽 500mm 皮带输送机(电机功率 5.5kW)转运至砂浆搅拌桶,皮带输送机正常输送能力为 160～180t/h,最大可达 200t/h。充填站有 500t 水泥仓、粉煤灰仓各 1 座,分别用来储备水泥和粉煤灰,通过型号为 $\phi250mm \times 2500mm$、功率 5.5kW、转速 1440r/min、速比 12.64 的双管螺旋给料机分别向各自的灰浆搅拌桶供料。螺旋给料机设计输送能力 37kW,灰浆搅拌桶型号为 $\phi1.3m \times 1.3m$,通过功率为 3kW、转速为 960r/min 的电机驱动完成灰浆搅拌。水泥浆和粉煤灰浆在灰浆搅拌桶内制备均匀后,通过砂浆泵泵送至砂浆搅拌桶内。

2）砂浆制备系统

骨料和水泥浆、粉煤灰浆汇集到 $\phi2.0m \times 2.1m$ 的砂浆搅拌桶内,由功率为 45kW、转速为 980r/min 的电机驱动进行搅拌形成充填料浆,叶轮转速 240r/min,设计制备能力为 80～100m³/h,实际充填能力已达到 100m³/h。

3）输送系统

制备均匀的充填料浆经过浓度计测定输送质量浓度、流量计测定浆体流量后,通过套管内径为 152mm 的一级钻孔(地表 1678～1591m 平硐)、套管内径为 152mm 的二级(1574m 平硐至 1424m 水平)和三级(1424～1340m 水平)钻孔及相应管道输送至采场进行充填。

4）控制系统

系统采用中控 DCSSUPCONJX-100 及先进的智能化仪表进行自动化控制,自动化程度高,运行可靠,操作简单方便。所有参数(如给砂量、给灰量、给水量等)通过自反馈系统进行自动调节。

9.1.3 西二采区充填系统

龙首矿西二采区充填系统由中国恩菲工程公司设计,金川集团公司工程建设有限公司组织施工。西二采区制浆站于 2010 年 12 月试生产使用,采用细砂管道充填,建有一座 44.5m×12.3m×5.5m 的卧式砂仓,仓容为 3000m³,储料量最大 4500t。砂仓中建有两台 16t 抓斗桥式起重机和 ϕ3m 圆盘稳料仓一个。砂石料经过一条长约 1200m、带宽 0.8m 的皮带来输送。1# 圆盘的砂石料通过这条皮带输送到 3 个容积各为 150m³ 的棒磨砂缓冲砂仓,再通过棒磨砂缓冲砂仓底部供砂用的三台 ϕ2m 圆盘给料机、三台皮带运输机输送至砂浆搅拌桶。

西二采区充填搅拌站建有 3 个容积各为 300m³ 的水泥仓,并安装了 3 套 24 袋除尘系统及 64 袋收尘系统。设计为 3 套制备系统,每套设计能力为 80m³/h。每套砂浆制备系统由 1 个棒磨砂仓、1 个水泥仓和 1 个搅拌系统组成。3 套系统中,2 套设有加压泵装置,1 套为自流输送系统,整个制浆过程为一级搅拌完成。灰浆和砂石料须在 ϕ2m×2.1m 砂浆搅拌桶内制备均匀。1554m 水平中段以上充填时,需要用加压泵加压泵送充填料浆至采空区。1430m 中段充填时,料浆通过钻孔及充填管路自流至采空区实施充填,砂浆输送管道采用刚玉复合钢管。西二采区充填钻孔目前由一级钻孔构成,分别为 (1737～1650m)1#～3# 钻孔和 (1737～1554m)4#～6# 钻孔。1737.5(地表钻孔走廊)～1650m(充填回风道)设计有 3 条 ϕ219mm 的高铬复合管材质钻孔。1# 钻孔正在使用,2#、3# 钻孔备用,主要服务 1554m 中段以上 1630m 分段以下各采场充填任务,由于充填倍线过大,充填料浆采用加压泵加压泵送至采空区。

1737.5(地表钻孔走廊)～1554m(充填回风道)设计有 3 条 ϕ219mm 的高铬复合管材质钻孔,4# 钻孔正在使用,5#、6# 钻孔备用,6# 钻孔为不耦合可修复钻孔,主要服务 1430m 中段以上 1534m 分段以下各采场充填任务,充填料浆靠自流输送至采空区。

井下各钻孔联络道、主充填道、采场穿脉充填道均使用耐磨性好的 ϕ133mm 刚玉复合钢管,采场内充填回风井敷设的充填管为 ϕ133mm 矿用树脂管,规格与刚玉复合钢管配套。

9.1.4 西二采区 58 矿体充填系统

在 58# 矿体风井口附近设充填搅拌站,内设 1 个 ϕ4m、高 8m 的水泥仓,水泥通过仓底设 ϕ175mm×2.5m 的双管螺旋喂料机给 ϕ1.5m×1.5m 搅拌槽喂料。充填用棒磨砂在堆场存放,需要时用前装机取料给圆盘给料机喂料,经皮带输送到搅拌槽。搅拌好的料浆通过风井内铺设的充填管、各穿脉充填管自流到采场充填。在搅拌槽料浆出口管路上装设浓度计、流量计和电动管夹阀,用以检测和控制充填料浆的浓度和流量。

9.2　二矿区充填工艺技术研究

9.2.1　充填工艺现状

Ⅱ矿区充填料浆制备系统现有两个搅拌站,分别是建设于二矿区开发初期的西部一期搅拌站和二期搅拌站。充填料浆制备系统包括棒磨砂仓及输送皮带、水泥仓、粉煤灰仓、尾砂仓和料浆搅拌设施等。充填料浆制备系统采用的料浆制备工艺有高浓度细砂管道自流输送胶结充填工艺(自流系统)和尾砂膏体泵送充填工艺(膏体系统)。一期搅拌站于1982年建成,采用自流系统制备工艺,设计5套自流系统。目前正常使用两套自流系统,另有一套自流系统备用,设计能力为满足出矿5500t/d矿石生产能力的充填任务。二期充填搅拌站于1996年开工建设,1999年8月交付使用,包括两套尾砂自流充填系统和一套尾砂膏体泵送充填系统,正常时,两套生产,一套备用。西部第二搅拌站于1992年设计,1998年建成投产,二矿区二期工程生产规模为日出矿8000t,即年出矿264万t,达产后每天平均需充填采空区2640m³,考虑不均衡因素,日充填量为3170m³。原西部搅拌站主要为承担出矿4000t/d的充填能力,另4000t/d的采矿生产能力由新建的西部第二搅拌站承担。因此,西部一、二期搅拌站的充填设计能力为88万 m³/a。

鉴于供砂系统、供灰系统、供水系统的限制,且膏体充填系统工艺不完善,占用一套自流搅拌系统的供灰及搅拌设施,整个二矿区充填系统实际只能3套自流搅拌系统或2套自流搅拌系统、1套膏体系统同时运行。其中,一期只能2套自流搅拌系统同时运行,二期只能1套自流搅拌系统或1套膏体系统运行。为了满足二矿区"十一五"发展规划充填任务的需要,在西部二期搅拌站的西南侧新建了一个新的自流充填系统搅拌站。

9.2.2　西部一期充填搅拌站

一期搅拌站于1982年建成,分为东、西部两个充填搅拌站。一期工程结束后,东部充填系统交付F_{17}以东使用。西部一期充填搅拌站设计有5套自流充填料浆制备系统,采用高浓度自流充填工艺,充填骨料为−3mm棒磨砂,胶结材料为P.O32.5普通硅酸盐散装水泥(2009年开始采用复合硅酸盐水泥),灰砂比为1∶4,料浆质量浓度为77%～79%,料浆流态为高浓度,均似质浆体。每套系统的设计充填能力为80m³/h(实际充填能力为100～120m³/h)。西部一期充填搅拌站在运行过程中,对机械设备和控制系统都进行了多次改造。西部一期充填搅拌站的供砂系统由一台起重量为15t的抓斗起重机、一台直径为ϕ3m的圆盘给料机、两条宽度为1000mm的接力输送皮带、每套系统一个缓冲砂仓和一条宽度为500mm的给料皮带等组成。投产运行后,圆盘给料机的给料能力不够,只能满足2套充填系统同时运行。供砂系统如图9.1所示。

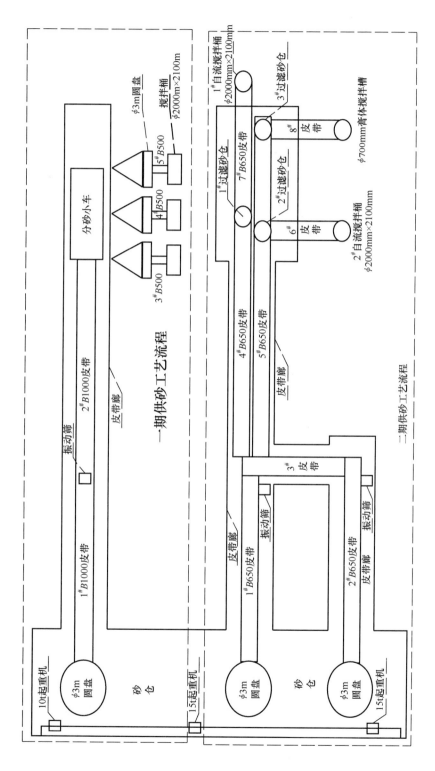

图 9.1　二矿区西部充填搅拌站供砂流程图

西部一期充填搅拌站的供灰系统由 2 个有效储量 1450t 的水泥仓、1 个有效储量 930t 的粉煤灰仓,经 3 个双管螺旋给料机给料,2 条 ϕ500mm 的 U 型螺旋输送机接力输送,2 台 ZL450 型斗式提升机提升,再经 1 条 ϕ500mm 的 U 型螺旋输送机输送到每套充填系统的水泥缓冲仓,在每套系统的水泥缓冲仓下再由双管螺旋给料机给料将水泥输送到搅拌槽中。一期的供灰系统流程复杂,线路长,一台设备出现故障都将影响到所有充填系统停产,且供灰能力也只能满足 2 套充填系统同时运行,如图 9.2 所示。

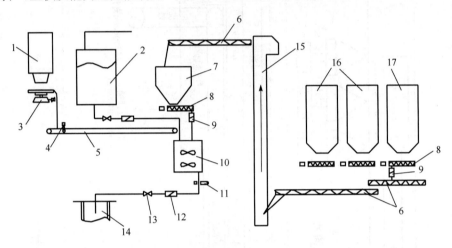

图 9.2　西部一期高浓度细砂管道自流输送胶结充填工艺

1. 棒磨砂仓;2. 水箱;3. ϕ2m 圆盘给料机;4. 核子秤;5. B500mm 带式输送机;6. 螺旋输送机;
7. 稳料仓;8. 双管螺旋给料机;9. 冲板流量计;10. ϕ2m 搅拌桶;11. 密度计;12. 流量计;
13. 电动调节阀;14. 1600m 充填井;15. 斗式提升机;16. 水泥仓(1450t);17. 粉煤灰仓(930t)

为确保充填质量,充填料浆在制备过程中必须对各种物料、灰砂比、浓度、搅拌桶液位等参数严格监测和控制。为此,该充填站采用先进的智能型仪表和计算机在线自动控制,确保了制备料浆系统始终运行在高浓度料浆制备状态,真正实现高浓度料浆充填。

供灰工艺烦琐、输送距离长、环节过多等因素,造成系统故障率高,设备维护量大,水泥、粉煤灰等充填物料从螺旋输送机及搅拌桶缝隙冒出,粉尘回收系统繁忙。原设计一期西部充填搅拌站有五套自流搅拌系统,由于 1#、2# 搅拌系统与供砂、供灰系统不匹配,在 1991 年技术改造中拆除了 1#、2# 搅拌系统,且 3#、4#、5# 搅拌系统在 1989~1992 年先后进行了两次技术改造。因此,针对搅拌站供灰系统,进行了如下改造:取消搅拌站一楼螺旋输送机、四楼 U 型螺旋输送机、两台式提升机及三楼三台双管螺旋给料机,并拆除四楼收尘管路和收尘设备,取消到搅拌桶的三条输水管线。系统改造为:在两个水泥仓底部安装三台灰浆搅拌桶,水泥及粉煤灰从仓内经双管螺旋和冲板流量计直接输送到新安装的搅拌桶,再从搅拌站三楼水箱引三条输水管线至该搅拌桶,进行水泥浆体制备,制备后的浆体利用泥浆泵输送到搅拌站三楼的三个高浓度搅拌筒中进行充填料浆制备。

由于供砂和供灰设施能力不够等原因,目前西部一期充填搅拌站实际是 2 套系统同时运行(3# 已经停用),无备用。若按每套系统平均纯作业时间 14h/d、330d/a 计算,西部一期充填搅拌站的充填能力可达到 73.9 万 m³/a,可以满足采矿 200 万 t/a 的充填要求。

目前,二矿区一期充填系统只有 4$^{\#}$、5$^{\#}$ 搅拌系统能同时充填作业,3$^{\#}$ 系统备用。控制系统采用以可编程序调节器 KMM 为主体的工艺参数自动控制系统,主要设备为三台桥式抓斗起重机(与二期搅拌站共用)、一台 ϕ3m 圆盘给料机、两套 B1000 皮带输送机、两套 ϕ500mmU 型螺旋输送机和两台 ZL450 型斗式提升机。工艺流程如图 9.2 所示。

9.2.3　西部二期充填搅拌站

西部二期充填搅拌站由北京有色冶金设计研究总院与金川镍钴研究设计院共同研究设计,于 1996 年开工建设,1999 年 8 月交付使用。该搅拌站包括两套自流充填料浆制备系统和一套膏体充填料浆制备系统,其中自流搅拌系统设计能力为 80~100m^3/h,膏体搅拌系统设计能力为 60~80m^3/h,采用美国 Honeywell 公司 TDC3000 型集散控制系统。由于膏体系统工艺不完善,采用地表添加水泥方式,一直占用其中一套自流系统的供灰及搅拌设施,二期充填搅拌站只有一套自流搅拌系统和一套膏体充填搅拌系统能用。

1. 自流充填料浆制备系统

自流充填料浆制备系统采用高浓度自流充填工艺,充填骨料为棒磨砂和分级尾砂,胶结材料为水泥加粉煤灰,其配比参数为尾砂:棒磨砂:水泥:粉煤灰＝1:1:0.37:0.22,浓度 75%,充填能力为 80m^3/h。二期充填系统的尾砂供料是在选厂先对尾砂分级,分级后的粗尾砂用油隔离泵输送到 6 个直径为 ϕ7m、有效储砂量为 824t 的立式尾砂仓,经造浆后自流放砂供给自流和泵送充填系统。二期充填系统设有 1 个直径为 ϕ10m 的水泥仓(有效储存量 1450t)和 1 个直径为 ϕ10m 的粉煤灰仓(有效储存量 930t)。在仓下设双管螺旋给料机和螺旋输送机,分别供给自流和膏体充填系统使用,如图 9.3 所示。

自流充填的棒磨砂供料系统由一台起重量为 15t 的抓斗起重机抓料,一台直径为 ϕ3m 的圆盘给料机给料,经 B＝650mm 的 2 条皮带(1$^{\#}$ 和 5$^{\#}$)接力输送到 2 个缓冲砂仓,在每个缓冲砂仓下设有 1 台 ϕ2m 的圆盘给料机和 1 条 B＝500mm 的皮带(6$^{\#}$ 和 7$^{\#}$),分别将棒磨砂供给到自流系统的搅拌槽。

目前,每套自流搅拌系统具备棒磨砂和水泥按灰砂比 1:4 打底充填的能力,料浆浓度达 78%,实现了高浓度料浆细砂管道自流充填,主要设备包括:5 条 B650 皮带输送机、2 条 B500 皮带输送机、2 个 ϕ300mm 双管螺旋、2 个 ϕ400mmU 型螺旋以及两套搅拌设备。同时,由于膏体充填系统水泥添加方式的改造,占用了 2$^{\#}$ 自流料浆制备系统。

2. 膏体充填料浆制备系统

二矿区膏体充填实验研究始于 1987 年,是国家“七五”期间金川公司和北京有色冶金设计研究总院共同合作的重大科研攻关项目。室内模拟实验结束后,于 1989 年底开始在二矿区东部充填搅拌站做地表环管试验和半工业试验,历时两年取得初步成功,并于 1991 年将该成果应用于二矿区二期充填搅拌系统。

膏体搅拌系统原设计能力为 60~80m^3/h,年生产能力为 20 万 m^3,主要设备包括两台德国 Schwing 公司生产的 KSP140-HDR 型双缸液压活塞泵、一台 PM 公司生产的 KOS2170 型双缸液压活塞泵,控制系统采用美国 Honeywell 公司的 TDC3000 型集散控

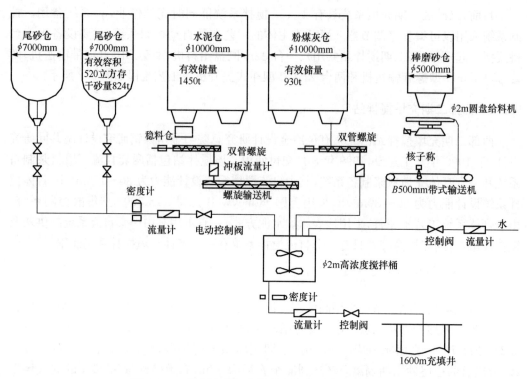

图 9.3　二期高浓度细砂管道自流输送胶结充填工艺

制系统;水泥活化搅拌、水平带式过滤机、双轴搅拌槽、尾砂旋流分级系统等设备均为国内自行设计制造。

　　膏体充填料浆制备系统设计为分级尾砂、－25mm 破碎戈壁集料、水泥加粉煤灰混合料膏体泵送系统,其配比参数为尾砂:碎石:水泥:粉煤灰＝1:1:0.25:0.125,浓度82%,系统的设计充填能力为 60m³/h。

　　膏体充填系统设计时,尾砂需经水平真空带式过滤机过滤,用皮带输送滤饼;粉煤灰在地表干加,碎石、尾砂、粉煤灰三种物料的混合料经两段卧式搅拌机进行搅拌,在地表和井下各设 1 台德国 Schwing 公司生产的 KSP140-HDR 型双缸液压活塞泵进行接力输送;而水泥是首先由 1 台活化搅拌机进行搅拌,由 1 台德国 PM 公司生产的 KOS2170 型双缸液压活塞泵输送到井下的接力泵站,将水泥浆加到接力泵站的搅拌机中。

　　尾砂膏体泵送充填是以棒磨砂和全尾砂(质量浓度为 30%～50%)为主要骨料,复合硅酸盐散装水泥为胶凝材料,料浆质量浓度为 76%～81%,依靠 KSP140-HDR 型液压活塞泵输送,充填管采用 φ133mm 耐磨管,经四个中段,服务 19 个作业盘区(1178m 分段 7 个,1098m 分段 1 个,1078m 分段 8 个,978m 分段 3 个),管道长万米,充填倍线为 4～5。其形成的充填体强度质量均满足 $R_{28} \geqslant 5$MPa。

　　由于尾砂供料系统存在严重缺陷、水泥浆制备与输送系统不合理、膏体输送管路连接方式不科学和系统环节复杂等原因,膏体系统一直不能达到设计生产能力,金川集团公司给予了高度重视与关注。从 2000 年开始,在北京有色冶金设计研究总院和金川镍钴研究设计院共同指导下,二矿区针对膏体充填系统存在的问题,开展了一系列的技术改造工作。2008 年膏体充填生产能力达到 20 万 m³。

3. 膏体泵送充填技术的特点与关键技术

膏体充填工艺的主要特点是输送的料浆浓度高,呈膏体状态,浓度可达到 85%～88%,膏体料浆的塑性黏度与屈服应力较大,不能自流,需采用泵压输送。膏体料浆有良好的稳定性和可塑性,不沉淀、不离析、不脱水,并有一定比例的细粒物料,更适合采用全尾砂充填材料。由于膏体充填料浆不脱水,故沉缩率非常小,有利于采场充填接顶,并可避免水泥流失,减少水泥用量,充填体强度更能得到保障。膏体在管路中的流动呈柱塞状,属于非牛顿流体,其始终保持恒速流动,在沿管道横断面的垂直轴线上没有明显的浓度梯度,料浆输送可靠,对管道的磨损很小。膏体充填料的优点弥补了自流输送充填中的不足和存在的问题。

膏体泵送充填技术与目前采用的充填技术如自流充填技术相比,在充填材料选择、配比以及输送等方面都有了新的发展,技术水平更高,可主要归纳为以下几个方面:

1) 充填材料的选择及配比

根据充填材料的物理力学性质,合理选择充填料,合理确定充填材料配比,是膏体充填技术首先要解决的问题,二矿区现采用的充填材料和配比就是在经过大量的试验后确定的。

2) 膏体料浆的流变特性

膏体料浆属似均质或结构体,存在较高的屈服切应力,其黏性对流动性影响较大,需要研究其流变特性,建立流变模型,确定不同物料浓度、粒度及管径对输送状态的影响程度。

3) 膏体泵压的输送性能

膏体泵压输送是膏体充填技术的关键,充填材料的可泵性、充填管道的管流阻力、压力损失以及管路敷设、设备性能等直接关系到膏体泵压输送的效果,需要采取各种有效措施和手段,如保证一定的细粒级成分,适当增加粗粒级含量,添加减阻剂,适当加大输送管管径以及降低流速等,并使充填物料充分混合均匀和满管输送。输送泵是泵压输送的关键设备,其结构、性能要满足膏体泵压输送要求。管路敷设、弯管、接头、阀门的特殊要求也要给予重视,以使整个工艺符合膏体泵送的需要。

4) 全尾砂脱水

制备全尾砂膏体料浆首先必须对全尾砂进行脱水处理,除去尾砂中大量的水分,使其质量分数达到 75%～80%。全尾砂高浓度脱水在我国矿山充填技术领域应用较少,国外也只有少数矿山有这方面的生产经验。所以在确定脱水方式及选择设备时,需要进行大量的试验研究,目前主要采用盘式过滤机、鼓式折带过滤机、带式真空过滤机。

5) 充填物料混合搅拌

膏体料浆一般有 2～3 种充填物料,二矿区在地面搅拌物料有尾砂、粉煤灰、棒磨砂,在坑内还要加入水泥浆。所以,物料混合搅拌是否充分均匀对膏体泵送效果以及充填体强度有很大影响。膏体泵送的连续恒量给料,很大程度上取决于给料设备和控制设备以及搅拌设备是否连续作业,即在连续给料过程中使充填物料充分混合。经过大量试验及论证比较,二矿区采用两段混合搅拌方式效果较好,再加上坑内的两段搅拌,即可满足充填物料的混合要求。

6) 指标参数的监测与控制

膏体泵压充填工艺的技术要求较高,流量监测、浓度控制、物料给料、物料配比、泵压调节等都需要通过计算机进行监测和控制。流量计、浓度计、黏度计、密度计、压力传感器的数据参数均需计算机分析处理,并进行实时调控。所以,建立和完善微机的监测与控制是膏体泵送充填不可缺少的重要部分。

4. 充填管理与技术要求

1) 控制过程管理

为加强充填质量控制,根据《高浓度细砂管道自流输送胶结充填技术标准》(Q/YSJC-GY02-2004)及矿充填质量管理有关规定,控制过程如下:

(1) 检查通信系统是否畅通,不畅通不得开车;与充填工、采场联系管理和采场准备情况,确认管道连接无误,采场准备妥当,打底采场必须有充填通知单方可开车;皮带、搅拌试运行,确认设备运行良好,确认搅拌桶底阀封闭良好,不漏水,确认各岗位点查结束并签字确认;开车前开高压风,并与采场充填工联系,进一步确认管路畅通、连接无误。

(2) 开车前用风试管,采场见风让下灰浆,下灰浆 3min 后加砂。

(3) 停风后开大水、开浓度调节水、开副桶冲洗水(一期系统),搅拌桶液位 0.8m 时加水泥,液位 1.0m 时开底阀,手动控制液位至 1.2m 关大水,加砂(从开大水到加砂不得超过 5min),加尾砂(根据工艺标准、系统情况而定),继续手动控制液位至设定值切换到自动控制。

(4) 停车洗管。开风吹管,用水冲洗。接到停车指令后,依次断砂,停尾砂(膏体系统),断灰,浓度调节水开至最大,待浓度达到 30% 左右时,开大水,并开始大水计时,料浆流量调节阀开至最大,开大水过程中随时与充填采场联系,询问管道清洗状况,开大水时间根据采场所在中段、管路长短、水压等不同情况控制在 5～7min,关闭大水、浓度调节水、副桶冲洗水(一期系统),开高压风继续清洗管路,直至充填工和采场确认管路清洗干净。

在充填中和结束后,充填工必须将充填量、充填过程以及充填故障等记录在册。

2) 充填技术要求

(1) 砂浆组成。砂浆组成见表 9.1。

表 9.1　砂浆组成

砂浆浓度		灰砂比	材料消耗量/(kg/m³)		
质量分数 C_w/%	体积分数 C_v/%		水泥	磨砂	水
78	56.35	1:4	310	1238	436

(2) 充填体强度要求。单轴抗压强度:$R_3 \geqslant 1.5MPa$,$R_7 \geqslant 2.5MPa$,$R_{28} \geqslant 5MPa$;质量分数为 77%～79%;砂浆收缩率为 8%～10%。

(3) 钻孔与管道要求。钻孔采用 $\phi 180～299mm$ 耐磨管;充填行人井,采场及主干充填道采用 $\phi 108～133mm$ 耐磨管或钢管,用快速接头连接;充填小井及进路充填道采用

ϕ108mm 钢管或增强塑料管,用法兰连接。

9.2.4　存在问题及改造

金川集团公司对二矿区充填搅拌站的供砂、供灰、供水和搅拌系统等制约充填能力的环节进行了分析,并总结了改造效果。西部一期搅拌站使用的自流系统只有两套,另有一套自流系统预留,控制系统是以可编程调节器 KMM 为主体的工艺参数自动控制系统。主要设备为三台桥式抓斗起重机(与二期共用)、一台 ϕ3m 圆盘给料机、两套 B1000mm 皮带输送机、两套 ϕ500mmU 型螺旋输送机和两台 ZL450 型斗式提升机,上述设备环环相扣,接力输送。若有一台设备出现问题,都严重影响到一期系统的充填能力。有些设备出现故障,将会造成整个系统停产。这些关键设备使用期限都超过 20 年,使得维修量日趋繁重,设备成本逐渐升高。其中,两台 15t 和一台 10t 抓斗起重机,每年都要投入 80 多万元进行设备维护维修,从 2002 年开始基本上每年要对其中的一台抓斗吊进行大、中修理一次;圆盘给料机在 2003 年和 2005 年先后大修过两次;2000年以来两台供灰螺旋输送机大修过 5 次;两台斗式提升机大修过 4 次;其他设备也不同程度大修过。

二期搅拌站 1997 年建成,有两套自流系统、一套膏体系统,控制系统采用的是美国 Honeywell 公司的 TDC3000 型集散控制系统。由于膏体系统的工艺不完善,采用地表添加水泥后,一直占用其中一套自流系统的供灰及搅拌设施,所以二期目前只有一套自流系统和一套膏体系统在用。二期关键设备及设施为 KSP140-HDR 型膏体泵、ϕ700mm 双段螺旋搅拌槽及选矿厂至二矿区尾砂输送管路。其中膏体泵是德国 Schwing 公司 1995 年生产的早期产品,自 1997 年安装到二矿区后一直未进行过大修处理。近年随着膏体充填量提高,设备存在的问题日益突出,且由于进口设备费用昂贵,进货周期长,设备出现问题不能及时修复,影响到产量的进一步提升。

由于进口设备双缸液压活塞泵的备件费用昂贵,进货周期长,设备出现问题不能及时修复等原因,膏体充填系统一直处于开开停停的状态,膏体充填系统的充填能力受到了很大限制。尽管经过了多次技术改造,但实际充填能力也只有 10 万 m³/a,无法满足采矿 28 万 t/a 的充填要求。由于膏体系统占用了一套自流系统的搅拌设备,使得只能一套自流系统工作。故二期充填系统只能是 1 套自流系统和 1 套膏体泵送系统同时工作,充填能力 47 万 m³/a,可以满足采出矿石 128 万 t/a 任务的充填要求。

在自动化控制设备方面,部分设备仪表装备水平落后,设备运行状况检测控制不完善,部分工艺参数测量技术不成熟、不完全,不能满足自动化生产的需要。一期搅拌站自动化控制设备采用的是 20 世纪 80 年代末的产品,自动化技术水平落后,分散控制造成人员结构庞大,劳动生产率低下。二期搅拌站自动化控制设备采用的是 90 年代初的产品,虽然系统运行相对稳定,但存在数据库容量小、数据分析困难、设备费昂贵且不易采购、系统维护困难、成本高等问题。

在充填系统运行效率方面,因充填管路长、充填管磨损严重,影响充填生产和质量;充填管路人工维护,劳动强度大,效率低。膏体充填系统工艺环节繁杂,设备不稳定,备件供应困难,处于间断生产状态,至使膏体充填能力受到了很大限制。

二期尾砂膏体充填系统自投产以来,由于系统环节的不稳定,一直处于半停滞状态,主要原因是:尾砂过滤系统生产极不稳定,致使尾砂供料不足且连续性差,形成的尾砂滤饼含水量和物料量均满足不了要求;水泥浆制备与输送系统设计不合理;膏体输送管路连接方式不科学;系统环节过多、太复杂,控制操作困难。膏体充填系统在使用过程中出现的问题较多,使用单位进行了多次改造(图 9.4),主要有:

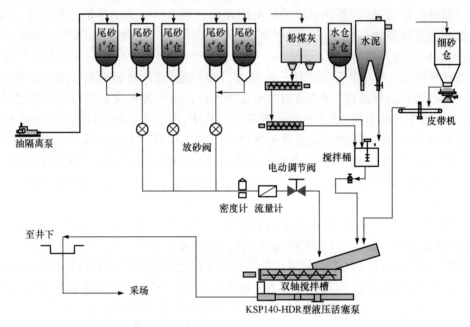

图 9.4　泵送膏体充填工艺流程示意图(技术改造后)

(1) 水平真空带式过滤机运行不稳定,对正常充填产生不利影响,取消了尾砂过滤的工艺系统,将尾砂浆用管道直接输送到搅拌机中。因此,充填料浆浓度有所降低(40%~60%)。

(2) 现在选矿厂磨浮工艺的进步,使得尾矿细粒径占比加大,如果使用旋流分机器会大大降低充填尾砂产量。因此,取消了尾砂分级工序,直接将全尾砂泵入二期 $1^\#$~$6^\#$ 尾砂仓沉降(其中 $3^\#$ 尾砂仓做储水仓用)。

(3) 由于水泥活化搅拌桶和水泥浆输送管道挂浆严重,不易清洗,取消了水泥的活化搅拌系统,借用了自流充填的 $2^\#$ 系统进行水泥浆搅拌,然后用离心泵将水泥浆送到地表的双轴搅拌机。

(4)由于碎石在金川的使用量很小,砂石厂后来取消了碎石这个产品,现在改用棒磨砂来替代。

(5) 由于浓度较低,第一段搅拌机作用不大,改成了溜槽。

(6) 对第二段搅拌机的轴头密封等进行了改造。

在二矿区试验研究的基础上,提出了"大胆简化工艺、改进不合理结构"的整改指导思想。对尾砂供料系统、水泥活化搅拌及输送系统、膏体输送管路系统、搅拌槽的有效容积等进行了合理的技术改造和工艺优化。废除了水泥浆活化搅拌及其泵送系统,取消了

1250m 水平泵站和尾砂过滤系统。工艺改造简化了充填工艺环节,降低了管路沿程阻力损失,消除了膏体充填系统的尾砂供料不稳不足、水泥浆输送不畅、管路爆裂、搅拌槽溢流等现象,实现了二矿区尾砂膏体充填系统的正常生产,使膏体充填量从 2003 年的 2 万 m³ 提高到 2008 年的 20 万 m³。

膏体充填系统改造取得了以下技术创新成果:实现了水泥的地表直接添加,取消水泥先地表活化搅拌,再经泵送至井下二级接力泵站添加的工艺环节;解决了活化搅拌挂壁和管路频繁堵塞的问题,满足和保证了水泥量连续稳定添加;实现尾砂造浆后直接进入搅拌槽的添加工艺,取消尾砂经过水平带式过滤机脱水制备的添加工艺,取消清水造浆,利用尾砂仓内溢流水和沉淀的废水形成循环制浆;完成了多尾砂仓放砂管路的串并联改造,提高了尾砂仓的利用效率和尾砂计量控制;研究并应用了卧式搅拌轴密封及槽内悬吊支撑技术,将双螺旋搅拌轴的两端轴承支撑,改为槽内悬吊支撑的方式,解决了轴头易磨损和泄漏的问题,将搅拌轴的使用寿命提高了 20 倍,膏体充填的连续生产有了保证;试验并确定了新的膏体充填配合比及控制参数,为膏体充填工艺环节优化提供了依据,使膏体充填设备性能和控制参数得到最大限度的匹配,粗粒级充填骨料在配比中增加,有效地遏制了膏体充填体脆性大,易层裂的问题,保证了膏体充填体质量;实现了单级搅拌(地表两段搅拌改为斜槽加一段双轴搅拌)和单台泵(地表和井下两级泵站改为只用地表泵)长距离(地表到 1150m 多中段、2600m)井下膏体泵送充填工艺;实现了输送尾砂浆废水的综合利用,选矿厂输送来的尾砂浆(40%～50%)赋存水经沉淀后,由原来直接经地沟向外排放改为综合利用(全部用于尾砂循环造浆和自流充填),节约了水资源,减少了环境污染。

9.2.5　二矿区自流充填系统扩能改造

按照二矿区"十一五"发展规划及到 2020 年中长期发展规划,至 2015 年二矿区采矿量要达到 500 万 t/a。目前的西部充填搅拌站不能满足二矿区 500 万 t/a 的矿石生产能力的充填任务。在中国恩菲工程技术有限公司和二矿区共同努力下,在西部二期搅拌站的西南侧已经建成了一个新充填搅拌站。新建搅拌站的充填料浆制备按照采用水泥、棒磨砂高浓度管道自流输送工艺设计,因现在使用的水泥都是复合水泥,不再考虑添加粉煤灰和尾砂。—3mm 棒磨砂＋水泥料浆的临界浓度 77%,要求充填料浆不离析,因而设计充填系统搅拌站制备的充填料浆浓度按 78% 进行设计,1 套搅拌系统的料浆制备能力为 150～180m³/h,共设 4 套系统,3 用 1 备,完全可以满足要求,并留有一定的富余能力。

1. 充填工艺

采用金川目前生产中成熟的充填工艺,即棒磨砂高浓度料浆自流充填工艺,充填骨料为棒磨砂,胶结材料为水泥,灰砂比全部为 1:4,充填料浆设计浓度 78%。制备好的充填料浆,由充填管道自流输送到各充填进路内。

2. 充填材料

按棒磨砂的相对密度为 2.67、松散容重 1.501t/m³,水泥的相对密度为 3.0、松散容重 1.3t/m³ 进行计算,当灰砂比为 1:4,质量分数为 78% 时,每立方米充填料浆的充填材料配比为:棒磨砂1234kg、水泥308.5kg、水435.1kg、充填料浆1977.6kg。棒磨砂用60t自翻车从砂石厂运来,卸到扩建后的棒磨砂仓;水泥用散装水泥罐车运来,用压缩空气吹到水泥仓中;供水由矿山高位水池引来。

3. 充填搅拌站

新建充填搅拌站共设4套充填料浆制备系统,每套系统包括:棒磨砂的储存和给料设施、水泥的储存和给料设施、加水及调节设施、搅拌设施等。每套充填系统的设计充填能力为150m³/h,但结合实际的充填情况,每套系统的给料能力按满足180m³/h进行设计。每套系统设一个容量为200t的缓冲棒磨砂仓,在缓冲棒磨砂仓下设一台直径为2m的圆盘给料机经过一条宽度1200mm、长度3700m的重力变量卸料秤,将棒磨砂输送到ϕ2.6m的高浓度搅拌槽中。重力变量卸料秤有给料和计量两种功能,可以直接反馈调整水泥给料量。

每套系统设一个容量为1500t的水泥仓,可以供系统连续工作32h,4个仓最多可以储存4d的平均用量。在每个水泥仓顶设两个布袋收尘器。在水泥仓下,每套系统设一台微粉秤,将水泥输送到ϕ2.6m的高浓度搅拌槽中。微粉秤同样有给料和计量两种功能,可以直接反馈调整水泥给料量。给水量的计量采用电磁流量计,反馈到给水管上的电磁阀来调整给水量。棒磨砂、水泥和水进入ϕ2.6m的高浓度搅拌槽后充分搅拌,经充填管道自流输送到充填采场。搅拌槽上设有液位计可控制槽底排浆阀以保持液位。搅拌槽下的充填管路上设有浓度计、流量计和流量调节阀,以保证充填料浆浓度和流量的稳定。棒磨砂缓冲仓、水泥仓和粉煤灰仓均有各自的料位计,可在控制室内显示仓中料位,并能在接近满仓与空仓预定位置时发出警告信号。充填搅拌站设有集中的收尘设施。

4. 棒磨砂仓扩建

随着矿山充填量的扩大,充填用棒磨砂的用量增加。根据需要,棒磨砂仓在已有基础上扩建42m,总容积达到9850m³,可储存14785t棒磨砂,可以储存近2d的用量。

棒磨砂仓需供给最多5套充填系统(二期搅拌站2套,新建搅拌站3套)同时工作的棒磨砂,需要将原有的1台10t的抓斗起重机更换成15t的抓斗起重机,另外再增加一台15t的抓斗起重机。棒磨砂仓厂房内共4台15t的抓斗起重机,正常3台工作,1台备用。

9.3 三矿区充填系统

三矿区充填搅拌站为原二矿区一期工程东部的36行充填搅拌站。该充填搅拌站于1982年建成,充填系统有两套,一套生产,一套备用。二矿区一期工程结束后,东部充填系统交付三矿区F_{17}以东使用。

三矿区充填搅拌站采用棒磨砂加水泥的胶结充填料浆,为金川常规的高浓度料浆管道自流输送充填工艺。棒磨砂用卡车运来卸到卧式砂池,用抓斗起重机取料,经圆盘给料机和皮带输送到高浓度搅拌槽,散装水泥用罐车运来,用压缩空气吹到水泥仓内,经双管螺旋给料机送到高浓度搅拌槽。地表搅拌站工业设施包括:

（1）卧式砂仓主要设备：抓斗桥式起重机（$Q=5t$，$L_k=10.5m$，两台）、敞开式圆盘给料机。

（2）皮带廊：长度 55.298m。

（3）搅拌楼。

（4）砂仓。

（5）地表充填斜井，由 36 行地表开口通过斜巷将充填管道送至 42 行，坡度 15°，内铺设风水管各一条，充填用刚玉复合管 $\phi245mm \times 12mm$ 两条。

（6）充填钻孔，42 行下盘附近设计两条充填钻孔，与充填斜井充填管相连，将充填砂浆送至 1200m 水平主充填回风平巷。

（7）水泥仓 2 个/300t。

材料：

（1）充填用砂为棒磨砂，风砂，由金川集团公司供应分公司统一购入，要保证砂料质量。

（2）充填用水由 18km 净化站通过供水管路送至搅拌楼。

（3）充填水泥为 P.O 32.5 级硅酸盐水泥，由供应分公司统一购入，由水泥生产厂家通过汽车水泥罐车送至 36 行搅拌站，通过管道压入搅拌楼水泥仓。

东部充填搅拌站尽管有 2 个高浓度搅拌槽，但棒磨砂的输送系统只有一套，因此只有一套充填料浆制备系统工作，制备能力为 80～120m³/h。矿山改扩建工程中新建了一套充填系统用于服务 F_{17} 以东矿体开采。卧式砂仓向两端各扩建 3 跨，计 18m，增大砂仓的储存量，搅拌楼也扩建 12m×6m，并在砂仓和扩建的搅拌楼之间增设一条 52.91m 长的皮带廊。增加的设备有抓斗桥式起重机、圆盘给料机、皮带输送机、双管螺旋给料机、高浓度搅拌槽、仓顶布袋收尘器等。扩建后 36 行充填系统充填能力相应增加，最大可满足 160 万 t/a 采矿能力的充填任务。

目前共有两套充填系统同时使用，为三矿区 F_{17} 以西和 F_{17} 以东深部开采工程提供充填料浆，充填系统如图 9.5 所示。

对于 F_{17} 以东贫矿开采工程，另外在 44 行新建 350 万 t/a 的充填搅拌站。充填搅拌站选用 $\phi2.0m \times 2.1m$ 搅拌槽 5 个，建有 1000t 水泥立仓 3 座，仓底用双螺旋给料机向搅拌槽给料，站内建 5 个容积为 300m³ 的棒磨砂给料仓，与一个容量为 5000m³ 的卧式砂仓配套，形成 5 套相互独立的充填系统，单套制浆能力 100m³/h。其中，两套可同时作业，一套备用。

充填用棒磨砂由金川集团公司三矿区砂石车间提供，火车运送到卧式砂池厂房旁，自卸到砂仓内储存。充填需要时 32t 抓斗桥式起重机将砂池内的棒磨砂装到缓冲斗内，用皮带输送机送到充填搅拌站的棒磨砂给料仓，仓底用圆盘给料机送到给料皮带上，通过皮带秤计量，变频调速圆盘给料机进行调节，计量后棒磨砂下放到搅拌槽内。水泥用火车罐车运送到卧式砂仓旁，用自带压气将水泥吹到水泥缓冲仓内，再通过仓底双螺旋给料机送至管状胶带输送机后运至搅拌楼水泥仓顶，卸料至 FU500 型链式输送机，放至水泥仓内储存。充填时，水泥通过仓底的双管螺旋给料机输送到搅拌桶内，水泥用冲板流量计进行计量，变频双管螺旋给料机进行调节。水采用电磁流量计进行计量，用电动阀进行调

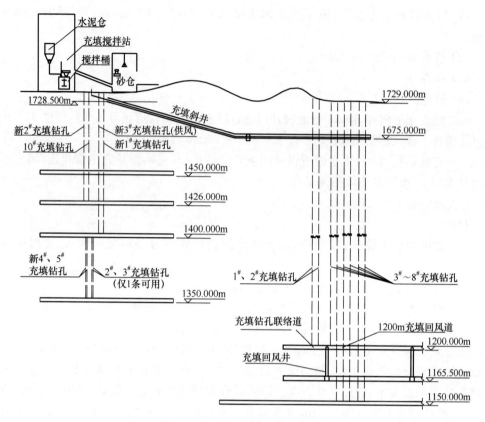

图 9.5　三矿区充填系统示意图

节。—3mm棒磨砂、水泥和水在搅拌桶经充分搅拌合格后,通过充填管路自流到指定采空区充填。在搅拌桶料浆出口管路上依次安装浓度计、流量计和电动管夹阀,用以检测和控制充填料浆的浓度和流量。

9.4　本章小结

　　本章介绍了金川龙首矿、二矿区西部—期充填搅拌站和二期充填搅拌站的建设情况与充填料浆制备过程,针对生产过程中出现的问题进行了技术改造,取得了较好的使用效果,为金川矿山实现高效安全采矿提供了技术保障,也为金川乃至我国地下矿山充填技术和理论积累了较丰富的经验。

结 束 语

机械化盘区下向水平分层胶结充填采矿法在金川的应用,为改变金川矿山落后面貌迈出了重要一步。该采矿方法具有劳动生产率高、矿石损失及贫化率小、安全性较好、劳动条件良好、劳动强度较小,成本低的优点。它的成功应用为金川二矿区二期建设提供了可靠的技术依据,为我国地下矿山实现大规模开采,实现大型机械化、无轨化采矿积累了宝贵经验,大面积回采应用下向胶结充填法开辟了道路,对我国矿山步入世界先进行列具有重要意义。

一期、二期工程的实践表明:在采用过的几种采矿方法中,下向分层高进路胶结充填采矿法和机械化下向水平分层进路胶结充填采矿法比较适合二矿区采矿岩破碎、地应力大、采空区不能自立的贵金属矿床。这两种采矿方法的应用是比较成功的,有利于提高生产效率、减少矿石损失贫化率,但出矿成本高。盘区回采效率提高,单盘区平均日生产能力从1996年的500~600t/d提升到目前的1000t/d;劳动生产率提高,井下工人劳动生产率由2000年的907t/(人·a)提高至2008年的2463t/(人·a)。

机械化盘区下向水平分层胶结充填采矿法是一种比较先进的采矿工艺技术,具有较好的经济效果,是适应二矿区地质条件的采矿工艺,是一种安全高效、回采成本较低的采矿方法。二矿区经过长期使用,具有丰富的生产实践经验。该采矿方法从技术上、工艺上、设备管理上均被广大管理人员、技术人员、职工理解和掌握,安全措施完善,管理制度到位,能够安全地回采矿石,创造较高的经济效益。

采用矿房矿柱同步大面积连续回采技术,采矿损失率由原设计的5%降为目前的4.2%,贫化率由原设计的7%降为目前的5.5%;矿山年出矿能力突破400万t,成为目前我国采用胶结充填采矿法坑采矿山中年生产能力最大的矿山,万吨采掘比由原设计的650m³/万t降至目前的320m³/万t。

在矿山工程技术人员的长期艰苦努力下,通过新工艺、新技术、新方法的开发应用,二矿区的机械化充填采矿工艺技术得到了整体提升,在开拓系统、采矿工艺、充填工艺技术、通风系统和破碎围岩巷道的支护等方面取得了多项技术创新,各大生产系统得到进一步的优化,工艺流程更合理。盘区生产能力已从原来的500~600t/d提升到800~1000t/d。科技进步推进了矿山采矿工艺向前发展,树立了实现科研成果向生产力直接转化的一个成功典范,经济效益巨大。依靠科技进步,实现了矿山跨越式发展。

伴随矿山进入深部开采,金川矿山主要采用机械化盘区下向分层水平进路和下向六角形高进路胶结充填采矿法,存在一些问题。

1. 充填成本居高不下

据统计,金川矿山充填成本占采矿成本的1/3,而充填成本中充填材料成本占85%以上,随着开采深度加大,充填成本也随之显著上升,并越来越成为影响矿山经济效益的重要因素。

2. 岩层移动对采矿工程稳定性影响

由于金川矿体厚大和围岩不稳固,因此尽管采用充填法开采,仍然导致围岩变形和岩层移动,1998 年首次在地表发生张拉裂缝。并且随着地下开采,地表张裂缝逐渐扩展,岩移速率日趋加剧。地表 GPS 变形监测结果表明:矿山地表变形较严重的区域为 10～22 行,并以 14～18 行为中心形成一移动盆地,由此给矿区重要工程的稳定性带来严重影响。因此,研究揭示厚大矿体充填法开采采场岩移规律以及风险预测,是确保金川矿山工程稳定性的关键技术,也是深井开采亟待解决的技术难题。

应该说,金川矿区构造应力是世界上独有的,要实现金川矿山深部矿体安全、高效、低成本的开采,必须坚持走科技创新之路,优化开采工艺;重视深部巷道围岩支护成套技术的研究与应用,统筹规划深部开拓巷道和开采顺序;加强高应力条件下充填体受力状态和支撑机理的研究;关注深部开采岩层移动规律以及对井巷工程影响的探索研究,积极开展深部开拓工程的稳定性控制技术研究与长期稳定性预测,对金川矿山深部高应力高强度采掘条件下的矿山可持续发展,具有深远的科学意义。

参 考 文 献

安文杰,柳小胜.2008.浅析提高龙首矿回采效率的几点措施[J].采矿技术,8(1):54-58.

把多恒.2005.金川龙首矿东采区深部开拓工程设计[D].昆明:昆明理工大学.

把多恒,王永才.2003.金川镍矿1#矿体稳定性问题研究[J].岩石力学与工程学报,22(增2):2607-2614.

北京科技大学,金川集团公司二矿区,金川镍钴研究设计院.2012.金川特大型复杂难采矿体开采支撑理论与关键技术总结与研究之十——二矿区深部安全高效开采理论与支撑技术[R].

北京科技大学,金川集团公司二矿区,金川镍钴研究设计院.2012.金川特大型复杂难采矿体开采支撑理论与关键技术总结与研究报告之四——多中段连续开采地压规律与稳定性控制技术[R].

北京科技大学,金川集团公司三矿区,金川集团公司矿山分院.2006.金川Ⅲ矿区阶段自然崩落采矿法数值模拟研究[R].

北京科技大学,金川镍钴研究设计院.2012.金川特大型复杂难采矿体开采支撑理论与关键技术总结与研究之一——矿山工程地质与岩石力学[R].

北京科技大学,金川镍钴研究设计院,金川集团公司二矿区.1994.金川二矿区二期工程无矿柱大面积连续开采的稳定性及其控制技术研究总结报告[R].

北京科技大学,金川镍钴研究设计院,金川集团公司二矿区.2001.金川矿区采矿系统优化与决策研究[R].

北京有色冶金设计研究总院.1963.金川有色金属公司第一期工程(5000t/d)修改初步设计书——第二篇采矿场.

北京有色冶金设计研究总院.1969.贫矿区1680中段分段崩落法封闭矿房方法试验研究[R].

北京有色冶金设计研究总院.1978.金川有色金属公司龙首矿深部开采初步设计说明书[R].

北京有色冶金设计研究总院.1978.金川有色金属公司Ⅰ矿区深部开采方案意见书[R].

北京有色冶金设计研究总院.1991.金川封闭矿房分段崩落法试验初步总结[R].

北京有色冶金设计研究总院.1996.金川(扩建)二期工程设计总结[R].

北京有色冶金设计研究总院.1998.二矿区VCR采矿方法试验研究[R].

北京有色冶金设计研究总院.2001.金川有色金属公司矿山改扩建工程初步设计[R].

《采矿设计手册》编委会.1987.采矿设计手册(2)矿床开采卷(下册)[M].北京:中国建筑工业出版社:1392-1395.

蔡美峰,孔广亚.1998.金川二矿区深部开采稳定性分析和采矿设计优化研究[J].中国矿业,7(5):33-37.

长沙矿山研究院,长沙有色冶金设计研究院,金川集团公司龙首矿,等.2006.龙首矿西部贫矿开采前期研究及开发利用可行性研究[R].

长沙矿山研究院,金川镍钴研究设计院.2012.金川特大型复杂难采矿体开采支撑理论与关键技术总结与研究之三——金川矿区充填系统设计与技术改造[R].

长沙有色冶金设计研究院.2004.金川集团有限公司龙首矿东采区扩能技术改造工程初步设计书[R].

长沙有色冶金设计研究院.2006.龙首矿西部贫矿开发利用可行性研究报告[R].

长沙有色冶金设计研究院.2007.金川集团有限公司龙首矿西部贫矿开采工程初步设计书[R].

长沙有色冶金设计研究院.2008.金川集团有限公司龙首矿西部贫矿开采工程初步设计书(充填法)[R].

长沙有色冶金设计研究院.2008.金川集团有限公司龙首矿西部贫矿开采工程初步设计书(充填法)[R].

陈俊智,庙延钢,乔登攀.2007.金川龙首矿深部开采充填体的充填高度模拟研究[J].矿业研究与开发,27(1):9-11.

陈俊智,庙延钢,任春芳,等.2006.金川龙首矿深部开采的采场结构参数优化研究[J].中国矿业,15(7):41-45.

陈俊智,庙延钢,杨溢,等.2006.金川龙首矿深部开采的数值模拟分析研究[J].矿业研究与开发,26(4):13-16.

陈清运,蔡嗣经,明世祥,等.2005.国内自然崩落法可崩性研究与应用现状[J].矿业快报,(1):1-4.

陈清作,方祖烈,高谦.2000.地下矿山岩石工程设计机理路径分析方法[J].金属矿山,(3):9-11.

陈胜勇.2008.金川二矿区水平矿柱开采过程数值模拟与稳定性分析[D].北京:北京科技大学.

陈文斌.2010.浅析金川三矿区F₁₇以西边角残矿回采[J].采矿技术,10(3):22-24.

崔宏亮,刘立华,张海军.2009.深部厚大破碎矿体回采技术探讨[J].金属矿山,(392):37-39.

党军锋.2009.自然崩落法铲运机出矿底部结构的探讨[J].中国矿山工程,38(3):14-16.

东北工学院金川试验组 . 1964. 1703m 氧化富矿体分段崩落发设计说明书[R].

董卫军 . 2002. 金川贫矿体三维节理网络的数值模拟[J]. 有色金属,54(3):93-96.

董卫军,孙忠铭,王家臣,等 . 2001. 矿体自然崩落过程的数值模拟研究[J]. 矿业快报,(增):333-335.

冯兴隆,王李管,毕林,等 . 2009. 矿石崩落块度的三维建模技术及块度预测[J]. 岩土力学,30(6):1826-1830.

伏建明,王孝义,李志敏 . 2005. 金川 F17 以东矿山开采技术探讨[J]. 中国矿山工程,34(5):7-10.

甘肃省地质矿产局第六地质队 . 1984. 白家咀子硫化铜镍矿床地质[M]. 北京:地质出版社.

高建科 . 2005. 大规模下向胶结充填采矿法在金川镍矿的应用[J]. 金属矿山,(增 1):36-39.

高建科,张海军,贾永军 . 2008. 金川二矿区 16 行垂直矿柱的开采风险分析与预测[J]. 矿业研究与开发,28(1):1-2.

高谦,刘同有,方祖烈 . 2004. 金川二矿区深部开采潜在问题与优化控制技术研究[J]. 有色金属(矿山部分),56(4):2-5.

高谦,吴永博,王思敬 . 2007. 金川矿区深部高应力矿床开采关键技术研究与发展[J]. 工程地质学报,15(1):38-49.

高直 . 2006. 金川二矿区水平矿柱稳定性分析[J]. 金川科技,(2):5-9.

耿俊俊 . 2009. 龙首矿深部充填系统可靠性及扩能技术方案研究[D]. 长沙:中南大学.

辜大志 . 2005. 提高金川二矿区爆破效率的研究[D]. 昆明:昆明理工大学.

郭慧高 . 2005. 金川二矿区 1♯矿体 850m 中段平面开拓系统优化研究[D]. 昆明:昆明理工大学.

韩斌 . 2004. 金川二矿区充填体可靠度分析与 1♯矿体回采地压控制优化研究[D]. 长沙:中南大学.

韩斌,姜立春,唐小超,等 . 2004. 深部高应力动态环境下水平矿柱开采稳定性研究[J]. 金属矿山,(8):9-12.

韩斌,吴爱祥,刘同有,等 . 2004. 金川二矿区多中段机械化盘区回采顺序的数值模拟优化研究[J]. 矿冶工程,24(2):4-7.

韩斌,吴爱祥,刘同有 . 1998. 提高进路式采矿中深孔爆破效率的试验研究[J]. 有色冶金,(4):5-10.

韩斌,吴爱祥,陶向辉 . 2005a. 金川二矿区分段道布置位置的优化[J]. 中南大学学报(自然科学版),36(1):138-143.

韩斌,张升学,陶向辉,等 . 2005b. 金川二矿区 16 行大型垂直矿柱的地压控制效果研究[J]. 采矿技术,5(4):82-84,99.

韩冰 . 2010. 提高龙首矿下向六角形进路式采矿爆破效率研究[D]. 昆明:昆明理工大学.

贺发远 . 2005. 金川二矿区充填体质量与成本控制的研究[D]. 昆明:昆明理工大学.

侯哲生,李晓 . 2007. 金川二矿水平矿层几何非稳定性分析的突变模型[J]. 岩石力学与工程学报,26(增 1):2868-2871.

侯哲生,李晓,吕永高 . 2008. 金川二矿区开采过程中水平矿层内部应力特征分析[J]. 矿业研究与开发,28(5):6-8.

贾恩环 . 1986. 甘肃金川硫化铜镍矿床地质特征[J]. 矿床地质,5(1):27-38.

贾明涛,王李管 . 2010. 基于区域化变量及 RMR 评价体系的金川Ⅲ矿区矿岩质量评价[J]. 岩土力学,31(6):1907-1912.

江文武 . 2009. 金川二矿区深部矿体开采效应的研究[D]. 长沙:中南大学.

江文武,伍福海 . 2010a. 基于尖点突变理论的水平矿柱稳定性分析[J]. 矿业研究与开发,30(6):1-3.

江文武,徐国元 . 2010b. 复杂采矿条件下临时水平矿柱稳定性分析[J]. 金属矿山,(3):29-31.

金川 VCR 法联合试验组 . 1986. 金川二矿区不稳固矿岩 VCR 采矿方法试验研究[J]. 矿业研究与开发,6(2):1-15.

金川二矿区 . 2011. 金川集团有限公司二矿区深部 850m 中段复杂条件下多金属伴生硫化铜镍矿资源开发综合利用示范工程可行性研究报告[R].

金川工程采矿方法试验组 . 1990. 机械化盘区式下向水平分层充填法在金川二矿的试验应用[J]. 有色矿山,(4):6-12.

金川公司镍钴研究设计院 . 1988. 龙首矿高进路四边形断面与六边形断面采场稳定性非线性有限元分析研究报告[R].

金川集团公司,中国有色工程设计研究总院 . 2003. 金川集团有限公司二矿区 850m 中段开采工程初步设计书[R].

金川集团公司,长沙矿山研究院 . 2006. 金川Ⅲ矿区自然崩落法前期研究总报告[R].

金川集团公司,中国恩菲工程技术有限公司 . 2011. 金川集团有限公司二矿区 850m 中段开采工程修改初步设计书[R].

金川集团公司,中南大学 . 2006. 金川Ⅲ矿区高应力破碎矿岩条件下自然崩落法前期研究之专题二研究报告(之一～之四)[R].

金川集团公司二矿区 . 2009. 二矿区自流充填挖潜扩能综合技术研究与实践[R].

金川集团公司三矿区 . 2011. F17 以东矿山接替工程及生产衔接专题研究[R].

金川镍钴研究设计院.2011.金川集团有限公司龙首矿中西采区1100m中段开拓工程初步设计[R].

金川镍钴研究设计院.2011.三矿区F17以西边角贫矿开采工程可行性研究报告[R].

金川镍钴研究设计院,兰州有色冶金设计研究院有限公司.2010.金川集团有限公司金川矿区东部贫矿开采工程初步设计[R].

金川镍钴研究设计院,金川集团有限公司选矿厂.2011.金川集团有限公司金川铜镍矿开发利用长远规划[R].

金川有色金属公司.1978.金川公司矿山生产概况[R].

金川有色金属公司.1987.Ⅰ矿区西部露天转井下开采方案可行性研究报告[R].

金川有色金属公司,北京有色设计研究总院.1988.中国-瑞典关于中国金川二矿区采矿技术合作岩石力学研究报告[R].

金川有色金属公司,北京有色冶金设计研究总院.1988.机械化下向分层水平进路胶结充填采矿法试验研究报告[R].

金川有色金属公司,长沙矿山研究院.1986.上向机械化胶结充填采矿法试验研究[R].

金川有色金属公司二矿区,长沙矿山研究院.1990.金川二矿区1号矿体下向胶结充填大面积充填体作用机理试验研究总结报告[R].

金川有色金属公司龙首矿.1988.下向分层胶结充填"六角形"进路采矿法技术总结报告[R].

金川有色金属公司龙首矿.1996.三角钢筋桁架吊挂技术在下向胶结充填采矿中的应用[R].

金川有色金属公司龙首矿,长沙矿山研究院.1981.金川龙首矿下向高进路胶结充填采矿法进路与矿壁宽度的选择及其混凝土顶板中钢筋的敷设[R].

金川有色金属公司龙首矿,长沙矿山研究院.1981.金川龙首矿下向高进路胶结充填采矿法试验采场结构特点及分析[R].

金川有色金属公司龙首矿,长沙矿山研究院.1981.金川龙首矿下向高进路胶结充填采矿法试验研究报告[R].

金川有色金属公司龙首矿,长沙矿山研究院.1984.金川龙首矿下向胶结充填体力学作用机理的研究[R].

金川有色金属公司露天矿.1992.金川露天闭坑开采技术工作总结[R].

金铭良.1984.金川矿区的地下采矿方法[J].铀矿冶,3(3):1-10.

金铭良.1990.金川镍矿的下向胶结充填采矿法及其围岩控制[J].岩石力学与工程学报,1(9):30-37.

金铭良.1995.金川镍矿的大面积开采稳定性分析与对策[J].岩石力学与工程学报,14(3):211-219.

金铭良.1996.金川镍矿的大面积开采稳定性分析与对策[J].铀矿冶,15(3):152-159.

金铭良,靳学奇.1995.机械化下向胶结充填采矿法[J].黄金,16(3):14-20.

金铭良,刘同有,高成立.1992.金川矿区的下向胶结充填采矿法[J].中国矿业,1(3):11-16.

兰州大学.2005.金川二矿区1150中段水平矿柱回采前后应力场分布规律及安全评估[R].

李爱民.2005.金川二矿区采矿方法及深部开采工艺的改进[J].中国矿山工程,34(6):5-10.

李云武.2004.膏体泵送充填技术在金川二矿区的试验研究及应用[J].有色金属(矿山部分),56(5):9-11.

廖江海.2008.龙首矿贫矿体崩落采矿中第一个底部结构力学稳定性研究[D].兰州:兰州大学.

刘同有.1995.金川岩石力学与工程地质研究的历史现状与展望[J].中国矿业,4(5):42-45.

刘同有.2001.充填采矿技术与应用[M].北京:冶金工业出版社.

刘同有,金铭良.1996.中国镍钴矿山现代化开采技术[M].北京:冶金工业出版社.

刘同有,王佩勋.2004.金川集团公司充填采矿技术与应用[J].矿业研究与开发,24(增1):8-14.

刘同有,周成浦.1999.金川镍矿充填采矿技术的发展[J].有色冶炼,28(增):20-22.

刘卫东.2005.金川二矿区2#矿体F17以东矿山开拓系统及采矿工艺优化[D].昆明:昆明理工大学.

刘卫东,陈玉明.2005.金川矿区F17以东机械化盘区采场结构优化[J].云南冶金,34(3):7-8.

柳军斌,柳小胜,费汉强.2008.高进路转无混凝土假顶低进路回收边角矿体的对策探讨[J].采矿技术,8(3):1-2.

马长年,徐国元,倪彬,等.2010.金川二矿区厚大矿体开采新技术研究[J].矿冶工程,30(6):6-9.

马崇武,慕青松,陈晓辉,等.2007.金川二矿区上盘巷道变形破坏与水平矿柱的关系[J].矿业研究与开发,27(5):13-16.

马崇武,慕青松,徐有基,等.2008.金川二矿区1150m中段水平矿柱的屈服破坏过程[J].岩土工程学报,30(3):361-365.

马建青.2003.金川二矿区1138m分段道变形特征及稳定性研究[J].中国有色金属学会第五届学术年会论文集,8:88-91.

穆玉生,吉险峰,侯克鹏,等.2005.金川二矿区1178分段工程巷道变形破坏规律研究[J].昆明冶金高等专科学校学报,21(3):36-40.

乔登攀,严体,陈俊智.2007.龙首矿下向分层充填采矿法六角形进路规格优化[J].云南冶金,36(1):10-14.

乔登攀,张宗生,汪亮,等.2006.提高龙首矿下向六角形进路式采矿爆破效率试验研究[J].中国矿业,15(10):83-87.

侍爱国.2003.金川Ⅲ矿区贫矿资源开发利用的战略意义[J].中国有色金属学会第五届学术年会论文集,(8):108-109.

侍爱国.2005.金川二矿区深部开采技术研究[D].昆明:昆明理工大学.

苏玉林.1991.金川露天矿东部老坑采场边坡的安全评价[J].矿业研究与开发,11(1):65-68.

孙红宾.2000.金川贫矿自然崩落法块度预测[D].北京:北京矿冶研究总院.

孙旭.2003.金川三矿采矿方法探讨[J].采矿技术,3(3):12-14.

唐学军.1988.金川二矿下向高进路充填采矿过程中结构力学形态的变化研究[J].岩石力学与工程学报,7(3):225-236.

汪亮.2008.龙首矿西部贫矿体采矿方法优选研究[D].昆明:昆明理工大学.

王福玉,高谦.2002.金川三矿区开采设计中的关键技术与研究途径[J].采矿技术,2(3):15-18.

王家臣,陈忠辉,熊道慧,等.2000.金川镍矿二矿区矿石自然崩落规律研究[J].中国矿业大学学报,29(6):596-600.

王怀勇,于润沧,束国才.2013.机械化进路式下向充填采矿法的应用与发展[J].中国矿山工程,42(1):48.

王宁,韩志型.2004.金川贫矿区自然崩落法采场底部结构的稳定性[J].有色金属,56(3):79-82.

王世武,高直.2008.金川二矿区1#矿体水平矿柱工程地质特征分析与探讨[J].采矿技术,8(6):76-78.

王贤来,陈得信,文友道,等.2005.龙首矿深部开采工程方案的选择[J].采矿技术,5(4):17-19.

王贤来,崔继强,李庆荣,等.2007.下向进路式胶结充填采矿法中巷道预留技术实践[J].矿业研究与开发,27(1):5-6.

王小平.2005.金川F17以东矿山采准方案选择[J].中国矿山工程,34(3):1-3.

王小卫,高谦.2002.金川二矿区深部开采的关键技术问题与研究思路[J].采矿技术,2(2):12-14.

王永才,康红普.2008.金川二矿区高应力碎胀蠕变巷道稳定性数值分析[J].中国矿山工程,37(2):4-7.

王永才,康红普.2010.金川矿山深井高应力开采潜在的问题与关键技术研究[J].中国矿业,19(12):52-55.

王永前,杨志强,高谦.2002.金川高应力区深部开采技术的地压控制[J].采矿技术,2(3):18-19.

王正辉,高谦.2003.胶结充填采矿法充填作用机理与稳定性研究[J].金属矿山,(10):18-20.

王治世.2006.联合支护在金川矿区深部开拓中的应用[J].矿业快报,25(12):47-48.

魏建伟.2006.金川Ⅲ矿区自然崩落法矿岩块度预测技术研究[D].长沙:中南大学.

文有道,李向东.2007.金川Ⅲ矿区矿岩可崩性研究[J].矿业研究与开发,27(5):4-5.

吴爱祥,李宏业,王永前,等.2002.金川二矿区深部开采面临的问题及对策[J].矿业研究与开发,22(6):13-15.

吴少华,雷平喜.1996.国内自然崩落法的应用和评价[J].化工矿山技术,(1):12-15.

吴统顺,朱毓新,叶粤文,等.1982.龙首矿下向高进路采场胶结充填体的力学机理研究[J].矿业研究与开发,2(1):10-19.

肖国清.1992.金川龙首矿下向高进路胶结充填法的试验研究[J].矿业研究与开发,12(增刊):11-20.

熊道慧.2000.金川贫矿矿石崩落规律的研究[D].北京:中国矿业大学.

徐有基.2005.构造及矿动对金川二矿区1150中段围岩及矿岩稳定性的影响[D].兰州:兰州大学.

杨金维,高谦,余伟健.2010.金川二矿区机械化盘区双穿脉分层道采矿设计方案与应用研究[J].金属矿山,(11):64-67.

杨金维,余伟健,高谦.2010.金川二矿机械化盘区充填采矿方法优化及应用[J].矿业工程研究,25(3):11-15.

杨震.2007.金川公司龙首矿西采区贫矿开采地质资源研究[J].湖南有色金属,23(2):5-6.

姚维信.2001a.龙首矿下向六角形高进路胶结充填采矿法的应用与发展[J].有色金属(矿山部分),(1):5-9.

姚维信.2001b.龙首矿采场溜井设计与应用[J].有色矿山,30(6):12-15.

冶金工业部,金川有色金属公司,第八冶金建设公司.1965.大爆破技术总结[R].

袁海平,曹平.2004.我国自然崩落法发展现状与应用展望[J].金属矿山,(8):25-28.

张海军,陈宗林,陈怀利.2008.深部开采面临的技术问题及对策[J].金川科技,(3):1-4.

张海军,陈宗林,陈怀利.2010.深部开采面临的技术问题及对策[J].铜业工程,(103):25-28.

张海军,李涛,衣淑钰,等.2011.特大型水平矿柱底柱资源回收的技术问题分析及对策[J].有色金属(矿山部分),63(3):1-5.

张绍勋,胥耀林.2007.金川公司六边形进路断面成形问题与措施[J].采矿技术,7(3):10-11.

张向阳,曹平,赵延林,等.2009.金川深部超基性岩水化作用及对力学性能影响[J].矿业工程研究,24(3):14-18.

张忠.2003.金川二矿区1098m分段巷道稳定性研究[J].岩石力学与工程学报,22(增2):2620-2624.

张忠.2005.应用岩体稳定性分级预测矿岩的可崩性[J].采矿技术,5(1):22-25.

张忠.2006.金川镍矿区域稳定性问题探讨[J].金川科技,(2):10-15.

赵崇武.2005.二矿区无间柱大面积水平矿柱开采问题研究[J].金川科技,(1):1-3.

赵国世,杜国华.2005.金川二矿区机采盘区稳产因素分析及解决途径[J].矿业快报,21(10):35-38.

赵其祯,郭慧高,张海军.2008.特大型水平矿柱稳定性数值模拟[J].有色金属(矿山部分),60(3):28-31.

赵世民.1992.金川露天转地下开采建设实践[J].有色矿山,6:1-5.

中国有色工程设计研究总院.1996.金川集团有限公司龙首矿东部采区1220水平以下深部开采方案设计书[R].

中国恩菲工程技术有限公司.2006.金川集团有限公司矿山发展规划[R].

中国恩菲工程技术有限公司.2007.金川集团有限公司三矿区F17以东深部开拓与扩能技术改造方案设计书[R].

中国恩菲工程技术有限公司.2007.金川集团有限公司三矿区开发利用修改初步设计书[R].

中国恩菲工程技术有限公司.2010.金川集团有限公司二矿区自流充填系统扩能改造初步设计书[R].

中国有色工程设计研究总院.2002.金川集团有限公司龙首矿中西部采区1220m中段开采工程方案设计书[R].

中国有色工程设计研究总院.2002.金川集团有限公司三矿区开发利用初步设计书[R].

中国有色工程设计研究总院.2002.金川集团有限公司三矿区开发利用可行性研究报告[R].

中国有色工程设计研究总院.2004.金川镍资源综合利用可研报告第二卷采矿[R].

中国恩菲工程技术有限公司,金川集团公司.2008.金川集团有限公司Ⅲ矿区自然崩落法底部结构巷道稳定性和支护技术研究报告[R].

中国有色金属工业总公司,中南矿冶学院.1985.中华人民共和国金川镍矿二矿区采矿方法的岩石力学研究报告(第1卷)总报告[R].

中华人民共和国冶金工业部,北京有色冶金设计研究总院.1964.金川有色金属公司第一期工程矿山设计补充说明书[R].

中华人民共和国冶金工业部,北京有色冶金设计研究总院.1965.八八六厂第二期工程矿山开发设计[R].

中华人民共和国冶金工业部,北京有色冶金设计研究总院.1978.金川有色金属公司龙首矿深部开采初步设计说明书[R].

中科院地质与地球物理研究所.2006.深部多中段回采地压规律及灾变失稳预测与控制的阶段成果报告[R].

中南大学.2005.金川二矿区矿房、矿柱两步回采与大面积连续回采工艺的对比研究阶段成果报告[R].

中南大学,金川镍钴研究设计院,金川集团公司二矿区.2007.金川二矿区矿房、矿柱两步回采与大面积回采对比研究[R].

中瑞矿山初步设计组.1986.中瑞科技合作金川二矿区初步设计最终报告第二册[R].

中瑞矿山初步设计组.1986.中瑞科技合作金川二矿区初步设计最终报告第一册[R].

周先明,张鸿恩,张卫焜.1993.金川二矿区1号矿体大面积充填体一岩体稳定性有限元分析[J].岩石力学与工程学报,12(2):95-104.

朱志根.2006.自然崩落法放矿过程中矿岩散体流动规律研究[D].长沙:中南大学.

邹勇.2007.金川二矿区深部采矿回采进路布置与回采顺序优化研究[D].长沙:中南大学.